DELIUS KLASING

Dr. Etzold
Diplom-Ingenieur für Fahrzeugtechnik

So wird's gemacht

pflegen – warten – reparieren

Band 153

Astra J
Zafira C/Zafira Tourer

Benziner
1,4 l/ 64 kW (87 PS) 12/09 – 9/15
1,4 l/ 74 kW (101 PS) 12/09 – 9/15
1,4 l/ 88 kW (120 PS) 6/10 – 6/19
1,4 l/103 kW (140 PS) 12/09 – 6/19
1,6 l/ 85 kW (115 PS) 12/09 – 9/15
1,6 l/110 kW (150 PS) 1/12 – 6/19
1,6 l/125 kW (170 PS) 11/12 – 6/19
1,6 l/132 kW (180 PS) 12/09 – 9/15
1,6 l/147 kW (200 PS) 12/13 – 6/19
1,8 l/ 85 kW (115 PS) 1/12 – 5/15
1,8 l/103 kW (140 PS) 4/12 – 9/15

Diesel
1,3 l/ 70 kW (95 PS) 12/09 – 8/13
1,6 l/ 81 kW (110 PS) 5/14 – 9/15
1,6 l/ 88 kW (120 PS) 10/15 – 6/19
1,6 l/100 kW (136 PS) 7/13 – 6/19
1,7 l/ 81 kW (110 PS) 12/09 – 5/14
1,7 l/ 92 kW (125 PS) 12/09 – 6/12
1,7 l/ 96 kW (130 PS) 6/11 – 5/14
2,0 l/ 81 kW (110 PS) 1/12 – 9/15
2,0 l/ 96 kW (130 PS) 1/12 – 6/19
2,0 l/118 kW (160 PS) 12/09 – 5/11
2,0 l/121 kW (165 PS) 1/15 – 9/15
2,0 l/125 kW (170 PS) 6/11 – 6/19
2,0 l/143 kW (195 PS) 11/12 – 9/15

Delius Klasing Verlag

Redaktion: Günter Skrobanek (Text)
Christine Etzold (Bild)

Bibliografische Information der Deutschen Nationalbibliothek
Die Deutsche Nationalbibliothek verzeichnet diese Publikation in der Deutschen Nationalbibliografie; detaillierte bibliografische Daten sind im Internet über http://dnb.dnb.de abrufbar.

4. Auflage / C
ISBN 978-3-7688-3517-6

Druck: Kunst- und Werbedruck, Bad Oeynhausen
Printed in Germany 2021

Delius Klasing Verlag, Siekerwall 21, D-33602 Bielefeld
Tel.: 0521/559-0, Fax: 0521/559-115
E-Mail: info@delius-klasing.de
www.delius-klasing.de
http://sowirdsgemacht.com

Lieber Leser,

die Automobile werden von Modellgeneration zu Modellgeneration technisch immer aufwändiger und komplizierter. Ohne eine Anleitung kann man mitunter nicht einmal mehr die Glühlampe eines Scheinwerfers auswechseln. Und so wird verständlich, dass von Jahr zu Jahr immer mehr Heimwerker zum »So wird´s gemacht«-Handbuch greifen.

Doch auch der kundige Hobbymonteur sollte bedenken, dass der Fachmann viel Erfahrung hat und durch die Weiterschulung und den ständigen Erfahrungsaustausch über den neuesten Technikstand verfügt. Mithin kann es für die Überwachung und Erhaltung der Betriebs- und Verkehrssicherheit des eigenen Fahrzeugs sinnvoll sein, in regelmäßigen Abständen eine Fachwerkstatt aufzusuchen.

Grundsätzlich muss sich der Heimwerker natürlich darüber im Klaren sein, dass man mithilfe eines Handbuches nicht automatisch zum Kfz-Mechaniker wird. Auch deshalb sollten Sie nur solche Arbeiten durchführen, die Sie sich zutrauen. Das gilt insbesondere für jene Arbeiten, die die Verkehrssicherheit des Fahrzeugs beeinträchtigen können. Gerade in diesem Punkt sorgt das »So wird´s gemacht«-Handbuch jedoch für praktizierte Verkehrssicherheit. Durch die Beschreibung der Arbeitsschritte und den Hinweis, die Sicherheitsaspekte nicht außer Acht zu lassen, wird der Heimwerker vor der Arbeit entsprechend sensibilisiert und informiert. Auch wird darauf hingewiesen, im Zweifelsfall die Arbeit lieber von einem Fachmann ausführen zu lassen.

Sicherheitshinweis
Auf verschiedenen Seiten dieses Buches stehen »Sicherheitshinweise«. Bevor Sie mit der Arbeit anfangen, lesen Sie bitte diese Sicherheitshinweise aufmerksam durch und halten Sie sich strikt an die dort gegebenen Anweisungen.

Vor jedem Arbeitsgang empfiehlt sich ein Blick in das vorliegende Buch. Dadurch werden Umfang und Schwierigkeitsgrad der Reparatur offenbar. Außerdem wird deutlich, welche Ersatz- oder Verschleißteile eingekauft werden müssen und ob unter Umständen die Arbeit nur mithilfe von Spezialwerkzeug durchgeführt werden kann. **Besonders empfehlenswert: Wenn Sie eine elektronische Kamera zur Hand haben, dann sollten Sie komplizierte Arbeitsschritte für den Wiedereinbau fotografisch dokumentieren.**

Für die meisten Schraubverbindungen ist das Anzugsdrehmoment angegeben. Bei Schraubverbindungen, die in jedem Fall mit einem Drehmomentschlüssel angezogen werden müssen (Zylinderkopf, Achsverbindungen usw.), ist der Wert **fett** gedruckt. Nach Möglichkeit sollte man generell jede Schraubverbindung mit einem Drehmomentschlüssel anziehen. Übrigens: Für viele Schraubverbindungen sind Innen- oder Außen-Torxschlüssel erforderlich.

Als ich Anfang der siebziger Jahre den ersten Band der »So wird´s gemacht«-Buchreihe auf den Markt brachte wurden im Automobilbau nur ganz wenige elektronische Bauteile eingesetzt. Inzwischen ist das elektronische Management allgegenwärtig; ob bei der Steuerung der Zündung, des Fahrwerks oder der Gemischaufbereitung. Die Elektronik sorgt auch dafür, dass es in verschiedenen Bereichen keine Verschleißteile mehr gibt. Das Überprüfen elektronischer Bauteile ist wiederum nur noch mit teuren und speziell auf das Fahrzeugmodell abgestimmten Prüfgeräten möglich, die dem Heimwerker in der Regel nicht zur Verfügung stehen. Wenn also verschiedene Reparaturschritte nicht mehr beschrieben werden, so liegt das ganz einfach am vermehrten Einsatz von elektronischen Bauteilen.

Das vorliegende Buch kann nicht auf jedes technische Fahrzeug-Problem eingehen. Dennoch hoffe ich, dass Sie mithilfe der Beschreibungen viele Arbeiten am Fahrzeug durchführen können. Eines sollten Sie jedoch bei Ihren Arbeiten am eigenen Auto beachten: Ständig werden am aktuellen Modell Änderungen in der Produktion durchgeführt, so dass sich die im Buch veröffentlichten Arbeitsanweisungen und Einstelldaten für Ihr spezielles Modell geändert haben könnten. Sollten Zweifel auftreten, erfragen Sie bitte den aktuellen Stand beim Kundendienst des Automobilherstellers.

Rüdiger Etzold

Inhaltsverzeichnis

OPEL ASTRA J/ZAFIRA C

Aus dem Inhalt:

- **Modellvarianten**
- **Fahrzeugidentifizierung**
- **Motordaten**

Die Markteinführung des neuen OPEL ASTRA J erfolgte im Dezember 2009. Zunächst wurde die fünftürige Limousine angeboten. Im November 2010 folgte die Kombiversion »SPORTS TOURER« und im Januar 2012 der sportliche Dreitürer »GTC«.

Zur serienmäßigen Ausstattung des ASTRA J zählten die elektronische Stabilitätskontrolle ESP-Plus, Kopfairbags, aktive Kopfstützen und eine höhen- und längsverstellbare Lenksäule. Außerdem waren für dern ASTRA J zusätzliche Assistenzsysteme erhältlich: Unter anderem Abstandswarner, Kollisionswarner, intelligentes Sicherheitslichtsystem, Toter-Winkel-Assistent, Spurhaltungsassistent sowie ein Einparkassistent.

Für den ASTRA standen in Leistung, Hubraum und Bauart recht unterschiedliche Benzin- und Dieselmotoren zur Verfügung, sodass je nach persönlicher Anforderung zwischen sehr wirtschaftlicher und sportlicher Motorisierung ausgewählt werden konnte.

Im Januar 2012 war die Markteinführung des OPEL ZAFIRA C mit der Modellbezeichnung »ZAFIRA TOURER«. Der Mini-Van ZAFIRA unterscheidet sich vom ASTRA hauptsächlich durch die längere und dadurch geräumigere Karosserie. Bei der Motorisierung wie auch den Fahrwerkskomponenten einschließlich der Bremsanlage wurde auf den ASTRA zurückgegriffen. Der bisherige ZAFIRA B wurde parallel bis 12/2014 weitergebaut. Septermber 2016 erhielt der ZAFIRA C ein Facelift, bei dem vor allem die Frontpartie, insbesondere die Scheinwerfer, verändert wurden. Außerdem fiel in der Modellbezeichnung der Begriff »TOURER« weg.

ASTRA J Limousine

O-6646

ASTRA J Limousine, Heckansicht

O-6647

ZAFIRA TOURER bis Modelljahr 2016

O-6649

ZAFIRA C ab Modelljahr 2017

O-6653

Fahrzeug- und Motoridentifizierung

Anhand der Fahrzeug-Identifizierungsnummer (Fahrgestellnummer) kann das Fahrzeugmodell identifiziert werden. In der Fahrgestellnummer sind Modellreihe und Karosserievariante verschlüsselt aufgeführt.

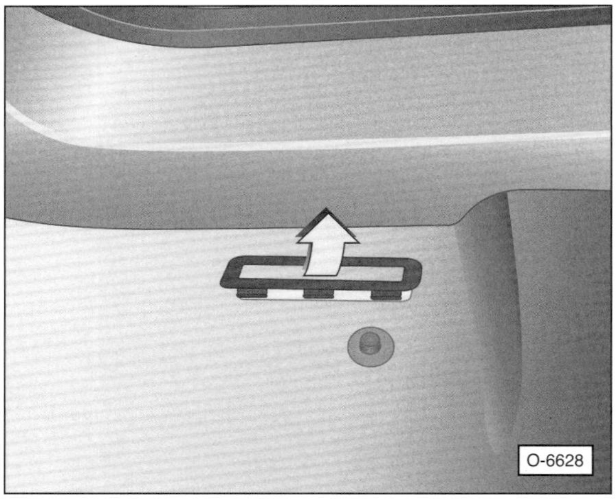

Die Fahrzeug-Identifizierungsnummer ist neben oder vor dem rechten Vordersitz in das Karosserie-Bodenblech eingeprägt und durch eine Abdeckklappe verdeckt. Außerdem ist die Fahrzeug-Identifizierungsnummer auf dem Armaturenbrett angebracht, so dass sie von außen lesbar ist.

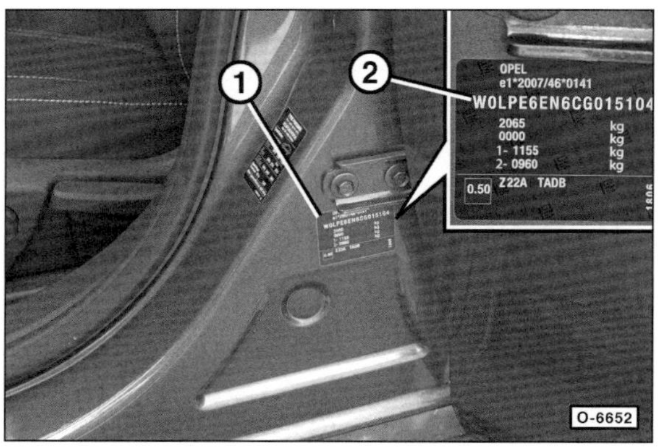

Das Typschild –1– befindet sich unten am linken Vordertürrahmen. Außer der Fahrzeug-Identifizierungsnummer –2– enthält es verschiedene Daten, wie beispielsweise die Farbnummer.

Aufschlüsselung der Fahrzeug-Identifizierungsnummer

WOL	P	C	6	C	B	Z	B	2	123456
①	②	③	④	⑤	⑥	⑦	⑧	⑨	⑩

① Weltherstellercode: WOL = Opel AG.

② P = ASTRA-J/ZAFIRA-C

③ Ausstattung: C = Essentia; D = Enjoy; E = Cosmo; F = Sport.

④ Karosserieform: 6 = 5-Türer Fließheck, Code 68; 8 = 5-Türer Kombi, Code 35.

⑤ Rückhaltesystem: C = Aktive manuelle Sicherheitsgurte, Airbags für Fahrer und Beifahrer; D = »C« und Seitenairbags; E = »D« und Kopfairbags.

⑥ Motortyp: A = 1,3-l-Turbodiesel, LSF (70 kW)
B = 1,4-l-Benzin LDD-PL5 (74 kW)
C = 1,4-l-Benzin LUJ-PL5 (103 kW)
D = 1,6-l-Benzin LDE/LED/LFJ (85 kW)
F = 1,7-l-Turbodiesel LPL (92 kW)
G = 1,7-l-Turbodiesel LPV (81 kW)
H = 1,7-l-Turbodiesel LUD (96 kW)
J = 1,6-l-Benzin LLU (132 kW)
N = 2,0-l-Turbodiesel LBS (118 kW)
P = 2,0-l-Turbodiesel LBX (96 kW)
T = 1,4-l-Benzin LDD (64 kW)
U = 1,4-l-Benzin LUJ-PL5 (88 kW)

⑦ Prüfziffer.

⑧ Modelljahr: A = 2010, B = 2011, C = 2012, D = 2013 usw.

⑨ Herstellerwerk: 2 = Bochum (Deutschland); 8 = Ellesmere Port (Großbritannien); G = Gliwice (Polen).

⑩ Fortlaufende Seriennummer.

Aufschlüsselung der Motornummer

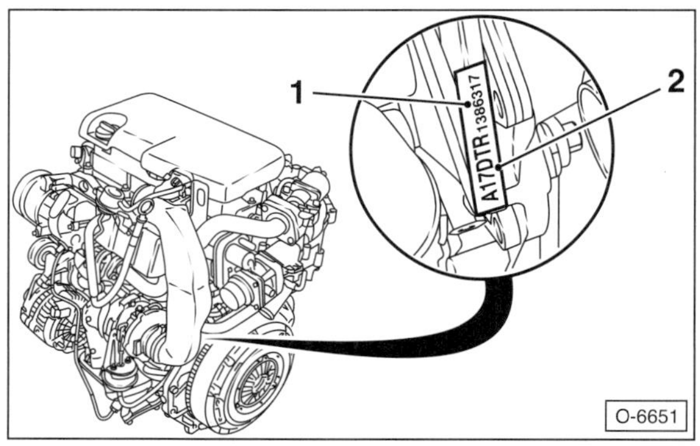

Die Motornummer (Motorkennzeichnung –2– und laufende Seriennummer –1–) ist in den Motorblock eingeschlagen. Die Abbildung zeigt beispielhaft die Motornummer beim Z17DTR.

Beispiel:

A	16	X	E	R
A	20	D	T	H
①	②	③	④	⑤

① **Abgasnorm:** A = EURO-5.

② **Hubraum:** 16 = 1,6 l; 20 = 2,0 l usw.

③ Benziner – **Verdichtungsverhältnis:** L = 8,5 – 9,0; N = 9,0 – 9,5; S = 9,5 – 10,0; X = 10,0 – 11,5; Y > 11,5. Diesel – **Gemischsystem:** D = Diesel

④ Benziner – **Gemischsystem:** E = Benzin-Einspritzung; Diesel – **Motor-Aufladung:** T = Turbolader.

⑤ **Ausführung:** J/L = Niedrigere Leistung; R/S/H = Höhere Leistung. **Hinweis:** Die Buchstaben »R«,»H«, »J« und »L« beziehen sich auf Basismotoren, deren Leistung erhöht (R/H) beziehungsweise vermindert (J/L) wurde.

③ – ⑤ **YNG, XNT, CNG** = Gasmotor mit komprimiertem Erdgas; **LPG** = Gasmotor mit Flüssiggas (Autogas).

Motordaten

Motor/Modell	1.4	1.4	1.4 turbo	1.4 turbo	1.4 LPG	1.6	1.6 CNG
Motorbezeichnung Motorcode	A14XEL LDD	A/B14XER LDD	A/B14NEL LUJ	A/B14NET LUJ	A14NET –	A/B16XER LDE	A/B16XNT LGE
Fertigung von – bis	12/09 – 9/15	12/09 – 9/15	6/10 – 6/19	12/09 – 6/19	1/12 – 6/19	12/09 – 9/15	1/12 – 6/19
Hubraum cm^3	1398	1398	1364	1364	1364	1598	1598
Leistung kW bei 1/min PS bei 1/min	64/5600 87/5600	74/6000 101/6000	88/4200 120/4200	103/4900 140/4900	103/4900 140/4900	85/6000 115/6000	110/5000 150/5000
Drehmoment Nm bei 1/min	130/4000	155/4000	200/1850	200/1850	200/1850	155/4000	210/2300
Bohrung ∅ mm	73,4	73,4	72,5	72,5	72,5	79,0	79,0
Hub mm	82,6	82,6	82,6	82,6	82,6	81,5	81,5
Verdichtung	10,5	10,8	9,5	9,5	9,5	10,8	–
Zylinder/Ventile pro Zylinder	4/4	4/4	4/4	4/4	4/4	4/4	4/4
Motormanagement	GM S0	GM-PT S0	E78	E78	GM	GM S0	ME 7.6.4
Kraftstoff (ROZ)	Super 95	Super 95	Super 95	Super 95	Super 95/ Autogas[1)]	Super 95	Erdgas
Wechselmengen Motoröl Liter Kühlflüssigkeit Liter	 4,0 6,0	 4,0 6,0	 4,0 6,2	 4,0 6,2	 4,0 6,2	 4,5 5,6	 4,5 6,2

Motor/Modell	1.6 ecotec	1.6 turbo	1.6 ecotec	1.8	1.8	2.0 OPC	1.3 CDTI
Motorbezeichnung Motorcode	A16XHT/ B16SHL LGE	A16LET LLU	A/B16SHT –	A18XEL 2H0	A18XER 2H0/LUW	A20NFT LHU	A13DTE LSF
Fertigung von – bis	11/12 – 6/19	12/09 – 9/15	12/13 – 6/19	1/12 – 5/15	4/12 – 9/15	6/12 – 9/15	12/09 – 8/13
Hubraum cm^3	1598	1598	1598	1796	1796	1998	1248
Leistung kW bei 1/min PS bei 1/min	125/6000 170/6000	132/5500 180/5500	147/5500 200/5500	85/5600 115/5600	103/6300 140/6300	206/5300 280/5300	70/4000 95/4000
Drehmoment Nm bei 1/min	2603)/1650	230/2200	2803)/1560	175/3800	175/3800	350/2000	190/1750
Bohrung ∅ mm	79,0	79,0	79,0	80,5	80,5	86,0	69,6
Hub mm	81,5	81,5	81,5	88,2	88,2	86,0	82,0
Verdichtung	–	8,8	–	10,5	10,5	9,3	16,8
Zylinder/Ventile pro Zylinder	4/4	4/4	4/4	4/4	4/4	4/4	4/4
Motormanagement	–	GM	–	Simtec 75	GM S0	GM E39	EDC-17
Kraftstoff (ROZ)	–	Super 95	–	Super 95	Super 95	Super 95	Diesel
Wechselmengen Motoröl Liter Kühlflüssigkeit Liter	 5,5 –	 4,5 5,6	 5,5 –	 4,5 –	 4,5 –	 6,0 6,9	 3,5 6,6

Hinweis: Die Wechselmengen sind ungefähre Angaben. Abweichungen entsprechend der jeweiligen Fahrzeugausstattung sind möglich. Für den richtigen Flüssigkeitsstand sind immer die Markierungen am Messstab oder am Ausgleichbehälter maßgeblich.

[1)] Bei Betrieb mit Autogas ist die Leistung ca. 3 % niedriger.

Motor/Modell	1,6 CDTI	1,6 CDTI	1,6 CDTI	1.7 CDTI	1.7 CDTI	1.7 CDTI	2.0 CDTI
Motorbezeichnung Motorcode	B16DTL LVL	B16DTL LVL	B16DTH LVL/LVM	A17DTE/J/C LKR	A17DTR LPL	A17DTF/S LKR	A20DTL LBX
Fertigung von – bis	5/14 – 9/15	10/15 – 6/19	7/13 – 6/19	12/09 – 5/14	12/09 – 6/12	6/11 – 5/14	1/12 – 9/15
Hubraum cm^3	1598	1598	1598	1686	1686	1687	1956
Leistung kW bei 1/min PS bei 1/min	81/3500 110/3500	88/4000 120/4000	100/3500 136/3500	81/4000 110/4000	92/4000 125/4000	96/4000 130/4000	81/4000 110/4000
Drehmoment Nm bei 1/min	300/1750	320/2000	320/2000	280/2000	280/2300	300/2000	260/1750
Bohrung ∅ mm	79,7	79,7	79,7	79,0	79,0	79,0	83,0
Hub mm	80,1	80,1	80,1	86,0	86,0	86,0	90,4
Verdichtung	16,1	16,1	16,1	16,5	18,0	16,5	16,5
Zylinder/Ventile pro Zylinder	4/4	4/4	4/4	4/4	4/4	4/4	4/4
Motormanagement	–	E98 D1P	–	DECe02	DECe01	DECe02	EDC 17
Kraftstoff (ROZ)	Diesel	Diesel	Diesel	Diesel	Diesel	Diesel	Diesel
Wechselmengen Motoröl Liter Kühlflüssigkeit Liter	 5,0 6,2	 5,0 6,2	 5,0 6,2	 4,0/5,4[1)] 7,1	 5,4 7,1	 4,0 7,1	 4,5 9,0

Motor/Modell	2.0 CDTI	2.0 CDTI	2.0 CDTI	2.0 CDTI	2.0 CDTI	2.0 CDTI BiTurbo
Motorbezeichnung Motorcode	A20DTJ/H LBX	B20DTJ LBR	A20DTH LBS	A20DTH LHU	B20DTH LFS	A20DTR LHU/LBY
Fertigung von – bis	1/12 – 12/14	1/15 – 6/19	12/09 – 5/11	1/15 – 9/15	6/11 – 6/19	11/12 – 9/15
Hubraum cm^3	1956	1956	1956	1956	1956	1956
Leistung kW bei 1/min PS bei 1/min	96/4000 130/4000	96/3750 130/3750	118/4000 160/4000	121/4000 165/4000	125/4000 170/4000	143/4000 195/4000
Drehmoment Nm bei 1/min	300/1750	300/1500	350/1750	350/1750	400/1750	400/1750
Bohrung ∅ mm	83,0	83,0	83,0	83,0	83,0	83,0
Hub mm	90,4	90,4	90,4	90,4	90,4	90,4
Verdichtung	16,5	16,5	16,5	16,5	16,5	16,5
Zylinder/Ventile pro Zylinder	4/4	4/4	4/4	4/4	4/4	4/4
Motormanagement	EDC 17	EDC 17	EDC 17	EDC 17	E98 D1P	EDC 17
Kraftstoff (ROZ)	Diesel	Diesel	Diesel	Diesel	Diesel	Diesel
Wechselmengen Motoröl Liter Kühlflüssigkeit Liter	 4,5 9,0	 5,25 6,9	 4,5 9,0	 4,5 9,0	 5,25 6,9	4,5 9,0

Hinweis: Die Wechselmengen sind ungefähre Angaben. Abweichungen entsprechend der jeweiligen Fahrzeugausstattung sind möglich. Für den richtigen Flüssigkeitsstand sind immer die Markierungen am Messstab oder am Ausgleichbehälter maßgeblich.

[1)] Werte für Motor DTE und DTJ.

Wartung

Aus dem Inhalt:

- **Wartungsplan**
- **Wartungsarbeiten**
- **Serviceanzeige nach der Wartung zurückstellen**
- **Werkzeugausrüstung**
- **Motorstarthilfe**

Die Wartung des ASTRA erfolgt nach flexiblen Intervallen. Dabei werden vom Steuergerät die Wartungsintervalle je nach Fahrweise aufgrund folgender Faktoren berechnet: Zurückgelegte Fahrstrecke, Motordrehzahl, Motordrehmoment, Fahrzyklen, Kühlmitteltemperatur und Öltemperatur.

Sobald nach Einschalten der Zündung in der Serviceanzeige im Display des Kombiinstruments die Meldung »**Motoröl muss demnächst gewechselt werden**« erscheint, sind der Motorölwechsel und gleichzeitig auch die Wartung innerhalb der nächsten 500 km durchzuführen. Bei der Basis-Fahrzeugausstattung leuchtet anstelle dieser Meldung die Öl-Kontrollleuchte im Drehzahlmesser auf und gleichzeitig wird »CODE 82« angezeigt.

O-62302

Um die Zeit bis zur nächsten Wartung ungefähr abschätzen zu können, besteht die Möglichkeit, sich im Display des Kombiinstruments die bisher errechnete »**Restliche Lebensdauer**« **des Motoröls** über das Fahrzeug-Informations-Menü anzeigen zu lassen, siehe dazu auch das Kapitel »Service-Intervall-Anzeige zurücksetzen«.

Nachdem die Wartung durchgeführt wurde, muss die Service-Intervall-Anzeige zurückgesetzt werden.

Service-Intervall-Anzeige zurücksetzen

Die Service-Intervallanzeige muss nach jeder Wartung zurückgesetzt werden.

Service-Intervall-Anzeige anzeigen

- Zündung einschalten.

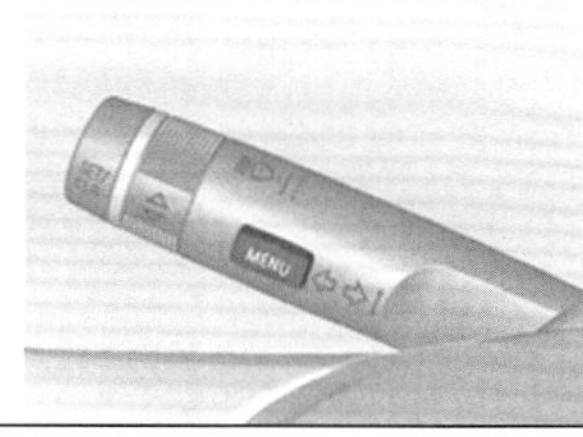
O-62303

- Menütaste am Blinklichtschalter betätigen und das »Fahrzeug Informationsmenü« aufrufen.

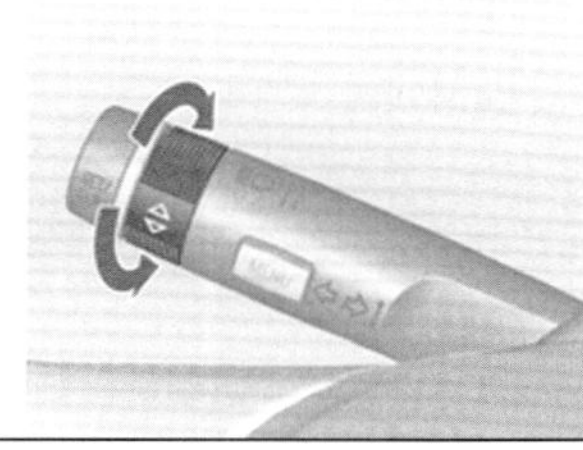
O-62304

- Mit dem Stellrad das Menü »Restliche Lebensdauer Öl« auswählen.

Service-Intervall-Anzeige zurücksetzen

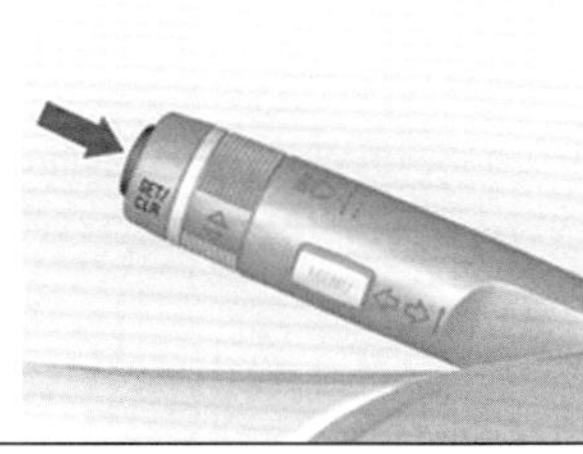
O-62305

- Gleichzeitig die Taste SET/CLR –Pfeil– am Blinklichtschalter drücken und das Bremspedal betätigen. Damit ist die Service-Intervall-Anzeige zurückgestellt.

Wartungsplan

Die Wartung ist nach der Service-Intervall-Anzeige durchzuführen. Immer wenn nach der Service-Intervall-Anzeige ein Motorölwechsel fällig ist, ist auch die Wartung durchzuführen.

Unabhängig von der Service-Intervall-Anzeige ist die Wartung jedes Jahr beziehungsweise nach 30.000 km durchzuführen.

Im Rahmen der Wartung sind ebenfalls die zusätzlichen mit ■ gekennzeichneten Wartungspunkte nach den angegebenen Intervallen durchzuführen.

Nach erfolgter Wartung muss die Service-Intervall-Anzeige im Kombiinstrument zurückgesetzt werden.

Achtung: Bei häufigen Fahrten in staubiger Umgebung müssen Motor-Luftfilter und Pollenfilter bereits nach der Hälfte des ursprüngliche Wartungsintervalls gewechselt werden.

Motor

- Motor: Ölstand prüfen, Sichtprüfung auf Ölundichtigkeiten.
- Motor: Öl wechseln, Ölfilter ersetzen.
- Kühlsystem: Flüssigkeitsstand prüfen, Konzentration des Frostschutzmittels prüfen. Sichtprüfung auf Undichtigkeiten der Schläuche und äußere Verschmutzung des Kühlers.
- Dieselmotor: Bei hoher Luftfeuchtigkeit und/oder minderwertigem Kraftstoff den Kraftstofffilter einmal im Jahr entwässern.
- LPG-Motor: Gasfilter ersetzen.

Getriebe, Achsantrieb

- Getriebe: Sichtprüfung auf Undichtigkeiten.

Vorderachse und Lenkung

- Lenkgetriebe: Manschetten prüfen.
- Gummimanschetten der Gelenkwellen: Auf Undichtigkeiten und Beschädigungen prüfen.
- Spurstangenköpfe und Achsgelenke: Staubkappen prüfen, Gelenke auf Spiel prüfen.

Bremsen, Reifen, Räder

- Bremsen vorn/hinten: Belagstärke prüfen.
- Fahrzeuge mit Trommelbremse hinten: Bei erschwerten Verhältnissen wie häufigem Anhängerbetrieb die Bremstrommeln ausbauen, reinigen und sichtprüfen.
- Bereifung: Reifenfülldruck und Profiltiefe prüfen (einschließlich Reserverad); Reifen auf Verschleiß und Beschädigungen prüfen.
- Räder: Radmuttern lösen. Muttern einzeln nacheinander abschrauben und wieder anschrauben. Anschließend alle Radmuttern über Kreuz mit **140 Nm** festziehen.
- Reifenreparaturset, falls vorhanden: Vollständigkeit und Haltbarkeitsdatum des Dichtmittels prüfen.

Aufbau, Heizung

- Airbag-Einheiten: Sichtprüfen auf Beschädigungen.
- Karosserie, Unterbodenschutz: Auf Beschädigungen sichtprüfen.
- Flex-Fix-System: Verriegelungssystem auf Gangbarkeit prüfen und einölen.
- Klimakompressor: Auf Dichtheit sichtprüfen.

Elektrische Anlage

- Alle Stromverbraucher: Funktion prüfen.
- Signalhorn: Prüfen.
- Beleuchtungsanlage, Kontroll- und Signallampen: Funktion prüfen.
- Scheibenwischer: Wischergummis auf Verschleiß prüfen.
- Scheibenwaschanlage: Funktion prüfen, Düsenstellung kontrollieren, Flüssigkeit nachfüllen, Scheinwerfer-Waschanlage prüfen.
- Batterie: Batterie sowie Polklemmen auf Festsitz prüfen. Ruhespannung der Batterie prüfen.
- Service-Intervallanzeige: Zurücksetzen.

Zusätzliche Wartungsarbeiten

Alle 2 Jahre unabhängig von den gefahrenen Kilometern

- ■ Bremsflüssigkeit für Bremssystem und Kupplungshydraulik wechseln.
- ■ Funk-Fernbedienung: Am Haupt- und Zweitschlüssel die Batterien wechseln.
- ■ Erste-Hilfe-Kasten: Haltbarkeitsdatum prüfen.
- ■ Warnweste, Verzurrösen und Warndreieck sichtprüfen.
- ■ Abgasuntersuchung (AU) erstmalig nach 3 Jahren, dann alle 2 Jahre (Werkstattarbeit).

Alle 2 Jahre / 60.000 km

- ■ Pollenfilter: Filtereinsatz ersetzen. **Hinweis:** Bei stark verschmutzter Luft, hohem Sand- oder Pollenanteil in der Luft beziehungsweise bei nachlassender Wirkung der Klimaanlage Pollenfilter schon früher wechseln.
- ■ Keilrippenriemen: Zustand sichtprüfen.
- ■ Dieselmotor: Kraftstofffilter entwässern, Filtereinsatz ersetzen.
- ■ Handbremse: Funktion prüfen.
- ■ Radaufhängung vorn und hinten, Bremsleitungen, Bremsschläuche, Kraftstoffleitungen, Gasleitungen bei CNG-Fahrzeugen, Niveauregulierung und Abgasanlage auf Undichtigkeiten und Beschädigungen sichtprüfen.
- ■ Scheinwerfereinstellung: Prüfen (Werkstattarbeit).
- ■ Motorhaubenschloss: Gangbarkeit prüfen und schmieren.

Alle 4 Jahre / 60.000 km

- Motor-Luftfiltereinsatz: Ersetzen.
- Benzinmotor: Zündkerzen ersetzen.
- CNG-Motor A16XNT: Außenliegenden Kraftstofffilter ersetzen.
- CNG-Motor: Ölseparator entleeren.

Alle 6 Jahre / 120.000 km

- Motor A16XER, A16LET, A18XER: Keilrippenriemen für Kühlmittel- und Servopumpe ersetzen.

Alle 6 Jahre / 150.000 km

- Alle Motoren außer A16XER, A16LET, A18XER: Keilrippenriemen ersetzen.
- 1,6-/1,8-l-Benzinmotor, 1,7-l-Dieselmotor: Zahnriemen und Zahnriemenspannrolle ersetzen.

Alle 150.000 km

- 1,6-/1,8-l-Benzinmotor, 1,7-l-Dieselmotor: Ventilspiel prüfen beziehungsweise einstellen.

Wartungsarbeiten

Hier werden, nach den verschiedenen Baugruppen des Fahrzeugs aufgeteilt, alle Wartungsarbeiten beschrieben, die gemäß dem Wartungsplan durchgeführt werden müssen. Auf die erforderlichen Verschleißteile sowie das möglicherweise benötigte Sonderwerkzeug wird jeweils hingewiesen.

Es empfiehlt sich Reifendruck, Motorölstand und Flüssigkeitsstände für Kühlung, Wisch-/Waschanlage etc. mindestens alle 4 bis 6 Wochen zu prüfen und gegebenenfalls zu ergänzen.

Achtung: Beim **Einkauf von Ersatzteilen** ist zur Identifizierung des Fahrzeuges die **Fahrzeug-Ident-Nummer** (Fahrgestellnummer). Sonst ist eine genaue Zuordnung der Ersatzteile nicht möglich.

Um ganz sicher zu sein, dass man die richtigen Ersatzteile erhalten hat, empfiehlt es sich nach Möglichkeit, das Altteil auszubauen und zum Ersatzteilhändler mitzunehmen. Dort kann man es mit dem Neuteil vergleichen.

Motor und Abgasanlage

Folgende Wartungspunkte müssen nach dem Wartungsplan durchgeführt werden:

- Motor/Motorraum, Kraftstoffleitungen beziehungsweise Gasleitungen bei CNG-Fahrzeugen: Sichtprüfung auf Undichtigkeiten.
- Motorölstand prüfen, Sichtprüfung auf Ölundichtigkeiten.
- Motoröl wechseln, Ölfilter ersetzen.
- Kühlsystem: Flüssigkeitsstand prüfen, Konzentration des Frostschutzmittels prüfen. Sichtprüfung auf Undichtigkeiten und äußere Verschmutzung des Kühlers.
- Dieselmotor: Kraftstofffilter entwässern, ersetzen.
- Keilrippenriemen: Zustand sichtprüfen.
- Motor-Luftfilter: Filtereinsatz ersetzen.
- Abgasanlage auf Beschädigungen sichtprüfen.
- Benzinmotor: Zündkerzen ersetzen.
- CNG-Motor: Ölseparator entleeren (Werkstattarbeit).
- LPG-Motor: Gasfilter ersetzen (Werkstattarbeit).
- Keilrippenriemen: Ersetzen, siehe Kapitel »Motor-Mechanik«.
- CNG-Motor A16XNT: Außenliegenden Kraftstofffilter ersetzen (Werkstattarbeit).
- 1,6-/1,8-l-Benzinmotor, 1,7-l-Dieselmotor: Ventilspiel prüfen beziehungsweise einstellen (Werkstattarbeit).
- 1,6-/1,8-l-Benzinmotor, 1,7-l-Dieselmotor: Zahnriemen und Zahnriemenspannrolle ersetzen (Werkstattarbeit).
- Abgasuntersuchung (AU) erstmalig nach 3 Jahren, dann alle 2 Jahre (Werkstattarbeit).

Motor/Motorraum: Sichtprüfung auf Undichtigkeiten

Spezialwerkzeug: nicht erforderlich.

- Obere Motorabdeckung ausbauen, siehe Seite 162.
- Leitungen, Schläuche und Anschlüsse
  - der Kraftstoffanlage beziehungsweise Gasanlage,
  - des Kühl- und Heizungssystems,
  - der Bremsanlage

  auf Undichtigkeiten, Scheuerstellen, Porosität und Brüchigkeit sichtprüfen.

Ölundichtigkeit suchen

Bei ölverschmiertem Motor und hohem Ölverbrauch überprüfen, wo das Öl austritt. Dazu folgende Stellen überprüfen:

- Öleinfülldeckel öffnen und Dichtung auf Porosität oder Beschädigung prüfen.
- Kurbelgehäuse-Entlüftung: Zum Beispiel Belüftungsschlauch vom Zylinderkopfdeckel zum Luftansaugschlauch.
- Zylinderkopfdeckel-Dichtung.
- Zylinderkopf-Dichtung.
- Ölablassschraube (Dichtring).
- Ölfilterdichtung: Ölfilterdeckel am Ölfiltergehäuse.
- Ölwannendichtung.
- Wellendichtringe vorn und hinten für Nockenwelle und Kurbelwelle.

Da sich bei Undichtigkeiten das Öl meistens über eine größere Motorfläche verteilt, ist der Austritt des Öls nicht auf den ersten Blick zu erkennen. Bei der Suche geht man zweckmäßigerweise wie folgt vor:

- Motorwäsche folgendermaßen durchführen: Generator mit Plastiktüte abdecken. Motor mit handelsüblichem Kaltreiniger einsprühen und nach einer kurzen Einwirkungszeit an einer Autowaschanlage mit Wasser abspritzen.
- Trennstellen und Dichtungen am Motor von außen mit Kalk oder Talkumpuder bestäuben.
- Ölstand kontrollieren, gegebenenfalls auffüllen.
- Probefahrt durchführen. Da das Öl bei heißem Motor dünnflüssig wird und dadurch schneller an den Leckstellen austreten kann, sollte die Probefahrt über eine Strecke von ca. 30 km auf einer Schnellstraße durchgeführt werden.
- Anschließend Motor mit Lampe anstrahlen, undichte Stelle lokalisieren und Fehler beheben.

Kühlsystem prüfen

- Kühlmittelschläuche durch Zusammendrücken und Verbiegen auf poröse Stellen untersuchen, hart gewordene und aufgequollene Schläuche erneuern.
- Die Schläuche dürfen nicht zu kurz auf den Anschlussstutzen sitzen.
- Festen Sitz der Schlauchschellen kontrollieren, gegebenenfalls Schellen erneuern.
- Dichtung des Verschlussdeckels für den Ausgleichbehälter auf Beschädigungen überprüfen.

Achtung: Ein zu niedriger Kühlmittelstand kann auch von einem nicht richtig aufgeschraubten Verschlussdeckel herrühren.

- Deutlicher Kühlmittelverlust und/oder Öl in der Kühlflüssigkeit sowie weiße Abgaswolken bei warmem Motor deuten auf eine defekte Zylinderkopfdichtung hin.

Achtung: Mitunter ist es schwierig, die Leckstelle ausfindig zu machen. Dann empfiehlt sich eine Druckprüfung durch die Werkstatt (Spezialgerät erforderlich). Hierbei kann ebenfalls das Überdruckventil des Verschlussdeckels geprüft werden.

- Obere Motorabdeckung einbauen, siehe Seite 162.

Motorölstand prüfen

Spezialwerkzeug: nicht erforderlich.

Erforderliche Betriebsmittel/Verschleißteile:

- Zum Nachfüllen ein von OPEL freigegebenes Motoröl verwenden, siehe Seite 20.

Hinweis: Zum Nachfüllen kann bis maximal 1 Liter Motoröl der Spezifikation ACEA C3 verwendet werden.

Prüfen

- Motor warm fahren und auf einer ebenen, waagerechten Fläche abstellen.
- Nach Abstellen des Motors mindestens 5 Minuten lang warten, damit sich das Öl in der Ölwanne sammelt.

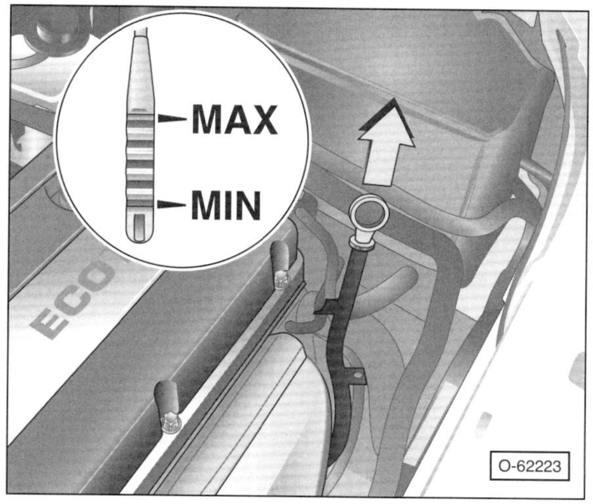

- Ölmessstab herausziehen –Pfeil– und mit sauberem Lappen abwischen.
- Anschließend Messstab bis zum Anschlag in das Führungsrohr einführen und wieder herausziehen. Der Ölstand muss zwischen den beiden Markierungen –MAX– und –MIN– liegen.
- Neues Öl erst nachfüllen, wenn sich der Ölstand der MIN-Marke nähert. Die Ölmenge von der MIN- bis zur MAX-Markierung beträgt **1,0 l.**

Hinweis: Der Ölverbrauch darf höchstens 0,6 l/1000 km betragen.

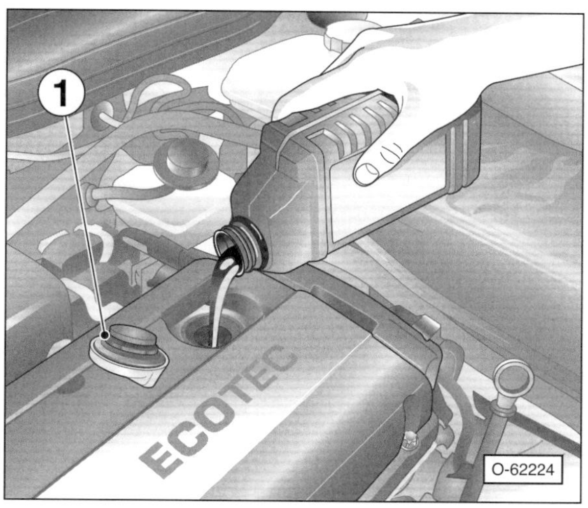

- Nachgefüllt wird am Verschluss des Zylinderkopf- oder Nockenwellengehäusedeckels. Beim Nachfüllen vorgeschriebene Ölsorte verwenden, keine Ölzusätze verwenden. 1 – Öleinfülldeckel.

Achtung: Zu viel eingefülltes Motoröl (oberhalb der MAX-Markierung) muss wieder abgesaugt werden, da sonst die Motordichtungen beziehungsweise der Katalysator beschädigt werden können.

- Bei hoher Motorbeanspruchung, beispielsweise durch längere Autobahnfahrten im Sommer, bei Anhängerbetrieb oder Gebirgsfahrten, sollte der Ölstand im oberen Teil des Sollbereichs liegen.

Motoröl wechseln/Ölfilter ersetzen

Erforderliches Spezialwerkzeug:

- Stecknuss zum Lösen des Ölfilterdeckels.

Wenn das Motoröl abgesaugt wird:

- Ölabsauggerät.
- Ölauffangbehälter.

Wenn das Motoröl abgelassen wird:

- Grube oder hydraulischer Wagenheber mit Unterstellböcken.
- Ölauffangwanne, die je nach Motor bis zu 6 Liter Öl fasst.

Erforderliche Betriebsmittel/Verschleißteile:

- Je nach Motor 3,5 bis 6,0 Liter Motoröl. Dabei nur ein von OPEL freigegebenes Motoröl verwenden.

Motor	Motoröl-Spezifikation	Viskosität
Benziner	**Opel-Dexos2** ACEA C3	SAE 0W-30, 0W-40, SAE 5W-30, 5W-40, SAE 10W-30, 10W-40
Diesel	**Opel-Dexos2** ACEA C3	SAE 0W-30, 0W-40, SAE 5W-30, 5W-40, SAE 10W-30, 10W-40

Achtung: Grundsätzlich Motoröl der Qualität Dexos2 verwenden. Die andere Motorölqualität kann zum Nachfüllen von maximal 1 Liter verwendet werden. Die Motorölqualitäten **ACEA-A1/B1** und **ACEA-A5/B5** sind ausdrücklich **nicht freigegeben**. Unter bestimmten Betriebsbedingungen **können damit Motorschäden auftreten.** Darauf achten, dass nur die angegebene **Öl-Viskosität** verwendet wird.

- Je nach Motor entsprechenden Ölfiltereinsatz.
- Nur wenn Öl abgelassen wird: Dichtring für die Ölablassschraube. Der Dichtring wird manchmal mit dem Ölfilter mitgeliefert.
  1,3-l-Dieselmotor A13DTE: **Neue** Ölablassschraube.

Hinweis: Falls die Kontrollleuchte der Anzeige für Motoröllebensdauer leuchtet, wenn der Ölwechsel ansteht, dürfen Motoröl und Ölfilter erst gewechselt werden, wenn eine erzwungene Regeneration des Dieselpartikelfilters (DPF) stattgefunden hat. Für die erzwungene Regeneration des DPF ist ein Diagnosegerät erforderlich, damit auch die betreffenden Kontrollleuchten zurückgesetzt werden können (Werkstattarbeit).

Hinweis: Die Öl-Verkaufsstellen nehmen die entsprechende Menge Altöl kostenlos entgegen, deshalb beim Ölkauf Quittung und Ölkanister für spätere Altölrückgabe aufbewahren! **Um Umweltschäden zu vermeiden, keinesfalls Altöl einfach wegschütten oder dem Hausmüll mitgeben.**

Die **Ölwechselmenge** mit Filterwechsel steht bei den Motordaten auf Seite 13/14.

Hinweis: Die angegebenen Ölwechselmengen sind ungefähre Mengenangaben. Auf jeden Fall nach dem Ölwechsel den Ölstand mit dem Ölmessstab prüfen und gegebenenfalls korrigieren.

Das Motoröl kann entweder durch das Ölmessstab-Führungsrohr abgesaugt werden oder aus der Ölwanne abgelassen werden. Zum Absaugen ist eine geeignete Absaugpumpe erforderlich, dabei darauf achten, dass der Absaugschlauch in das Ölmessstab-Führungsrohr passt.

Benzinmotor

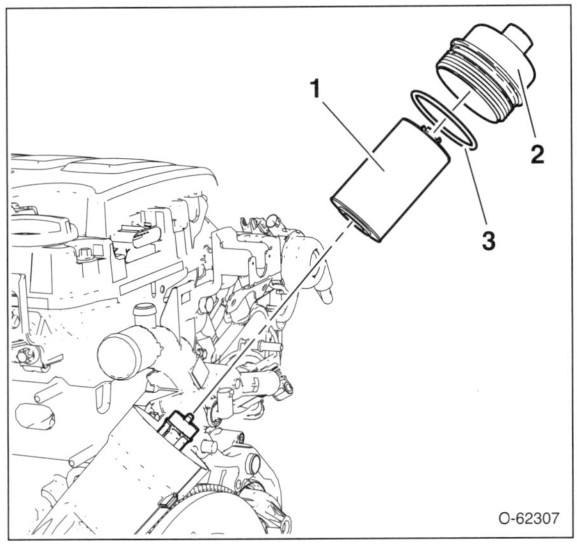

- Ölfilterdeckel –2– mit geeigneter Stecknuss abschrauben. **Hinweis:** Die Abbildung zeigt den 1,4-l-Benzinmotor. Beim **1,6-l-Turbo-Benzinmotor A16LET** wird der Ölfilter erst nach dem Aufbocken von unten ausgebaut.
- Ablaufwanne neben den Ölfilter halten. Ölfilterdeckel zusammen mit dem Dichtring –3– und dem Filtereinsatz –1– aus dem Filtergehäuse herausnehmen und sofort in die Auffangwanne ablegen. Eventuell heruntergetropftes Öl mit einem dicken Lappen abwischen.

Sicherheitshinweis
Beim Aufbocken des Fahrzeugs besteht Unfallgefahr! Hinweise im Kapitel »Fahrzeug aufbocken« beachten.

- Fahrzeug waagerecht anheben und abstützen.
- Falls vorhanden, Zugriffsöffnung für Ölablassschraube in der unteren Motorabdeckung öffnen. Gegebenenfalls untere Motorabdeckung ausbauen, siehe Seite 229.
- **1,6-l-Turbo-Benzinmotor A16LET:** Ölauffangwanne unter den Ölfilter stellen und Ölfiltereinsatz nach unten auf die gleiche Weise ausbauen wie bei den anderen Benzinmotoren.
- Ölauffangwanne unter die Ölwanne stellen.

Sicherheitshinweis
Darauf achten, dass beim Herausdrehen der Ölablassschraube das heiße Motoröl nicht über die Hand läuft. Deshalb beim Abschrauben mit den Fingern den Arm waagerecht halten.

- Ölablassschraube herausdrehen und Motoröl komplett in die Auffangwanne abfließen lassen.

Achtung: Werden im Motoröl Metallspäne und Abrieb in größeren Mengen festgestellt, deutet dies auf Fressschäden hin, zum Beispiel Kurbelwellen- oder Pleuellagerschäden. Um Folgeschäden nach erfolgter Reparatur zu vermeiden, ist die sorgfältige Reinigung von Ölkanälen und Ölschläuchen unerlässlich, gegebenenfalls Ölkühler erneuern.

- Gewinde an Ölablassschraube und Ölwanne reinigen.
- Ölablassschraube mit **neuem** Dichtring in die Ölwanne einschrauben und festziehen. **Anzugsdrehmoment:** 1,4-, 1,6-, 1,8-l-Benziner: **14 Nm**; 2,0-l-Benziner: **25 Nm**.
- **1,6-l-Turbo-Benzinmotor A16LET:** Ölfiltereinsatz von unten auf die gleiche Weise einbauen wie bei den anderen Benzinmotoren.
- Falls vorhanden, Zugriffsöffnung für Ölablassschraube in der unteren Motorabdeckung schließen.
- Falls ausgebaut, untere Motorabdeckung einbauen, siehe Seite 229.
- Fahrzeug ablassen.
- **Neuen** Dichtring am Ölfilterdeckel aufschieben. Dichtring mit sauberem Motoröl bestreichen.
- **Neuen** Filtereinsatz in den Ölfilterdeckel einsetzen.
- Deckel mit Filtereinsatz in das Filtergehäuse einsetzen und anschrauben.
- Filterdeckel mit **25 Nm** festziehen.

Achtung: Benutzte Ölfiltereinsätze müssen als Sondermüll entsorgt werden.

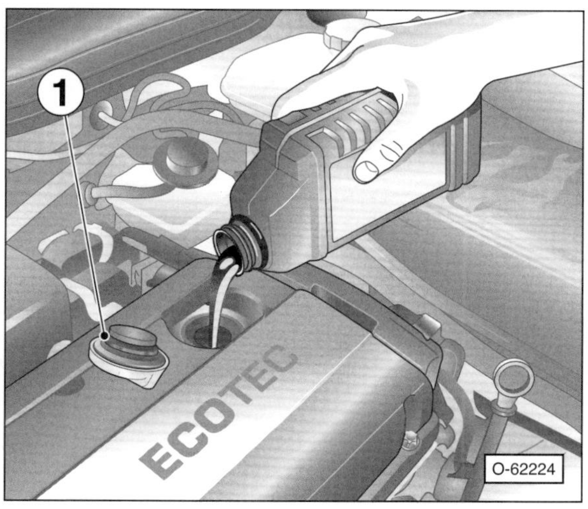

O-62224

- **Neues** Öl am Einfüllstutzen des Zylinderkopfdeckels einfüllen. 1 – Verschlussdeckel.
  Die richtige Ölfüllmenge steht in der Tabelle »Motordaten« auf Seite 13/14.

Achtung: Grundsätzlich empfiehlt es sich, zunächst ½ Liter Motoröl weniger einzufüllen, den Motor warm laufen zu lassen und nach einigen Minuten den Ölstand mit dem Messstab zu kontrollieren und gegebenenfalls zu ergänzen. Zu viel eingefülltes Motoröl muss wieder abgesaugt werden, da sonst die Motordichtungen beziehungsweise der Katalysator beschädigt werden können.

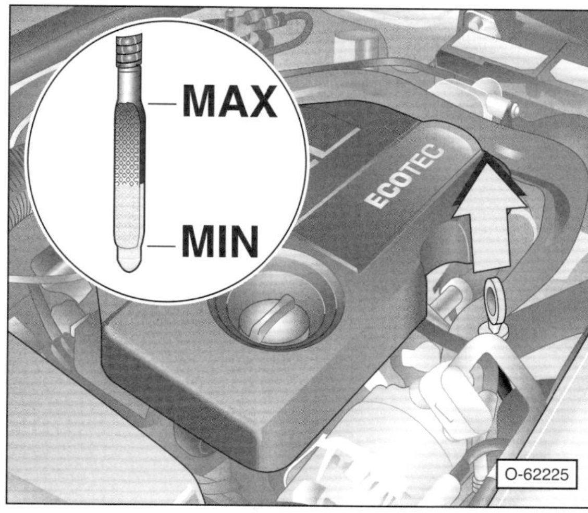

O-62225

- Ölmessstab herausziehen –Pfeil– und mit sauberem Lappen abwischen.
- Anschließend Messstab bis zum Anschlag in das Führungsrohr einführen und wieder herausziehen. Der Ölstand muss zwischen den beiden Markierungen –MAX– und –MIN– liegen.
- Messstab bis zum Anschlag in das Führungsrohr einführen und einrasten.
- Motor starten und im Leerlauf drehen lassen, bis die Öldruckkontrollanzeige erlischt.
- Nach Probefahrt Dichtigkeit von Ölablassschraube und Ölfilter überprüfen, gegebenenfalls vorsichtig nachziehen.
- Ölstand ca. 5 Minuten nach Abstellen des Motors nochmals prüfen, gegebenenfalls korrigieren.
- Neues Öl nur nachfüllen, wenn der Ölstand im Bereich der MIN-Marke oder darunter liegt. Die Ölmenge von der MIN- bis zur MAX-Markierung beträgt **1,0 l**.

Dieselmotor

1,3-l-Dieselmotor A13DTE

Sicherheitshinweis
Beim Aufbocken des Fahrzeugs besteht Unfallgefahr! Hinweise im Kapitel »Fahrzeug aufbocken« beachten.

- Fahrzeug waagerecht anheben und abstützen.
- Untere Motorabdeckung ausbauen, siehe Seite 229.
- Falls vorhanden, Zugriffsöffnung in der Isolierung öffnen.
- Ölauffangwanne unter die Ölwanne stellen.

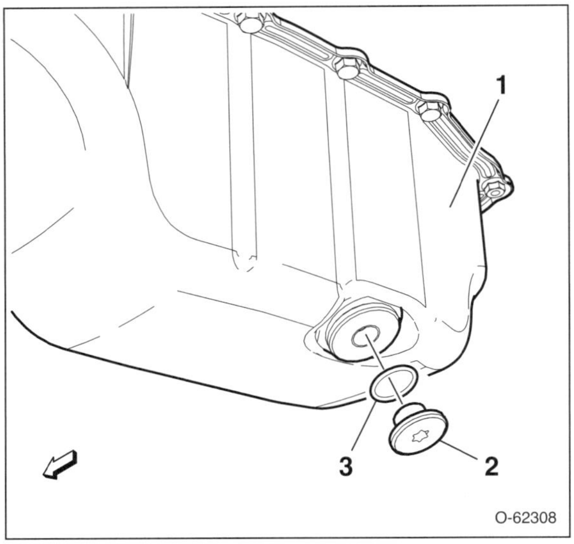

- Ölablassschraube –2– herausdrehen und Motoröl komplett in die Auffangwanne abfließen lassen.
- Gewinde an Ölablassschraube –2– und Ölwanne –1– reinigen.
- **Neue** Ölablassschraube –3– mit neuem Dichtring in die Ölwanne –1– einschrauben und mit **25 Nm** festziehen.
- Falls vorhanden, Zugriffsöffnung in der Isolierung schließen.
- Untere Motorabdeckung einbauen, siehe Seite 229.
- Fahrzeug ablassen.

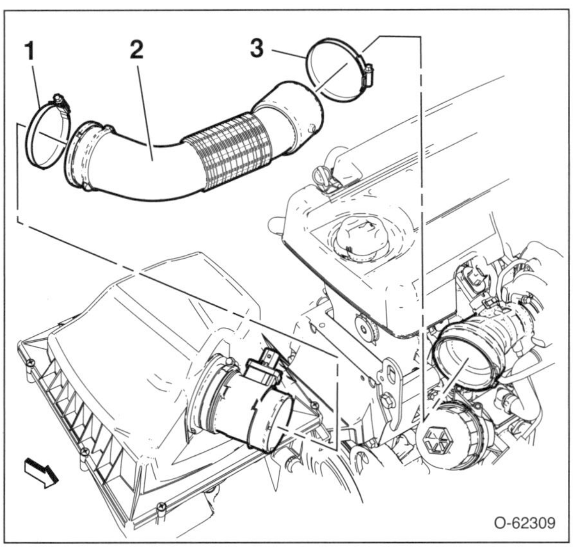

- Vorderen Luftauslasskanal –2– ausbauen. Dazu Klemmen –1– und –3– öffnen und zurückschieben.
- Ölfiltereinsatz aus- und einbauen wie beim Benzinmotor.
- Vorderen Luftauslasskanal an den beiden Anschlussstellen aufschieben und mit Schlauchklemmen sichern.
- Motoröl auffüllen wie beim Benzinmotor.

Speziell 1,6-l-Dieselmotor

- Fahrzeug waagerecht anheben und abstützen.
- Falls vorhanden, Abdeckung für Keilrippenriemen ausbauen.
- Untere Motorabdeckung ausbauen, siehe Seite 229.
- Falls vorhanden, Zugriffsöffnung in der Isolierung öffnen.
- Ölauffangwanne unter die Ölwanne stellen.

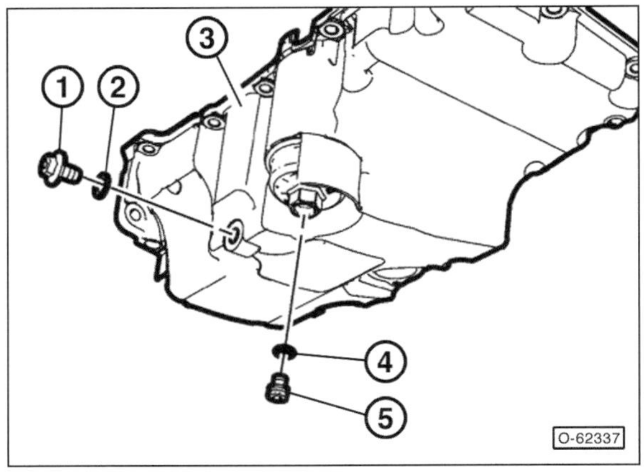

- Ablassschraube –1– aus der Ölwanne –3– herausschrauben und mit Dichtung –2– entfernen. **Hinweis:** Schraube und Dichtung für den Einbau erneuern.
- Motoröl in das Auffanggefäß ablassen.
- Schraube –5– am Ölfilterdeckel herausdrehen und mit Dichtung –4– abnehmen.
- Motoröl in das Auffanggefäß ablassen.

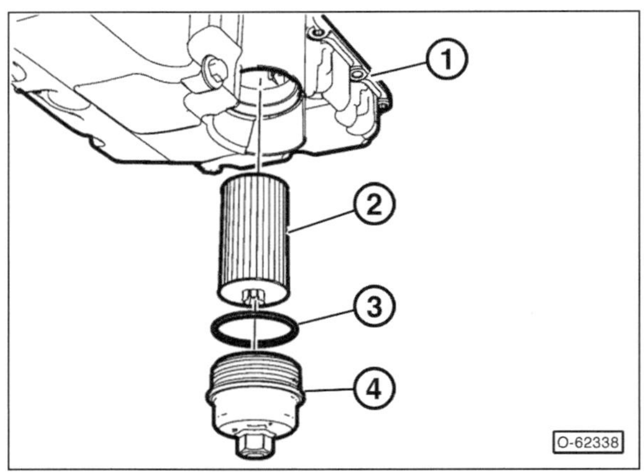

- Ölfilterdeckel –4– von der Ölwanne –1– abschrauben.
- Dichtung vom Ölfilterdeckel –3– abnehmen und erneuern.
- Ölfiltereinsatz –2– abnehmen und erneuern. Dabei weist OPEL ausdrücklich darauf hin, dass nur ein Original-Ölfiltereinsatz verwendet werden darf.

Einbau

- Ölfiltergehäuse der Ölwanne und Ölfilterdeckel mit einem nichtfusselnden Lappen reinigen.

- **Neuen** Dichtring –3– am Ölfilterdeckel auflegen und dünn mit sauberem Motoröl bestreichen.
- **Neuen** Ölfiltereinsatz –2– in den Deckel einsetzen und Deckel mit Filtereinsatz in das Ölfiltergehäuse in der Ölwanne einschrauben. Filterdeckel mit **25 Nm** festziehen. **Achtung:** Zu festes Anziehen des Deckels kann Schäden an Ölfilterdeckel und/oder -gehäuse verursachen, was zu einer Ölundichtigkeit führt.
- **Neue** Ablassschraube mit **neuem Dichtring** an der **Ölwanne** ansetzen, einschauben und mit **25 Nm** festziehen.
- Verschlussschraube mit Dichtung am Ölfilterdeckel einschauben und mit **10 Nm** festziehen.
- Untere Motorraumabdeckung einbauen, siehe Seite 229.
- Abdeckung für Keilrippenriemen, wenn vorhanden, einbauen.
- **Neues** Motoröl auffüllen, siehe Abschnitt über den Benzinmotor.
- Motor starten und mit Leerlaufdrehzahl laufen lassen, bis die Öldruck-Warnanzeige erloschen ist. **Achtung:** Vorher darf nicht Gas gegeben werden, sonst kann der Turbolader beschädigt werden.
- Motor abstellen und den Motorölstand überprüfen und gegebenenfalls korrigieren, siehe Abschnitt über den Benzinmotor.
- Service-Intervall-Anzeige zurücksetzen.

Speziell 1,7-l-Dieselmotor

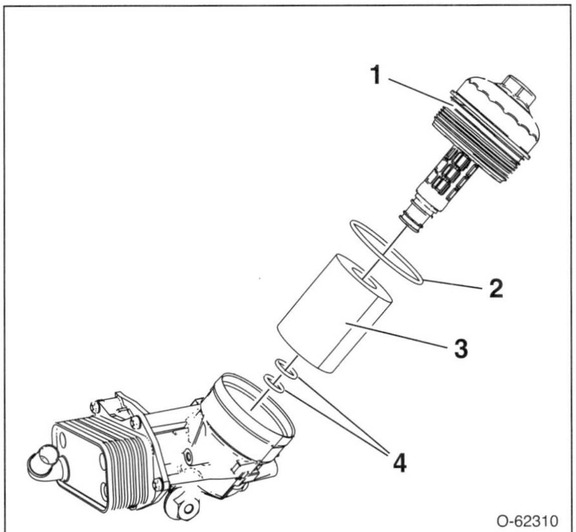

O-62310

Der Ölwechsel erfolgt grundsätzlich wie beim Benzinmotor. Dabei ist Folgendes zu beachten:

- Zum Lösen des Filterdeckels –1– auf keinen Fall einen Gabelschlüssel verwenden.
- 3 Dichtringe –2– und –4– ersetzen. 3 – Filtereinsatz.
- Ölablassschraube mit **neuem** Dichtring einsetzen und mit **20 Nm** festziehen.
- Filterdeckel mit **30 Nm** festziehen.

Speziell 2,0-l-Dieselmotor, Ausführung 1

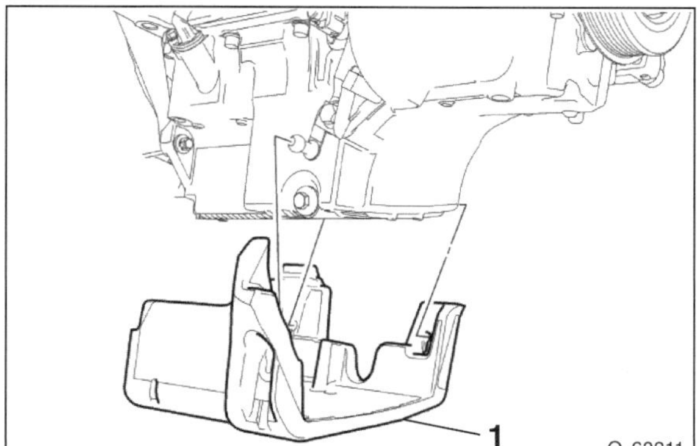

O-62311

- Ölwannendämpfer –1– aus den Halterungen ausclipsen und abnehmen.

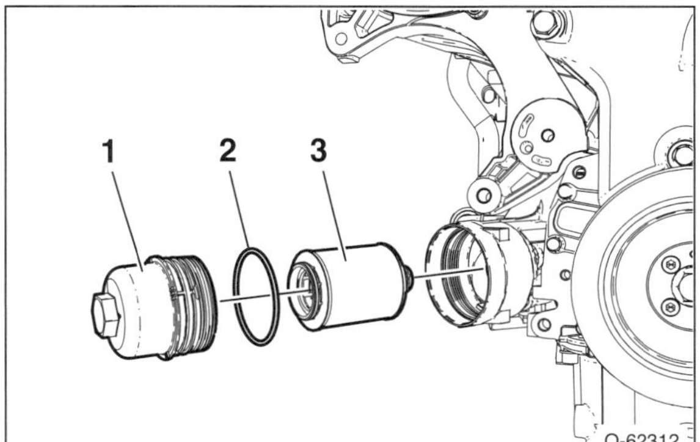

O-62312

Der Ölwechsel erfolgt grundsätzlich wie beim Benzinmotor. Dabei ist Folgendes zu beachten:

- Ölablassschraube mit **neuem** Dichtring einsetzen und mit **20 Nm** festziehen.
- Ölwanne unter den Ölfilter stellen und herauslaufendes Motoröl auffangen.
- Zum Lösen des Filterdeckels –1– auf keinen Fall einen Gabelschlüssel verwenden. 2 – Dichtring, 3 – Filtereinsatz.
- Gewinde und Dichtring des Ölfilterdeckels mit neuem Motoröl schmieren. **Achtung:** Sonst kann der Filterdeckel später unter Umständen nur schwer ausgebaut werden.
- Filterdeckel mit **30 Nm** festziehen.
- Ölwannendämpfer ansetzen und einclipsen.

Speziell 2,0-l-Dieselmotor, Ausführung 2

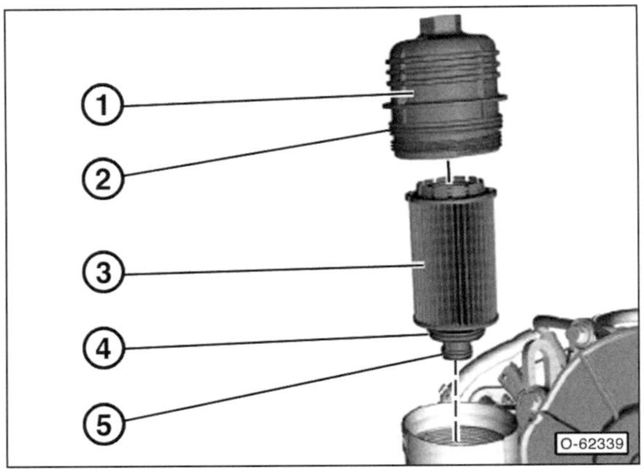

- Ölfilterdeckel –1– mit einer geeigneten Sechskant-Stecknuss abschrauben. **Achtung:** Keinen Maulschlüssel verwenden, dadurch kann der Sechskant am Filterdeckel beschädigt werden.
- Ölfilterdeckel auf Risse und Beschädigungen prüfen, gegebenenfalls ersetzen.
- Ölfilterelement –3– herausnehmen, dabei dicken Lappen unterlegen und herabtropfendes Öl auffangen.
- Dichtung –2– vom Ölfilterdeckel abnehmen.
- Fahrzeug waagerecht anheben und abstützen.
- Falls vorhanden, Unterfahrschutz für Motorraum ausbauen.
- Falls vorhanden, Spritzschutz für Motorraum ausbauen.
- Untere Motorabdeckung ausbauen, siehe Seite 229.

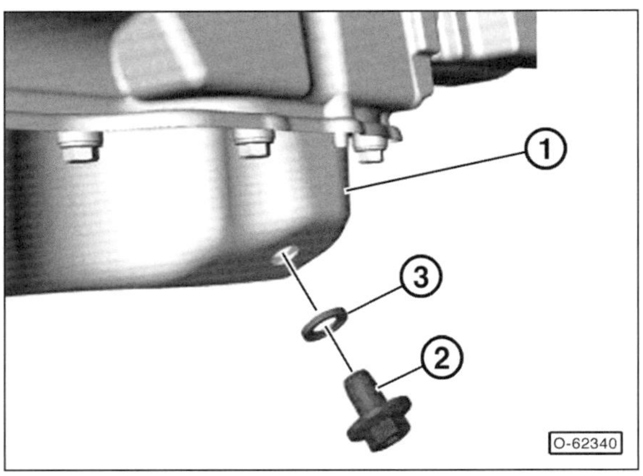

- Ölauffangwanne unter die Ölwanne –1– stellen.
- Ablassschraube –2– aus der Ölwanne –1– herausschrauben und Motoröl in das Auffanggefäß vollständig ablaufen lassen.

Einbau

- Gewinde an Ölwanne und Ablassschraube reinigen.
- Ablassschraube mit **neuem** Dichtring –3– an der Ölwanne ansetzen, einschauben und mit **20 Nm** festziehen.
- Untere Motorraumabdeckung(en) einbauen und Fahrzeug ablassen.

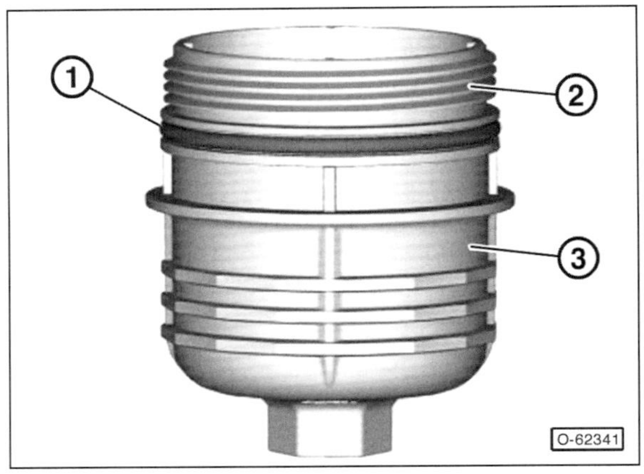

- **Neuen** Dichtring –1– am Ölfilterdeckel aufschieben. Dichtring und Gewinde –2– des Ölfilterdeckels –3– mit neuem, sauberem Motoröl bestreichen.
- Korrekten Sitz der Dichtungen –4– und –5– am neuen Filtereinsatz –3– prüfen, siehe Abbildung O-62339.
- **Neuen** Filtereinsatz in den Filterdeckel einsetzen.
- Filterdeckel in das Filtergehäuse einschrauben und handfest anziehen.
- Filterdeckel mit **25 Nm** festziehen.

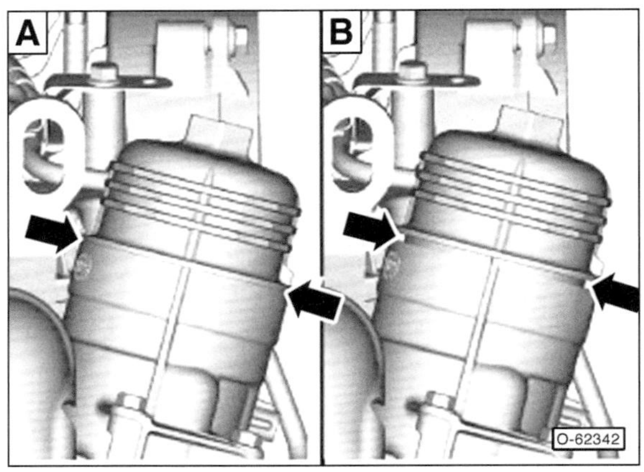

- Prüfen, ob der Ring am Filterdeckel vollständig am Filtergehäuse anliegt –A–. Es darf kein Spalt vorhanden sein –B–, sonst kann es zu Ölundichtigkeiten kommen.

Achtung: Zu festes Anziehen des Deckels kann Schäden an Ölfilterdeckel und/oder -gehäuse verursachen, was zu einer Ölundichtigkeit führt.

- **Neues** Motoröl auffüllen, siehe Abschnitt über den Benzinmotor.
- Motor starten und mit Leerlaufdrehzahl laufen lassen, bis die Öldruck-Warnanzeige erloschen ist. **Achtung:** Vorher darf nicht Gas gegeben werden, sonst kann der Turbolader beschädigt werden.
- Motor abstellen und den Motorölstand überprüfen und gegebenenfalls korrigieren, siehe Abschnitt über den Benzinmotor.
- Service-Intervall-Anzeige zurücksetzen.

Kühlmittelstand prüfen/auffüllen

Der Kühlmittelstand sollte grundsätzlich vor jeder größeren Fahrt geprüft werden.

Spezialwerkzeug: nicht erforderlich.

Erforderliche Betriebsmittel zum Nachfüllen:

- Von OPEL freigegebenes Kühlerfrostschutzmittel. **Hinweis:** Grundsätzlich nur helloranges, silikatfreies Kühlerfrostschutzmittel verwenden. **Auf keinen Fall grünblaues,** silikathaltiges Frostschutzmittel zum Nachfüllen verwenden.
- Sauberes, kalkarmes Wasser in Trinkwasserqualität.

Zum Nachfüllen – auch in der warmen Jahreszeit – nur eine Mischung aus Kühlerfrostschutzmittel und kalkarmem, sauberem Wasser verwenden.

Achtung: Um die Weiterfahrt zu ermöglichen, kann auch, insbesondere im Sommer, reines Wasser nachgefüllt werden. Der Kühlerfrostschutz muss dann jedoch baldmöglichst korrigiert werden.

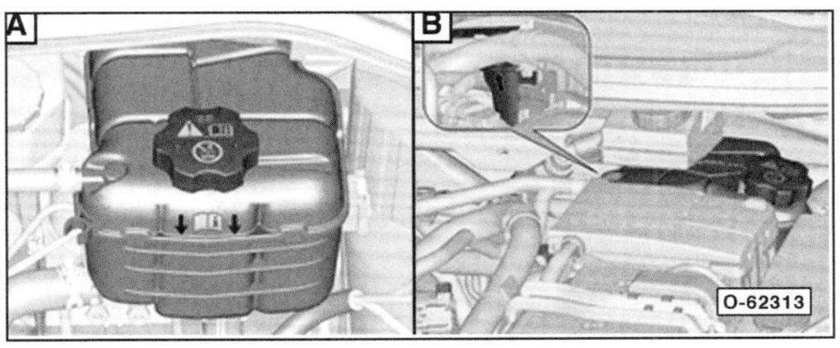

- Der Kühlmittelstand soll bei kaltem Motor (Kühlmitteltemperatur ca. +20° C) etwas über der Fülllinienmarkierung –Pfeile– liegen. A – ASTRA, B – ZAFIRA.

Hinweis: Die ursprünglich hellorange bis orangefarbene Kühlflüssigkeit kann nach längerem Betrieb eine gelbliche Färbung annehmen. Dies ist normal und hat keinen Einfluss auf die Funktion der Kühlflüssigkeit.

- Wenn der Kühlmittelstand bei kaltem Motor die Fülllinienmarkierung unterschreitet, Kühlmittel nachfüllen.
- **Kaltes** Kühlmittel nur bei **kaltem Motor** nachfüllen, um Motorschäden zu vermeiden.

Sicherheitshinweis
Verschlussdeckel bei heißem Motor vorsichtig öffnen. **Verbrühungsgefahr!** Beim Öffnen Lappen über den Verschlussdeckel legen. Verschlussdeckel nur bei einer Kühlmittel-Temperatur unter +90° C öffnen.

- Verschlussdeckel beim Öffnen zuerst etwas aufdrehen und Überdruck entweichen lassen. Danach Deckel weiterdrehen und abnehmen.
- Sichtprüfung auf Dichtheit durchführen, wenn der Kühlmittelstand in kurzer Zeit absinkt.

Frostschutz prüfen/korrigieren

Regelmäßig vor Winterbeginn sollte sicherheitshalber die Konzentration des Frostschutzmittels geprüft werden, insbesondere wenn zwischendurch reines Wasser nachgefüllt wurde.

Erforderliches Spezialwerkzeug:

- Prüfspindel zum Messen des Frostschutzanteils. Eine Frostschutz-Prüfspindel liegt auch oft an Tankstellen zur Benutzung aus.

Hinweis: Eventuell ist es erforderlich, die Prüfspindel zu eichen. Dabei ist folgendermaßen vorzugehen: 50 ml Kühlkonzentrat mit 50 ml Trinkwasser mischen. Diese Mischung hat einen Frostschutz von –40° C. Frostschutz mit der Prüfspindel messen und eventuelle Abweichung zum Sollwert von –40° C notieren. Beispiel: Die Prüfspindel zeigt –36° C an. Die Abweichung beträgt also –4° C. Wird dann am Fahrzeug ein Wert von –16° C gemessen, dann beträgt der korrekte Frostschutz (–16°) + (–4°) = –20° C.

Erforderliche Betriebsmittel zum Nachfüllen:

- Von OPEL freigegebenes Kühlerfrostschutzmittel. **Hinweis:** Grundsätzlich nur helloranges, silikatfreies Kühlerfrostschutzmittel verwenden. **Auf keinen Fall grünblaues,** silikathaltiges Frostschutzmittel zum Nachfüllen verwenden.
- Sauberes, kalkarmes Wasser in Trinkwasserqualität.

Prüfen

- Motor warm fahren, bis der obere Kühlmittelschlauch zum Kühler etwa handwarm ist.
- Verschlussdeckel am Ausgleichbehälter vorsichtig öffnen. **Achtung:** Nicht bei heißem Motor öffnen, siehe unter »Kühlmittelstand prüfen«.

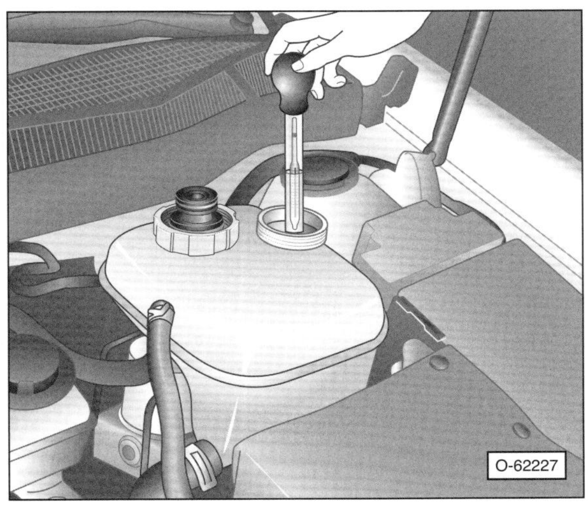

- Mit Prüfspindel Kühlflüssigkeit ansaugen und am Schwimmer die Kühlmitteldichte ablesen. Der Frostschutz soll in unseren Breiten bis –30° C reichen.

OPEL-Kühlkonzentrat ergänzen

Achtung: Da Kühler und Wärmetauscher aus Aluminium gefertigt sind, darf nur ein dafür geeignetes und von OPEL freigegebenes Frost- und Korrosionsschutzmittel verwendet werden. Die Freigabe steht dann auf dem Behälter des Kühlkonzentrats.

Beispiel: Die Frostschutz-Messung mit der Spindel ergibt beim 1,4-l-Motor einen Frostschutz bis – 10° C. In diesem Fall aus dem Kühlsystem 1,8 l Kühlflüssigkeit ablassen und dafür 1,8 l reines Frostschutzkonzentrat auffüllen. Dadurch wird ein Frostschutz bis –30° C erreicht. Für einen Frostschutz von –40° C ist der Austausch von 2,3 l Flüssigkeit erforderlich.

Gemess. Wert in °C		0	–5	–10	–15	–20	–30	Füll-menge
Motor	Sollwert	Differenzmenge in Liter						
1,4-/1,6-l-Benziner; 1,6-l-Dies.	–30°	2,5	2,1	1,8	1,5	1,1	–	5,6-6,2
	–40°	3,1	2,7	2,3	1,8	1,4	0,6	
1,3-/1,7-l-Diesel	–30°	2,8	2,4	2,1	1,7	1,3	–	6,8-7,1
	–40°	3,6	3,1	2,6	2,1	1,6	0,7	
2,0-l-Diesel	–30°	3,6	3,1	2,6	2,1	1,7	–	9,0
	–40°	4,5	3,9	3,3	2,7	2,1	0,9	

Achtung: Die in der Tabelle angegebenen Werte gelten bei einer Kühlflüssigkeitstemperatur von ca. +20° C.

- Verschlussdeckel am Kühler verschließen und nach Probefahrt Frostschutz erneut überprüfen.

Achtung: Eine zu hohe Konzentration des Frostschutzmittels führt zu einer Verschlechterung von Kühleigenschaften und Frostschutz. Dies ist der Fall ab einem Frostschutzanteil von ca. 55 %.

Kraftstofffilter für Dieselmotor entwässern/ersetzen

Achtung: Auslaufender Dieselkraftstoff muss besonders von Gummiteilen, beispielsweise Kühlmittelschläuchen, sofort abgewischt werden, sonst werden die Gummiteile im Lauf der Zeit zerstört.

Hinweis: Dieselkraftstoff ist ein Problemstoff und darf auf keinen Fall einfach weggeschüttet oder dem Hausmüll mitgegeben werden. Gemeinde- und Stadtverwaltungen informieren darüber, wo sich die nächste Problemstoff-Sammelstelle befindet.

Erforderliches Spezialwerkzeug:

- Zum Auffangen des Wassersatzes ist ein geeignetes Auffanggefäß erforderlich.
- Kraftstoffresistenten, durchsichtigen Schlauch zum Aufstecken auf die Ablassschraube.

Erforderliche Verschleißteile, um den Filter zu ersetzen:

- Kraftstofffiltereinsatz.
- Dichtung für Filterdeckel.

Entwässern

Der Kraftstofffilter ist im Rahmen der Wartung, oder wenn die Entwässerungs-Kontrollleuchte im Kombiinstrument aufleuchtet, zu entwässern.

Der Kraftstofffilter befindet sich auf der rechten Seite des Kraftstofftanks.

- Fahrzeug waagerecht aufbocken.

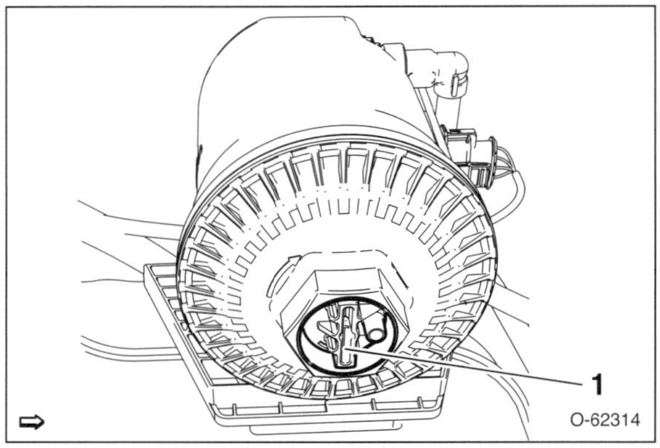

- Kraftstoffresistenten Schlauch auf den Anschlussstutzen der Ablassschraube –1– aufstecken und das andere Ende des Schlauches in das Auffanggefäß führen. Der Pfeil zeigt in Fahrtrichtung.
- Ablassschraube –1– mit einem geeigneten Schraubendreher ca. 1 Umdrehung öffnen und Wassersatz (ca. 100 cm^3) ablaufen lassen. Sobald reiner Dieselkraftstoff austritt, Ablassschraube schließen. **Achtung:** Kraftstofffiltergehäuse **nicht leer laufen lassen**.
- Ablassschraube verschließen und mit ca. **2,5 Nm** anziehen.
- Ablassschlauch abziehen.
- Fahrzeug ablassen.

Ersetzen

- Fahrzeug waagerecht aufbocken.

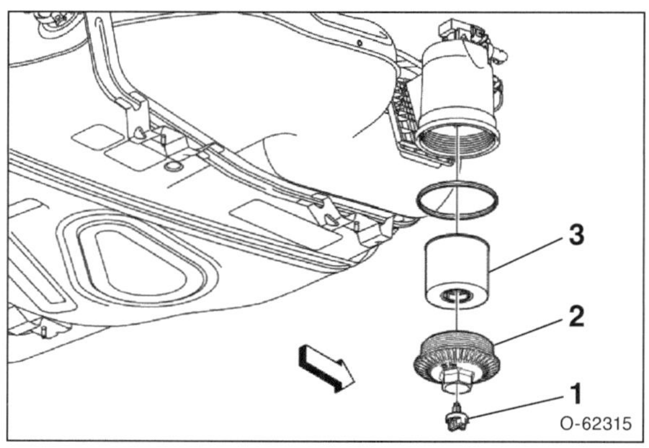

- Kraftstoffresistenten Schlauch auf den Anschlussstutzen der Ablassschraube –1– aufstecken und das andere Ende des Schlauches in das Auffanggefäß führen. Der Pfeil zeigt in Fahrtrichtung.

- Ablassschraube –1– mit einem geeigneten Schraubendreher öffnen und Kraftstofffilter leer laufen lassen.
- Filterdeckel –2– abschrauben und abnehmen.
- Filtereinsatz –3– herausnehmen.
- Dichtung abnehmen und ersetzen. **Achtung:** Keinen Schraubendreher oder Dorn zum Entfernen der Dichtung verwenden, dadurch kann die Dichtfläche des Aluminiumgehäuses beschädigt werden.
- **Neue** Dichtung einsetzen.
- **Neuen** Filtereinsatz einsetzen.
- Filterdeckel anschrauben und mit **25 Nm** festziehen.
- Entwässerungsschraube schließen (**ca. 2,5 Nm**) und, falls noch vorhanden, Ablassschlauch abnehmen.
- Fahrzeug ablassen.
- Kraftstoffsystem entlüften.

Entlüften

- Zündung 3-mal für jeweils 15 Sekunden einschalten. **Hinweis:** Beim Einschalten der Zündung läuft jedes Mal die Kraftstoff-Vorförderpumpe im Tank an und pumpt Kraftstoff in das Kraftstofffiltergehäuse.
- Motor starten. Dabei kann der Anlasser bis zu 40 Sekunden lang betätigt werden. Sollte der Motor nicht anspringen, Zündung ausschalten und ca. 5 Sekunden warten.
- Anschließend Entlüftungsvorgang wiederholen.
- Motor im Leerlauf laufen lassen. Kraftstoffsystem auf Dichtheit sichtprüfen.

Keilrippenriemen prüfen

Der Keilrippenriemen muss nicht nachgespannt werden, da eine automatische Spannrolle die Riemenspannung konstant hält. Im Rahmen der Wartung muss der Keilrippenriemen auf Beschädigungen geprüft und gegebenenfalls erneuert werden.

Spezialwerkzeug: nicht erforderlich.

Erforderliche Betriebsmittel/Verschleißteile bei defektem Keilrippenriemen:

- Keilrippenriemen für die jeweilige Motorausführung.

Zustand prüfen

Achtung: Prüfung bei kaltem Motor durchführen, da sich bei warmem Motor jederzeit der Kühlerlüfter einschalten kann. Verletzungsgefahr!

- Zündung ausschalten.
- Riemen an gut sichtbarer Stelle mit einem Kreidestrich markieren.
- Motor stückweise langsam durchdrehen und dabei Zustand des Keilrippenriemens sichtprüfen. Motor an der Zentralschraube der Kurbelwellenriemenscheibe in Motordrehrichtung durchdrehen. **Hinweis:** Zum Weiterdrehen des Motors kann auch das Fahrzeug bei eingelegtem 5. Gang und ausgeschalteter Zündung auf einer ebenen Fläche etwas verschoben werden.

Achtung: Motor nicht rückwärts drehen.

- Keilrippenriemen auf folgende Beschädigungen prüfen:
- Öl- und Fettspuren.

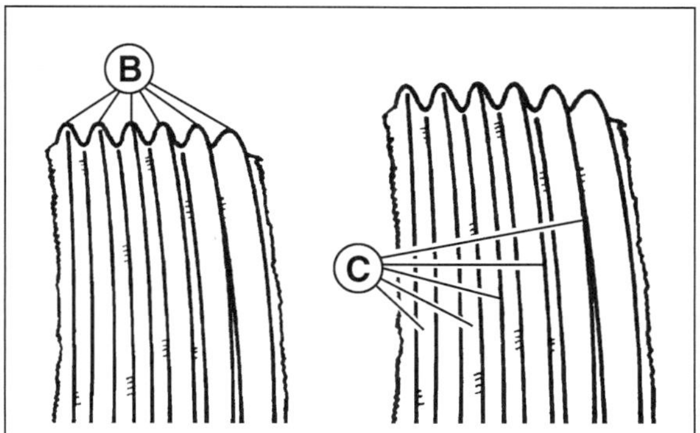

SX-6238

- Flankenverschleiß: Rippen laufen spitz zu –B–, neu sind sie trapezförmig. Der Zugstrang ist im Rippengrund sichtbar, erkenntlich an den helleren Stellen –C–.
- Flankenverhärtungen, glasige Flanken.

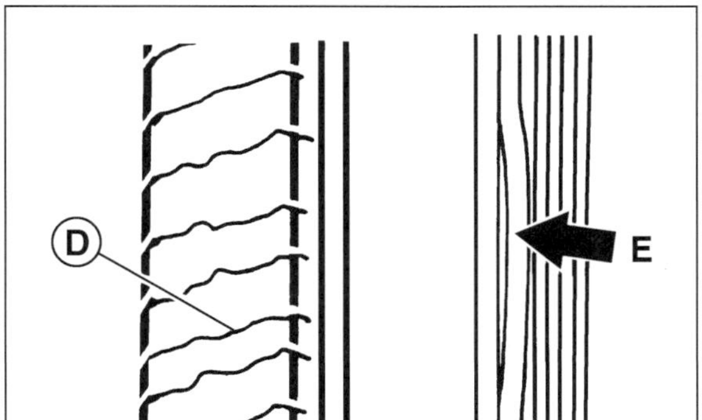

SX-6239

- Querrisse –D– auf der Rückseite des Riemens.
- Einzelne Rippen lösen sich ab –E–.

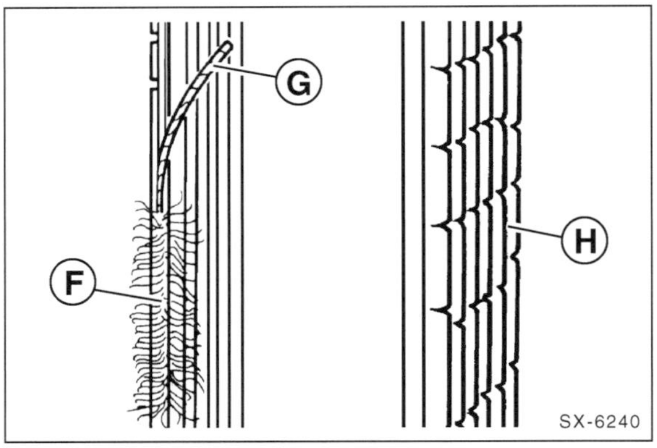

- Ausfransungen der äußeren Zugstränge –F–.
- Zugstrang seitlich herausgerissen –G–.
- Querrisse –H– in mehreren Rippen.

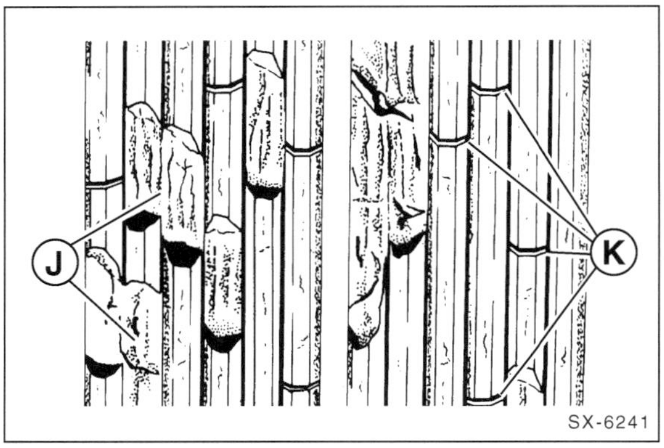

- Rippenbrüche –J–.
- Einzelne Rippenquerrisse –K–.
- Einlagerung von Schmutz und Steinen zwischen den Rippen.
- Gummiknollen im Rippengrund.
- Wenn eine oder mehrere dieser Beschädigungen vorhanden sind, Keilrippenriemen ersetzen, siehe Seite 163.

Motor-Luftfilter: Filtereinsatz erneuern

Spezialwerkzeug: nicht erforderlich.

Erforderliche Betriebsmittel/Verschleißteile:

- Luftfiltereinsatz.

Ausbau

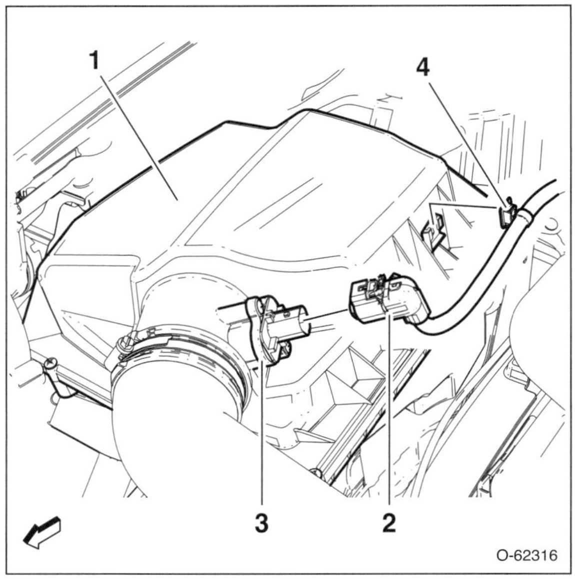

- Stecker –2– vom Luftmassenmesser –3– abziehen.
- Kabelhalter –4– an der Halterung des Luftfilterdeckels –1– herausziehen.

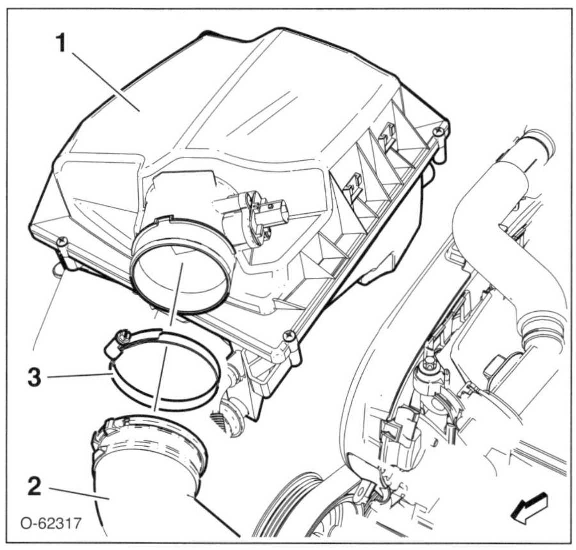

- Schlauchschelle –3– öffnen und zurückschieben.
- Luftauslasskanal –2– vom Luftfilterdeckel –1– abziehen.

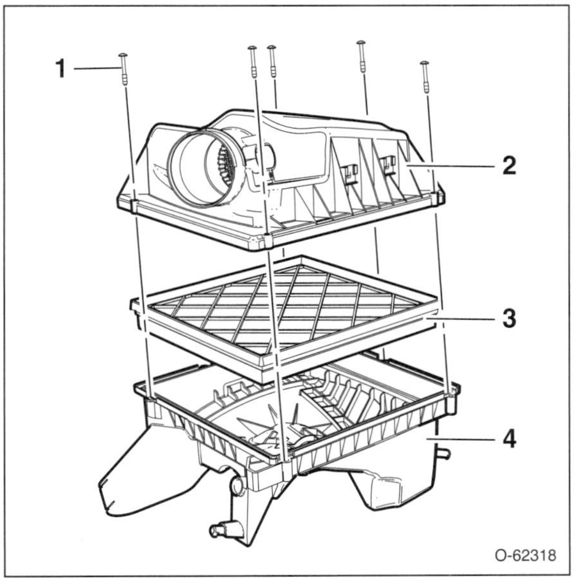

- 5 Schrauben –1– herausdrehen.
- Luftfilterdeckel –2– vom Filtergehäuse –4– abheben.
- Filtereinsatz –3– herausnehmen.

Einbau

- Neuen Filtereinsatz einsetzen, dabei auf bündigen Anschluss der Dichtung achten.
- Filterdeckel ansetzen und Schrauben von Hand anziehen.

Achtung: Bei den Befestigungsschrauben handelt es sich um selbstfurchende Schrauben, die sich das Gewinde in das Luftfiltergehäuse selbst schneiden. Die Schrauben können bis zu 10-mal verwendet werden. Falls der Deckel nicht mehr festgeschraubt werden kann, Gewinde ausbohren und neue Schrauben mit Muttern einsetzen.

- Der weitere Einbau erfolgt in umgekehrter Ausbaureihenfolge.

Sichtprüfung der Abgasanlage

Spezialwerkzeug: nicht erforderlich.

Sicherheitshinweis
Beim Aufbocken des Fahrzeugs besteht Unfallgefahr! Hinweise im Kapitel »Fahrzeug aufbocken« beachten.

- Fahrzeug aufbocken.
- Befestigungsschellen und -flansche auf festen Sitz prüfen.
- Abgasanlage auf Löcher, durchgerostete Teile sowie Scheuerstellen absuchen.
- Stark gequetschte Abgasrohre ersetzen.
- Gummihalterungen durch Drehen und Dehnen auf Porosität überprüfen und gegebenenfalls austauschen.

- Benziner: Elektrischen Anschluss und festen Sitz der Lambdasonde(n) prüfen.
- Fahrzeug ablassen.

Zündkerzen wechseln

Benzinmotor

Erforderliches Spezialwerkzeug:

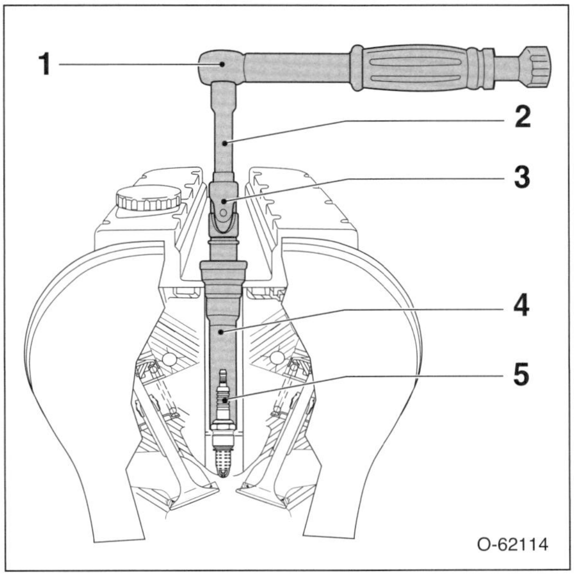

- Ein 16 mm-Zündkerzenschlüssel, zum Beispiel HAZET 4766-1. **Achtung:** Für die DOHC-Motoren darf nur ein Schlüssel verwendet werden, dessen Gehäuse –4– sich **nicht** an den Isolator –5– der Zündkerze anlegen (verkanten) kann. Außerdem wird eine Verlängerung –2– mit Gelenk –3– benötigt. 1 – Drehmomentschlüssel.

Erforderliche Verschleißteile:

- 4 Zündkerzen.

Motor	Zündkerzen	EA*	Anzugs-drehmom.
A14XEL, A14XER A16XER	CHAMPION RC10MCC R6	0,85 - 0 ,95	**25 Nm**
A14NEL	NGK IFR7W-7G	–	**25 Nm**
A14NET, A16LET, A14NET-LPG	NGK ZFR 7 BP-G	0,85 - 0 ,95	**25 Nm**
A16XNT	NGK ZFR 7 BP-G	0,7	**25 Nm**
A18XER	BOSCH FQR 8 LEU2	0,75 - 0,95	**25 Nm**

*) **EA** = Elektrodenabstand in mm.

Achtung: Es kann sein, dass für einzelne Motoren andere Zündkerzenwerte gelten, sodass unsere Tabelle nicht auf dem neuesten Stand ist. Um die aktuelle Zündkerze für Ihren

Fahrzeugmotor zu ermitteln, benötigt der Fachhandel die **Fahrzeug-Ident-Nummer** und die **3 Schlüsselnummern**. Diese Nummern sind im Fahrzeugschein aufgeführt. Sie sollten beim Kauf von Zündkerzen angegeben werden.

Ausbau

Achtung: Zündkerzen nur bei kaltem oder handwarmem Motor wechseln. Wenn die Zündkerzen bei heißem Motor herausgedreht werden, kann das Zündkerzengewinde des Leichtmetall-Zylinderkopfes ausreißen.

- **1,6-/1,8-l-Motor:** Führung für Motorkabelstrang seiltich am Zylinderkopf ausclipsen und abnehmen.

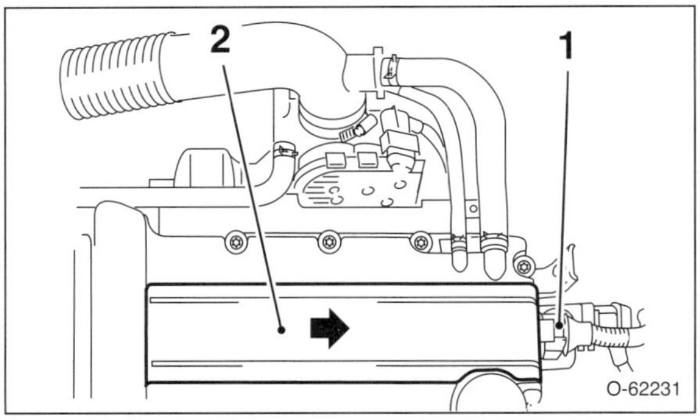

- Mehrfachstecker –1– für Zündmodul abziehen.
- **Ausführung 1:** Abdeckung für Zündmodul –2– in Pfeilrichtung vom Zylinderkopfdeckel abziehen. **Hinweis:** Je nach Motor Pfeilrichtung auf der Abdeckung beachten.
- **Ausführung 2:** Obere Motorabdeckung nach oben abziehen.

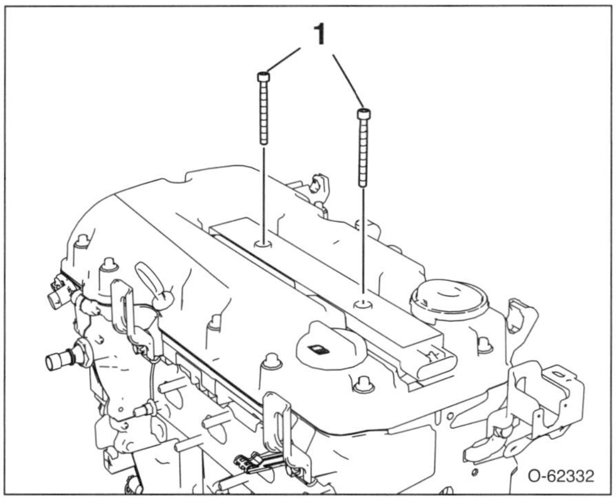

- 2 Schrauben –1– aus dem Zündmodul herausdrehen.

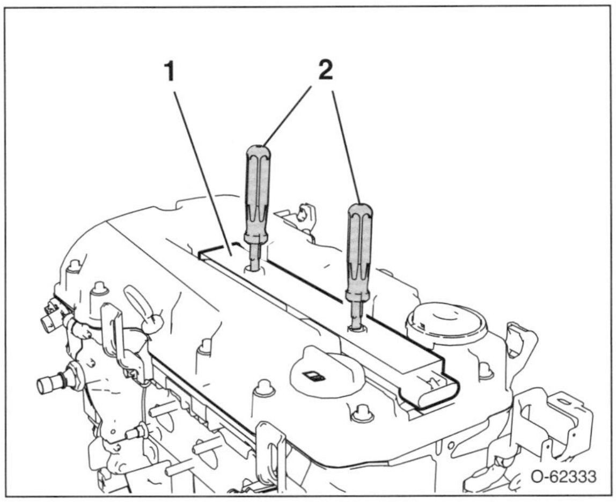

- Zündmodul –1– nach oben aus dem Zylinderkopf herausziehen. Die Werkstatt schraubt dazu die Spezialgriffe EN-6009 –2– in das Zündmodul ein. Steht das Spezialwerkzeug nicht zur Verfügung, geeignete Schrauben eindrehen und Schrauben mit Zündmodul herausziehen.

Achtung: Zündmodul beim Abziehen von den Zündkerzen nicht verkanten, sonst können die Zündkerzenstecker beschädigt werden.

- Zündkerzen mit geeignetem Kerzenschlüssel herausdrehen. Dabei darauf achten, dass der Kerzenschlüssel nicht verkantet wird, was zum Bruch des Keramikisolators führen kann.

Einbau

- Zündkerzen mit Kerzenschlüssel von Hand bis zur Anlage am Zylinderkopf einschrauben. **Achtung:** Dabei Kerzen nicht verkanten.
- Zündkerzen mit **25 Nm** festziehen. **Achtung:** Dabei Zündkerzenschlüssel nicht verkanten, damit der Keramikisolator nicht beschädigt wird.
- Zündmodul auf die Zündkerzen aufstecken und mit 2 Schrauben sowie **8 Nm** anschrauben.
- Abdeckung für Zündmodul am Zylinderkopfdeckel aufschieben beziehungsweise aufdrücken.
- Mehrfachstecker anschließen.
- **1,6-/1,8-l-Motor:** Motorkabelsatzführung am Zylinderkopf anclipsen.

Alle Motoren:

Zündkerzengewinde erneuern

Hinweis: Falls festgestellt wird, dass das Zündkerzengewinde defekt ist, muss dieses erneuert werden. Dazu gibt es unter anderem von BERU einen entsprechenden Werkzeug- und Reparatursatz. Mit einem Spezialbohrer wird das alte Gewinde herausgeschält; der Zylinderkopf muss dazu nicht ausgebaut werden. Anschließend wird ein neues Gewinde in den Zylinderkopf geschnitten und die Zündkerze mit einem speziellen Gewindeeinsatz reingedreht. Nachträglich eingebaute Zündkerzengewindeeinsätze sitzen sicher und sind kompressionsdicht.

Getriebe/Achsantrieb

Folgende Wartungspunkte müssen nach dem Wartungsplan durchgeführt werden:

- Schaltgetriebe/Automatikgetriebe: Sichtprüfung auf Undichtigkeiten.

Achtung: Getriebe-Altöl **keinesfalls einfach wegschütten oder dem Hausmüll mitgeben**. Die Öl-Verkaufsstellen nehmen die entsprechende Menge Altöl kostenlos entgegen, daher beim Ölkauf Quittung und Ölkanister für spätere Altölrückgabe aufbewahren!

Getriebe-Sichtprüfung auf Dichtheit

Spezialwerkzeug: nicht erforderlich.

Folgende Leckstellen sind möglich:

- Trennstelle zwischen Motorblock und Getriebe.
- Antriebswelle an Getriebe.
- Öleinfüllschraube.
- Ölablassschraube.

Sichtprüfen

Bei ölverschmiertem Getriebe und Ölverlust überprüfen, wo das Öl austritt. Bei der Suche nach der Leckstelle folgendermaßen vorgehen:

- Getriebegehäuse mit Kaltreiniger reinigen.
- Mögliche Leckstellen mit Kalk oder Talkumpuder bestäuben.
- Probefahrt durchführen. Damit das Öl besonders dünnflüssig wird, sollte die Probefahrt auf einer Schnellstraße über eine Entfernung von ca. 30 km durchgeführt werden.

Sicherheitshinweis
Beim Aufbocken des Fahrzeugs besteht Unfallgefahr! Hinweise im Kapitel »Fahrzeug aufbocken« beachten.

- Fahrzeug aufbocken und Getriebe mit einer Lampe anstrahlen und nach der Leckstelle absuchen.
- Leckstelle umgehend beseitigen. Anschließend Getriebeöl auffüllen.

Getriebeölstand prüfen

Achtung: Der Getriebeölstand kann bei der Erstbefüllung bis zu 20 mm unter der Kontrollöffnung liegen. Der Ölstand muss nur geprüft werden, wenn bei der Sichtprüfung Ölundichtigkeiten festgestellt werden beziehungsweise nach Reparatur- und Instandsetzungsarbeiten am Getriebe.

1,4-l-Benzmotor 64/74/85 kW A14XEL/XER, A16XER
1,3-l-Dieselmotor 70 kW A13DTE
5-Gang-Getriebe F17-5

Achtung: Die Getriebeöl-Kontrollschraube muss ersetzt werden.

Die Kennzeichnung des Schaltgetriebes ist oben am Getriebegehäuse nahe beim Motor angebracht.

Sicherheitshinweis
Beim Aufbocken des Fahrzeugs besteht Unfallgefahr! Hinweise im Kapitel »Fahrzeug aufbocken« beachten.

- Fahrzeug waagerecht aufbocken.

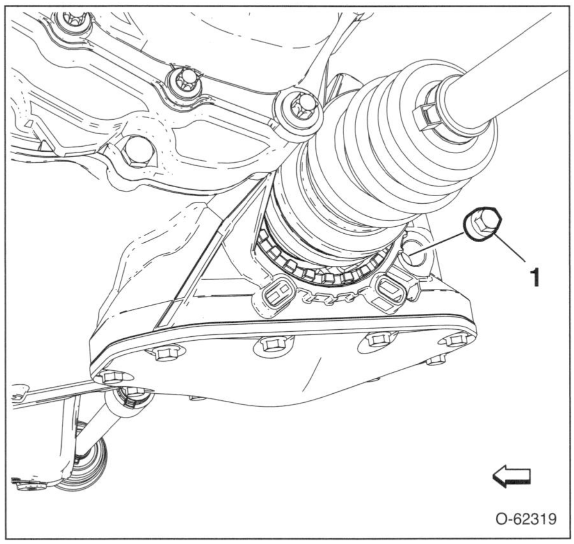

- Auffangwanne für Getriebeöl unter das Getriebe stellen.
- Bereich um die Kontrollschraube –1– reinigen.
- Kontrollschraube –1– herausdrehen.
- Getriebeöl einfüllen, bis Öl aus der Bohrung austritt.
- **Neue** Kontrollschraube einschrauben und in 3 Stufen anziehen.
  1. Stufe mit Drehmomentschlüssel **4 Nm**
  2. Stufe mit starrem Schlüssel **45°**
  3. Stufe mit starrem Schlüssel **90°**
- Fahrzeug ablassen.

1,4-l-Benziner 88/103 kW A14NEL/NET, A16LET
1,7-l-Dieselmotor 81/92 kW A17DTJ/DTR
6-Gang-Getriebe M32-6

Achtung: Die Kontrollschraube vorn am Getriebe darf nicht geöffnet werden. Zur Ölstandkontrolle wird das Getriebeöl abgelassen und anschließend die richtige Menge aufgefüllt.

Die Getriebeöl-Ablassschraube muss erneuert werden.

Die Kennzeichnung des Schaltgetriebes ist auf der Rückseite des Getriebegehäuses über der Achswelle angebracht. Außerdem befindet sich auf dem Deckel des Differentials ein Aufkleber mit der Getriebebezeichnung.

Sicherheitshinweis
Beim Aufbocken des Fahrzeugs besteht Unfallgefahr! Hinweise im Kapitel »Fahrzeug aufbocken« beachten.

- Fahrzeug waagerecht aufbocken.

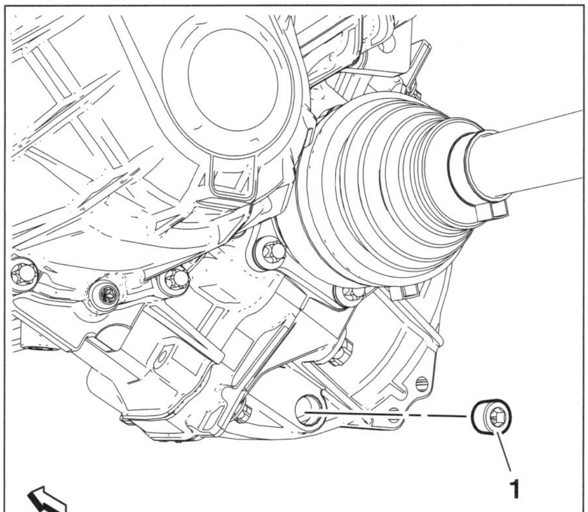

O-62320

- Auffangwanne für Getriebeöl unter das Getriebe stellen.
- Bereich um die Ablassschraube –1– reinigen.
- Ablassschraube –1– herausdrehen.
- Getriebeöl ca. 10 Minuten herauslaufen lassen.
- **Neue** Ablassschraube einschrauben und mit **20 Nm** festziehen.
- Fahrzeug ablassen.
- Batteriekasten ausbauen, siehe Seite 56.

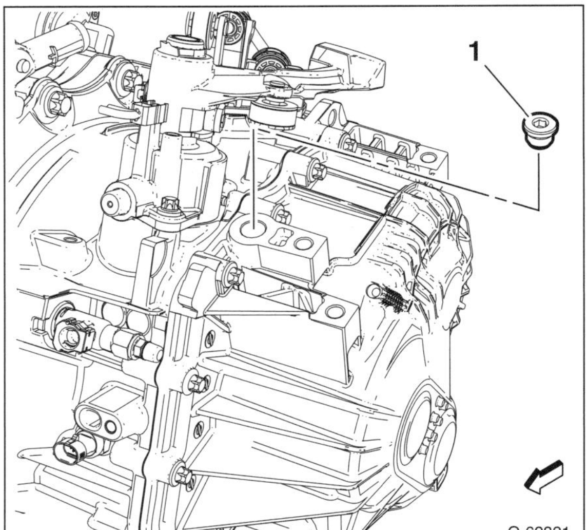

O-62321

- Bereich um die Einfüllschraube –1– reinigen.
- Einfüllschraube –1– herausdrehen.
- **2,0 l** Getriebeöl einfüllen.
- **Neue** Einfüllschraube einschrauben und mit **30 Nm** festziehen.
- Batteriekasten einbauen, siehe Seite 56.

2,0-l-Dieselmotor 118 kW A20DTH, 118 kW
6-Gang-Getriebe F40-6

Achtung: Zur Ölstandkontrolle wird das Getriebeöl abgelassen und anschließend die richtige Menge aufgefüllt.

Die Getriebeöl-Ablassschraube grundsätzlich erneuern.

Die Kennzeichnung des Schaltgetriebes ist an der Vorderseite des Getriebegehäuses angebracht.

Sicherheitshinweis
Beim Aufbocken des Fahrzeugs besteht Unfallgefahr! Hinweise im Kapitel »Fahrzeug aufbocken« beachten.

- Fahrzeug waagerecht aufbocken.

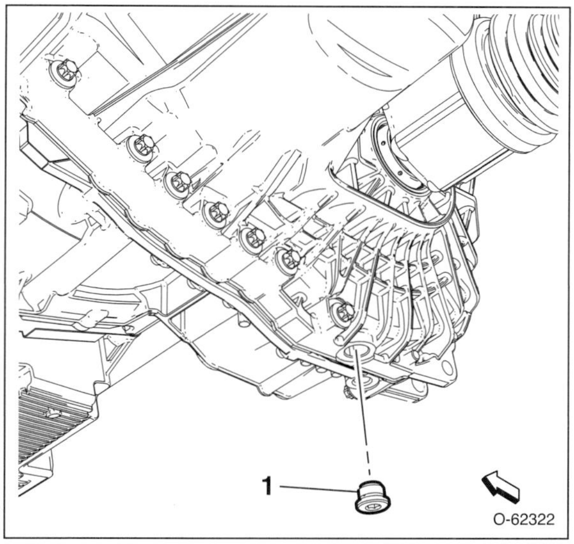

- Auffangwanne für Getriebeöl unter das Getriebe stellen.
- Bereich um die Ablassschraube –1– reinigen.
- Ablassschraube –1– herausdrehen.
- Getriebeöl ablaufen lassen.
- **Neue** Ablassschraube einschrauben und mit **50 Nm** festziehen.
- Fahrzeug ablassen.
- Batteriekasten ausbauen, siehe Seite 56.

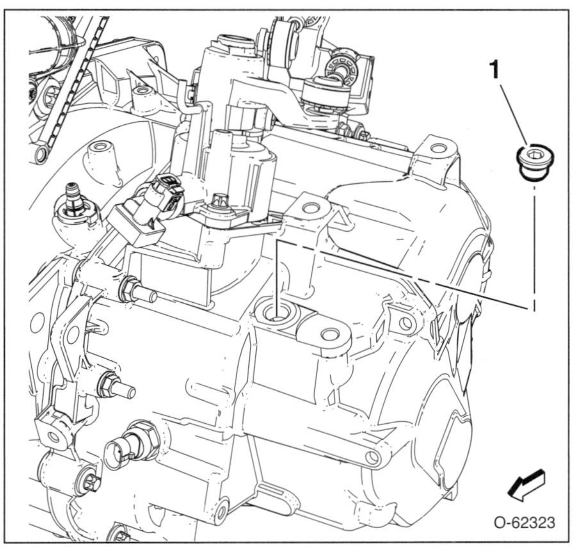

- Bereich um die Einfüllschraube –1– reinigen.
- Einfüllschraube –1– herausdrehen.
- **1,6 l** Getriebeöl einfüllen.
- **Neue** Einfüllschraube einschrauben und mit **50 Nm** festziehen.
- Batteriekasten einbauen, siehe Seite 56.

Vorderachse/Lenkung

Folgende Wartungspunkte müssen nach dem Wartungsplan durchgeführt werden:

- Radaufhängung sichtprüfen: Federn auf Bruch, Stoßdämpfer auf deutliche Ölspuren prüfen – etwas Feuchtigkeit ist unbedenklich.
- Gummimanschetten der Gelenkwellen: Auf Undichtigkeiten und Beschädigungen prüfen.
- Lenkgetriebe: Manschetten prüfen.
- Spurstangenköpfe und Achsgelenke: Staubkappen prüfen, Gelenke auf Spiel prüfen.

Gummimanschetten der Gelenkwellen prüfen

Für die Prüfung werden weder Spezialwerkzeuge noch Verschleißteile benötigt.

Sicherheitshinweis
Beim Aufbocken des Fahrzeugs besteht Unfallgefahr! Hinweise im Kapitel »Fahrzeug aufbocken« beachten.

- Fahrzeug aufbocken.

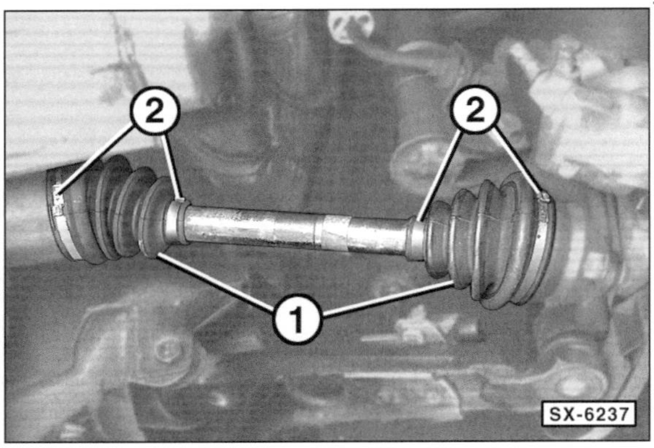

- Gummi der Manschetten –1– mit Lampe anstrahlen und auf Porosität und Risse untersuchen. Eingerissene Gelenkschutzhüllen umgehend erneuern.
- Sollte eine Manschette durch Unterdruck im Gelenk nach innen gezogen oder defekt sein, so ist sie umgehend auszutauschen.
- Auf sichtbare Fettspuren an den Manschetten und in deren Umgebung achten.
- Festen Sitz der Manschettenbänder –2– prüfen.

Lenkmanschetten prüfen

Für die Prüfung werden weder Spezialwerkzeuge noch Verschleißteile benötigt.

Sicherheitshinweis
Beim Aufbocken des Fahrzeugs besteht Unfallgefahr! Hinweise im Kapitel »Fahrzeug aufbocken« beachten.

- Fahrzeug vorn aufbocken.

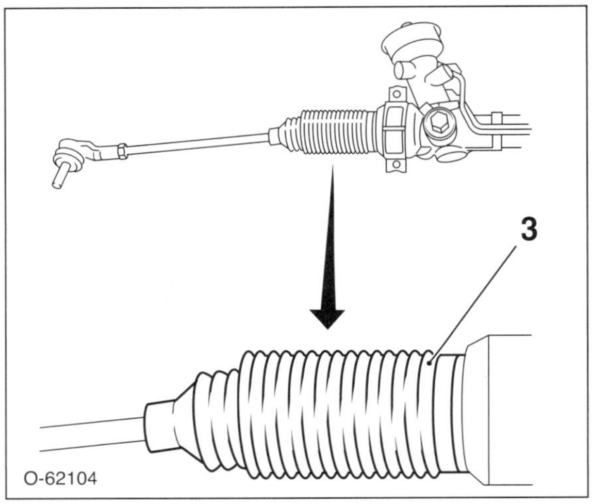

- Gummimanschetten –3– links und rechts mit Lampe anstrahlen und auf Beschädigungen überprüfen, dabei auf Fettspuren an den Manschetten und in deren Umgebung achten.
- Manschetten auf Risse, Einschnitte oder Marderbisse prüfen.
- Festen Sitz der Manschettenbänder prüfen.
- Fahrzeug ablassen.

Spurstangen- und Achsgelenke: Auf Undichtigkeit und Spiel prüfen

Staubkappen prüfen

Für die Prüfung werden weder Spezialwerkzeuge noch Verschleißteile benötigt.

Sicherheitshinweis
Beim Aufbocken des Fahrzeugs besteht Unfallgefahr! Hinweise im Kapitel »Fahrzeug aufbocken« beachten.

- Fahrzeug vorn aufbocken.

Spurstangengelenk

Achsgelenk

- Staubkappen links und rechts mit Lampe anstrahlen und auf Beschädigungen überprüfen, dabei auf Fettspuren an den Manschetten und in deren Umgebung achten.
- Manschetten auf Risse, Einschnitte und festen Sitz prüfen.
- Bei beschädigter Staubkappe sicherheitshalber entsprechendes Gelenk mit Schutzkappe auswechseln. Eingedrungener Schmutz zerstört das Gelenk.
- Befestigungsmuttern für die Gelenke auf festen Sitz prüfen, dabei Mutter jedoch nicht verdrehen.
- **Achsgelenke auf Spiel prüfen.** Dazu Vorderrad oben und unten greifen und versuchen, dieses über den Nabenmittelpunkt zu schwenken. Dabei darf kein spürbares Spiel vorhanden sein, andernfalls entsprechendes Achsgelenk ersetzen.
- Fahrzeug ablassen.

Spurstangengelenk auf Spiel prüfen

Für die Prüfung wird eine Grube benötigt.

- Fahrzeug über eine Montagegrube fahren.
- Räder und Lenkrad in Geradeausstellung bringen.
- Zündschlüssel abziehen und Lenkradschloss einrasten.
- Handbremse anziehen.
- Von unten Spurstangen mit beiden Händen fassen und abwechselnd Axialbewegungen (nach links und rechts schieben) und Torsionsbewegungen (drehen) ausführen. Dabei darf in den Spurstangengelenken kein spürbares Spiel vorhanden sein. Andernfalls entsprechendes Spurstangengelenk ersetzen.

Bremsen/Reifen/Räder

Folgende Wartungspunkte müssen nach dem Wartungsplan durchgeführt werden:

- Bremsflüssigkeitsstand prüfen.
- Bremsbeläge vorn/hinten: Belagstärke prüfen.
- Handbremse: Funktion prüfen.
- Bremsanlage: Leitungen, Schläuche und Anschlüsse auf Undichtigkeiten und Beschädigungen prüfen.
- Bremsflüssigkeit für Bremssystem und Kupplungshydraulik wechseln.
- Bereifung: Reifenfülldruck und Profiltiefe prüfen (einschließlich Reserverad); Reifen auf Verschleiß und Beschädigungen prüfen.
- Reifendichtmittel: Haltbarkeitsdatum prüfen, gegebenenfalls Dichtmittelflasche ersetzen.
- Räder: Radmuttern über Kreuz mit **140 Nm** festziehen.

Bremsflüssigkeitsstand prüfen

Spezialwerkzeug: nicht erforderlich.

Erforderliche Verschleißteile:

- Bremsflüssigkeit der Spezifikation **DOT 4+**.

Der Vorratsbehälter für die Bremsflüssigkeit befindet sich im Motorraum vor der Stirnwand.

Der Vorratsbehälter ist durchscheinend, sodass der Bremsflüssigkeitsstand von außen überprüft werden kann. Außerdem wird ein zu niedriger Bremsflüssigkeitsstand durch eine Warnleuchte im Kombiinstrument signalisiert. Dennoch ist es ratsam, bei der regelmäßigen Motorölkontrolle auch einen Blick auf den Vorratsbehälter zu werfen.

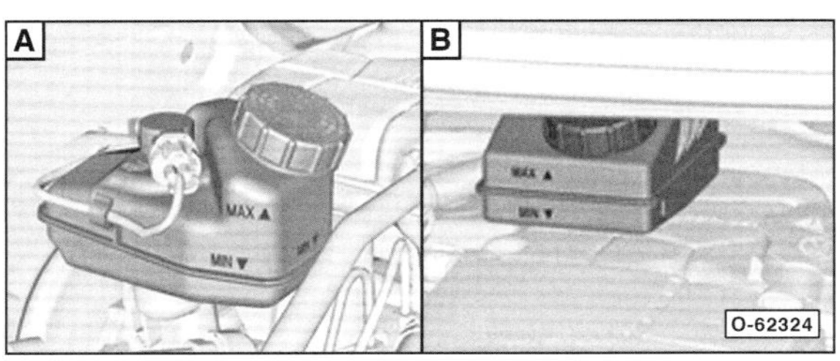

- Der Flüssigkeitsstand soll zwischen der MAX- und der MIN-Marke liegen. A – ASTRA, B – ZAFIRA.
- Falls nachgefüllt werden muss, nur **neue** Bremsflüssigkeit einfüllen.

Hinweis: Durch Abnutzung der Scheibenbremsbeläge entsteht ein geringfügiges Absinken der Bremsflüssigkeit. Das ist normal. Es muss keine Bremsflüssigkeit nachgefüllt werden.

Achtung: Sinkt die Bremsflüssigkeit jedoch innerhalb kurzer Zeit stark ab oder liegt der Flüssigkeitsspiegel unter der MIN-Marke, ist das ein Zeichen für Bremsflüssigkeitsverlust.

Die Leckstelle muss dann sofort ausfindig gemacht werden. Sicherheitshalber sollte die Überprüfung der Anlage von einer Fachwerkstatt durchgeführt werden.

Bremsbelagdicke prüfen

Für die Prüfung werden weder Spezialwerkzeuge noch Verschleißteile benötigt.

Sicherheitshinweis
Beim Aufbocken des Fahrzeugs besteht Unfallgefahr! Hinweise im Kapitel »Fahrzeug aufbocken« beachten.

- Fahrzeug aufbocken.
- Reifen-Laufrichtung mit Pfeil am Reifen markieren. Radmuttern lösen. Fahrzeug aufbocken, Muttern abschrauben und Räder abnehmen. **Achtung:** Unbedingt Hinweise im Kapitel »Rad aus- und einbauen« beachten.
- Bremsscheibendicke prüfen, siehe Seite 147.

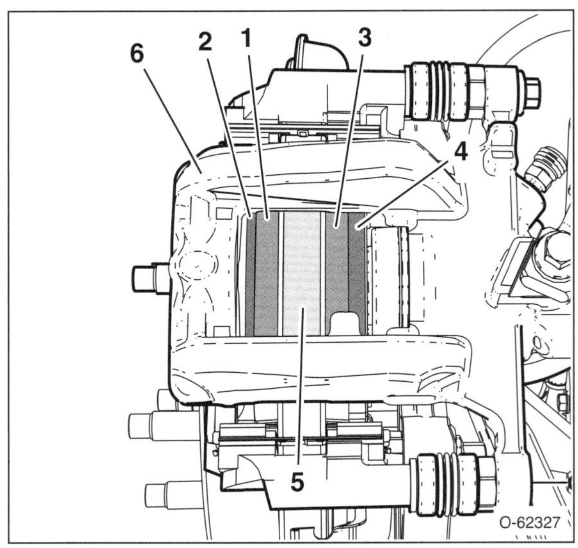

- Dicke des äußeren Bremsbelages –1– ohne Rückenplatte –2– sowie des inneren Bremsbelages –3– ohne Rückenplatte –4– sichtprüfen. Die Dicke des Bremsbelags muss **vorn** mindestens **2 mm** betragen. 5 – Bremsscheibe, 6 – Bremssattel. **Hinweis:** Die Dicke von neuen Belägen liegt vorn bei 12 mm, hinten bei 10,25 mm.
- Im Zweifelsfall Bremsbeläge ausbauen und Belagdicke mit einer Schieblehre messen.

- Ist die Verschleißgrenze der Bremsbeläge erreicht, Bremsbeläge wechseln. Dabei müssen immer alle vier Beläge einer Achse ersetzt werden. Auch dann, wenn nur ein Belag die Verschleißgrenze erreicht hat.

Hinweis: Nach einer Faustregel entspricht bei den vorderen Scheibenbremsen 1 mm Bremsbelag einer Fahrleistung von mindestens 1.000 km. Diese Faustregel gilt unter ungünstigen Bedingungen. Im Normalfall halten die Beläge viel länger. Bei einer Belagdicke der Scheibenbremsbeläge von 5,0 mm (ohne Rückenplatte) beträgt die Restnutzbarkeit der Bremsbeläge also noch mindestens 3.000 km.

- Reifen-Laufrichtung beachten, Räder anschrauben, Fahrzeug ablassen, erst dann Radmuttern über Kreuz mit **140 Nm** festziehen. **Achtung:** Unbedingt Hinweise im Kapitel »Rad aus- und einbauen« beachten.

Handbremse prüfen

Mechanische Handbremse

Erforderliches Spezialwerkzeug:

- Eine Grube oder ein hydraulischer Wagenheber mit Unterstellböcken.

Verschleißteile/Betriebsmittel: nicht erforderlich.

Sicherheitshinweis
Beim Aufbocken des Fahrzeugs besteht Unfallgefahr! Deshalb vorher das Kapitel »Fahrzeug aufbocken« durchlesen.

- Fahrzeug hinten aufbocken und durch Unterstellböcke sichern. Die Räder sollen sich mindestens 5 cm über dem Boden befinden.
- Handbremse lösen und Hinterräder drehen. Die Räder müssen frei drehbar sein, die Bremsbeläge dürfen nicht schleifen.
- Handbremshebel um 2 Zähne anziehen und Hinterräder drehen.
- Die Bremswirkung auf die Hinterräder muss gerade einsetzen. Die Hinterräder dürfen sich gerade noch drehen lassen (schwergängig). Die Bremswirkung muss an beiden Rädern gleich groß sein.
- Handbremshebel lösen und um 3 Zähne anziehen.
- Die Hinterräder dürfen sich jetzt nicht mehr drehen lassen.
- Andernfalls Ursache suchen, siehe Kapitel »Bremsanlage«.
- Führungen für Handbremsseile fetten, zum Beispiel mit Silikonfett OPEL-19 70 206 (90 167 353).
- Fahrzeug ablassen.

Bremsleitungen sichtprüfen

Für die Prüfung werden weder Spezialwerkzeug noch Verschleißteile benötigt.

Sicherheitshinweis
Beim Aufbocken des Fahrzeugs besteht Unfallgefahr! Hinweise im Kapitel »Fahrzeug aufbocken« beachten.

- Fahrzeug aufbocken.
- Bremsleitungen mit Kaltreiniger reinigen.

Achtung: Die Bremsleitungen sind zum Schutz gegen Korrosion mit einer Kunststoffschicht überzogen. Wird diese Schutzschicht beschädigt, kann es zur Korrosion der Leitungen kommen. Aus diesem Grund dürfen Bremsleitungen nicht mit Drahtbürste, Schmirgelleinen oder Schraubendreher gereinigt werden.

- Bremsleitungen vom Hauptbremszylinder zu den einzelnen Radbremszylindern mit Lampe anstrahlen und überprüfen. Der Hauptbremszylinder sitzt im Motorraum unter dem Vorratsbehälter für Bremsflüssigkeit.
- Bremsleitungen dürfen weder geknickt noch gequetscht sein. Auch dürfen sie keine Rostnarben oder Scheuerstellen aufweisen. Andernfalls Leitung bis zur nächsten Trennstelle ersetzen.
- Bremsschläuche verbinden die Bremsleitungen mit den Radbremszylindern an den beweglichen Teilen des Fahrzeugs. Sie bestehen aus hochdruckfestem Material, können aber mit der Zeit porös werden, aufquellen oder durch scharfe Gegenstände angeschnitten werden. In einem solchen Fall sind sie sofort zu ersetzen.

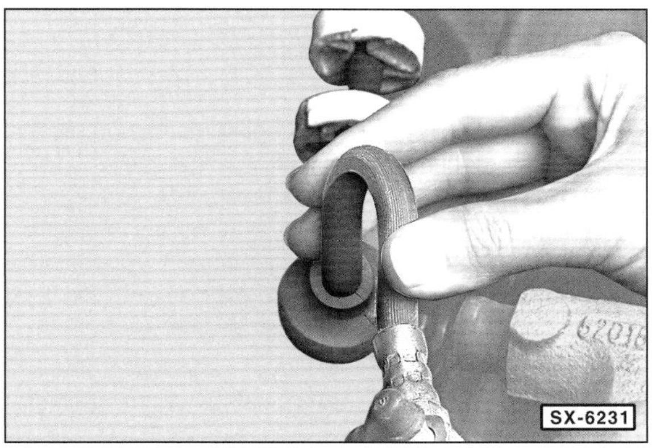

- Bremsschläuche mit der Hand hin- und herbiegen, um Beschädigungen festzustellen. Schläuche dürfen nicht verdreht sein, farbige Kennlinie beachten, falls vorhanden!
- Lenkrad nach links und rechts bis zum Anschlag drehen. Die Bremsschläuche dürfen dabei in keiner Stellung Fahrzeugteile berühren.
- Anschlussstellen von Bremsleitungen und -schläuchen dürfen nicht durch ausgetretene Flüssigkeit feucht sein.

Achtung: Wenn der Vorratsbehälter und die Dichtungen durch ausgetretene Bremsflüssigkeit feucht sind, so ist das nicht unbedingt ein Hinweis auf einen defekten Hauptbremszylinder. Vielmehr dürfte die Bremsflüssigkeit durch die Belüftungsbohrung im Deckel oder durch die Deckeldichtung ausgetreten sein.

- Fahrzeug ablassen.

Bremsflüssigkeit wechseln

Achtung: Da die Kupplungsbetätigung ebenfalls mit Bremsflüssigkeit arbeitet, muss im Rahmen der Wartung auch die Flüssigkeit des Kupplungssystems ersetzt werden. Dazu schreibt OPEL vor, dass die hydraulische Kupplungsbetätigung nur von "unten", das heißt vom Entlüftungsventil her entlüftet werden. Dazu ist ein Brems-Entlüftungsgerät erforderlich. Manuelles Entlüften ist nicht mehr zulässig.

Es empfiehlt sich daher, das Wechseln der Bremsflüssigkeit in der Fachwerkstatt vornehmen zu lassen.

Da das Bremssystem auch weiterhin manuell entlüftet werden darf, bezieht sich die folgende Beschreibung nur auf den Wechsel der Bremsflüssigkeit im Bremssystem.

Bremsflüssigkeit im Bremssystem wechseln

Erforderliches Spezialwerkzeug:

- Ringschlüssel für Entlüftungsschrauben.
- Durchsichtigen Entlüftungsschlauch und Auffangflasche.

Erforderliches Betriebsmittel:

- 1,0 l Bremsflüssigkeit der Spezifikation **DOT 4+**.
  Achtung: Keine Bremsflüssigkeit auf Silikonbasis (DOT 5) verwenden.

Die Bremsflüssigkeit nimmt durch die Poren der Bremsschläuche sowie durch die Entlüftungsöffnung des Vorratsbehälters Luftfeuchtigkeit auf. Dadurch sinkt im Laufe der Betriebszeit der Siedepunkt der Bremsflüssigkeit. Bei starker Beanspruchung der Bremse kann es deshalb zu Dampfblasenbildung in den Bremsleitungen kommen, wodurch die Funktion der Bremsanlage stark beeinträchtigt wird.

Die Bremsflüssigkeit soll alle 2 Jahre, möglichst im Frühjahr, erneuert werden. Bei vielen Gebirgsfahrten, Bremsflüssigkeit in kürzeren Abständen wechseln.

Achtung: Die Arbeitsschritte zum Wechseln der Bremsflüssigkeit sind weitgehend gleich wie beim Entlüften der Bremsanlage. In der folgenden Beschreibung wird nur auf die Unterschiede eingegangen, daher muss auf jeden Fall auch das Kapitel »Bremsanlage entlüften« durchgelesen werden, siehe Seite 156.

- Bremsflüssigkeitsstand auf dem Vorratsbehälter mit Filzstift markieren. Nach Erneuern der Bremsflüssigkeit ursprünglichen Flüssigkeitsstand wieder herstellen. Dadurch wird ein Überlaufen des Bremsflüssigkeitsbehälters beim Wechsel der Bremsbeläge vermieden.
- Mit einer Absaugflasche aus dem Bremsflüssigkeitsbehälter so viel Bremsflüssigkeit wie möglich absaugen, maximal aber bis zu einem Stand von ca. 10 mm.
- Vorratsbehälter bis zur MAX-Marke mit **neuer** Bremsflüssigkeit füllen.
- Alte Bremsflüssigkeit durch Treten des Bremspedals nacheinander aus den Bremssätteln herauspumpen. Die abfließende Bremsflüssigkeit muss in jedem Fall klar und blasenfrei sein. An jedem Bremssattel sollen ca. **200 cm³** Bremsflüssigkeit herausgepumpt werden.

Achtung: Vorratsbehälter zwischendurch immer mit **neuer** Bremsflüssigkeit auffüllen. Er darf nie ganz leer sein, sonst gelangt Luft in das Bremssystem. Falls der Bremsflüssigkeitsbehälter dennoch leer läuft, Bremsanlage in der Fachwerkstatt entlüften lassen.

- Nach dem Bremsflüssigkeitswechsel das Bremspedal betätigen und Leerweg prüfen. Der Leerweg darf maximal ⅓ des gesamten Pedalwegs betragen.
- Bremsflüssigkeit im Vorratsbehälter bis zum markierten Stand vor dem Bremsflüssigkeitswechsel auffüllen.
- Verschlussdeckel am Behälter aufschrauben.

Achtung, Sicherheitskontrolle durchführen:
- Sind die Entlüftungsschrauben angezogen?
- Ist genügend Bremsflüssigkeit eingefüllt?
- Bei laufendem Motor Dichtheitskontrolle durchführen. Hierzu Bremspedal mit 200 bis 300 N (entspricht 20 bis 30 kg) etwa 10 Sekunden betätigen. Das Bremspedal darf nicht nachgeben. Sämtliche Anschlüsse auf Dichtheit kontrollieren.

- Nach dem Wechsel der Bremsflüssigkeit darf sich beim Treten auf das Bremspedal der Druck nicht schwammig anfühlen. Falls doch, Anlage nochmals entlüften. Dabei an jedem Bremssattel den Entlüftungsvorgang 5-mal durchführen.
- Anschließend einige Bremsungen auf einer Straße ohne Verkehr durchführen. Dabei sollte mindestens einmal die Bremsregelung des ABS-Systems geprüft werden, beispielsweise auf losem Untergrund. Dazu Bremse stark betätigen, bis am spürbaren Pulsieren des Bremspedals der Beginn der Bremsregelung erkennbar ist.

Achtung: Falls der Bremspedalweg nach der Probefahrt zu groß ist, obwohl er direkt nach dem Entlüften in Ordnung war, dann ist möglicherweise Luft in der ABS-Hydraulikeinheit. In diesem Fall Bremsanlage umgehend in der Fachwerkstatt entlüften lassen.

Reifenprofil/Radbefestigung prüfen

Spezialwerkzeug: nicht erforderlich.

Die Reifen ausgewuchteter Räder nutzen sich bei gewissenhaftem Einhalten des vorgeschriebenen Fülldrucks und bei fehlerfreier Radeinstellung und Stoßdämpferfunktion auf der gesamten Lauffläche annähernd gleichmäßig ab. Bei ungleichmäßiger Abnutzung können verschiedene Fehler vorliegen, siehe Kapitel »Räder und Reifen«. Im Übrigen lässt sich keine generelle Aussage über die Lebensdauer bestimmter Reifenfabrikate machen, denn die Lebensdauer hängt von unterschiedlichen Faktoren ab:

- Fahrbahnoberfläche
- Reifenfülldruck
- Fahrweise
- Witterung

Vor allem sportliche Fahrweise, scharfes Anfahren und starkes Bremsen fördern den schnellen Reifenverschleiß.

Achtung: Die Rechtsprechung verlangt, dass Reifen lediglich bis zu einer Profiltiefe von 1,6 mm abgefahren werden dürfen, und zwar müssen die Profilrillen auf der gesamten Lauffläche noch mindestens 1,6 mm Tiefe aufweisen. Es empfiehlt sich jedoch, sicherheitshalber die Reifen bereits bei einer Mindestprofiltiefe von 2 mm auszutauschen.

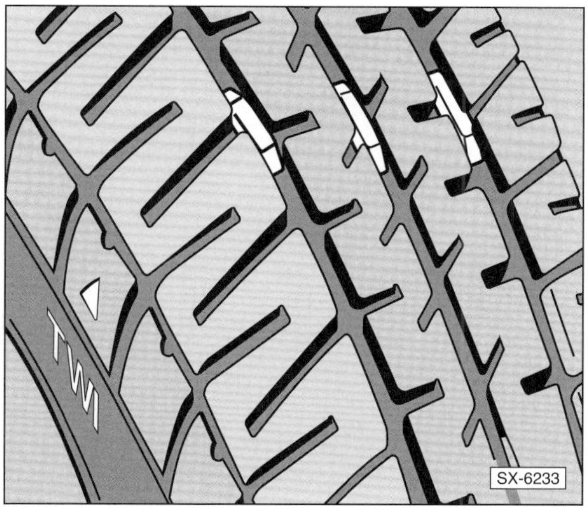

Nähert sich die Profiltiefe der gesetzlich zulässigen Mindestprofiltiefe, das heißt, weisen die mehrmals am Reifenumfang angeordneten, 1,6 mm hohen Verschleißanzeiger kein Profil mehr auf, müssen die Reifen gewechselt werden.

Achtung: »M+S«-Reifen haben auf Matsch und Schnee nur den gewünschten Grip, wenn ihr Profil noch mindestens 4 mm tief ist.

Achtung: Reifen auf Schnittstellen untersuchen und mit kleinem Schraubendreher Tiefe der Schnitte feststellen. Wenn die Schnitte bis zur Karkasse reichen, korrodiert durch eindringendes Wasser der Stahlgürtel. Dadurch löst sich unter Umständen die Lauffläche von der Karkasse, der Reifen platzt. Deshalb: Bei tiefen Einschnitten im Profil aus Sicherheitsgründen Reifen austauschen.

- Räder: Radmuttern lösen. Muttern einzeln nacheinander abschrauben und wieder anschrauben. Anschließend alle Radmuttern über Kreuz mit **140 Nm** festziehen.

Reifenfülldruck prüfen

Für die Prüfung werden weder Spezialwerkzeug noch Verschleißteile benötigt.

Reifenfülldruck einmal im Monat an der Tankstelle prüfen. Vor längeren Autobahnfahrten Fülldruck zusätzlich kontrollieren, da hierbei die Temperaturbelastung für den Reifen am größten ist.

- Bei Fahrzeugen mit Reifendruck-Kontrollsystem darauf achten, dass die Zündung ausgeschaltet ist.
- Ventilkappe abschrauben.

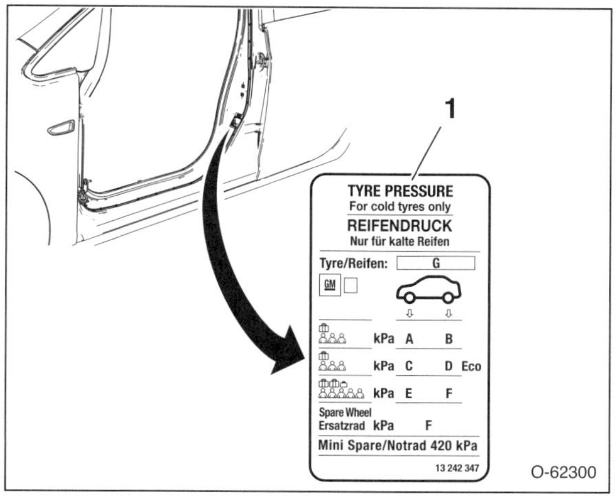

- Der richtige Reifenfülldruck steht auf einem Aufkleber an der Türanschlagsäule der Fahrertür. Anhaltswerte für den Reifenfülldruck, siehe Seite 134.

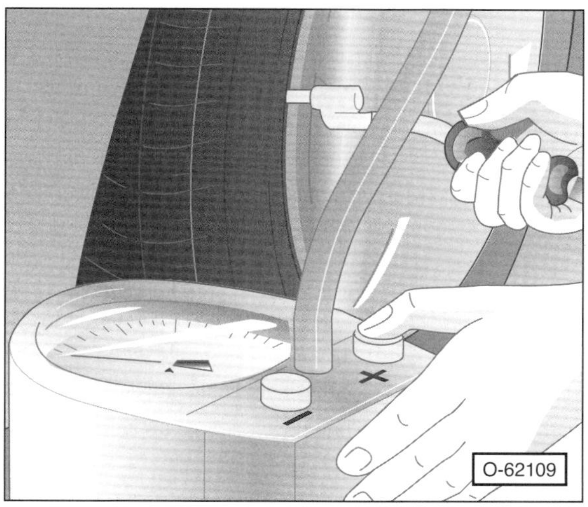

- Reifenfülldruck grundsätzlich am kalten Reifen prüfen. Höherer Druck infolge Reifenerwärmung durch längere Fahrt darf nicht reduziert werden.
- Bei der Druckprüfung im Rahmen der Wartung ebenfalls das Reserverad prüfen, falls vorhanden. Der richtige Fülldruck entspricht dem höchsten angegebenen Druck bei voller Beladung.
- Ventilkappe fest aufschrauben.

Reifenventil prüfen

Erforderliches Spezialwerkzeug:

- Ventil-Metallschutzkappe oder HAZET 666-1.

Prüfen

- Staubschutzkappe vom Ventil abschrauben.

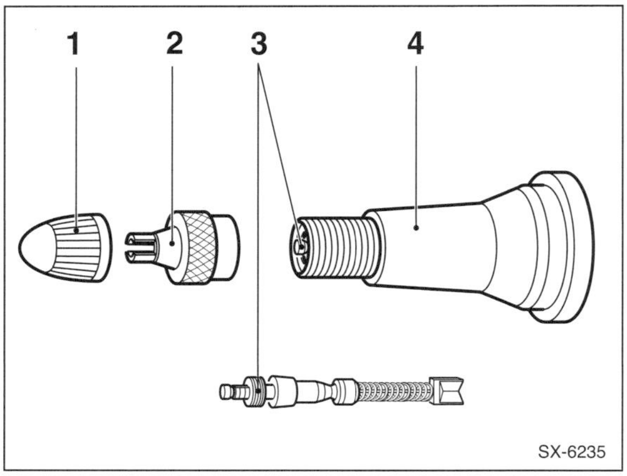

- Etwas Seifenwasser oder Speichel auf das Ventil geben. Wenn sich eine Blase bildet, Ventileinsatz –3– mit umgedrehter Metallschutzkappe –2– festdrehen.

Achtung: Zum Anziehen des Ventileinsatzes kann nur eine Metallschutzkappe –2– verwendet werden. Metallschutzkappen sind an der Tankstelle erhältlich. 1 – Gummischutzkappe, 4 – Ventil.

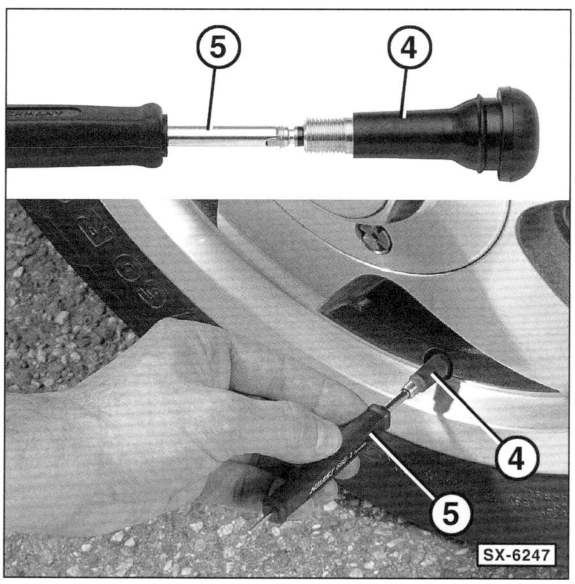

Hinweis: Anstelle der Metallschutzkappe kann auch das Werkzeug HAZET 666-1 –5– verwendet werden. 4 – Ventil.

- Ventil erneut prüfen. Falls sich wieder Blasen bilden oder das Ventil sich nicht weiter anziehen lässt, Ventileinsatz beziehungsweise Ventil erneuern.
- Grundsätzlich Staubschutzkappe wieder aufschrauben.

Reifenreparatur-Set prüfen/ersetzen

Spezialwerkzeug: nicht erforderlich.

Prüfen/Ersetzen

Das Reifenreparatur-Set, falls vorhanden, befindet sich beim **ASTRA** in einer Ablage unterhalb der Bodenabdeckung im Laderaum oder im Staufach unter dem Sitz.

ZAFIRA: Das Reifenreparaturset befindet sich auf der linken Seite im Laderaum hinter einer Abdeckung.

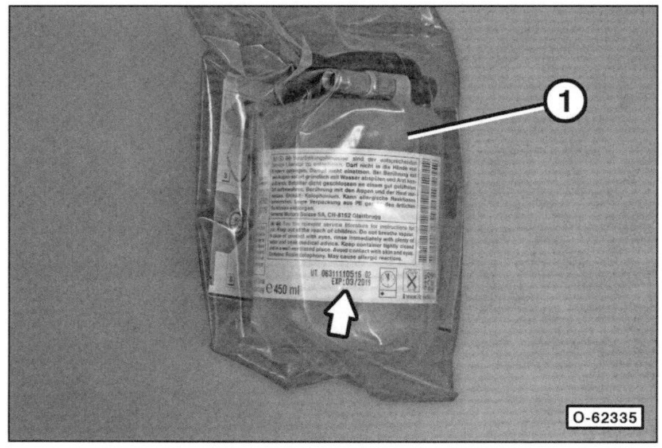

- Haltbarkeitsdatum –Pfeil– auf der Dichtmittelflasche –1– überprüfen. Bei Ablauf des Verfallsdatums, Flasche erneuern. In der Regel muss die Dichtmittelflasche alle 4 Jahre ersetzt werden.
- Nach Benutzung muss das Reifendichtmittel grundsätzlich ersetzt werden.

Karosserie/Innenausstattung/Heizung

Folgende Wartungspunkte müssen nach dem Wartungsplan durchgeführt werden:

- Airbag-Einheiten: Sichtprüfen auf Beschädigungen.
- Klimakompressor auf Dichtheit sichtprüfen.
- Pollenfilter: Filtereinsatz ersetzen.
- Motorhaubenschloss: Gangbarkeit prüfen und schmieren.
- Erste-Hilfe-Kasten: Haltbarkeitsdatum überprüfen, gegebenenfalls Erste-Hilfe-Kasten ersetzen.
- Warnweste, Verzurrösen und Warndreieck sichtprüfen.
- Karosserie: Lackierung auf Beschädigung sichtprüfen.
- Unterbodenschutz und Hohlraumkonservierung: Sichtprüfen, Beschädigungen ausbessern.
- Flex-Fix-System: Verriegelungssystem auf Gangbarkeit prüfen und einölen.

Airbageinheiten sichtprüfen

Spezialwerkzeug und Verschleißteile/Betriebsmittel sind nicht erforderlich.

Erkennungsmerkmal für den Airbag ist der Schriftzug »AIR-BAG« auf der Polsterplatte des Lenkrades beziehungsweise auf der Abdeckung an der rechten Seite der Armaturentafel.

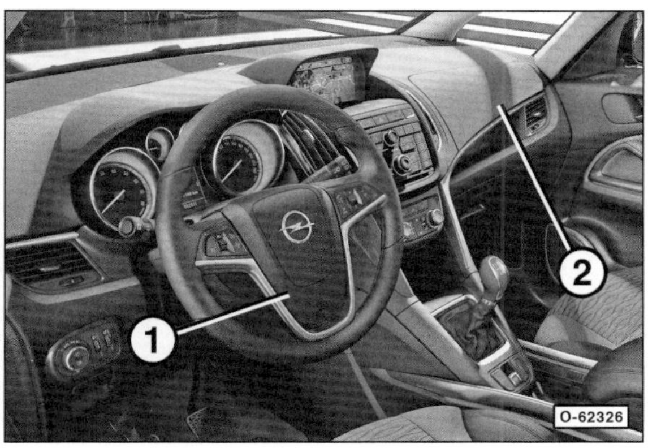

- Sichtprüfung der Airbageinheiten –1– und –2– auf äußere Beschädigungen durchführen.
- Die Abdeckungen der Airbag-Einheiten dürfen nicht beklebt, überzogen oder anderweitig verändert sein. Zur Entfernung von Aufklebern darf kein Fön oder Heißluftgebläse verwendet werden.
- Es dürfen keine Einschnitte oder Verformungen der Oberflächen vorhanden sein.
- Im Airbag-Austrittsbereich dürfen sich keine losen Verkleidungsteile befinden.
- Die Abdeckungen der Airbag-Einheiten dürfen nur mit einem trockenen oder mit Wasser angefeuchteten Lappen gereinigt werden.

Zusätzliche Hinweise:

- Bei Ausstattung mit Seitenairbags dürfen die Sitzlehnen nur mit speziellen und von OPEL freigegebenen Bezügen überzogen werden.

Wasserkastenabflusskanäle prüfen/reinigen

Bei Regen fließt das Wasser von der Frontscheibe über den Windlaufkanal in den Wasserkasten. Von dort gelangt es über Abflusskanäle im Bereich der A-Säule nach außen. Wenn die Kanäle verstopft sind, sammelt sich das Wasser im Wasserkasten und kann dort zu Korrosion führen.

Prüfen

- Motorhaube öffnen.
- Wasser über Frontscheibe leeren.

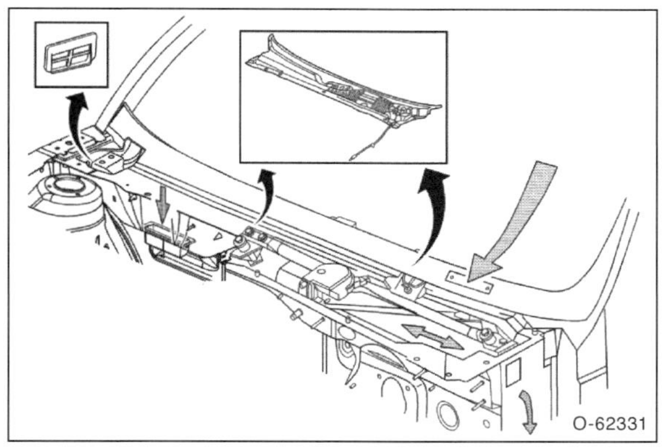

- Prüfen, ob das Wasser über den Wasserkasten schnell abläuft –graue Pfeile–.

Reinigen

- Windlaufgrill ausbauen, siehe Seite 230.
- Abflüsse im Wasserkasten von Ablagerungen reinigen.
- Abflüsse mit sauberem Wasser durchspülen.
- Windlaufgrill einbauen, siehe Seite 230.

Pollenfilter ersetzen

Spezialwerkzeug: nicht erforderlich.

Erforderliche Betriebsmittel/Verschleißteile:

- Filtereinsatz.

Der Filter sitzt unterhalb der Windschutzscheibe. Er reinigt die von außen eintretende Luft von Staub, Ruß, Pollen und Sporen. Bei häufigen Fahrten in staubiger Umgebung sowie bei nachlassender Wirkung der Klimaanlage den Filter in kürzeren Abständen wechseln.

Ausbau

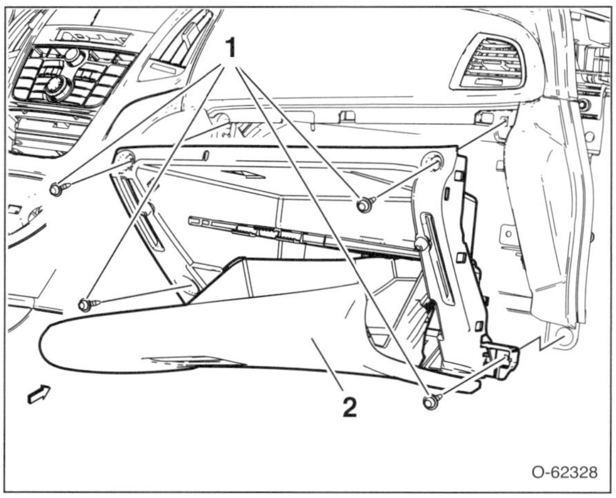

- Handschuhkasten ausbauen. Dazu Deckel –2– öffnen und 4 Schrauben –1– herausdrehen.
- Handschuhkasten etwas abnehmen und Mehrfachstecker abziehen.
- Handschuhkasten herausnehmen.

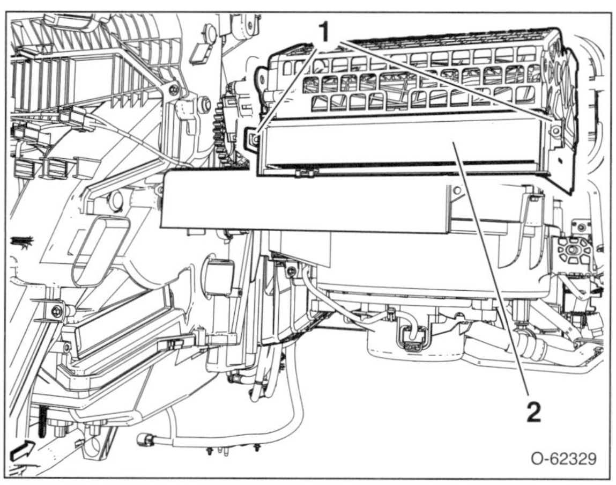

- 2 Clips –1– öffnen und Gehäuseabdeckung für Lufteinlass abnehmen.
- Pollenfilter –2– herausziehen.

Einbau

- **Neuen** Filtereinsatz einsetzen.
- Gehäuseabdeckung für Lufteinlass ansetzen und einclipsen..
- Der weitere Einbau erfolgt in umgekehrter Ausbaureihenfolge.

Motorhaubenschloss schmieren

Spezialwerkzeug: nicht erforderlich.

Erforderliches Betriebsmittel:

- Radlager- oder Hochdruckfett.

Schmierstellen

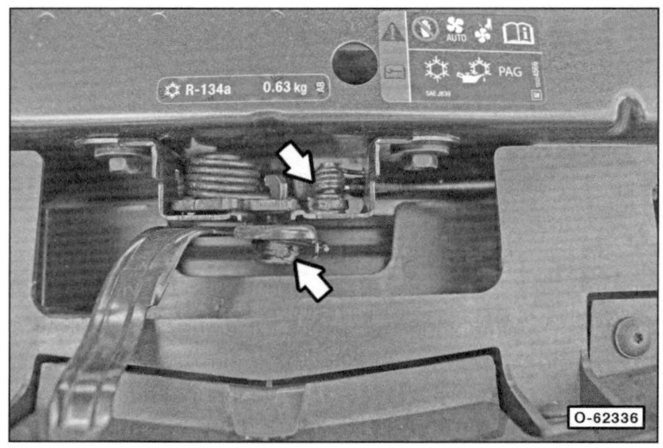

- Motorhaubenschloss schmieren –Pfeile–.

Flex-Fix-System: Verriegelungssystem auf Gangbarkeit prüfen und einölen

Erforderliche Betriebsmittel/Verschleißteile:

- Sprühöl, zum Beispiel OPEL-1948606, ET-Nr. 90510336.

Prüfen

- Flex-Fix-System entriegeln.
- Fahrzeug aufbocken.

Sicherheitshinweis
Beim Aufbocken des Fahrzeugs besteht Unfallgefahr! Hinweise im Kapitel »Fahrzeug aufbocken« beachten.

- Flex-Fix-Träger vollständig herausziehen.

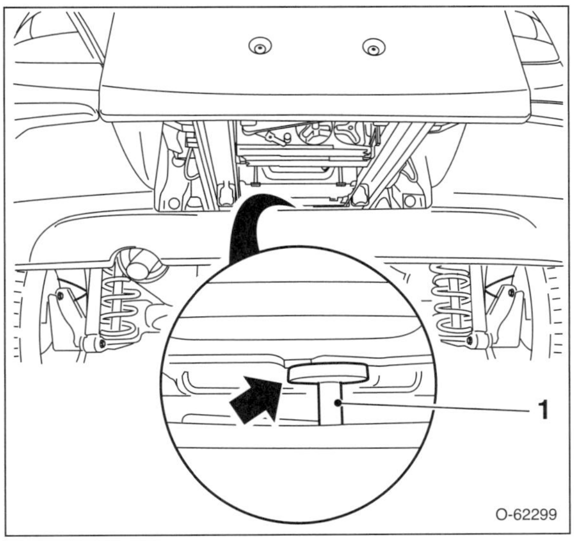

- Verriegelungsbolzen –1– seitlich hin- und herbewegen und dadurch Gangbarkeit prüfen.
- Drehachse des Verriegelungsbogens –Pfeil– mit Sprühöl einölen.

Achtung: Keinesfalls Schmierfett verwenden, da dieses durch Ausharzen die Gangbarkeit des Verriegelungsmechanismus beeinträchtigt.

- Flex-Fix-Träger vollständig einschieben und verriegeln.

Elektrische Anlage

Folgende Wartungspunkte müssen nach dem Wartungsplan durchgeführt werden:

- Alle Stromverbraucher: Funktion prüfen.
- Hupe: Funktion prüfen.
- Beleuchtungsanlage/Kontrolllampen: Funktion prüfen.
- Scheinwerfereinstellung prüfen (Werkstattarbeit).
- Scheibenwischer: Wischergummis auf Verschleiß prüfen.
- Scheibenwaschanlage: Funktion prüfen, Düsenstellung kontrollieren, Flüssigkeit nachfüllen, Scheinwerfer-Waschanlage prüfen, siehe Kapitel »Scheibenwischanlage«.
- Funk-Fernbedienung: Batterien wechseln.
- Fahrzeugbatterie: Prüfen.
- Eigendiagnose: Fehlerspeicher auslesen (Werkstattarbeit). Dazu wird ein geeignetes Fahrzeugdiagnosegerät, zum Beispiel OPEL-Service-Tool-GDS, mit einem passenden Verbindungskabel benötigt.
- Die Service-Intervall-Anzeige kann auch mit dem Fahrzeugdiagnosegerät zurückgesetzt werden.

Stromverbraucher prüfen

Für die Prüfung werden keine Spezialwerkzeuge benötigt.

Folgende Funktionen prüfen, gegebenenfalls Fehler beheben. Je nach Ausstattung sind nicht alle Verbraucher vorhanden:

- Beleuchtung: Abblendlicht, Fernlicht, Standlicht, Nebellicht vorn, Blinkleuchten, Warnblinkanlage, Schlusslicht, Nebelschlusslicht, Rückfahrlicht, Bremslicht, Lichthupe, Follow-me-home-Lichtfunktion.
- Leuchtweitenregulierung.
- Innen- und Leseleuchten (Abschaltautomatik für Innenleuchten vorn), Handschuhkastenbeleuchtung, beleuchteter Ascher, Sonnenblendenbeleuchtung, Einstiegsleuchten, Kofferraumbeleuchtung.
- Warnsummer für nicht ausgeschaltetes Licht und/oder Radio.
- Alle Schalter in der Konsole.
- Bordcomputer.
- Kombiinstrument mit allen Anzeigen, Leuchten und Beleuchtung.
- Hupe (Doppeltonfanfare).
- Scheibenwisch-/Scheibenwaschanlage, Scheinwerferreinigungsanlage.
- Zigarettenanzünder.
- Elektrische Außenspiegel, Beheizung und Verstellung.
- Elektrische Fensterheber.
- Elektrisches Schiebe-/Ausstelldach.
- Zentralverriegelung, Funk-Fernbedienung.
- Beheizbare Sitze, beheizbares Lenkrad.
- Radio.

Funk-Fernbedienung: Batterie wechseln

Spezialwerkzeug: nicht erforderlich.

Erforderliche Betriebsmittel/Verschleißteile:

- Batterien für Fernbedienung, Batterie-Typ CR 2032.
  Hinweis: Es empfiehlt sich, ebenfalls die Batterie für den Zweitschlüssel zu wechseln.

Achtung: Die Batterie enthält Problemstoffe und darf auf keinen Fall dem Hausmüll mitgegeben werden. Verbrauchte Batterie bei der Verkaufsstelle der neuen Batterie abgeben.

Batterie wechseln

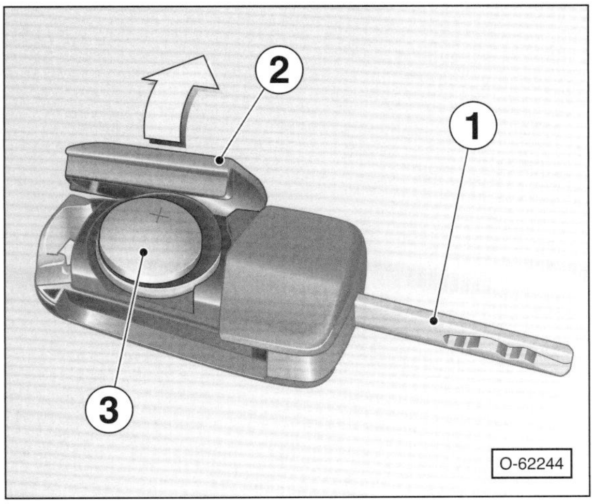

- Bei klappbarem Schlüssel, Schlüsselbart –1– ausklappen.
- Abdeckung –2– am Schlüsselgriff hochklappen –Pfeil–. Dazu mit den Fingern in die durch Ausklappen des Schlüsselbarts freigewordene Nut greifen.

Achtung: Prüfen, ob die Polarität auf den Batterien eingeprägt ist, andernfalls Einbaulage notieren. Batteriewechsel **innerhalb von 3 Minuten** durchführen, sonst muss man die Fernbedienung neu synchronisieren.

- Batterie –3– herausnehmen und durch eine neue Batterie gleicher Ausführung (CR 2032) ersetzen. Neue Batterie in gleicher Lage wie die ausgebaute einsetzen, dabei auf richtige Polarität (+/–) achten.
- Fernbedienung zuklappen und hörbar einrasten.

Achtung: Bei der Schlüsselausführung mit festem Schlüsselbart muss die Funk-Fernbedienung nach dem Wechsel der Batterie immer neu synchronisiert werden. Dazu Schlüssel in das Türschloss stecken und Tür entriegeln. Anschließend Schlüssel in das Zündschloss stecken.

Wischergummis prüfen

Spezialwerkzeug: nicht erforderlich.

Erforderliche Betriebsmittel/Verschleißteile:

- Bei Bedarf: Scheibenwaschkonzentrat, Wischerblätter.

Prüfen

- Wischerarme hochklappen und Wischerblätter abwinkeln.
- Wischlippen mit einem weichen Tuch sowie Scheibenreinigungs- und Frostschutzmittel reinigen.
- Wischlippen auf Verhärtungen oder Risse prüfen, gegebenenfalls Wischergummis/Wischerblätter ersetzen, siehe Kapitel »Scheibenwischanlage«.

ASTRA

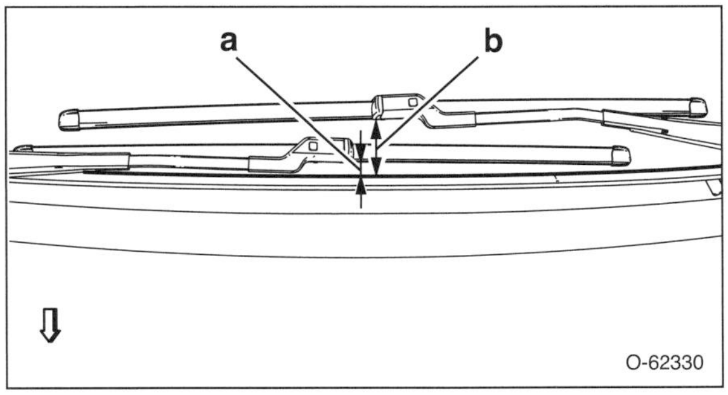

- Ruhestellung der Scheibenwischerarme prüfen. Dazu Abstandsmaß von der Scheibenfassung (sichtbares Glasende beziehungsweise Unterkante des Wischerblatts) messen.
  Sollwerte: Beifahrerseite a = 2,2 cm,
  Fahrerseite b = 6,8 cm.

ZAFIRA

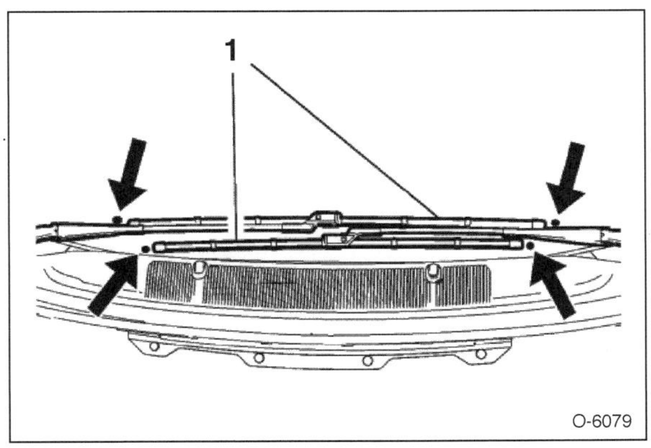

- Ruhestellung der Scheibenwischerarme prüfen. Dabei müssen die Enden der Wischerblätter –1– mit den Markierungen –Pfeile– an der unteren Verdunkelung der Frontscheibe übereinstimmen.

- Bei Abweichungen Wischerarm an der Wischerwelle umsetzen, siehe Kapitel »Scheibenwischanlage«.

Fahrzeugbatterie prüfen

Spezialwerkzeug und Betriebsmittel/Verschleißteile sind nicht erforderlich.

Achtung: Da der Ausfall der Fahrzeug-Batterie oftmals schlagartig erfolgt, empfiehlt es sich, eine Batterie, die **älter als 5 Jahre** ist, grundsätzlich zu **ersetzen**. Bei den heutigen Batterien wird ein baldiger Ausfall nicht mehr unbedingt durch eine schlechte Startfähigkeit der Batterie angekündigt.

Batterie sichtprüfen

- Gehäuse der Batterie auf Beschädigungen sichtprüfen. Bei beschädigtem Gehäuse kann ätzende Batteriesäure auslaufen und die umliegenden Bauteile beschädigen.
- Bei beschädigtem Gehäuse, Batterie schnellstmöglich ersetzen und umliegende Bauteile mit Seifenlauge und viel Wasser abwaschen.

Batterie/Batterieklemmen auf festen Sitz prüfen

Eine lockere Batterie hat eine verkürzte Lebensdauer durch Rüttelschäden und vermindert außerdem die Crash-Sicherheit des Fahrzeuges. Lockere Batterieanschlüsse können einen Kabelbrand oder Funktionsstörungen in der elektrischen Anlage nach sich ziehen.

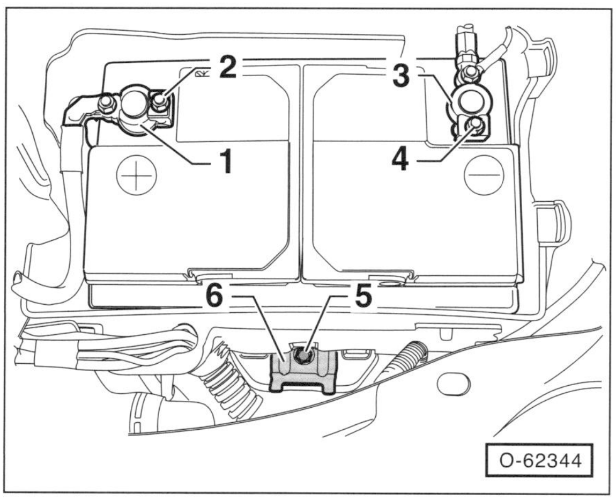

- Batterie kräftig hin- und herbewegen.
- Sitzt die Batterie lose, Batterie-Haltebügel –6– mit Batterie-Befestigungsschraube –5– und **25 Nm** festziehen.

Achtung: Falls die Batterie-Plusklemme locker ist, muss vor dem Festziehen der Plusklemme wegen Kurzschlussgefahr die Masseklemme an der Batterie abgeklemmt werden. Nachdem die Plusklemme festgezogen ist, Massekabel wieder anklemmen, siehe Seite 56.

- Batterieklemmen –1– und –3– hin- und herbewegen und festen Sitz prüfen, gegebenenfalls Befestigungsmuttern –2– und –4– nachziehen. Anzugsdrehmoment: **5 Nm**.

Wagenpflege

Aus dem Inhalt:

- Fahrzeug waschen
- Lackierung pflegen
- Unterbodenschutz
- Hohlraumkonservierung
- Polster reinigen
- Lackschäden ausbessern

Fahrzeug waschen

Aus Umweltschutzgründen ist es in den meisten Gemeinden verboten, Fahrzeuge auf öffentlichen Plätzen zu waschen. Wird das Auto sehr oft in einer automatischen Waschanlage gewaschen, hinterlassen die rotierenden Waschbürsten Schleifspuren auf dem Lack. Diese lassen sich verhindern, wenn man den Wagen von Hand in einer entsprechenden Waschanlage wäscht.

- Vogelkot, Insekten, Baumharze, Teer- und Fettflecken, Streusalz und andere aggressive Ablagerungen sofort abwaschen, da sie ätzende Bestandteile enthalten, die Lackschäden verursachen.
- Bedienungshinweise für den Hochdruckreiniger bezüglich Druck und Düsenabstand des Sprühkopfes befolgen.
- Beim Waschen reichlich Wasser verwenden. Mit einem Schwamm oder Waschhandschuh beziehungsweise einer weichen Bürste mit dem Reinigen des Fahrzeugdaches beginnen; Schwamm oft ausspülen.
- Waschmittel nur bei hartnäckiger Verschmutzung verwenden. Mit klarem Wasser gründlich nachspülen, um die Reste des Waschmittels zu entfernen. Bei regelmäßiger Benutzung von Waschmitteln muss öfter konserviert werden. Dem Waschwasser kann ein Konservierungsmittel beigegeben werden.
- Darauf achten, dass kein Wasser in die Eintrittsöffnungen für die Innenraumbelüftung eindringt. Hochdruckdüse nicht gegen den Kühler oder schadhafte Lackflächen des Fahrzeugs richten.
- Zum Abtrocknen sauberes Leder verwenden. Verschiedene Reinigungsleder für Lack- und Fensterflächen verwenden, da Konservierungsmittelrückstände auf den Scheiben zu Sichtbehinderungen führen.
- Durch Streusalz besonders gefährdet sind alle innen liegenden Falze, Flansche und Fugen an Türen und Hauben. Diese Stellen müssen deshalb bei jeder Wagenwäsche – auch nach der Wäsche in automatischen Waschstraßen – mit einem Schwamm gründlich gereinigt und anschließend abgespült und abgeledert werden.
- Wagen niemals in der Sonne waschen oder trocknen. Wasserflecken sind sonst unvermeidlich.

Achtung: Nach der Wagenwäsche Bremspedal während der Fahrt leicht antippen, um den Wasserfilm abzubremsen.

Lackierung pflegen

Konservieren: Die gewaschene und getrocknete Lackierung möglichst oft mit einem Konservierungsmittel behandeln, um die Oberfläche durch eine Poren schließende und Wasser abweisende Wachsschicht gegen Witterungseinflüsse zu schützen. Auch wenn beim Waschen regelmäßig Waschkonservierer verwendet werden, empfiehlt es sich, den Lack mindestens zweimal im Jahr mit Hartwachs zu schützen.

Sofern Kraftstoff, Öl, Fett oder Bremsflüssigkeit auf den Lack gelangt, diese Flüssigkeiten **sofort entfernen,** sonst kommt es zu Lackverfärbungen.

Spätestens dann, wenn Wasser nicht mehr deutlich vom Lack abperlt, muss konserviert werden. Der Lack trocknet sonst aus.

Polieren: Das Polieren des Lackes ist nur dann erforderlich, wenn dieser infolge mangelhafter Pflege beziehungsweise unter der Einwirkung von Umwelteinflüssen unansehnlich geworden ist und sich durch eine Behandlung mit Konservierungsmitteln kein Glanz mehr erzielen lässt. Zu warnen ist vor stark schleifenden oder chemisch stark angreifenden Poliermitteln, auch wenn der erste Versuch damit noch so sehr zu überzeugen scheint.

Vor jedem Polieren muss der Wagen sauber gewaschen und sorgfältig abgetrocknet werden. Im Übrigen ist nach der Gebrauchsanweisung für das Poliermittel zu verfahren.

Die Bearbeitung soll in nicht zu großen Flächen erfolgen, um ein vorzeitiges Eintrocknen der Politur zu vermeiden. Bei manchen Poliermitteln muss anschließend noch konserviert werden. Nicht in der prallen Sonne polieren!

Kunststoffteile und matt lackierte Teile dürfen nicht mit Konservierungs- oder Poliermitteln behandelt werden, da sich sonst Flecken bilden.

Teerflecke entfernen: Frische Teerflecke können mit einem in Waschbenzin getränkten weichen Lappen entfernt werden oder mit speziellen Teerfleck-Entfernern. Notfalls kann auch Petroleum oder Terpentinöl verwendet werden. Sehr gut gegen Teerflecke eignet sich auch ein Lackkonservierer. Bei

Verwendung dieses Mittels kann auf ein Nachwaschen verzichtet werden.

Insekten entfernen: Insekten enthalten aggressive Stoffe, die den Lackfilm beschädigen können. Sie müssen deshalb umgehend mit lauwarmer Seifen- oder Waschmittellösung abgewaschen werden. Es gibt auch spezielle Insekten-Entferner.

Außenbeleuchtung: Leuchten- und Scheinwerferabdeckungen sind aus Kunststoff. Verunreinigungen nur mit einem feuchten, weichen Tuch entfernen. Scheinwerferabdeckungen auf keinen Fall mit einem trockenen oder scheuernden Tuch reinigen. Keine Eiskratzer verwenden und nicht mit Reinigungs- oder Lösungsmitteln säubern.

Kunststoffteile pflegen: Kunststoffteile, Kunstledersitze, Himmel, Leuchtengläser sowie mattschwarz gespritzte Teile mit Wasser und Flüssigseife säubern. Fahrzeughimmel nicht durchfeuchten. Kunststoffteile gegebenenfalls mit Kunststoffreiniger behandeln.

Scheiben reinigen: Schnee und Eis von Scheiben und Spiegeln nur mit einem Kunststoffschaber entfernen. Um Kratzer durch Schmutz zu vermeiden, sollte der Schaber nicht nach vorn und dann zurückbewegt, sondern nur geschoben werden. Fensterscheiben innen und außen mit sauberem, weichem Lappen abreiben. Bei starker Verschmutzung helfen Spiritus oder Salmiakgeist und lauwarmes Wasser oder auch ein spezieller Scheibenreiniger. Beim Reinigen der Windschutzscheibe Scheibenwischerarme nach vorn klappen. Bei der Reinigung der Windschutzscheibe auch die Wischerblätter säubern.

Achtung: Bei Verwendung silikonhaltiger Mittel dürfen die zur Reinigung der Lackierung verwendeten Waschbürsten, Schwämme, Lederlappen und Tücher nicht für die Scheiben verwendet werden. Beim Einsprühen der Lackierung mit silikonhaltigen Pflegemitteln sollten die Scheiben mit Pappe oder anderem Material abgedeckt werden.

Gummidichtungen pflegen: Gummidichtungen durch Einpudern der Dicht- und Gleitflächen mit Talkum oder Besprühen mit Silikonspray geschmeidig halten. So werden auch quietschende oder knarrende Geräusche beim Schließen der Türen vermieden. Auch das Einreiben der betreffenden Flächen mit Schmierseife beseitigt die Geräusche.

Reifen reinigen: Reifen nicht mit einem Dampfstrahlgerät reinigen. Wird die Düse des Dampfstrahlers zu nahe an den Reifen gehalten, wird dessen Gummischicht innerhalb weniger Sekunden irreparabel zerstört, selbst bei Verwendung von kaltem Wasser. Ein auf diese Weise gereinigter Reifen sollte sicherheitshalber ersetzt werden.

Leichtmetall-Scheibenräder mit Felgenreiniger und Bürste reinigen, jedoch keine aggressiven, säurehaltigen, stark alkalischen und rauen Reinigungsmittel oder Dampfstrahler über +60° C verwenden.

Sicherheitsgurte nur mit milder Seifenlauge im eingebauten Zustand säubern, nicht chemisch reinigen, da dadurch das Gewebe zerstört werden kann. Automatikgurte nur in trockenem Zustand aufrollen.

Unterbodenschutz/ Hohlraumkonservierung

Die Unterbodenverkleidung ist aus Kunststoff und schützt den hinteren Bereich des Fahrzeugunterbodens. Die besonders stark gefährdeten Bereiche in den Radläufen sind zusätzlich mit Kunststoffschalen gegen Steinschlag geschützt. Vor der kalten Jahreszeit und nach einer Unterbodenwäsche sollte der Unterbodenschutz kontrolliert und gegebenenfalls ausgebessert werden.

Im Schleuderbereich des Unterbaues können sich Staub, Lehm und Sand ablagern. Den angesammelten Schmutz entfernen, zumal er während der Winterzeit auch noch mit Streusalz angereichert sein kann.

Polsterbezüge pflegen/reinigen

Textilbezüge: Polsterbezüge mit Staubsauger und Bürste reinigen. Flecken mit Flüssigseife, 25-prozentiger Ammoniaklösung oder Branntweinessig entfernen.

Fett- und Ölflecke mit Reinigungsbenzin oder Fleckenwasser behandeln. Das Reinigungsmittel darf aber nicht unmittelbar auf den Stoff gegossen werden, da sich sonst unweigerlich Ränder bilden. Fleck durch kreisförmiges Reiben von außen nach innen bearbeiten. Andere Verschmutzungen lassen sich meistens mit lauwarmem Seifenwasser entfernen.

Lederbezüge: Bei starker Sonneneinstrahlung und längerer Standzeit Sitze abdecken, damit sie nicht ausbleichen.

Trikot- oder Wolllappen mit Wasser leicht anfeuchten und Lederflächen säubern, ohne das Leder oder die Nahtstellen zu durchfeuchten. Anschließend das getrocknete Leder mit einem sauberen und weichen Tuch nachreiben.

Stärker verschmutzte Lederflächen mit einem milden Feinwaschmittel ohne Aufheller (2 Esslöffel auf 1 Liter Wasser) oder Flüssigseife reinigen. Fett- und Ölflecke ohne zu reiben vorsichtig mit Reinigungsbenzin abtupfen.

Lackierte Lederpolster sollten nach dem Reinigen mit einem handelsüblichen Pflegemittel für Lederflächen behandelt werden. Das Mittel vor Gebrauch gut schütteln und mit einem weichen Lappen dünn auftragen. Nach dem Eintrocknen mit einem sauberen und weichen Tuch nachreiben. Diese Behandlung empfiehlt sich bei normaler Beanspruchung alle 6 Monate.

Steinschlagschäden ausbessern

Ausbeul- und Lackierarbeiten an der Autokarosserie setzen Erfahrung über den Werkstoff und dessen Bearbeitung voraus. Derartige Fertigkeiten werden in der Regel erst durch eine langjährige Praxis erreicht. Aus diesem Grund wird hier nur das Ausbessern von kleineren Lackschäden erläutert.

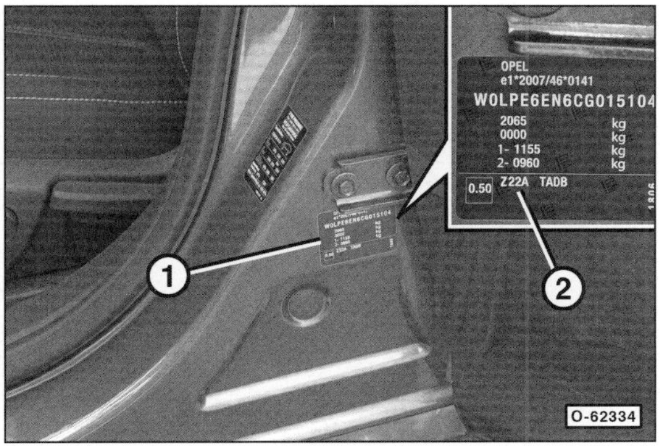

Zum Nachlackieren wird unbedingt dieselbe Lackfarbe benötigt, denn selbst kleinste Farbunterschiede fallen nach Abschluss der Arbeiten sofort ins Auge. Der jeweilige Fahrzeug-Farbton wird vom Hersteller durch die Lacknummer gekennzeichnet. Die Lacknummer –2– steht auf dem Fahrzeugtypschild –1–. Das Typschild befindet sich unten am linken Vordertürrahmen.

Treten dennoch Differenzen zwischen dem Originallack und dem Reparaturlack auf, dann liegt das daran, dass sich Fahrzeug-Lackierungen durch Alterung, ultraviolette Sonnenbestrahlung, extreme Temperaturdifferenzen, Witterungsbedingungen und chemische Einflüsse wie beispielsweise Industrieabgase mit der Zeit verändern. Außerdem können Oberflächenschäden, Farbveränderungen und Ausbleichen des Lackes eintreten, wenn Reinigung und Lackpflege mit ungeeigneten Mitteln durchgeführt wurden.

Die Metallic-Lackierung besteht aus 2 Schichten, dem Metallic-Grundlack und der farblosen Decklackierung. Beim Lackieren wird der Klarlack über den feuchten Grundlack gespritzt. Die Gefahr von Farbdifferenzen bei der nachträglichen Metallic-Lackierung ist besonders groß, da hier schon die unterschiedliche Viskosität des Reparaturlackes gegenüber dem Originallack zu Farbverschiebungen führt.

Es lohnt sich, auch kleinste Lackschäden regelmäßig zu beseitigen, da auf diese Weise Rostschäden und größere Reparaturen vermieden werden.

Für kleine Kratzer und Steinschläge, die lediglich den Decklack abgesplittert haben, also nicht bis aufs blanke Blech vorgedrungen sind, genügt im Allgemeinen der Lackstift oder Tupflack. Dabei handelt es sich um eine kleine Lackdose, in deren Deckel ein Pinsel integriert ist. Der Lackstift wird im Auto-Zubehörhandel angeboten.

- Tiefere Steinschlagschäden, die schon kleine Rostnarben gebildet haben, mit einem »Rostradierer« beziehungsweise einem Messer oder einem kleinen Schraubendreher auskratzen, bis das blanke Blech erscheint. Wichtig ist, dass keine auch noch so kleine Roststelle mehr sichtbar ist. Bei »Rostradierern« handelt es sich um kleine Kunststoffhülsen, die zum Auskratzen des Rostes kurze Drahtborsten besitzen.
- Die blanken Stellen müssen einwandfrei trocken und fettfrei sein. Dazu Reparaturstelle sowie den umgebenden Lack mit Silikonentferner reinigen.
- Auf die blanke Metallfläche mit einem dünnen Pinsel etwas Lackgrundierung (»Primer«) auftragen. Da das Grundiermittel meist in Sprühdosen erhältlich ist, etwas Grundiermittel in den Deckel der Dose sprühen.
- Nachdem die Grundierung trocken ist, Stelle mit Tupflack ausbessern. Bei den Tupflackdosen ist ein Pinsel bereits im Deckel integriert. Falls nur eine Spraydose mit der entsprechenden Farbe zur Verfügung steht, etwas Farbe in den Deckel der Dose sprühen und Lack mit einem dünnen Wasserfarbenpinsel auftragen. Dabei in einem Arbeitsgang immer nur eine dünne Lackschicht anbringen, damit der Lack nicht herunterlaufen kann. Anschließend Farbe gut trocknen lassen. Vorgang so oft wiederholen, bis der Krater ausgefüllt ist und die ausgebesserte Stelle gegenüber der umgebenden Lackfläche keine Vertiefung mehr bildet.

Werkzeugausrüstung

Langfristig zahlt es sich immer aus, wenn man qualitativ hochwertiges Werkzeug kauft. Neben einer Grundausstattung mit Maul- und Ringschlüsseln in den gängigen Größen und verschiedenen Torxschraubendrehern sowie einem Satz Steckschlüssel empfiehlt sich auch der Kauf eines Drehmomentschlüssels. Darüber hinaus ist bei manchen Arbeitsgängen der Einsatz von Spezialwerkzeug zwingend erforderlich.

Gutes und stabiles Werkzeug wird von der Firma HAZET (42804 Remscheid, Postfach 100461) angeboten. In den Tabellen sind die Werkzeuge mit der HAZET-Bestellnummer aufgeführt. Vertrieben wird das Werkzeug über den Fachhandel.

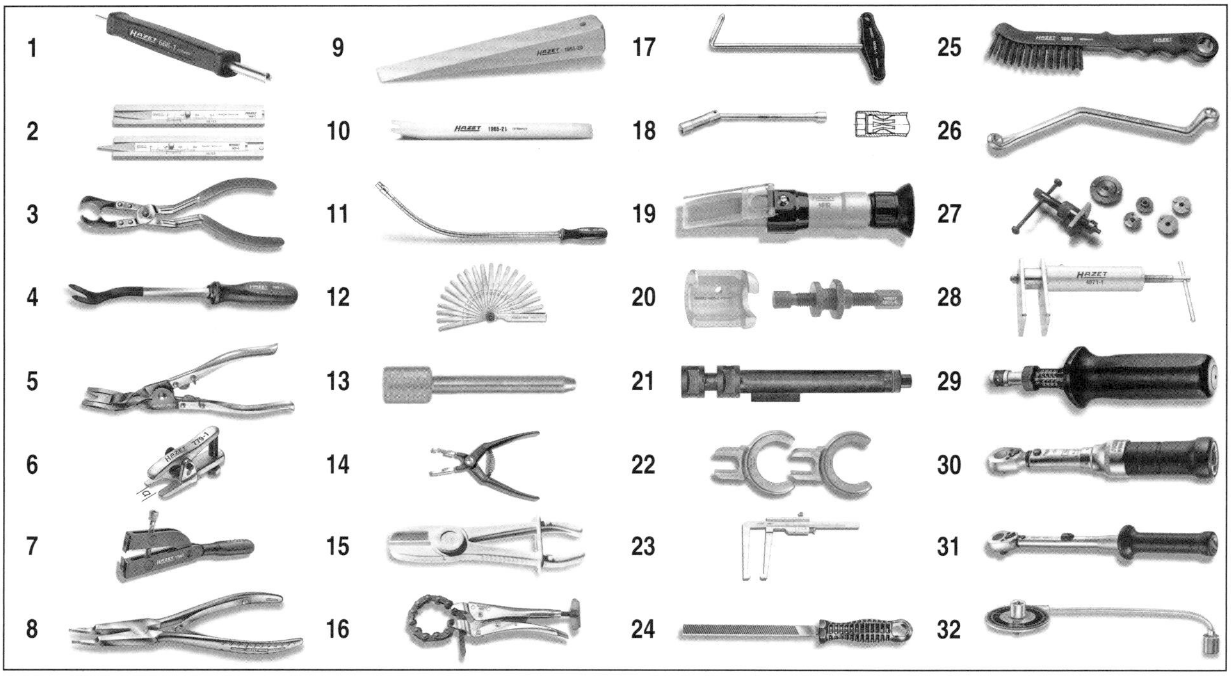

Abb.	Werkzeug	Hazet-Nr.
1	Ventildreher für Reifenventile	666-1
2	Reifen-Profiltiefe, Messlehre	666-5
3	Zange für Fensterkurbelsicherung	799
4	Lösehebel für Innenverkleidung	799-3
5	Lösezange für Innenverkleidung	799-4
6	Kugelgelenk-Abzieher, Maulweite 20 – 22 mm, 2-stufig	1790-7
7	Klemmzange für Edelstahlhaltebänder der Gelenkwellenmanschetten	1847
8	Zange für Sicherungsring im Gleichlaufgelenk	1847-3
9	Montagekeil	1965-20
10	Montagekeil	1965-21
11	Magnet-Sucher	1976
12	Fühlerblattlehre 0,05 - 1,0 mm	2147
13	Arretierdorn für Keilrippenriemenspanner	3088-10.
14	Zange für Verriegelung der Kraftstoffleitungen	4501-1
15	Abklemmzangen-Satz	4590/3
16	Ketten-Abgasrohrschneider	4682

Abb.	Werkzeug	Hazet-Nr.
17	Hakenschlüssel für Haltegummis der Abgasanlage	4684-1
18	Zündkerzenschlüssel	4766-1
19	Messgerät für Säuredichte und Frostschutzanteil	4810 B
20	Abziehwerkzeug für Scheibenwischerarme	4855
21	Spanngerät für Schraubenfedern der Federbeine	4900-2A
22	Federspanner-Spannplatten-Paar	–
23	Bremsscheiben-Messschieber	4956-1
24	Bremssattelfeile	4968-1
25	Bremssatteldrahtbürste	4968-2
26	Entlüftungsschlüssel Bremse	4968-9
27	Bremskolbendrehwerkzeug für hintere Scheibenbremsen	4970/6
28	Bremskolben-Rücksetzwerkzeug für vordere Scheibenbremsen	4971-1
29	Drehmomentschlüssel 1 – 6 Nm	6003 CT
30	Drehmomentschlüssel 4– 40 Nm	6109-2 CT
31	Drehmomentschlüssel 40 – 200 Nm	6122–1CT
32	Winkelscheibe für drehwinkelgesteuerten Schraubenanzug	6690

Motorstarthilfe

Sicherheitshinweise
Werden die vorgeschriebenen Anschlusshinweise nicht genau eingehalten, besteht die Gefahr der Verätzung durch austretende Batteriesäure. Außerdem können Verletzungen oder Schäden durch eine Batterieexplosion entstehen oder Defekte an der Fahrzeugelektrik auftreten.

- Batterieflüssigkeit von Augen, Haut, Gewebe und lackierten Flächen fern halten. Die Flüssigkeit ist ätzend. Säurespritzer sofort mit klarem Wasser gründlich abspülen. Gegebenenfalls einen Arzt aufsuchen.
- Keine Funken oder offenen Flammen in Batterienähe, da aus der Batterie brennbare Gase austreten können.
- Augenschutz tragen.
- Darauf achten, dass die Starthilfekabel nicht durch drehende Teile wie zum Beispiel Kühlerlüfter beschädigt werden.

- Die Starthilfekabel sollten einen Leitungsquerschnitt von 25 mm^2 aufweisen und mit isolierten Kabelzangen ausgestattet sein. In der Regel ist der Leitungsquerschnitt auf der Packung der Starthilfekabel angegeben.
- Bei beiden Batterien muss die Spannung 12 Volt betragen. Die Kapazität der stromgebenden Batterie darf nicht wesentlich unter der Kapazität der entladenen Batterie liegen.
- Eine entladene Batterie kann bereits bei –10° C gefrieren. Vor Anschluss der Starthilfekabel muss eine gefrorene Batterie unbedingt aufgetaut werden. Aufgetaute Batterie vor dem Laden auf Gehäuserisse prüfen, gegebenenfalls ersetzen. Aus Sicherheitsgründen empfiehlt es sich allerdings, eine einmal gefrorene Batterie grundsätzlich zu ersetzen.
- Die entladene Batterie muss ordnungsgemäß am Bordnetz angeklemmt sein.
- Fahrzeuge so weit auseinander stellen, dass kein metallischer Kontakt besteht. Andernfalls könnte bereits beim Verbinden der Pluspole ein Strom fließen.
- Bei beiden Fahrzeugen Handbremse anziehen. Schaltgetriebe in Leerlaufstellung, automatisches Getriebe zusätzlich in Parkstellung »P« schalten.
- Alle Stromverbraucher ausschalten.
- Grundsätzlich Motor des Spenderfahrzeuges ca. 1 Minute vor dem Startvorgang und während des Startvorganges mit Leerlaufdrehzahl drehen lassen. Dadurch wird eine Beschädigung des Generators durch Spannungsspitzen beim Startvorgang vermieden.
- Starthilfekabel in folgender Reihenfolge anschließen:
  1. Rotes Kabel an den Pluspol (+) –1– der stromgebenden Batterie anklemmen.
  2. Das andere Ende des roten Kabels an den Pluspol (+) –2– der entladenen Batterie anklemmen.
  3. Schwarzes Kabel an den Minuspol (–) –3– der stromgebenden Batterie anklemmen.

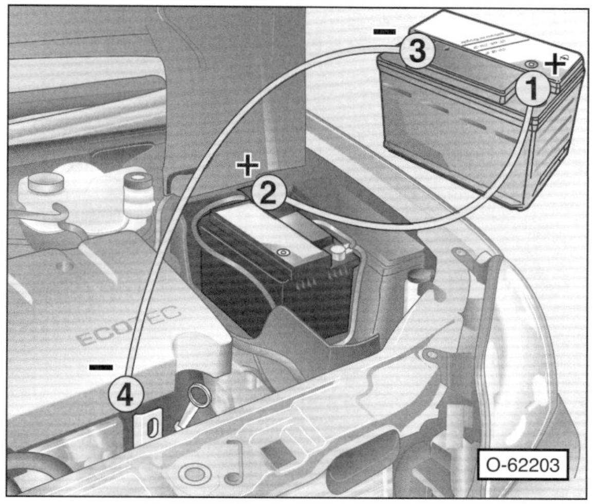

  4. Das andere Ende des schwarzen Kabels an eine gute Massestelle –4– des Empfängerfahrzeuges anschließen. **Achtung: Nicht an den Minuspol (–) der leeren Batterie.** Am besten eignet sich ein mit dem Motorblock verschraubtes Metallteil. Unter ungünstigen Umständen könnte beim Anschließen des Kabels an den Minuspol der leeren Batterie, durch Funkenbildung und Knallgasentwicklung, die Batterie explodieren.

Achtung: Die Klemmen der Starthilfekabel dürfen bei angeschlossenen Kabeln nicht in Kontakt miteinander kommen, bePlusklemmen dürfen keine Massestellen (Karosserie oder Rahmen) berühren – Kurzschlussgefahr!

- Motor des Empfängerfahrzeuges (leere Batterie) starten und laufen lassen. Beim Starten Anlasser nicht länger als 10 Sekunden ununterbrochen betätigen, da sich durch die hohe Stromaufnahme Polzangen und Kabel erwärmen. Deshalb »Abkühlpause« von ca. 1 Minute einlegen.
- Bei Startschwierigkeiten nicht unnötig lange den Anlasser betätigen. Während des Anlassens wird permanent Kraftstoff eingespritzt. Fehlerursache ermitteln und beseitigen.
- Nach erfolgreichem Start beide Fahrzeuge mit der »Strombrücke« noch 3 Minuten laufen lassen.
- Um Spannungsspitzen beim Trennen abzubauen, im Fahrzeug mit der leeren Batterie Gebläse und Heckscheibenheizung einschalten. Nicht das Fahrlicht einschalten. Glühlampen brennen bei Überspannung durch.
- **Nach der Starthilfe** Kabel in **umgekehrter** Reihenfolge abklemmen: Zuerst schwarzes Kabel (–) am Empfängerfahrzeug –4–, dann am stromgebenden Fahrzeug –3– abklemmen; rotes Kabel zuerst am Empfängerfahrzeug –2–, dann am stromgebenden Fahrzeug –1– abklemmen.
- **Nach der Starthilfe** die entladene Batterie baldmöglichst mit einem Batterie-Ladegerät aufladen. Um die Batterie mit dem Drehstromgenerator vollständig aufzuladen, müsste das Fahrzeug ca. 8 Stunden ohne Unterbrechung betrieben werden. Dabei dürften keine elektrischen Verbraucher eingeschaltet sein.

Fahrzeug aufbocken

Bei Arbeiten unter dem Fahrzeug muss dieses, falls es nicht auf einer Hebebühne steht, auf zwei oder vier stabilen Unterstellböcken stehen.

Sicherheitshinweis
Wenn unter dem Fahrzeug gearbeitet werden soll, muss es mit geeigneten Unterstellböcken sicher abgestützt werden. Abstützen nur mit dem Wagenheber ist unzureichend. **Lebensgefahr!**

- Das Fahrzeug nur in unbeladenem Zustand auf ebener, fester Fläche aufbocken.
- Fahrzeug mit Unterstellböcken so abstützen, dass jeweils ein Bein seitlich nach außen zeigt.

Anheb- und Aufbockpunkte für Bordwagenheber

- Am Wagenunterbau sind vorn und hinten Aussparungen zum Ansetzen des Wagenhebers vorhanden. Bei einigen Modellen sind die Ansetzpunkte abdeckt. In diesem Fall Abdeckung herausziehen.
- Wagenheberarm so ansetzen, dass die Wagenheberklaue den senkrechten Steg umfasst und in die Aussparung im Steg greift. Beim Drehen der Kurbel darauf achten, dass die Kante des Wagenheberfußes senkrecht unter der Aussparung im Steg den Boden berührt.

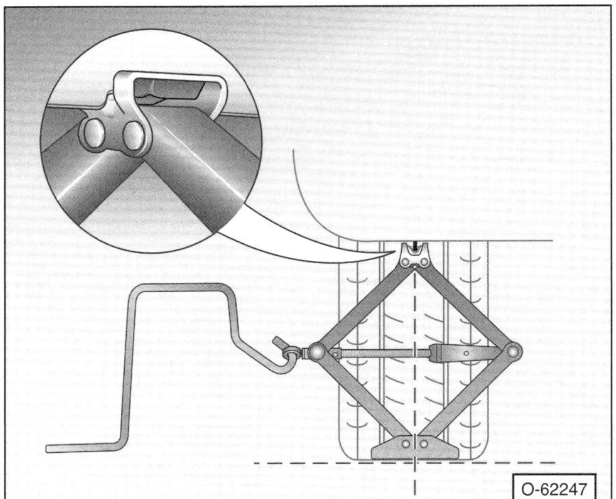

O-62247

- Wagenheber hochkurbeln, bis das Rad vom Boden abgehoben hat. Fahrzeug mit Unterstellböcken abstützen, beispielsweise am vorderen Längsträger.
- Die Räder, die beim Anheben auf dem Boden stehen bleiben, mit Keilen gegen Vor- oder Zurückrollen sichern. Nicht auf die Feststellbremse verlassen, diese muss bei einigen Reparaturarbeiten gelöst werden.

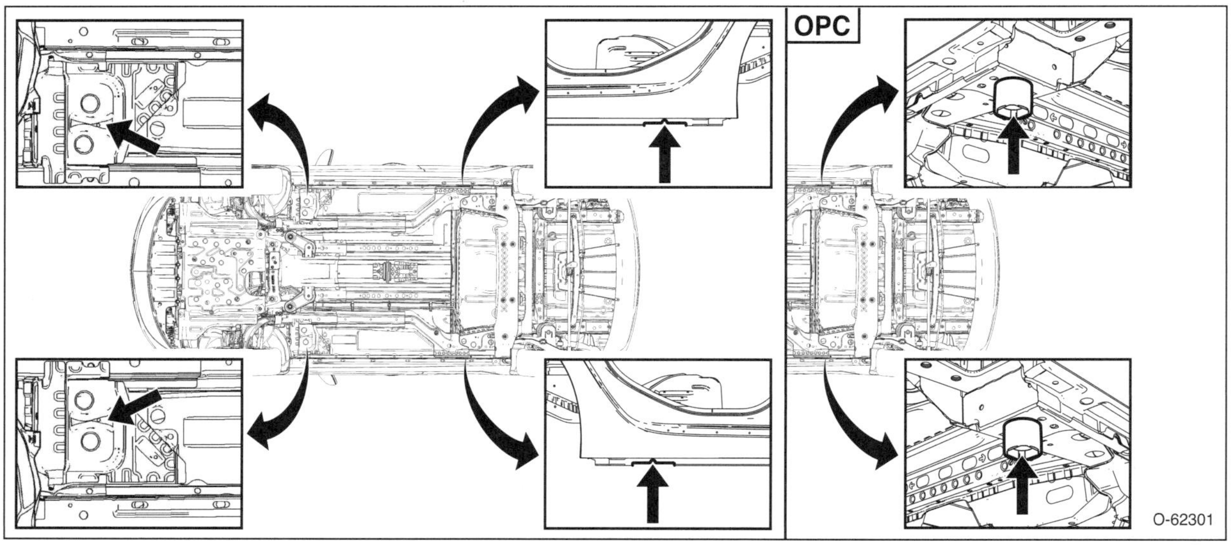

O-62301

Aufnahmepunkte für Hebebühne und Werkstattwagenheber

Achtung: Um Beschädigungen am Unterbau zu vermeiden, geeignete Gummi- oder Holzzwischenlage verwenden. Der Wagen darf keinesfalls am Antriebsaggregat, an der Vorder- oder Hinterachse angehoben werden, da dadurch große Schäden entstehen können.

Aus Sicherheitsgründen Fahrzeug nach dem Anheben mit dem Wagenheber **immer mit Stützböcken absichern.**

Hinweis: Stützböcke **nur** unter feste und stabile Fahrzeugstrukturteile stellen.

OPC: Hintere Aufnahmepunkte für OPC-Fahrzeuge.

OPC = **O**pel **P**erformance **C**enter. Die OPC-GmbH ist zuständig für die sportlichen OPEL-Modelle sowie für die Koordination sämtlicher Motorsport-Aktivitäten der Marke OPEL

Elektrische Anlage

Aus dem Inhalt:

- Hupe ausbauen
- Sicherungen auswechseln
- Batterie ausbauen
- Generator prüfen
- Anlasser prüfen
- Scheibenwischer
- Beleuchtungsanlage
- Armaturen/Schalter

Steckverbinder trennen

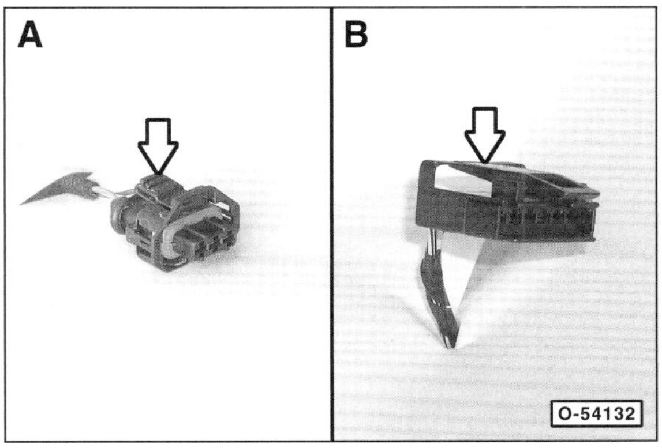

- Lasche herunterdrücken –Pfeil–, Stecker dabei ziehen und Verbindung trennen.
- Stecker beim Aufschieben hörbar einrasten lassen.

Lichtwellenleiter

Es kommen vermehrt Lichtwellenleiter als Steuerleitungen zum Einsatz, die sich durch verlustarme Datenübertragung sowie eine hohe Bandbreite auszeichnen.

Sicherheitshinweise im Umgang mit Lichtwellenleitern beachten:

- Steckverbindungen für Lichtwellenleiter vorsichtig trennen.
- Die Übergangsstellen des Lichtwellenleiters dürfen nicht verschmutzt oder verkratzt werden.
- Lichtwellenleiter nicht knicken, strecken oder quetschen.
- **Kontaktstellen mit Abdeckkappen und Stopfen schützen.**

Hupe aus- und einbauen

Hinweis: Die Hupe befindet sich auf der linken Seite hinter der Stoßfängerabdeckung.

Ausbau

- Vordere Stoßfängerabdeckung ausbauen, siehe Seite 232.

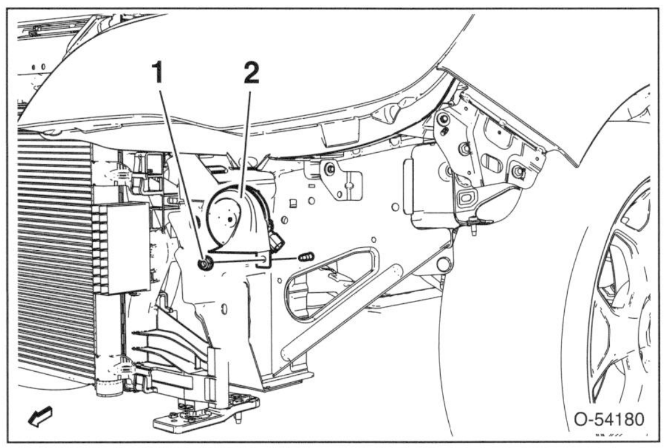

- Elektrischen Stecker von der Hupe –2– abziehen.
- Mutter –1– abschrauben.
- Hupe –2– abnehmen.

Einbau

- Der Einbau erfolgt in umgekehrter Ausbaureihenfolge. Mutter mit **17 Nm** festziehen.

Sicherungen auswechseln

Um Kurzschluss- und Überlastungsschäden an den Leitungen und Verbrauchern der elektrischen Anlage zu verhindern, sind die einzelnen Stromkreise durch Schmelzsicherungen geschützt.

- Vor dem Auswechseln einer Sicherung immer alle Stromverbraucher und die Zündung ausschalten.
- Es empfiehlt sich, stets einige Ersatzsicherungen im Wagen mitzuführen und diese nach Gebrauch zu ersetzen.
- Brennt eine neu eingesetzte Sicherung nach kurzer Zeit wieder durch, muss der entsprechende Stromkreis überprüft werden.

Achtung: Auf keinen Fall Sicherung durch Draht oder ähnliche Hilfsmittel ersetzen, weil dadurch ernste Schäden an der elektrischen Anlage auftreten können.

- Eine Übersicht der aktuellen Sicherungsbelegung befindet sich in der Bedienungsanleitung. **Hinweis:** Die Sicherungsbelegung ist abhängig von der Ausstattung und vom Baujahr des Fahrzeuges.

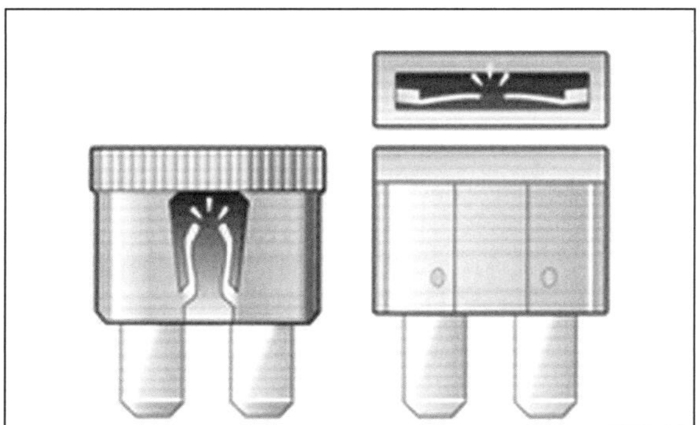

O-54181

- Eine durchgebrannte Sicherung erkennt man am durchgeschmolzenen Metallstreifen.

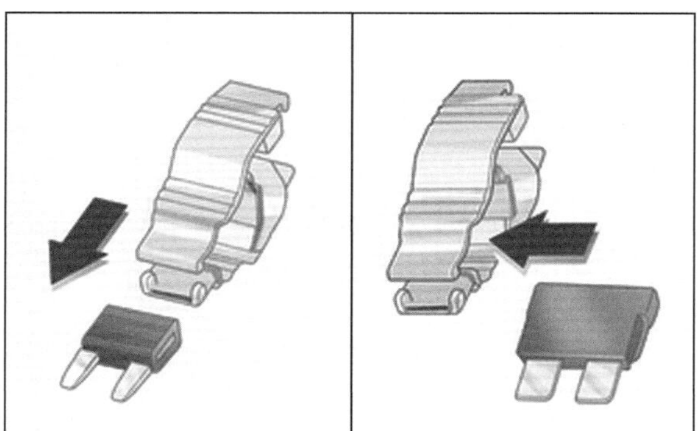

O-54182

- Defekte Sicherung herausziehen. **Hinweis:** Eine Kunststoffklammer befindet sich im Sicherungskasten im Motorraum. Zum Herausziehen den Sicherungszieher von oben oder seitlich, je nach Ausführung der Sicherung, aufstecken und Sicherung herausziehen.

Mini-Sicherungen		Maxi-Sicherungen	
Nennstromstärke in A*	Kennfarbe	Nennstromstärke in A*	Kennfarbe
2	grau	20	gelb
3	violett	30	hellgrün
5	beige	40	orange
7,5	braun	50	rot
10	rot	60	blau
15	blau	–	–
20	gelb	–	–
25	transparent	–	–
30	grün	–	–

*) **A** = Ampere

- Neue Sicherung **gleicher Sicherungsstärke** einsetzen. Die Nennstromstärke der Sicherung ist aufgedruckt. Außerdem ist die Sicherung durch eine Farbe gekennzeichnet, an der ebenfalls die Nennstromstärke zu erkennen ist.

Achtung: Die Kennfarben werden sowohl bei den herkömmlichen kleinen Sicherungen als auch bei Sicherungen mit höherer Nennstromstärke benutzt. Diese Sicherungen sind wesentlich größer.

Hinweis: Die Sicherungen sind in 3 Sicherungskästen eingesetzt. Der erste Sicherungskasten befindet sich im vorderen linken Bereich des Motorraums, der zweite im Innenraum links hinter einem Ablagefach und der dritte unter einer Abdeckung auf der linken Seite im Laderaum.

Sicherung nur dann ersetzen, wenn die Ursache für die Störung behoben wurde. Einige Funktionen können durch mehrere Sicherungen abgesichert sein.

Sicherungskasten im Motorraum

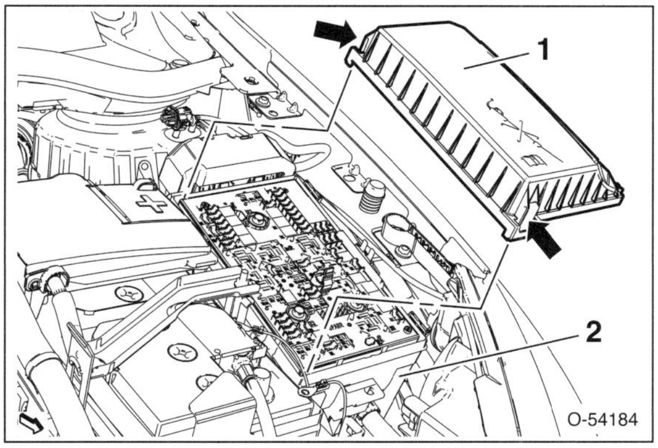

- 2 Zungen –Pfeile– eindrücken, Deckel –1– am Sicherungskasten –2– links im Motorraum aushängen und abnehmen.

Hinweis: Beim Schließen des Deckels darauf achten, dass er hörbar einrastet.

Sicherungskasten Innenraum/Laderaum

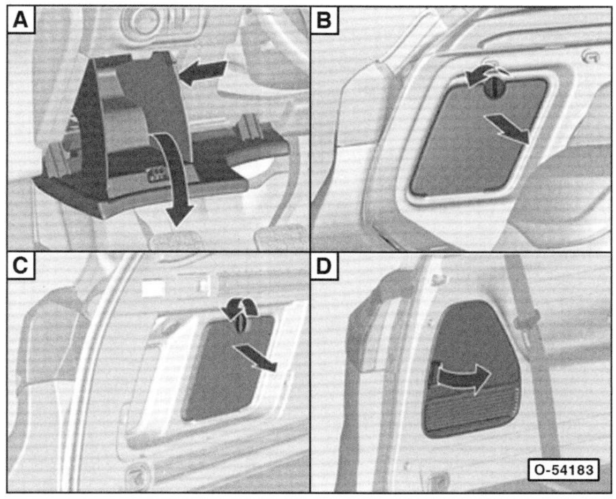

A – Innenraum
B – Laderaum Limousine
C – Laderaum Kombi
D – Laderaum ZAFIRA

Batterie/Batterieträger aus- und einbauen

Achtung: Aus Sicherheitsgründen immer die Batterie komplett abklemmen (Plus- und Minuspol).

Achtung: Durch das Abklemmen der Batterie werden einige **elektronische Speicher gelöscht**:

- Je nach Ausführung des Radios Radiocode vor Abklemmen der Batterie oder Ausbau des Radios feststellen. Ansonsten kann das Radio nur durch die Fachwerkstatt oder den Hersteller wieder in Betrieb genommen werden. Die Code-Nummer ist in der Radio-Bedienungsanleitung angegeben. Sie sollte nicht im Fahrzeug aufbewahrt werden. **Hinweis:** Die OPEL-Radioanlagen werden von der Fahrzeugelektronik erkannt. Daher ist bei diesen Geräten eine Radiocode-Eingabe nicht erforderlich.
- Je nach Ausstattung muss nach dem Anklemmen der Batterie die Hoch-/Tieflaufautomatik der elektrischen Fensterheber neu aktiviert werden:
  - Alle Türen schließen und Zündung einschalten.
  - Ein Fenster ganz hochfahren, danach Taste noch mindestens 2 Sekunden gedrückt halten.
  - Vorgang für jedes Fenster wiederholen.
- Wenn vorhanden, muss nach dem Anklemmen der Batterie das Schiebedach neu eingestellt werden:
  - Schiebedach jeweils bis zu den Endanschlägen fahren. Dadurch werden die Sensoren neu kalibriert.
- **Lenkwinkelsensor** initialisieren (Fahrzeuge ohne ESP und mit elektrischer Servolenkung):

  Achtung: Bei Fahrzeugen mit elektrischer Servolenkung (EPS) und ohne elektronische Fahrzeugstabilisierung (ESP) **muss** der Lenkwinkelsensor nach jedem Abklemmen der Batterie initialisiert werden. Wird der Lenkwinkelsensor nicht initialisiert, kann die Funktion der elektrischen Servolenkung beeinträchtigt sein.
  - Motor starten und im Leerlauf laufen lassen. Das Fahrzeug muss stillstehen.
  - Das Lenkrad bis zum Anschlag nach links drehen.
  - Das Lenkrad bis zum Anschlag nach rechts drehen.

Hinweis: Damit die gespeicherten Daten nicht verloren gehen, sollte möglichst ein sogenanntes Ruhestrom-Erhaltungsgerät verwendet werden. Das Gerät wird vor Abklemmen der Batterie nach Herstelleranweisung am Zigarettenanzünder angeschlossen.

Achtung: Batterie grundsätzlich gegen eine gleicher Ausführung ersetzen. Dabei darauf achten, dass bei der neuen Batterie der Sicherungskasten korrekt befestigt werden kann.

Bei Fahrzeugen mit Start-Stopp-System nur eine AGM-Batterie verwenden. AGM-Batterien sind am entsprechenden Batterieschild (Aufkleber) zu erkennen.

Ausbau

Hinweis: Je nachdem ob ein Benzin- oder Dieselmotor mit oder ohne Stopp-Start-System ausgerüstet ist, können Abweichungen von der folgenden Beschreibung auftreten.

- Alle elektrischen Verbraucher ausschalten.
- Zündung ausschalten und Zündschlüssel abziehen.
- Motorhaube öffnen.

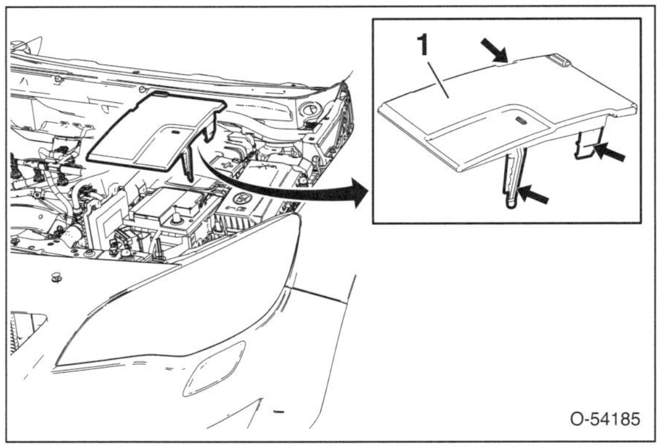

- Falls vorhanden, Batterieabdeckung –1– ausclipsen –Pfeile– und abnehmen. **Achtung:** Darauf achten, dass die Halteclips vollständig entriegelt sind, sonst kann die Batterieabdeckung beim Abziehen beschädigt werden.

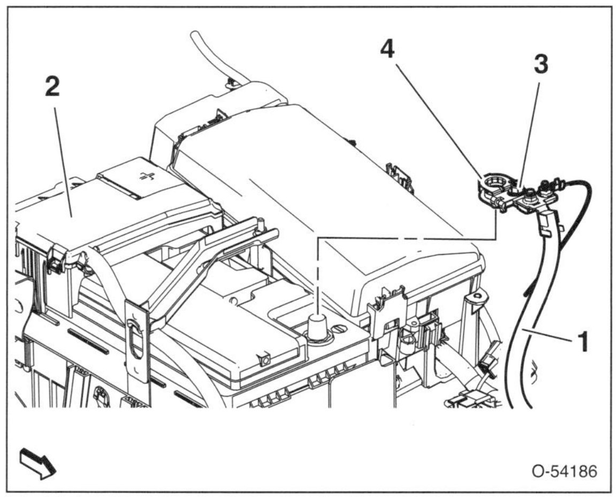

- **Zuerst Massekabel** –1– von der Batterie –2– abklemmen. Dazu Mutter –3– lockern, Klemme –4– vom Minuspol (–) abziehen und Massekabel zur Seite legen. **Hinweis:** Bei Fahrzeugen mit Start-Stopp-Anlage Minusklemme zusammen mit dem Batteriesensor abnehmen.

Achtung: Niemals die Batterie-Plusklemme ab- oder anschrauben, wenn die Minusklemme angeschlossen ist. Kurzschlussgefahr.

Hinweis: Wird die Batterie lediglich abgeklemmt und nicht ausgebaut, aus Sicherheitsgründen **grundsätzlich beide Batterieklemmen von der Batterie entfernen und Batteriepole isolieren**.

Das Pluskabel muss in diesem Fall nur direkt vom Pluspol abgebaut werden. Es muss nicht, wie beim Batterieausbau, die komplette Plusverteilung abgebaut werden.

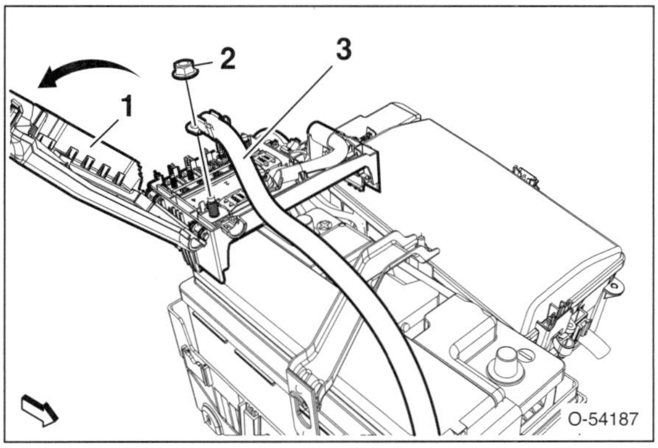

- Abdeckkappe –1– über dem Pluspol (+) hochklappen, Mutter –2– herausdrehen und Pluskabel –3– vom Pluspol abziehen.
- Abdeckung des Batterie-Sicherungskastens ausclipsen und öffnen.

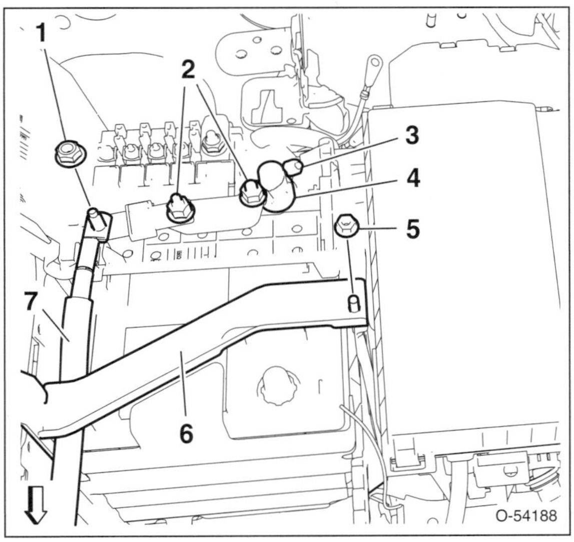

- Mutter –5– abschrauben und Haltebügel –6– abnehmen.
- Mutter –1– für Pluskabel – 7– abschrauben.
- 2 Muttern –2– der Batterie-Plusplatte abschrauben.
- Mutter –3– für Pluskabel –4– lösen.

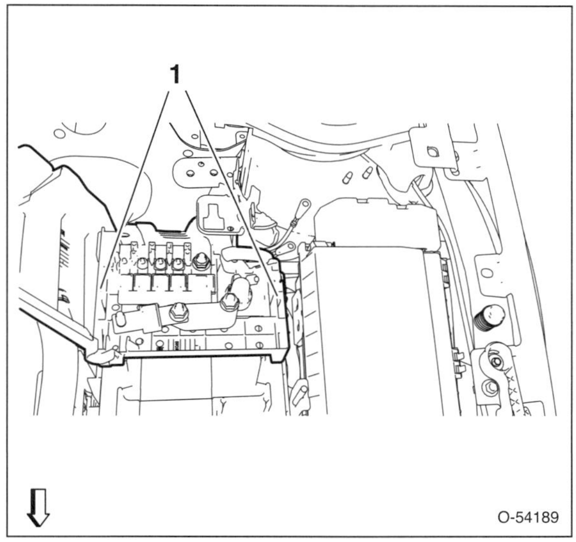

- Halteclips des Batteriesicherungskastens –1– ausrasten und Sicherungskasten zusammen mit dem Pluskabel abnehmen.

Dieselmotor

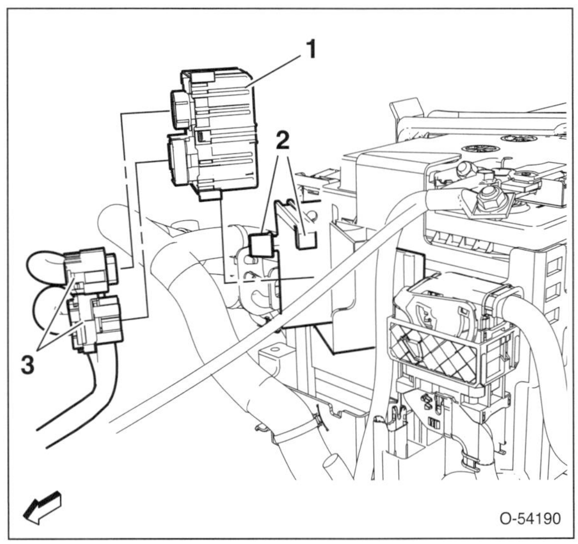

- 2 Stecker –3– vom Glühkerzen-Steuergerät –1– abziehen.
- 2 Sicherungsklammern –2– lösen und Glühkerzensteuergerät –1– abnehmen.

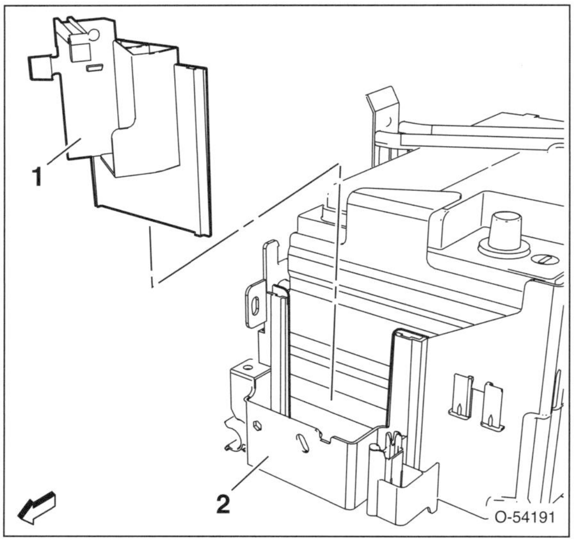

- Halterung –1– des Glühkerzen-Steuergeräts vom Batterieträger –2– abnehmen.

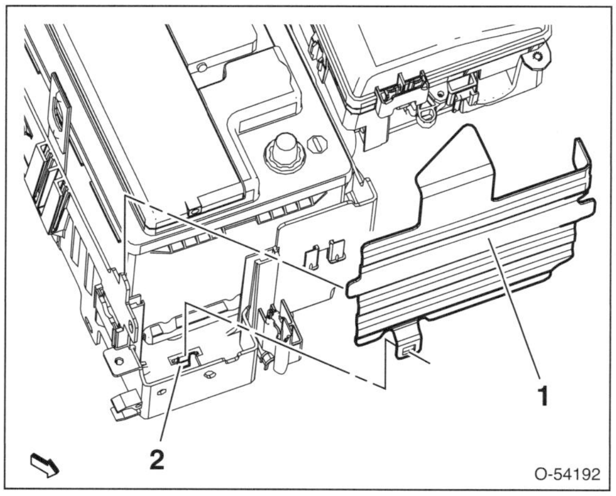

- Befestigungslasche –2– entriegeln und den Batterieträgerschutz –1– abnehmen.

Speziell kurze Batterie beim Benzinmotor

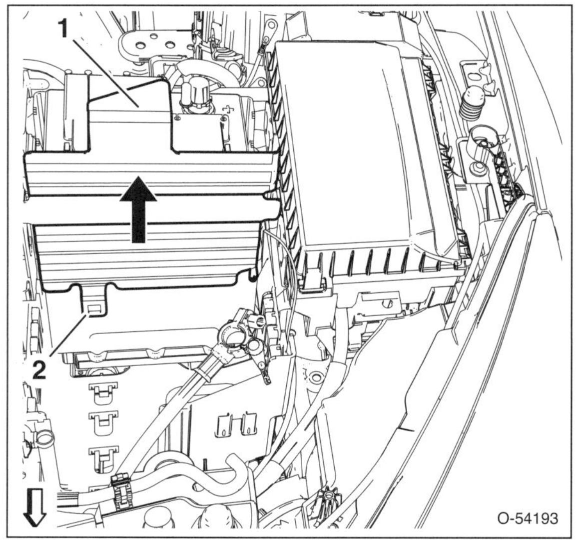

- Halterung des Batterieschutzes –2– vom Batterieträger abclipsen.
- Batterieträgerschutz –1– in Pfeilrichtung abnehmen.

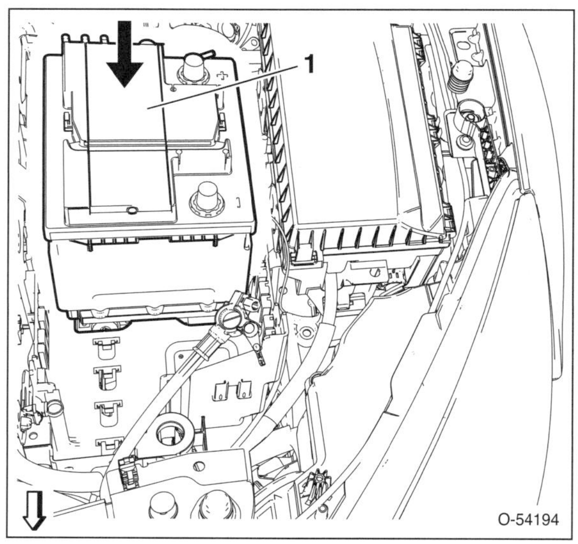

- Batterie –1– in Pfeilrichtung verschieben, dann herausnehmen.

- Batterie herausnehmen.

Hinweis: Für weiterführende Arbeiten muss eventuell noch der Batterieträger ausgebaut werden.

- Folgende Bauteile vom Batterieträger abclipsen:
  - Alle Kabelstränge.
  - Motorsteuergerät mit Halterung.
  - Falls vorhanden, Kühlmittelschlauch zum Kühlmittelausgleichbehälter.
  - Batteriestromsensor.

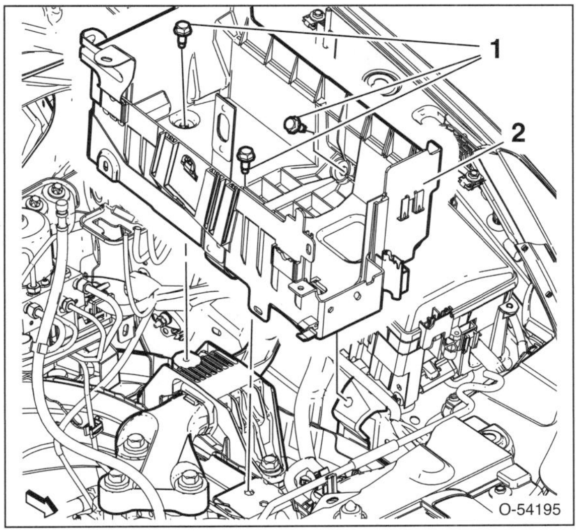

- 3 Schrauben –1– am Boden des Batterieträgers –2– herausdrehen.
- Batterieträger herausnehmen.

Einbau

- Der Einbau erfolgt in umgekehrter Ausbaureihenfolge. Dabei ist Folgendes zu beachten:
- Sicherheitshinweise auf dem Aufkleber der Batterie beachten.
- Wurde die Batterie erneuert, beim Einbau unbedingt darauf achten, dass sich im Bereich des Pluspols keine geöffneten Entlüftungsbohrungen befinden. Gegebenenfalls Entlüftungsbohrung mit einem Stopfen verschließen. In diesem Fall Entlüftungsbohrung im Bereich des Minuspols öffnen.
- Vor dem Einbau Batteriepole blank kratzen, geeignet ist dazu eine Messingdrahtbürste.
- Batterieträger mit **15 Nm** anschrauben.

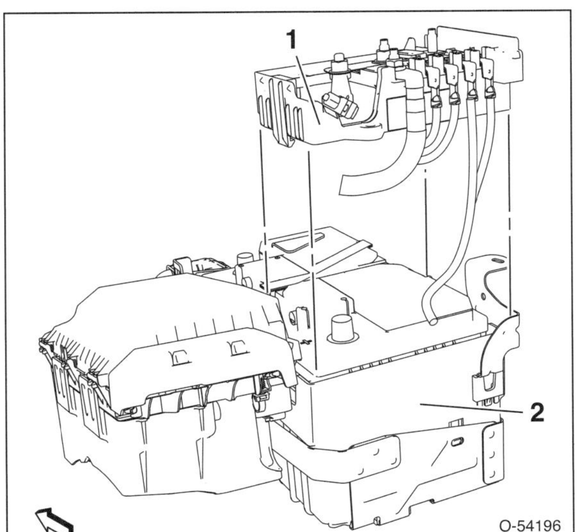

- Rückseite der Batterieplus-Verteilung –1– exakt mit der Rückseite der Batterie –2– ausrichten.
- **Anzugsdrehmomente** für die Muttern in der Abbildung O-54188 auf Seite 57:
  1 – 12 Nm
  2 – 12 Nm
  3 – 4,5 Nm
  5 – 9 Nm
- **Zuerst Pluskabel** am Pluspol (+) anklemmen, dann Plusverteilung anschrauben.
- Danach Massekabel am Minuspol (–) anklemmen. Mutter mit **4,5 Nm** festziehen. **Hinweis:** Bei Fahrzeugen mit Start-Stopp-Anlage den Stecker vom Batteriesensor abziehen, Minusklemme anklemmen und anschließend Stecker wieder aufstecken.
- Wenn nötig, Radiocode eingeben.
- Radioprogramme, falls erforderlich, neu eingeben.
- Zeituhr prüfen und gegebenenfalls neu einstellen.
- Elektrischen Fensterheber und Schiebedach aktivieren.

Batterietypen

Je nach Modell und Ausstattung können technisch recht unterschiedliche Batterietypen im Fahrzeug eingebaut sein. .

Nass-Batterie

Eine Batterie mit flüssigem Elektrolyt wird als Nass-Batterie bezeichnet. Diese Batterie besitzt ein magisches Auge zur Kontrolle von Ladezustand und Säurestand. Es darf kein destilliertes Wasser nachgefüllt werden, wie bei früheren Ausführungen der Nass-Batterie. Wenn der Säurestand zu niedrig ist, muss die Batterie ersetzt werden. Die Nassbatterie ist nicht für Fahrzeuge mit Start-Stopp-System geeignet.

EFB-Batterie

EFB = Enhanced **F**looded **B**attery. Die EFB-Batterie ist eine Weiterentwicklung der Standard-Nass-Batterie und kann auch für Fahrzeuge mit Start-Stopp-System verwendet werden. Allerdings nur, wenn der Fahrzeughersteller nicht ausdrücklich eine AGM-Stromquelle vorschreibt.

AGM-Batterie (Vlies-Batterie)

AGM = Absorbent-**G**lass-**M**att-Battery. Bei der AGM-Batterie ist der Elektrolyt in einem Mikroglasvlies festgelegt; sie gilt dadurch als auslaufsicher. Die Batterie ist mit einem Batteriedeckel verschlossen, Zellverschluss-Stopfen und Entgasungskanal sind im Deckel integriert. Die AGM-Batterie hat kein magisches Auge und bietet folgende Vorteile: hohe Zyklenfähigkeit (Zyklus = abwechselnder Lade- und Entladevorgang), Auslaufsicherheit, wartungsarm, geringe Gasung und gute Kaltstarteigenschaften. Wird häufig bei Fahrzeugen mit Start-Stopp-System verwendet. **Hinweis:** Bei Ersatz einer AGM- oder Vlies-Batterie unbedingt wieder eine Vlies-Batterie einbauen.

VRLA-Batterie

Bei der **V**alve-**R**egulated-**L**ead-**A**cid-Batterie (VRLA) handelt es sich um einen wartungsfreien Stromspeicher mit festgelegtem Elektrolyt. Die Zellverschluss-Stopfen lassen sich nicht herausschrauben. Wird die Batterie überladen, werden die entstehenden Wasserstoff- und Sauerstoffgase innerhalb der jeweiligen Zelle wieder zu Wasser zurückgewandelt. Bei zu starker Ladung tritt das überschüssige Gas über ein Entspannungsventil aus. Da diese Flüssigkeitsmengen nicht wieder ersetzt werden können, ist eine nachhaltige Beschädigung der Batterie möglich. Deshalb muss beim Laden unbedingt ein Batterieladegerät mit einer Ladebegrenzung von 14,4 Volt eingesetzt werden.

Gel-Batterie

Bei der Gel-Batterie ist der Elektrolyt durch die Zugabe von Kieselsäure zur Schwefelsäure in einer gelartigen Masse eingebunden. Entsprechend ihrem Entgasungsprinzip zählt die Gel-Batterie zu den VRLA-Batterien. Dieser Batterietyp zeichnet sich durch eine hohe Zyklenfestigkeit aus, die Batterie kann also öfters ent- und geladen werden. Eine Gel-Batterie hat kein magisches Auge. Sie ist wartungsfrei und auslaufsicher. Da die Batterie nicht hochtemperaturfähig ist, eignet sie sich nicht für den Einbau im Motorraum.

Batterie prüfen

Vor Beginn des Winters sollte die Batterie unbedingt überprüft werden. Bei großer Kälte sinkt die Batteriespannung einer nur mäßig geladenen Batterie während des Anlassvorgangs stark ab.

Der Ladezustand einer wartungsfreien Batterie wird geschätzt, indem die Batteriespannung an den Batteriepolen gemessen wird. Da die Spannung durch den Stromfluss zur beziehungsweise von der Batterie beeinflusst wird, müssen der Motor und alle elektrischen Verbraucher ausgeschaltet werden, wenn die Spannung geprüft wird. Die Spannungsmessung kann auch beeinflusst werden, wenn die Batterie gerade ge- oder entladen wurde.

Um möglichst präzisen Angaben über den Ladezustand zu erhalten, muss die Batterie vor der Prüfung 24 Stunden im Ruhezustand gewesen sein. Diese Zeit reicht, damit die Säure in allen Zellen ausgeglichen ist. Wenn die Batterie in den letzten 24 Stunden ge- oder entladen wurde, ist der Ladezustand der Batterie nur ein Schätzwert.

Achtung: Da der Ausfall der Fahrzeug-Batterie oftmals schlagartig erfolgt, empfiehlt es sich, eine Batterie, die **älter als 5 Jahre** ist, grundsätzlich zu **ersetzen**. Bei den heutigen Batterien wird ein baldiger Ausfall nicht mehr unbedingt durch eine schlechte Startfähigkeit der Batterie angekündigt.

Ruhespannung prüfen

- Sicherstellen, dass alle elektrischen Verbraucher ausgeschaltet sind.
- Sicherstellen, dass die Batterie in den letzten 24 Stunden nicht in einem Fahrzeug verwendet oder geladen wurde.
- Die Batterietemperatur schätzen, indem die durchschnittliche Temperatur, der die Batterie in den letzten 12 Stunden ausgesetzt war, ermittelt wird.

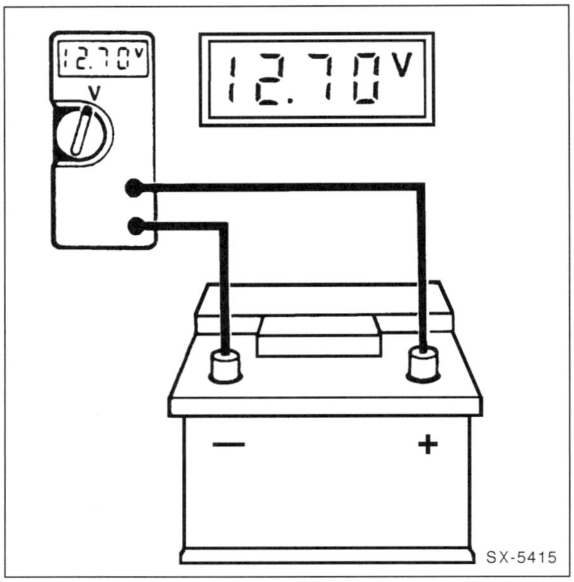

- Voltmeter an die Batteriepole anschließen und Spannung messen. Gemessenen Wert mit den Angaben in der folgenden Tabelle vergleichen.

Batteriespannung	Batterie-Ladezustand bei	
	0° C	+25° C
12,75 V	100%	100%
12,70 V	100%	90%
12,60 V	90%	75%
12,45 V	75%	65%
12,20 V	65%	45%
12,00 V	40%	20%

Hinweis: Die Tabelle ist nur dann auf 10 Prozent genau, wenn die Batterie mindestens 12 Stunden im Ruhezustand war.

- Liegt der Ladezustand bei weniger als 65 Prozent, muss die Batterie auf jeden Fall neu aufgeladen werden.
- Liegt der Ladezustand bei 65 Prozent oder darüber, dann ist die Batterie ausreichend geladen. Wenn die Batterie allerdings in langsamem Verkehr, auf kurzen Fahrtstrecken oder in sehr hohen oder niedrigen Temperaturen verwendet wird, sollte sie auf mindestens 90 Prozent geladen werden.

Batterie laden

Sicherheitshinweise

- Batterie **nicht** bei laufendem Motor abklemmen.
- Batterie **niemals kurzschließen,** das heißt Plus- (+) und Minuspol (–) dürfen nicht verbunden werden. Bei Kurzschluss erhitzt sich die Batterie und kann platzen.
- Gefrorene Batterie vor dem Laden auftauen. Eine geladene Batterie gefriert bei ca. –65° C, eine halbentladene bei ca. –30° C und eine entladene bei ca. –12° C. Aufgetaute Batterie vor dem Laden auf Gehäuserisse prüfen, gegebenenfalls ersetzen. Die von der ausgelaufenen Säure betroffenen Fahrzeugteile müssen umgehend mit Seifenlauge behandelt oder ausgetauscht werden.
- Batterie nur in gut belüftetem Raum oder im Freien laden. Beim Laden der eingebauten Batterie Motorhaube geöffnet lassen.

Beim Laden muss die Batterie eine Temperatur von mindestens +10° C aufweisen.

Achtung: Bei Fahrzeugen mit Start-Stopp-Anlage darauf achten, dass die Ladespannung durch das Batterieladegerät 14,6 Volt nicht übersteigt. Andernfalls kann die Fahrzeugbatterie beschädigt werden.

Laden

- Zum Laden nur ein elektronisch gesteuertes Ladegerät verwenden. In diesem Fall können die Batteriekabel angeschlossen bleiben.
- Zündung ausschalten, Zündschlüssel abziehen.
- **Bei ausgeschaltetem Ladegerät** Pluskabel (+) des Ladegerätes an den Pluspol (+) der Batterie anschließen. Minuskabel (–) des Ladegerätes an eine stabile Motormasse oder einen Massebolzen im Motorraum anschließen, der direkt mit dem Minuspol der Batterie verbunden ist, aber von der Batterie entfernt liegt.
- Netzstecker des Ladegerätes in die Steckdose stecken. Falls erforderlich, Ladegerät einschalten.
- Batterie so lange laden, bis das Ladegerät anzeigt, dass die Batterie vollständig geladen ist.
- Nach dem Laden der Batterie Ladegerät ausschalten (wenn möglich) und Netzstecker des Ladegerätes ziehen.
- Anschlusskabel des Ladegerätes von der Batterie abklemmen.
- Geladene Batterie prüfen, siehe entsprechendes Kapitel.

Batterie lagern

Wird das Fahrzeug länger als 2 Monate stillgelegt, Batterie ausbauen und im aufgeladenen Zustand lagern. Die günstigste Lagertemperatur liegt zwischen 0° C und +27° C. Bei diesen Temperaturen hat die Batterie die günstigste Selbstentladungsrate. Spätestens nach 2 Monaten Batterie erneut aufladen, da sie sonst unbrauchbar wird.

Batteriepole reinigen

Batteriepole auf Korrosion überprüfen. Korrosion an den Batteriepolen zeigt sich in Form von weißen oder gelblichen pulverartigen Ablagerungen an den Polen.

- Batterie ausbauen, siehe entsprechendes Kapitel.
- Zur Entfernung von Korrosion Batteriepole mit einer Lösung aus Wasser und Soda bestreichen. Es kommt zu einer chemischen Reaktion mit Blasenbildung und einer braunen Verfärbung an den Polen.
- Gegebenenfalls Batteriepole mit einem Polreiniger oder einer Drahtbürste, zum Beispiel HAZET 4650-4, von Korrosionsrückständen reinigen.
- Nach Abklingen dieser Reaktion Batteriepole und Batterie mit klarem Wasser abwaschen und Batterie abtrocknen.
- Batterie einbauen, siehe entsprechendes Kapitel.

Störungsdiagnose Batterie

Störung	Ursache	Abhilfe
Abgegebene Leistung ist zu gering, Spannung fällt stark ab.	Batterie entladen.	■ Batterie nachladen.
	Ladespannung zu niedrig.	■ Spannungsregler prüfen, gegebenenfalls austauschen.
	Anschlussklemmen lose oder oxydiert.	■ Anschlussklemmen reinigen, Klemmenmuttern anziehen.
	Masseverbindungen Batterie/Motor/Karosserie sind schlecht.	■ Masseverbindung überprüfen, gegebenenfalls metallische Verbindungen herstellen oder Schraubverbindungen festziehen. Korrodierte Schrauben durch verzinnte ersetzen.
	Zu große Selbstentladung der Batterie.	■ Batterie austauschen.
	Batterie sulfatiert.	■ Batterie mit geringer Stromstärke laden. Falls die abgegebene Leistung immer noch zu gering ist, Batterie austauschen.
	Batterie verbraucht, aktive Masse der Platten ausgefallen.	■ Batterie austauschen.
Nicht ausreichende Ladung der Batterie.	Fehler an Generator, Spannungsregler oder Leitungsanschlüssen.	■ Generator und Spannungsregler überprüfen, gegebenenfalls Generator austauschen.
	Keilrippenriemen locker, Spannvorrichtung defekt.	■ Spannvorrichtung prüfen, gegebenenfalls Keilrippenriemen ersetzen.
	Zu viele Verbraucher angeschlossen.	■ Stärkere Batterie einbauen; eventuell auch leistungsstärkeren Generator verwenden.
Spannung zu hoch. Batterie gast nach Abstellen des Motor. Geruch nach faulen Eiern (Schwefelwasserstoff tritt aus).	Überladung durch defekten Spannungsregler des Generators.	■ Spannungsregler ersetzen.

Generator aus- und einbauen/ Generator-Ladespannung prüfen

Das Fahrzeug ist mit einem Drehstromgenerator ausgerüstet. Je nach Modell und Ausstattung können Generatoren mit unterschiedlichen Leistungen eingebaut sein. **Achtung:** Wenn nachträglich elektrisches Zubehör mit hohem Stromverbrauch in das Fahrzeug eingebaut wird, sollte überprüft werden, ob die bisherige Generatorleistung noch ausreicht; gegebenenfalls stärkeren Generator einbauen.

Ladespannung prüfen

Wenn die Batterie nicht ausreichend geladen wird, Generatorspannung prüfen:

- Voltmeter zwischen Plus- und Minuspol der Batterie anschließen.
- Motor starten. Die Spannung darf beim Startvorgang bis etwa 8 Volt (bei + 20° C Außentemperatur) absinken.
- Motordrehzahl auf 3.000/min erhöhen. Die Spannung soll dann 13 bis 14,5 Volt betragen. Dies ist ein Beweis, dass Generator und Regler arbeiten. Die Generatorspannung (Bordspannung) muss höher als die Batteriespannung sein, damit die Batterie im Fahrbetrieb wieder aufgeladen wird.
- Regelstabilität prüfen. Dazu Fernlicht einschalten und Messung bei 3.000/min wiederholen. Die gemessene Spannung darf nicht mehr als 0,4 Volt über dem vorher gemessenen Wert liegen.
- Liegen die gemessenen Werte außerhalb der Sollwerte, Generator und Regler von Fachwerkstatt überprüfen lassen.

Sicherheitshinweise

Bei Arbeiten an der elektrischen Anlage im Motorraum grundsätzlich die Batterie abklemmen. **Achtung:** Dadurch werden elektronische Speicher gelöscht, wie zum Beispiel die Daten im Motor-Fehlerspeicher. Vor dem Abklemmen der Batterie Hinweise im Kapitel »Batterie aus- und einbauen« beachten.

- Batterie oder Spannungsregler **nicht** bei laufendem Motor abklemmen.
- Generator **nicht** bei angeschlossener Batterie ausbauen.
- Beim Elektroschweißen Batterie grundsätzlich vom Bordnetz abklemmen.

1,4-l-Benzinmotor LDD/LUH/LUJ

Ausbau

- Batterie-Massekabel (–) abklemmen. **Achtung:** Hinweise im Kapitel »Batterie aus- und einbauen« beachten.

Sicherheitshinweis
Beim Aufbocken des Fahrzeugs besteht Unfallgefahr! Hinweise im Kapitel »Fahrzeug aufbocken« beachten.

- Fahrzeug aufbocken.

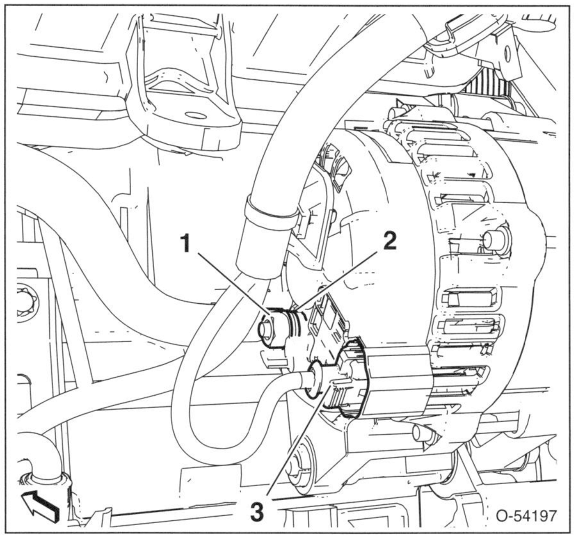

O-54197

- Stecker –3– von der Rückseite des Generators abziehen, dabei Sicherungsraste eindrücken.
- Dickes Kabel –2– abklemmen, dazu Mutter –1– abschrauben.
- Fahrzeug ablassen.
- Keilrippenriemenspanner ausbauen, siehe Seite 163.

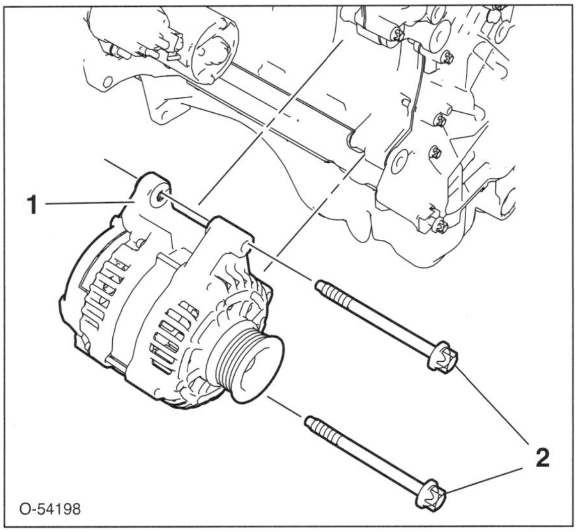

● Schrauben –2– herausdrehen und Generator –1– nach oben herausnehmen.

Einbau

● Der Einbau erfolgt in umgekehrter Ausbaureihenfolge.
Anzugsdrehmomente:
Schrauben –2– für Generator . . . . **35 Nm**
Mutter für Batterieplus-Leitung . . . . **17 Nm**

1,6-l-Benzinmotor LDE/LXV/LLU
1,8-l-Benzinmotor 2H0/LUW

Ausbau

● Batterie-Massekabel (–) abklemmen. **Achtung:** Hinweise im Kapitel »Batterie aus- und einbauen« beachten.

● Keilrippenriemen ausbauen, siehe Seite 163.

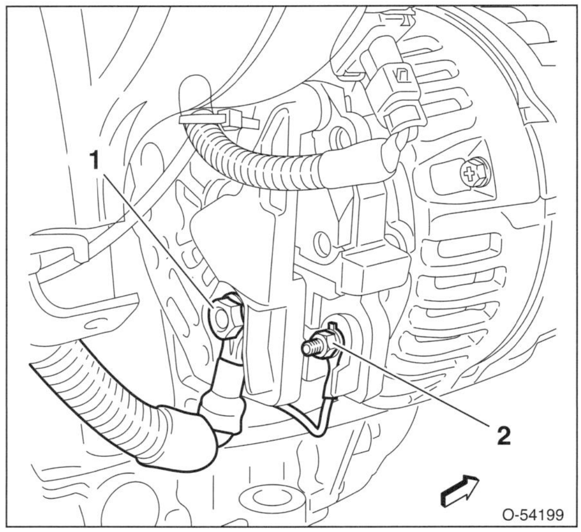

● Muttern –1– und –2– abschrauben und die jeweiligen Kabel abklemmen.

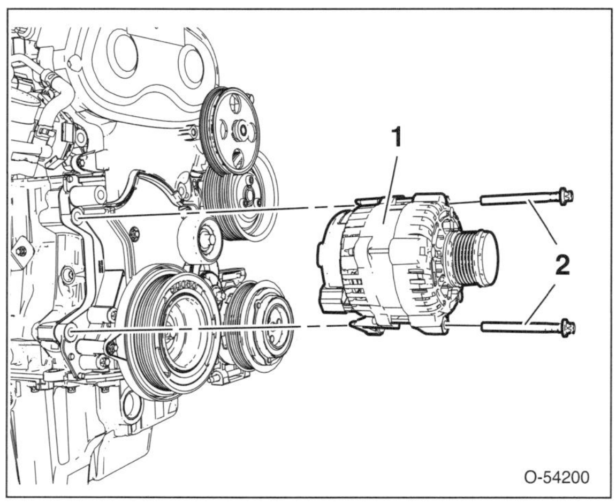

● Schauben –2– herausdrehen und Generator –1– herausnehmen.

Einbau

● Der Einbau erfolgt in umgekehrter Ausbaureihenfolge.
Anzugsdrehmomente:
Schrauben –2– für Generator . . . . **35 Nm**
Mutter –1– für Batterieplus-Leitung . . . . **20 Nm**
Mutter –2– . . . . **7 Nm**
Hinweis: Die Bezeichnungen beziehen sich auf die Abbildungen O-54198 und O-54200.

1,3-l-Dieselmotor LSF

Ausbau

- Batterie-Massekabel (–)abklemmen. **Achtung:** Hinweise im Kapitel »Batterie aus- und einbauen« beachten.
- Keilrippenriemen ausbauen, siehe Seite 163.

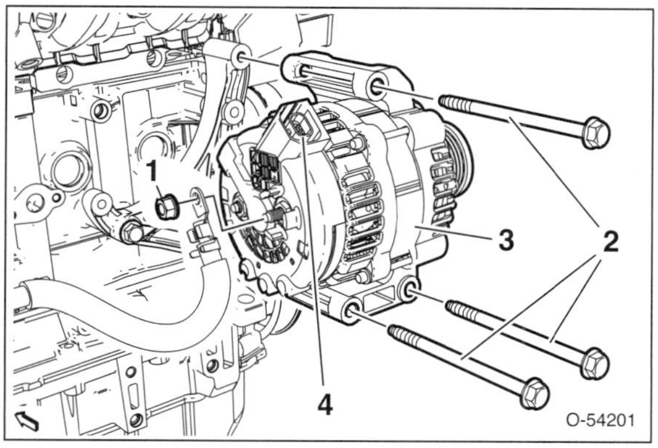

- Stecker vom Anschluss –4– des Generators –3– abziehen.
- Dickes Kabel abklemmen, dazu Mutter –1– abschrauben.
- 3 Schrauben –2– herausdrehen und Generator –3– herausnehmen.

Einbau

- Der Einbau erfolgt in umgekehrter Ausbaureihenfolge.
  Anzugsdrehmomente:
  Schrauben für Generator. . . . . **22 Nm**
  Mutter für Batterieplus-Leitung . . . . **13 Nm**

1,7-l-Dieselmotor LPL und LPV

Ausbau

- Batterie-Massekabel (–)abklemmen. Achtung: Hinweise im Kapitel »Batterie aus- und einbauen« beachten.
- Lufteinlassschlauch des Ladeluftkühlers ausbauen.
- Keilrippenriemen ausbauen, siehe Seite 163.
- Untere Motorraumabdeckung ausbauen, siehe Seite 229.
- Stecker hinten am Generator abziehen.

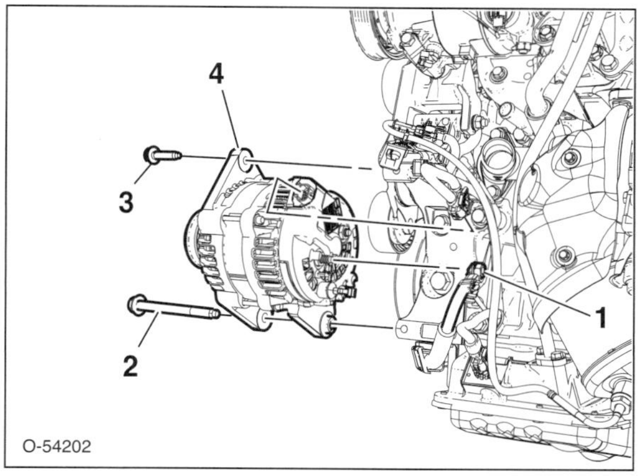

- Dickes Kabel abklemmen, dazu Mutter –1– abschrauben.
- Schrauben –2– und –3– herausdrehen und Generator –4– herausnehmen.

Einbau

- Der Einbau erfolgt in umgekehrter Ausbaureihenfolge.
  Anzugsdrehmomente:
  Schrauben –3– für Generator . . . . **22 Nm**
  Schrauben –2– für Generator . . . . **35 Nm**
  Mutter für Batterieplus-Leitung . . . . **13 Nm**

2,0-l-Dieselmotor LBS

Ausbau

- Batterie-Massekabel (–)abklemmen. **Achtung:** Hinweise im Kapitel »Batterie aus- und einbauen« beachten.
- Keilrippenriemen ausbauen, siehe Seite 163.
- Untere Motorraumabdeckung ausbauen, siehe Seite 229.

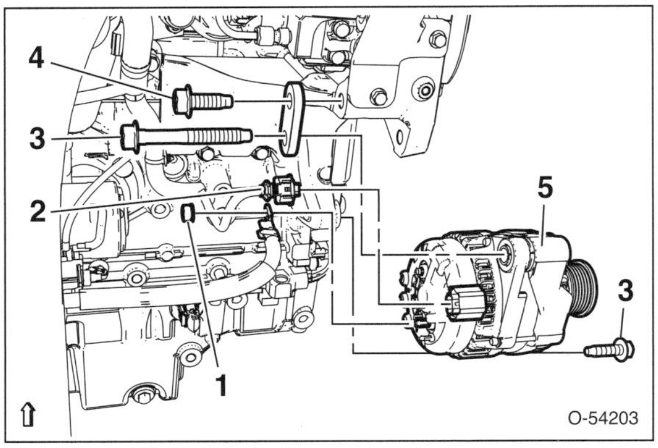

O-54203

- Stecker –2– hinten am Generator abziehen.
- Dickes Kabel abklemmen, dazu Mutter –1– abschrauben.
- Schrauben –3– und –4– herausdrehen und Generator –5– herausnehmen.

Einbau

- Der Einbau erfolgt in umgekehrter Ausbaureihenfolge.
  Anzugsdrehmomente:
  Schrauben –2– und –3– für Generator . . . . . . **60 Nm**
  Mutter für Batterieplus-Leitung . . . . **13 Nm**

Störungsdiagnose Generator

Störung	Ursache	Abhilfe
Ladekontrolllampe brennt nicht bei eingeschalteter Zündung.	Batterie leer.	■ Laden.
	Anschlusskabel an der Batterie locker oder korrodiert.	■ Kabel auf festen Sitz prüfen, Anschlüsse reinigen.
	Kabel am Generator locker oder korrodiert.	■ Kabel auf einwandfreien Kontakt prüfen, Mutter festziehen.
	Regler defekt.	■ Regler prüfen, gegebenenfalls austauschen.
	Unterbrechung in der Leitungsführung zwischen Generator, Zündschloss und Kontrolllampe.	■ Mit Ohmmeter nach Schaltplan untersuchen. Leitung gegebenenfalls reparieren beziehungsweise ersetzen.
	Kohlebürsten liegen nicht auf dem Schleifring auf.	■ Freigängigkeit der Kohlebürsten und Mindestlänge prüfen. Anpresskraft der Bürstenfedern prüfen lassen.
Ladekontrolllampe erlischt nicht bei Drehzahlsteigerung.	Keilrippenriemen locker, Riemen rutscht durch.	■ Keilrippenriemen prüfen, Spannvorrichtung prüfen, gegebenenfalls ersetzen.
	Kohlebürsten im Spannungsregler abgenutzt.	■ Kohlebürsten prüfen, gegebenenfalls austauschen.
	Verkabelung schadhaft oder locker.	■ Verkabelung überprüfen, gegebenenfalls instand setzen.

Anlasser aus- und einbauen

Zum Starten des Verbrennungsmotors ist ein elektrischer Motor erforderlich, der Anlasser. Damit der Motor überhaupt anspringen kann, muss der Anlasser den Verbrennungsmotor auf eine Drehzahl von mindestens 300 Umdrehungen in der Minute beschleunigen. Das funktioniert aber nur, wenn der Anlasser einwandfrei arbeitet und die Batterie hinreichend geladen ist.

Da zum Starten eine hohe Stromaufnahme erforderlich ist, ist im Rahmen der Wartung auf eine einwandfreie Kabelverbindung zu achten. Korrodierte Anschlüsse säubern und mit Polschutzfett einstreichen.

Hinweis: Bei Fahrzeugen mit Start-Stopp-Anlage kommt ein leistungsstärkerer Anlasser zum Einsatz.

1,4-l-Benzinmotor LDD/LUH/LUJ 1,3-l-Dieselmotor LSF

Ausbau

- Batterie-Massekabel (–)abklemmen. **Achtung:** Hinweise im Kapitel »Batterie aus- und einbauen« beachten.

1,3-l-Dieselmotor

- Motorsteuergerät ausbauen, siehe Seite 190.

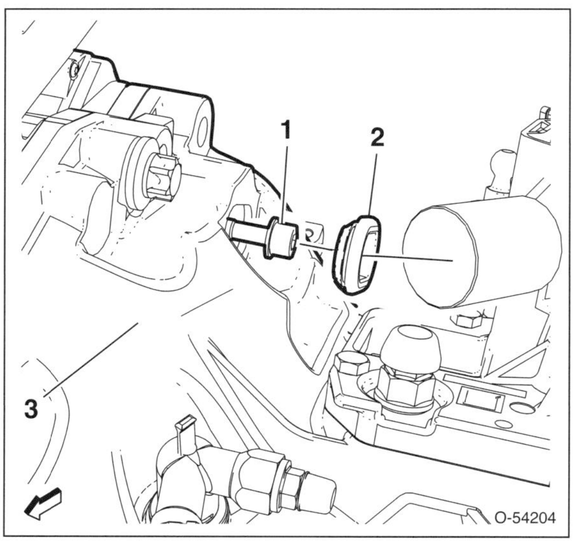

- Abdeckung –2– am Getriebe herausdrücken.
- Darunter liegende Schraube –1– herausdrehen.

Sicherheitshinweis
Beim Aufbocken des Fahrzeugs besteht Unfallgefahr! Hinweise im Kapitel »Fahrzeug aufbocken« beachten.

- Fahrzeug aufbocken.
- Untere Motorraumabdeckung ausbauen, siehe Seite 229.
- Abdeckung für Keilrippenriemen (Spritzschutz) ausbauen, siehe Seite 229.
- Unterdruckbehälter des Abgasrückführungsventils ausbauen, siehe Seite 191.

1,3-l-Diesel- und 1,4-l-Benzinmotor

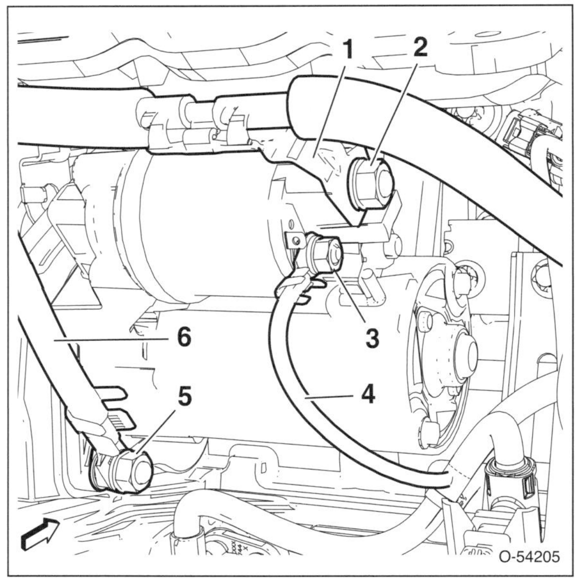

- Mutter –2– für Anlasserkabel –1– abschrauben und Kabel abnehmen.
- Mutter –3– abschrauben und Kabel –4– abnehmen.
- Mutter –5– abschrauben und Massekabel –6– abnehmen.

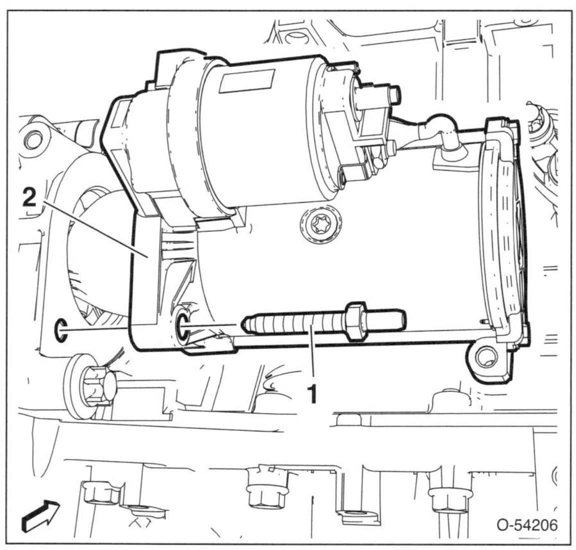

- Schraube –1– herausdrehen.
- Anlasser –2– herausnehmen.

Einbau

- Der Einbau erfolgt in umgekehrter Ausbaureihenfolge.
  Anzugsdrehmomente:
  Schrauben für Anlasser . . . . **25 Nm**
  Muttern –3– und –5– . . . . **12,5 Nm**
  Mutter –2– . . . . **5 Nm**

1,6-l-Turbo-Benzinmotor LLU
1,6-l-Benzinmotor LDE/LXV
1,8-l-Benzinmotor 2H0/LUW

Ausbau

- Batterie-Massekabel (–) abklemmen. **Achtung:** Hinweise im Kapitel »Batterie aus- und einbauen« beachten.
- **Motor LDE/LXV/2H0/LUW:** Halterung für Einlasskrümmer ausbauen.

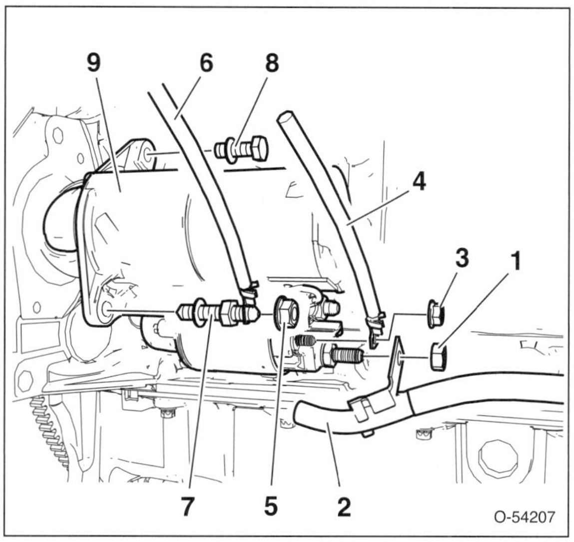

- Mutter –8– abschrauben und Massekabel –2– abklemmen.
- Mutter –5– abschrauben und Anlasserkabel –4– abklemmen.
- Mutter –6– abschrauben und Pluskabel –7– abklemmen.
- Schrauben –3– und –9– herausdrehen und Anlasser –1– abnehmen.

Einbau

- Der Einbau erfolgt in umgekehrter Ausbaureihenfolge.
  Anzugsdrehmomente:
  Schrauben –7– und –8– für Anlasser . . . . **25 Nm**
  Muttern –1–, –3– und –5– . . . . **12,5 Nm**

1,7-l-Dieselmotor LPL und LPV

Ausbau

- Batterie-Massekabel (–) abklemmen. **Achtung:** Hinweise im Kapitel »Batterie aus- und einbauen« beachten.
- Motorsteuergerät mit Halterung vom Batterieträger abclipsen.

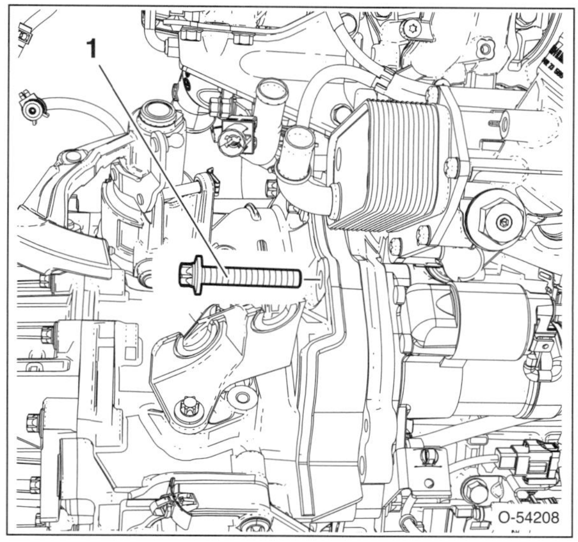

- Schraube –1– herausdrehen.

Sicherheitshinweis
Beim Aufbocken des Fahrzeugs besteht Unfallgefahr! Hinweise im Kapitel »Fahrzeug aufbocken« beachten.

- Fahrzeug aufbocken.
- Rohr für Abgasdrucksensor vom Partikelfilter abnehmen.

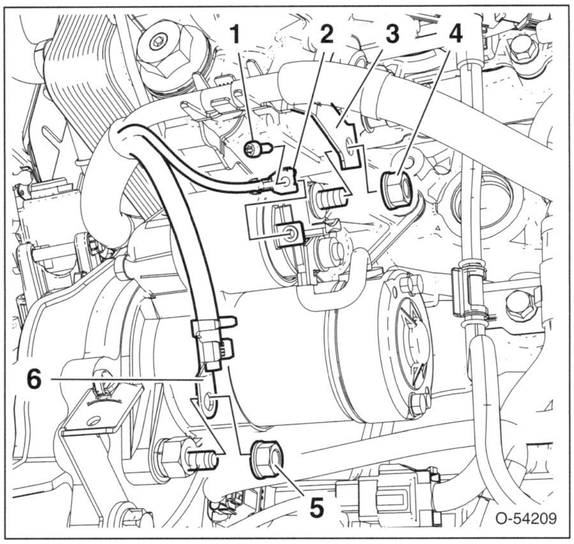

- Mutter –4– für Anlasserpluskabel –3– abschrauben und Kabel abnehmen.
- Schraube –1– abschrauben und Kabel –2– abnehmen.
- Mutter –5– abschrauben und Massekabel –6– abnehmen.

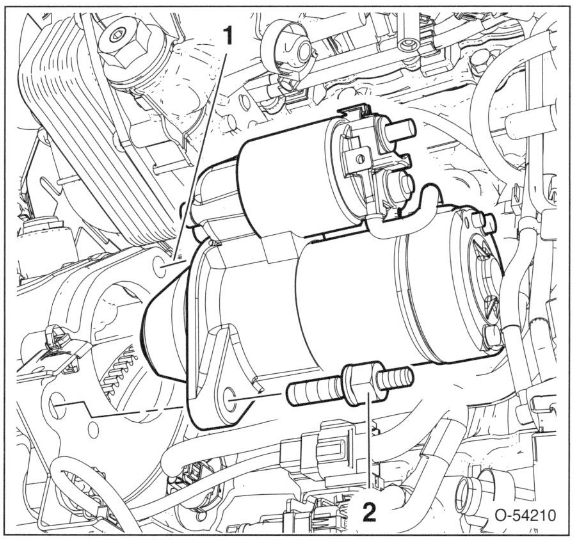

- Schraube –2– herausdrehen.
- Anlasser –1– herausnehmen.

Einbau

- Der Einbau erfolgt in umgekehrter Ausbaureihenfolge.
Anzugsdrehmomente:
Schraube –2– für Anlasser . . . . **60 Nm**
Obere Schraube –1– für Anlasser . . . . **38 Nm**
Muttern für elektrische Leitungen . . . . **13 Nm**

2,0-l-Dieselmotor LBS

Ohne Start-Stopp-System

Ausbau

- Batterie-Massekabel (–) abklemmen. **Achtung:** Hinweise im Kapitel »Batterie aus- und einbauen« beachten.
- Untere Motorraumabdeckung ausbauen, siehe Seite 229.

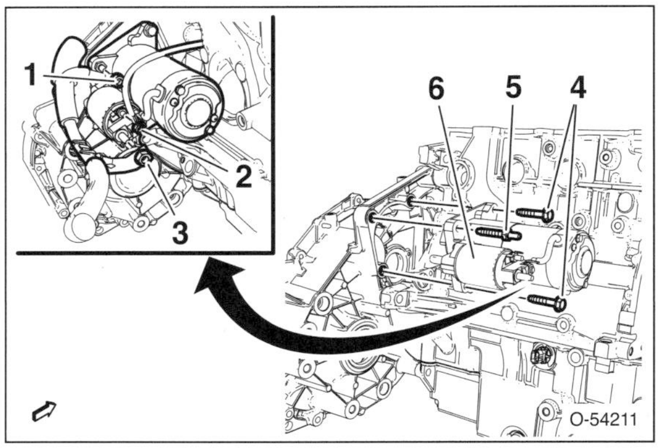

- Mutter –1– abschrauben und Massekabel abklemmen.
- Mutter –2– abschrauben und Anlasserkabel abklemmen.
- Mutter –3– abschrauben und Pluskabel abklemmen.
- Schrauben –4– und –5– herausdrehen und Anlasser –6– abnehmen.

Einbau

- Der Einbau erfolgt in umgekehrter Ausbaureihenfolge.
Anzugsdrehmomente:
Schrauben –4– und –5– für Anlasser . . . . **22 Nm**
Mutter –3– . . . . **13 Nm**
Mutter –1– . . . . **17 Nm**

2,0-l-Dieselmotor LBS

Mit Start-Stopp-System

Ausbau

- Batterie-Massekabel (–) abklemmen. **Achtung:** Hinweise im Kapitel »Batterie aus- und einbauen« beachten.
- Motorsteuergerät ausbauen, siehe Seite 190.

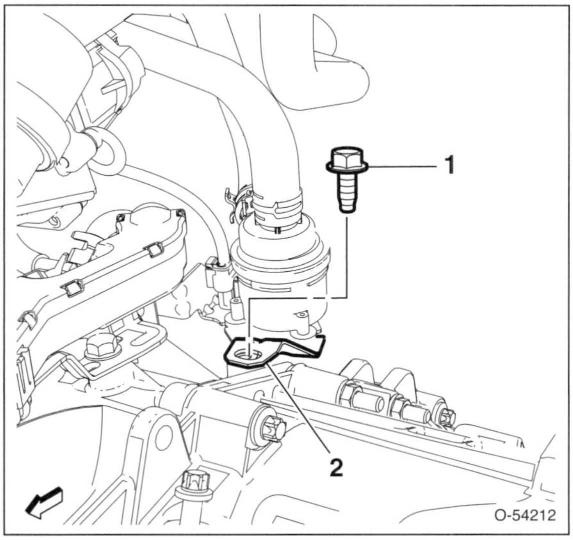

- Schraube –1– für Halterung –2– der Zusatz-Kühlmittelpumpe abschrauben.
- Untere Motorraumabdeckung ausbauen, siehe Seite 229.

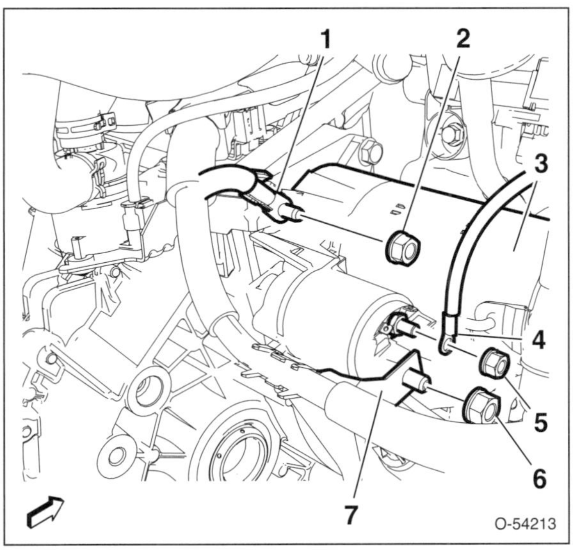

- Mutter –5– abschrauben und Anlasserkabel –4– abklemmen.
- Mutter –6– abschrauben und Pluskabel –7– abklemmen.
- Mutter –2– abschrauben und Massekabel –1– vom Anlasser –3– abklemmen.

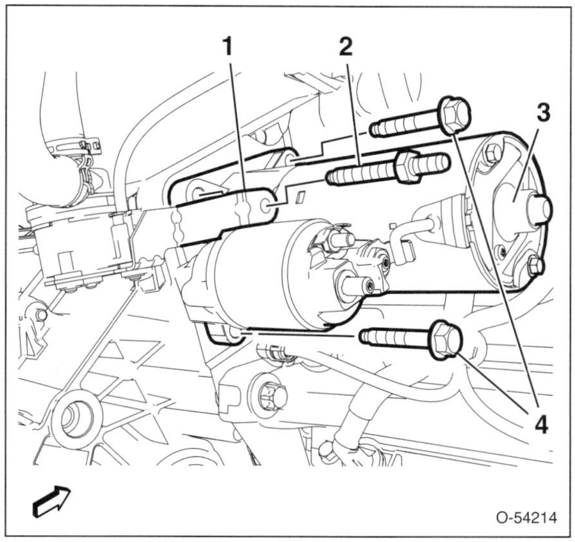

- Schrauben –2– und –4– herausdrehen.
- Halter –1– für Zusatz-Kühlmittelpumpe zur Seite hängen.
- Anlasser –3– herausnehmen.

Einbau

- Der Einbau erfolgt in umgekehrter Ausbaureihenfolge.
  Anzugsdrehmomente:
  Schrauben –2– und –4– für Anlasser . . . . **22 Nm**
  Muttern –2– und –6– (O-54213). . . . . **13 Nm**
  Mutter –5– (O-54213) . . . . **5 Nm**

Störungsdiagnose Anlasser

Fahrzeuge ohne Start-Stopp-Anlage

Störung	Ursache	Abhilfe
Anlasser dreht sich nicht beim Betätigen des Zündanlassschalters.	Batterie entladen.	■ Batterie laden.
	Anlasser läuft an nach Überbrücken der Klemmen 30 und 50; dann ist die Leitung vom Zündanlassschalter unterbrochen, oder der Anlassschalter ist defekt.	■ Unterbrechung beseitigen, defekte Teile ersetzen.
	Kabel oder Masseanschluss ist unterbrochen, oder die Batterie ist entladen.	■ Batteriekabel und Anschlüsse prüfen. Batteriespannung messen, ggf. laden.
	Ungenügender Stromdurchgang infolge lockerer oder oxydierter Anschlüsse.	■ Batteriepole und -klemmen reinigen. Stromsichere Verbindungen zwischen Batterie, Anlasser und Masse herstellen.
	Keine Spannung an Klemme 50.	■ Leitung unterbrochen, Zündanlassschalter defekt.
Anlasserwelle dreht sich zu langsam und zieht den Motor nicht durch.	Batterie teilentladen.	■ Batterie laden.
	Ungenügender Stromdurchgang infolge lockerer oder oxydierter Anschlüsse.	■ Batteriepole und -klemmen und Anschlüsse am Anlasser reinigen, Anschlüsse festziehen.
	Kohlebürsten liegen nicht auf dem Kollektor auf, klemmen in ihren Führungen, sind abgenutzt, gebrochen, verölt oder verschmutzt.	■ Kohlebürsten überprüfen, reinigen beziehungsweise auswechseln. Führungen prüfen.
	Ungenügender Abstand zwischen Kohlebürsten und Kollektor.	■ Kohlebürsten ersetzen und Führungen für Kohlebürsten reinigen.
	Kollektor riefig oder verbrannt und verschmutzt.	■ Anlasser ersetzen.
	Spannung an Klemme 50 zu niedrig (weniger als 10 Volt).	■ Zündanlassschalter oder Magnetschalter überprüfen.
	Lager ausgeschlagen.	■ Lager prüfen, gegebenenfalls auswechseln.
	Magnetschalter defekt.	■ Magnetschalter auswechseln.
Anlasserritzel spurt ein und zieht an, Motor dreht nicht oder nur ruckweise.	Ritzelgetriebe defekt.	■ Anlasser ersetzen.
	Ritzel verschmutzt.	■ Ritzel reinigen.
	Zahnkranz am Schwungrad defekt.	■ Schwungrad erneuern.
Ritzelgetriebe spurt nicht aus.	Ritzelgetriebe oder Steilgewinde verschmutzt beziehungsweise beschädigt.	■ Anlasser ersetzen.
	Magnetschalter defekt.	■ Magnetschalter ersetzen.
	Rückzugfeder schwach oder gebrochen.	■ Magnetschalter ersetzen.
Anlasserwelle läuft weiter, nachdem der Zündschlüssel losgelassen wurde.	Magnetschalter hängt, schaltet nicht ab.	■ Zündung sofort ausschalten, Magnetschalter ersetzen.
	Zündanlassschalter schaltet nicht ab.	■ Sofort Batterie abklemmen, Zündanlassschalter ersetzen.

Scheibenwischanlage

Scheibenwischerblatt aus- und einbauen

Sicherheitshinweis
Bei Wartungs- und Reparaturarbeiten an der Scheibenwischanlage besteht Verletzungsgefahr der Hände durch Klemmen oder Quetschen. Im Extremfall durch Abscheren von Gliedmaßen bei Eingriffen in die Scheibenwischermechanik. Vor jeglichen Reparaturarbeiten ist stets die Zündung auszuschalten.

Frontscheibenwischer

Ausbau

- Zündung ausschalten, Zündschlüssel abziehen.
- Wischerarm hochklappen. Dabei nur den Wischerarm oder das Wischerblatt im Bereich der Befestigung anfassen.

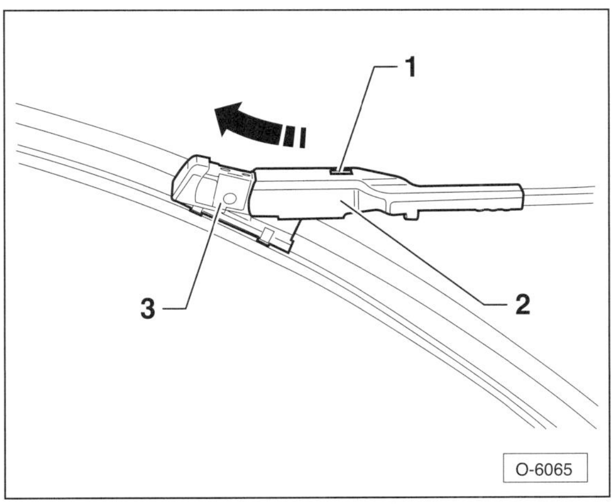

- Verriegelungstaste –1– drücken und Aufnahme –3– am Wischerblatt in Pfeilrichtung vom Wischerarm –2– abziehen.

Einbau

- Aufnahme –3– am Wischerblatt bis zum Anschlag in den Wischerarm –2– einschieben. Die Verriegelungstaste –1– muss dabei sicher einrasten.
- Wischerarm vorsichtig zurückklappen.

Heckscheibenwischer

Ausbau

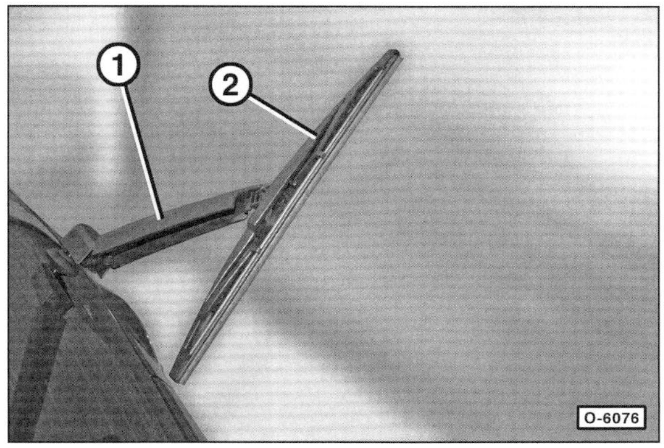

- Wischerarm –1– hochklappen.
- Wischerblatt –2– ca. 45° zum Wischerarm abwinkeln. Dabei geringen Widerstand überwinden.

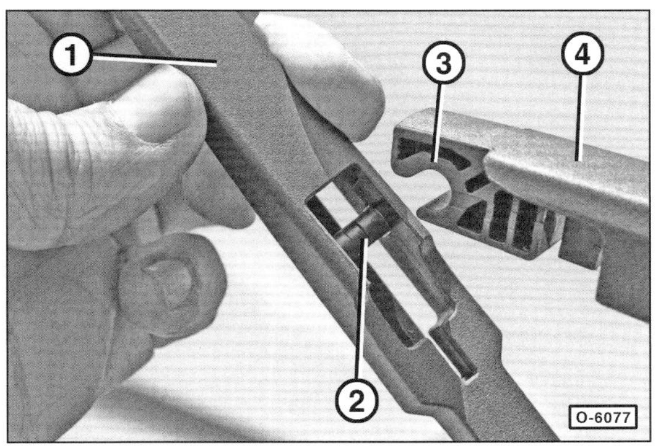

- Wischerblatt –1– mit der Achse –2– aus der Aufnahme –3– des Wischerarms –4– herausziehen.

Einbau

- Wischerblatt –1– mit der Achse –2– in die Aufnahme –3– des Wischerarms –4– hineindrücken.
- Wischerblatt parellel zum Wischerarm zurückschwenken. Dabei geringen Widerstand überwinden
- Wischerarm mit Wischerblatt vorsichtig auf die Heckscheibe zurückklappen.

Wischerarm aus- und einbauen

Frontscheibenwischer

ASTRA

Die Scheibenwischerarme werden durch einen Reversiermotor angetrieben. Beim Reversiermotor erfolgt die Umkehrung der Wischrichtung durch eine Umkehrung der Motordrehrichtung. Beide Wischerarme sind dabei über ein Gestänge mechanisch miteinander verbunden.

ZAFIRA

Jeder Wischerarm verfügt über einen getrennten, integrierten Motor mit Steuereinheit. Zwischen dem Wischerarm auf der Fahrerseite und dem Wischerarm auf der Beifahrerseite besteht keine mechanische Verbindung. Jede Wischermotor-Steuereinheit enthält die gesamte zum Ausführen der Wischbefehle erforderliche Elektronik, den Motor und die Positionssensoren.

Ausbau

- Zündung ausschalten, Zündschlüssel abziehen.
- Stellung der Wischergummis auf der Frontscheibe markieren. Dazu Klebeband neben den Wischergummis auf die Scheibe kleben.

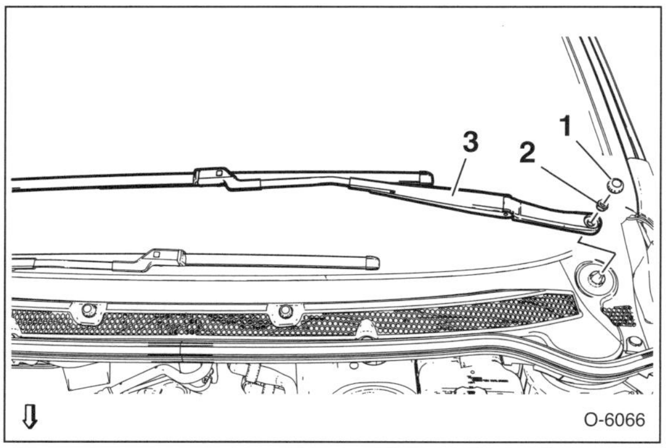

- Mit einem kleinen Schraubendreher die Abdeckkappe –1– vorsichtig abhebeln.
- Mutter –2– ca. 2 Umdrehungen lockern.
- Wischerarm –3– leicht hin und her bewegen, bis er sich von der Wischerwelle löst.
- Mutter ganz abschrauben.

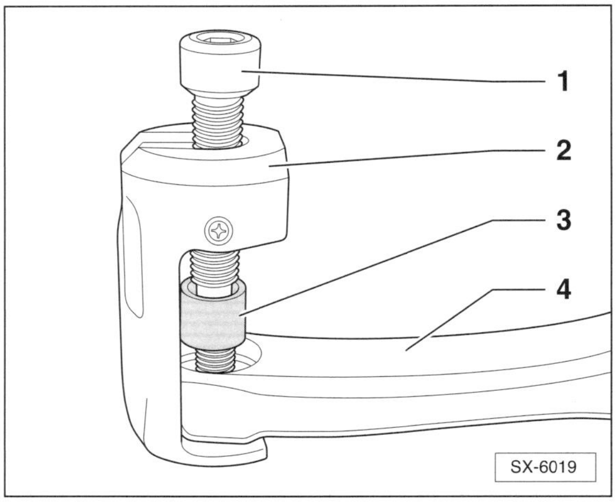

- Lässt sich der Wischerarm auf diese Weise nicht lösen, muss ein geeignetes Abziehwerkzeug verwendet werden. Dabei die Arme des Abziehers –2– unter den Wischerarm –4– schieben.

Achtung: Vorsichtig vorgehen, damit die Wischerwelle nicht beschädigt wird. Grundsätzlich geeignetes Druckstück –3– verwenden.

- Druckschraube –1– des Abziehers im Uhrzeigersinn drehen, bis das Druckstück –3– auf der Welle aufliegt.
- Druckschraube –1– mit einem Innensechskantschlüssel im Uhrzeigersinn drehen, bis sich der Wischerarm –4– von der Welle löst.
- Wischerarm von der Welle abziehen.

Einbau

- Wischerarm auf die Wischerwelle aufsetzen und anhand der beim Ausbau angebrachten Klebeband-Markierung ausrichten.
- Mutter aufschrauben und mit **28 Nm** festziehen.
- Abdeckkappe aufdrücken.

Heckscheibenwischer

Der Aus- und Einbau des Wischerarmes an der Heckscheibe erfolgt ähnlich wie an der Frontscheibe.

Ausbau

- Zündung ausschalten, Zündschlüssel abziehen.

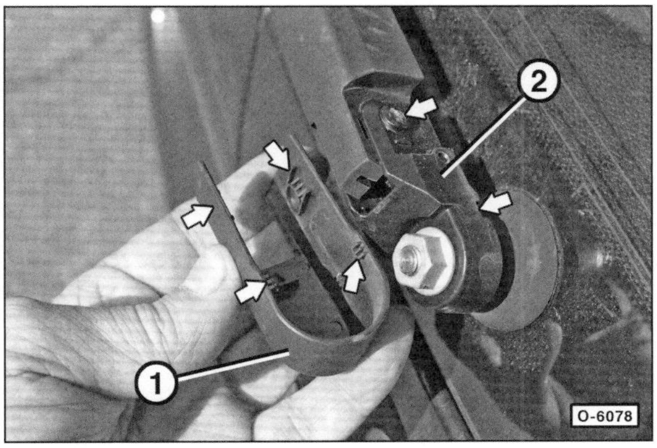

- Abdeckkappe –1– mit den Fingern an den Clips –Pfeile– lösen und vom Wischerarm –2– abnehmen.

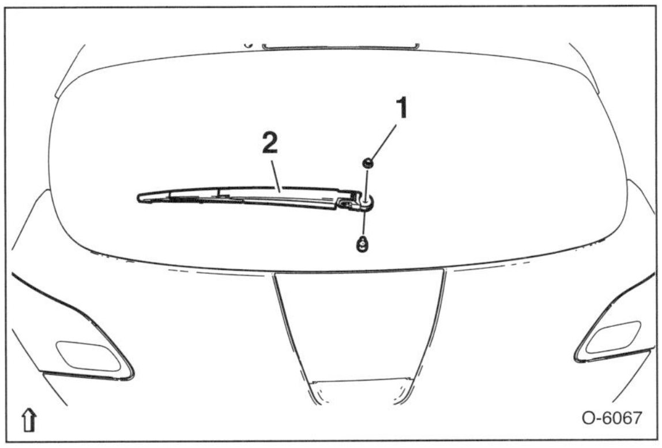

- Mutter –1– von der Wischerwelle abschrauben.

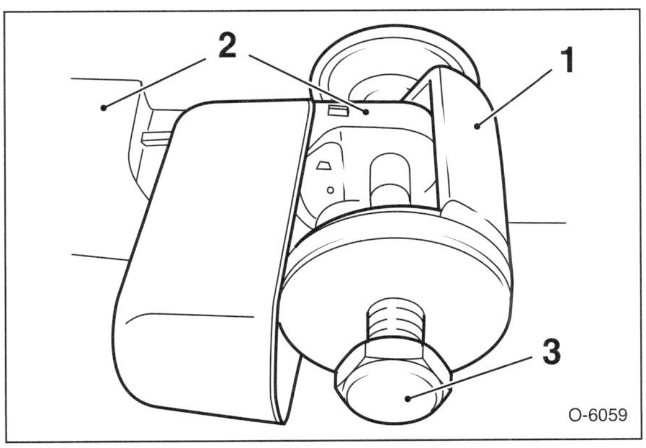

- Abziehwerkzeug –1–, zum Beispiel HAZET 4855, am Wischerarm –2– einsetzen. Abzieherschraube –3– drehen und Wischerarm von der Welle abziehen. **Hinweis:** Die Abdeckkappe ist im Gegensatz zur Abbildung bereits abgenommen.

Einbau

- Wischerarm auf die Wischerwelle aufsetzen und Mutter mit **14 Nm** festschrauben.
- Abdeckkappe aufdrücken und einclipsen..

Wischermotor/Wischergestänge an der Frontscheibe aus- und einbauen

ASTRA

Die Scheibenwischerarme werden durch einen Reversiermotor angetrieben. Beim Reversiermotor erfolgt die Umkehrung der Wischrichtung durch eine Umkehrung der Motordrehrichtung. Dazu befinden sich in der Frontwischereinheit ein elektronisches Steuergerät und ein Positionssensor, der die Stellung des Antriebszahnrades überwacht.

Angesteuert wird das Wischersteuergerät über das serielle LIN-Netzwerk (Local Interconnect Network) vom Karosserie-Steuergerät. Anhand dieser Signale und den Signalen des Positionssensors regelt das Wischersteuergerät Richtung, Geschwindigkeit und Umkehrpunkt der Scheibenwischer. Beide Wischerarme sind dabei über ein Gestänge mechanisch miteinander verbunden.

Wenn die Kommunikation zwischen Karosserie-Steuergerät und Wischermotor-Steuergerät unterbrochen ist, dann arbeitet der Wischermotor im langsamen Dauerwischbetrieb.

Ausbau

- Wischerarme ausbauen, siehe entsprechendes Kapitel.
- Windlaufgrill ausbauen, siehe Seite 230.
- Stirnwandverkleidung ausbauen.
- Batterie-Massekabel abklemmen. **Achtung:** Hinweise im Kapitel »Batterie aus- und einbauen« beachten.

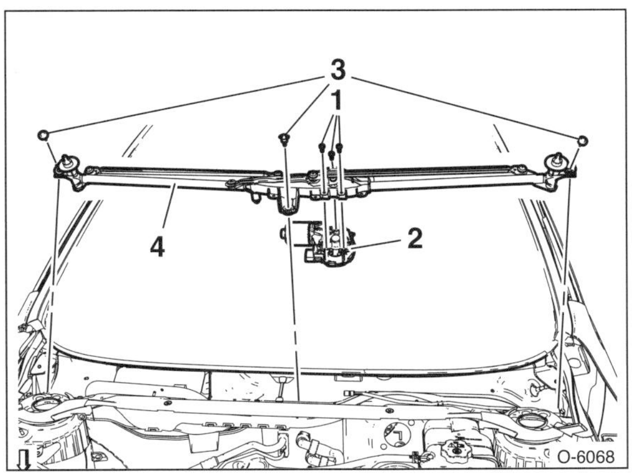

- Mehrfachstecker vom Wischermotor –2– abziehen.
- 3 Schrauben –1– herausdrehen und Wischermotor herausziehen.
- 3 Schrauben –3– herausdrehen und Wischergestänge –4– aus dem Wasserkasten herausnehmen.

Einbau

- Der Einbau erfolgt in umgekehrter Ausbaureihenfolge. Dabei Wischergestänge mit **9 Nm** und Wischermotor mit **10 Nm** festschrauben.
- Einstellung der Wischerarme überprüfen, siehe Seite 45.

Speziell ZAFIRA

Jeder Wischerarm verfügt über einen getrennten, integrierten Motor mit Steuereinheit. Zwischen dem Wischerarm auf der Fahrerseite und dem Wischerarm auf der Beifahrerseite besteht keine mechanische Verbindung. Jede Wischermotor-Steuereinheit enthält die gesamte zum Ausführen der Wischbefehle erforderliche Elektronik, den Motor und die Positionssensoren.

Gesteuert wird das Wischersystem vom Karosserie-Steuergerät. Dieses sendet seine Signale an die Master-Wischermotor-Steuereinheit auf der Fahrerseite, die wiederum separat mit der Slave-Wischermotor-Steuereinheit auf der Beifahrerseite kommuniziert. Übertragen werden die Daten dabei mittels serieller Datenleitung über den LIN-Bus.

Diese Kommunikation zwischen der Master- und der Slave-Motor-Steuereinheit gewährleistet, dass die Wischerarme synchron betrieben werden, und unterstützt ein ausfalltolerantes Verhalten, falls die Wischerarmbewegung behindert wird.

Hinweis: Hier werden nur die Unterschiede beschrieben.

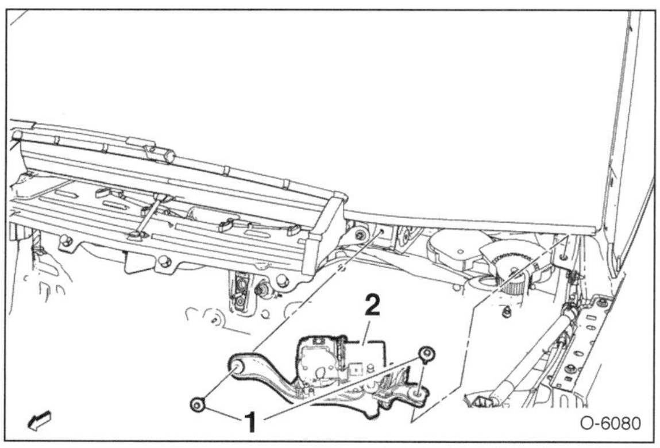

- Mehrfachstecker vom Wischermotor –2– abziehen.
- 2 Schrauben –1– herausdrehen und Wischermotor-Steuereinheit auf der Fahrerseite herausnehmen.
- Der Ausbau der Wischermotor-Steuereinheit auf der Beifahrerseite erfolgt analog.

Einbau

- Der Einbau erfolgt in umgekehrter Ausbaureihenfolge. Schrauben mit **9 Nm** festziehen.

Wischermotor an der Heckscheibe aus- und einbauen

Ausbau

- Zündung ausschalten, Zündschlüssel abziehen.
- Wischerarm ausbauen, siehe entsprechendes Kapitel.
- Heckklappenverkleidung ausbauen, siehe Seite 245.

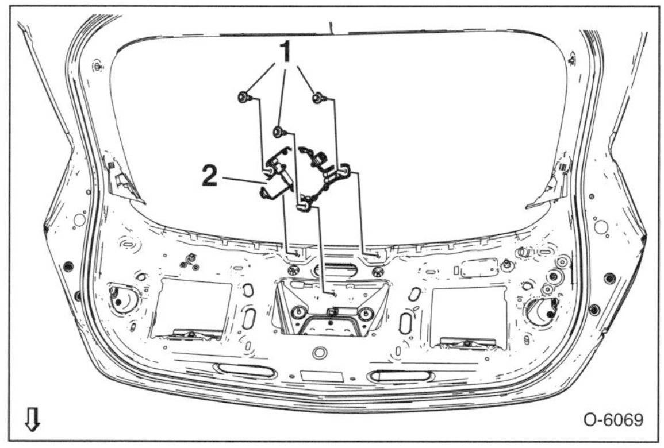

- Stecker am Wischermotor –2– entriegeln und abziehen.
- 3 Schrauben –1– herausdrehen und Heckwischermotor –2– vorsichtig aus der Führung an der Heckklappe herausziehen.

Einbau

- Wischermotor in Endstellung bringen. Dazu Mehrfachstecker am Wischermotor aufstecken. Zündung kurzzeitig einschalten. Wischermotor etwas laufen lassen und mit dem Wischerschalter abschalten. Dadurch läuft der Wischermotor in Endstellung. Mehrfachstecker vom Wischermotor abziehen, Zündung ausschalten.
- Der Einbau erfolgt in umgekehrter Ausbaureihenfolge. Schrauben mit **6 Nm** festziehen.

Scheibenwaschdüse aus- und einbauen

Frontscheibe

Ausbau

- Windlaufgrill ausbauen, siehe Seite 230.
- Wasserschlauch von der Düse abziehen.

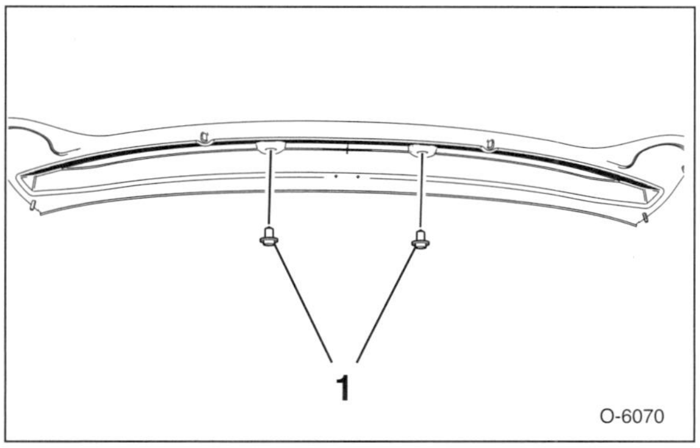

- Düsen –1– von der Unterseite abclipsen und herausdrücken.

Einbau

- Der Einbau erfolgt in umgekehrter Ausbaureihenfolge.

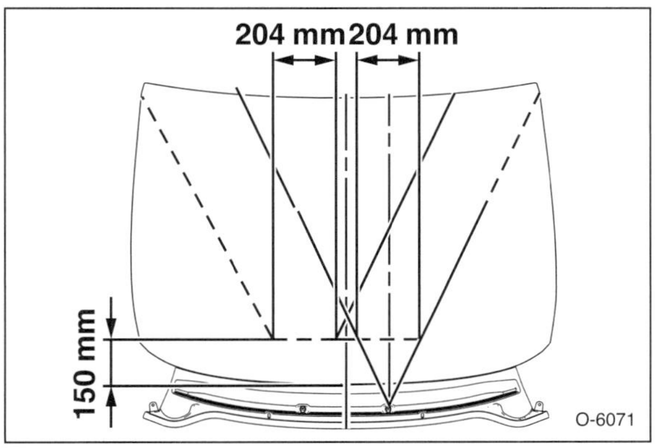

- Prüfen, ob die Scheibenwaschdüsen den in der Abbildung dargestellten Bereich besprühen. Andernfalls Düsen erneut aus- und einbauen.

Heckscheibe/ZAFIRA

Ausbau

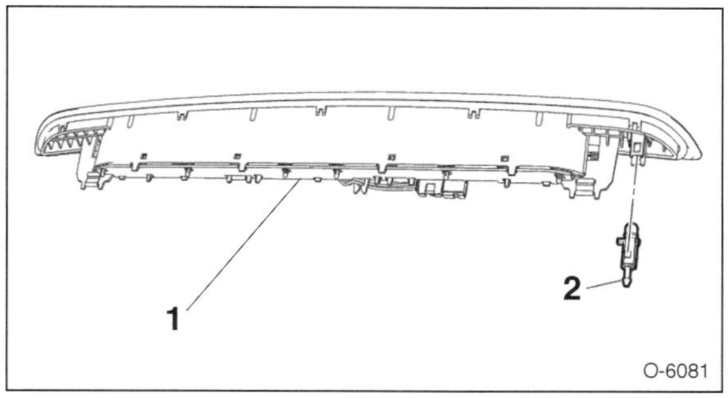

- Dritte Bremsleuchte –1– ausbauen, siehe Seite 95.
- Waschwasserschlauch von der Spritzdüse –2– abziehen.
- Spritzdüse aus der Bremsleuchte ausclipsen.

Einbau

- Der Einbau erfolgt in umgekehrter Ausbaureihenfolge.

Scheibenwaschpumpe/Scheibenwaschbehälter aus- und einbauen

Ausbau

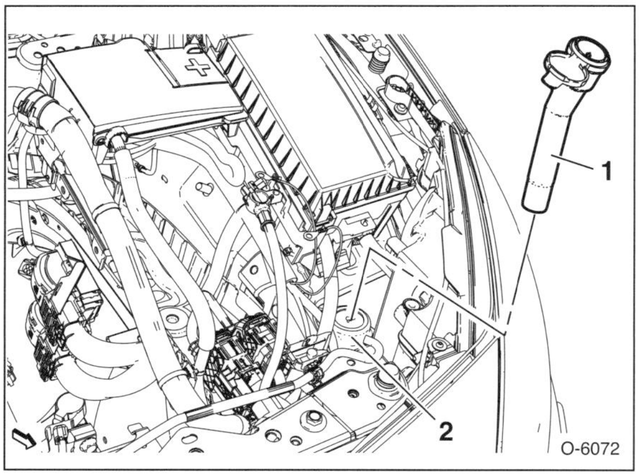

- Einfüllstutzen –1– aus dem Scheibenwaschbehälter –2– nach oben herausziehen.
- Linkes Vorderrad ausbauen, siehe Seite 136.
- Linken Innenkotflügel vorn ausbauen, siehe Seite 238.
- Auffangbehälter für Scheibenwaschflüssigkeit unter den Scheibenwaschbehälter stellen.

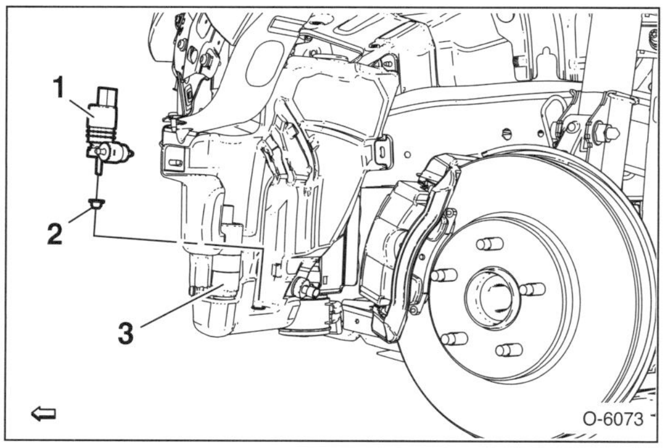

- Wasserschlauch von der Scheibenwaschpumpe –2– abziehen. Ausfließendes Wasser in den Auffangbehälter laufen lassen.
- Stecker von der Scheibenwaschpumpe –2– abziehen.
- Scheibenwaschpumpe –2– mit Dichtung –1– herausziehen und Scheibenwaschflüssigkeit ablaufen lassen. **Hinweis:** Soll nur die Scheibenwaschpumpe ersetzt werden, neue Pumpe bereit legen. Alte Pumpe herausziehen, Öffnung am Behälter zuhalten und neue Pumpe mit neuer Dichtung sofort einstecken.
- Stecker von der Scheinwerferwaschpumpe –3– abziehen. **Hinweis:** Aus- und Einbau erfolgt auf die gleiche Weise wie bei der Scheibenwaschpumpe.

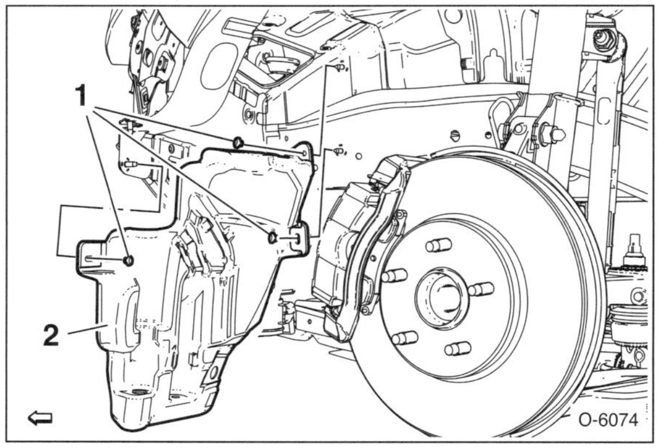

- 3 Muttern –1– herausdrehen und Scheibenwaschbehälter –2– abnehmen.

Einbau

- Der Einbau erfolgt in umgekehrter Ausbaureihenfolge. Muttern für Scheibenwaschbehälter mit **5 Nm** festziehen. Auf richtigen Sitz der Dichtung zwischen Einfüllstutzen und Waschwasserbehälter achten.

Schalter für Waschwasserstand- anzeige aus- und einbauen

Ausbau

- Linken Innenkotflügel vorn ausbauen, siehe Seite 238.
- Auffangbehälter für Scheibenwaschflüssigkeit unter den Scheibenwaschbehälter stellen.

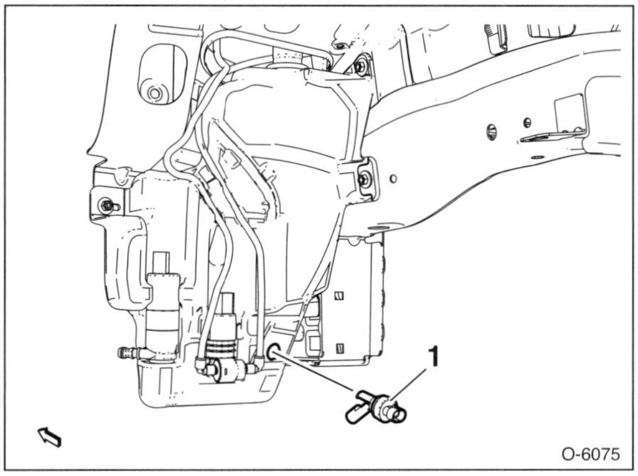

- Stecker vom Schalter für Waschwasserstandanzeige –1– abziehen.

Einbau

- Neuen Schalter für Waschwasserstandanzeige bereit legen.
- Alten Schalter für Waschwasserstandanzeige –1– herausziehen, Öffnung zuhalten und neuen Schalter sofort in den Behälter einstecken.
- Linken Innenkotflügel vorn einbauen, siehe Seite 238.

Wichtige Hinweise zu den Glühlampen

Glühlampen grundsätzlich nur durch solche gleicher Ausführung ersetzen. Vor einem Lampenwechsel sicherstellen, dass der betreffende Schalter ausgeschaltet ist.

Den Glaskolben einer leistungsstarken Glühlampe nicht mit bloßen Fingern berühren. Am besten ein sauberes Stofftuch dazwischen legen oder Baumwollhandschuhe anziehen. Der durch die Berührung verursachte Fingerabdruck verdampft aufgrund der Hitzeentwicklung. Rückstände setzen sich auf dem Reflektor ab und lassen den Scheinwerfer matt werden. Dies gilt insbesondere für die Haupt- und Nebelscheinwerfer. Versehentlich entstandene Berührungsflecken auf dem Glaskolben mit einem sauberen, nicht fasernden Tuch und etwas Spiritus abwischen.

Achtung: Halogenlampen stehen unter Druck und können platzen. Deshalb beim Lampenwechsel Schutzbrille und Handschuhe tragen.

Die mit einem Schutzlack beschichteten Kunststoffscheiben der Hauptscheinwerfer dürfen auf keinen Fall mit einem trockenen oder gar scheuernden Lappen gesäubert werden. Es dürfen auch keine Reinigungs- oder Lösungsmittel benutzt werden. Die Scheiben nur mit einem weichen, feuchten Tuch reinigen.

Glühlampen am Scheinwerfer auswechseln

Hinweis: Je nach Fahrzeugmodell sind die Versorgungsöffnungen am Scheinwerfer nur schwer zugänglich. Unter Umständen muss der Scheinwerfer abgeschraubt und etwas nach vorn gezogen werden. Andernfalls muss der Scheinwerfer ausgebaut werden, siehe entsprechendes Kapitel.

- Zündung und Schalter des Scheinwerfers ausschalten. Zündschlüssel abziehen.
- Motorhaube öffnen.
- Nach dem Einbau neue Glühlampe auf Funktion überprüfen. Gegebenenfalls Scheinwerfer-Einstellung von einer Werkstatt kontrollieren und, wenn nötig, einstellen lassen.

Abblendlicht (Halogenlampen)

Ausbau

Hinweis: Aufgrund der beengten Platzverhältnisse sind unter Umständen für den Ausbau ein kleiner Haushaltsspiegel und eine Taschenlampe erforderlich.

- Linker Scheinwerfer: Einfüllstutzen für Scheibenwaschwasserbehälter herausziehen, siehe auch Seite 78.
- Rechter Scheinwerfer: Luftfilter mit Auslassschlauch ausbauen, siehe Seite 193.

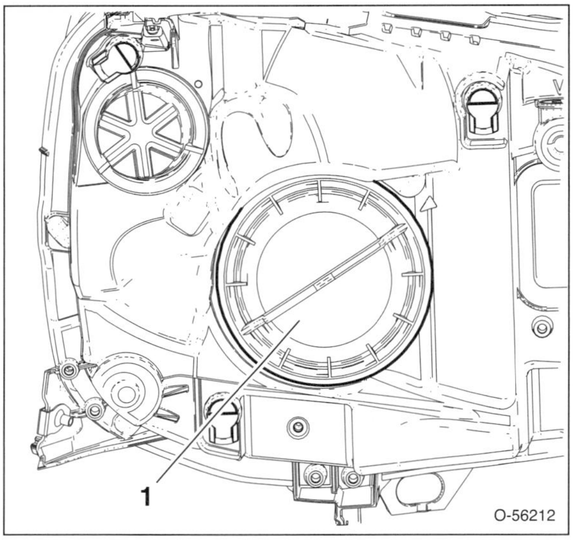

- Abdeckkappe –1– für Abblendlicht gegen den Uhrzeigersinn drehen und abnehmen.

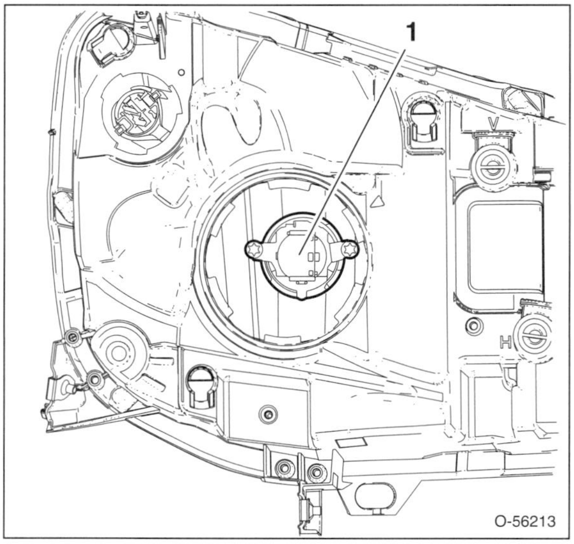

- Lampenfassung –1– gegen den Uhrzeigersinn drehen und herausnehmen.

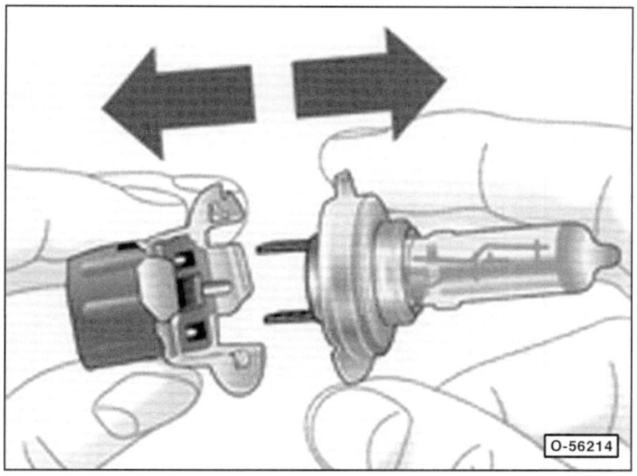

- Halogenlampe aus der Lampenfassung herausziehen und ersetzen.

Einbau

- Neue Halogenlampe in die Fassung stecken.
- Glühlampe mit Fassung und Haltefeder im Uhrzeigersinn eindrehen.
- Lampenfassung einsetzen und die beiden Nasen im Reflektor einrasten.
- Lampe im Uhrzeigersinn drehen und dadurch verriegeln.
- Abdeckkappe ansetzen und nach rechts drehen.
- Luftfilter beziehungsweise Einfüllstutzen einbauen.

Fernlicht (Halogenlampen)

Ausbau

Hinweis: Aufgrund der beengten Platzverhältnisse sind unter Umständen für den Ausbau ein kleiner Haushaltsspiegel und eine Taschenlampe erforderlich.

- Linker Scheinwerfer: Einfüllstutzen für Scheibenwaschwasserbehälter herausziehen, siehe auch Seite 78.
- Rechter Scheinwerfer: Luftfilter mit Auslassschlauch ausbauen, siehe Seite 193.

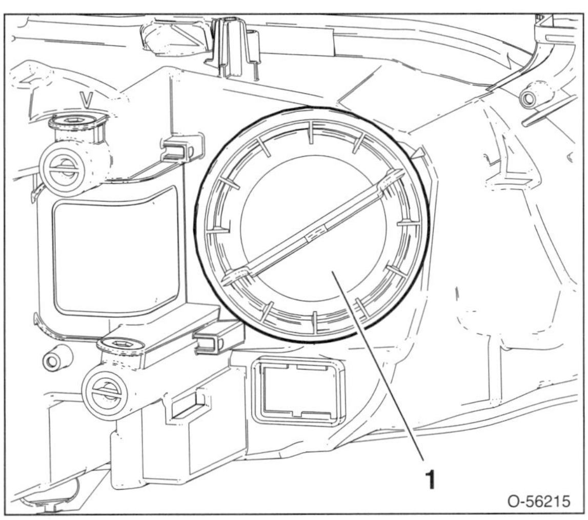

- Abdeckkappe –1– für Abblendlicht gegen den Uhrzeigersinn drehen und abnehmen.

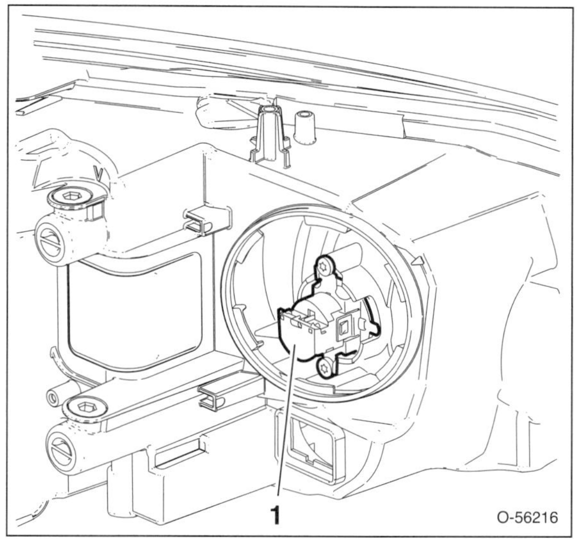

- Lampenfassung –1– gegen den Uhrzeigersinn drehen und herausnehmen.
- Halogenlampe aus der Lampenfassung herausziehen und ersetzen.

Einbau

- Neue Halogenlampe in die Fassung stecken.
- Glühlampe mit Fassung und Haltefeder im Uhrzeigersinn eindrehen.
- Lampenfassung einsetzen und die beiden Nasen im Reflektor einrasten.
- Lampe im Uhrzeigersinn drehen und dadurch verriegeln.
- Abdeckkappe ansetzen und nach rechts drehen.
- Luftfilter beziehungsweise Einfüllstutzen einbauen.

Abblend-/Fernlicht (1 Halogenlampe)

Ausbau

- Abdeckkappe linksherum drehen und abnehmen.

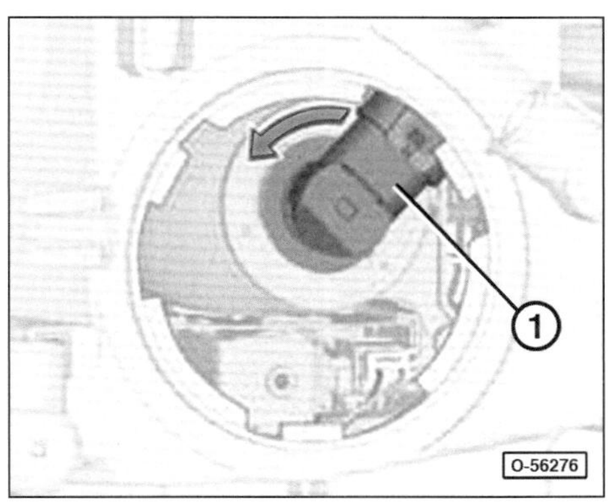

- Lampenfassung –1– in Pfeilrichtung drehen und mit Lampe aus dem Reflektor herausziehen.

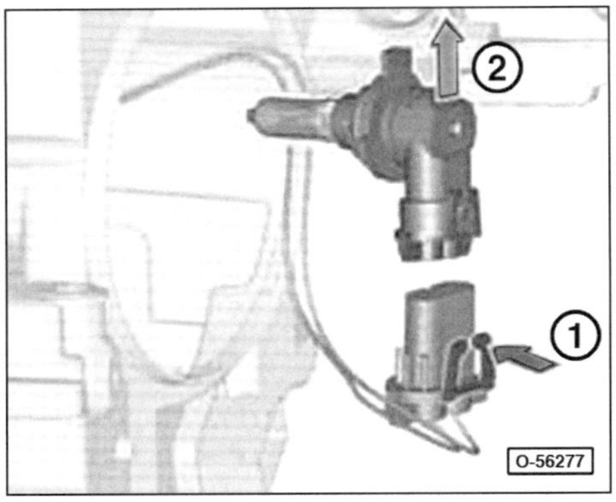

- Haltenase am Stecker drücken –Pfeil 1– und Lampenfassung aus dem Stecker herausziehen –Pfeil 2–.
- Lampenfassung mit Lampe ersetzen.

Einbau

- Neue Lampenfassung mit Lampe in den Stecker einsetzen und einrasten.
- Lampenfassung mit Lampe so in den Reflektor einsetzen, dass die Haltenasen in Aussparungen am Reflektor eingreifen. Lampenfassung nach rechts drehen und dadurch verriegeln.
- Abdeckkappe einsetzen und rechtsherum drehen.

Abblend-/Fernlicht (Halogenlampen)

ZAFIRA C ab 9/16

Ausbau

- Linker Scheinwerfer: Einfüllstutzen für Scheibenwaschwasserbehälter herausziehen, siehe auch Seite 78.

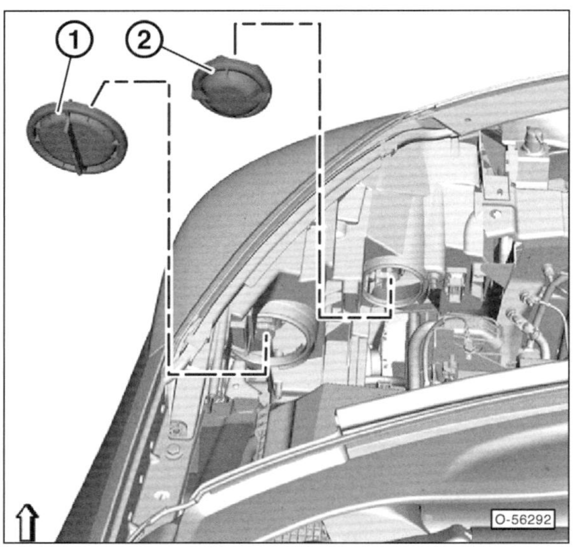

- Abdeckkappe –1– für Abblendlicht beziehungsweise –2– für Fernlicht gegen den Uhrzeigersinn drehen und abnehmen.

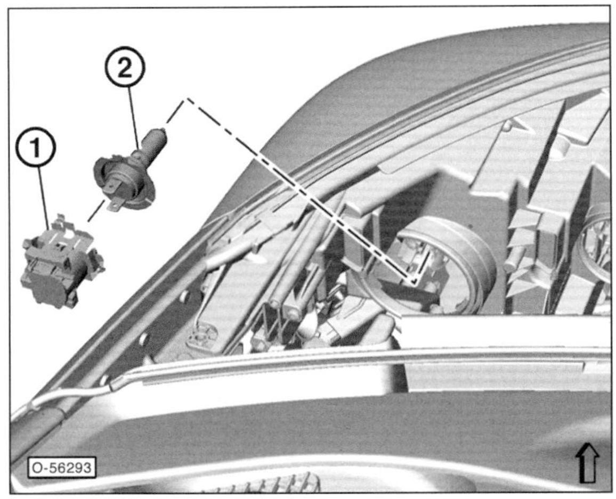

- Abblendlicht: Lampenfassung –1– gegen den Uhrzeigersinn drehen und herausnehmen.
- Fernlicht: Haltefeder öffnen und Lampenfassung aus dem Reflektorgehäuse herausziehen.
- Halogenlampe –2– aus der Lampenfassung –1– herausziehen und ersetzen.

Einbau

- Neue Halogenlampe in die Fassung stecken.
- Abblendlicht: Lampenfassung mit Lampe in den Reflektor einsetzen, im Uhrzeigersinn drehen und einrasten.
- Fernlicht: Lampenfassung mit der Nase zur Aussparung am Reflektorgehäuse ausrichten, hineindrücken und mit Haltefeder sichern.
- Abdeckkappe ansetzen und nach rechts drehen.
- Scheibenwasch-Einfüllstutzen einbauen.

Tagfahrlicht

Ausbau

Hinweis: Aufgrund der beengten Platzverhältnisse sind unter Umständen für den Ausbau ein kleiner Haushaltsspiegel und eine Taschenlampe erforderlich.

- Linker Scheinwerfer: Einfüllstutzen für Scheibenwaschwasserbehälter herausziehen, siehe auch Seite 78.
- Rechter Scheinwerfer: Luftfilter mit Auslassschlauch ausbauen, siehe Seite 193.

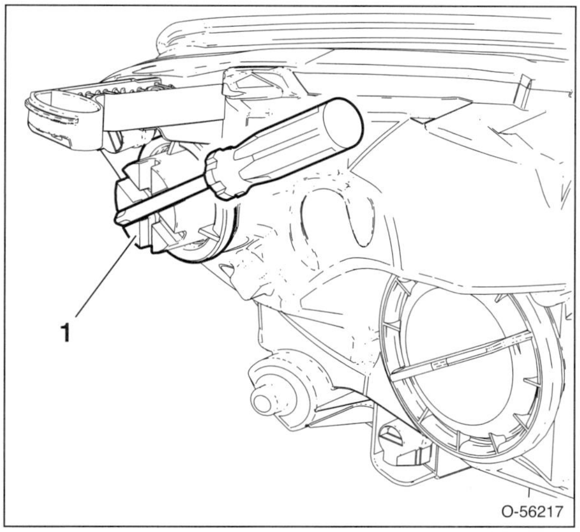

- Einen Schraubendreher, wie in der Abbildung gezeigt, in die Vertiefung der Abdeckkappe –1– einsetzen. Kappe gegen den Uhrzeigersinn drehen und abnehmen.

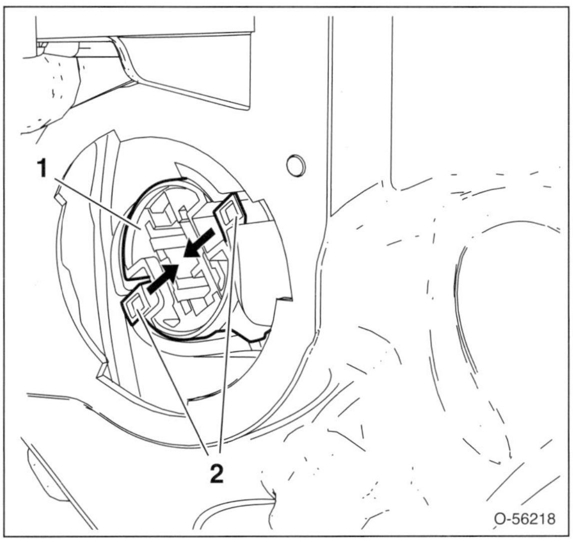

- Laschen –2– zusammendrücken –Pfeile– und Lampenfassung –1– aus dem Reflektor herausziehen.

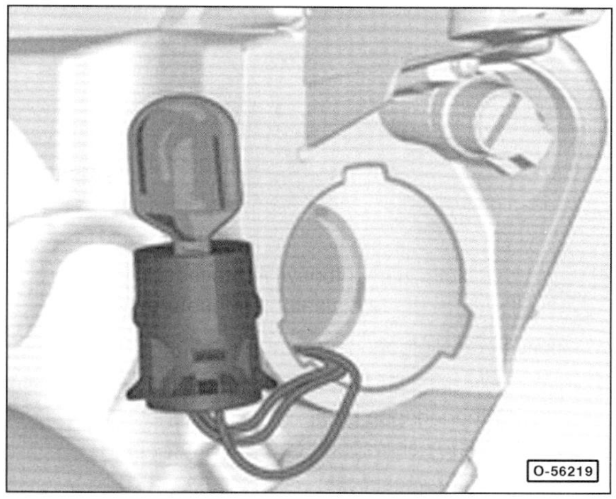

- Lampe aus der Lampenfassung herausziehen und ersetzen.

Einbau

- Neue Lampe in die Fassung stecken.
- Glühlampe mit Fassung in den Reflektor einsetzen und einrasten.
- Abdeckkappe ansetzen und mit einem Schraubendreher nach rechts drehen.
- Luftfilter beziehungsweise Einfüllstutzen einbauen.

Blinklicht vorn

Die Blinklichtlampe wird von unten ausgebaut.

Ausbau ASTRA, Ausführung 1

- Innenkotflügel vorn ausbauen, siehe Seite 238.

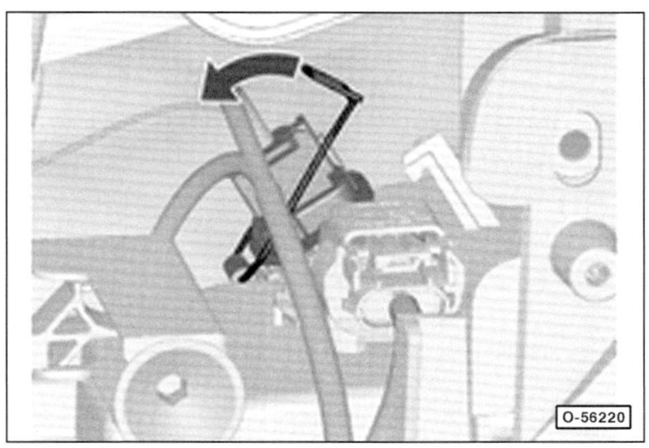

- Federklammer ausrasten und in Pfeilrichtung schwenken.
- Blinklampe mit Fassung aus dem Reflektor herausnehmen.

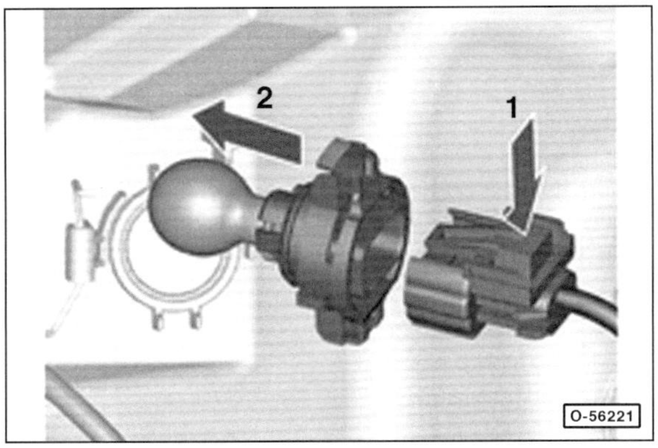

- Haltenase –Pfeil 1– eindrücken und Blinklichtlampe mit Fassung vom Stecker abziehen –Pfeil 2–.

Einbau

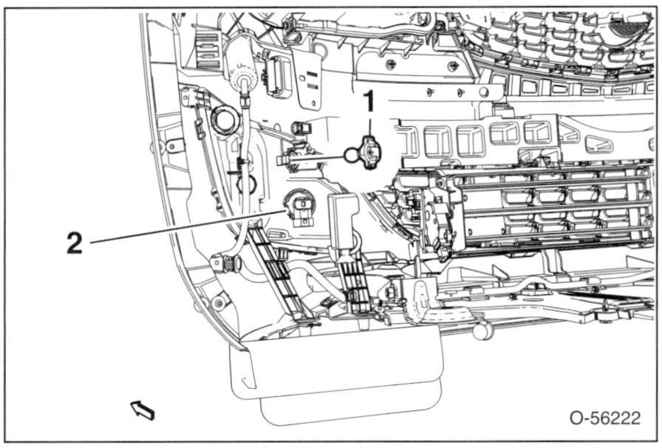

- Blinklichtlampe mit Fassung –1– in den Reflektor einschieben und mit Drahtklammer sichern.
- Stecker aufschieben und einrasten. 2 – Lampenfassung für Nebelscheinwerfer.
- Innenkotflügel vorn einbauen, siehe Seite 238.

Ausbau ASTRA, Ausführung 2

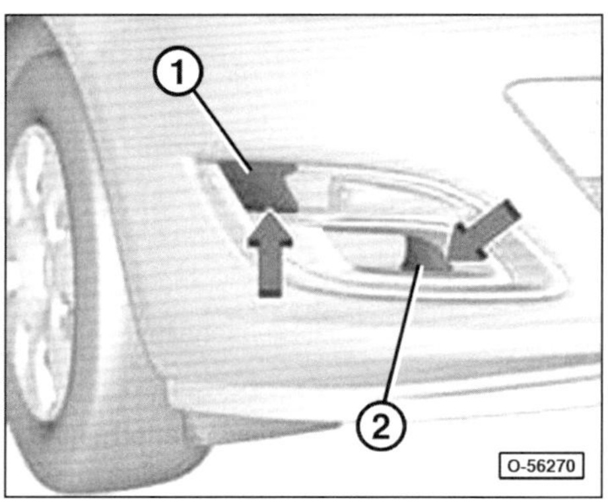

- Abdeckungen –1– und –2– ausclipsen, dazu Schraubendreher an den gekennzeichneten Stellen –Pfeile– ansetzen.

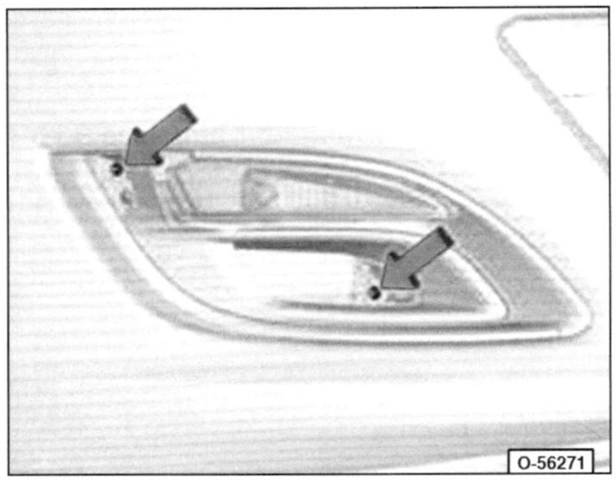

- 2 Schrauben –Pfeile– herausdrehen und Blinkleuchte vom Stoßfänger abnehmen.

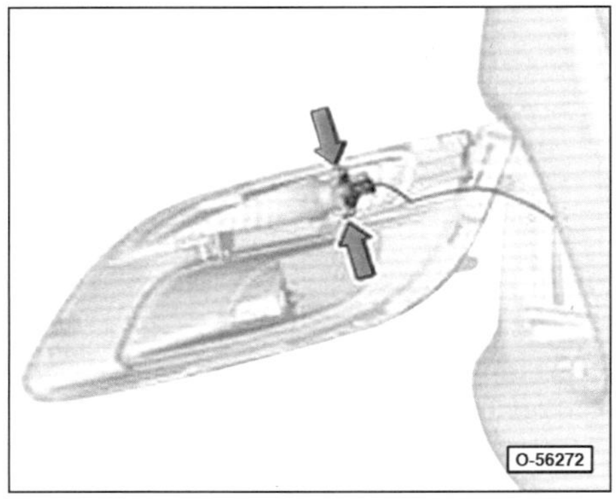

- 2 Haltenasen zusammendrücken –Pfeile– und Lampenfassung mit Lampe aus dem Reflektor herausziehen.
- Lampe wie bei der »Ausführung 1« ausbauen.

Einbau

- Der Einbau erfolgt in umgekehrter Ausbaureihenfolge.

Ausbau ASTRA, Ausführung 3 mit Sport-Stoßfänger

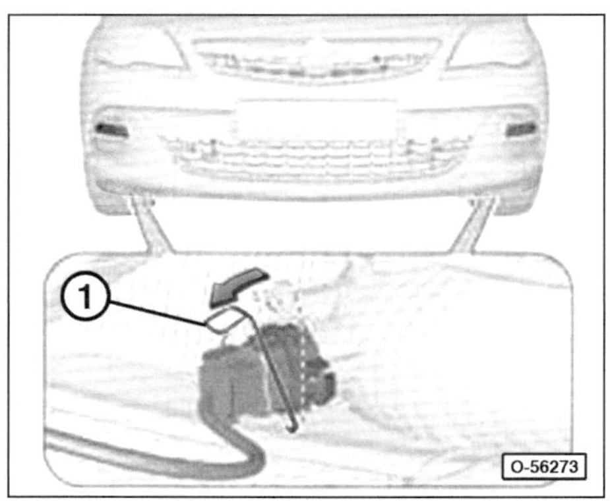

- Von unten hinter den Stoßfänger greifen. Die Federklammer –1– lösen und nach hinten schwenken.
- Lampenfassung mit der Lampe aus dem Reflektor herausziehen.
- Lampe wie bei der »Ausführung 1« ausbauen.

Einbau

- Der Einbau erfolgt in umgekehrter Ausbaureihenfolge.

Ausbau ASTRA, Ausführung 4, 3-Türer

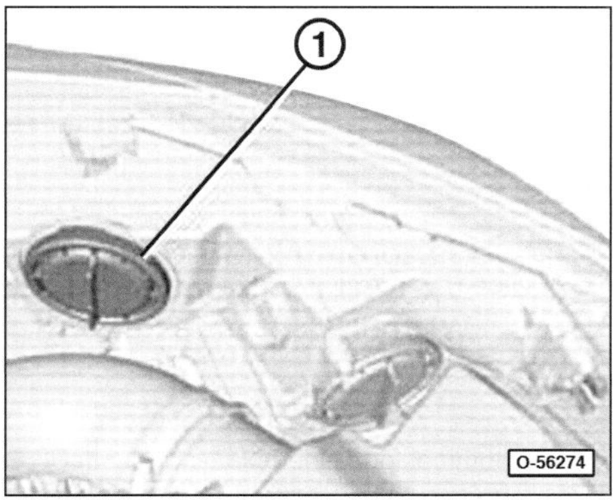

- Kappe –1– im Gegenuhrzeigersinn drehen und abnehmen.

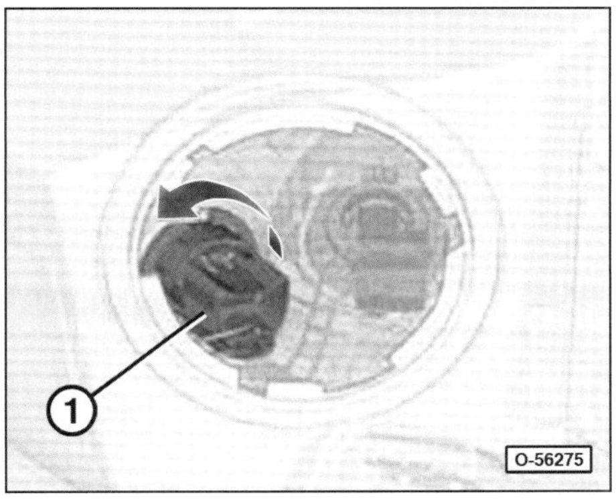

- Lampenfassung –1– gegen den Uhrzeigersinn drehen –Pfeil– und ausrasten.
- Lampenfassung mit Lampe aus dem Reflektor herausnehmen.
- Lampe etwas in die Fassung drücken, gegen den Uhrzeigersinn drehen und aus der Lampenfassung herausnehmen.

Einbau

- Der Einbau erfolgt in umgekehrter Ausbaureihenfolge.

Speziell ZAFIRA bis 8/2016

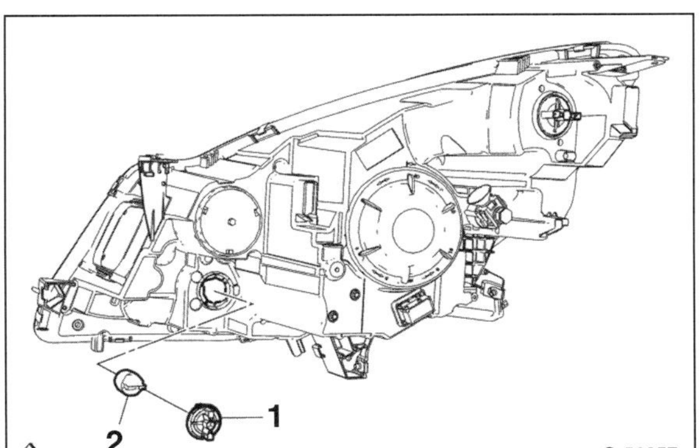

- Blinklichtlampe –2– mit Fassung –1– gegen den Uhrzeigersinn drehen und aus dem Reflektor herausnehmen.

Speziell ZAFIRA ab 9/2016

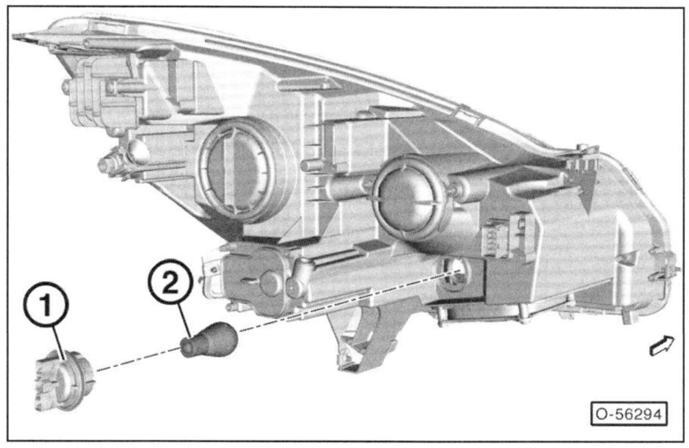

- Blinklichtlampe –2– mit Fassung –1– gegen den Uhrzeigersinn drehen und aus dem Reflektor herausnehmen.
- Glühlampe gegen den Uhrzeigersinn drehen und und aus der Fassung herausziehen. **Hinweis:** Gegebenenfalls Lampe vor dem Drehen etwas in die Fassung drücken.
- Der Einbau erfolgt in umgekehrter Ausbaureihenfolge.

Nebellicht vorn

Die Lampe für Nebelscheinwerfer wird von unten ausgebaut.

Ausbau ASTRA

- Innenkotflügel vorn ausbauen, siehe Seite 238.

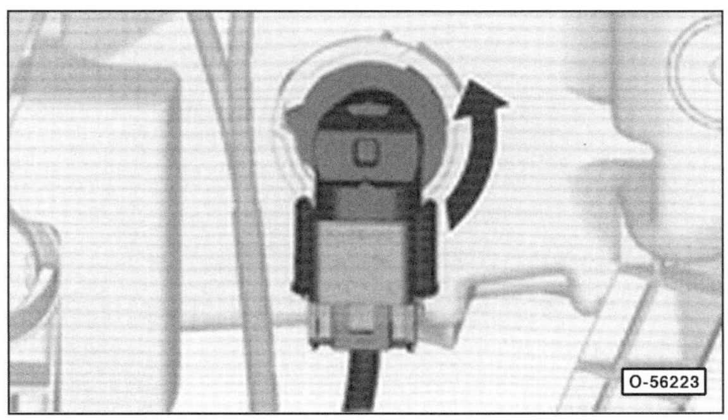

- Lampenfassung in Pfeilrichtung drehen und aus dem Reflektor herausnehmen.

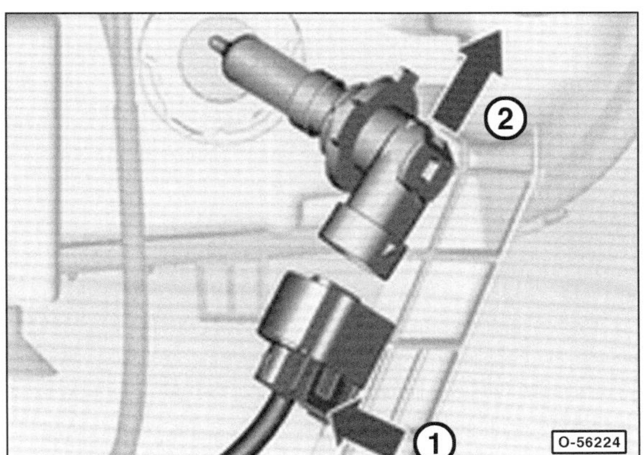

- Haltenase –Pfeil 1– eindrücken und Nebellichtlampe mit Fassung vom Stecker abziehen –Pfeil 2–.

Einbau

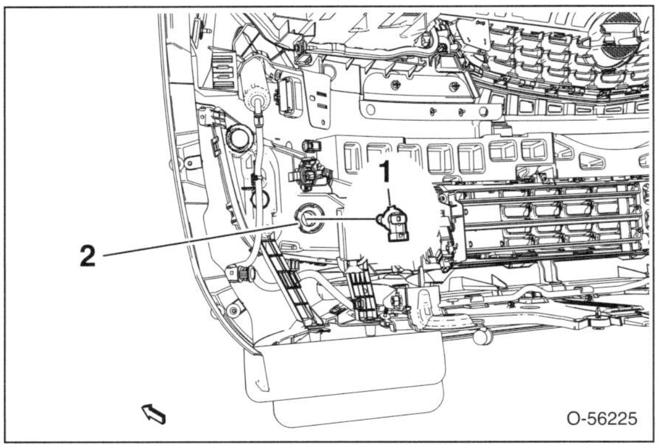

- Nebellichtlampe mit Fassung –1– um 90° gedreht in den Reflektor —2– einsetzen und durch Rechtsdrehung sichern.
- Stecker aufschieben und einrasten.
- Innenkotflügel vorn einbauen, siehe Seite 238.

Speziell ZAFIRA

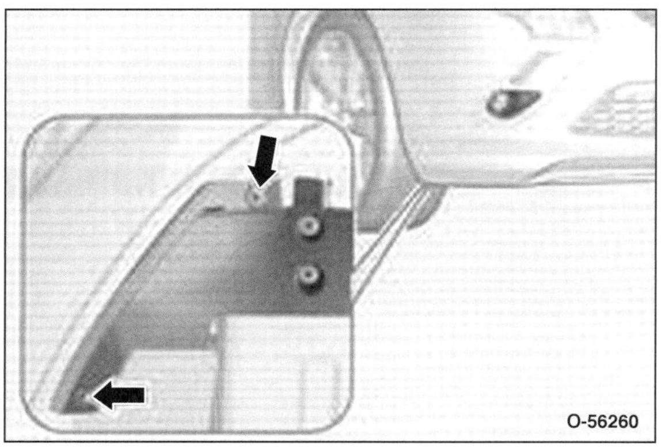

- Abdeckung im Innenkotflügel ausbauen. Dazu 2 Schrauben –Pfeile– herausdrehen und Abdeckung abnehmen.

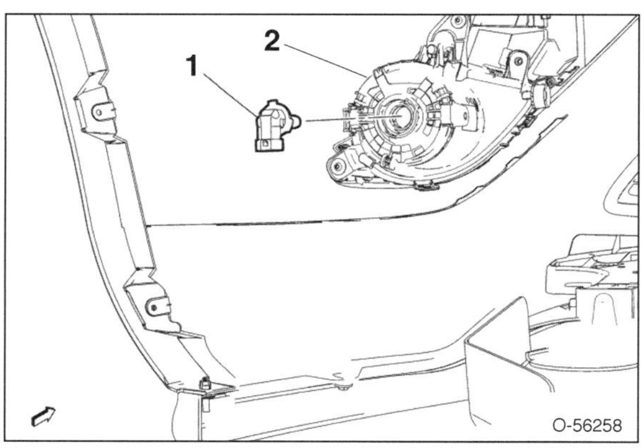

1 – Lampe für Nebelscheinwerfer, 2 – Nebelscheinwerfer.

- Lampenfassung –1– gegen den Uhrzeigersinn drehen und aus dem Reflektorgehäuse –2– des Nebelscheinwerfers herausziehen.

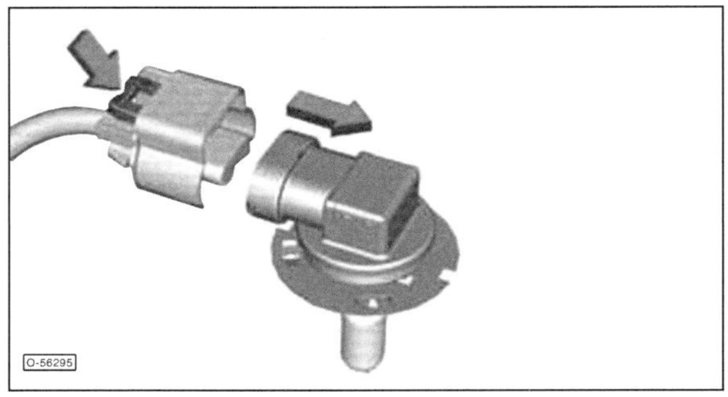

- Haltenase –linker Pfeil– drücken und Lampenfassung mit Lampe vom Stecker abziehen –rechter Pfeil–.
- Der Einbau erfolgt in umgekehrter Ausbaureihenfolge.

Abblendlicht/Xenon

Ausbau

- Batterie-Massekabel (–) abklemmen. **Achtung:** Hinweise im Kapitel »Batterie aus- und einbauen« beachten.
- Linker Scheinwerfer: Einfüllstutzen für Scheibenwaschwasserbehälter herausziehen, siehe auch Seite 78.
- Rechter Scheinwerfer: Luftfilter mit Auslassschlauch ausbauen, siehe Seite 193.
- Abdeckkappe –1– gegen den Uhrzeigersinn drehen und abnehmen, siehe Abbildung O-56212 auf Seite 80.

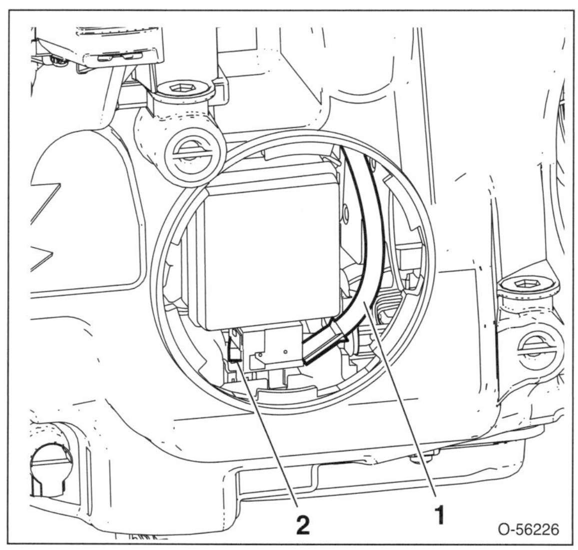

- Feder –2– drücken und Kabel –1– abziehen.

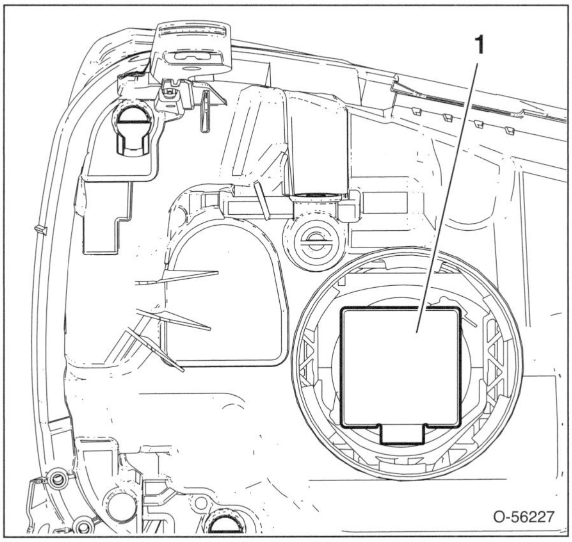

● Xenonlampe –1– gegen den Uhrzeigersinn drehen und herausnehmen.

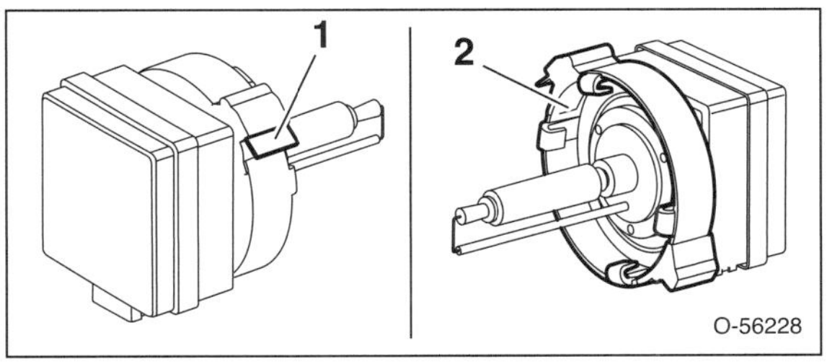

● Feder –1– drücken und Bundstück –2– von der Lampe abnehmen.

Einbau

● Bundstück auf die Lampe schieben und mit der Feder –1– verriegeln.

● Lampe im Uhrzeigersinn drehen und dadurch verriegeln.

● Stecker an der Lampe anschließen und einrasten.

● Abdeckkappe ansetzen und nach rechts drehen.

● Luftfilter beziehungsweise Einfüllstutzen einbauen.

● Batterie-Massekabel (–) anklemmen. **Achtung:** Hinweise im Kapitel »Batterie aus- und einbauen« beachten.

Abbiegelicht

Nur Fahrzeugen mit Xenon-Scheinwerfer.

Hinweis: Für Stand- und Tagfahrlicht werden LEDs verwendet, die nicht ausgetauscht werden können.

Die Lampen für das Abbiegelicht können ersetzt werden.

Ausbau

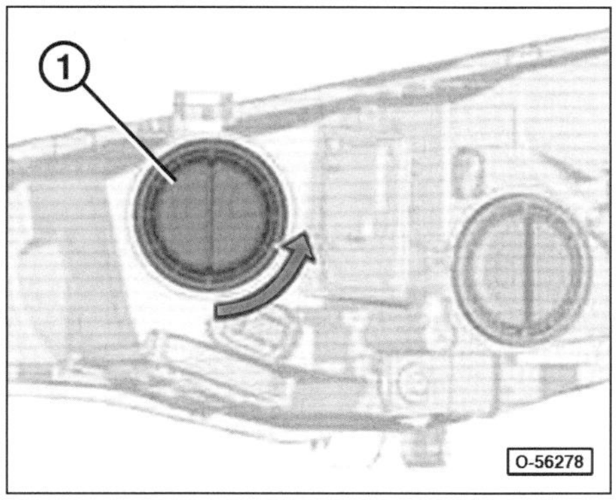

● Abdeckkappe –1– in Pfeilrichtung drehen und abnehmen.

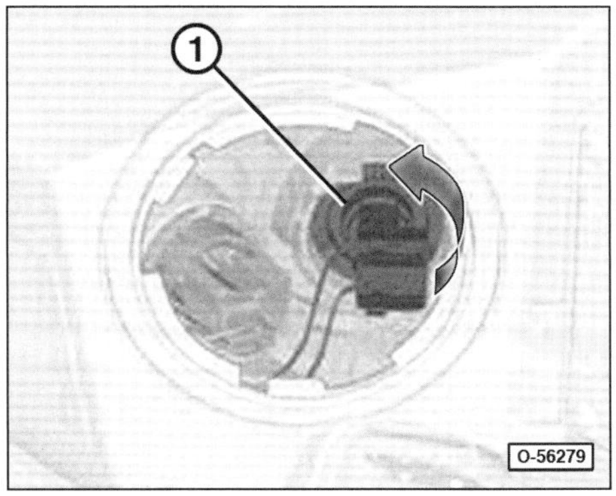

● Lampe in Pfeilrichtung drehen und vom Reflektor lösen.

● Lampe aus dem Reflektor herausziehen.

● Lampe vom Stecker abziehen.

● Der Einbau erfolgt in umgekehrter Ausbaureihenfolge.

Seitliche Blinkleuchte aus- und einbauen

Ausbau

● Blinklicht ausschalten, Zündung ausschalten, Zündschlüssel abziehen.

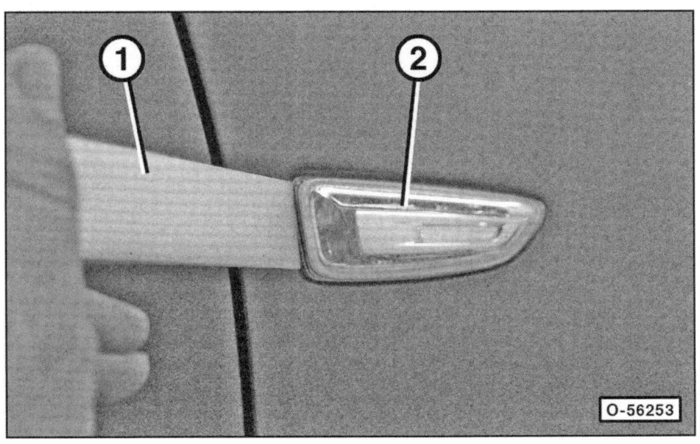

● Kunststoffkeil –1– seitlich von hinten zwischen Leuchte –2– und Kotflügel einführen, gegen die Leuchte drücken und Leuchte dadurch ausrasten.

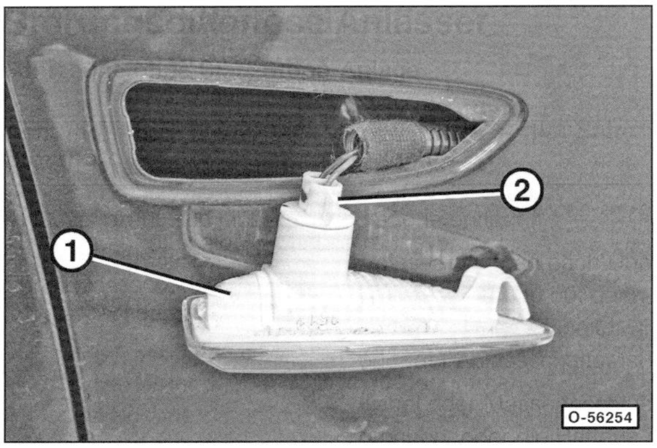

- Leuchte –1– herausschwenken.
- Lampenfassung –2– gegen den Uhrzeigersinn drehen und aus der Leuchte herausziehen. Die Leitung ist fest mit der Fassung verbunden.
- Glühlampe aus der Fassung herausziehen.

Einbau

- Neue Glühlampe in die Fassung einsetzen.
- Fassung in die Leuchte einsetzen, im Uhrzeigersinn drehen und einrasten.

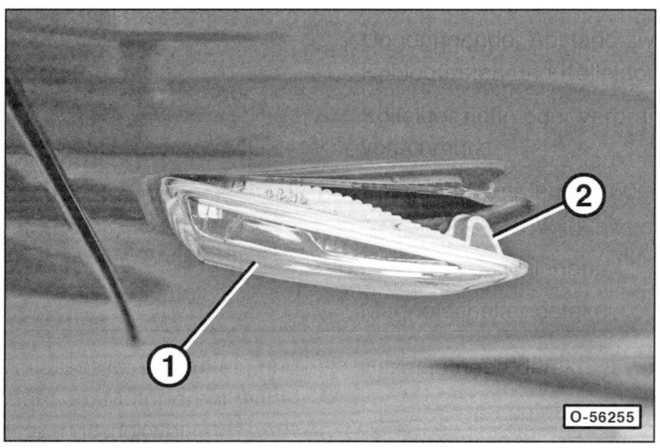

- Blinkleuchte –1– zuerst an der hinteren Seite in die Öffnung am Kotflügel einsetzen, dann vorn andrücken, bis die Kunststofffeder –2– einrastet.
- Zündung einschalten und Glühlampe auf Funktion prüfen.

Scheinwerfer aus- und einbauen

Ausbau

- Zündung ausschalten, Zündschlüssel abziehen.
- **Xenon-Scheinwerfer:** Batterie-Massekabel (–) abklemmen. **Achtung:** Hinweise im Kapitel »Batterie aus- und einbauen« beachten.
- Vordere Stoßfängerabdeckung ausbauen, siehe Seite 232.
- Innere Führung der Stoßfängerabdeckung ausbauen

ASTRA

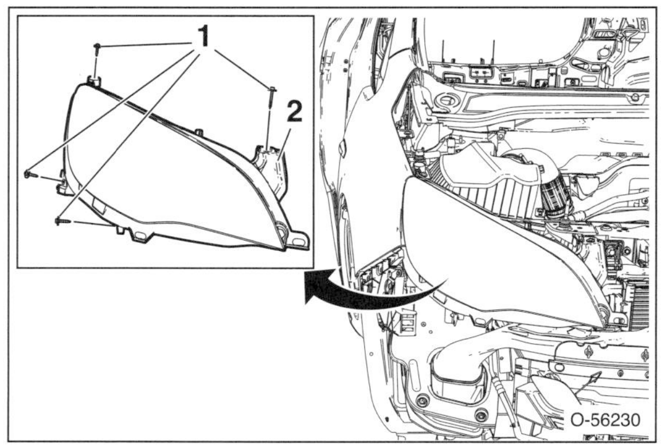

ZAFIRA bis 8/2016

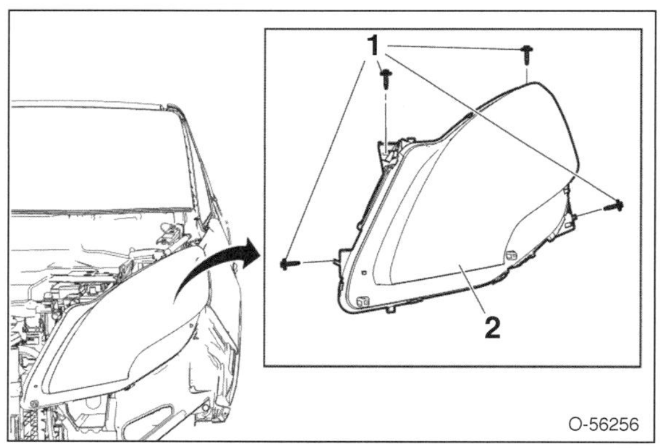

ZAFIRA ab 9/2016

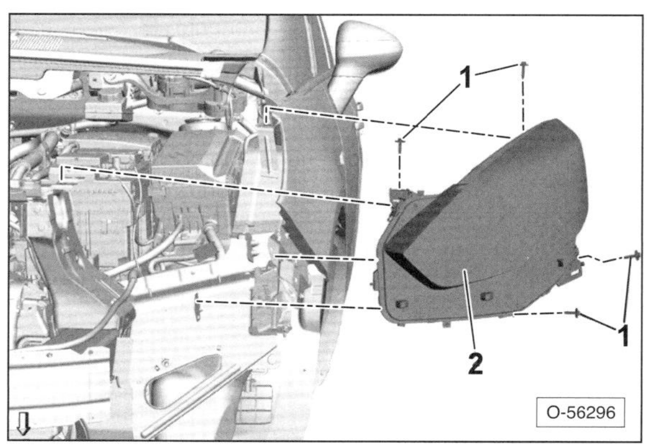

- 4 Schrauben –1– herausdrehen.

- Scheinwerfer –2– etwas vorziehen. Mehrfachstecker entriegeln und abziehen.
- Scheinwerfer herausnehmen.

Einbau

- Der Einbau erfolgt in umgekehrter Ausbaureihenfolge. Schrauben mit **2,5 Nm** anziehen.
- Scheinwerfer-Einstellung so bald wie möglich von einer Werkstatt kontrollieren und gegebenenfalls einstellen lassen. **Achtung:** Für die Verkehrssicherheit ist die exakte Einstellung der Scheinwerfer von großer Bedeutung.

Nebelscheinwerfer aus- und einbauen

Ausbau ASTRA, Ausführung 1

- Vordere Stoßfängerabdeckung ausbauen, siehe Seite 232.

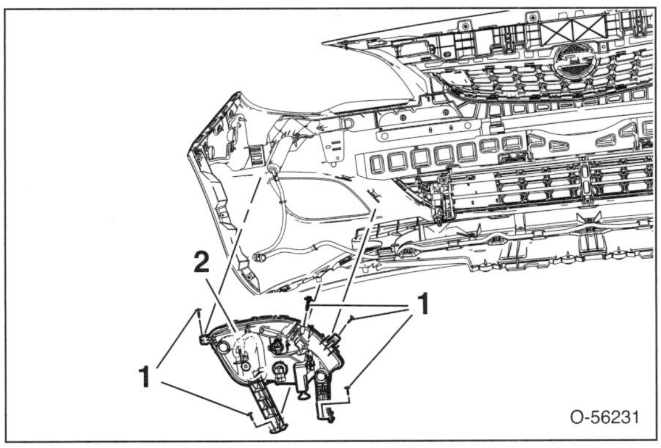

- 5 Schrauben –1– herausdrehen.
- Nebelscheinwerfer mit Blinkleuchte herausnehmen.

Einbau

- Der Einbau erfolgt in umgekehrter Ausbaureihenfolge.
- Einstellung des Nebelscheinwerfers so bald wie möglich von einer Werkstatt kontrollieren und gegebenenfalls einstellen lassen. **Achtung:** Für die Verkehrssicherheit ist die exakte Einstellung der Nebelscheinwerfer von großer Bedeutung.

Ausbau ASTRA, Ausführung 2

- Blinkleuchte, Ausführung 2, ausbauen, siehe entsprechenden Abschnitt.

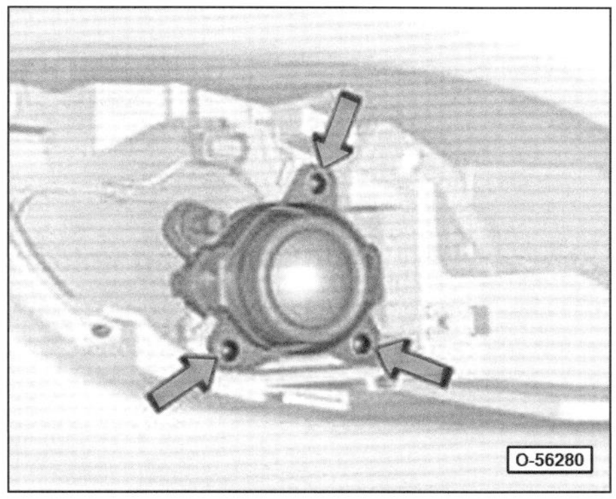

- 3 Schrauben –Pfeile– herausdrehen und Nebelscheinwerfer vom Stoßfänger abnehmen.
- Lampenfassung auf die gleiche Weise ausbauen wie beim »Halogen-Abblend-/Fernlicht (1 Lampe)«.

Einbau

- Der Einbau erfolgt in umgekehrter Ausbaureihenfolge.

Ausbau ASTRA, Ausführung 3 (3-Türer)

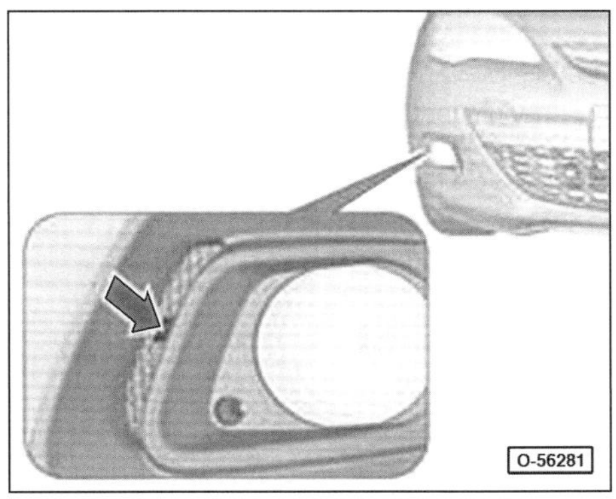

- Schraubendreher in die Aussparung –Pfeil– einsetzen und Abdeckung für Nebelscheinwerfer ausclipsen. Abdeckung abnehmen.

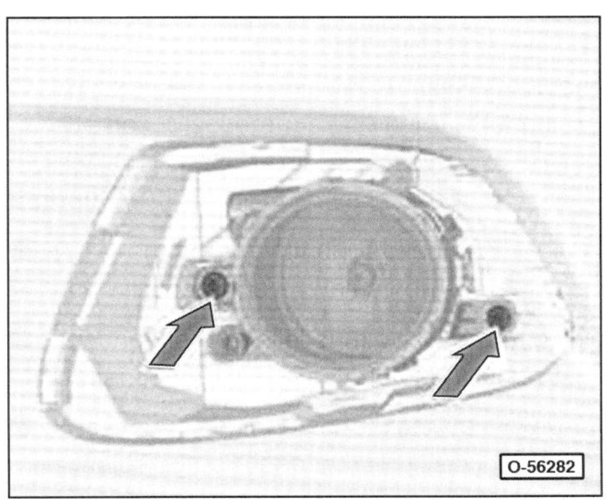

- 2 Schrauben –Pfeile– herausdrehen und den Nebelscheinwerfer vom Stoßfänger abnehmen.
- Lampenfassung auf die gleiche Weise ausbauen wie beim »Halogen-Abblend-/Fernlicht (1 Lampe)«.

Einbau

- Der Einbau erfolgt in umgekehrter Ausbaureihenfolge.

Speziell ZAFIRA bis 8/2016

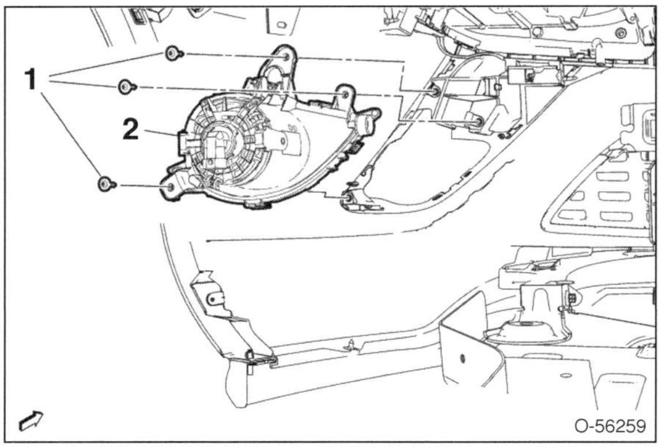

1 – Befestigungsschrauben für Nebelscheinwerfer,
2 – Nebelscheinwerfer.

Speziell ZAFIRA ab 9/2016

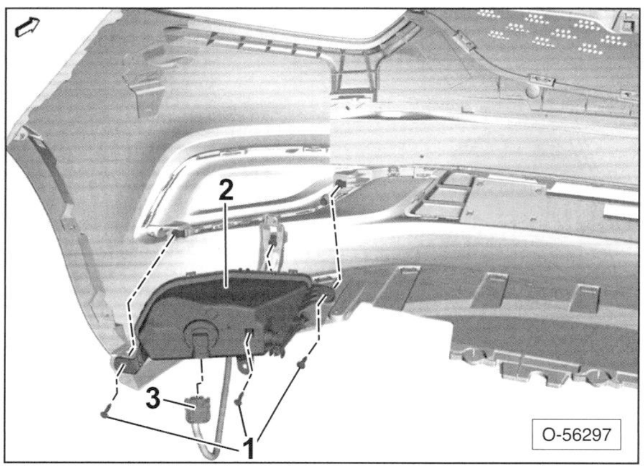

1 – Befestigungsschrauben für Nebelscheinwerfer, **2,5 Nm**
2 – Nebelscheinwerfer
3 – Stecker

Heckleuchte aus- und einbauen/ Glühlampen ersetzen

Leuchte im Seitenteil, Fließheck

Ausbau

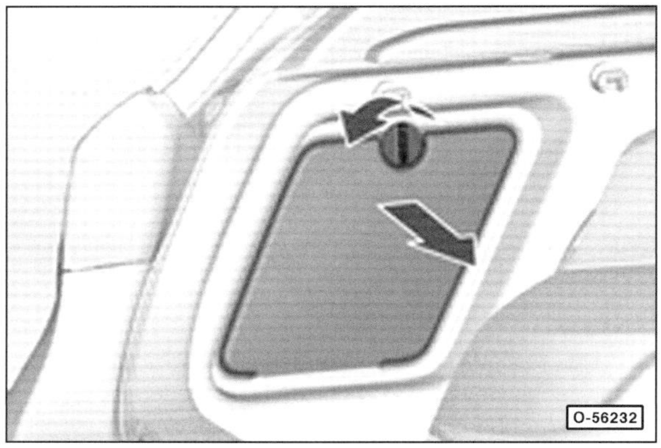

- Serviceklappe in der seitlichen Laderaumverkleidung öffnen und abnehmen.

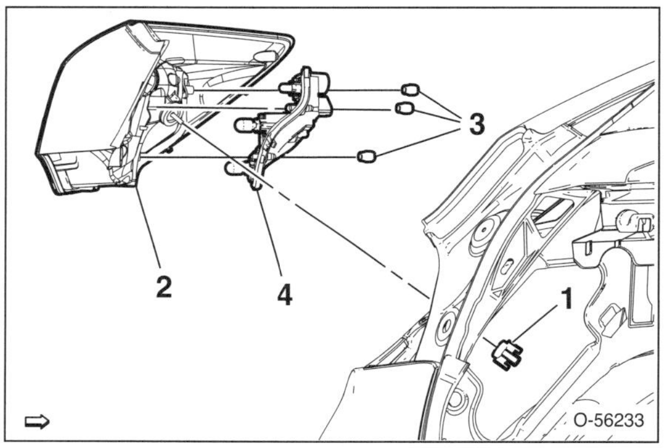

- Die Kunststoff-Befestigungsmutter –1– von innen durch die Service-Öffnung mit der Hand abschrauben.
- Heckleuchte –2– vorsichtig von den Haltestiften abziehen und herausnehmen. Dabei darauf achten, dass der Kabelkanal nicht verschoben wird. Gegebenenfalls mit einem stumpfen Werkzeug vorsichtig auf die Zapfen der Heckleuchte klopfen und die Heckleuchte dadurch lösen.
- Das Kabel aus der Halterung lösen.
- Mehrfachstecker vom Lampenträger abziehen.
- 3 Schrauben –3– abschrauben. **Hinweis:** Dafür kann auch eine Münze verwendet werden.
- Lampenträger –4– mit den Glühlampen von der Heckleuchte abnehmen.

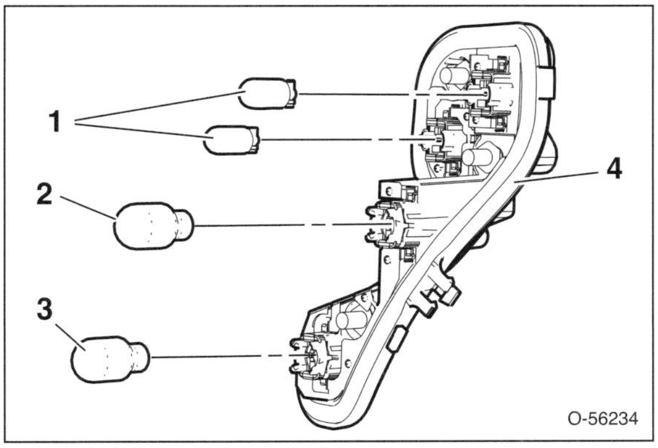

- Defekte Glühlampe herausnehmen und ersetzen.
  1 – Rücklichtlampen
  2 – Bremslichtlampe
  3 – Blinklichtlampe
  4 – Lampenträger

Einbau

- Der Einbau erfolgt in umgekehrter Ausbaureihenfolge.
- Die Zündung einschalten, alle Lichter einschalten und überprüfen.

Leuchte im Seitenteil, Stufenheck

Ausbau

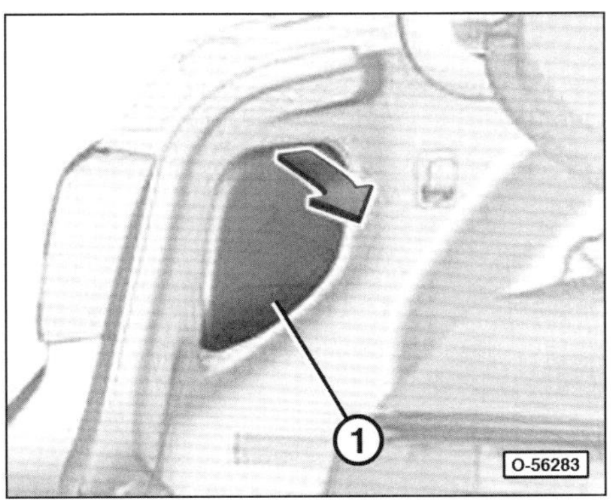

- Abdeckung –1– in Pfeilrichtung ausclipsen.

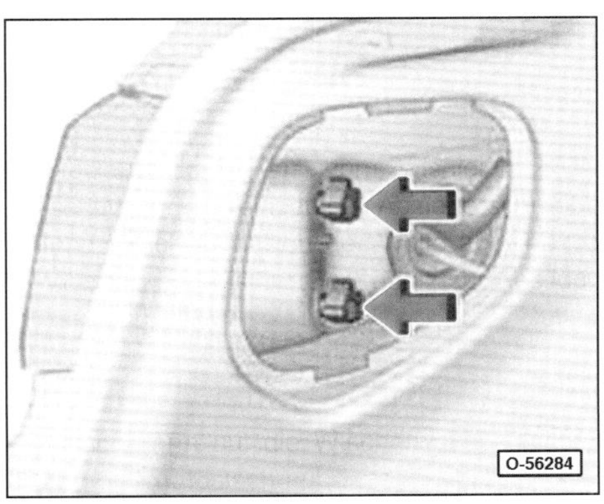

- 2 Kunststoffmuttern –Pfeile– von innen mit der Hand abschrauben.
- Heckleuchte vorsichtig nach außen aus der Aussparung herausnehmen. Dabei darauf achten, dass der Kabelkanal nicht verschoben wird.
- Stecker von der Lampenfassung abziehen.
- Lampenfassung nach links drehen und mit Lampe herausnehmen.
- Lampe ausbauen. Dazu je nach Ausführung die Lampe herausziehen oder leicht in die Fassung drücken, gegen den Uhrzeigersinn drehen und dann herausnehmen.

Einbau

- Der Einbau erfolgt in umgekehrter Ausbaureihenfolge.
- Heckleuchte mit den Haltestiften in die Aussparung an der Karosserie einsetzen.
- Von innen die Kunststoffmuttern anschrauben und festziehen.

Leuchte im Seitenteil, Kombi

Ausbau

- Rollo auf der linken Seite herunterklappen und abnehmen.

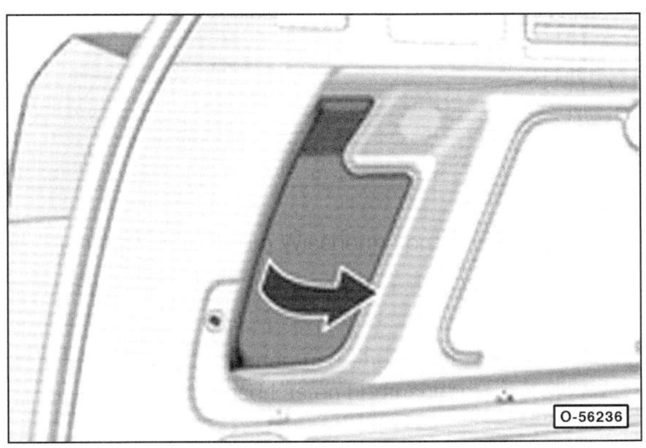

- Abdeckung herausschwenken –Pfeil– und abnehmen.

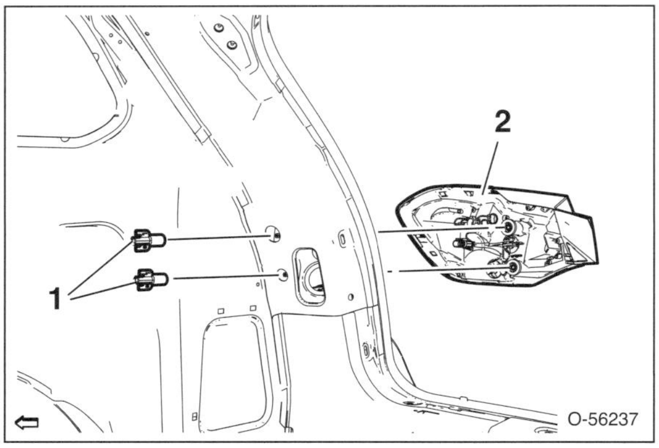

- 2 Kunststoffmuttern –1– von innen mit der Hand abschrauben.
- Heckleuchte –2– vorsichtig von den Haltestiften abziehen und herausnehmen. Darauf achten, dass der Kabelkanal nicht verschoben wird. Gegebenenfalls mit einem stumpfen Werkzeug vorsichtig auf die Zapfen der Heckleuchte klopfen und die Heckleuchte dadurch lösen.
- Das Kabel aus der Halterung lösen.
- Mehrfachstecker vom Lampenträger abziehen.

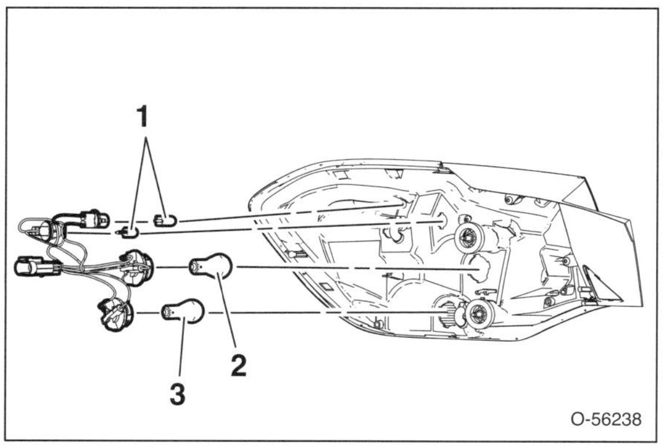

- Defekte Glühlampe herausnehmen und ersetzen.
  1 – Rücklichtlampen
  2 – Bremslichtlampe
  3 – Blinklichtlampe

Einbau

- Der Einbau erfolgt in umgekehrter Ausbaureihenfolge.
- Die Zündung einschalten, alle Lichter einschalten und überprüfen.

Leuchte im Seitenteil, ZAFIRA

Ausbau

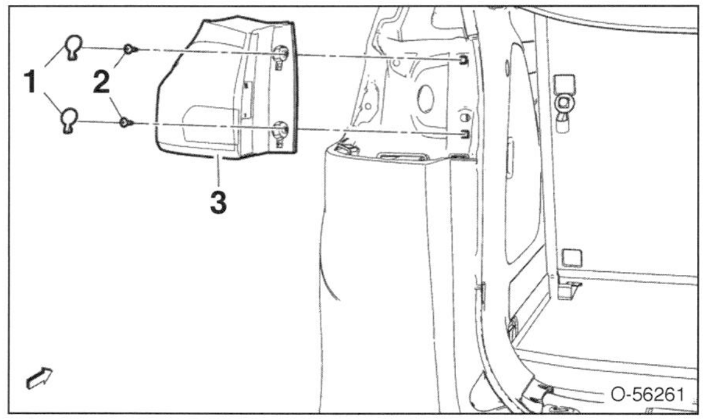

- Abdeckungen –1– mit kleinem Schraubendreher abhebeln.
- Schrauben –2– herausdrehen.

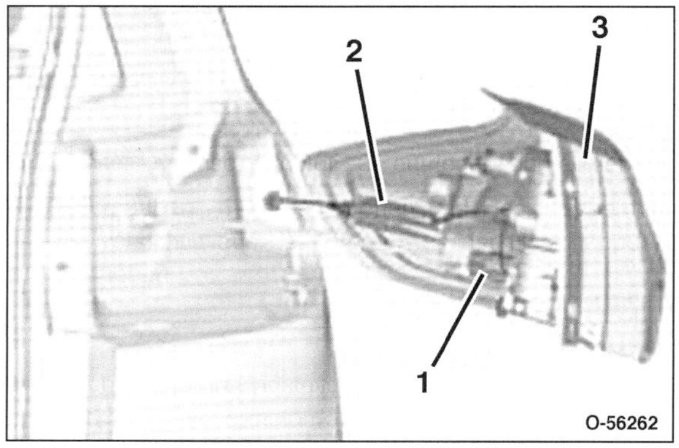

- Heckleuchte –3– vorsichtig abziehen und herausnehmen. Gegebenenfalls mit einem stumpfen Werkzeug vorsichtig gegen die Zapfen –1– und –2– der Heckleuchte klopfen und Heckleuchte dadurch lösen.
- Stecker von der Heckleuchte abziehen.

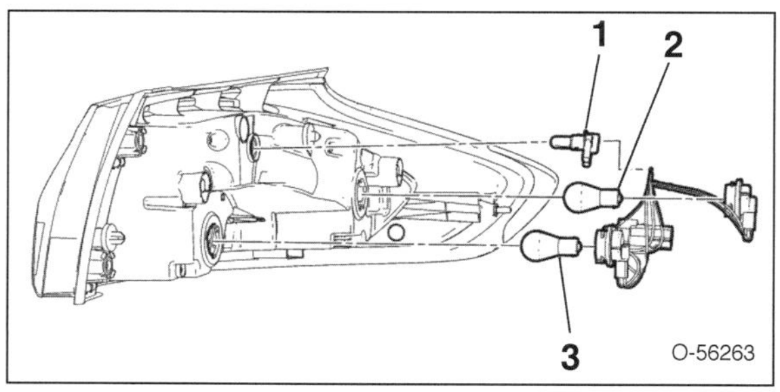

- Defekte Glühlampe herausnehmen und ersetzen.
  1 – Rücklichtlampen
  2 – Bremslichtlampe
  3 – Blinklichtlampe

Hinweis: Bei der LED-Heckleuchte kann nur die Blinklichtlampe gewechselt werden.

Einbau

- Der Einbau erfolgt in umgekehrter Ausbaureihenfolge.
- Die Zündung einschalten, alle Lichter einschalten und überprüfen.

Leuchte in der Heckklappe, Fließheck/Kombi

Ausbau

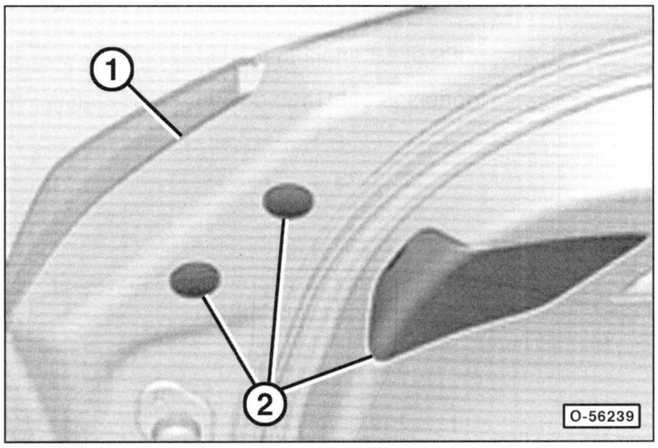

- Heckklappe –1– öffnen und die drei Abdeckungen –2– abnehmen. **Hinweis:** Je nach Ausführung können können auch nur 2 Abdeckungen vorhanden sein.

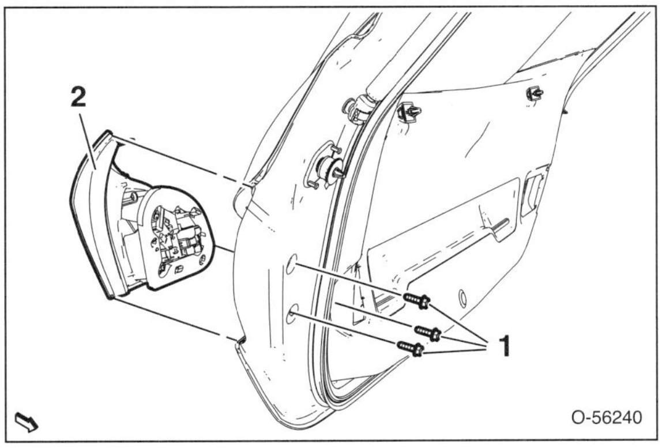

- Heckleuchte –2– festhalten, Schrauben –1– herausdrehen und Heckleuchte abnehmen.
- Darauf achten, dass der Kabelkanal nicht verschoben wird.
- Mehrfachstecker abziehen.

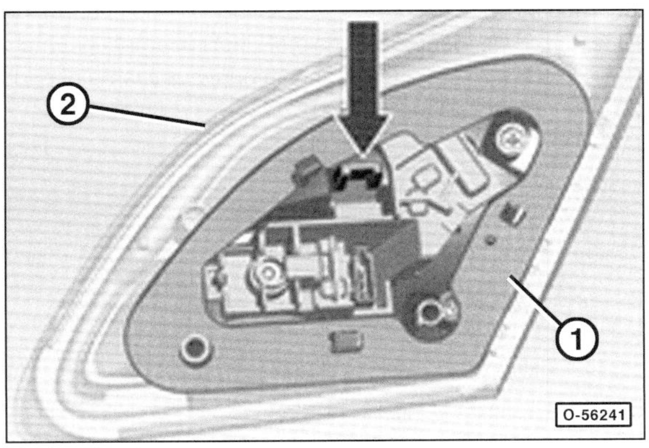

- Gegen die Haltenase drücken –Pfeil– und den Lampenträger –1– aus der Heckleuchte –2– herausnehmen.

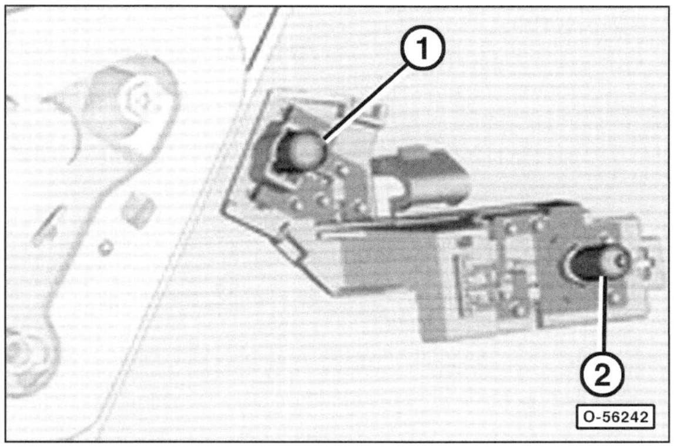

- Defekte Glühlampe herausnehmen und ersetzen. Dabei die Nebelschlusslampe –2– zuerst in die Fassung drücken, dann nach links drehen und anschließend herausnehmen. 1 – Rücklichtlampe.

Einbau

- Der Einbau erfolgt in umgekehrter Ausbaureihenfolge.
- Die Zündung einschalten, alle Lichter einschalten und überprüfen.

Speziell Nebelschlussleuchte ASTRA Kombi

Hinweis: Je nach Ausführung können Nebelschlusslampe und/oder Rückfahrlampe nach dem Ausbau einer separaten Abdeckung herausgenommen werden.

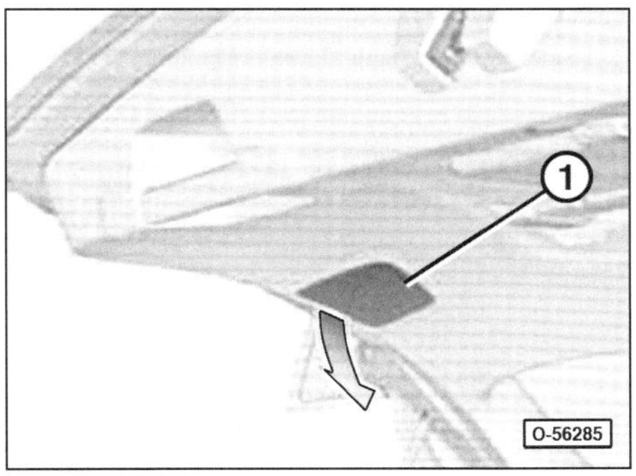

- Abdeckung –1– in der Heckklappe mit einem Kunststoffkeil heraushebeln.

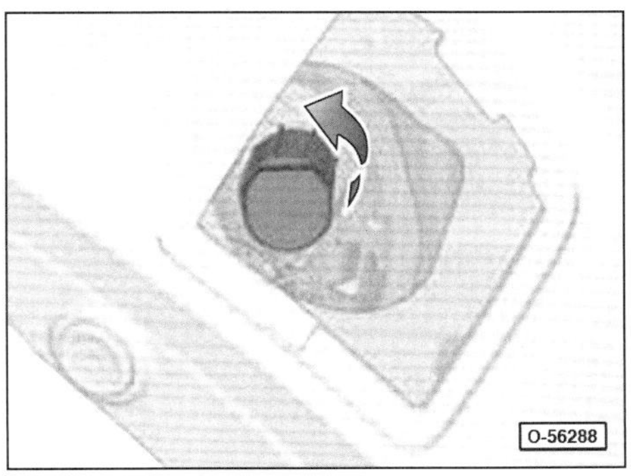

- Lampenfassung in Pfeilrichtung drehen und mit Lampe abnehmen.
- Lampe gegen den Uhrzeigersinn drehen und aus der Fassung herausnehmen.

Nebelschlussleuchte aus- und einbauen/Lampe wechseln

ZAFIRA

Hinweis: Zum Wechseln der Lampe muss die Nebelschlussleuchte nicht ausgebaut werden.

Ausbau

Sicherheitshinweis
Beim Aufbocken des Fahrzeugs besteht Unfallgefahr! Deshalb die Hinweise im Kapitel »Fahrzeug aufbocken« beachten.

- Fahrzeug aufbocken.

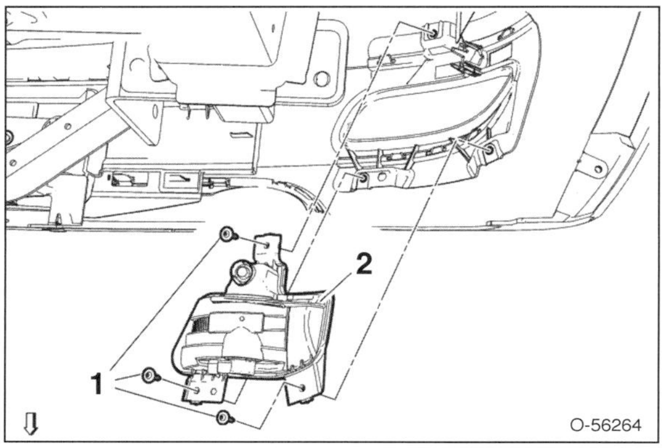

- Mehrfachstecker abziehen.
- Schrauben –1– herausdrehen.
- Nebelschlussleuchte –2– aus der hinteren Stoßfängerabdeckung herausnehmen.

Einbau

- Der Einbau erfolgt in umgekehrter Ausbaureihenfolge.

Lampe für Nebelschlussleuchte wechseln

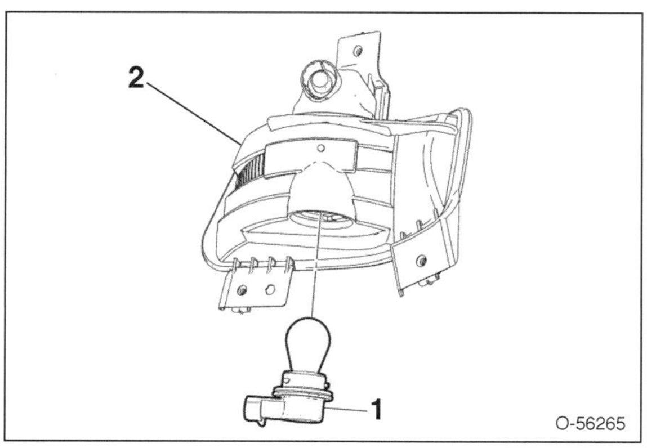

- Fassung –1– gegen den Uhrzeigersinn drehen und mit der Lampe aus der Nebelschlussleuchte herausnehmen.
- Lampe etwas in die Fassung hineindrücken und gleichzeitig gegen den Uhrzeigersinn drehen. Lampe aus der Fassung herausnehmen.
- Zum Einbau Lampe in die Fassung hineindrücken und gleichzeitig bis zum Anschlag im Uhrzeigersinn drehen. Dadurch ist die Lampe verriegelt.
- Lampenfassung mit Lampe in die Nebelschlussleuchte einsetzen und im Uhrzeigersinn auf Anschlag drehen.

Rückfahrscheinwerfer aus- und einbauen/Lampe wechseln

ZAFIRA

Hinweis: Zum Wechseln der Lampe muss der Rückfahrscheinwerfer nicht ausgebaut werden.

Ausbau

Sicherheitshinweis
Beim Aufbocken des Fahrzeugs besteht Unfallgefahr! Deshalb die Hinweise im Kapitel »Fahrzeug aufbocken« beachten.

- Fahrzeug aufbocken.

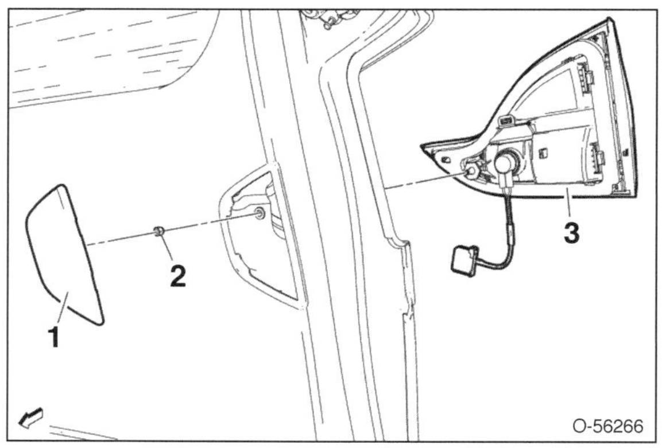

- Abdeckung –1– aus der Heckklappenvrkleidung ausclipsen.
- Steckverbindung trennen.
- Mutter –2– abschrauben.
- Rückfahrscheinwerfer –3– aus der Heckklappe herausnehmen.

Einbau

- Der Einbau erfolgt in umgekehrter Ausbaureihenfolge.

Lampe für Rückfahrscheinwerfer wechseln

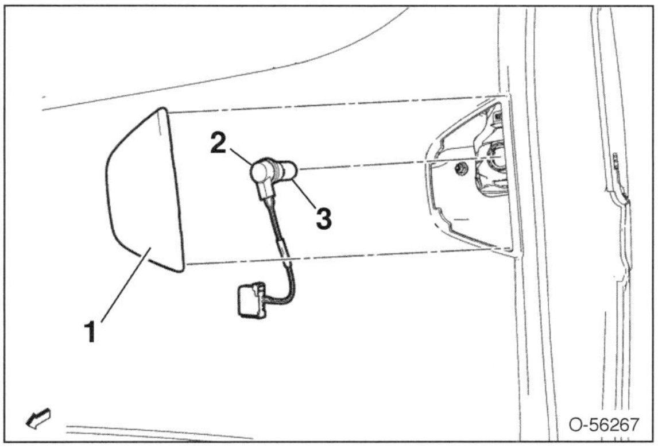

- Abdeckung –1– aus der Heckklappenvrkleidung ausclipsen.
- Lampenfassung –2– gegen den Uhrzeigersinn drehen und mit der Lampe aus der Nebelschlussleuchte herausnehmen.
- Lampe –3– der Fassung herausziehen.
- Der Einbau erfolgt in umgekehrter Ausbaureihenfolge.

Zusatzbremsleuchte aus- und einbauen

In der Zusatzbremsleuchte sind Leuchtdioden eingesetzt, die nicht einzeln ausgetauscht werden können.

Ausbau

- Zündung ausschalten, Zündschlüssel abziehen.
- Heckklappenverkleidung oben ausbauen, siehe Seite 245.
- Stecker entriegeln und von der Zusatzbremsleuchte abziehen.

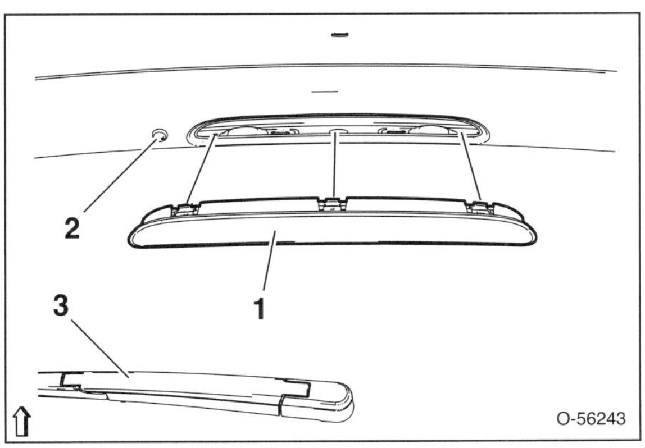

- 3 Haltenasen entriegeln.
- Zusatzbremsleuchte –1– nach außen von der Heckklappe abziehen. 2 – Spritzdüse ASTRA, 3 – Heckwischer.

Einbau

- Der Einbau erfolgt in umgekehrter Ausbaureihenfolge.

Kennzeichenleuchte aus- und einbauen

Ausbau

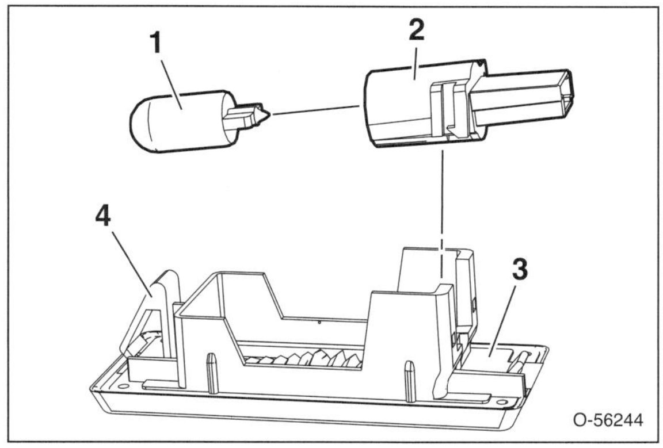

- Kleinen Schraubendreher in die Aussparung an der Leuchte einführen, gegen den Federclip –4– drücken und dadurch Leuchte –3– ausrasten.,
- Kennzeichenleuchte etwas aus der Öffnung herausziehen.
- Lampenfassung –2– aus der Leuchte –3– herausziehen. 1 – Glühlampe.

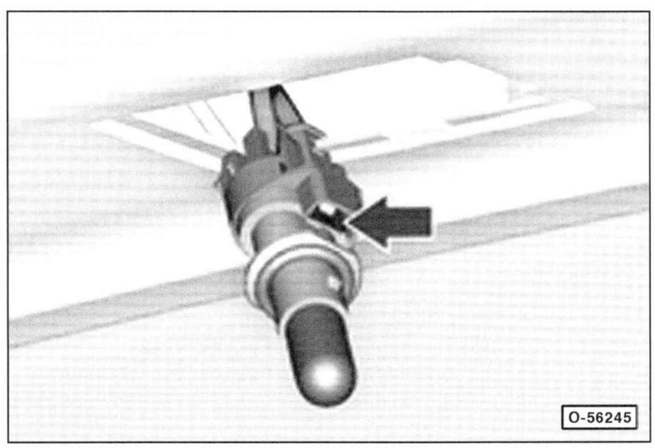

- Haltenase ausrasten und Lampenfassung vom Stecker abziehen.
- Glühlampe aus der Fassung herausziehen

Einbau

- Glühlampe in die Fassung stecken.
- Fassung in die Leuchte einsetzen.
- Elektrischen Stecker aufschieben und einrasten.
- Kennzeichenleuchte an der Steckerseite in die Öffnung einsetzen. Andere Seite in die Öffnung schwenken und einrasten.

Glühlampen für Innenleuchten auswechseln

- Schalter der Leuchte ausschalten, Zündung ausschalten, Zündschlüssel abziehen..

Hinweis: Nach dem Einbau neue Glühlampe auf Funktion überprüfen.

Deckenleuchte vorn

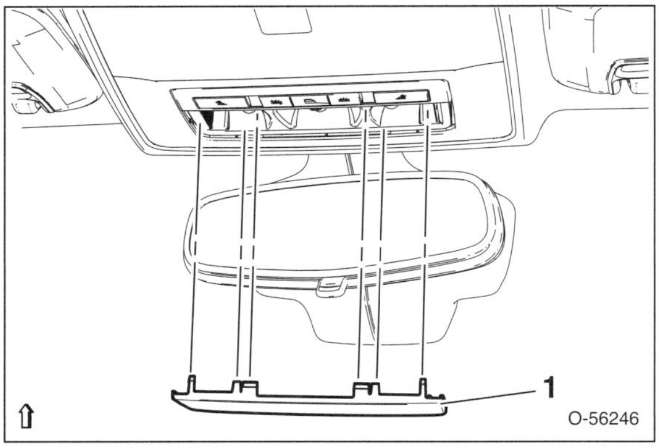

- Abdeckung der Deckenleuchte –1– mit einem Kunststoffkeil aus dem Dachhimmel heraushebeln.

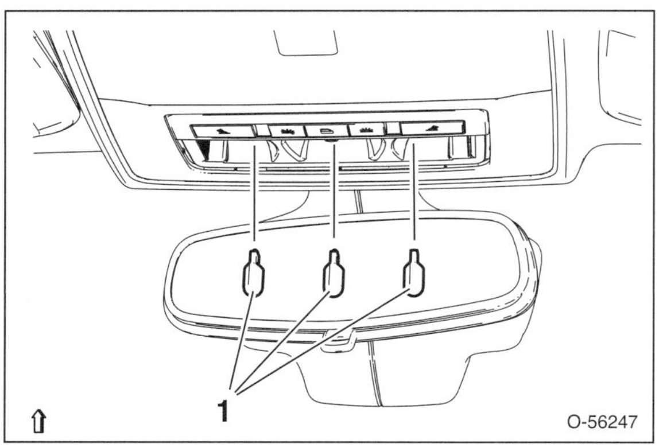

- Defekte Glühlampe –1– aus der Fassung herausziehen und ersetzen.

Deckenleuchte hinten

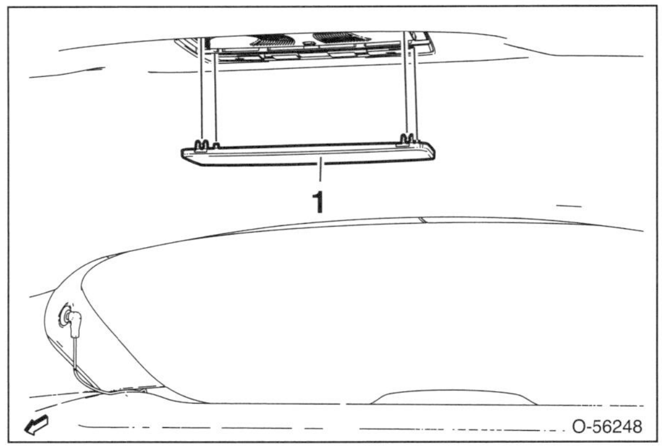

- Abdeckung der Deckenleuchte –1– mit einem Kunststoffkeil aus dem Dachhimmel heraushebeln.

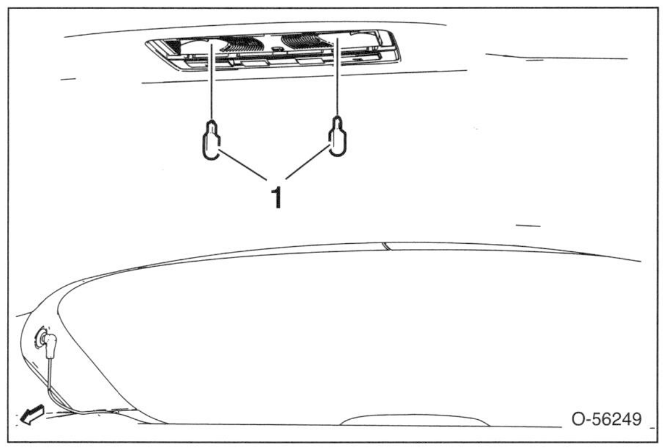

- Defekte Glühlampe –1– aus der Fassung herausziehen und ersetzen.

Kofferraum-/Laderaumleuchte Handschuhfachleuchte/Fußraumleuchte

- Handschuhfachleuchte: Handschuhfach ausbauen, siehe Seite 214.

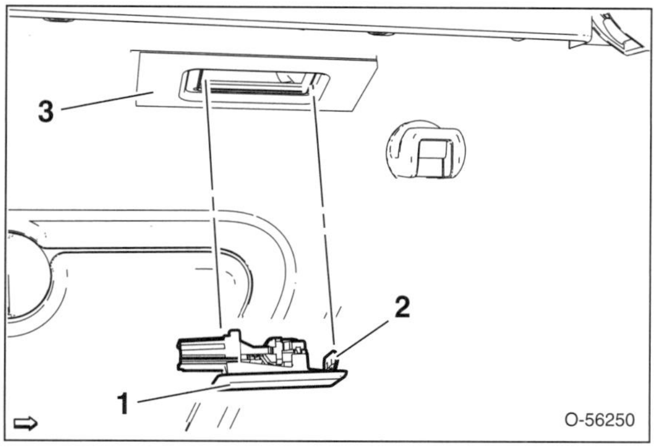

- Kofferraum-/Laderaumleuchte: Leuchte –1– an der Federseite –2– aus der Verkleidung –3– heraushebeln. **Hinweis:** Die Abbildung zeigt die Fließheck-Limousine.

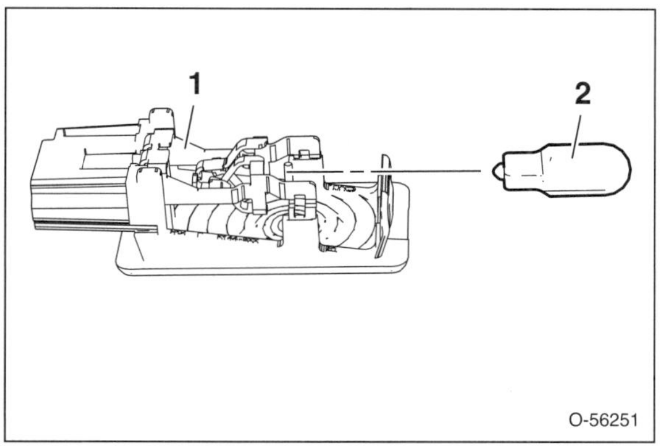

- Glassockellampe –2– aus der Leuchte –1– herausziehen und ersetzen.

Sonnenblenden-Spiegelleuchte

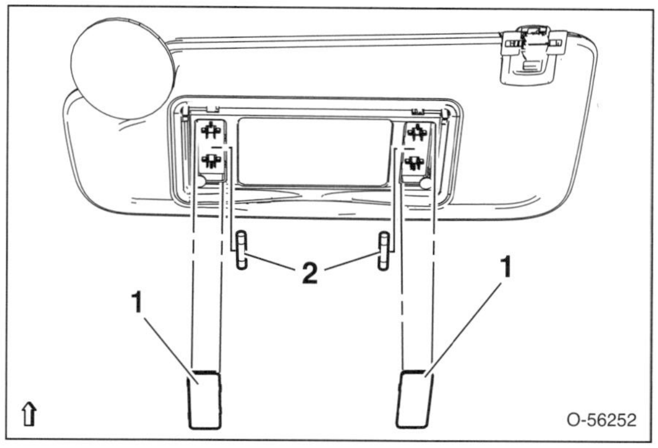

- Lampenabdeckungen –1– mit einem kleinen Schraubendreher an den seitlichen 4 Haltenasen –Pfeile– lösen und abnehmen. Dazu Schraubendreher in die seitliche Aussparung neben der Lampenabdeckung einsetzen.
- Defekte Soffittenlampe –2– aus den Kontaktklammern herausziehen und ersetzen.

Armaturen/Schalter/Radioanlage

Kombiinstrument aus- und einbauen

Ausbau

- Batterie-Massekabel (–) abklemmen. **Achtung:** Hinweise im Kapitel »Batterie aus- und einbauen« beachten.
- Lichtschalter und Blende für Lichtschalter ausbauen, siehe Seite 99.
- Abdeckung für Kombiinstrument ausbauen, siehe Seite 211.
- Obere Lenksäulenverkleidung ausbauen, siehe Seite 208.

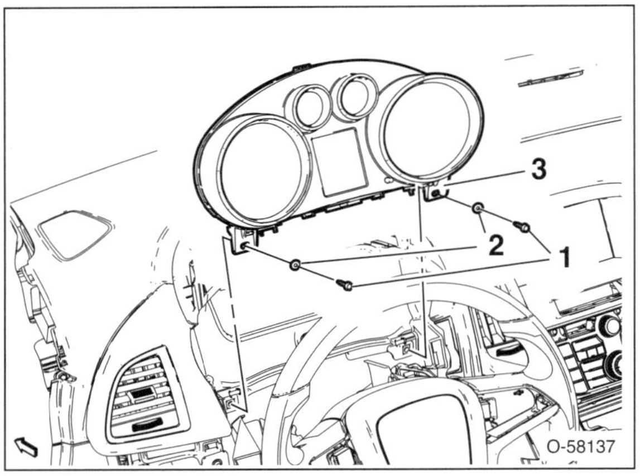

- 2 Schrauben –1– herausdrehen.
- Unterlegscheiben –2– abnehmen.
- Kombiinstrument –3– etwa vorziehen, Mehrfachstecker entriegeln und abziehen.

Einbau

- Mehrfachstecker hinten am Kombiinstrument aufstecken und verriegeln.
- Kombiinstrument einsetzten und anschrauben. Unterlegscheiben nicht vergessen.
- Abdeckung für Kombiinstrument einbauen, siehe Seite 211.
- Obere Lenksäulenverkleidung einbauen, siehe Seite 208.
- Lichtschalter und Blende für Lichtschalter einbauen, siehe Seite 99.
- Batterie-Massekabel (–) anklemmen. **Achtung:** Hinweise im Kapitel »Batterie aus- und einbauen« beachten.

Infodisplay aus- und einbauen

Ausbau

- Mittlere obere Abdeckung der Armaturentafel ausbauen, siehe Seite 212.

Ausführung 1

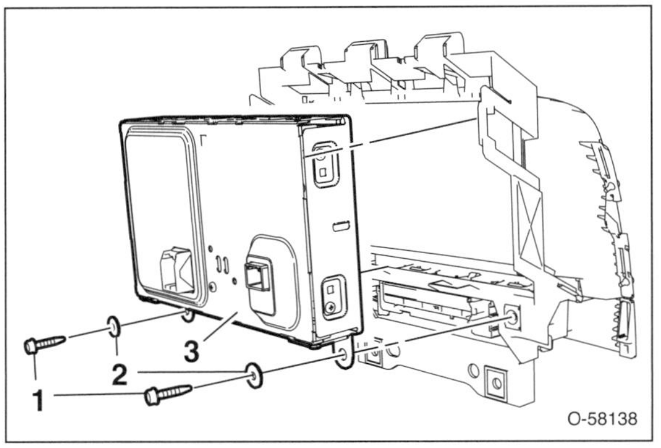

- Schrauben –1– herausdrehen und mit Unterlegscheiben –2– abnehmen.
- Infodisplay –3– von der Abdeckung abnehmen.

Ausführung 2

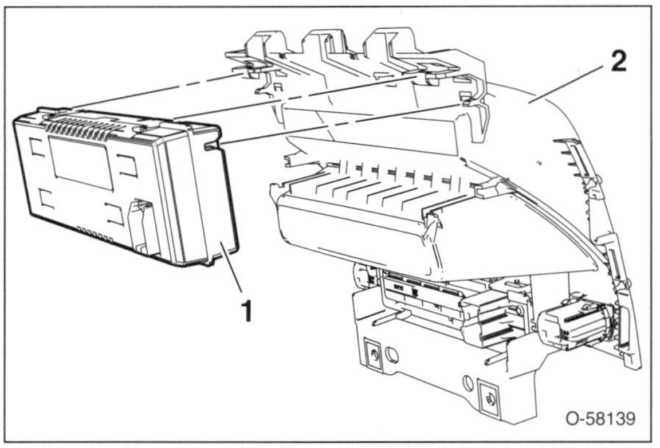

- Infodisplay –1– aus der Abdeckung –2– ausclipsen und abnehmen.

Einbau

- Der Einbau erfolgt in umgekehrter Ausbaureihenfolge.

Lichtschalter aus- und einbauen

Ausbau

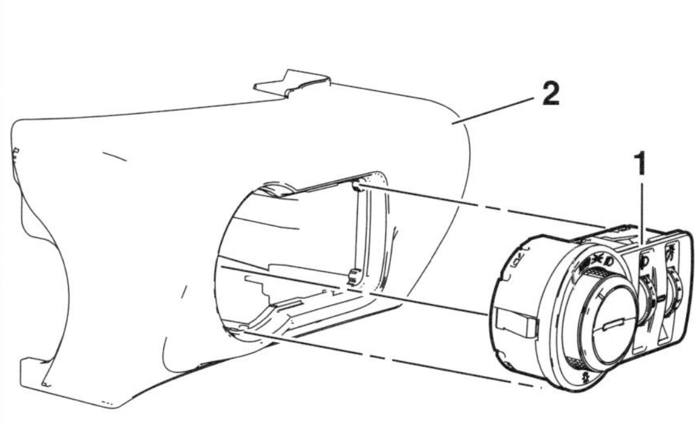

O-58135

- Lichtschalter am Drehknopf ganz nach links drehen und Lichtschaltereinheit–1– herausziehen.
- Stecker entriegeln und abziehen.
- Bei Bedarf Lichtschalterkonsole –2– herausziehen und ausclipsen.

Einbau

- Der Einbau erfolgt in umgekehrter Ausbaureihenfolge.

Warnblinkschalter aus- und einbauen

Ausbau

- Mittlere Blende der Armaturentafel ausbauen.
- Info-Display ausbauen, siehe Seite 98.

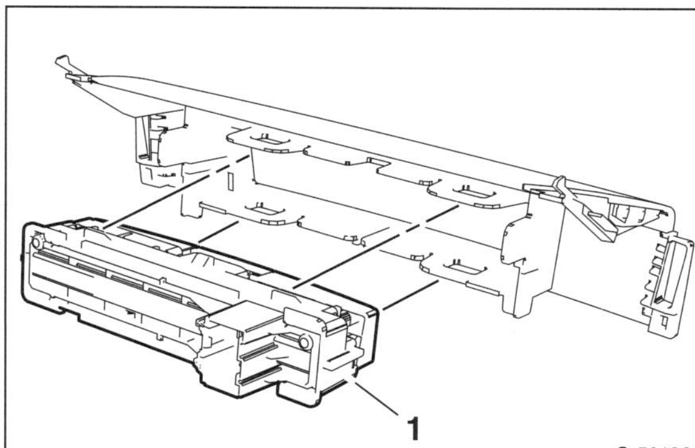

O-58136

- Stecker abziehen und Warnblinkschalter –1– herausdrücken.

Einbau

- Der Einbau erfolgt in umgekehrter Ausbaureihenfolge.

Blinkerschalter aus- und einbauen

Ausbau

- Batterie-Massekabel (–) abklemmen. **Achtung:** Hinweise im Kapitel »Batterie aus- und einbauen« beachten.
- Obere und untere Lenksäulenverkleidung ausbauen, siehe Seite 208.
- Mehrfachstecker am Blinkerschalter abziehen.

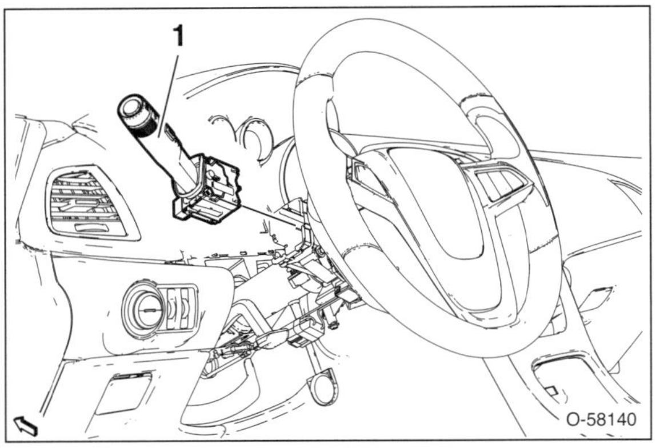

- Haltezungen aushaken und Blinkerschalter –1– vom Halter für Airbag-Wickelfeder abziehen.

Einbau

- Der Einbau erfolgt in umgekehrter Ausbaureihenfolge.

Scheibenwischerschalter aus- und einbauen

Ausbau

- Zündung ausschalten, Zündschlüssel abziehen.
- Untere Lenksäulenverkleidung ausbauen.

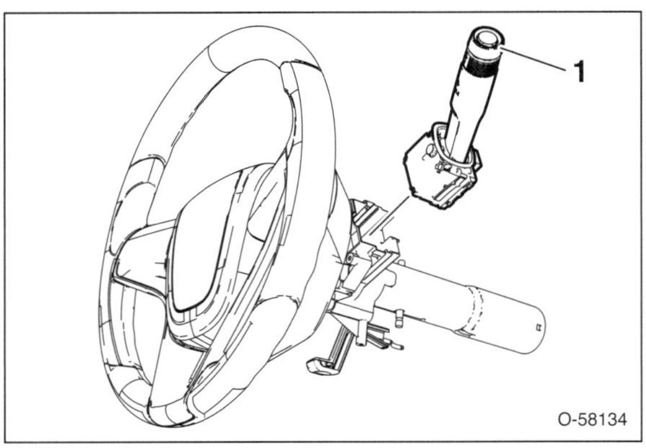

- Kunststofflaschen lösen und den Schalter –1– herausziehen.

Einbau

- Der Einbau erfolgt in umgekehrter Ausbaureihenfolge.

Rückfahrlichtschalter aus- und einbauen

1,4-/1,6-l-Benzinmotor 64/74/85 kW
1,3-l-Dieselmotor 70 kW

Der Rückfahrlichtschalter sitzt seitlich am Getriebe.

Ausbau

> **Sicherheitshinweis**
> Beim Aufbocken des Fahrzeugs besteht Unfallgefahr! Hinweise im Kapitel »Fahrzeug aufbocken« beachten.

- Fahrzeug waagerecht aufbocken.

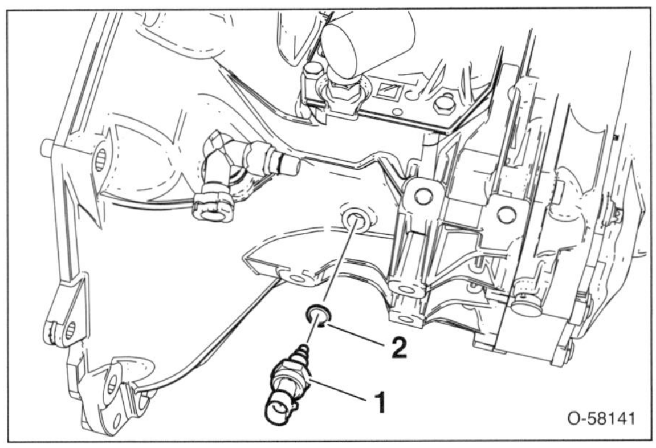

- Stecker am Rückfahrlichtschalter –1– abziehen.
- Rückfahrlichtschalter herausschrauben.
- Dichtung –2– abnehmen.

Einbau

- Rückfahrlichtschalter mit neuer Dichtung einschrauben und mit **20 Nm** festziehen.
- Fahrzeug ablassen.

Speziell 1,4-l-Benzinmotor 88/103 kW
1,7-l-Dieselmotor

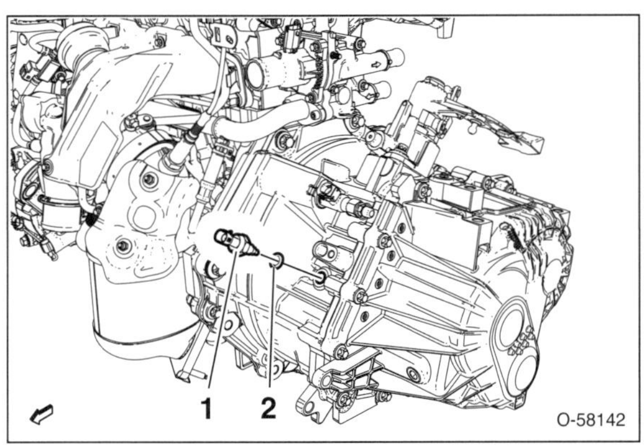

1 – Rückfahrlichtschalter, 2 – Dichtung.

2,0-l-Dieselmotor

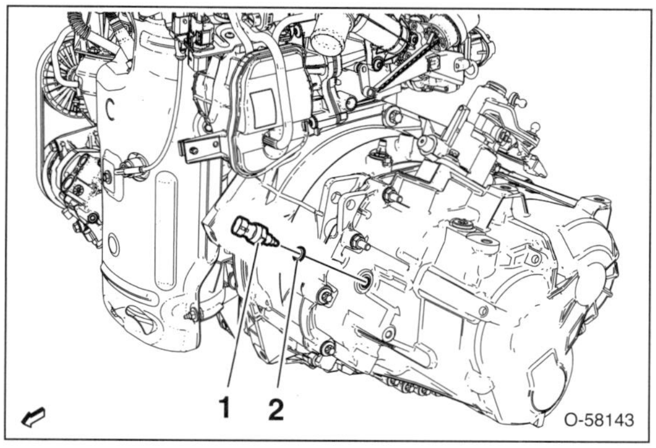

1 – Rückfahrlichtschalter –1–, 2 – Dichtung.

Radio aus- und einbauen

Ausbau

- Batterie-Massekabel (–) abklemmen. **Achtung:** Hinweise im Kapitel »Batterie aus- und einbauen« beachten.
- Mittlere Abdeckung der Armaturentafel ausbauen, siehe Seite 212.
- Heizungs- und Klimabedieneinheit ausbauen, siehe Seite 107.

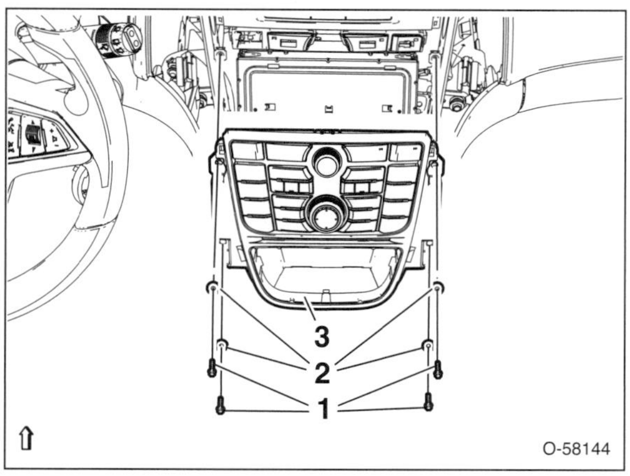

- Schrauben –1– herausdrehen und mit Unterlegscheiben –2– abnehmen.
- Radiobedieneinheit –3– etwas abziehen.
- Mehrfachstecker an der Rückseite abziehen und Bedieneinheit abnehmen.

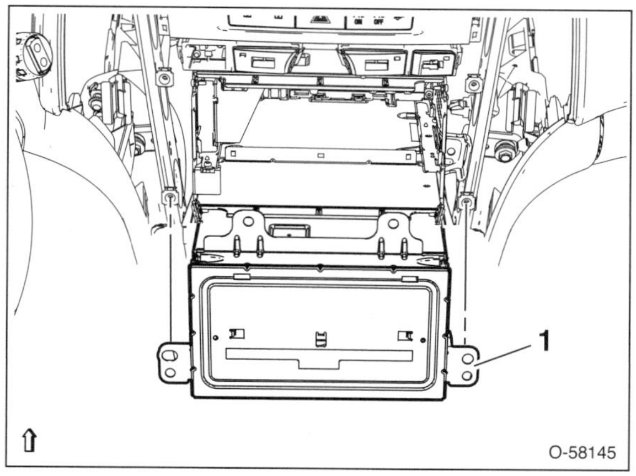

- Radio –1– abklemmen und herausnehmen.

Einbau

- Der Einbau erfolgt in umgekehrter Ausbaureihenfolge.

Radio-Bedienschalter am Lenkrad aus- und einbauen

Ausbau

- Batterie-Massekabel (–) abklemmen. **Achtung:** Hinweise im Kapitel »Batterie aus- und einbauen« beachten.

Achtung: Sicherheitshinweise zum Airbag beachten, siehe Seite 127.

- Airbag ausbauen.
- V-Verkleidung des Lenkrades ausclipsen.

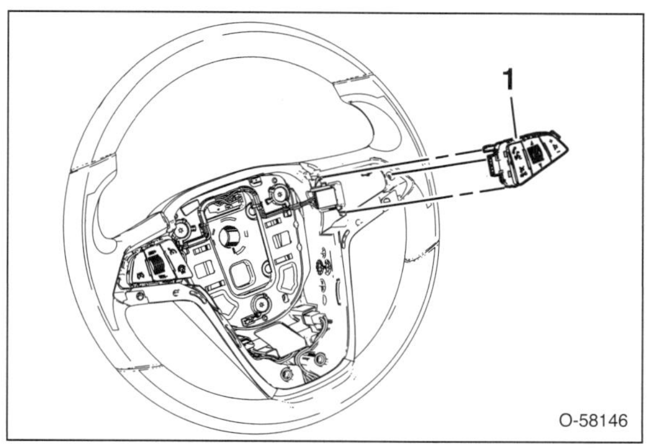

- Bedienschalter –1– ausclipsen und etwas herausziehen.
- Mehrfachstecker abziehen und Bedienschalter herausnehmen.

Einbau

- Der Einbau erfolgt in umgekehrter Ausbaureihenfolge.

Speziell ZAFIRA

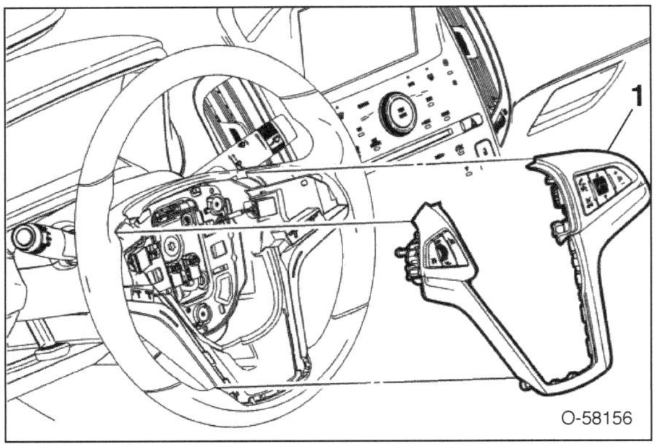

- Lenkradverkleidung ausclipsen, etwas abziehen und Mehrfachstecker trennen.
- Bedienschalter aus der Verkleidung ausclipsen.

Verstärker für Radiolautsprecher aus- und einbauen

Ausbau

- Rechte Kofferraum-Seitenverkleidung ausbauen, siehe Seite 222.

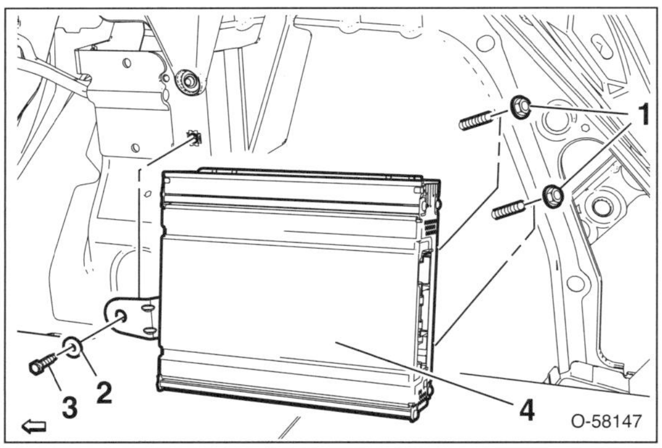

- Muttern –1– und Schraube –3– abschrauben.
- Unterlegscheibe –2– abnehmen.
- Verstärker –4– etwas abnehmen und Mehrfachstecker abziehen.,
- Verstärker herausnehmen.

Einbau

- Der Einbau erfolgt in umgekehrter Ausbaureihenfolge.Schraube mit **9 Nm** und Muttern mit **6 Nm** anschrauben.

Lautsprecher aus- und einbauen

Lautsprecher vorn

Ausbau

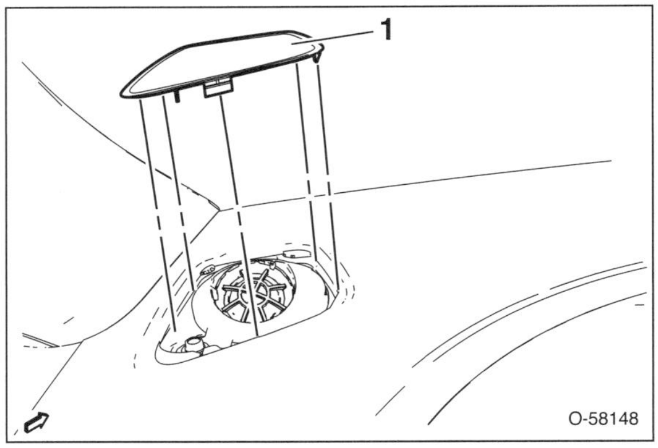

- Lautsprechergitter –1– vorsichtig mit einem Kunststoffkeil abhebeln. Dabei Keil im Bereich der Haltezapfen ansetzen.

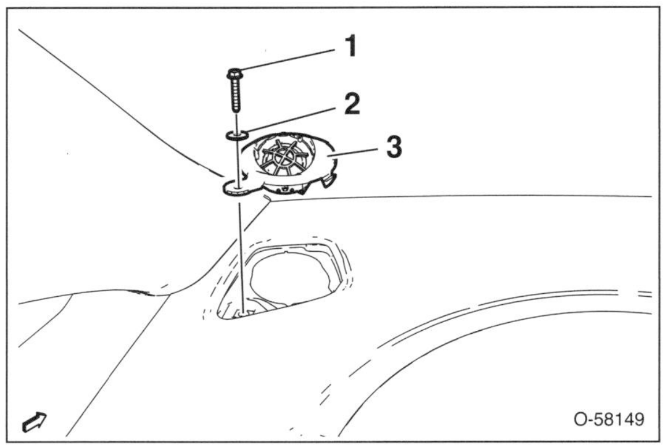

- Schraube –1– herausdrehen und mit Unterlegscheibe –2– abnehmen.
- Lautsprecher mit Halter –3– etwas herausziehen und Stecker abziehen.

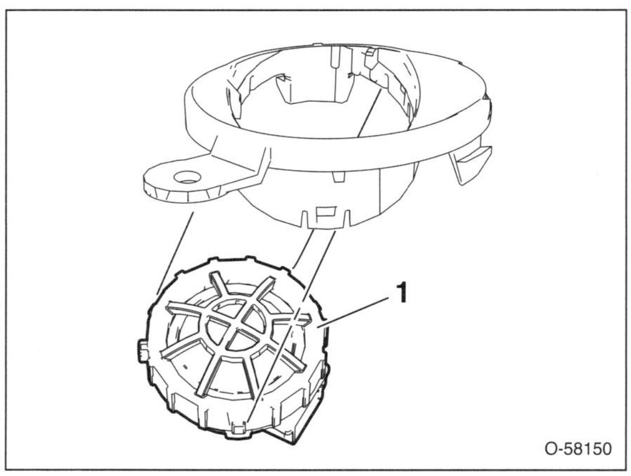

- Lautsprecher –1– an den 3 Clips –Pfeile– aus dem Halter –2– ausclipsen.

Einbau

- Der Einbau erfolgt in umgekehrter Ausbaureihenfolge.

Lautsprecher vorn in der Mitte

Ausbau

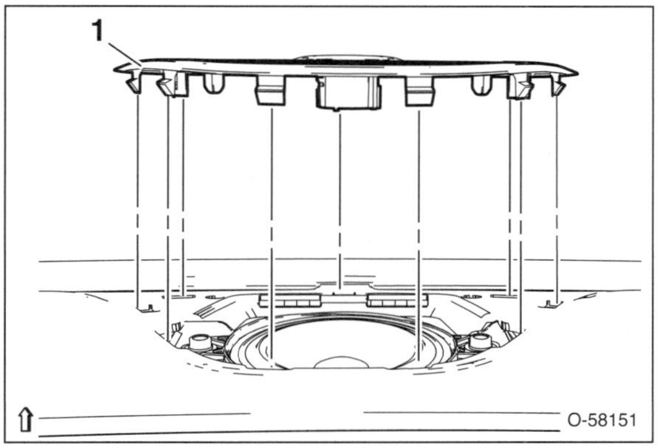

- Lautsprechergitter –1– vorsichtig mit einem Kunststoffkeil abhebeln. Dabei Keil im Bereich der Haltezapfen ansetzen.

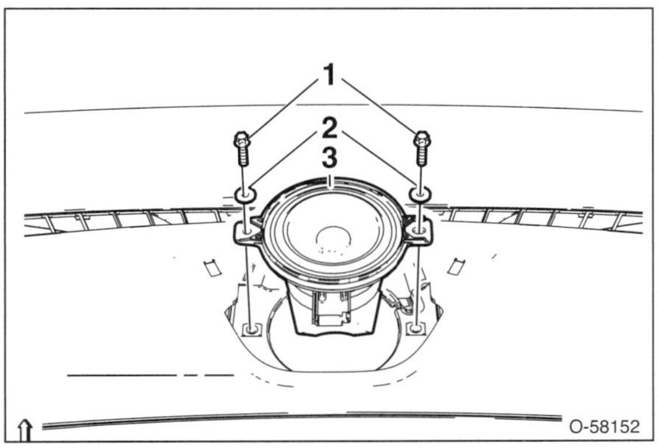

- Schrauben –1– herausdrehen und mit Unterlegscheiben –2– abnehmen.
- Lautsprecher –3– etwas herausziehen und Stecker abziehen.

Einbau

- Der Einbau erfolgt in umgekehrter Ausbaureihenfolge. Schraube mit **2,5 Nm** anziehen.

Lautsprecher an der Tür

Ausbau

- Türverkleidung ausbauen.

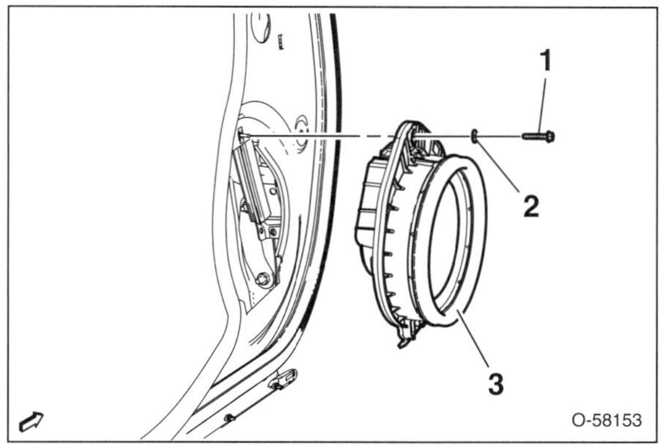

- Schraube –1– herausdrehen und mit Unterlegscheibe –2– abnehmen.
- Stecker abziehen und Lautsprecher –3– abnehmen.

Einbau

- Der Einbau erfolgt in umgekehrter Ausbaureihenfolge. Schraube mit **2,5 Nm** anziehen.

Lautsprecher im Kofferraum

Ausbau

- Abdeckung des Reserverades herausnehmen.

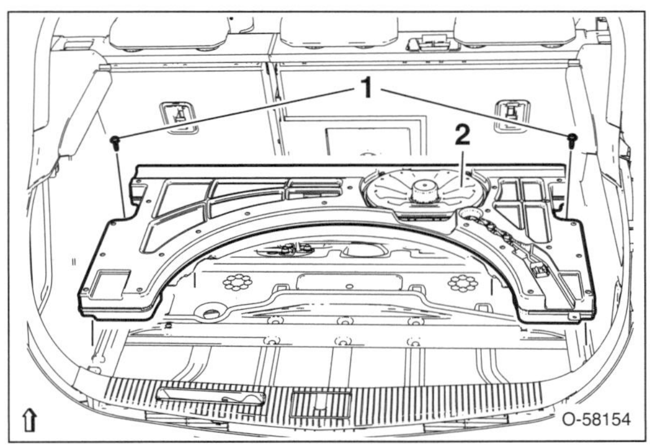

- 2 Schrauben –1– herausdrehen.
- Lautsprecher –2– komplett herausnehmen.

Einbau

- Der Einbau erfolgt in umgekehrter Ausbaureihenfolge.

Radioantennenfuß aus- und einbauen

Ausbau

- Obere C-Säulenverkleidung ausbauen, siehe Seite 220.
- Haltegriff oberhalb der hinteren Tür ausbauen, siehe Seite 207.
- Dachhimmel etwas absenken.

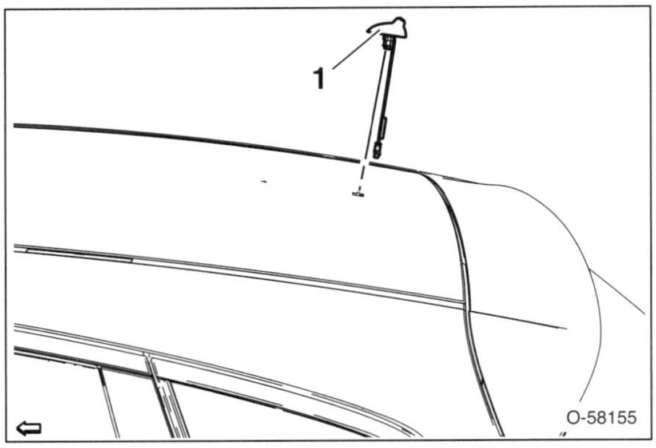

- Steckverbindung trennen.
- Antennenfuß –1– abschrauben und nach oben herausnehmen.

Einbau

- Der Einbau erfolgt in umgekehrter Ausbaureihenfolge. Antennenfuß mit **9 Nm** anschrauben.

Heizung/Klimatisierung

Beim ASTRA wird die Frischluft für die Heizungs- und Belüftungsanlage von einem elektrischen Gebläse angesaugt. Bevor die Luft in den Innenraum gelangt, wird sie von einem Staub- und Pollenfilter gereinigt.

Erwärmt wird die Luft für den Fahrzeuginnenraum über den Wärmetauscher der Heizung. Bei Bedarf wird die Luft über den Verdampfer der Klimaanlage abgekühlt. Danach durchströmt die Luft das Luftverteilergehäuse und wird durch verschiedene Klappen auf die einzelnen Luftaustrittsdüsen im Fahrzeuginnenraum verteilt.

Der Wärmetauscher wird ständig von der heißen Motorkühlflüssigkeit durchströmt, so dass er die Wärme für den Fahrzeuginnenraum schnell an die vorbeiströmende Frischluft abgibt. Um den Luftdurchsatz zu erhöhen, kann das integrierte Frischluftgebläse in mehreren Stufen betrieben werden.

Soll keine Frischluft von außen angesaugt werden, zum Beispiel bei schlechter Außenluft, kann auf Umluftbetrieb umgeschaltet werden. In dieser Betriebsart wird nur die im Fahrzeug befindliche Luft umgewälzt. Geschieht das über einen längeren Zeitraum, können die Scheiben innen beschlagen.

Achtung: Wenn im Rahmen von Arbeiten an der Heizung auch Arbeiten an der elektrischen Anlage durchgeführt werden, **grundsätzlich** die Batterie-Massekabel abklemmen. Dazu unbedingt Hinweise im Kapitel »Batterie aus- und einbauen« beachten.

Wird der ASTRA von einem Dieselmotor angetrieben, ist ein **Zusatzheizelement** eingebaut, um bei tiefen Außentemperaturen das Heizungsdefizit zu verbessern. Der elektrische Zuheizer ist am Heizgerät befestigt. Nach dem Start des Motors erwärmt sich der Zuheizer in Abhängigkeit von der Außentemperatur und gibt die Wärme an die vorbeiströmende kalte Luft ab.

Tritt ein Fehler in der Heizungs- oder Klimaanlage auf, wird er in einem elektronischen Speicher abgelegt. Über ein Fehlerauslesegerät kann der entsprechende Speicher ausgelesen werden. Eine exakte Fehlerdiagnose ohne Auslesegerät ist nicht möglich.

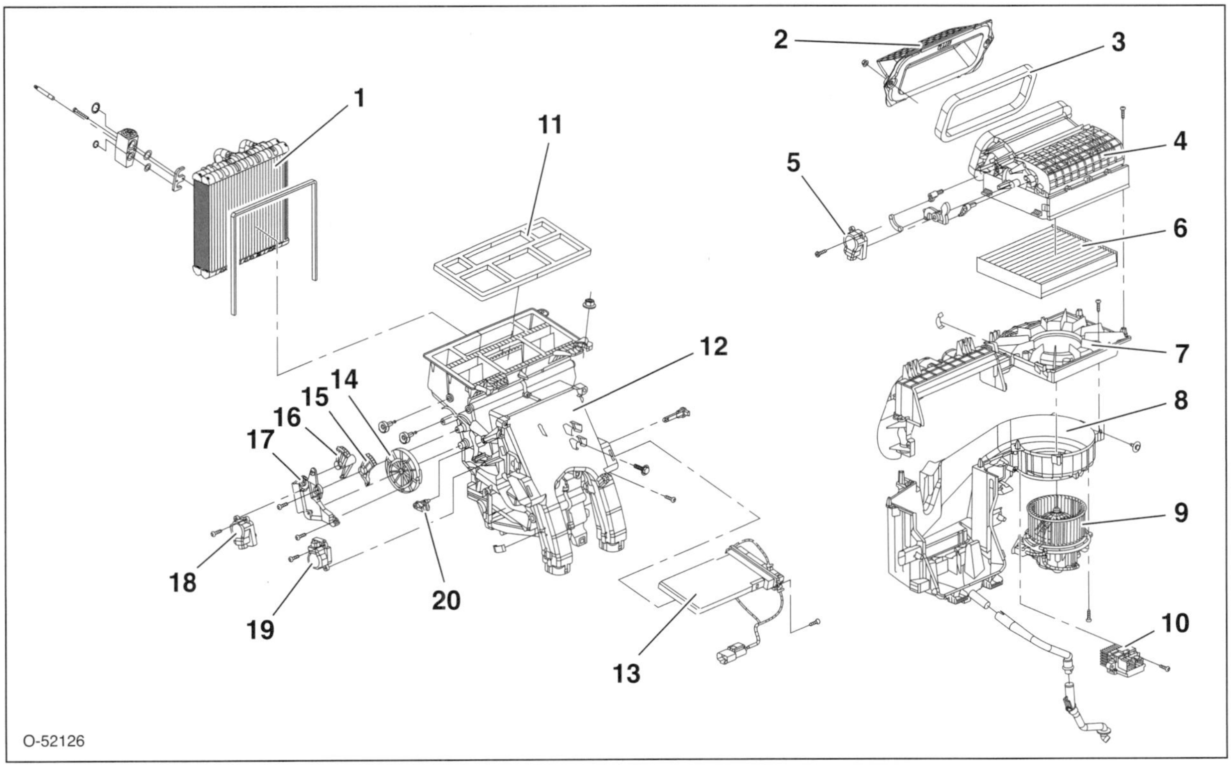

1 – Verdampfer der Klimaanlage
2 – Deckel für Lufteinlass
3 – Dichtung
4 – Lufteinlassgehäuse
5 – Lufteinlassventilregler vorn
6 – Reinluftfilter (Pollenfilter)
7 – Oberes Verdampfergehäuse
8 – Gehäuse für Frischluftgebläse
9 – Gebläsemotor
10 – Steuergerät für Gebläsemotor
11 – Dichtung
12 – Luftverteilergehäuse
13 – Zusatzheizung
14 – Modussteuernocken
15 – Umlufthebel
16 – Kinematikhebel
17 – Kinematikplatte
18 – Stellmotor Kinematikplatte
19 – Stellmotor Mischluftklappe
20 – Hebel für Luftklappen-Stellglied

Klimaanlage

Die Klimaanlage ist eine kombinierte Kühl- und Heizanlage. Im Kühlbetrieb arbeitet die Klimaanlage im Prinzip wie ein Kühlschrank. Der Kompressor verdichtet das gasförmige FCKW-freie Kältemittel R 134 A. Dieses erhitzt sich dabei und wird in den Kondensator geleitet. Der Kondensator besteht vollständig aus Aluminium und befindet sich, in Fahrtrichtung gesehen, vor dem Motorkühler. Im Kondensator wird das Kältemittel durch die vorbeistreichende Umgebungsluft abgekühlt und verflüssigt sich dadurch. Über ein Expansionsventil wird das Kältemittel entspannt und in den Verdampfer eingespritzt, wo es auf Grund seines niedrigen Druckes verdampft. Über die Ansaugleitung gelangt das gasförmige Kältemittel vom Verdampfer in den Kompressor, wo der Kreislauf von Neuem beginnt.

Um die Inneraumtemperatur zu kühlen, wird die warme Außenluft am Wärmetauscher des Verdampfers vorbeigeleitet. Dort wird der vorbeistreichenden Luft Wärme entzogen. Die Luft kühlt sich ab und mitgeführte Luftfeuchtigkeit wird zu Kondenswasser, das ins Freie geleitet wird. Die Intensität der Kühlung ist abhängig von der eingestellten Temperatur und von der Gebläseschalterstellung.

Durch das Abschalten der Kühlanlage läuft der Klimakompressor nicht mit, so dass Kraftstoff gespart wird. Bei Dieselfahrzeugen wird außerdem die Zusatzheizung abgeschaltet. Auch diese Maßnahme dient der Kraftstoffeinsparung.

Hinweis: Die Klimaanlage sollte, vor allem in der kalten Jahreszeit, einmal im Monat für einige Zeit bei höchster Gebläsestufe eingeschaltet werden, und zwar bei normaler und gleichmäßiger Fahrzeuggeschwindigkeit und bei betriebswarmem Motor. Dadurch wird sichergestellt, dass das im Kältemittel enthaltene Schmieröl in Umlauf gebracht wird, die beweglichen Teile der Klimaanlage regelmäßig geschmiert und die Dichtungen nicht porös werden.

Sicherheitshinweis
Der **Kältemittelkreislauf der Klimaanlage darf nicht geöffnet** werden, da das Kältemittel bei Hautberührung Erfrierungen hervorrufen kann.
Bei versehentlichem Hautkontakt betroffene Stelle sofort mindestens 15 Minuten lang mit kaltem Wasser spülen. Kältemittel ist farb- und geruchlos sowie schwerer als Luft. Bei austretendem Kältemittel besteht am Boden beziehungsweise in unteren Räumen Erstickungsgefahr. Das Kältemittelgas ist nicht wahrnehmbar.

Achtung: Arbeiten an der Klimaanlage dürfen nur von einer Fachwerkstatt durchgeführt werden. Deshalb werden Reparaturen an der Klimaanlage nicht beschrieben.

Optional gibt es für den ASTRA auch eine **elektronisch gesteuerte Klimaanlage**. Der Automatikmodus sorgt für konstante Temperaturen im Innenraum und entfeuchtet die Luft im Fahrzeuginnern, so dass die Scheiben nicht beschlagen. Außerdem werden Lufttemperatur, Luftmenge und Luftverteilung automatisch geregelt und Schwankungen der Außentemperatur ausgeglichen.

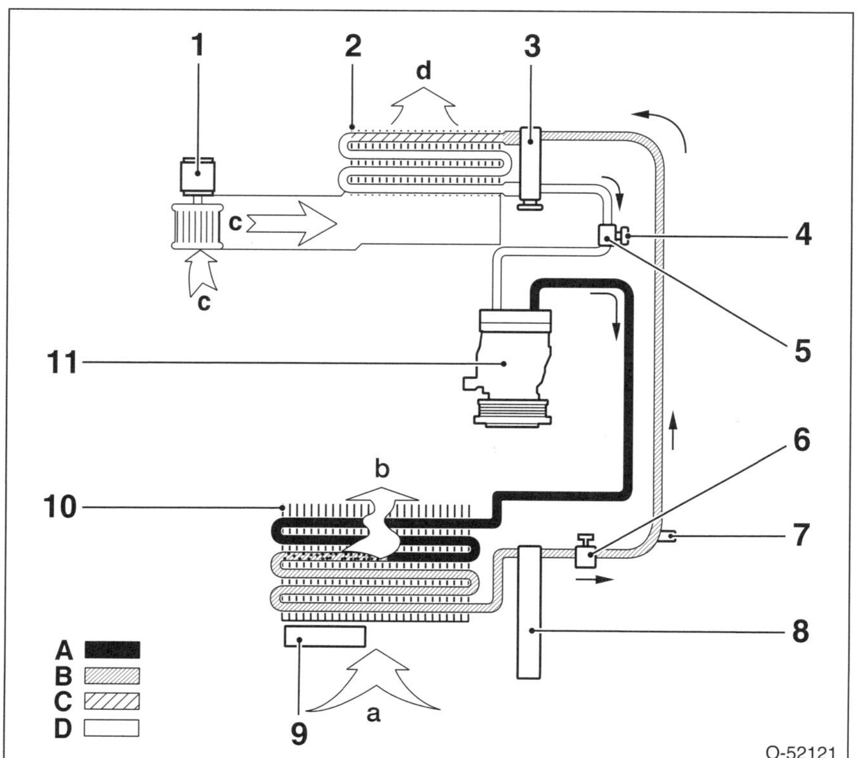

1 – **Gebläsemotor**
2 – **Verdampfer**
3 – **Expansionsventil**
4 – **Niederdruck-Serviceanschluß**
5 – **Pulsationsdämpfer**
6 – **Hochdruck-Serviceanschluß**
7 – **Drucksensor**
8 – **Trockner-Behälter**
9 – **Zusatzgebläse**
10 – **Kondensator (Verflüssiger)**
11 – **Kompressor (Verdichter)**

a + c – Außenluft/Umluft.
b – Warmluft, wird an die Umgebung abgegeben.
d – Gekühlte Luft strömt in den Innenraum.

A – Hochdruck (gasförmig)
B – Hochdruck (flüssig)
C – Niederdruck (flüssig)
D – Niederdruck (gasförmig)

Heizungs-/Klimabedieneinheit aus- und einbauen

Ausbau

- Radiobedieneinheit ausbauen, siehe Seite 101.

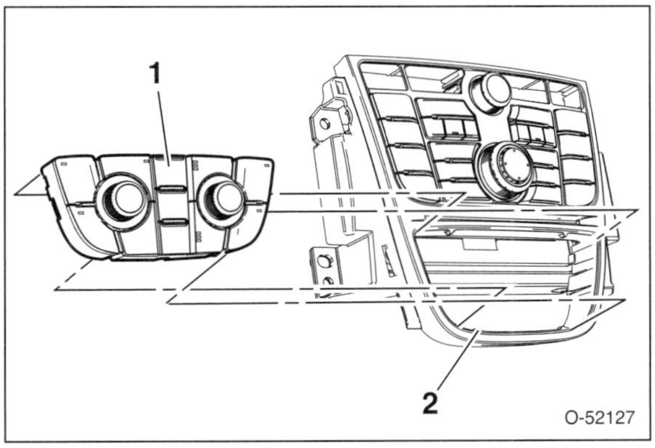

- Heizungs-/Klimabedieneinheit –1– aus der Konsole –2– ausclipsen.

Einbau

- Der Einbau erfolgt in umgekehrter Ausbaureihenfolge.

Gebläsemotor aus- und einbauen

Ausbau

- Abdeckung unter dem Handschuhkasten ausbauen, siehe Seite 214.
- Handschuhkasten ausbauen, siehe Seite 214.

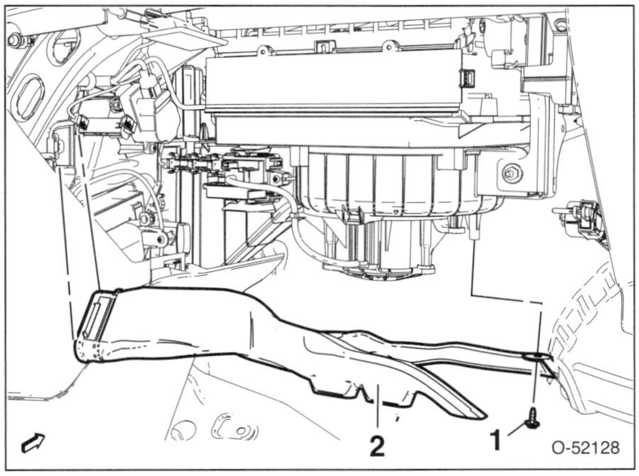

- Schraube –1– herausdrehen.
- Vordere Luftführung am Luftkanal abziehen und herausnehmen.

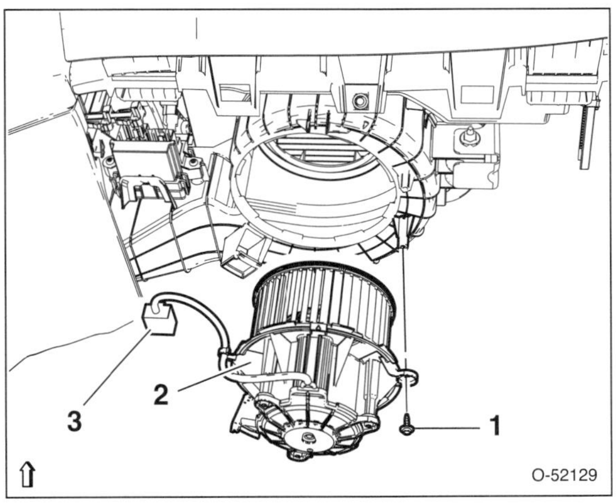

- Steckverbindung –3– trennen.
- Schraube –1– herausdrehen.
- Gebläsemotor –2– herausnehmen.

Einbau

- Der Einbau erfolgt in umgekehrter Ausbaureihenfolge.

Steuergerät für Gebläsemotor aus- und einbauen

Ausbau

- Handschuhkasten ausbauen, siehe Seite 214.
- Mehrfachstecker abziehen.

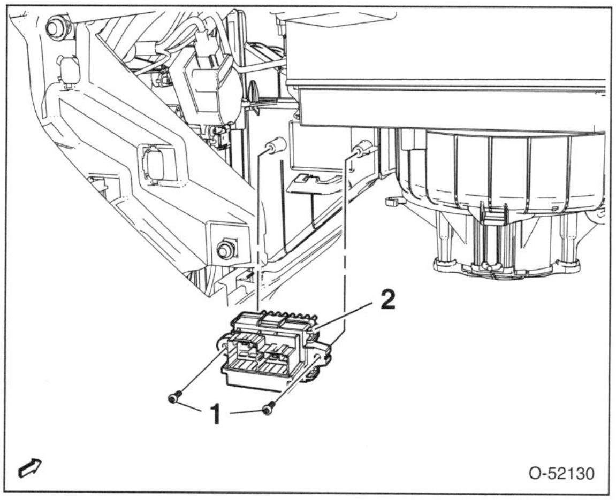

- Schrauben –1– herausdrehen und Steuergerät –2– abnehmen.

Einbau

- Der Einbau erfolgt in umgekehrter Ausbaureihenfolge.

Luftauslassdüsen aus- und einbauen

Mittlere Düse

ASTRA

Ausbau

- Zierleiste über der mittleren oberen Abdeckung der Armaturentafel vorsichtig abhebeln.

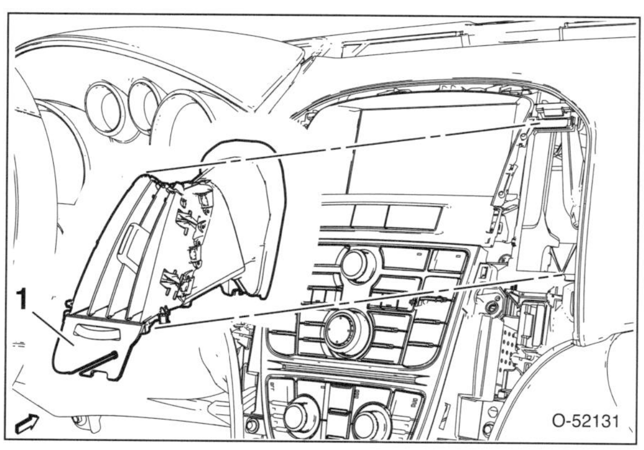

- Luftdüse –1– aus der Armaturentafel herausdrücken.

Einbau

- Der Einbau erfolgt in umgekehrter Ausbaureihenfolge.

Äußere Düse

Ausbau

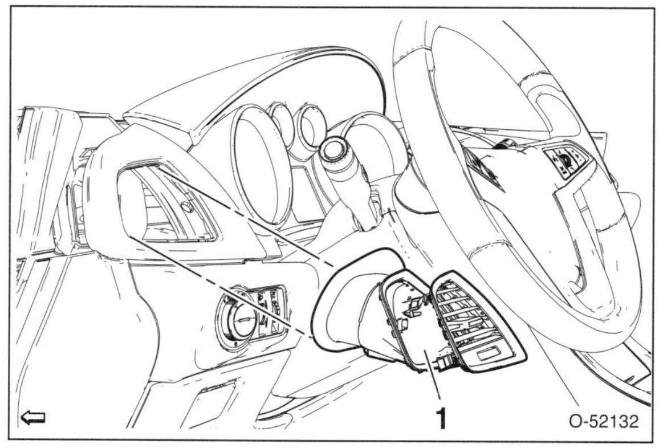

- Luftdüse –1– mit einem Kunststoffkeil vorsichtig heraushebeln.

Einbau

- Der Einbau erfolgt in umgekehrter Ausbaureihenfolge.

Zusatzheizelement aus- und einbauen

Ausbau

- Batterie-Massekabel (–) abklemmen. Achtung: Hinweise im Kapitel »Batterie aus- und einbauen« beachten.
- Abdeckung unter dem Handschuhkasten ausbauen, siehe Seite 214.
- Handschuhkasten ausbauen, siehe Seite 214.
- Vordere Luftführung ausbauen, siehe Kapitel "Gebläsemotor aus- und einbauen".

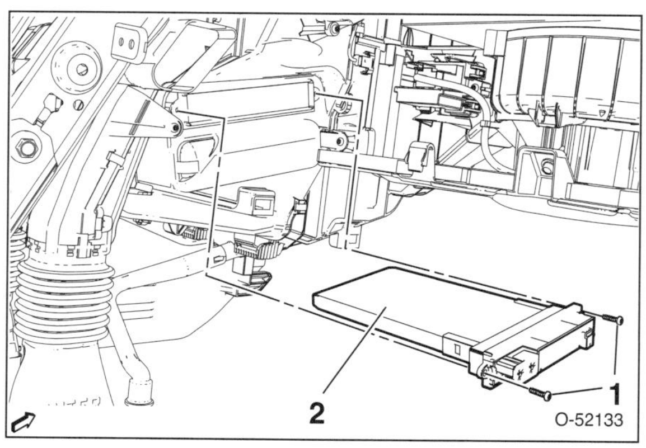

- Schrauben –1– herausdrehen.

Achtung: Vor dem Herausnehmen prüfen, ob das Heizelement abgekühlt ist.

- Heizelement –1– herausziehen.
- Elektrische Steckverbindung trennen.

Einbau

- Der Einbau erfolgt in umgekehrter Ausbaureihenfolge.

Innentemperatursensor links unten aus- und einbauen

Ausbau

- Seitliche Fußraumverkleidung links ausbauen, siehe Seite 209.
- Untere Armaturentafelverkleidung links ausbauen, siehe Seite 209.

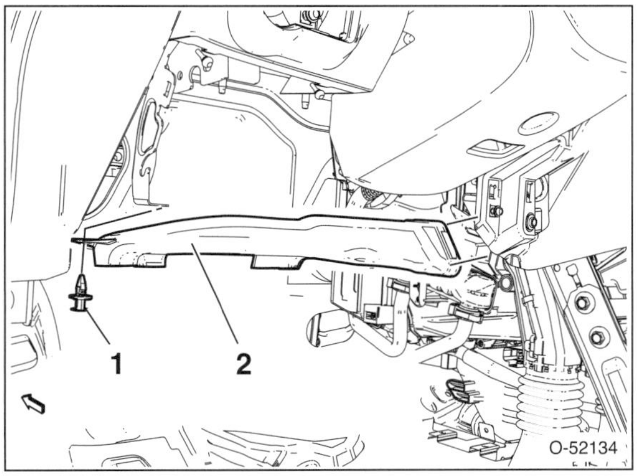

- Spreizclip –1– herausdrücken.
- Vordere Luftführung am Luftkanal abziehen und herausnehmen.

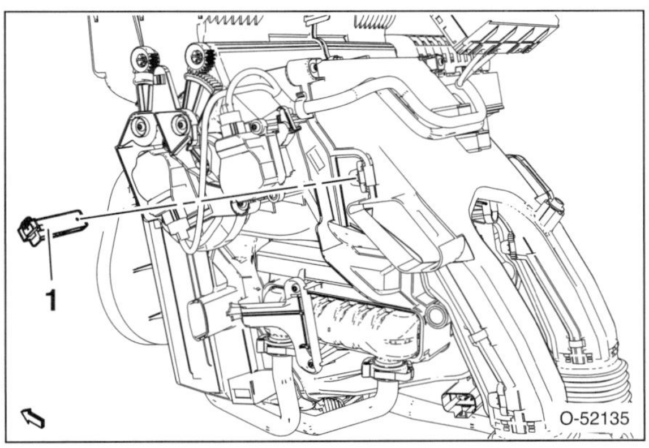

- Stecker abziehen und Innentemperatursensor –1– links unten herausziehen.

Einbau

- Der Einbau erfolgt in umgekehrter Ausbaureihenfolge.

Außentemperatursensor aus- und einbauen

Ausbau

- Vordere Stoßfängerabdeckung ausbauen, siehe Seite 232.

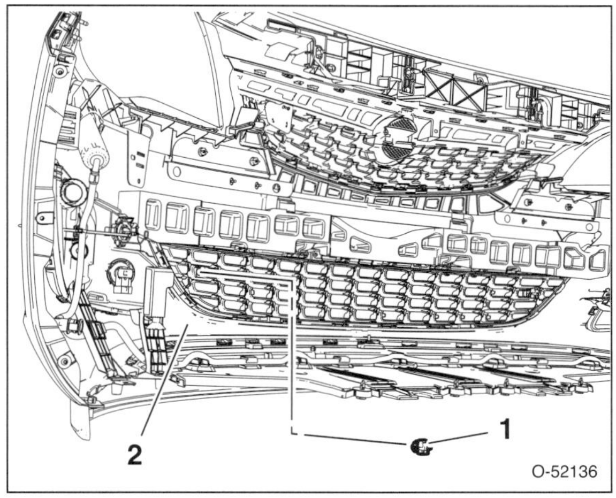

- Außentemperatursensor –1– aus der Stoßfängerabdeckung –2– ausclipsen und abnehmen.

Einbau

- Der Einbau erfolgt in umgekehrter Ausbaureihenfolge.

Fahrwerk

Aus dem Inhalt:

- Vorderachse
- Hinterachse
- Federbein
- Stoßdämpfer
- Schraubenfeder
- Achswellen
- Lenkung/Airbag
- Räder und Reifen

Der ASTRA verfügt über eine McPherson-Vorderachse und eine Torsionslenker-Hinterachse. Zur Geräuschreduzierung ist die Vorderachse an einem Hilfsrahmen befestigt, der über Gummimetalllager mit der Karosserie verbunden ist. Ein Querstabilisator an der Vorderachse unterdrückt die Seitenneigung des Fahrzeugs bei Kurvenfahrt und stabilisiert das Eigenlenkverhalten des Fahrzeugs.

Optimale Fahreigenschaften und geringster Reifenverschleiß sind nur dann zu erzielen, wenn die Stellung der Räder einwandfrei ist. Bei unnormaler Reifenabnutzung sowie mangelhafter Straßenlage sollte die Werkstatt aufgesucht werden, um den Wagen optisch vermessen zu lassen. Die Fahrwerkvermessung kann ohne eine entsprechende Messanlage nicht durchgeführt werden.

Sicherheitshinweis
Schweiß- und Richtarbeiten an tragenden und radführenden Bauteilen der Vorder- und Hinterradaufhängung **sind nicht zulässig. Selbstsichernde Schrauben/Muttern** sowie korrodierte Schrauben/Muttern sind im Reparaturfall **immer zu ersetzen.**

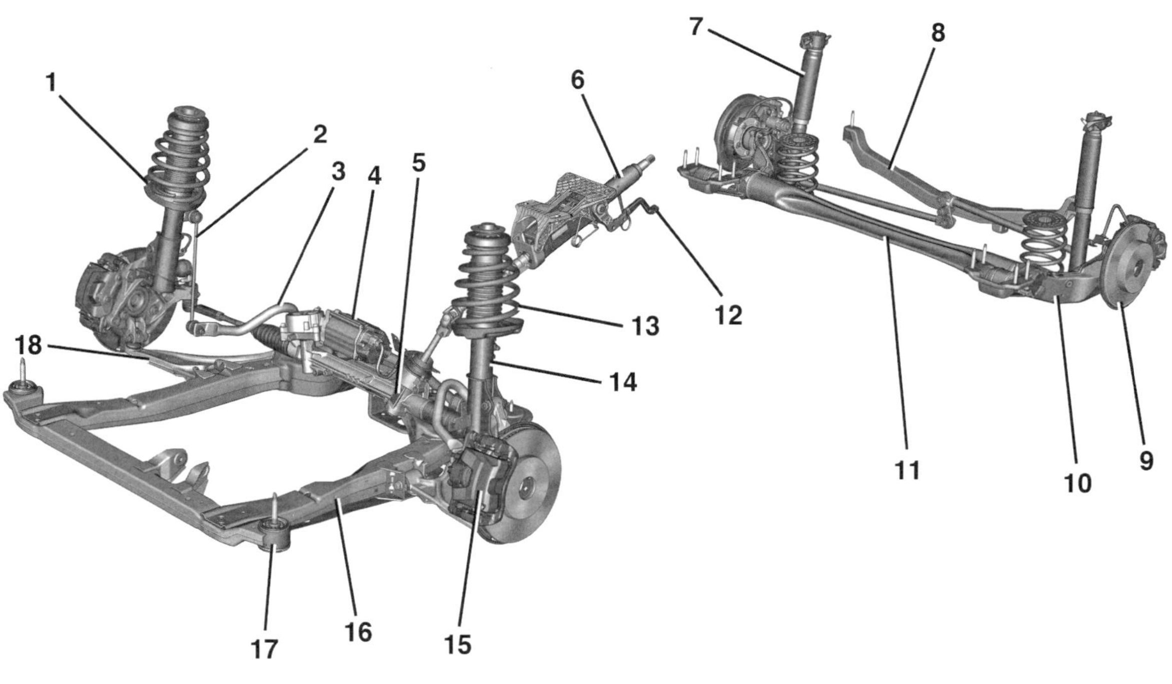

1 – Federbein
2 – Koppelstange
3 – Stabilisator
4 – Servomotor der Lenkung
5 – Lenkgetriebe
6 – Lenksäule
7 – Stoßdämpfer hinten
8 – Wattgestänge
9 – Bremsscheibe hinten
10 – Längslenker
11 – Torsionslenker-Hinterachse
12 – Lenkrad-Verstellhebel
13 – Schraubenfeder vorn
14 – Stoßdämpfer vorn
15 – Bremssattel vorn
16 – Vorderachskörper
17 – Dämpfungsbuchse
18 – Querlenker

Vorderachse

Tragendes Element der Vorderachse ist der Vorderachskörper, der über Dämpfungsbuchsen mit der Karosserie verschraubt ist. Diese Vorderachse- Konstruktion sorgt für eine hohe Quersteifigkeit des Fahrzeugs.

Um Fahrgeräusche und Vibrationen zu verringern, sind die Querlenker über Lagerbuchsen mit dem Vorderachskörper verschraubt. Der über 2 Koppelstangen mit den Federbeinen verbundene Stabilisator ist sorgt für eine Reduzierung der Seitenneigung des Fahrzeugs.

Die Übertragung der Motor-Antriebskraft auf die Räder erfolgt über zwei Antriebswellen. Beim 1,7-l-Motor wird die Antriebskraft an der rechten Fahrzeugseite über eine Zwischenwelle auf die Achswelle und das rechte Rad geleitet.

Die Räder sind einzeln aufgehängt und werden über McPherson-Federbeine abgefedert. Radnabe und Radlager sind zu einer kompakten Einheit zusammengefasst. Die Radlagereinheit ist mit dem Achsschenkel verschraubt. Die Vorderachse einschließlich der Radlager ist wartungsfrei.

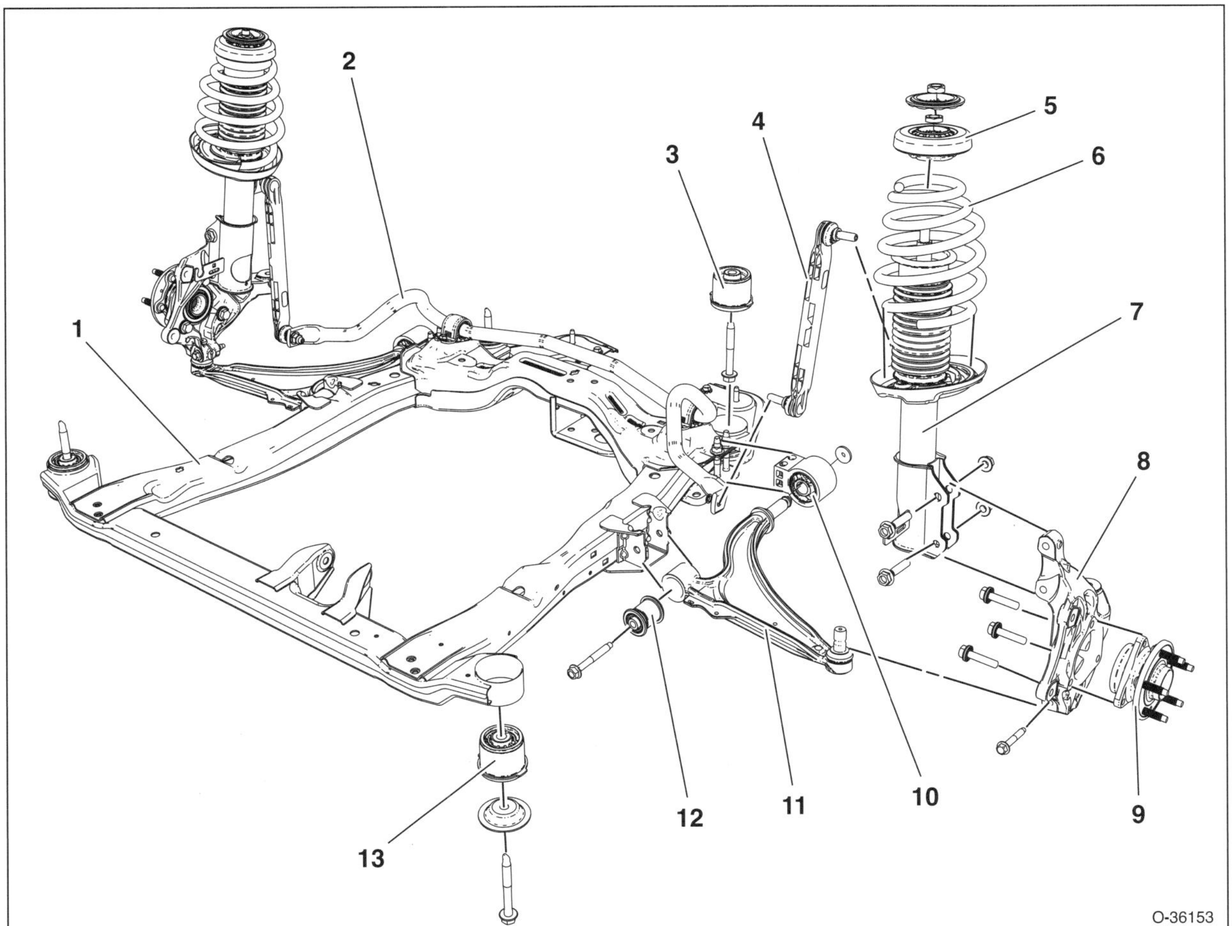

1 – Vorderachskörper (Tragrahmen)
2 – Stabilisator
3 – Dämpfungsbuchse hinten
4 – Koppelstange
5 – Federbeinlager
6 – Schraubenfeder
7 – Stoßdämpfer
8 – Radlagergehäuse Achsschenkel)
9 – Vorderradlager / Radnabe
10 – Hinteres Querlenkerlager
11 – Querlenker
12 – Vorderes Querlenkerlager
13 – Dämpfungsbuchse vorn

Federbein – Detailansicht

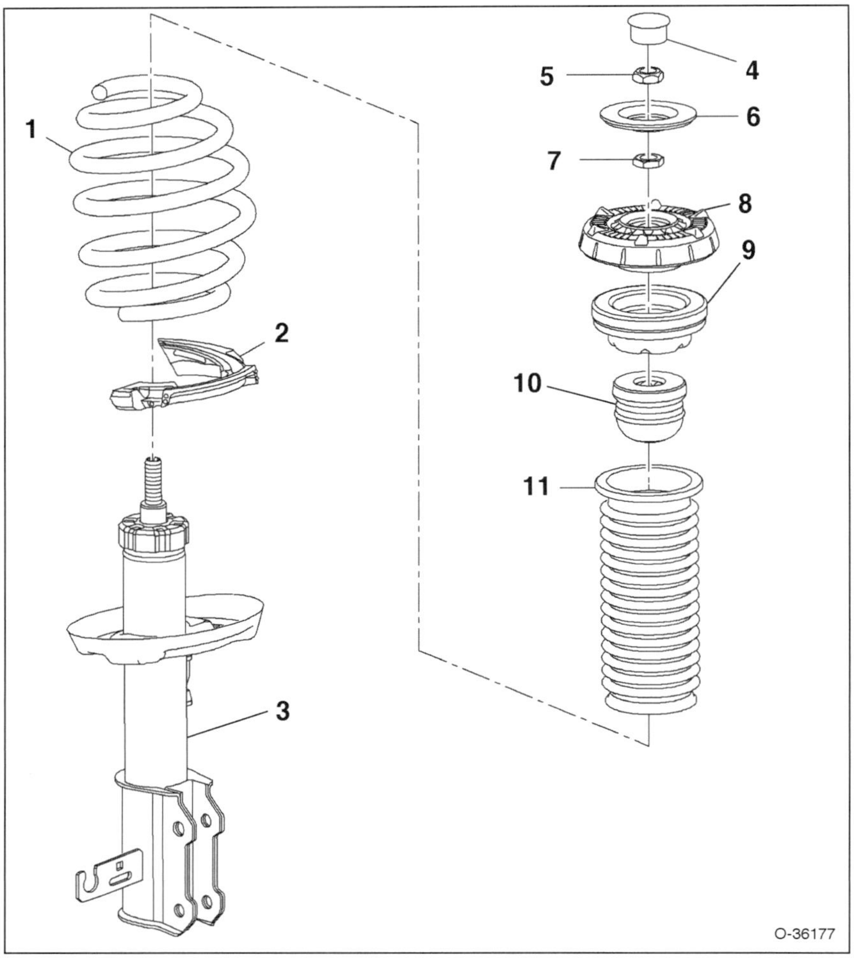

1 – Schraubenfeder
2 – Federauflage unten
3 – Stoßdämpfer
4 – Abdeckkappe
5 – Mutter M14, 45 Nm
6 – Anschlag oben
7 – Mutter M14, 70 Nm
8 – Isolierung
9 – Stützlager
10 – Anschlagpuffer
11 – Faltenbalg

Federbein vorn aus- und einbauen

Ausbau

- Windlaufgrill ausbauen, siehe Seite 230.

Sicherheitshinweis
Beim Aufbocken des Fahrzeugs besteht Unfallgefahr! Deshalb die Hinweise im Kapitel »Fahrzeug aufbocken« beachten.

- Radmuttern lockern.
- Fahrzeug aufbocken.
- Vorderrad ausbauen, siehe Seite 136.

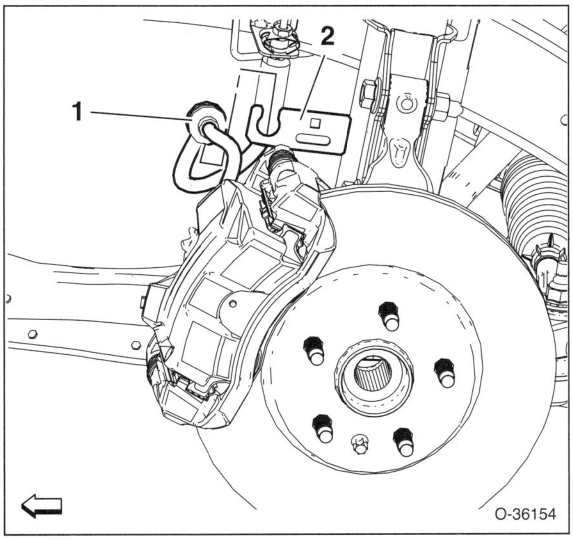

- Bremsschlauch –1– am Halter –2– aushängen.

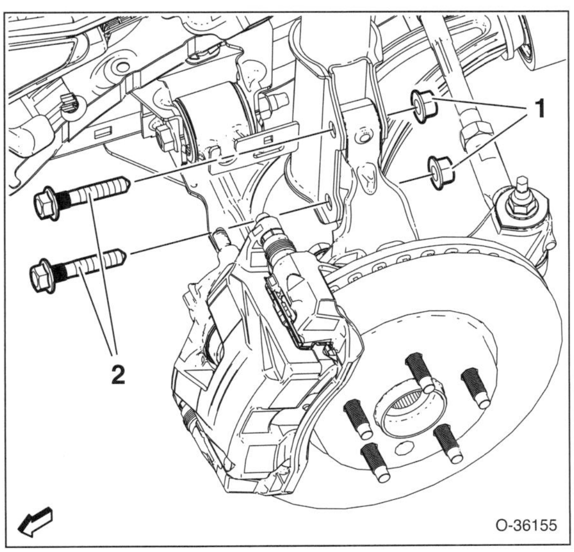

- Muttern –1– abschrauben und Schrauben –2– herausziehen. **Hinweis:** Muttern und Schrauben nach jedem Ausbau ersetzen.

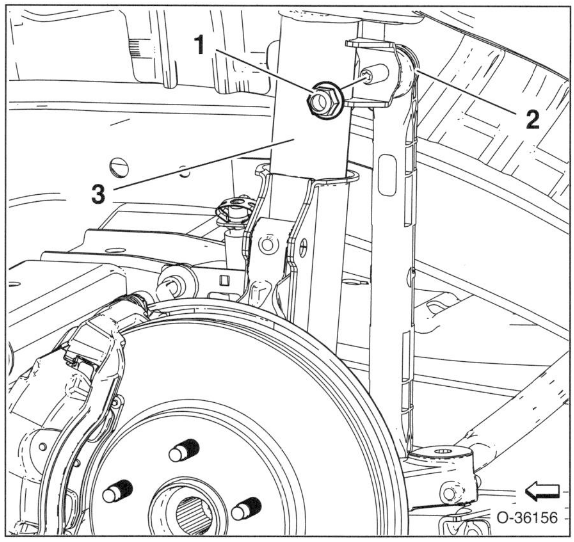

- Mutter –1– abschrauben. Dabei Gelenk-Kugelbolzen mit einem Innentorxschlüssel gegenhalten. Zapfen des Koppelstangengelenks –2– am Federbein –3– herausziehen.

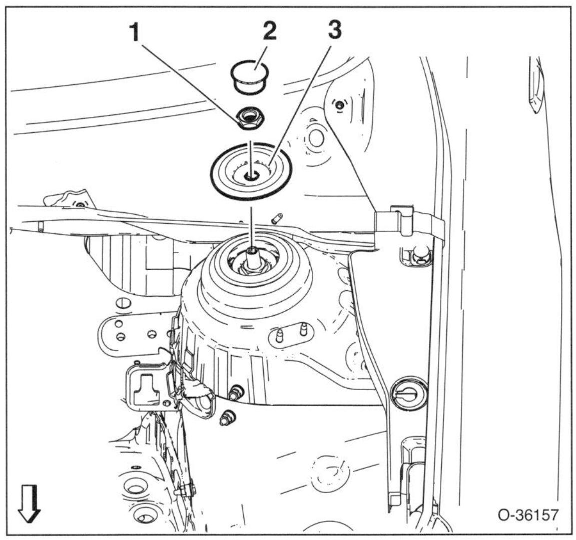

- Abdeckkappe –2– abziehen.
- Mutter –1– für Federbeinlager oben abschrauben.
- Oberen Anschlag –3– abnehmen.
- Federbein unten vom Achsschenkel lösen.
- Eventuell vorhandene elektrische Anschlüsse trennen.
- Federbein aus dem Fahrzeug herausnehmen..

Einbau

- Federbein von unten in den Federbeindom einsetzen.
- Federbein mit **neuen** Schrauben und **neuen** Muttern unten am Achsschenkel anschrauben. Dabei Schrauben von vorne einsetzen.

- Muttern am Achsschenkel mit **90 Nm** festziehen. Anschließend die Muttern mit einem starren Schlüssel zunächst **60°**, und dann weitere **10°** weiterdrehen.
- Eventuell vorhandene elektrische Anschlüsse verbinden.
- Federbein-Montageplatte einsetzen.
- Mutter für oberes Federbeinlager anschrauben und mit **45 Nm** festziehen.
- Koppelstangengelenk am Federbein einsetzen. **Neue** Mutter aufschrauben und mit **65 Nm** festziehen. Dabei Gelenkzapfen an den abgeflachten Stellen gegenhalten.
- Bremsschlauch in den Halter am Federbein einhängen.
- Vorderrad einbauen, siehe Seite 136.
- Fahrzeug ablassen.
- Windlaufgrill einbauen, siehe Seite 230.

Federbein zerlegen

Hinweis: Federn beziehungsweise Stoßdämpfer nur paarweise austauschen. Beim Austausch der Federn, beziehungsweise Stoßdämpfer sind Fahrzeugvariante und Ausstattung zu beachten.

Ausbau

- Falls vorhanden, Sensor zur Messung der Vertikalbeschleunigung für die elektronische Fahrwerksregelung ausbauen.
- Federbein ausbauen, siehe entsprechendes Kapitel.

Achtung: Die Schraubenfeder steht unter hoher Spannung. Um den Stoßdämpfer ausbauen zu können, **muss die Schraubenfeder mit einem geeigneten Federspanner zusammengedrückt werden**.

Sicherheitshinweis
Auf keinen Fall Stoßdämpfermutter lösen, wenn die Feder nicht einwandfrei und sicher gespannt ist. Darauf achten, dass die Federwindungen sicher von den Spannplatten umfasst werden und der Federspanner nicht abrutschen kann. Nur stabiles Werkzeug verwenden. Keinesfalls Feder mit Draht zusammenbinden. Unfallgefahr!

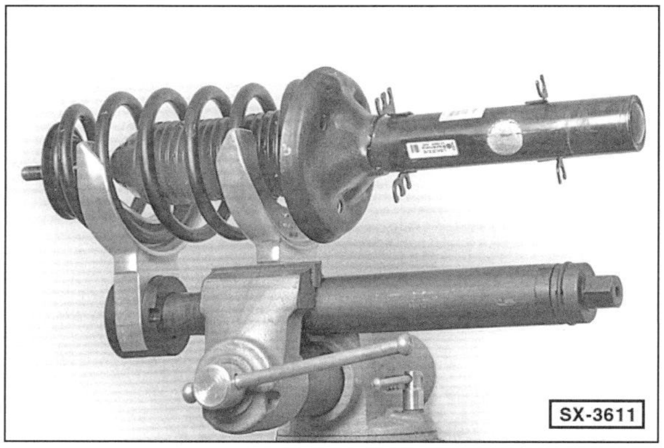

- Federbein in einen geeigneten Federspanner –1– einsetzen, zum Beispiel HAZET 4900-2a. Die Spannplatten des Federspanners sollten dabei 3 Federwindungen umfassen. Arm des Federspanners in einen stabilen Schraubstock einspannen.

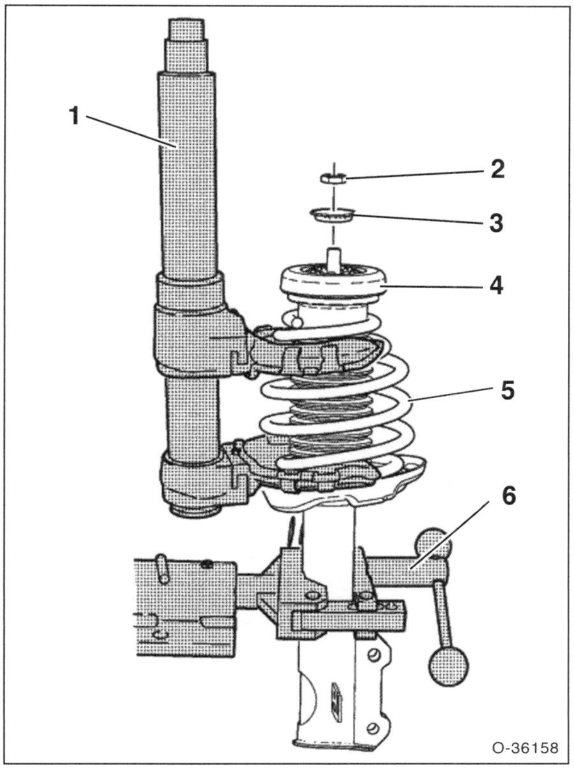

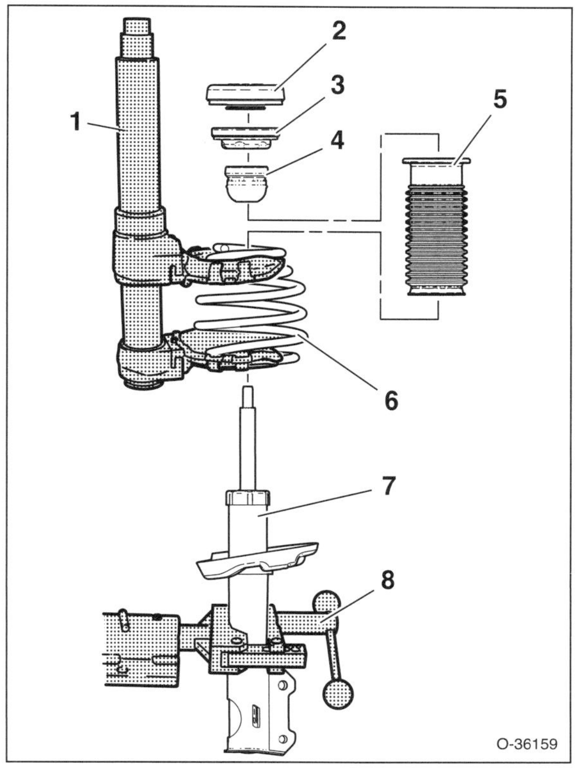

Hinweis: In der Abbildung wird gezeigt, wie das Federbein in das OPEL-Haltewerkzeug CH-6066 –6– eingespannt ist.

- Schraubenfeder –5– zusammendrücken, bis das Stützlager –4– entlastet ist.
- Mutter des Federbeins –2– abschrauben.
- Unterlegscheibe –3– vom Stützlager –4– abnehmen.
- Oberen Federanschlag –2–, Federbeinlager –3–, Anschlagpuffer –4– und Staubmanschette –5– abnehmen.
- Schraubenfeder –6– mit Federspanner –1– vom unteren Federanschlag des Stoßdämpfers –7– abnehmen.
- Stoßdämpfer –7– aus der Haltevorrichtung –8– herausnehmen.
- Stoßdämpfer prüfen, siehe entsprechendes Kapitel.
- Alle Einzelteile des Federbeins auf Risse, Verschleiß, Korrosion und Alterungserscheinungen sichtprüfen. Beschädigte beziehungsweise verschlissene Teile erneuern.
- Falls die Schraubenfeder ausgewechselt werden soll, Feder langsam entspannen und aus dem Federspanner nehmen.

Hinweis: Wird nur der Stoßdämpfer ersetzt, bleibt die Feder gespannt.

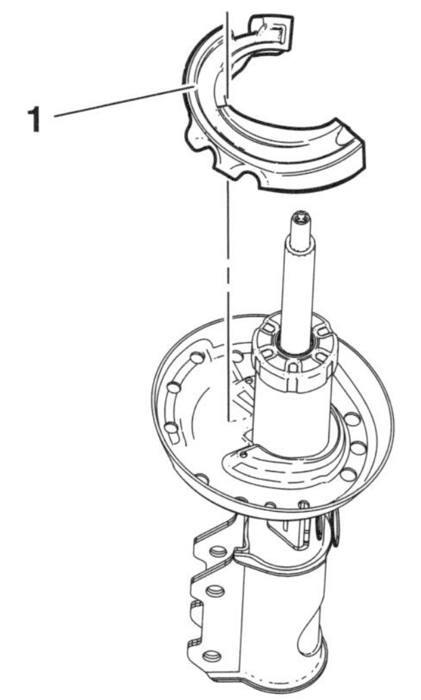

O-36160

● Untere Kunststoffauflage –1– vom Federanschlag des Stoßdämpfers abnehmen.

Einbau

● Schraubenfedern und Stoßdämpfer immer paarweise austauschen, also an beiden Fahrzeugseiten. Beim Einbau neuer Federn darauf achten, dass je nach Motorisierung/Fahrzeugausstattung unterschiedliche Federn eingebaut sein können. Nur gleiche Federn an einer Achse verwenden. Die Kennzeichnung der Federn erfolgt durch eine Farbmarkierung an einer Windung.

Hinweis: Neue Schraubenfedern sind gegen Korrosion mit einem Schutzlack versehen. Die Oberfläche darf nicht beschädigt sein.

● Wenn die Schraubenfeder ausgebaut war, Schraubenfeder in den Federspanner einsetzen und zusammendrücken.

● Der Einbau erfolgt in umgekehrter Ausbaureihenfolge. Dabei auf richtige Einbaulage der unteren Federauflage –1– in Abbildung O-36160 und des Anschlagpuffers –4– in Abbildung O-36159 achten.

● **Neue** Mutter auf die Stoßdämpfer-Kolbenstange aufschrauben und mit **70 Nm** festziehen. Dabei Kolbenstange gegenhalten.

● Schraubenfeder langsam entspannen, dabei auf richtigen Sitz der Feder in den Auflagen der Federanschläge achten.

● Federbein aus dem Federspanner herausnehmen.

● Federbein einbauen, siehe entsprechendes Kapitel.

Stoßdämpfer prüfen

Folgende Fahreigenschaften weisen auf defekte Stoßdämpfer hin:

■ Langes Nachschwingen der Karosserie bei Bodenunebenheiten.

■ Aufschaukeln der Karosserie bei aufeinander folgenden Bodenunebenheiten.

■ Springen der Räder auch auf normaler Fahrbahn.

■ Ausbrechen des Fahrzeuges beim Bremsen (kann auch andere Ursachen haben).

■ Kurvenunsicherheit durch mangelnde Spurhaltung, Schleudern des Fahrzeuges.

■ Abnorme Reifenabnutzung mit Abflachungen (Auswaschungen) am Reifenprofil.

■ Polter- und Knackgeräusche während der Fahrt. Allerdings haben diese Geräusche häufig auch andere Ursachen, zum Beispiel lockere Fahrwerksschrauben und Muttern, defektes Radlager oder Gleichlaufgelenk (Achsgelenk). Daher Dämpfer vor dem Ersetzen immer prüfen, gegebenenfalls auf Stoßdämpferprüfstand prüfen lassen.

Der Stoßdämpfer kann von Hand geprüft werden. Eine genaue Überprüfung der Stoßdämpferleistung ist jedoch nur mit einem Shock-Tester (Stoßdämpfer eingebaut) oder einer Stoßdämpfer-Prüfmaschine möglich.

Prüfung von Hand

● Stoßdämpfer ausbauen.

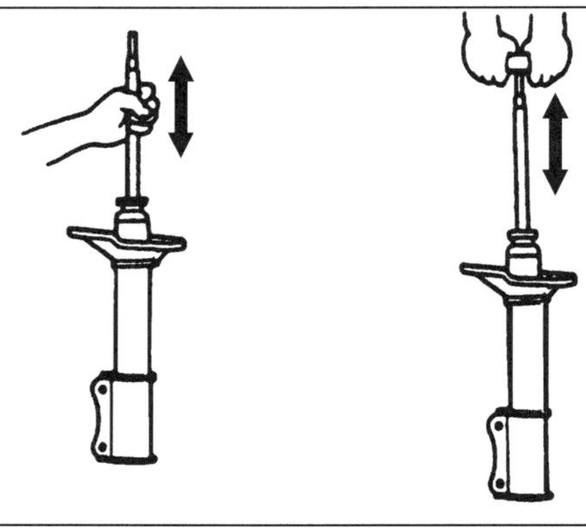

SX-3603

● Stoßdämpfer in Einbaulage halten, Stoßdämpfer auseinanderziehen und zusammendrücken. Der Stoßdämpfer muss sich über den gesamten Hub gleichmäßig schwer und ruckfrei bewegen lassen.

● Kolbenstange auf Oberflächen-Beschädigung, Verbiegung und auf klemmfreien Lauf in der Führungsbuchse prüfen.

● Gummilager im Gehäuseauge sichtprüfen. Die Gummilager müssen fest im Gehäuse sitzen und dürfen nicht gerissen oder beschädigt sein. Defekte Gummilager können im Fahrbetrieb Poltergeräusche verursachen.

- Bei Gasdruck-Stoßdämpfern geht die Kolbenstange bei ausreichendem Gasfülldruck von selbst wieder in die Ausgangslage zurück. Ist dies nicht der Fall, braucht der Dämpfer nicht unbedingt ersetzt werden. Die Wirkungsweise entspricht, solange kein größerer Ölverlust eingetreten ist, der Wirkungsweise eines konventionellen Dämpfers. Die dämpfende Funktion ist auch ohne Gasdruck vollständig vorhanden. Allerdings kann sich das Geräuschverhalten verschlechtern.
- Bei einwandfreier Funktion sind geringe Spuren von Stoßdämpferöl kein Grund zum Austausch. Als Faustregel gilt: Wenn ein Ölfleck sichtbar ist und sich nicht weiter ausbreitet als vom oberen Stoßdämpferverschluss (Kolbenstangendichtring) bis zum unteren Federteller, gilt der Dämpfer als in Ordnung. Voraussetzung ist, dass der Ölfleck stumpf, matt beziehungsweise durch Staub getrocknet ist. Ein geringfügiger Ölaustritt ist sogar von Vorteil, weil dadurch der Dichtring geschmiert wird und sich somit die Lebensdauer erhöht.
- Bei starkem Ölverlust Stoßdämpfer austauschen.

Stoßdämpfer verschrotten

Damit ein defekter Stoßdämpfer entsorgt werden kann, muss das Hydrauliköl aus dem Stoßdämpfer abgelassen werden. Der entleerte Stoßdämpfer kann dann wie normaler Eisenschrott behandelt werden.

Achtung: Hydrauliköl ist ein Problemstoff und darf auf keinen Fall einfach weggeschüttet oder dem Hausmüll mitgegeben werden. Gemeinde- und Stadtverwaltungen informieren darüber, wo sich die nächste Problemstoff-Sammelstelle befindet.

Sicherheitshinweis
Der Gasdruck eines neuen Stoßdämpfer beträgt bis zu 25 bar. Deshalb beim Öffnen des Dämpfers Arbeitsstelle abdecken und **unbedingt Schutzbrille tragen.**

Stoßdämpfer können auf 2 Arten entleert werden, entweder durch Anbohren oder durch Aufsägen der Außenwand.

Stoßdämpfer anbohren

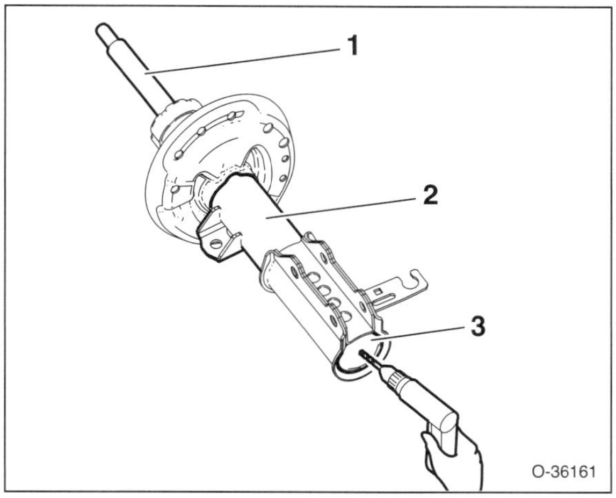

- Federbein bei voll herausgezogener Kolbenstange –1– waagerecht in einen Schraubstock einspannen.
- Mit einem 5-mm-Bohrer in der Mitte des Enddeckels –3– ein Loch in das Federbein bohren. Beim Eindringen des Bohrers in das Federbein entweicht Gas beziehungsweise eine Mischung aus Gas und Öl. Das entweichende Öl mit Lappen auffangen.
- Federbein aus dem Schraubstock nehmen und senkrecht, mit dem gebohrten Loch nach unten, über ein Gefäß halten.
- Die Kolbenstange –1– in das Rohr –2– schieben und wieder herausziehen, um dadurch das gesamte Öl aus dem Federbein zu drücken.
- Dämpfer abtropfen lassen, bis kein Hydrauliköl mehr austritt.
- Hydrauliköl bei einer Problemstoff-Sammelstelle entsorgen.
- Entleerten Stoßdämpfer als Eisenschrott entsorgen.

Stoßdämpfer aufsägen

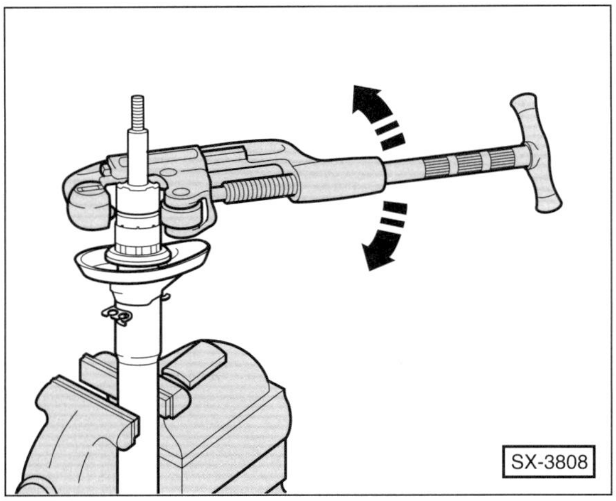

- Federbein in Schraubstock spannen.
- Rohrschneider, zum Beispiel Stahlwille Express 150/3, ansetzen und Außenrohr durchtrennen. **Achtung:** Bei Gasdruck-Stoßdämpfern entweicht dabei das Gas; Schutzbrille tragen.
- Kolbenstange hochziehen, dabei das Innenrohr mit einer Wasserrohrzange festhalten und nach unten drücken, sodass dieses beim langsamen Hochziehen der Kolbenstange im Außenrohr verbleibt.
- Kolbenstange vom Innenrohr abziehen.
- Dämpfer über eine Ölauffangwanne halten und Hydrauliköl ablaufen lassen, bis kein Hydrauliköl mehr austritt.
- Hydrauliköl bei einer Problemstoff-Sammelstelle entsorgen.
- Entleerten Stoßdämpfer als Eisenschrott entsorgen.

Vorderradlager/Radnabe aus und einbauen

Ausbau

Sicherheitshinweis
Beim Aufbocken des Fahrzeugs besteht Unfallgefahr! Deshalb die Hinweise im Kapitel »Fahrzeug aufbocken« beachten.

- Radmuttern lockern.
- Fahrzeug aufbocken.
- Vorderrad ausbauen, siehe Seite 136.
- Bremssattel und Bremsscheibe ausbauen, siehe Seite 147.

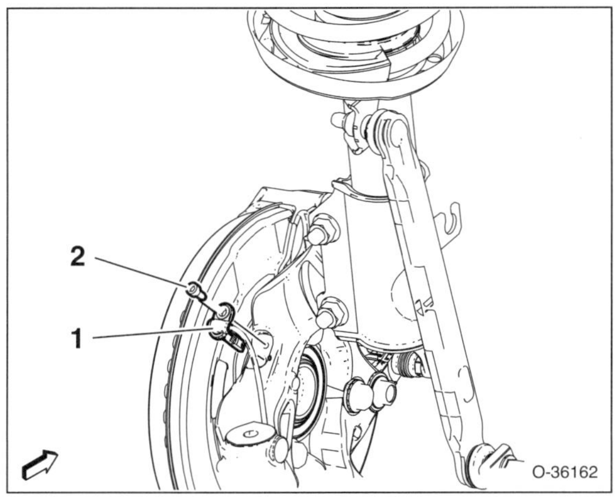

- Schraube –2– herausdrehen und Raddrehzahlsensor –1– aus dem Achsschenkel herausnehmen.
- Radantriebswelle von Vorderradlager/-nabe abmontieren, siehe entsprechendes Kapitel.

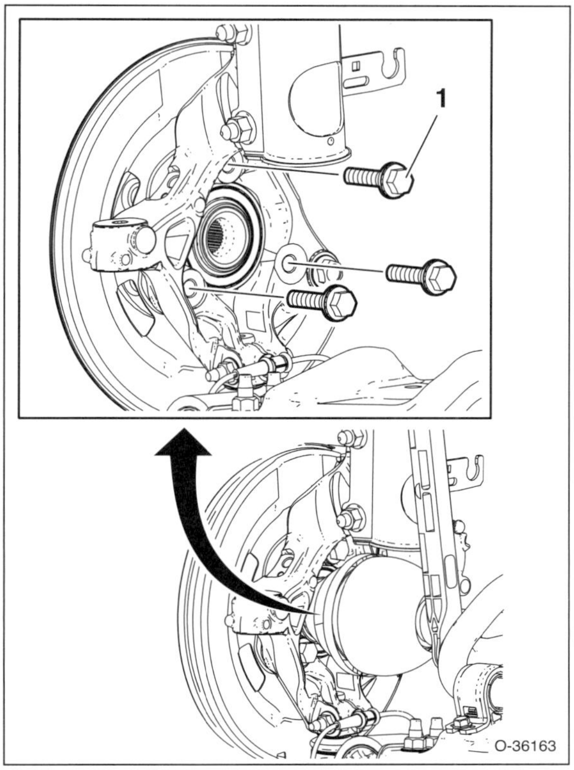

- Schrauben –1– für Radlagereinheit herausdrehen und entsorgen.

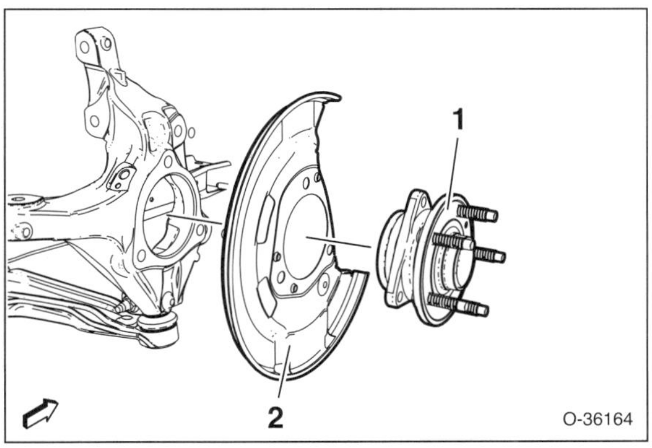

- Radlagereinheit –1– und Abdeckblech der Vorderradbremse –2– vom Achsschenkel abnehmen.

Einbau

- Der Einbau erfolgt in umgekehrter Ausbaureihenfolge. Dabei ist Folgendes zu beachten:
- Schrauben für Radlagereinheit grundsätzlich ersetzen und in **3 Stufen** anziehen.
  1. Stufe mit Drehmomentschlüssel:. . . . . **90 Nm**
  2. Stufe mit starrem Schlüssel: . . . . **60°**
  3. Stufe mit starrem Schlüssel: . . . . **15°**
- Schraube des Raddrehzahlsensors mit **6 Nm** festziehen.

Antriebswelle aus- und einbauen

Achtung: Bei demontierter Gelenkwelle darf das Fahrzeug nicht mit vollem Gewicht auf den Rädern stehen und nicht geschoben werden, da bei fehlender axialer Vorspannung die Wälzkörper des Radlagers beschädigt werden und sich die Lagerinnenringe lösen können.

Ausbau

- Reifen-Laufrichtung mit Pfeil am Reifen markieren.
- Stahlfelge: Radzierblende abnehmen.
- Leichtmetallfelge: Naben-Abdeckkappe herausdrücken. **Achtung:** Die Abdeckkappe kann unter Umständen nur bei abgebautem Rad ausgebaut werden. Daher Rad ausbauen, Nabenkappe abdrücken, Rad wieder einbauen und Fahrzeug ablassen.

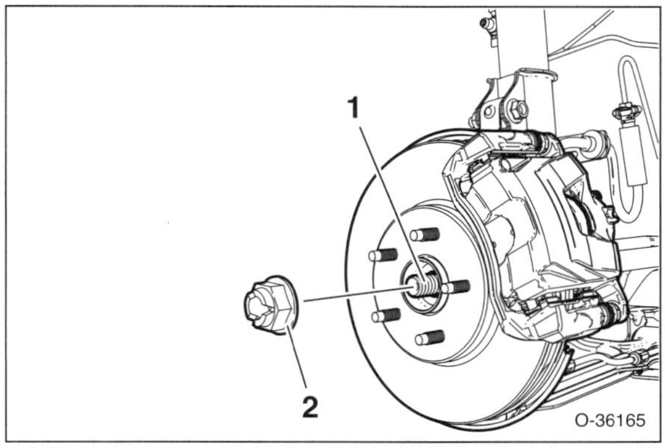

- Nabenmutter –2– bei auf den Rädern stehendem Fahrzeug lösen. Dabei durch Helfer Bremse treten lassen.

Achtung: Die Nabenmutter darf bei auf den Rädern stehendem Fahrzeug nur maximal 90° (¼ Umdrehung) gelöst werden, sonst wird das Radlager vorgeschädigt.

- Radmuttern bei auf dem Boden stehenden Rädern lösen.

Sicherheitshinweis
Beim Aufbocken des Fahrzeugs besteht Unfallgefahr! Deshalb die Hinweise im Kapitel »Fahrzeug aufbocken« beachten.

- Fahrzeug so weit aufbocken, bis die Räder frei hängen.
- Radmuttern abschrauben und Vorderrad abnehmen.
- Bremspedal betätigen lassen und Nabenmutter –2– ganz von der Antriebswelle –1– abschrauben. **Hinweis:** Nabenmutter nach jedem Lösen grundsätzlich ersetzen.

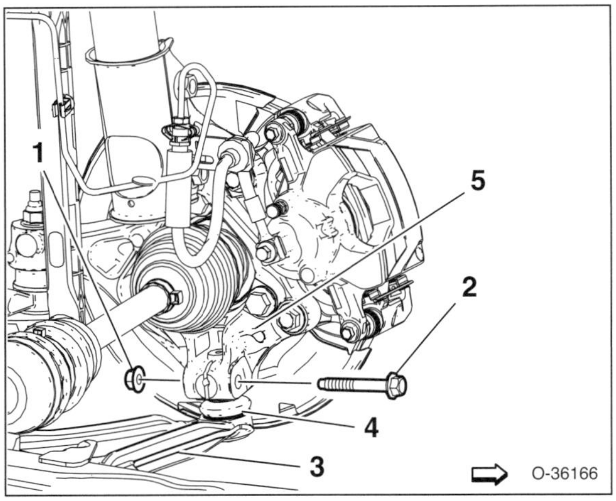

- Mutter –1– abschrauben und Schraube –2– herausziehen.
- Querlenker –3– nach unten ziehen und dadurch Achsgelenk –4– aus dem Achsschenkel –5– herausziehen. Gegebenenfalls handelsüblichen Ausdrücker verwenden.
- Spurstangengelenk (Spurstangenkopf) vom Achsschenkel abbauen, siehe entsprechendes Kapitel.
- Achsschenkel mit Federbein nach außen schwenken und dadurch die Antriebswelle aus dem Achsschenkel herausziehen.

Achtung: Dabei darf die Gelenkwelle nicht nach unten hängen, sonst wird das Innengelenk beschädigt. Gegebenenfalls Gelenkwelle mit Draht am Aufbau aufhängen.

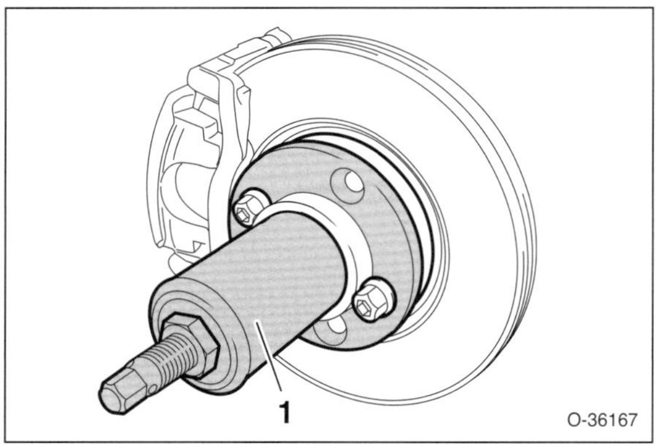

- Lässt sich die Antriebswelle nicht von Hand aus dem Achsschenkel herausziehen, Antriebswelle mit geeignetem Ausdrücker –1–, zum Beispiel Opel-CH-49400, ausdrücken.

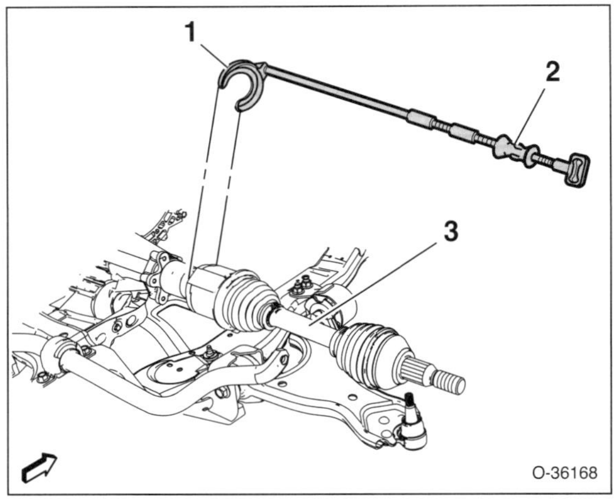

- Innengelenk der Antriebswelle –3– mit einem Schlagauszieher –2–, zum Beispiel OPEL-CH-313 und dem entsprechenden Klauenwerkzeug –1–, zum Beispiel OPEL-CH-6003 aus dem Getriebe herausziehen.
- Antriebswelle aus dem Fahrzeug herausnehmen.

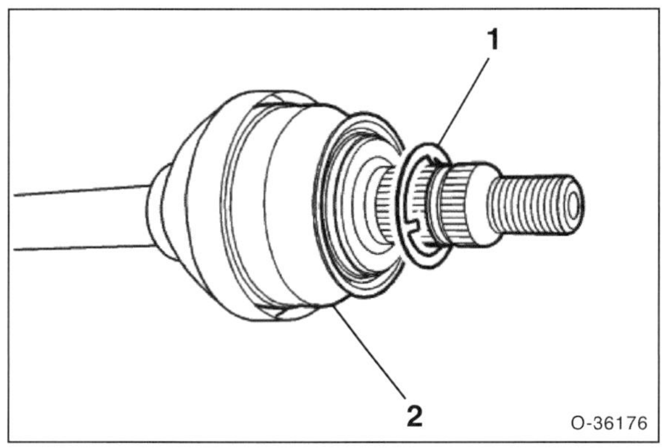

- Unterlegscheibe –1– von der Antriebswelle –2– abnehmen und entsorgen. **Achtung:** Unterlegscheibe nicht wiederverwenden. Wenn keine Unterlegscheibe vorhanden ist, eine **neue** Unterlegscheibe einbauen.

Einbau

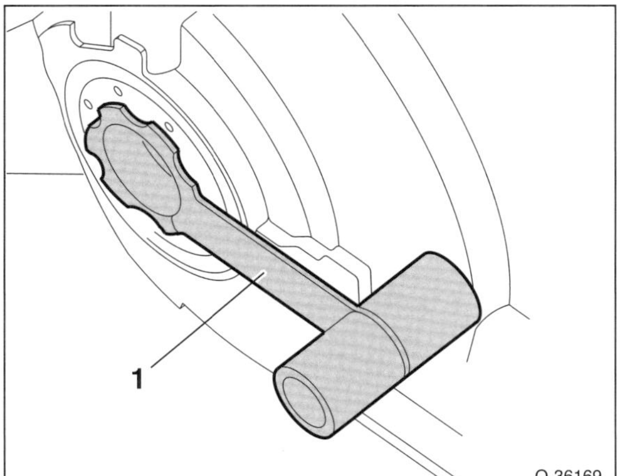

O-36169

- Schutzvorrichtung OPEL-DT-6332 –1– in die Differenzial-Abtriebswellendichtung am Getriebe einsetzen.

Hinweis: Bei Fahrzeugen mit Zwischenwelle wird die Schutzvorrichtung OPEL DT-6332 nicht benötigt.

- Radantriebswelle vorsichtig in das Differenzial einsetzen, bis sich die Keile hinter der Schutzvorrichtung DT-6332 befinden. Darauf achten, dass der Öldichtring nicht beschädigt wird. Wenn der Öldichtring geknickt, verzogen oder anderweitig beschädigt ist, muss er ausgetauscht werden.

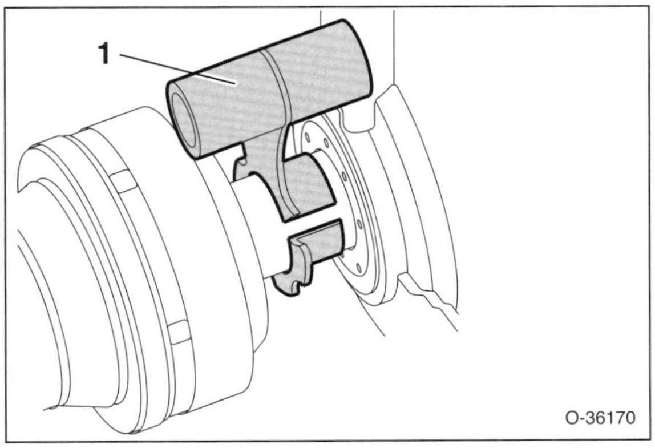

O-36170

- Schutzvorrichtung DT-6332 –1– aus der Differenzial-Abtriebswellendichtung ziehen.
- Antriebswelle in das Differenzial einschieben, bis der Sicherungsring bündig sitzt.
- Überprüfen, ob der Sicherungsring der Vorderradantriebswelle bündig sitzt. Dazu das Innengehäuse festhalten und nach außen ziehen.
- Antriebswelle in die Radlagereinheit einsetzen.
- Querlenker nach oben drücken und Zapfen des Achsgelenks in den Achsschenkel einsetzen.
- **Neue** Schraube, in Fahrtrichtung gesehen, von vorn einsetzen und **neue** Mutter aufschrauben.
- Mutter in 3 Stufen festziehen.
  1. Stufe mit Drehmomentschlüssel . . . . **30 Nm**
  2. Stufe mit starrem Schlüssel . . . . **60°**
  2. Stufe mit starrem Schlüssel . . . . **15°**
  Um den Anzugswinkel einzuhalten, ein handelsübliches Winkelmessgerät verwenden.
- Spurstangengelenk am Achsschenkel einbauen, siehe entsprechendes Kapitel:
- **Neue** Nabenmutter auf den Zapfen der Antriebswelle aufsetzen und mit **150 Nm** festziehen.
- Rad einbauen, Fahrzeug ablassen und Radmuttern mit **140 Nm** festziehen.
- Nabenmutter um **45° lösen**. Dazu eine handelsübliche Winkelscheibe verwenden oder mit Filzstift entsprechende Markierungen an der Felge anbringen.
- Anschließend Nabenmutter mit **250 Nm** festziehen.
- Stahlfelge: Radzierblende aufdrücken.
- Leichtmetallfelge: Naben-Abdeckkappe aufdrücken.
- Getriebeölstand überprüfen, siehe Seite 31.

Hinweis: Bei Fahrzeugen mit Zwischenwelle und Einbau der rechten Antriebswelle ist die Überprüfung des Getriebeölstandes nicht erforderlich.

Manschette für Antriebswelle aus- und einbauen

Ausbau

- Gelenkwelle ausbauen, siehe entsprechendes Kapitel.
- Gelenkwelle mit Schutzbacken in Schraubstock einspannen. Gegebenenfalls Welle mit einem dicken Lappen polstern.
- Einbaulage der Manschetten (Gelenkschutzhüllen) auf der Welle markieren, damit die neuen Manschetten in gleicher Lage eingebaut werden können. Beim Markieren auf keinen Fall den Lack der Gelenkwelle beschädigen.
- Klemmschellen an beiden Manschetten mit Seitenschneider aufschneiden und abnehmen. Manschette zurückschieben, wenn nötig mit einem Dorn vom Gelenk abtreiben.

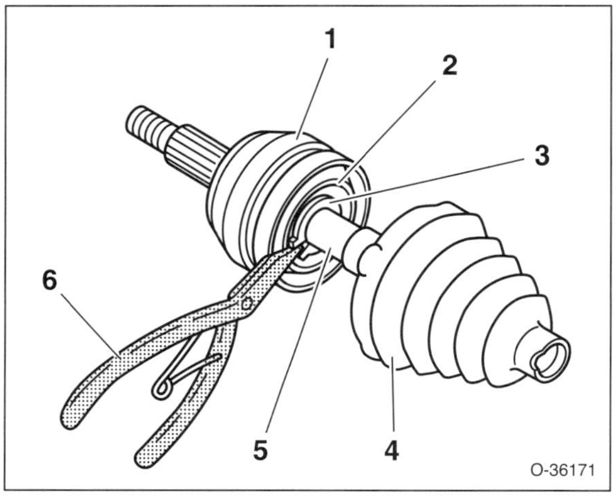

- Außen liegende Wellendichtung vom Außenring des Gleichlaufgelenks –1– am großen Durchmesser lösen.
- Manschette –4– an der Halbwelle –5– entlang vom Gelenk schieben.
- Schmierfett vom Innenring des Gleichlaufgelenks –2– wischen.
- Sicherungsringzange –6–, zum Beispiel OPEL-GE-396, in die Ösen am Sicherungsring –3– einsetzen und Sicherungsring spreizen.
- Außengelenk –1– von der Halbwelle –5– abziehen.
- Manschette –4– von der Halbwelle –5– herunterschieben.
- Folgende Teile gründlich mit Lösungsmittel reinigen. Alle Spuren von altem Schmierfett und Schmutz entfernen.
  - Innen- und Außenring
  - Gleichlaufgelenkgehäuse
  - Kugeln aus Chromlegierung
- Alle Teile trocknen.
- Gleichlaufgelenk auf Folgendes prüfen:
  - Ungewöhnlichen Verschleiß
  - Risse
  - Schadstellen
- Die Halbwelle säubern. Rost im Befestigungsbereich der Dichtung (Nuten) mit einer Drahtbürste entfernen.

Einbau

- Welle in einen Schraubstock einspannen.
- Manschetten mit Klemmschellen auf die Welle schieben.

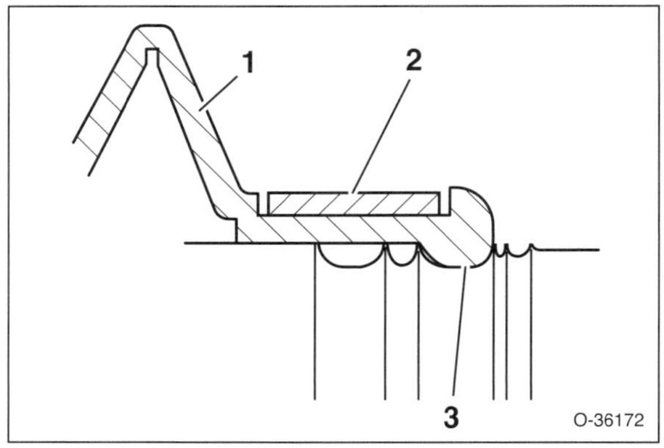

- Manschette –1– mit dem kleinen Durchmesser in die Nut –3– der Welle einsetzen.
- **Neue**, kleine Klemmschelle –2– über die Manschette –1– schieben.

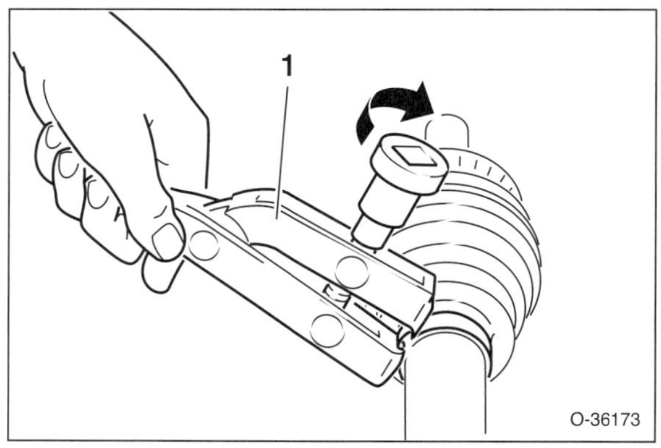

- Klemmschelle mit einer Spezialzange, zum Beispiel HAZET 1847, spannen. Die Schneiden der Zange müssen beim Ansetzen in den Ecken der Schelle anliegen. In dieser Stellung Schraube –2– mit Drehmomentschlüssel und **25 Nm** anziehen und dadurch Klemmschelle spannen. Darauf achten, dass beim Spannen die Zange nicht verkantet wird.

Achtung: Das Gewinde der Zange muss leichtgängig sein, gegebenenfalls vorher mit MoS2-Fett schmieren. Ohne die Spezialzange wird die erforderliche Spannkraft nicht erreicht.

- Ungefähr die Hälfte des Schmierfetts aus dem Reparatursatz in der außen liegenden Manschette verteilen und mit dem übrigen Fett das Gleichlaufgelenk schmieren.

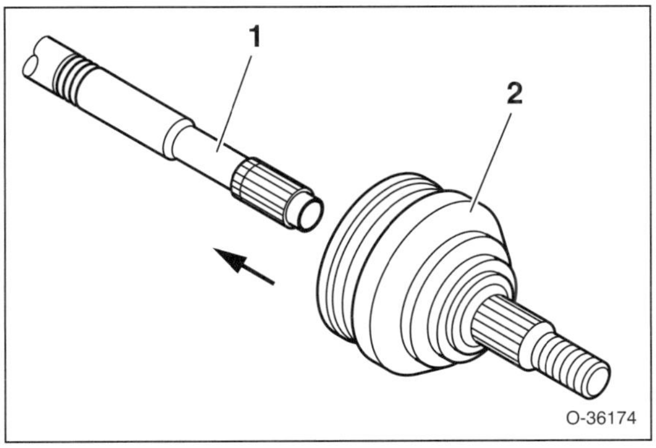

- Gleichlaufgelenk –2– auf die Halbwelle –1– schieben, bis der Sicherungsring in die Nut der Halbwelle einrastet.

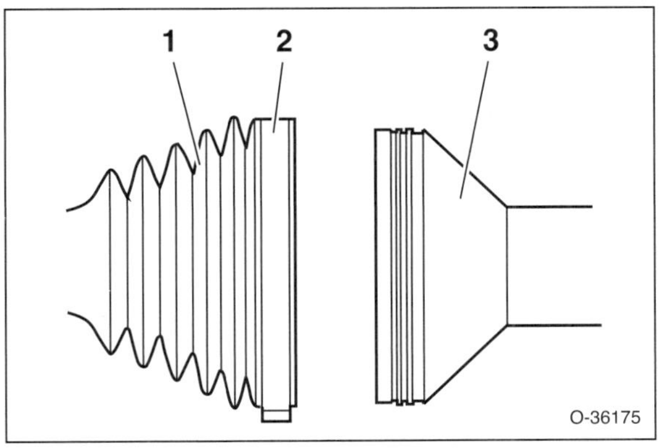

- Großen Durchmesser der außen liegenden Manschette –1– mit der großen Klemmschelle –2– über den Ring –3– des äußeren Gleichlaufgelenks schieben und die Dichtlippe in die Nut am Außenring einsetzen.

Achtung: Dabei die Manschette nicht in die Länge ziehen. Sie darf auch nicht gewellt oder anderweitig verformt sein. Wenn die Manschette nicht die richtige Form hat, den Druck in der Manschette gleichmäßig verteilen und die Manschette von Hand in Form bringen.

- Große Klemmschelle mit Spezialzange zusammenpressen.
- Antriebswelle einbauen, siehe entsprechendes Kapitel.

Hinterachse

Der ASTRA/ZAFIRA besitzt eine Verbundlenker-Hinterachse mit Wattgestänge. Das Torsionsprofil des Hinterachskörpers wirkt dabei als Stabilisator, der die Kurvenneigung des Fahrzeuges verringert und dadurch das Fahrverhalten stabilisiert. Seitlich am Achskörper sind 2 Längslenker angeschweißt, die über Gummilager mit den Seitenschienen des Unterbodens verschraubt sind.

Im hinteren Bereich der Achse ist das Wattgestänge angebracht. Es handelt sich dabei um einen massiven Querträger sowie 2 äußere und einen mittleren Lenker. Das Wattgestänge verhindert relative Querbewegungen der Hinterachse zur Fahrzeugkarosserie. Dadurch können weichere Hinterachslager verwendet werden, sodass ein niedriges Geräuschniveau im Innenraum und ein ruhigeres Fahrverhalten erzielt wird.

Abgefedert wird das Fahrzeug an der Hinterachse durch 2 Schraubenfedern und 2 Stoßdämpfer. Schraubenfedern und Stoßdämpfer sind getrennt angeordnet.

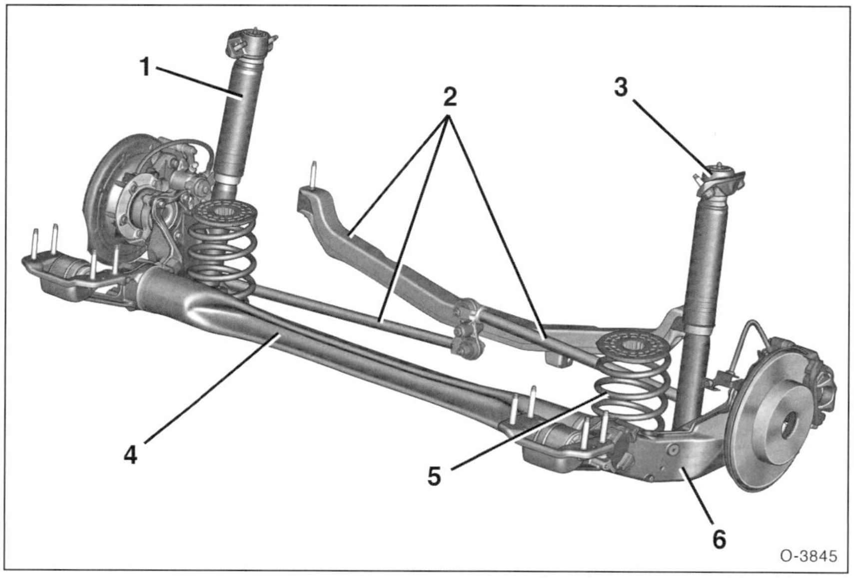

1 – Stoßdämpfer
2 – Watt-Gestänge
3 – Oberes Dämpferlager
4 – Hinterachskörper mit V-förmigem Torsionsprofil
5 – Schraubenfeder hinten
6 – Längslenker

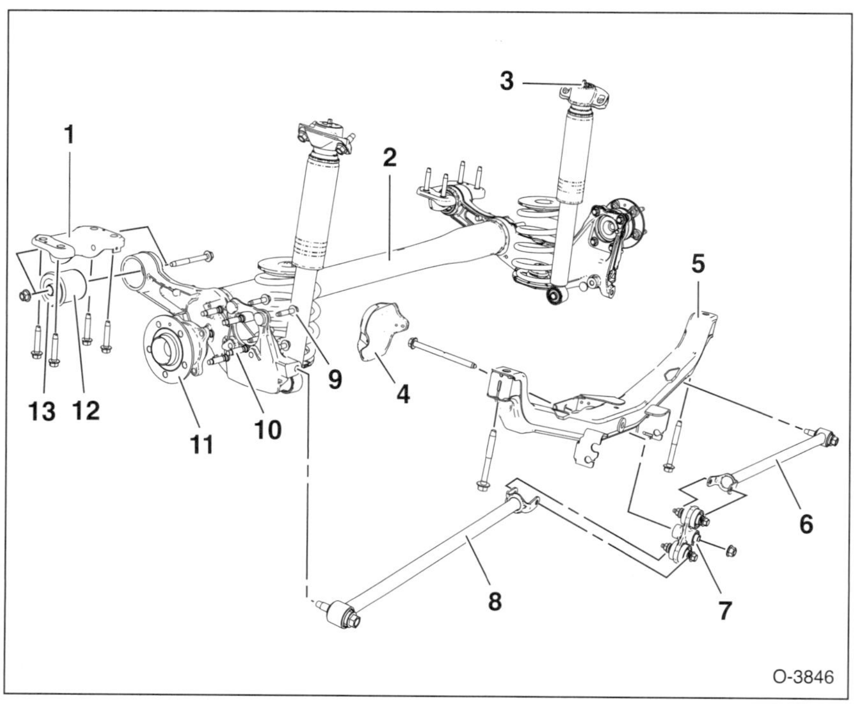

1 – Halterung Hinterachse
2 – Hinterachskörper
3 – Stoßdämpfer
4 – Hitzeschutzblech
Für Ausgleichsträger.
5 – Querträger Watt-Gestänge
6 – Watt-Lenker rechts
7 – Watt-Lenker Mitte
8 – Watt-Lenker links
9 – Schraube für Radnabe/Radlager
10 – Radbolzen
11 – Radnabe/Radlager
Radlagereinheit.
12 – Hinterachslager
13 – Ausrichtungsmarkierung
Am Hinterachslager.

Stoßdämpfer an der Hinterachse aus- und einbauen

Achtung: Stoßdämpfer immer paarweise austauschen, also an beiden Fahrzeugseiten. Es gibt unterschiedliche Ausführungen; deshalb nur die für die jeweilige Fahrzeugausführung vorgesehenen Ersatzteile verwenden.

Ausbau

Sicherheitshinweis
Beim Aufbocken des Fahrzeugs besteht Unfallgefahr! Hinweise im Kapitel »Fahrzeug aufbocken« beachten.

- Reifen-Laufrichtung mit Pfeil am Reifen markieren. Radmuttern lösen. Fahrzeug hinten aufbocken und Rad abnehmen. **Achtung:** Unbedingt Hinweise im Kapitel »Rad aus- und einbauen« beachten.
- Innenkotflügel hinten ausbauen, siehe Seite 238.
- Mit einem Werkstattwagenheber Längslenker der Hinterachse im Bereich des Stoßdämpfers etwas anheben. Damit ist sichergestellt, dass die Feder nicht wegspringen kann. Darauf achten, dass das Fahrzeug beim Anheben nicht von den Böcken rutscht. **Unfallgefahr!**

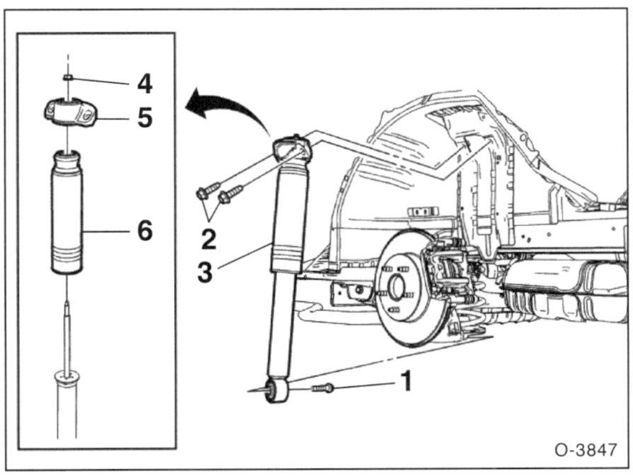

- Untere Schraube –1– für Stoßdämpfer herausdrehen.
- 2 Schrauben oben –2– herausdrehen und Stoßdämpfer –3– nach unten aus dem Radkasten herausnehmen.
- Stoßdämpfer prüfen, siehe Seite 116.
- Wird der Stoßdämpfer ersetzt, Mutter –4– abschrauben und obere Stoßdämpferhalterung –5– sowie Schutzhülle –6– abnehmen.

Einbau

- Falls ausgebaut, Schutzhülle –6– aufschieben. Stoßdämpferhalterung –5– aufsetzen und Mutter –4– mit **20 Nm** festziehen.
- Stoßdämpfer oben in den Halter am Fahrzeugunterbau einsetzen. Befestigungsschrauben –2– mit **100 Nm** festziehen.

Achtung: Untere Schraube grundsätzlich erneuern. Schraube nur festziehen, wenn das Fahrzeug auf dem Boden steht.

- Stoßdämpfer unten mit **neuer** Schraube anschrauben. **Achtung:** Schraube nicht festziehen.
- Werkstattwagenheber unter der Hinterachse entfernen.
- Innenkotflügel einbauen, siehe Seite 238.
- Reifen-Laufrichtung beachten, Rad anschrauben, Fahrzeug ablassen, erst dann Radmuttern über Kreuz mit **140 Nm** festziehen. **Achtung:** Unbedingt Hinweise im Kapitel »Rad aus- und einbauen« beachten.
- Untere Stoßdämpferschraube in **2 Stufen** festziehen:
  1. Stufe mit Drehmomentschlüssel: . . . . **150 Nm**
  2. Stufe mit starrem Schlüssel: . . . . **65°**
- Stoßdämpfer am anderen Hinterrad in gleicher Weise ersetzen.

Schraubenfeder an der Hinterachse aus- und einbauen

Achtung: Schraubenfedern immer paarweise austauschen, also an beiden Fahrzeugseiten. Es gibt unterschiedliche Ausführungen und Federhärten; deshalb nur die für die jeweilige Fahrzeugausführung vorgesehenen Ersatzteile verwenden.

Ausbau

> **Sicherheitshinweis**
> Beim Aufbocken des Fahrzeugs besteht Unfallgefahr! Hinweise im Kapitel »Fahrzeug aufbocken« beachten.

- Reifen-Laufrichtung mit Pfeil am Reifen markieren. Radmuttern lösen. Fahrzeug hinten aufbocken und Rad abnehmen. **Achtung:** Unbedingt Hinweise im Kapitel »Rad aus- und einbauen« beachten.
- Mit einem Werkstattwagenheber Längslenker der Hinterachse etwas anheben und untere Schraube für Stoßdämpfer herausdrehen, siehe Kapitel »Stoßdämpfer an der Hinterachse aus- und einbauen«.
- Werkstattwagenheber absenken, bis die Schraubenfeder entlastet ist.

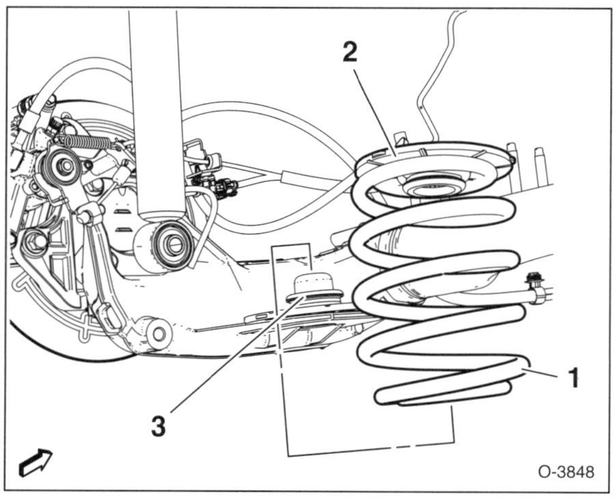

- Hintere Schraubenfeder –1– mit oberem Federteller –2– herausnehmen. Der untere Federteller –3– bleibt auf der Achse.

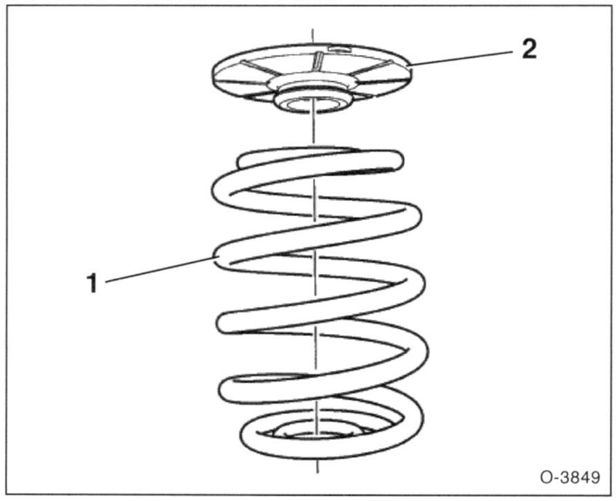

- Oberen Federteller –2– aus der Feder –1– herausnehmen und auf Verschleiß prüfen, gegebenenfalls erneuern.

Einbau

- Oberen Federteller in die Schraubenfeder einsetzen.
- Hinterachse etwas nach unten drücken und Schraubenfeder in den unteren Federsitz an der Hinterachse einsetzen.
- Hinterachse mit Werkstattwagenheber anheben und Stoßdämpfer mit neuer Schraube an der Hinterachse anschrauben, Schraube **nicht** festziehen.
- Reifen-Laufrichtung beachten, Hinterrad anschrauben, Fahrzeug ablassen, erst dann Radmuttern über Kreuz mit **140 Nm** festziehen. **Achtung:** Unbedingt Hinweise im Kapitel »Rad aus- und einbauen« beachten.
- Untere Stoßdämpferschraube in **2 Stufen** festziehen:
  1. Stufe: . mit Drehmomentschlüssel **150 Nm** anziehen.
  2. Stufe: . . mit starrem Schlüssel um **65°** weiterdrehen.
- Schraubenfeder am anderen Hinterrad in gleicher Weise ersetzen.

Lenkung

Die Lenkung besteht im Wesentlichen aus dem Lenkrad mit der Lenksäule, dem Zahnstangen-Lenkgetriebe und den Spurstangen. Die Lenksäule überträgt die Lenkbewegungen auf das Lenkgetriebe. Über eine Verzahnung im Lenkgetriebe wird die Zahnstange entsprechend dem Lenkradeinschlag nach links oder rechts bewegt. Die Spurstangen übertragen die Lenkkräfte über die Spurstangengelenke und Achsschenkel auf die Räder.

Die Zahnstangenlenkung ist spiel- und wartungsfrei, nur die Lenkmanschetten und Staubkappen der Spurstangenköpfe müssen im Rahmen der Wartung auf einwandfreien Zustand geprüft werden.

Der Kraftaufwand beim Einschlagen der Räder, insbesondere bei stehendem Fahrzeug, wird durch eine **elektrische Lenkhilfe** (Servolenkung) verringert. Die Lenkbewegungen am Lenkrad werden über den Servomotor direkt auf das Lenkgetriebe übertragen.

Im Lenkrad ist der Fahrer-Airbag untergebracht. Der **Airbag** ist ein zusammengefalteter Luftsack, der im Fall einer Frontalkollision aufgeblasen wird und dadurch Oberkörper und Kopf des Fahrers vor einem Aufprall auf das Lenkrad schützt. Bei einer entsprechend starken Frontalkollision wird über ein Steuergerät eine kleine Sprengladung im Gasgenerator der Airbag-Einheit gezündet. Es entstehen Explosionsgase, die den Luftsack innerhalb weniger Millisekunden aufblasen. Diese Zeit reicht aus, um den Aufprall des nach vorn schnellenden Fahrer-Oberkörpers zu dämpfen. Der Airbag fällt anschließend wieder in sich zusammen, da die Gase durch Austrittsöffnungen entweichen.

Achtung: Die angegebenen Anzugsdrehmomente sind unbedingt einzuhalten. Bei mangelnder Erfahrung sollten Arbeiten an der Lenkung von einer Fachwerkstatt durchgeführt werden.

Sicherheitshinweis
Schweiß- und Richtarbeiten an Bauteilen der Lenkung **sind nicht zulässig. Selbstsichernde Schrauben/Muttern** sowie korrodierte Schrauben/Muttern im Reparaturfall **immer ersetzen.**

Airbag-Sicherheitshinweise

Das Airbag-System besteht aus Aufprallsensor, Gasgenerator, Steuergerät und Airbag. Das Aufblasen des Airbags wird elektrisch ausgelöst. Serienmäßig ist der ASTRA/ZAFIRA mit Front-, Kopf- und Seiten-Airbags einschließlich Gurtstraffern ausgestattet.

Auf dem Beifahrersitz darf kein gegen die Fahrtrichtung angeordneter Babysitz montiert werden, wenn der Beifahrer-Airbag aktiviert ist; ausgenommen ist ein spezieller Kindersitz in Zusammenhang mit der automatischen Kindersitzerkennung.

Achtung: Aus Sicherheitsgründen keine Arbeiten an Teilen des Airbag- oder Gurtstraffer-Systems durchführen.

Folgende Hinweise unbedingt beachten:

- Batterie-Massekabel (–) abklemmen. **Achtung:** Hinweise im Kapitel »Batterie aus- und einbauen« durchlesen.
- Batterie-Minuspol isolieren, um einen versehentlichen Kontakt zu vermeiden.
- Vor dem Abklemmen von Airbag-Komponenten **1 Minute warten**, um Restspannungen abzubauen.

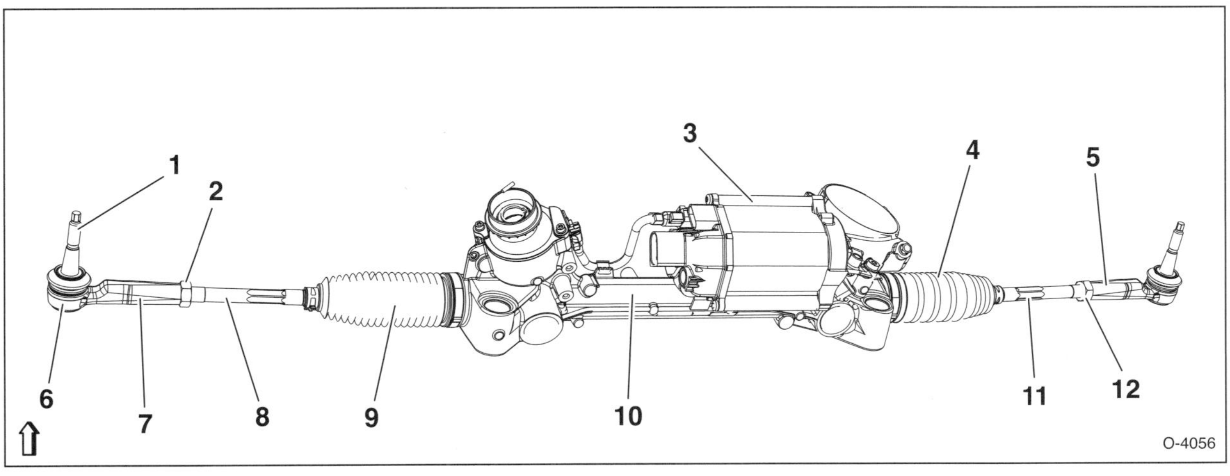

1 – Gelenkzapfen
2 – Kontermutter links
3 – Elektromotor für Servounterstützung
4 – Lenkmanschette rechts
5 – Spurstangenkopf rechts
6 – Spurstangengelenk links
7 – Spurstangenkopf links
8 – Spurstange links
9 – Lenkmanschette links
10 – Zahnstangen-Lenkgetriebe
11 – Spurstange rechts
12 – Kontermutter rechts

- Vor dem Abnehmen (Berühren) der Airbag-Einheit elektrostatische Aufladung abbauen. Dazu kurz den Schließbügel der Tür oder die Karosserie anfassen.

Achtung: Beim Anklemmen der Batterie darf sich keine Person im Innenraum des Fahrzeuges aufhalten.

Speziell beim Fahrer-Airbag ist Folgendes zu beachten:

- Räder in Geradeausstellung, Lenkrad in Mittelstellung bringen.
- Die Airbag-Einheit ist im ausgebauten Zustand immer so abzulegen, dass das Lenkradpolster nach oben zeigt. Bei umgekehrter Lagerung besteht die Gefahr, dass bei eventueller Zündung der Gasgenerator nach oben geschleudert wird. Dadurch erhöht sich die Verletzungsgefahr.

Allgemeine Hinweise:

- Niemals Airbag-Komponenten oder das Lenkrad eines anderen Fahrzeugs einbauen. Beim Austausch stets neue Teile verwenden.
- Selbst nach einem leichten Unfall, der nicht zum Auslösen des Airbags führte, Airbag- und Gurtstraffer-System von einer Fachwerkstatt überprüfen lassen.
- **Das Airbag-System darf nur in der Fachwerkstatt geprüft werden. Keinesfalls mit Prüflampe, Voltmeter oder Ohmmeter prüfen.**
- Airbag-Komponenten, die aus einer Höhe von mehr als 80 cm fallen gelassen wurden, müssen grundsätzlich ersetzt werden.
- Airbag-Komponenten vor großer Hitze und direkter Flammeneinwirkung schützen und keinen Temperaturen über +80° C aussetzen, auch nicht kurzfristig.
- Airbag-Komponenten vor Kontakt mit Wasser, Fett oder Öl schützen. Sofort mit einem trockenen Lappen abwischen.
- Bei Arbeitsunterbrechung die Airbag-Einheit einschließen, nicht unbeaufsichtigt liegen lassen.
- Die Airbag-Einheit darf nicht zerlegt werden, bei einem Defekt ist sie immer komplett zu ersetzen. Da die Airbag-Einheit Explosivstoffe enthält, ist sie unter Verschluss oder geeigneter Aufsicht aufzubewahren.
- Vor Verschrotten des Fahrzeugs müssen die Airbag-Einheiten entsorgt werden. Die Entsorgung erfolgt nur durch eine Fachwerkstatt.
- Zwischen Airbag und Insassen dürfen sich keine Gegenstände befinden. Genügend großen Abstand zum Airbag einhalten, damit sich der Airbag-Luftsack beim Auslösen entfalten kann.
- Lenkrad, Armaturentafel und Vordersitzlehnen im Bereich der Airbag-Einheit nicht bekleben und von Gegenständen freihalten.
- An den Haken der Handgriffe nur leichte Kleidungsstücke ohne Kleiderbügel aufhängen. Keine Gegenstände in den Taschen der Kleidungsstücke belassen.
- Die Airbag-Kontrolllampe im Kombiinstrument muss beim Einschalten der Zündung aufleuchten und nach etwa 4 Sekunden erlöschen. Andernfalls liegt eine Störung vor.

Speziell beim Seitenairbag ist Folgendes zu beachten:

- Es dürfen nur original Sitzbezüge und Rücksitzbezüge verbaut werden, die für Seitenairbags freigegeben sind (erkennbar am Airbag-Aufnäher auf dem Bezug).
- Die Rückenlehnen dürfen nicht mit Schonbezügen überzogen werden, da dadurch die Funktion des Seitenairbags beeinflusst wird.
- Sitzplatzauflagen, -matten oder Ähnliches, die die Funktion der Sitzbelegungserkennung und der Airbags beeinträchtigen, sind nicht zulässig.
- Bei Beschädigung des Bezuges (durch Risse, Brandlöcher usw.) im Bereich des Seitenairbags ist aus Sicherheitsgründen immer der Bezug zu wechseln, da sich sonst der Seitenairbag nicht richtig entfaltet.
- Nicht mit der Polsternadel oder ähnlich spitzen Gegenständen im Bereich Airbag und Sensormatte in den Bezug stechen.

Speziell beim Kopfairbag ist Folgendes zu beachten:

- Kopfairbag nicht knicken oder verdrehen.
- Beschädigte Verkleidungen an den Fahrzeugsäulen immer ersetzen, nie reparieren.

Airbag-Einheit aus- und einbauen

Ausbau

- Airbag-Sicherheitshinweise durchlesen und befolgen.
- Batterie-Massekabel (–) abklemmen. **Achtung:** Hinweise im Kapitel »Batterie aus- und einbauen« beachten.
- Batterie-Minuspol isolieren, um versehentlichen Kontakt zur Fahrzeugmasse zu verhindern.

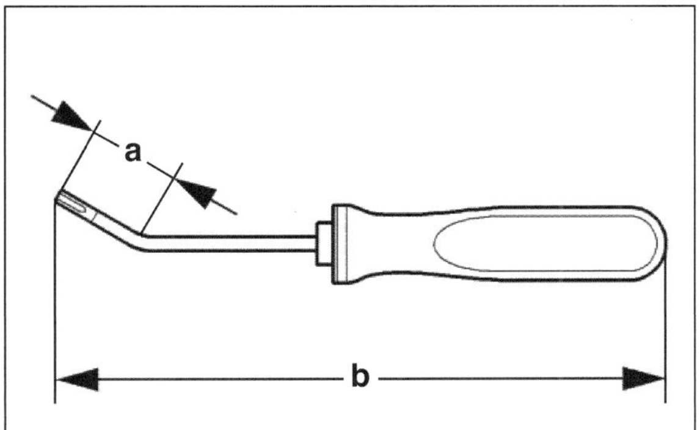

O-4057

- Zum Ausbau des Airbags wird ein Hilfswerkzeug benötigt, das folgendermaßen hergestellt werden kann:
- Zunächst wird ein Schraubendreher oder ein vergleichbares Werkzeug mit einer Gesamtlänge von b = 180 mm und einem Durchmesser von 3 bis 4 mm benötigt.
- Anschließend die Spitze des Werkzeugs bei a = 30 mm um 30° abwinkeln.
- Lenkrad ganz herausziehen und bis zum Anschlag nach unten stellen.
- Lenkrad aus der Geradeausstellung um 90° nach rechts drehen.

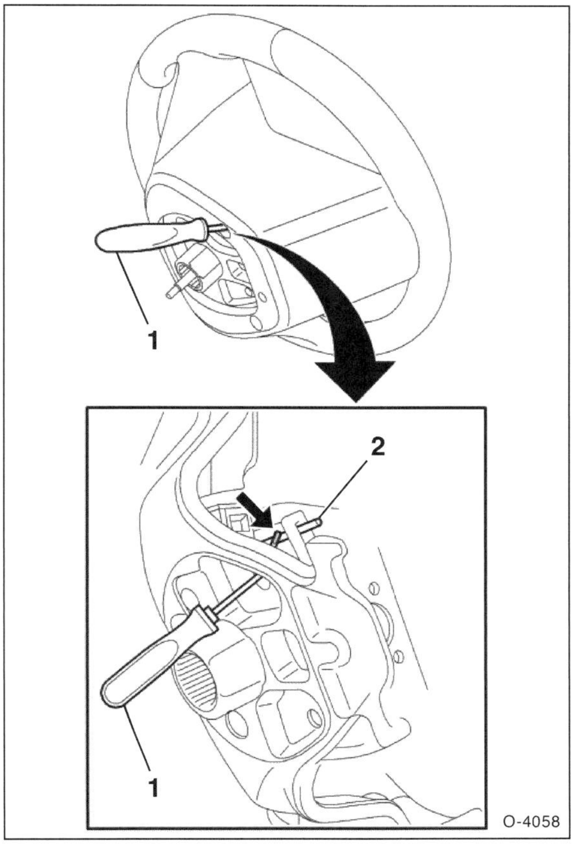

O-4058

- Hilfswerkzeug –1– an der Rückseite des Lenkrads in die obere Öffnung stecken und die Federklammer –2– nach innen drücken –Pfeil–. Dadurch wird der Airbag vom Lenkrad gelöst.
- Den gleichen Vorgang auf der gegenüberliegenden Seite durchführen.

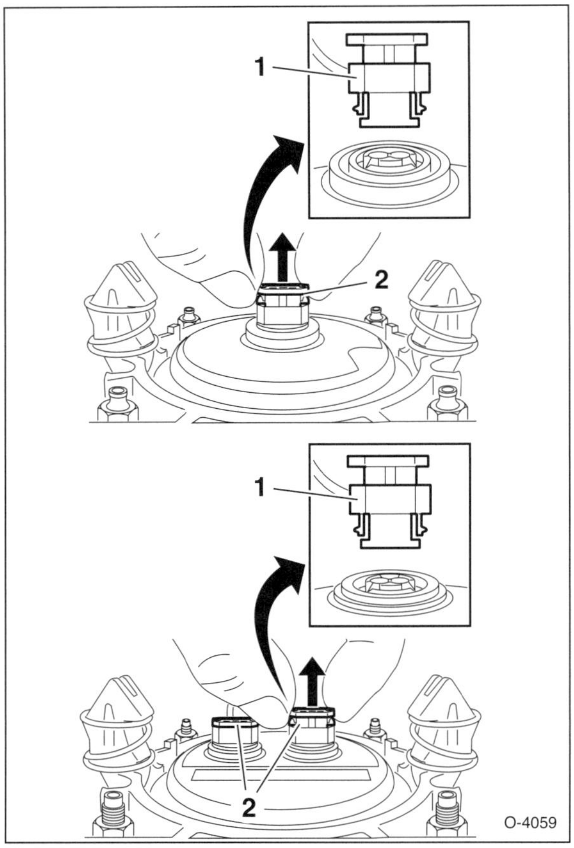

- Airbag etwas abheben und sekundäre Verriegelung –2– öffnen.
- Elektrischen Stecker –1– abziehen.
- Airbag herausnehmen.

Einbau

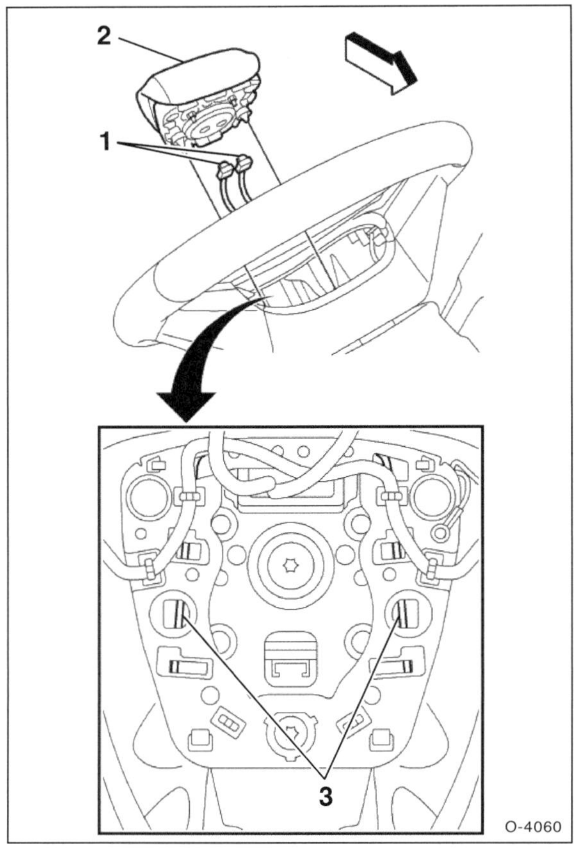

- Elektrische Stecker –1– am Airbag –2– aufstecken und einrasten.
- Airbag –2– am Lenkrad ansetzen. Dabei die Haltenasen an den Federklammern –3– des Lenkrades ausrichten.
- Airbag –2– kräftig in das Lenkrad drücken und in die Federklammern –3– einrasten.
- Isolierband an den Polen der Batterie entfernen und Batterie anklemmen. **Achtung:** Hinweise im Kapitel »Batterie aus- und einbauen« beachten.

Achtung: Beim Anklemmen der Batterie darf sich keine Person im Innenraum des Fahrzeuges aufhalten.

- Zündung einschalten; die Airbag-Kontrolllampe im Kombiinstrument muss für etwa 4 Sekunden aufleuchten.

Lenkrad aus- und einbauen

Ausbau

- Airbageinheit ausbauen, dabei Airbag-Sicherheitshinweise befolgen, siehe Seite 129.
- Räder in Geradeausstellung bringen, Zündschlüssel abziehen und Lenkradschloss einrasten lassen.
- Verlegung der elektrischen Leitungen und Anordnung der Stecker notieren.
- Stecker für Hupe und, falls vorhanden, für Radiofernbedienung beziehungsweise Lenkradheizung entriegeln und trennen.

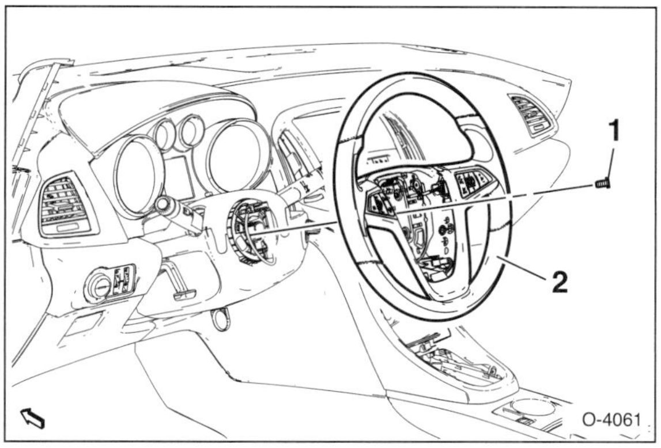

- Schraube –1– von der Lenkspindel abschrauben.
- Prüfen, ob für den Einbau Strichmarkierungen auf Lenkrad und Lenkspindel vorhanden sind. Andernfalls mit einer Reißnadel oder einem Filzstift eine Linie über beide Bauteile ziehen.
- Lenkrad –2– von Hand von der Lenkspindel abziehen, dabei Kabel durch die Lenkradnabe durchziehen.

Achtung: Lenkrad nicht ab- oder aufschlagen. Darauf achten, dass die Kabel beim Abziehen nicht beschädigt werden.

Einbau

- Gewinde in der Lenkspindel vorsichtig nachschneiden und säubern.

Achtung: Beim Aufsetzen des Lenkrades müssen sich die Räder in Geradeausstellung befinden.

- Elektrische Leitungen durch die Nabe des Lenkrades durchziehen.
- Lenkrad so auf Lenkspindel aufsetzen, dass die Strichmarkierungen auf der Nabe des Lenkrades und auf der Lenkspindel fluchten.
- Gewinde der Lenkradschraube mit Schraubensicherungsmittel, zum Beispiel LOCTITE 243, bestreichen.
- Schraube einsetzen und mit **30 Nm** festziehen.
- Elektrische Stecker aufstecken. Auf korrekte Verlegung der Kabel achten.
- Airbageinheit einbauen, siehe entsprechendes Kapitel.
- Auf ebener Straße kontrollieren, ob das Lenkrad in Mittelstellung steht, gegebenenfalls Lenkrad umsetzen.
- Hupe und, falls vorhanden, Radiofernbedienung sowie Lenkradheizung auf Funktion prüfen.

Spurstangenkopf aus- und einbauen

Ausbau

- Spurstangenspiel prüfen: Fahrzeug vorn aufbocken, die Räder müssen frei hängen. Räder und Spurstangen bewegen. Dabei darf kein Spiel vorhanden sein.

> **Sicherheitshinweis**
> Beim Aufbocken des Fahrzeugs besteht Unfallgefahr! Hinweise im Kapitel »Fahrzeug aufbocken« beachten.

- Reifen-Laufrichtung mit Pfeil am Reifen markieren. Radmuttern lösen. Fahrzeug vorn aufbocken und Rad abnehmen. **Achtung:** Unbedingt Hinweise im Kapitel »Rad aus- und einbauen« beachten.

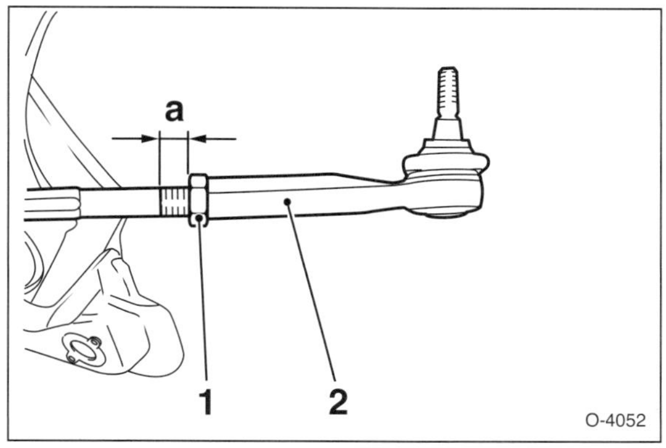

- Aufschraubtiefe –a– des Spurstangenkopfes –2– auf der Spurstange messen und notieren. 1 – Kontermutter.

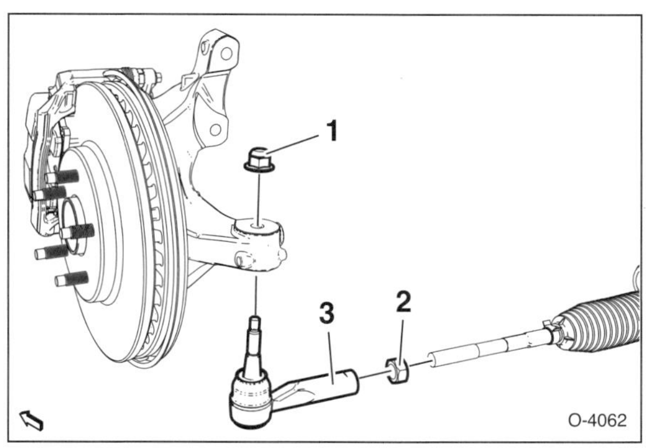

- Mutter –1– bis zum Ende des Gewindes abschrauben, sodass sich beim Herausdrücken des Gelenks aus dem Achsschenkel der Ausdrücker auf der Mutter und nicht auf dem Gewinde des Gelenkzapfens abstützen kann. 2 – Kontermutter, 3 – Spurstangenkopf,

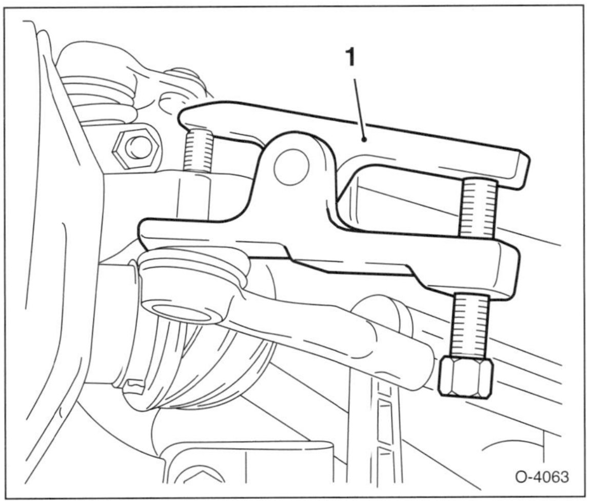

- Spurstangenkopf mit handelsüblichem Ausdrücker –1–, zum Beispiel HAZET 1790-7, aus dem Achsschenkel herausdrücken. **Hinweis:** In der Abbildung ist die Mutter des Spurstangenkopfs nicht dargestellt.
- Mutter für Spurstangenkopf abschrauben.
- Kontermutter –2– lösen, dabei mit Gabelschlüssel –3– den Spurstangenkopf gegenhalten.
- Spurstangenkopf abschrauben. Dabei die Anzahl der Umdrehungen für den späteren Einbau notieren.

Einbau

- Spurstangenkopf mit der gleichen Anzahl an Umdrehungen wie beim Ausbau auf die Spurstange aufschrauben. Kontermutter handfest anschrauben. Das Maß für die Aufschraubtiefe, welches beim Ausbau notiert wurde, überprüfen.
- Spurstangenkopf am Achsschenkel einsetzen und mit neuer selbstsichernder Mutter und **35 Nm** festziehen.
- Kontermutter für Spurstangenkopf mit **60 Nm** festziehen, dabei an der Abflachung am Spurstangenkopf gegenhalten.
- Reifen-Laufrichtung beachten, Rad anschrauben, Fahrzeug ablassen, erst dann Radmuttern über Kreuz mit **140 Nm** festziehen. **Achtung:** Unbedingt Hinweise im Kapitel »Rad aus- und einbauen« beachten.
- Spur in der Fachwerkstatt überprüfen und gegebenenfalls einstellen lassen.

Manschette am Lenkgetriebe aus- und einbauen

Ausbau

- Spurstangenkopf ausbauen, siehe entsprechendes Kapitel.

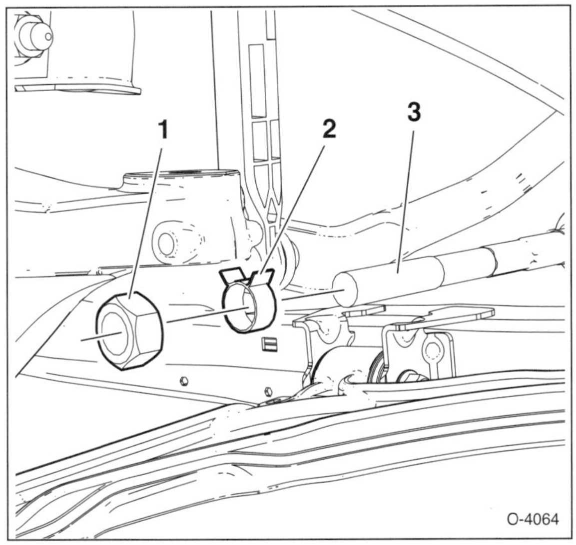

- Kontermutter –1– für Spurstangenkopf von der Spurstange –3– abschrauben.
- Spurstange vor Ausbau der Manschette von Verschmutzungen säubern.
- Einbaulage der Klemmschellen an der Lenkmanschette notieren.
- Klemmschelle –2– am kleinen Durchmesser der Manschette öffnen und abnehmen.

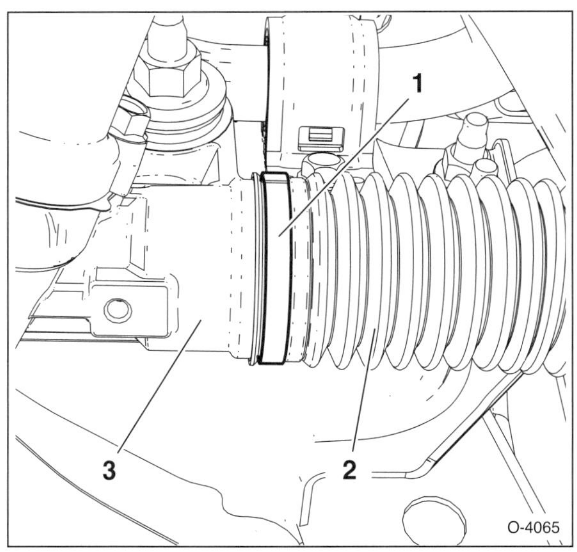

- Klemmschelle –1– am großen Durchmesser der Manschette –2– öffnen und abnehmen. 3 – Lenkgetriebe.

- Manschette am Lenkgetriebe lösen und über die Spurstange abziehen.
- Spurstange auf Korrosion prüfen, gegebenenfalls ersetzen.

Einbau

- Spurstange reinigen. Gewinde der Spurstange mit Klebeband abkleben, damit die Manschette beim Aufziehen nicht beschädigt wird. Spurstange leicht einfetten.

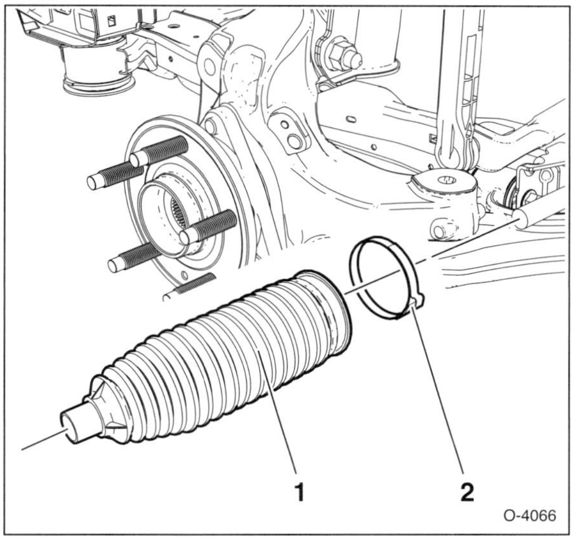

- Neue Manschette –1– mit neuer Klemmschelle –2– über die Spurstange aufziehen. Darauf achten, dass die Manschette in den Nuten des Lenkgetriebes und der Spurstange richtig sitzt.
- Sicherstellen, dass die Manschette nicht verdreht ist.

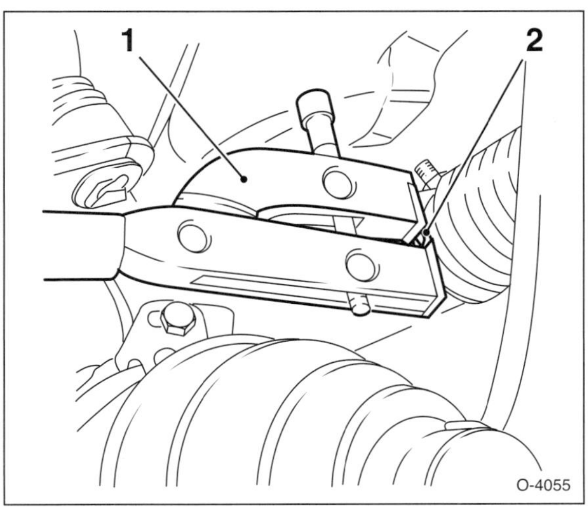

- Innere Klemmschelle –2– entsprechend den beim Ausbau angebrachten Markierungen ausrichten und mit einer Klemmzange –1–, zum Beispiel HAZET 1847, spannen.
- Äußere Klemmschelle zusammendrücken.
- Kontermutter auf die Spurstange aufschrauben und Spurstangenkopf einbauen, siehe entsprechendes Kapitel.

Räder und Reifen

Der ASTRA/ZAFIRA ist je nach Modell und Ausstattung mit Rädern unterschiedlicher Größe ausgerüstet. Sofern Reifen montiert werden, die nicht in den Fahrzeugpapieren vermerkt sind, müssen sie in der EG-Übereinstimmungsbescheinigung (CoC = Certificate of Conformity) zum Fahrzeug stehen. Die Bescheinigung oder eine Kopie davon ist dann grundsätzlich im Fahrzeug mitzuführen.

Neben der Felgenbreite und dem Felgendurchmesser sind bei einem Wechsel der Felge auch die Einpresstiefe und der Lochkreisdurchmesser zu beachten. Die Einpresstiefe ist das Maß von der Felgenmitte (= Mitte der Reifenspur) bis zur Anlagefläche der Radschüssel an die Radnabe/Bremstrommel. Der Lochkreisdurchmesser gibt den Durchmesser des Kreises an, an dem die Radbolzen angeordnet sind.

Alle Scheibenräder sind als Hump-Felgen ausgelegt. Der Hump ist ein in die Felgenschulter eingepresster Wulst, der auch bei extrem scharfer Kurvenfahrt nicht zulässt, dass der schlauchlose Reifen von der Felge gedrückt wird.

Reifenfülldruck

Der Reifenfülldruck wird vom Automobilhersteller in Abhängigkeit verschiedener Parameter festgelegt. Dazu zählen unter anderem die Fahrzeugbeladung und die Fahrzeug-Höchstgeschwindigkeit. Vom Werk sind für den ASTRA J unterschiedliche Reifendimensionen und Felgengrößen zugelassen. Die vorliegende Reifentabelle listet nur einen Querschnitt möglicher Reifen-/Felgenkombinationen auf. Eine komplette Liste aller zugelassenen Reifen und Felgen hat jede OPEL-Fachwerkstatt.

Achtung: Es dürfen nur die Reifen und Felgen montiert werden, die in den Fahrzeugpapieren aufgeführt sind.

Für die Lebensdauer der Reifen und die Fahrzeugsicherheit ist das Einhalten des Reifenfülldrucks von großer Wichtigkeit. Reifenfülldruck deshalb alle 4 Wochen und vor jeder längeren Fahrt prüfen (auch am Reserverad).

Hinweis: Die Reifenfülldruckwerte stehen auf einem Aufkleber an der Türanschlagsäule der Fahrertür.

- Reifenfülldruckangaben beziehen sich auf **kalte** Reifen. Der sich bei längerer Fahrt einstellende und um ca. 0,2 bis 0,4 bar höhere Überdruck darf nicht reduziert werden. **Winterreifen** (Bezeichnung M+S) können mit einem um **0,1 bar höheren Überdruck** als Sommerreifen gefahren werden. Auf jeden Fall müssen die Reifenfülldrücke bei Winterreifen entsprechend den Vorgaben des Reifenherstellers eingehalten werden. Unterliegen die Winterreifen einer Geschwindigkeitsbeschränkung, muss ein Hinweis im Blickfeld des Fahrers angebracht werden (§ 36, Absatz 1 StVZO).
- Bei **Anhängerbetrieb** Reifenfülldruck auf den unter »volle Zuladung« angegebenen Wert erhöhen. Reifenfülldruck der Anhängerbereifung ebenfalls kontrollieren.
- Der Reifenfülldruck für das Reserverad, falls vorhanden, entspricht dem höchsten für das Fahrzeug vorgesehenen Fülldruck.

Reifenfülldruck für eine Auswahl von Motor-Reifen-Kombinationen des OPEL ASTRA/ZAFIRA

Modell	Motor	Reifengröße	Reifenfülldruck (Überdruck) in bar					
			halbe Zuladung		ECO*		volle Zuladung	
			vorn	hinten	vorn	hinten	vorn	hinten
ASTRA J	A14XER, A14XEL A14NET, A14NEL, A16XER A13DTE	205/55 R 16 205/60 R 16 215/50 R 17 225/45 R 17	2,2	2,2	2,7	2,7	2,3	2,7
	A16LET A17DT E/C/F/S/J/R A20DTH	205/65 R 16 215/60 R 16 225/50 R 17 235/45 R 18	2,3	2,3	2,7	2,7	2,4	2,8
ZAFIRA C	A14NEL, A14NET, LPG A18XEL, A18XER	215/60 R 16 225/50 R 17 235/45 R 18 235/40 R 19	2,2	2,2	2,6	2,6	2,3	2,4
ASTRA J / ZAFIRA C	Notrad	–	4,2	4,2	4,2	4,2	4,2	4,2

*) Der ECO-Reifenfülldruck dient dem Erreichen eines möglichst geringen Kraftstoffverbrauchs.

Reifen- und Scheibenrad-Bezeichnungen/Herstellungsdatum

Reifen-Bezeichnungen

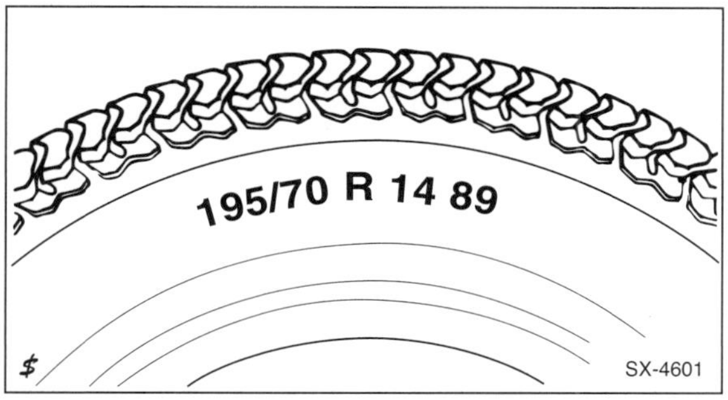

195 = Reifenbreite in mm.

/70 = Verhältnis Höhe zu Breite (die Höhe des Reifenquerschnitts beträgt 70 % von der Breite). Fehlt eine Angabe des Querschnittverhältnisses (zum Beispiel 155 R 13), so handelt es sich um das »normale« Höhen-Breiten-Verhältnis. Es beträgt bei Gürtelreifen 82 %.

R = Radial-Bauart (= Gürtelreifen).

14 = Felgendurchmesser in Zoll.

89 = Tragfähigkeits-Kennzahl.

H = Kennbuchstabe für zulässige Höchstgeschwindigkeit, H: bis 210 km/h. Der Geschwindigkeitsbuchstabe steht hinter der Reifengröße und gilt sowohl für Sommer- als auch für Winterreifen.

M+S = Winterreifen (M+S = Matsch und Schnee).

 = Nur mit diesem »Alpine-Symbol«, ein Bergpiktogramm mit Schneeflocke, sind die Reifen in der EU als Winterreifen zugelassen. Dies gilt auch für Ganzjahresreifen.

Geschwindigkeits-Kennbuchstabe

Kennbuchstabe	Zulässige Höchstgeschwindigkeit
Q	160 km/h
S	180 km/h
T	190 km/h
H	210 km/h
V	240 km/h
ZR	über 240 km/h

Achtung: Steht hinter der Reifenbezeichnung das Wort »reinforced«, handelt es sich um einen Reifen in verstärkter Ausführung, beispielsweise für Vans und Transporter.

Reifen-Herstellungsdatum

Das Herstellungsdatum steht auf dem Reifen im Hersteller-Code.

Beispiel: DOT CUL2 UM8 1912 TUBELESS

DOT = Department of Transportation (US-Verkehrsministerium)

CU = Kürzel für Reifenhersteller

L2 = Reifengröße

UM8 = Reifenausführung

1912 = Herstellungsdatum = 19. Produktionswoche 2012.

TUBELESS = schlauchlos (TUBETYPE = Schlauchreifen)

Achtung: Neureifen müssen seit 10/98 zusätzlich mit einer ECE-Prüfnummer an der Reifenflanke versehen sein. Diese Prüfnummer weist nach, dass der Reifen dem ECE-Standard entspricht. Werden Reifen seit 10/98 **ohne** ECE-Prüfnummer montiert, erlischt die Allgemeine Betriebserlaubnis (ABE) des Fahrzeuges.

Scheibenrad-Bezeichnungen

Beispiel : 5½J x 15 H2, ET 42, LK 5/115

5½ = Maulweite (Innenbreite) der Felge in Zoll.

J = Kennbuchstabe für Höhe und Kontur des Felgenhorns (B = niedrigere Hornform).

x = Kennzeichen für einteilige Tiefbettfelge.

15 = Felgen-Durchmesser in Zoll.

H2 = Felgenprofil an Außen- und Innenseite mit Hump-Schulter (Hump = Sicherheitswulst, damit der Reifen nicht von der Felge rutscht).

ET 42 = Einpresstiefe: 42 mm. Das Maß gibt in mm an, wie weit die Felgenanschraubfläche von der Felgenmitte entfernt ist.

LK 5 = Die Felge ist in diesem Beispiel mit 5 Schrauben befestigt.

/115 = Der Lochkreisdurchmesser, auf dem die Schrauben angeordnet sind, beträgt 115 mm.

Profiltiefe messen

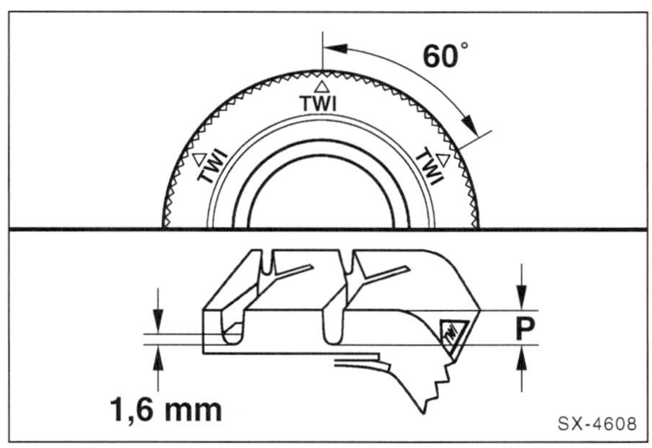

Reifen dürfen aufgrund gesetzlicher Vorschriften bis zu einer Profiltiefe von 1,6 mm abgefahren werden, und zwar an der gesamten Reifenlauffläche gemessen. Aus Sicherheitsgründen empfiehlt es sich, die Sommerreifen bereits bei einer Profiltiefe von 2 mm und die Winterreifen bei einer Profiltiefe von 4 mm auszutauschen.

Die Tiefe des Reifenprofils an den Hauptprofilrillen mit dem stärksten Verschleiß messen. Im Profilgrund der Originalbereifung sind Abnutzungsindikatoren vorhanden. An den Reifenflanken kennzeichnen Buchstaben (TWI = **T**read **W**ear **I**ndicator) oder Dreiecksymbole die Lage der Verschleißanzeiger. Die Flächen der Abnutzungsindikatoren haben eine Höhe von 1,6 mm. Sie dürfen nicht in die Messung mit einbezogen werden. Für die Messwerte entscheidend ist das Maß an der Stelle mit der geringsten Profiltiefe –P–.

Auswuchten von Rädern

Die serienmäßigen Räder werden im Werk ausgewuchtet. Das Auswuchten ist notwendig, um unterschiedliche Gewichtsverteilung und Materialungenauigkeiten auszugleichen. Im Fahrbetrieb macht sich die Unwucht durch Trampel- und Flattererscheinungen bemerkbar. Das Lenkrad beginnt dann bei höherem Tempo zu zittern.

In der Regel tritt dieses Zittern nur in einem bestimmten Geschwindigkeitsbereich auf und verschwindet wieder bei niedrigerer oder höherer Geschwindigkeit.

Solche Unwuchterscheinungen können mit der Zeit zu Schäden an Achsgelenken, Lenkgetriebe und Stoßdämpfern sowie am Reifenprofil führen.

Räder nach jeder Reifenreparatur und nach jeder Montage eines neuen Reifens auswuchten lassen, da sich durch Abnutzung und Reparatur die Gewichts- und Materialverteilung am Reifen ändert.

Schneeketten

Schneeketten sind nur an den **Vorderrädern** zulässig. Um Beschädigungen an den Radvollblenden zu vermeiden, sollten diese bei Schneekettenbetrieb abgenommen werden. Nach Entfernen der Schneeketten, Radvollblenden wieder montieren.

Aus technischen Gründen ist die Verwendung von Schneeketten nur mit bestimmten Reifen-/Felgenkombinationen zulässig, siehe Bedienungsanleitung. Auf dem Notrad keine Schneeketten auflegen.

Achtung: Nur feingliedrige Schneeketten aufziehen, die an der Lauffläche und an den Reifeninnenseiten inklusive Schloss maximal 15 mm auftragen.

Mit Schneeketten darf in Deutschland nicht schneller als **50 km/h** gefahren werden. Auf schnee- und eisfreien Straßen Schneeketten abnehmen. Nur feingliedrige Schneeketten verwenden.

Rad aus- und einbauen

Ausbau

Hinweis: Leichtmetallfelgen sind durch einen Klarlacküberzug gegen Korrosion geschützt. Beim Radwechsel darauf achten, dass die Schutzschicht nicht beschädigt wird, andernfalls mit Klarlack ausbessern.

- Reifen-Laufrichtung mit Kreide durch einen Pfeil am Reifen markieren.
- Fahrzeug gegen Wegrollen sichern. Dazu Handbremse anziehen, Rückwärtsgang oder 1. Gang einlegen. Bei Fahrzeugen mit Automatikgetriebe Wählhebel in Stellung »P« legen. Außerdem einen Keil hinter das diagonal gegenüberliegende Rad legen. Dabei Keil immer an der von der Aufbockstelle weg zeigenden Seite unterlegen.

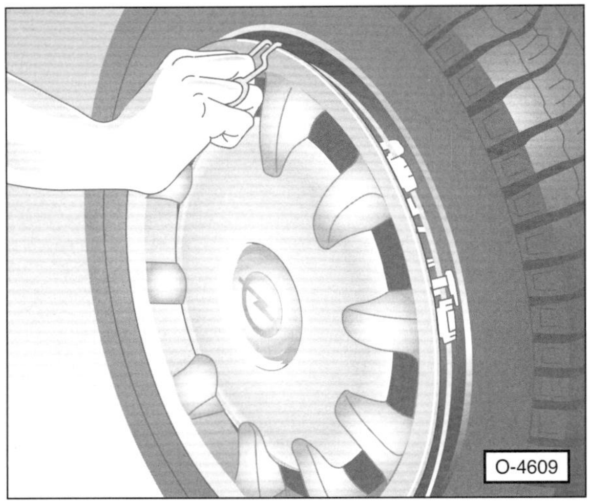

O-4609

- **Räder mit Radvollblende:** Radmutternkappen mit einem kleinen Schraubendreher lösen und abnehmen. Für das Abziehen der Radblende gibt es ein spezielles Werkzeug, welches dem Bordwerkzeug beigelegt ist. Fehlt das Werkzeug zum Lösen der Radkappe, Schraubendreher an der seitlichen Aussparung der Radkappe ansetzen.
- **Leichtmetallräder:** Radmutternkappen mit einem kleinen Schraubendreher ausrasten und abnehmen. Dabei zum Schutz der Felge weichen Lappen zwischen Schraubendreher und Leichtmetallrad legen.

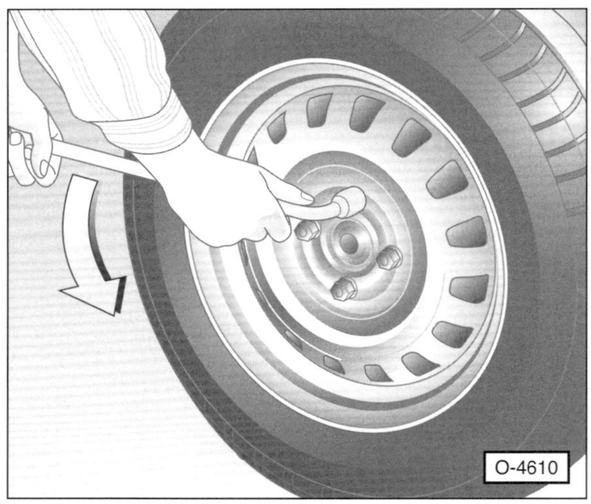

O-4610

- **Radmuttern ½ Umdrehung** lockern, nicht abschrauben.

Achtung: Radmuttern lösen, wenn das Fahrzeug auf dem Boden steht. Dabei müssen ein Gang eingelegt und die Handbremse angezogen sein. Zum Lösen keinen Drehmomentschlüssel verwenden.

Sicherheitshinweis
Beim Aufbocken des Fahrzeugs besteht Unfallgefahr! Hinweise im Kapitel »Fahrzeug aufbocken« beachten.

- Fahrzeug mit dem Wagenheber so weit anheben, bis das Rad vom Boden abgehoben hat, siehe Seite 52.
- Radmuttern abschrauben und Rad abnehmen. Dabei Muttern so ablegen, dass sie nicht verschmutzen.

Einbau

- Zum Schutz gegen das Festrosten des Rades Zentriersitz der Felge an der Radnabe vorn und hinten vor jeder Montage des jeweiligen Rades dünn mit Wälzlagerfett einfetten.
- Verschmutzte Muttern und Gewinde der Radbolzen reinigen. Gewinde von Radmuttern und Radbolzen sowie Kegel der Radmuttern **nicht** fetten oder ölen.

Achtung: Korrodierte oder schwergängige Muttern beziehungsweise Radbolzen umgehend erneuern. Bis dahin vorsichtshalber nur mit mäßiger Geschwindigkeit fahren.

- Rad entsprechend der beim Ausbau angebrachten Laufrichtungs-Markierung ansetzen.
- Radmuttern anschrauben und leicht mit etwa **50 Nm** über Kreuz anziehen.
- Fahrzeug absenken und Wagenheber entfernen.
- Radmuttern über Kreuz in mehreren Durchgängen anziehen. Zum Festziehen der Radmuttern sollte stets ein Drehmomentschlüssel verwendet werden. Dadurch wird sichergestellt, dass die Radmuttern gleichmäßig und fest angezogen sind. **Das Anzugsdrehmoment für die Radmuttern beträgt für Stahl- und Leichtmetallfelgen 140 Nm.**

Achtung: Wurden die Radmuttern nicht mit einem Drehmomentschlüssel festgezogen, unbedingt das Anzugsdrehmoment in einer Werkstatt kontrollieren lassen. Durch einseitiges oder unterschiedlich starkes Anziehen der Radmuttern können das Rad oder die Radnabe verspannt werden.

- **Fahrzeuge mit Radvollblende:** Felge im Bereich der Halteklammern säubern. Radblende im Bereich des Ventilausschnittes zuerst aufdrücken. Dabei auf das Ventilsymbol an der Rückseite der Blende achten. Radkappe/Radvollblende gegebenenfalls mit dem Handballen aufschlagen. Wenn vorhanden, Kappen auf die Radmuttern aufdrücken.
- **Leichtmetallräder:** Kappen auf die Radmuttern aufdrücken.
- Nach dem Reifenwechsel unbedingt Reifenfülldruck prüfen und gegebenenfalls korrigieren.

Achtung: Nach ca. **100 km Fahrt** Radmuttern über Kreuz mit **140 Nm nachziehen**.

Austauschen der Räder/ Laufrichtung beachten

Es ist nicht zweckmäßig, bei einem Austausch der Räder die Drehrichtung der Reifen zu ändern, da sich die Reifen nur unter vorübergehend stärkerem Verschleiß der veränderten Drehrichtung anpassen. Bei einigen Reifen ist die Laufrichtung durch einen Pfeil auf der Reifenflanke vorgegeben, die Laufrichtung ist dann unbedingt einzuhalten.

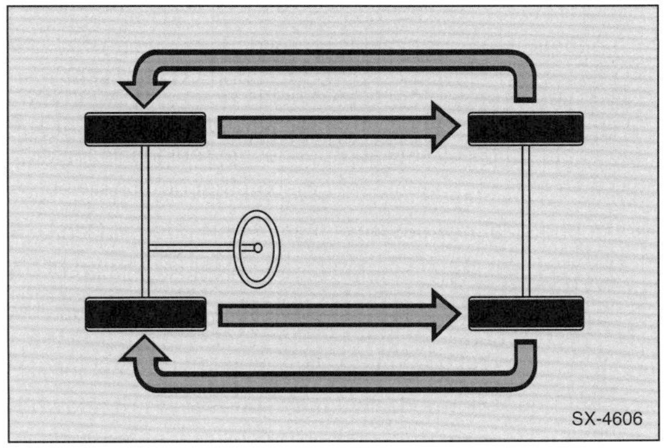

Bei größerem Verschleiß der vorderen Reifen empfiehlt es sich, die Vorderräder gegen die Hinterräder zu tauschen. Dadurch haben alle 4 Reifen etwa die gleiche Lebensdauer.

Sicherheitshinweise
Reifen nicht einzeln, sondern mindestens achsweise ersetzen. Reifen mit der größeren Profiltiefe **vorn** montieren. Am Fahrzeug dürfen nur Reifen gleicher Bauart verwendet werden. An einer Achse dürfen nur Reifen desselben Herstellers und mit der selben Profilausführung eingebaut werden. Reifen, die älter als 6 Jahre sind, nur im Notfall und bei vorsichtiger Fahrweise verwenden. Keine gebrauchten Reifen verwenden, deren Ursprung nicht bekannt ist. Beim Erneuern von Felge oder Reifen grundsätzlich das Gummiventil ersetzen.

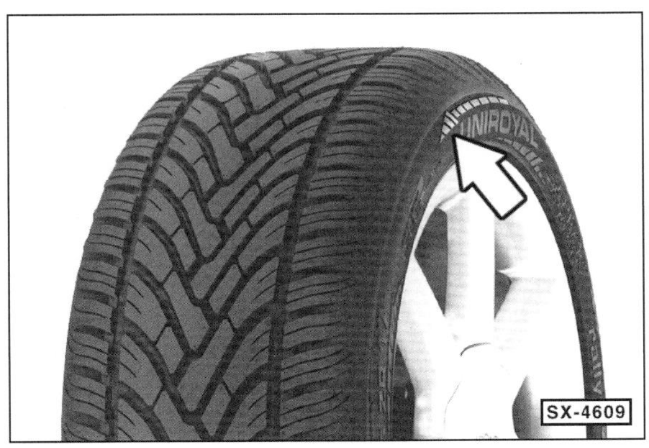

- Bei Reifen **mit laufrichtungsgebundenem Profil,** erkennbar an Pfeilen auf der Reifenflanke in Laufrichtung, **muss** die Laufrichtung des Reifens **unbedingt** eingehalten werden. Dadurch werden optimale Laufeigenschaften bezüglich Aquaplaning, Haftvermögen, Geräusch und Abrieb sichergestellt.

Bremsanlage

Aus dem Inhalt:

- **Bremsbeläge wechseln**
- **Bremsscheibe prüfen**
- **Bremsscheibe wechseln**
- **Bremse entlüften**
- **Handbremse einstellen**
- **ABS/TC/ESP**
- **Handbremsseil**
- **Bremskraftverstärker**
- **Bremsschlauch ersetzen**

Das Arbeiten an der Bremsanlage erfordert peinliche Sauberkeit und exakte Arbeitsweise. Falls die nötige Arbeitserfahrung fehlt, sollten Reparaturarbeiten an der Bremsanlage von einer Fachwerkstatt durchgeführt werden.

Das Bremssystem besteht aus dem Hauptbremszylinder, dem Bremskraftverstärker und den Scheibenbremsen für die Vorder- und Hinterräder. Das hydraulische Bremssystem ist in zwei Kreise aufgeteilt, die diagonal wirken. Ein Bremskreis ist mit den Bremssätteln vorn rechts/hinten links verbunden, der zweite mit den Bremssätteln vorn links/hinten rechts. Dadurch kann bei Ausfall eines Bremskreises, zum Beispiel durch ein Leck, das Fahrzeug über den anderen Bremskreis zum Stehen gebracht werden. Der Druck für beide Bremskreise wird im Tandem-Hauptbremszylinder über das Bremspedal aufgebaut.

Der Bremsflüssigkeitsbehälter befindet sich im Motorraum über dem Hauptbremszylinder. Er versorgt das Bremssystem wie auch das hydraulische Kupplungssystem mit Bremsflüssigkeit.

Der Bremskraftverstärker speichert beim Benzinmotor einen Teil des vom Motor erzeugten Ansaugunterdruckes. Beim Betätigen des Bremspedals wird dann die Pedalkraft durch den Unterdruck verstärkt. Bei einigen Motoren wird die Unterdruckversorgung ganz oder teilweise durch eine **Vakuumpumpe** übernommen. Bei einigen Benzinmotoren übernimmt das eine elektrische Pumpe. Der Dieselmotor besitzt in der Regel eine mechanische Vakuumpumpe, die am Zylinderkopf angeflanscht ist und über die Nockenwelle angetrieben wird.

Die Bremsbeläge sind Bestandteil der Allgemeinen Betriebserlaubnis (ABE), außerdem sind sie vom Werk auf das jeweilige Fahrzeugmodell abgestimmt. Es dürfen deshalb nur die vom Automobilhersteller beziehungsweise vom Kraftfahrtbundesamt (KBA) freigegebenen Bremsbeläge verwendet werden. Diese Bremsbeläge haben eine KBA-Freigabenummer.

Hinweis: Während des Fahrens auf stark regennassen Fahrbahnen sollte die Fußbremse von Zeit zu Zeit betätigt werden, um die Bremsscheiben von Rückständen zu befreien. Während der Fahrt wird zwar durch die Zentrifugalkraft das Wasser von den Bremsscheiben geschleudert, doch bleibt teilweise ein dünner Film von Fett und Verschmutzungen zurück, der das Ansprechen der Bremse vermindert.

Eingebrannter Schmutz auf den Bremsbelägen und zugesetzte Regennuten in den Bremsbelägen führen zur Riefenbildung auf den Bremsscheiben. Dadurch kann eine verminderte Bremswirkung eintreten.

Sicherheitshinweis
Beim Reinigen der Bremsanlage fällt Bremsstaub an, der zu gesundheitlichen Schäden führen kann. Beim Reinigen der Bremsanlage Bremsstaub nicht einatmen.

ABS/TC/ESP Plus

Grundsätzlich dürfen Arbeiten an den elektronisch gesteuerten Brems- und Fahrwerkskomponenten nur von dafür ausgebildeten Fachkräften ausgeführt werden.

ABS: Das **A**nti-**B**lockier-**S**ystem verhindert bei scharfem Abbremsen das Blockieren der Räder, dadurch bleibt das Fahrzeug lenkbar. Serienmäßig ist der OPEL ASTRA/ZAFIRA mit ABS, Bremsassistent und der Kurvenbremskontrolle CBC (**C**ornering **B**rake **C**ontrol) ausgestattet.

TC: Der OPEL ASTRA/ZAFIRA ist serienmäßig mit einer Traktionskontrolle (**T**raction **C**ontrol) ausgerüstet. Sie verhindert, dass die Antriebsräder beim Gasgeben durchdrehen, zum Beispiel bei Nässe. Die TC kontrolliert den Schlupf der Räder, reduziert sofort die Motorleistung und bremst gegebenenfalls das betroffene Rad ab. Die TC/ESP-Warnleuchte im Kombiinstrument blinkt, wenn ein Rad die Schlupfgrenze erreicht hat.

ESP Plus: Der OPEL ASTRA/ZAFIRA ist serienmäßig mit dem **E**lektronischen **S**tabilitäts-**P**rogramm ausgerüstet. Über die ABS-Funktionen hinaus verringert ESP das Schleuderrisiko, auch wenn gerade nicht Gas gegeben oder gebremst wird. Im ESP sind die Funktionen der Traktionskontrolle (TC) integriert.

In schnell durchfahrenen Kurven oder bei abrupten Ausweichmanövern erkennt ESP, ob das Fahrzeug auszubrechen droht. Über Sensoren erfasst ESP den Lenkwinkel und die Drehgeschwindigkeit des Fahrzeugs um die Hochachse. Unstabile Fahrzustände werden sofort erkannt. Durch das Abbremsen einzelner Räder und die Regulierung der Motorleistung wird das Fahrzeug bestmöglichst auf dem gewünschten Kurs gehalten.

Ist die ESP-Regelung aktiv, wird dies durch Blinken der TC/ESP-Warnleuchte im Kombiinstrument signalisiert. Die Fahrweise sollte dann den Straßenverhältnissen angepasst werden, sonst besteht Unfallgefahr.

Hinweise zur ABS/TC/ESP-Anlage

Eine Sicherheitsschaltung im elektronischen Steuergerät sorgt dafür, dass sich die Anlage bei einem Defekt (zum Beispiel Kabelbruch) oder bei zu niedriger Betriebsspannung (Batteriespannung unter 10 Volt) selbst abschaltet. Angezeigt wird dies durch das Aufleuchten der Kontrolllampen im Kombiinstrument. Die herkömmliche Bremsanlage bleibt dabei in Betrieb. Das Fahrzeug verhält sich dann beispielsweise beim Bremsen so, als ob keine ABS-Anlage eingebaut wäre.

Sicherheitshinweis
Wenn während der Fahrt die Kontrollleuchten für das ABS und für die Bremsanlage leuchten, können bei starkem Abbremsen die Hinterräder blockieren, da die Bremskraftverteilung ausgefallen ist.

Leuchten eine oder mehrere Kontrolllampen im Kombiinstrument während der Fahrt auf, folgende Punkte beachten:

- Fahrzeug kurz anhalten, Motor abstellen und wieder starten.
- Batteriespannung prüfen. Wenn die Spannung unter 10,5 Volt liegt, Batterie laden.

Achtung: Wenn die Kontrolllampen am Anfang einer Fahrt aufleuchten und nach einiger Zeit wieder erlöschen, deutet das darauf hin, dass die Batteriespannung zunächst zu gering war, bis sie sich während der Fahrt durch Ladung über den Generator wieder erhöht hat.

- Prüfen, ob die Batterieklemmen richtig festgezogen sind und einwandfreien Kontakt haben.
- Fahrzeug aufbocken, Räder abnehmen, elektrische Leitungen zu den Drehzahlfühlern auf äußere Beschädigungen (Scheuerstellen) prüfen. Weitere Prüfungen der ABS/TC/ESP-Anlage sollten von einer Fachwerkstatt durchgeführt werden.

Achtung: Vor Schweißarbeiten mit einem elektrischen Schweißgerät muss der Stecker von der ABS-Steuereinheit im Motorraum abgezogen werden. Stecker nur bei ausgeschalteter Zündung abziehen. Bei Lackierarbeiten darf das Steuergerät auch kurzzeitig keiner Temperatur von mehr als +80° C belastet werden.

Elektrische Handbremse

Die Seilzüge der Handbremse werden von einem Motor angezogen. Dabei zieht der Motor den Seilzug für den rechten hinteren Bremssattel. Durch eine Ausgleichvorrichtung am Seilzug wird gleichzeitig der Bremshebel am linken Bremssattel angezogen. Der Elektromotor sitzt zusammen mit dem Steuergerät hinten im linken Radkasten hinter dem Innenkotflügel.

Zur Betätigung der Handbremse befindet sich in der Mittelkonsole ein Schalter. Durch Ziehen des Schalters nach oben wird die Feststellbremse aktiviert. Das Lösen der Bremse erfolgt durch Drücken des Schalters nach unten.

Technische Daten Bremsanlage

Scheibenbremse	**vorn**			**hinten**		
Radgröße	15-Zoll	16-Zoll	17-Zoll	15-Zoll	16-Zoll	17-Zoll
Bremsscheibendurchmesser	276 mm	300 mm	321 mm	268 mm	292 mm	315 mm
Bremsscheibendicke, neu	26 mm	26 mm	30 mm	12 mm	12 mm	23 mm
Bremsscheibendicke, Verschleißgrenze	23 mm	23 mm	27 mm	10 mm	10 mm	20 mm
Bremsbelagdicke, neu (ohne Rückenplatte)	12 mm	12 mm	12 mm	10,25 mm	10,25 mm	10,25 mm
Bremsbelag-Verschleißgrenze (ohne Rückenplatte)	2 mm	2 mm	2 mm	2 mm	2 mm	2 mm
Zulässige Riefentiefe der Bremsscheibe	0,4 mm	0,4 mm	0,4 mm	0,4 mm	0,4 mm	0,4 mm

Scheibenbremsbeläge vorn aus- und einbauen

Ausbau

Achtung: Bremsbeläge sind Bestandteil der Allgemeinen Betriebserlaubnis (ABE) und vom Werk auf das jeweilige Modell abgestimmt. Es dürfen deshalb nur die vom Automobilhersteller freigegebenen Bremsbeläge verwendet werden.

Achtung: Sollen die Bremsbeläge wieder verwendet werden, müssen sie beim Ausbau gekennzeichnet werden. Ein Wechsel der Beläge von der Außen- zur Innenseite oder vom rechten zum linken Rad ist nicht zulässig.

Achtung: Grundsätzlich alle Scheibenbremsbeläge einer Achse gleichzeitig ersetzen, auch wenn nur ein Belag die Verschleißgrenze erreicht hat.

- Füllstand im Bremsflüssigkeitsvorratsbehälter prüfen. Der Pegel sollte etwa in der Mitte zwischen Minimum- und Maximum-Marke oder etwas tiefer liegen. Liegt der Pegel über der Mitte zwischen Min- und Max-Marke, etwas Bremsflüssigkeit absaugen, bis die mittlere Füllhöhe erreicht ist. Andernfalls kann beim Zurückdrücken der Bremskolben Flüssigkeit aus dem Vorratsbehälter auslaufen.

Sicherheitshinweis
Beim Aufbocken des Fahrzeugs besteht Unfallgefahr! Hinweise im Kapitel »Fahrzeug aufbocken« beachten.

- Reifen-Laufrichtung mit Pfeil am Reifen markieren. Radmuttern lösen. Fahrzeug vorn aufbocken und Räder abnehmen. **Achtung:** Unbedingt Hinweise im Kapitel »Rad aus- und einbauen« beachten.

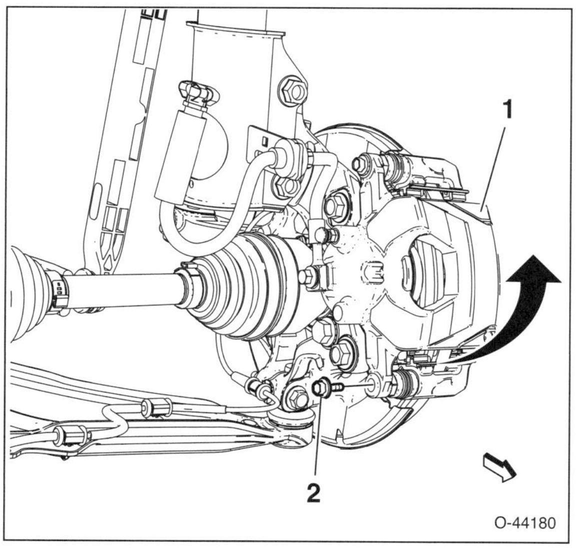

- Schraube –2– für unteren Bremssattel-Führungsbolzen herausdrehen. Dabei am Sechskant des Führungsstiftes gegenhalten.
- Bremssattel –1– nach oben klappen –Pfeil–. Dabei darauf achten, dass der Bremsschlauch nicht zu stark gedehnt oder verdreht wird.
- Bremssattel mit einem Draht in dieser Position fixieren.
- Einbaulage des Bremsbelag-Verschleißsensors am inneren Bremsbelag für den Einbau merken.

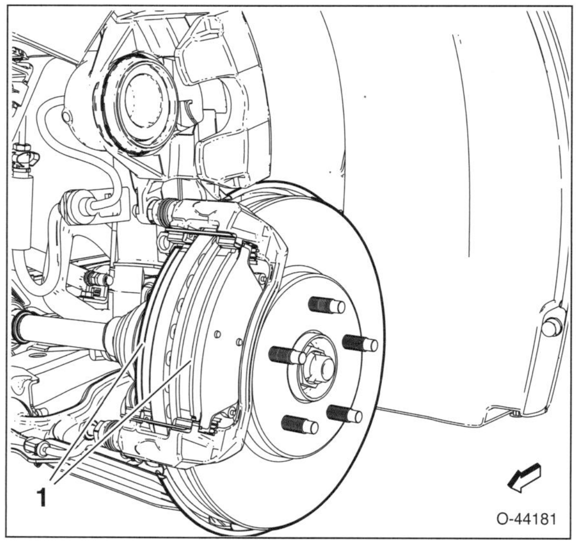

- Bremsbeläge –1– seitlich aus dem Bremssattelträger herausnehmen, dabei die Einbaulage der Bremsbeläge merken beziehungsweise markieren.

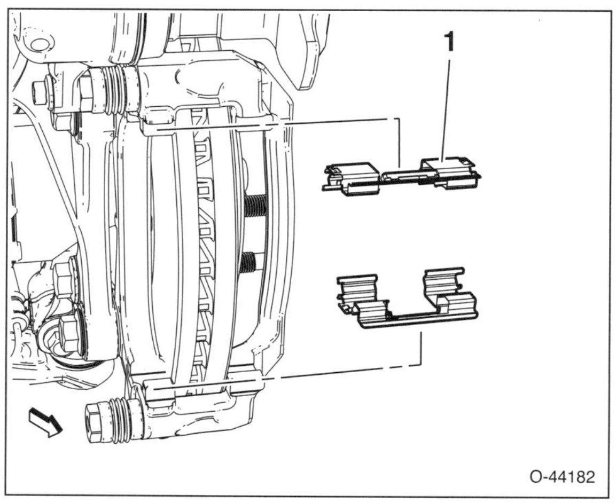

- 2 Haltebleche –1– oben und unten herausnehmen. Dabei Einbaulage merken.

Einbau

Achtung: Bei ausgebauten Bremsbelägen nicht auf das Bremspedal treten, sonst wird der Kolben aus dem Gehäuse herausgedrückt. In diesem Fall Bremssattel komplett ausbauen und Kolben in der Werkstatt einsetzen lassen.

- Vor Einbau der Beläge ist die Bremsscheibe durch Abtasten mit den Fingern auf Riefen zu untersuchen. Riefige Bremsscheiben können abgedreht werden (Werkstattarbeit), sofern sie noch eine ausreichende Dicke aufweisen. Grundsätzlich beide Bremsscheiben einer Achse auf gleiches Maß abdrehen lassen.
- Bremsscheibendicke messen, siehe entsprechendes Kapitel.

Achtung: Zum Reinigen der Bremse ausschließlich Spiritus verwenden. Führungsfläche beziehungsweise Sitz der Beläge im Gehäuseschacht mit einem Lappen reinigen. Keine scharfkantigen Werkzeuge verwenden.

- Staubkappe für Bremskolben auf Anrisse prüfen. Eine beschädigte Staubkappe umgehend ersetzen lassen, da eingedrungener Schmutz schnell zu Undichtigkeiten des Bremssattels führt. Der Bremssattel muss hierzu zerlegt werden (Werkstattarbeit).
- Bei hohem Bremsbelagverschleiß Leichtgängigkeit des Kolbens prüfen. Dazu einen Holzklotz in den Bremssattel einsetzen und durch Helfer langsam auf das Bremspedal treten lassen. Der Bremskolben muss sich leicht heraus- und hineindrücken lassen. Zur Prüfung muss der andere Bremssattel eingebaut sein. Darauf achten, dass der Bremskolben nicht ganz herausgedrückt wird. Angerosteten Bremskolben nur mit Bremsflüssigkeit oder Spiritus reinigen. Bei schwergängigem Kolben Bremssattel ersetzen.

Sicherheitshinweis

Zum Absaugen eine Entlüfter- oder Plastikflasche verwenden, die nur mit Bremsflüssigkeit in Berührung kommt. Keine Trinkflaschen verwenden! **Bremsflüssigkeit ist giftig und darf auf gar keinen Fall mit dem Mund über einen Schlauch abgesaugt werden. Saugheber verwenden.** Auch nach dem Belagwechsel darf die MAX-Marke am Bremsflüssigkeitsbehälter nicht überschritten werden, da sich die Flüssigkeit bei Erwärmung ausdehnt. Ausgelaufene Bremsflüssigkeit läuft am Hauptbremszylinder herunter, zerstört den Lack und führt zur Rostbildung.

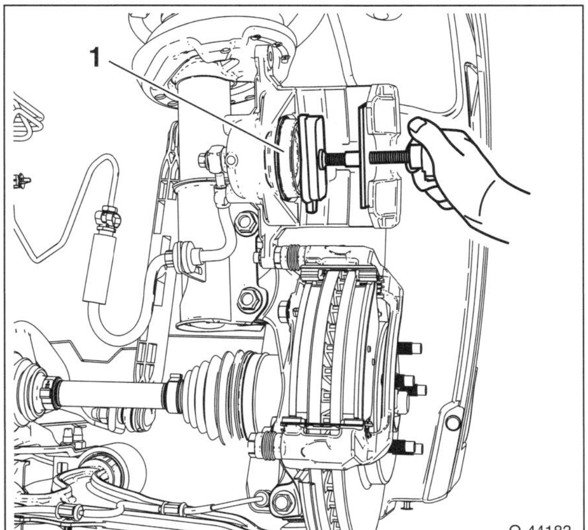

O-44183

- Bremskolben mit Rücksetzwerkzeug, zum Beispiel HAZET 4971-1, zurückdrücken.

SX-4403

Hinweis: Dazu kann ein Hartholzstab (Hammerstiel) verwendet werden, dabei jedoch darauf achten, dass der Kolben nicht verkantet wird und Kolbenfläche sowie Staubkappe nicht beschädigt werden.

- Führungsbolzen auf ungehinderte Beweglichkeit prüfen. Dazu Führungsbolzen innerhalb der Öffnungen in der Halterung nach innen und außen bewegen, ohne die Gleitelemente von den Schutzkappen zu lösen. Dabei ist Folgendes zu beachten:
  - ◆ Klemmende oder schwergängige Führungsbolzen
  - ◆ Lockere Teile in der Bremssattelhalterung
  - ◆ Gerissene oder anderweitig beschädigte Schutzkappen.

  Gegebenenfalls Führungsbolzen und/oder Manschetten des Bremssattels ersetzen.
- Vor dem Einsetzen neuer Bremsbeläge Bremsträger oben und unten sowie die Anlageflächen der Bremsklötze am Bremskolben und den gegenüberliegenden Flächen gründlich reinigen.
- Haltebleche, wie in Abbildung O-44186 gezeigt, in den Bremssattel einsetzen.

- Halterungen der Bremsbeläge dünn mit Hochtemperatur-Silikonfett bestreichen.
- Bremsbeläge in den Bremssattel einsetzen. Dabei den Bremsbelag mit integriertem Verschleißsensor innen montieren.
- Haltedraht am Bremssattel abnehmen und Bremssattel nach unten klappen.
- Schraube am unteren Führungsbolzen einsetzen und mit **28 Nm** festziehen. Dabei am Sechskant des Führungsstiftes gegenhalten.
- Reifen-Laufrichtung beachten, Räder anschrauben, Fahrzeug ablassen, erst dann Radmuttern über Kreuz mit **140 Nm** festziehen. **Achtung:** Unbedingt Hinweise im Kapitel »Rad aus- und einbauen« beachten.

Achtung: Bremspedal im Stand mehrmals kräftig niedertreten, bis fester Widerstand spürbar ist. Dadurch legen sich die Bremsbeläge an die Bremsscheiben an und nehmen einen dem Betriebszustand entsprechenden Sitz ein.

- Bei ausgeschaltetem Motor das Bremspedal schrittweise bis auf ca. ⅔ des Pedalweges durchtreten.
- Bremspedal langsam wieder lösen.
- 15 Sekunden warten, dann das Bremspedal erneut etwa ⅔ des Pedalweges durchtreten, bis Widerstand spürbar ist. Dadurch wird sichergestellt, dass der Bremskolben und die Bremsbeläge ihre Betriebsposition eingenommen haben.
- Bremsflüssigkeit im Vorratsbehälter prüfen, gegebenenfalls bis zur MAX-Marke auffüllen.
- Neue Bremsbeläge vorsichtig einbremsen, dazu Fahrzeug mehrmals von ca. 80 km/h auf 40 km/h mit geringem Pedaldruck abbremsen. Dazwischen Bremse etwas abkühlen lassen.

Achtung: Nach dem Einbau neuer Bremsbeläge müssen diese eingebremst werden. Während einer Fahrtstrecke von rund 200 km sollten unnötige Vollbremsungen unterbleiben.

Hinweis: Bremsbeläge müssen in einigen Kommunen als Sondermüll entsorgt werden. Die örtlichen Behörden geben darüber Auskunft, ob auch eine Entsorgung über den hausmüllähnlichen Gewerbemüll zulässig ist.

Achtung, Sicherheitskontrolle durchführen:

- ◆ Sind die Bremsschläuche festgezogen?
- ◆ Befindet sich der Bremsschlauch in der Halterung?
- ◆ Sind die Entlüftungsschrauben angezogen?
- ◆ Ist genügend Bremsflüssigkeit eingefüllt?
- ◆ Bei laufendem Motor Dichtheitskontrolle durchführen. Hierzu Bremspedal mit 200 bis 300 N (entspricht 20 bis 30 kg) etwa 10 Sekunden betätigen. Das Bremspedal darf nicht nachgeben. Sämtliche Anschlüsse auf Dichtheit kontrollieren.

Bremsbeläge hinten aus- und einbauen

Ausbau

Achtung: Bremsbeläge sind Bestandteil der Allgemeinen Betriebserlaubnis (ABE) und vom Werk auf das jeweilige Modell abgestimmt. Es dürfen deshalb nur die vom Automobilhersteller freigegebenen Bremsbeläge verwendet werden.

Achtung: Sollen die Bremsbeläge wieder verwendet werden, müssen sie beim Ausbau gekennzeichnet werden. Ein Wechsel der Beläge von der Außen- zur Innenseite oder vom rechten zum linken Rad ist nicht zulässig.

Achtung: Grundsätzlich alle Scheibenbremsbeläge einer Achse gleichzeitig ersetzen, auch wenn nur ein Belag die Verschleißgrenze erreicht hat.

- Füllstand im Bremsflüssigkeitsvorratsbehälter prüfen. Der Pegel sollte etwa in der Mitte zwischen Minimum- und Maximum-Marke oder etwas tiefer liegen. Liegt der Pegel über der Mitte zwischen Min- und MAX-Marke, etwas Bremsflüssigkeit absaugen, bis die mittlere Füllhöhe erreicht ist. Andernfalls kann beim Zurückdrücken der Bremskolben Flüssigkeit aus dem Vorratsbehälter auslaufen.
- Reifen-Laufrichtung mit Pfeil am Reifen markieren. Radmuttern lösen. Fahrzeug hinten aufbocken und Rad abnehmen. **Achtung:** Unbedingt Hinweise im Kapitel »Rad aus- und einbauen« beachten.

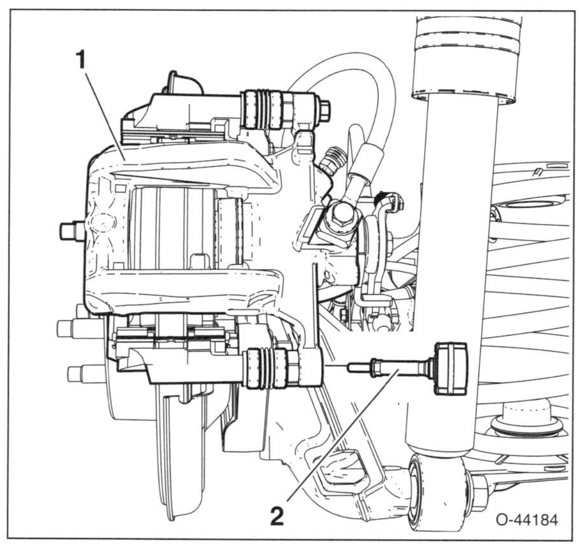

- Stehbolzen –2–, falls vorhanden mit Vibrationsdämpfer, unten am Bremssattel –1– aus dem Führungsbolzen herausschrauben. Dabei am Sechskant des Führungsbolzens gegenhalten.
- Bremssattel hochklappen und mit Draht am Aufbau so befestigen, dass der Bremsschlauch nicht auf Zug beansprucht wird.
- Stellung des Bremskolbens zum Bremssattel mit Filzstift markieren. Dazu gegenüber der Aussparung am Kolben eine Markierung am Bremssattel anbringen.

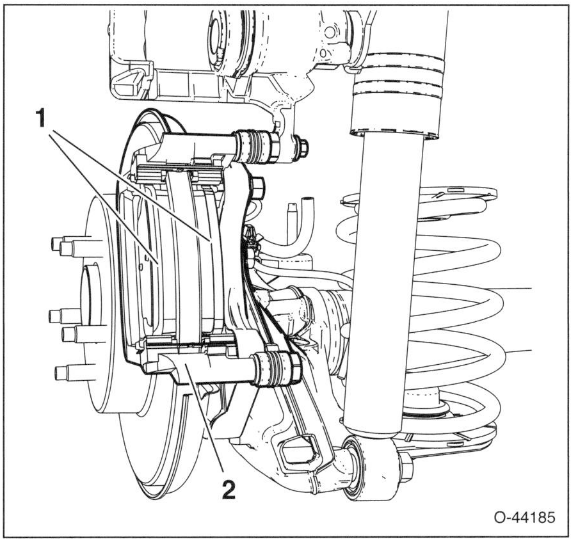

- Bremsbeläge –1– aus der Halterung –2– herausnehmen.

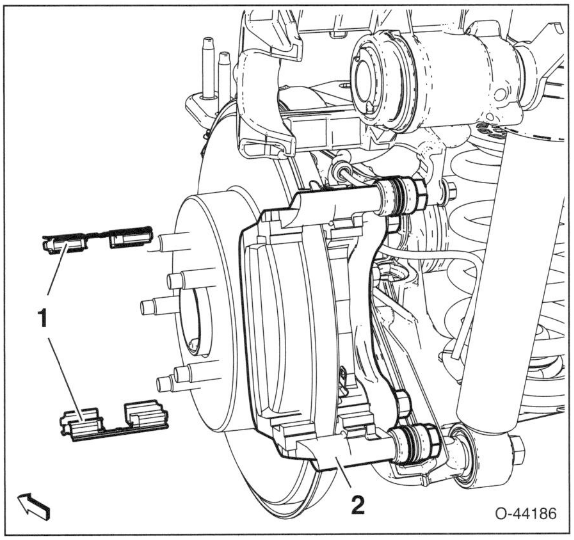

- Einbaulage der Haltefeder –1– merken und Haltefedern aus der Halterung im Bremsträger –2– herausnehmen.

Einbau

Achtung: Bei ausgebauten Bremsbelägen nicht auf das Bremspedal treten, sonst wird der Kolben aus dem Gehäuse herausgedrückt. In diesem Fall Bremssattel komplett ausbauen und Kolben in der Werkstatt einsetzen lassen.

- Vor Einbau der Beläge ist die Bremsscheibe durch Abtasten mit den Fingern auf Riefen zu untersuchen. Riefige Bremsscheiben können abgedreht werden (Werkstattarbeit), sofern sie noch eine ausreichende Dicke aufweisen. Grundsätzlich beide Bremsscheiben einer Achse auf gleiches Maß abdrehen lassen.
- Bremsscheibendicke messen, siehe entsprechendes Kapitel.

Achtung: Zum Reinigen der Bremse ausschließlich Spiritus verwenden. Führungsfläche beziehungsweise Sitz der Beläge im Gehäuseschacht mit einem Lappen reinigen. Keine scharfkantigen Werkzeuge verwenden. Besonders auf das Entfernen eventueller Klebefolienreste an den Anlageflächen der äußeren Bremsbeläge achten.

- Staubkappe für Bremskolben auf Anrisse prüfen. Eine beschädigte Staubkappe umgehend ersetzen lassen, da eingedrungener Schmutz schnell zu Undichtigkeiten des Bremssattels führt. Der Bremssattel muss hierzu zerlegt werden (Werkstattarbeit).

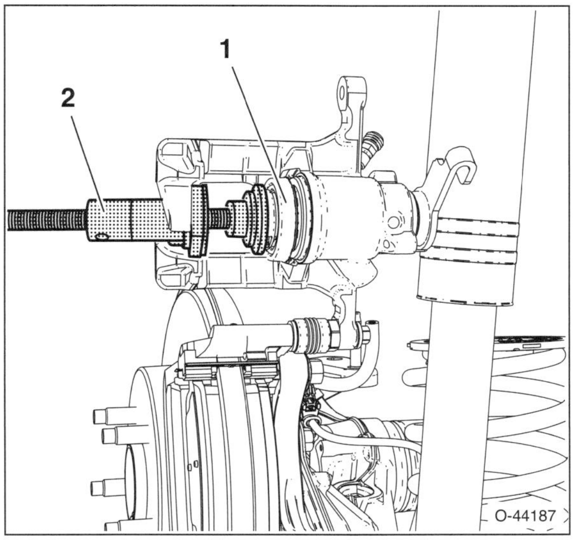

Achtung: Beim Zurückdrehen des Kolbens wird Bremsflüssigkeit aus dem Bremszylinder in den Vorratsbehälter gedrückt. Flüssigkeit im Behälter beobachten, eventuell Bremsflüssigkeit mit einem Saugheber absaugen.

- Bremskolben nur mit Rücksetzwerkzeug –1– in den Bremssattel zurückdrehen, zum Beispiel OPEL CH-6007b oder HAZET 4970/6. **Achtung:** Auf eventuell unterschiedliches Gewinde achten. Der Kolben muss in den Bremssattel hinein gedreht werden.
- Führungsbolzen auf ungehinderte Beweglichkeit prüfen. Dazu Führungsbolzen innerhalb der Öffnungen in der Halterung nach innen und außen bewegen, ohne die Gleitelemente von den Schutzkappen zu lösen. Dabei ist Folgendes zu beachten:
  - ◆ Klemmende oder schwergängige Führungsbolzen.
  - ◆ Lockere Teile in der Bremssattelhalterung.
  - ◆ Gerissene oder anderweitig beschädigte Schutzkappen.

  Gegebenenfalls Führungsbolzen und/oder Manschetten des Bremssattels ersetzen.
- Vor dem Einsetzen neuer Bremsbeläge Bremsträger oben und unten sowie die Anlageflächen der Bremsbeläge am Bremskolben und den gegenüberliegenden Flächen gründlich reinigen.
- Haltebleche, wie in Abbildung O-44186 gezeigt, in den Bremssattel einsetzen.
- Halterungen der Bremsbeläge dünn mit Hochtemperatur-Silikonfett bestreichen.

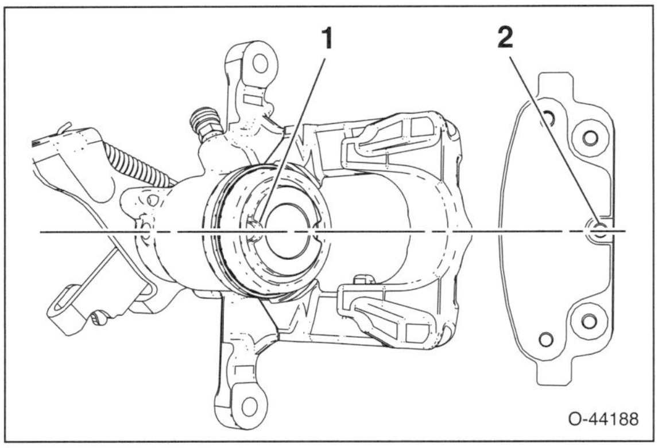

- Prüfen, ob sich der Bremskolben in der richtigen Position für den inneren Bremsbelag befindet, gegebenenfalls Kolben entsprechend verdrehen. Die Verdrehsicherung –2– des Bremsbelages muss beim Einbauen in die Aussparung –1– des Bremskolbens eingreifen.
- Bremsbeläge in den Bremssattel einsetzen. Dabei den Bremsbelag mit integriertem Verschleißsensor innen montieren.
- Haltedraht am Bremssattel abnehmen und Bremssattel nach unten klappen.
- Vibrationsdämpfer am unteren Führungsbolzen einsetzen und mit **28 Nm** festziehen. Dabei am Sechskant des Führungsstiftes gegenhalten.

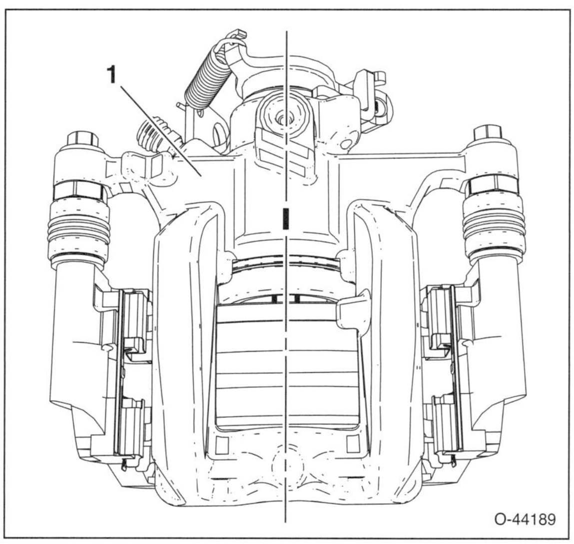

- Position der Aussparung am Bremskolben zur Markierung am Bremssattel prüfen. Gegebenenfalls inneren Bremsbelag erneut aus- und einbauen.
- Reifen-Laufrichtung beachten, Räder anschrauben, Fahrzeug ablassen, erst dann Radmuttern über Kreuz mit **140 Nm** festziehen. **Achtung:** Unbedingt Hinweise im Kapitel »Rad aus- und einbauen« beachten.
- Bei ausgeschaltetem Motor das Bremspedal schrittweise bis auf ca. ⅔ des Pedalweges durchtreten.
- Bremspedal langsam wieder lösen.
- 15 Sekunden warten, dann das Bremspedal erneut etwa ⅔ des Pedalweges durchtreten, bis Widerstand spürbar ist. Dadurch wird sichergestellt, dass der Bremskolben und die Bremsbeläge ihre Betriebsposition eingenommen haben.
- Bremsflüssigkeit im Vorratsbehälter prüfen, gegebenenfalls bis zur MAX-Marke auffüllen.
- Neue Bremsbeläge vorsichtig einbremsen, dazu Fahrzeug mehrmals von ca. 80 km/h auf 40 km/h mit geringem Pedaldruck abbremsen. Dazwischen Bremse etwas abkühlen lassen.

Achtung: Nach dem Einbau neuer Bremsbeläge müssen diese eingebremst werden. Während einer Fahrtstrecke von rund 200 km sollten unnötige Vollbremsungen unterbleiben.

Hinweis: Bremsbeläge müssen in einigen Kommunen als Sondermüll entsorgt werden. Die örtlichen Behörden geben darüber Auskunft, ob auch eine Entsorgung über den hausmüllähnlichen Gewerbemüll zulässig ist.

Achtung, Sicherheitskontrolle durchführen:

- Sind die Bremsschläuche festgezogen?
- Befindet sich der Bremsschlauch in der Halterung?
- Sind die Entlüftungsschrauben angezogen?
- Ist genügend Bremsflüssigkeit eingefüllt?
- Bei laufendem Motor Dichtheitskontrolle durchführen. Hierzu Bremspedal mit 200 bis 300 N (entspricht 20 bis 30 kg) etwa 10 Sekunden betätigen. Das Bremspedal darf nicht nachgeben. Sämtliche Anschlüsse auf Dichtheit kontrollieren.

Bremssattel aus- und einbauen

Hinweis: Die Beschreibung bezieht sich zunächst auf den vorderen Bremssattel. Spezielle Hinweise für den hinteren Bremssattel stehen am Ende des Kapitels, auf Seite 146.

Ausbau

- Füllstand im Bremsflüssigkeitsvorratsbehälter prüfen. Der Pegel sollte etwa in der Mitte zwischen Minimum- und Maximum-Marke oder etwas tiefer liegen. Liegt der Pegel über der Mitte zwischen Min- und MAX-Marke, etwas Bremsflüssigkeit absaugen, bis die mittlere Füllhöhe erreicht ist.

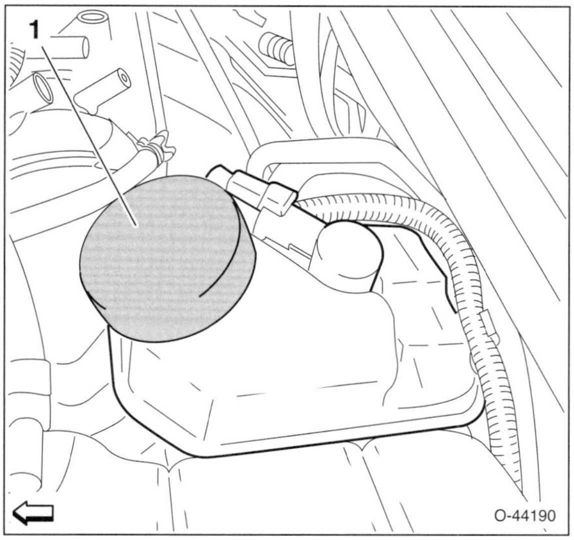

- Deckel des Bremsflüssigkeitsbehälters durch den Unterdruckdeckel OPEL-CH-558-10 ersetzen. Steht dieser Deckel nicht zur Verfügung, Belüftungsbohrung des Bremsflüssigkeitsdeckels mit einem Klebstreifen dicht verschließen. Dadurch wird verhindert, dass nach Abbau der Bremsleitung vom Bremssattel Bremsflüssigkeit austritt.
- Reifen-Laufrichtung mit Pfeil am Reifen markieren. Radmuttern lösen. Fahrzeug vorn aufbocken und Räder abnehmen. **Achtung:** Unbedingt Hinweise im Kapitel »Rad aus- und einbauen« beachten.

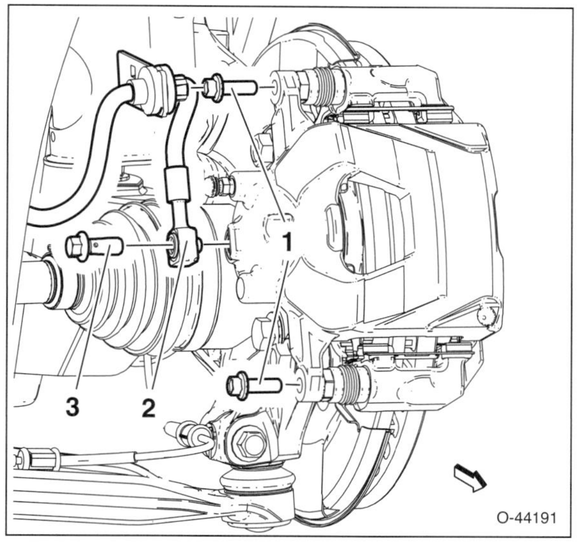

- Hohlschraube –3– herausdrehen und Bremsschlauch –2– vom Bremssattel abnehmen.
- Kupfer-Unterlegscheiben für Bremsschlauch-Anschluss abnehmen. **Hinweis:** Die Scheiben können am Bremsschlauchende und/oder am Bremssattel festhängen.
- Öffnungen an Bremsschlauch und Bremssattel mit einem geeigneten Stopfen verschließen, um Verunreinigungen und/oder Bremsflüssigkeitsverlust zu verhindern.
- Schrauben –1– aus den Bremssattel-Führungsstiften herausschrauben. Dabei jeweils am Sechskant der Führungsstifte gegenhalten.
- Bremssattel abnehmen.

Einbau

- Bremssattel mit Bremsbelägen am Bremsträger ansetzen.
- Schrauben an den Führungsstiften mit **28 Nm** festziehen. Dabei jeweils am Sechskant der Führungsstifte gegenhalten.
- Verschlussstopfen von Bremssattel und Bremsschlauch abnehmen.

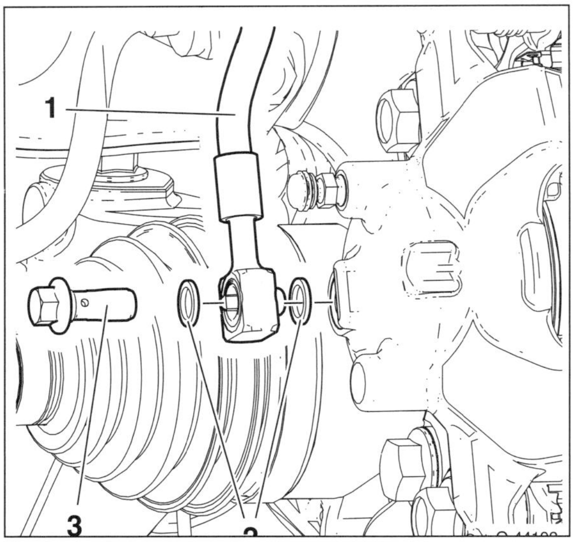

- Bremsschlauch –1– mit neuen Kupfer-Unterlegscheiben –2– am Bremssattel ansetzen.
- Hohlschraube –3– einschrauben und mit **40 Nm** festziehen.

Achtung: Sicherstellen, dass der Bremsschlauch bei maximalem Lenkeinschlag das Rad nicht berührt.

- Am Bremsflüssigkeitsbehälter den Unterdruckdeckel durch den normalen Deckel ersetzen, beziehungsweise Klebeband von der Belüftungsöffnung abnehmen.
- Bremsanlage entlüften, siehe entsprechendes Kapitel.
- Reifen-Laufrichtung beachten, Räder anschrauben, Fahrzeug ablassen, erst dann Radmuttern über Kreuz mit **140 Nm** festziehen. **Achtung:** Unbedingt Hinweise im Kapitel »Rad aus- und einbauen« beachten.
- Bei ausgeschaltetem Motor das Bremspedal schrittweise bis auf ca. ⅔ des Pedalweges durchtreten.
- Bremspedal langsam wieder lösen.
- 15 Sekunden warten, dann das Bremspedal erneut etwa ⅔ des Pedalweges durchtreten, bis Widerstand spürbar ist. Dadurch wird sichergestellt, dass der Bremskolben und die Bremsbeläge ihre Betriebsposition eingenommen haben.
- Bremsflüssigkeit im Vorratsbehälter prüfen, gegebenenfalls bis zur MAX-Marke auffüllen.

Achtung, Sicherheitskontrolle durchführen:

- ◆ Sind die Bremsschläuche festgezogen?
- ◆ Befindet sich der Bremsschlauch in der Halterung?
- ◆ Sind die Entlüftungsschrauben angezogen?
- ◆ Ist genügend Bremsflüssigkeit eingefüllt?
- ◆ Bei laufendem Motor Dichtheitskontrolle durchführen. Hierzu Bremspedal mit 200 bis 300 N (entspricht 20 bis 30 kg) etwa 10 Sekunden betätigen. Das Bremspedal darf nicht nachgeben. Sämtliche Anschlüsse auf Dichtheit kontrollieren.

Speziell hinterer Bremssattel

Hinweis: Hier wird nur auf die Unterschiede hingewiesen.

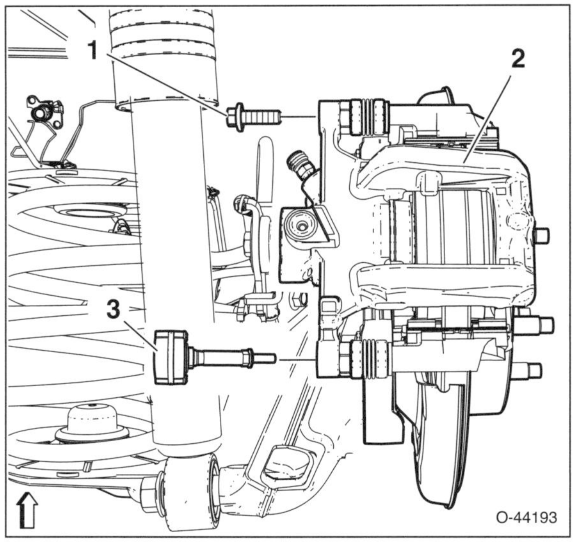

- Schraube –1– oben und Vibrationsdämpfer –3– unten aus den Führungsbolzen herausschrauben. **Hinweis:** Je nach Ausfürhung ist der Bremssattel unten mit einer Schraube, mit einer Schraube und separatem Vibrationsdämpfer oder mit einem Vibrationsdämpfer und integrierter Schraube (Abbildung) befestigt.
- Bremssattel –2– abnehmen.

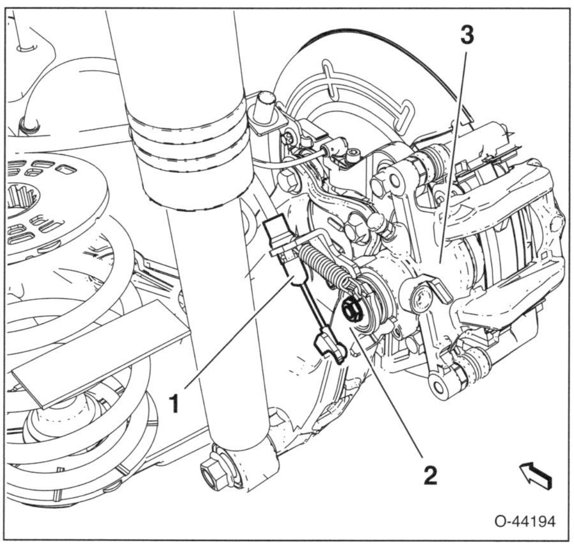

- Handbremsseil –1– am Bremshebel –2– des Hinterrad-Bremssattels –3– aushängen.

Nach Abschluss der Einbauarbeiten:

- Handbremshebel 4 Mal anziehen und lösen.

Bremsscheibendicke prüfen

Prüfen

- Reifen-Laufrichtung mit Pfeil am Reifen markieren. Radmuttern lösen. Fahrzeug aufbocken und Rad abnehmen. **Achtung:** Unbedingt Hinweise im Kapitel »Rad aus- und einbauen« beachten.

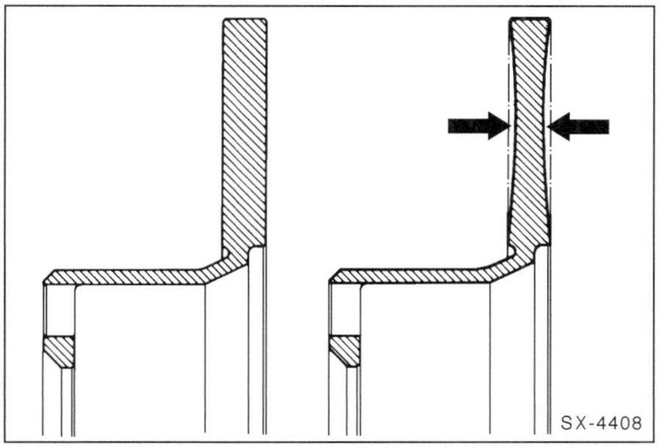

- Bremsscheibendicke immer an der dünnsten Stelle –Pfeile– messen. Die Werkstatt benutzt dazu einen speziellen Messschieber oder eine Mikrometer-Bügelmessschraube, da sich durch die Abnutzung der Bremsscheibe ein Rand bildet. Man kann die Bremsscheibendicke auch mit einer normalen Schieblehre messen, allerdings muss dann auf jeder Seite der Bremsscheibe eine entsprechend starke Unterlage zwischengelegt werden (beispielsweise 2 Münzen). Um das exakte Maß der Bremsscheibendicke zu ermitteln, muss von dem gemessenen Wert die Dicke der Münzen beziehungsweise der Unterlage abgezogen werden.

Achtung: Messung an mehreren Punkten der Bremsscheibe vornehmen. Zulässige Toleranz an verschiedenen Messpunkten: 0,06 mm.

- Soll- und Verschleißwerte für Bremsscheibe, siehe »Technische Daten Bremsanlage«.
- Wird die Verschleißgrenze erreicht, Bremsscheibe erneuern.
- Bei größeren Rissen oder bei Riefen, die tiefer als 0,4 mm sind, Bremsscheibe erneuern, siehe entsprechendes Kapitel.
- Reifen-Laufrichtung beachten, Rad anschrauben, Fahrzeug ablassen, erst dann Radmuttern über Kreuz mit **140 Nm** festziehen. **Achtung:** Unbedingt Hinweise im Kapitel »Rad aus- und einbauen« beachten.

Bremsscheibe/Bremsträger aus- und einbauen

Korrodierte Bremsscheiben erzeugen beim Abbremsen einen Rubbeleffekt, der sich auch durch längeres Bremsen nicht beseitigen lässt. In diesem Fall müssen die Bremsscheiben erneuert werden.

Um beidseitig eine gleichmäßige Verzögerung sicherzustellen, müssen alle Bremsscheiben die gleiche Oberfläche bezüglich Schliffbild und Rautiefe aufweisen. Deshalb grundsätzlich beide Bremsscheiben einer Achse ersetzen.

Achtung: Wenn die Bremsscheiben ersetzt werden, müssen gleichzeitig auch neue Bremsbeläge eingebaut werden.

Ausbau

- Füllstand im Bremsflüssigkeitsvorratsbehälter prüfen. Der Pegel sollte etwa in der Mitte zwischen Minimum- und Maximum-Marke oder etwas tiefer liegen. Liegt der Pegel über der Mitte zwischen Min- und MAX-Marke, etwas Bremsflüssigkeit absaugen, bis die mittlere Füllhöhe erreicht ist. Andernfalls kann beim Zurückdrücken der Bremskolben Flüssigkeit aus dem Vorratsbehälter auslaufen.
- Reifen-Laufrichtung mit Pfeil am Reifen markieren. Radschrauben lösen. Fahrzeug aufbocken und Rad abnehmen. **Achtung:** Unbedingt Hinweise im Kapitel »Rad aus- und einbauen« beachten.

Sicherheitshinweis
Beim Aufbocken des Fahrzeugs besteht Unfallgefahr! Hinweise im Kapitel »Fahrzeug aufbocken« beachten.

Vordere Bremsscheibe

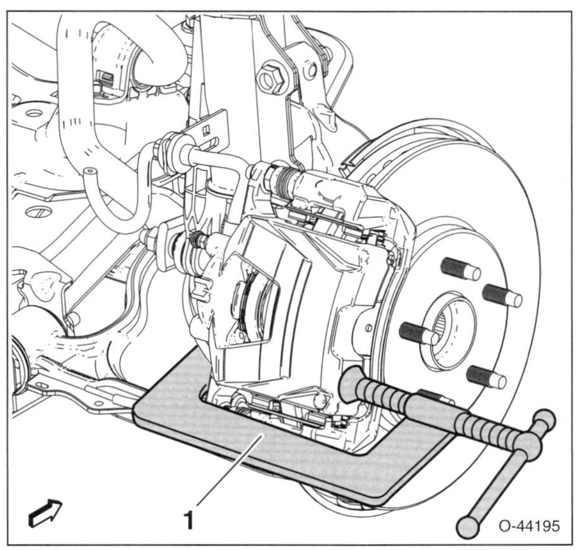

- Bremskolben zurückdrücken, damit die Bremsbeläge nicht mehr an der Bremsscheibe anliegen. Dazu Schraubzwinge –1–, wie in der Abbildung gezeigt, an Bremssattel und den außen liegenden Bremsbelag anbringen.

- Schraubzwinge anziehen, bis der Bremskolben soweit in den Bremssattel eingefahren ist, dass der Bremssattel mit den Bremsbelägen von der Bremsscheibe heruntergezogen werden kann.
- Schraubzwinge abnehmen.

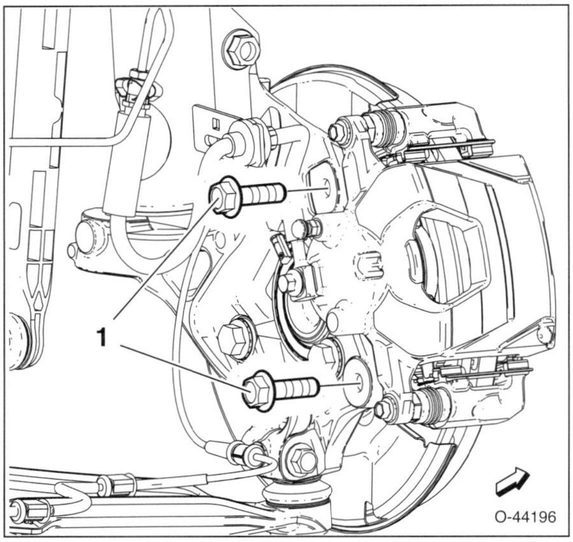

- Schrauben –1– herausdrehen.
- Bremsträger mit Bremssattel und Bremsbelägen vom Achsschenkel abnehmen und mit Draht so am Aufbau aufhängen, dass der Bremsschlauch nicht verdreht und auf Zug beansprucht wird.

Hinweis: Der Bremsschlauch wird dabei nicht ausgebaut.

- Um ein Herausgleiten des Bremskolbens zu verhindern, Holzstück zwischen die beiden Bremsbeläge klemmen.
- Wenn die bisherige Bremsscheibe wieder eingebaut werden soll, Lage der Bremsscheibe zu den Radbolzen mit Filzstift markieren.

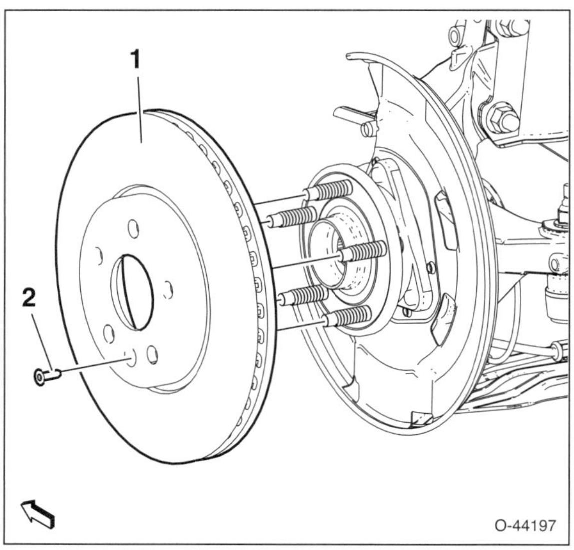

- Sicherungsschraube –2– herausdrehen und Bremsscheibe –1– von der Radnabe abnehmen.

Hinweis: Festsitzende Bremsscheibe durch leichte Schläge mit einem Kunststoffhammer von der Nabe lösen.

Achtung: Die Bremsscheibe darf nicht durch Gewaltanwendung (Hammerschläge) von der Radnabe getrennt werden. Stattdessen handelsüblichen Rostlöser anwenden, um Schäden an der Bremsscheibe zu vermeiden. Falls der Ausbau nur durch kräftige Hammerschläge möglich ist, aus Sicherheitsgründen Bremsscheibe erneuern. Auch wenn ein Abzieher verwendet wird, Bremsscheibe erneuern.

Einbau

- Falls die bisherige Bremsscheibe wieder eingebaut wird, Rost am Flansch der Bremsscheibe und der Radnabe entfernen, andernfalls nur Radnabe reinigen.
- **Neue** Bremsscheibe mit Verdünnung vom Schutzlack befreien.
- Bremsträger mit Drahtbürste und Bremsenreiniger reinigen.
- Bremsscheibe aufsetzen. Bisherige Bremsscheibe entsprechend der beim Ausbau gemachten Markierung ausrichten.
- Bremsscheibe mit Sicherungsschraube und **9 Nm** anschrauben.
- Bremsträger mit Bremssattel und Bremsbelägen über die Bremsscheibe schieben und mit **neuen** Schrauben anschrauben. Anschließend Schrauben folgendermaßen festziehen:

  15-Zoll-Bremsanlage:
  1. Stufe: mit Drehmomentschlüssel . . . . **100 Nm**
  2. Stufe: mit starrem Schlüssel. . . . . **60° – 75°**

  16/17-Zoll-Bremsanlage:
  1. Stufe: mit Drehmomentschlüssel . . . . **150 Nm**
  2. Stufe: mit starrem Schlüssel. . . . . **45° – 60°**
- Reifen-Laufrichtung beachten, Räder anschrauben, Fahrzeug ablassen, erst dann Radmuttern über Kreuz mit **140 Nm** festziehen. **Achtung:** Unbedingt Hinweise im Kapitel »Rad aus- und einbauen« beachten.

Achtung: Bremspedal im Stand mehrmals kräftig niedertreten, bis fester Widerstand spürbar ist. Dadurch legen sich die Bremsbeläge an die Bremsscheiben an und nehmen einen dem Betriebszustand entsprechenden Sitz ein.

- Bei ausgeschaltetem Motor das Bremspedal schrittweise bis auf ca. ⅔ des Pedalweges durchtreten.
- Bremspedal langsam wieder lösen.
- 15 Sekunden warten, dann das Bremspedal erneut etwa ⅔ des Pedalweges durchtreten, bis Widerstand spürbar ist. Dadurch wird sichergestellt, dass der Bremskolben und die Bremsbeläge ihre Betriebsposition eingenommen haben.
- Bremsflüssigkeit im Vorratsbehälter prüfen, gegebenenfalls bis zur MAX-Marke auffüllen.
- Neue Bremsbeläge vorsichtig einbremsen, dazu Fahrzeug mehrmals von ca. 80 km/h auf 40 km/h mit geringem Pedaldruck abbremsen. Dazwischen Bremse etwas abkühlen lassen.

Achtung: Während der ersten 200 km nach dem Einbau sollten unnötige Vollbremsungen unterbleiben.

Hinweis: Bremsbeläge müssen in einigen Kommunen als Sondermüll entsorgt werden. Die örtlichen Behörden geben darüber Auskunft, ob auch eine Entsorgung über den hausmüllähnlichen Gewerbemüll zulässig ist.

Hintere Bremsscheibe

Hinweis: Hier wird nur auf die Unterschiede hingewiesen.

Ausbau

- Bremsbeläge hinten ausbauen, siehe Seite 142.
- Bremssattel oben abschrauben und mit Draht am Aufbau aufhängen. Dabei bleiben Bremsschlauch und Handbremsseil angeschlossen. **Achtung:** Bremssattel nicht einfach herunterhängen lassen. Bremsschlauch nicht verdrillen oder auf Zug beanspruchen.

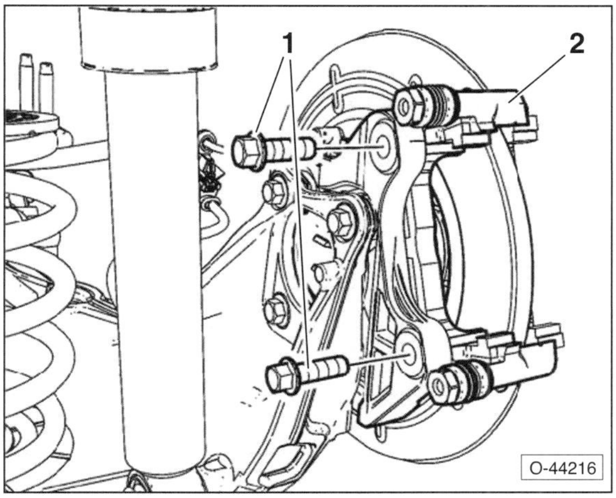

- Bremsträger –2– abschrauben –1– und zur Seite legen.

Hinweis: Falls die bisherige Bremsscheibe wieder eingebaut werden soll, Einbaulage der Bremsscheibe zur Radnabe kennzeichnen.

- Abbildung O-44197: Sicherungsschraube –2– herausdrehen und Bremsscheibe –1– von der Radnabe abnehmen, siehe Seite 148.

Hinweis: Festsitzende Bremsscheibe durch leichte Schläge mit einem Kunststoffhammer von der Nabe lösen.

Achtung: Die Bremsscheibe darf nicht durch Gewaltanwendung (Hammerschläge) von der Radnabe getrennt werden. Stattdessen handelsüblichen Rostlöser anwenden, um Schäden an der Bremsscheibe zu vermeiden. Falls der Ausbau nur durch kräftige Hammerschläge möglich ist, aus Sicherheitsgründen Bremsscheibe erneuern. Auch wenn ein Abzieher verwendet wird, Bremsscheibe erneuern.

Einbau

- Falls die bisherige Bremsscheibe wieder eingebaut wird, Rost am Flansch der Bremsscheibe und der Radnabe entfernen, andernfalls nur Radnabe reinigen.
- **Neue** Bremsscheibe mit Verdünnung vom Schutzlack befreien.
- Bremsscheibe aufsetzen. Bisherige Bremsscheibe entsprechend der beim Ausbau gemachten Markierung ausrichten.
- Bremsscheibe mit Sicherungsschraube und **9 Nm** anschrauben.
- Bremsträger mit Drahtbürste und Bremsenreiniger reinigen.
- Bremsträger ansetzen und mit **neuen** Schrauben anschrauben. Anschließend Schrauben folgendermaßen festziehen:
  1. Stufe: mit Drehmomentschlüssel . . . . **100 Nm**
  2. Stufe: mit starrem Schlüssel. . . . . **60° – 75°**
- Hintere Bremsbeläge und Bremssattel einbauen, siehe Seite 142.

Handbremse (Feststellbremse) – Detailübersicht

Mechanische Ausführung, nur ASTRA

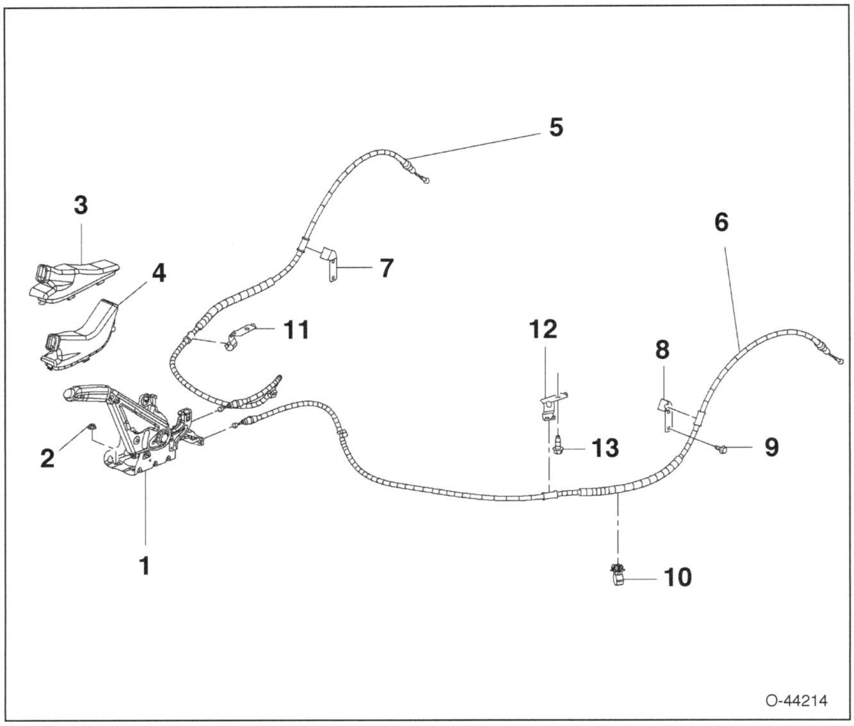

1 – Handbremshebel
2 – Mutter M6,
3 – Faltenbalg (ohne Armlehne)
4 – Faltenbalg (mit Armlehne)
5 – Handbremsseil rechts
6 – Handbremsseil links
7 – Halter rechts,
8 – Halter links
9 – Schraube, M6x16
10 – Cliphalter
11 – Halter rechts vorn
12 – Halter rechts hinten
13 – Schraube, M8x25

Elektrische Ausführung, ASTRA und ZAFIRA

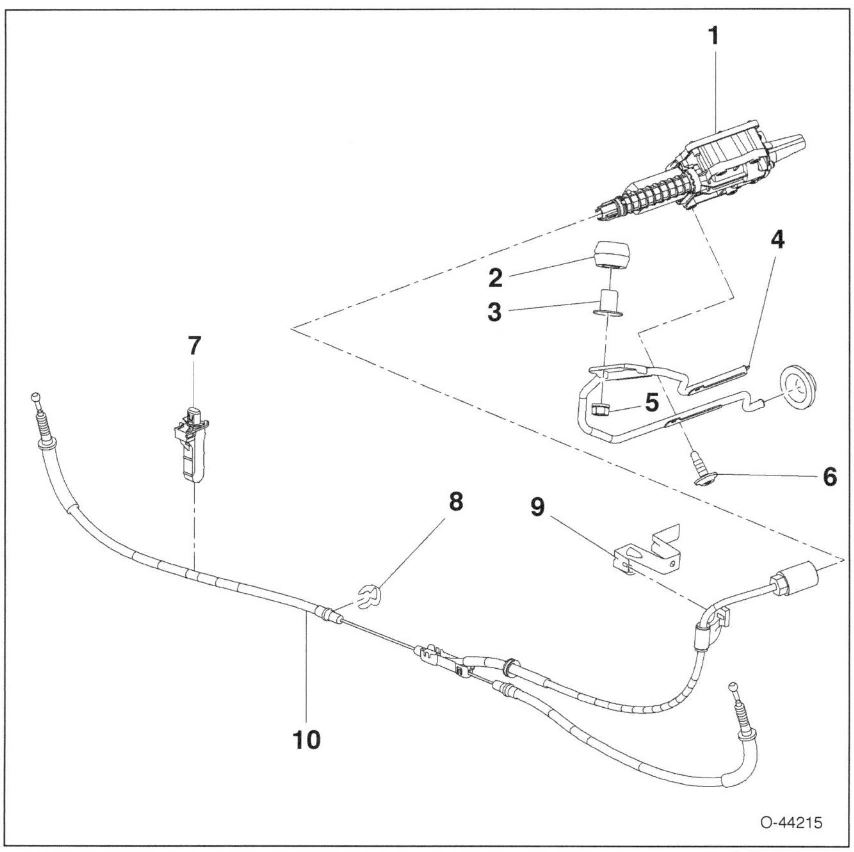

1 – Motor mit Steuergerät
2 – Dämpfer
3 – Abstandhalter
4 – Halter für Steuergerät
5 – Mutter, M6
6 – Torxschraube, M6x16
7 – Führung Handbremsseil
8 – Sicherungsscheibe
9 – Führung Handbremsseil
10 – Handbremsseil

Handbremshebel/Schalter für Handbremskontrollleuchte aus- und einbauen

ASTRA

Ausbau

- Mittelkonsole ausbauen, siehe Seite 215.

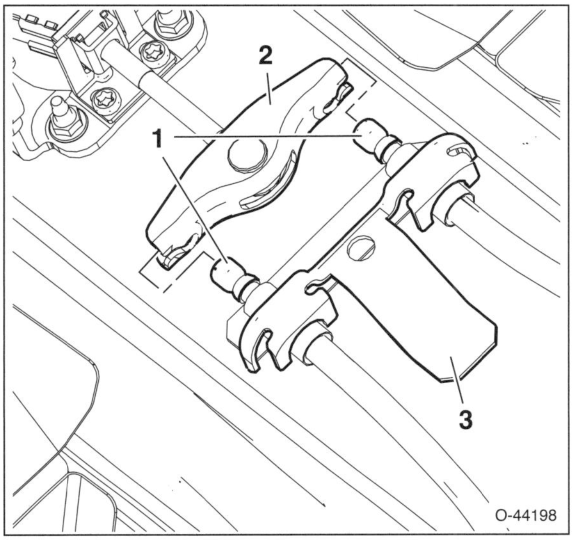

- Handbremsseilzüge –1– am Brems-Ausgleichshebel –2– aushängen. 3 – Bremsseilträger.

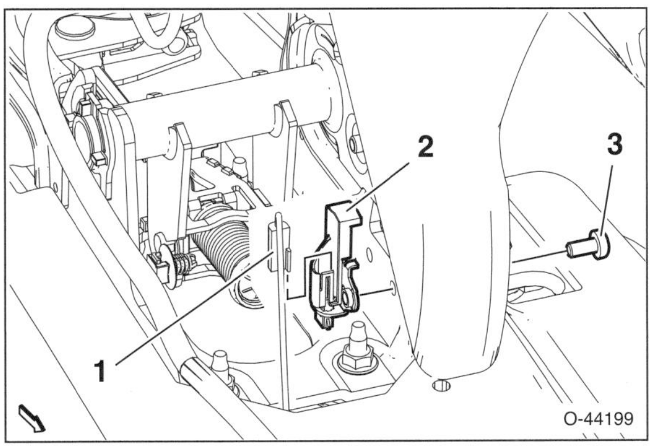

- Stecker –1–vom Schalter für Handbremskontrollleuchte –2– abziehen..
- Schraube –3– herausdrehen und Schalter für Handbremskontrollleuchte –2– herausnehmen.

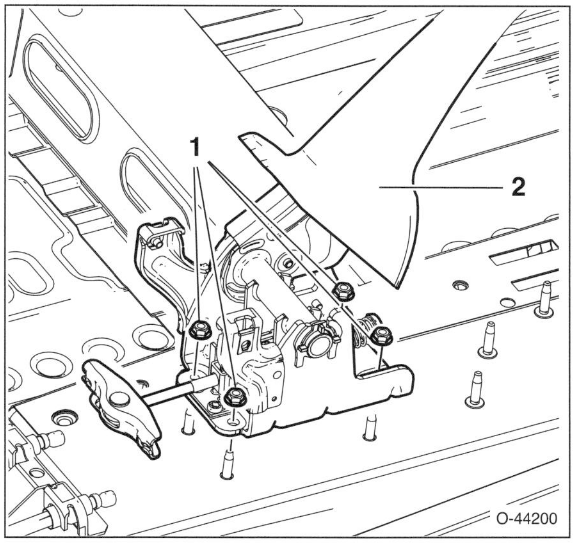

- Muttern –1– abschrauben und Handbremshebel –2– herausnehmen.

Einbau

- Handbremshebel einsetzen und 4 Muttern mit **10 Nm** festziehen.
- Der weitere Einbau erfolgt in umgekehrter Ausbaureihenfolge.

Handbremsseilzug aus- und einbauen

Mechanische Handbremse/ASTRA

Ausbau

- Mittelkonsole ausbauen, siehe Seite 215.
- Rücksitzbank ausbauen, siehe Seite 223.
- Einstiegsverkleidung ausbauen, siehe Seite 218.

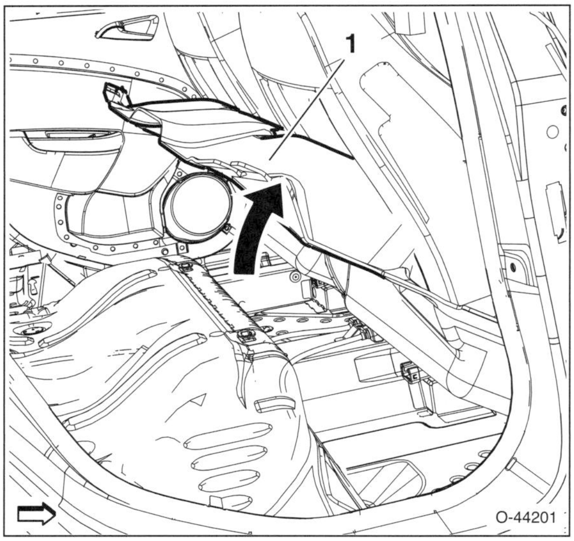

- Hinteren Bodenteppich –1– hochklappen.

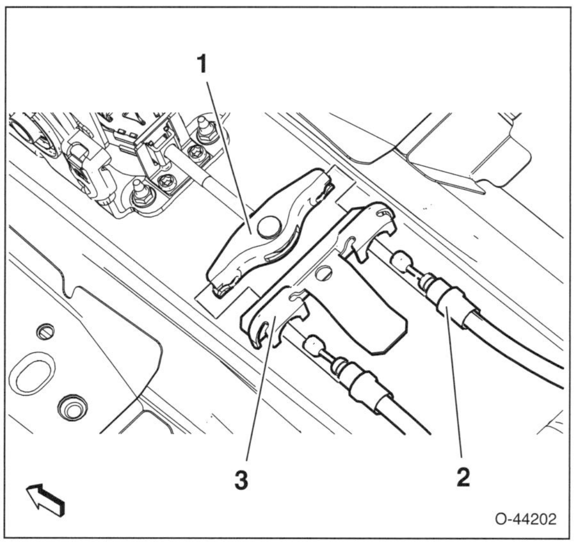

- Seilzug –2– am Ausgleichshebel –1– und am Träger –3– aushängen.

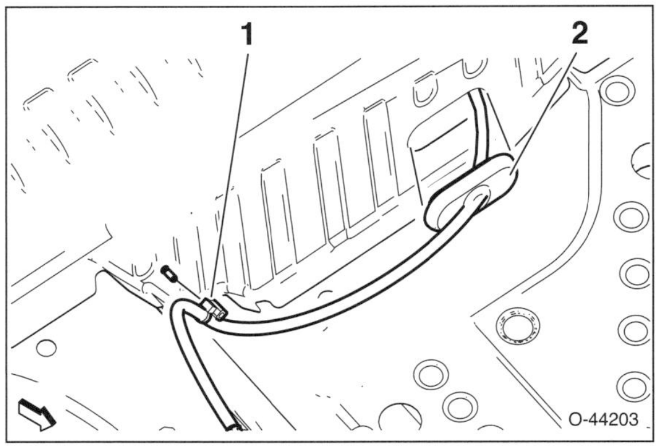

- Clip –1– für Seilzug abziehen.
- Tülle –2– aus der Öffnung herausziehen.

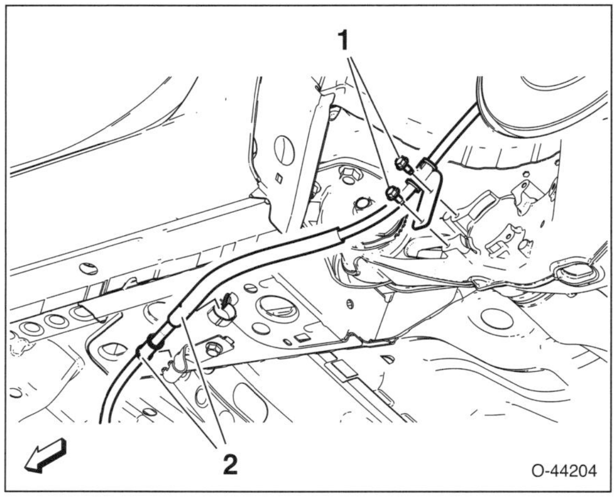

- Schrauben –1– herausdrehen und Halteschelle abnehmen.
- Seilzug an Position 2 ausclipsen.

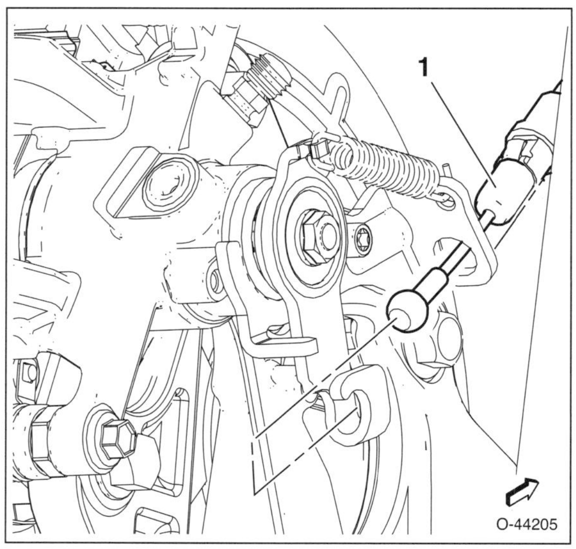

- Seilzug –1– am Bremshebel –2– aushängen und durch den Halter –3– herausziehen.

Einbau

- Der Einbau erfolgt in umgekehrter Ausbaureihenfolge. Dabei Schrauben für Halter mit **10 Nm** anziehen.
- Handbremse einstellen, siehe entsprechendes Kapitel.

Elektrische Handbremse

Elektrische Handbremse über die elektrische Entriegelung lösen

- Zündung einschalten und Fuß auf die Betriebsbremse setzen.
- Handbremsschalter ganz durchdrücken und 5 Sekunden halten, bis die gelbe Anzeigeleuchte im Kombiinstrument permanent aufleuchtet.
- Handbremsschalter loslassen und innerhalb von 5 Sekunden erneut drücken, bis die gelbe Anzeigeleuchte blinkt.

Elektrische Handbremse über die manuelle Entriegelung lösen.

- Innenkotflügel hinten ausbauen.
- Gummistopfen abnehmen.
- Durch die Öffnung den Seilzug mit einem quadratischen Werkzeug mit einer Seitenlänge von 3,2 mm entspannen.

Ausbau

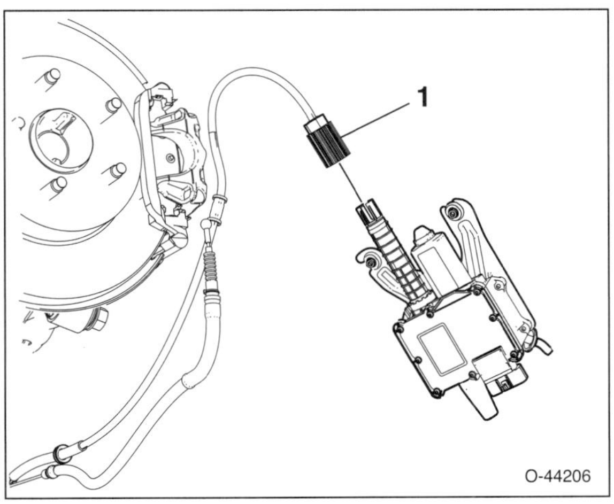

- Seilzug –1– am elektrischen Handbremsmodul –2– aushängen.

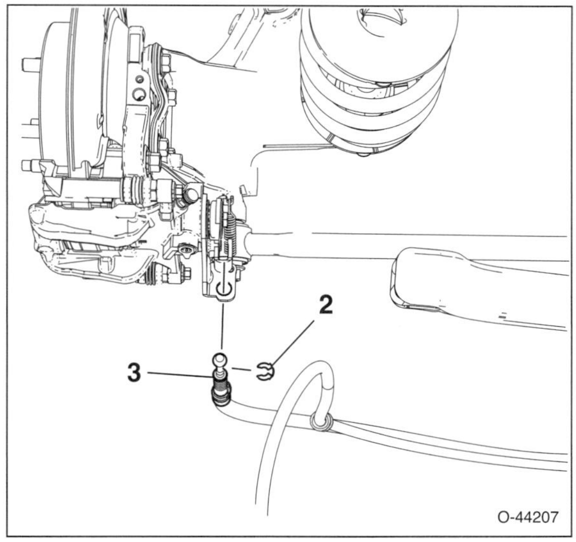

- 2 Federklammern –3– abziehen und Handbremsseil –4– an der Hinterradbremse aushängen.

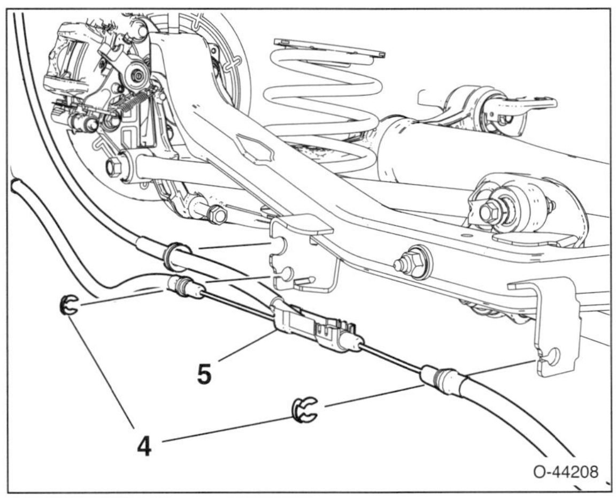

- 2 Federklammern –5– abziehen und Handbremsseil –6– an den mittleren Haltern aushängen.

Einbau

- Der Einbau erfolgt in umgekehrter Ausbaureihenfolge.

Handbremse einstellen

Normale Handbremse

Einstellen

- Handbremshebel mehrmals anziehen und wieder lösen.
- Handbremshebel vollständig lösen.
- Zündung einschalten. Die rote Bremswarnleuchte im Kombiinstrument darf nicht aufleuchten. Andernfalls befindet sich der Handbremshebel nicht in vollständig gelöster Stellung oder die Seilzüge sind nicht vollständig entspannt.
- Zündung ausschalten.
- Handbremshebel 5-mal bis zum Anschlag anziehen und wieder lösen.

Sicherheitshinweis
Beim Aufbocken des Fahrzeugs besteht Unfallgefahr! Hinweise im Kapitel »Fahrzeug aufbocken« beachten.

- Fahrzeug aufbocken.
- Bremshebel an den hinteren Bremssätteln prüfen. Die Hebel müssen an den jeweiligen Anschlägen der hinteren Bremssättel anliegen. Gegebenenfalls Bremshebel gangbar machen.
- Handbremshebel 3 bis 5 Mal anziehen und lösen. Dadurch werden die Seilzüge gespannt.
- Handbremshebel fest anziehen. Die Hinterräder dürfen sich jetzt nicht drehen lassen.
- Handbremshebel komplett lösen. Die Hinterräder müssen sich jetzt leicht drehen lassen. Die Bremsbeläge dürfen nicht an den Bremsscheiben schleifen.
- Fahrzeug ablassen.

Bremsschlauch aus- und einbauen

Bremsschlauch für Vorderradbremse

Achtung: Die starren Bremsleitungen aus Metall sollen von einer Fachwerkstatt verlegt werden, da zur fachgerechten Montage einige Erfahrung nötig ist.

Als flexible Verbindungen zwischen den starren Fahrzeugteilen und den Bremssätteln werden druckfeste Bremsschläuche verwendet. Diese müssen bei erkennbaren Schäden sofort ausgewechselt werden. Ältere Bremsschläuche können so aufquellen, dass sich in ihrem Innern der Durchflussquerschnitt verringert. In diesem Fall kann die Bremsflüssigkeit nicht aus dem Radbremszylinder in den Hauptbremszylinder zurückfließen; die Radbremse erhitzt sich. Wird dann das betreffende Entlüfterventil am Radbremszylinder geöffnet und das Rad blockiert nicht mehr, ist das ein Zeichen für einen defekten Bremsschlauch.

Achtung: Bremsschläuche nicht mit Öl oder Petroleum in Berührung bringen, nicht lackieren oder mit Unterbodenschutz besprühen.

Achtung: Regeln im Umgang mit Bremsflüssigkeit beachten, siehe Kapitel »Bremsanlage entlüften«.

Ausbau

- Bremsflüssigkeitsbehälter bis MAX-Markierung auffüllen.
- Damit keine Bremsflüssigkeit auslaufen kann, Belüftungsbohrung im Deckel des Bremsflüssigkeitsbehälters abkleben.
- Reifen-Laufrichtung mit Pfeil am Reifen markieren. Radschrauben lösen. Fahrzeug aufbocken und Rad abnehmen. **Achtung:** Unbedingt Hinweise im Kapitel »Rad aus- und einbauen« beachten.

Sicherheitshinweis
Beim Aufbocken des Fahrzeugs besteht Unfallgefahr! Hinweise im Kapitel »Fahrzeug aufbocken« beachten.

- Bremsschlauch an den Enden sorgfältig reinigen.

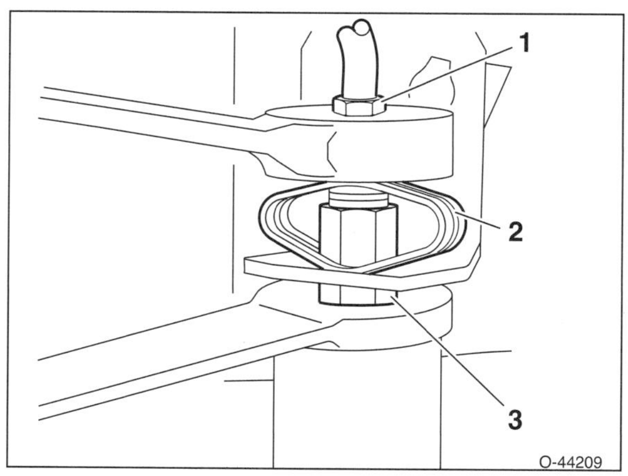

- Hohlschraube der Bremsleitung –1– aus dem Bremsschlauch –3– herausdrehen. Dabei Bremsschlauch am Sechskant gegenhalten. 2 – Halterung für Bremsschlauch.

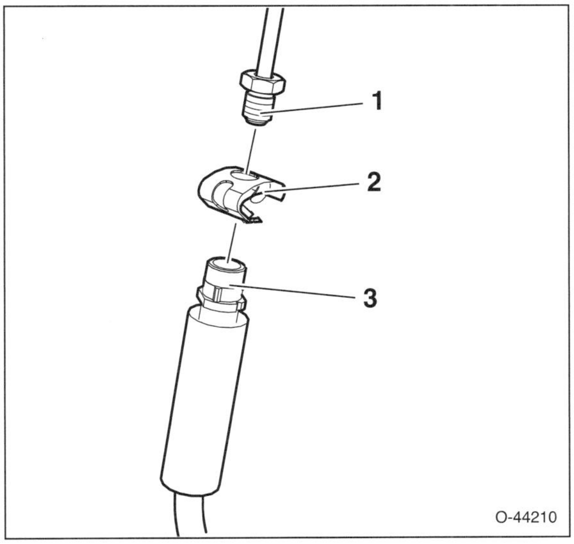

- Bremsleitung –1– und Bremsschlauch –3– trennen, Halterung –2– abnehmen.
- Öffnungen an Bremsschlauch und Bremsleitung mit einem geeigneten Stopfen verschließen und dadurch das Austreten von Bremsflüssigkeit und das Eindringen von Schmutz verhindern.
- Bremsschlauch am Federbein aushängen.
- Bremsschlauch am Bremssattel abschrauben.

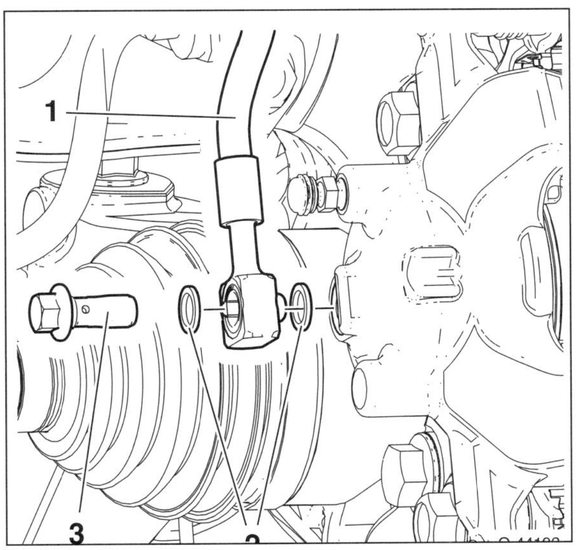

- Hohlschraube –3– herausdrehen und Bremsschlauch –1– vom Bremssattel abnehmen.
- Kupfer-Unterlegscheiben –2– für Bremsschlauch-Anschluss abnehmen. **Hinweis:** Die Scheiben können am Bremsschlauchende und/oder am Bremssattel festhängen.
- Öffnungen an Bremsschlauch und Bremssattel mit einem geeigneten Stopfen verschließen, um Verunreinigungen und/oder Bremsflüssigkeitsverlust zu verhindern.

Einbau

Achtung: Nur vom Werk freigegebene Bremsschläuche einbauen. Neuen Bremsschlauch vorne so einbauen, dass er ohne Drall durchhängt.

- Abdichtstopfen abnehmen und Bremsschlauch –1– mit **neuen** Kupfer-Unterlegscheiben –2– am Bremssattel ansetzen.
- Hohlschraube –3– einschrauben und mit **40 Nm** festziehen.
- Bremsschlauch am Federbein einhängen und in die Verbindungshalterung einsetzen.
- Hohlschraube der Bremsleitung am Bremsschlauch einschrauben.
- Hohlschraube mit **18 Nm** festziehen, dabei Bremsschlauch am Sechskant gegenhalten.
- Bei entlasteten Rädern (Wagen angehoben) Lenkung nach links und rechts einschlagen und sicherstellen, dass der Schlauch allen Radbewegungen folgt, ohne irgendwo zu scheuern.

Achtung: Sicherstellen, dass der Bremsschlauch bei maximalem Lenkeinschlag das Rad nicht berührt.

- Am Bremsflüssigkeitsbehälter den Unterdruckdeckel durch den normalen Deckel ersetzen, beziehungsweise Klebeband von der Belüftungsöffnung abnehmen.
- Bremsanlage entlüften, siehe entsprechendes Kapitel.
- Reifen-Laufrichtung beachten, Räder anschrauben, Fahrzeug ablassen, erst dann Radmuttern über Kreuz mit **140 Nm** festziehen. **Achtung:** Unbedingt Hinweise im Kapitel »Rad aus- und einbauen« beachten.
- Bei ausgeschaltetem Motor das Bremspedal schrittweise bis auf ca. ⅔ des Pedalweges durchtreten.
- Bremspedal langsam wieder lösen.
- 15 Sekunden warten, dann das Bremspedal erneut etwa ⅔ des Pedalweges durchtreten, bis Widerstand spürbar ist. Dadurch wird sichergestellt, dass der Bremskolben und die Bremsbeläge ihre Betriebsposition eingenommen haben.
- Bremsflüssigkeit im Vorratsbehälter prüfen, gegebenenfalls bis zur MAX-Marke auffüllen.

Achtung, Sicherheitskontrolle durchführen:

- ◆ Sind die Bremsschläuche festgezogen?
- ◆ Befindet sich der Bremsschlauch in der Halterung?
- ◆ Sind die Entlüftungsschrauben angezogen?
- ◆ Ist genügend Bremsflüssigkeit eingefüllt?
- ◆ Bei laufendem Motor Dichtheitskontrolle durchführen. Hierzu Bremspedal mit 200 bis 300 N (entspricht 20 bis 30 kg) etwa 10 Sekunden betätigen. Das Bremspedal darf nicht nachgeben. Sämtliche Anschlüsse auf Dichtheit kontrollieren.

Bremsschlauch für Hinterradbremse

Hinweis: Der hintere Bremsschlauch wird in ähnlicher Weise ausgebaut wie der vordere. Dabei ist Folgendes zu beachten:

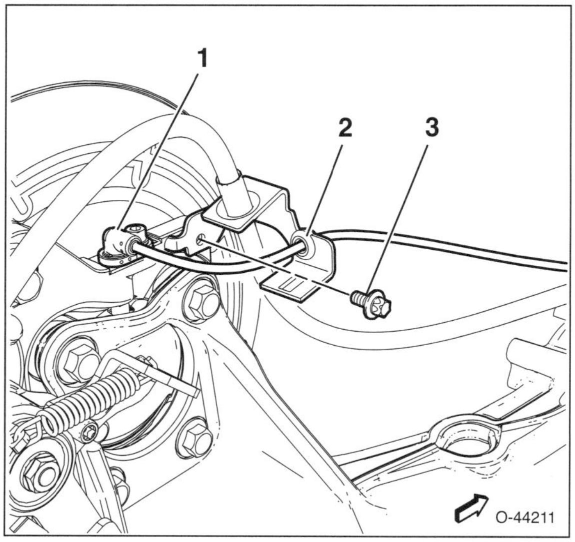

- ABS-Drehzahlsensor –1– vom Bremsschlauch lösen.
- Halter –2– abschrauben –3–.
- Beim Einbau den Halter für Bremsschlauch mit **8 Nm** am Bremssattel anschrauben.

Bremsanlage entlüften

Beim Umgang mit Bremsflüssigkeit sind folgende Hinweise zu beachten:

Sicherheitshinweis
Bremsflüssigkeit ist giftig. Keinesfalls Bremsflüssigkeit mit dem Mund über einen Schlauch absaugen. Bremsflüssigkeit nur in Behälter füllen, bei denen ein versehentlicher Genuss ausgeschlossen ist.

- Bremsflüssigkeit ist ätzend und darf deshalb nicht mit dem Autolack in Berührung kommen, gegebenenfalls Bremsflüssigkeit sofort abwischen und mit viel Wasser abwaschen.
- Bremsflüssigkeit ist hygroskopisch, das heißt, sie nimmt aus der Luft Feuchtigkeit auf. Bremsflüssigkeit deshalb nur in geschlossenen Behältern aufbewahren.
- **Bremsflüssigkeit, die schon einmal im Bremssystem verwendet wurde, darf nicht wieder verwendet werden. Auch beim Entlüften der Bremsanlage nur neue Bremsflüssigkeit verwenden.**
- Bremsflüssigkeits-Spezifikationen: **DOT 4+ .**
- **Bremsflüssigkeit darf nicht mit Mineralöl in Berührung kommen.** Schon geringe Spuren von Mineralöl machen die Bremsflüssigkeit unbrauchbar, beziehungsweise führen zum Ausfall des Bremssystems. Stopfen und Manschetten der Bremsanlage werden beschädigt, wenn sie mit mineralölhaltigen Mitteln zusammenkommen. Zum Reinigen keine mineralölhaltigen Putzlappen verwenden.
- Bremsflüssigkeit **alle 2 Jahre** wechseln, möglichst nach der kalten Jahreszeit.

Achtung: Bremsflüssigkeit ist ein Problemstoff und darf auf keinen Fall einfach weggeschüttet oder dem Hausmüll mitgegeben werden. Gemeinde- und Stadtverwaltungen informieren darüber, wo sich die nächste Problemstoff-Sammelstelle befindet.

Entlüften

Nach jeder Reparatur an der Bremse, bei der die Bremsanlage geöffnet wurde, kann Luft in die Druckleitungen eingedrungen sein. Dann muss das Bremssystem entlüftet werden. Luft ist auch dann in den Leitungen, wenn sich beim Treten des Bremspedals der Bremsdruck schwammig anfühlt. In diesem Fall muss die Undichtigkeit beseitigt und die Bremsanlage entlüftet werden.

In der Werkstatt wird die Bremse in der Regel mit einem Bremsentlüftungsgerät entlüftet. **Zwingend vorgeschrieben ist die Verwendung eines Bremsentlüftungsgerätes, wenn ein Bremsschlauch demontiert wurde, wenn nur eine Kammer des Bremsflüssigkeitsbehälters leer war oder wenn die hydraulische Kupplungsbetätigung ebenfalls entlüftet werden muss.**

Im Normalfall geht es auch ohne das Bremsentlüftungsgerät. Die Bremsanlage wird dann durch Pumpen mit dem Bremspedal entlüftet, dazu ist eine zweite Person notwendig.

Muss die ganze Anlage entlüftet werden, jede Radbremse einzeln und den Kupplungsnehmerzylinder entlüften. Das ist immer dann der Fall, wenn Luft in jeden einzelnen Bremszylinder gedrungen ist. Dafür immer ein **Bremsentlüftungsgerät** verwenden. Falls nur ein Bremssattel erneuert bzw. überholt wurde, genügt in der Regel das Entlüften des betreffenden Bremszylinders.

Hinweis: Wird die Bremse durch Pumpen mit dem Bremspedal entlüftet, soll es mitunter vorkommen, dass die Manschetten im Hauptbremszylinder beschädigt werden.

Sicherheitshinweis

Ist eine Kammer des Bremsflüssigkeit-Ausgleichbehälters komplett leergelaufen (zum Beispiel bei Undichtigkeiten im Bremssystem oder wenn beim Entlüften vergessen wurde, Bremsflüssigkeit nachzufüllen), wird Luft angesaugt, die in die ABS-Hydraulikpumpe gelangt. Die Bremsanlage muss dann in der Werkstatt mit dem Entlüftergerät entlüftet werden. Bei Einbau eines neuen Bremsschlauchs muss die Anlage ebenfalls mit einem Entlüftergerät entlüftet werden.

Die Reihenfolge der Entlüftung:

1. Bremssattel hinten rechts, 2. Bremssattel hinten links, 3. Bremssattel vorn rechts, 4. Bremssattel vorn links.

- Fahrzeug aufbocken.
- Vorratsbehälter bis MAX-Markierung auffüllen.

Achtung: Entlüfterventile vorsichtig öffnen, damit sie nicht abgedreht werden. Es empfiehlt sich, die Ventile ca. 1 Stunde vor dem Entlüften mit Rostlöser einzusprühen.

Achtung: Während des Entlüftens die Entlüfterflasche 30 Zentimeter höher als das Entlüfterventil halten und ab und zu den Ausgleichbehälter beobachten. Der Flüssigkeitsspiegel darf nicht zu weit sinken, sonst wird über den Ausgleichbehälter Luft angesaugt. **Immer nur neue Bremsflüssigkeit nachgießen!**

- Unterdruck im Bremskraftverstärker abbauen. Dazu bei ausgeschalteter Zündung das Bremspedal mehrmals (3 – 5 Mal) betätigen, bis sich der Widerstand des Bremspedals stark erhöht.

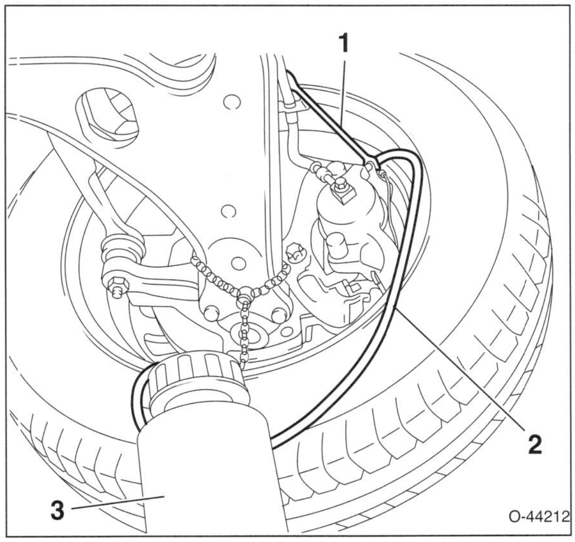

- Staubkappe vom Entlüfterventil des Bremszylinders abnehmen. Entlüfterventil reinigen, sauberen Schlauch –2– aufstecken, anderes Schlauchende in eine mit Bremsflüssigkeit halb vollgefüllte Flasche –3– stecken (geeigneten Schlauch und passendes Gefäß gibt es auch im Autozubehör-Handel).
- Von einem Helfer Bremspedal so oft niedertreten lassen, »pumpen«, bis sich im Bremssystem Druck aufgebaut hat – zu spüren am wachsenden Widerstand beim Betätigen des Pedals.
- Ist genügend Druck vorhanden, Bremspedal ganz durchtreten und Fuß auf dem Bremspedal halten.
- Entlüfterventil am Bremssattel beziehungsweise am Radbremszylinder etwa ½ Umdrehung mit Ringschlüssel –1– öffnen. Zum Öffnen der Ventile gibt es spezielle Entlüftungsschlüssel, zum Beispiel HAZET 4968-9. Ausfließende Bremsflüssigkeit in der Flasche –3– sammeln. Darauf achten, dass sich das Schlauchende in der Flasche ständig unterhalb des Flüssigkeitsspiegels befindet.
- Sobald der Flüssigkeitsdruck nachlässt, Entlüfterventil schließen.
- Pumpvorgang wiederholen, bis sich Druck aufgebaut hat. Bremspedal niedertreten, Fuß auf dem Bremspedal lassen, Entlüfterventil öffnen, bis der Druck nachlässt. Entlüfterventil schließen.
- Entlüftungsvorgang an einem Bremszylinder so lange wiederholen, bis sich in der Bremsflüssigkeit, die in die Entlüfterflasche strömt, keine Luftblasen mehr zeigen.
- Nach dem Entlüften Schlauch von Entlüfterventil abziehen, Entlüfterventil mit **17 Nm** festziehen und Staubkappe auf Ventil stecken.
- Die Bremszylinder an den anderen Rädern auf die gleiche Weise entlüften, dabei Reihenfolge einhalten.
- Nach dem Entlüften den Ausgleichbehälter bis zur MAX-Markierung auffüllen.

Entlüften mit Bremsentlüftungsgerät

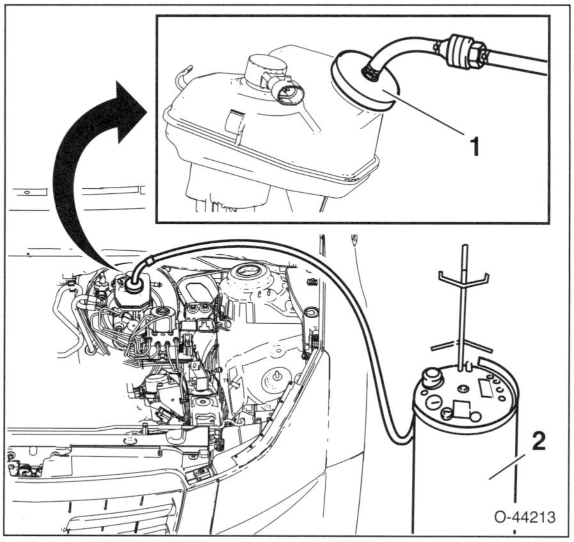

- Verschlussdeckel vom Bremsflüssigkeitsbehälter abschrauben und Entlüftungsgerät –2– über einen Adapter –1– am Bremsflüssigkeitsbehälter anschließen.
- Im Bremssystem mit dem Entlüftungsgerät einen Arbeitsdruck von 2,0 bis 2,5 bar einstellen.
- Nacheinander jeden Bremszylinder entlüften: Dazu Schlauch am Entlüfterventil aufstecken, Ventil öffnen und Flüssigkeit ausströmen lassen, bis sich keine Luftblasen mehr zeigen. Anschließend Ventil schließen.
- Nach dem Entlüften Adapter und Entlüftungsgerät abbauen, dabei darauf achten, dass der Bremsflüssigkeitsbehälter unter Druck steht.
- Bremsflüssigkeitsstand im Vorratsbehälter prüfen, gegebenenfalls auffüllen.

Achtung, Sicherheitskontrolle durchführen:
- ◆ Sind die Bremsschläuche festgezogen?
- ◆ Befindet sich der Bremsschlauch in der Halterung?
- ◆ Sind die Entlüftungsschrauben angezogen?
- ◆ Ist genügend Bremsflüssigkeit eingefüllt?
- ◆ Bei laufendem Motor Dichtheitskontrolle durchführen. Hierzu Bremspedal mit 200 bis 300 N (entspricht 20 bis 30 kg) etwa 10 Sekunden betätigen. Das Bremspedal darf nicht nachgeben. Sämtliche Anschlüsse auf Dichtheit kontrollieren.

- Nach dem Entlüften darf sich beim Treten auf das Bremspedal der Druck nicht schwammig anfühlen. Falls doch, Anlage nochmals entlüften. Dabei an jedem Bremssattel den Entlüftungsvorgang 5-mal durchführen.
- Anschließend einige Bremsungen auf einer Straße ohne Verkehr durchführen. Dabei sollte mindestens einmal die Bremsregelung des ABS-Systems geprüft werden, beispielsweise auf losem Untergrund. Dazu Bremse stark betätigen, bis am spürbaren Pulsieren des Bremspedals der Beginn der Bremsregelung erkennbar ist.

Achtung: Falls der Bremspedalweg nach der Probefahrt zu groß ist, obwohl er direkt nach dem Entlüften in Ordnung war, dann ist möglicherweise Luft in der ABS-Hydraulikeinheit. In diesem Fall Bremsanlage umgehend in der Fachwerkstatt entlüften lassen.

Bremskraftverstärker prüfen

Der Bremskraftverstärker sitzt an der Stirnwand unter dem Bremsflüssigkeitsbehälter. Er ist auf Funktion zu überprüfen, wenn zur Erzielung ausreichender Bremswirkung die Pedalkraft außergewöhnlich hoch ist.

- Bremspedal bei ausgeschaltetem Motor mindestens 5-mal kräftig durchtreten, dadurch baut sich der Unterdruck im Bremskraftverstärker ab. Dann bei belastetem Bremspedal Motor starten. Das Bremspedal muss jetzt unter dem Fuß spürbar nachgeben.
- Andernfalls Unterdruckschlauch mit Anschlussstück aus dem Bremskraftverstärker herausziehen. Motor starten. Durch Fingerauflegen am Ende des Unterdruckschlauches prüfen, ob Unterdruck vorhanden ist.
- Ist kein Unterdruck vorhanden: Unterdruckschlauch auf Undichtigkeiten und Beschädigungen prüfen, gegebenenfalls ersetzen. Sämtliche Schellen fest anziehen.
- **Dieselmotor:** Unterdruckschlauch entriegeln und von der Vakuumpumpe am Zylinderkopf abziehen. Mit dem Finger prüfen, ob Unterdruck am Schlauchanschluss anliegt.
- Falls eine elektrische Unterdruckpumpe vorhanden ist, diese auf Funktion prüfen.
- Ist Unterdruck vorhanden: Unterdruck messen, gegebenenfalls Bremskraftverstärker ersetzen (Werkstattarbeit).

Störungsdiagnose Bremse

Störung	Ursache	Abhilfe
Leerweg des Bremspedals zu groß.	Ein Bremskreis ausgefallen.	■ Bremskreise auf Flüssigkeitsverlust prüfen.
Bremspedal lässt sich weit und federnd durchtreten.	Luft im Bremssystem.	■ Bremse entlüften.
	Zu wenig Bremsflüssigkeit im Ausgleichbehälter.	■ Neue Bremsflüssigkeit nachfüllen. Bremse entlüften.
	Dampfblasenbildung. Tritt meist nach starker Beanspruchung auf, z. B. Passabfahrt.	■ Bremsflüssigkeit wechseln. Bremse entlüften.
Bremswirkung lässt nach, und Bremspedal lässt sich durchtreten.	Undichte Leitung.	■ Leitungsanschlüsse nachziehen oder Leitung erneuern.
	Beschädigte Manschette im Haupt- oder Radbremszylinder.	■ Manschette erneuern. Beim Hauptbremszylinder Innenteile ersetzen (Werkstatt), gegebenenfalls Hauptbremszylinder ersetzen oder Radbremszylinder überholen lassen.
Schlechte Bremswirkung trotz hohen Fußdrucks.	Bremsbeläge verölt.	■ Bremsbeläge erneuern.
	Ungeeigneter oder verhärteter Bremsbelag.	■ Beläge erneuern. Nur vom Automobilhersteller freigegebene Bremsbeläge verwenden.
	Bremsbeläge abgenutzt.	■ Bremsbeläge erneuern.
	Bremskraftverstärker defekt, Unterdruckleitung porös, defekt.	■ Bremskraftverstärker und Unterdruckleitung prüfen.
Bremse zieht einseitig.	Unvorschriftsmäßiger Reifendruck. Bereifung ungleichmäßig abgefahren.	■ Reifendruck prüfen und berichtigen. Abgefahrene Reifen ersetzen.
	Bremsbeläge verölt.	■ Bremsbeläge erneuern.
	Verschiedene Bremsbelagsorten auf einer Achse.	■ Beläge erneuern. Nur vom Automobilhersteller freigegebene Bremsbeläge verwenden.
	Speziell bei Scheibenbremse:	
	Verschmutzte Bremssattelschächte.	■ Sitz- und Führungsflächen der Bremsbeläge im Bremssattel reinigen.
	Korrosion in den Bremssattelzylindern.	■ Bremssattel erneuern.
	Bremsbelag ungleichmäßig verschlissen.	■ Bremsbeläge erneuern (an beiden Rädern), Bremssättel auf Leichtgängigkeit prüfen.
	Speziell bei Trommelbremse:	
	Kolben in den Radbremszylindern schwergängig.	■ Radbremszylinder erneuern.
Bremse zieht von selbst an.	Hauptbremszylinder defekt.	■ Hauptbremszylinder ersetzen.
Bremsen erhitzen sich während der Fahrt.	Bremse schwergängig.	■ Bewegliche Teile der Bremse schmieren. Bremssattel überholen lassen (Werkstattarbeit).
	Handbremsseil schwergängig.	■ Seil schmieren oder erneuern.
	Bremsschlauch innen aufgequollen, dicht.	■ Bremsschlauch erneuern.
	Speziell bei Scheibenbremse:	
	Korrosion in den Bremsattelzylindern.	■ Bremssattel erneuern.
	Speziell bei Trommelbremse:	
	Bremsbacken-Rückzugfedern erlahmt.	■ Rückzugfedern erneuern.

Störung	Ursache	Abhilfe
Bremsen rattern.	Ungeeigneter Bremsbelag.	■ Beläge erneuern. Nur vom Automobilhersteller freigegebene Bremsbeläge verwenden.
	Speziell bei Scheibenbremse:	
	Bremsscheibe stellenweise korrodiert.	■ Scheibe mit Schleifklötzen sorgfältig glätten.
	Bremsscheibe hat Seitenschlag.	■ Scheibe nacharbeiten oder ersetzen.
	Speziell bei Trommelbremse:	
	Bremsbeläge verschlissen.	■ Beläge erneuern.
	Bremstrommel unrund.	■ Bremstrommel ersetzen.
Räder lassen sich schwer von Hand drehen.	**Speziell bei Scheibenbremse:** Bremsbeläge lösen sich nicht von der Bremsscheibe, Korrosion in den Bremssattelzylindern.	■ Bremssattel überholen, eventuell austauschen.
	Speziell bei Trommelbremse:	
	Bremsbacken lösen sich nicht von der Bremstrommel, Rückholfeder gebrochen oder abgesprungen.	■ Neue Rückholfeder einbauen.
Ungleichmäßiger Belag-Verschleiß.	**Speziell bei Scheibenbremse:**	
	Ungeeigneter Bremsbelag.	■ Beläge erneuern.
	Bremssattel verschmutzt.	■ Bremssattelschächte reinigen.
	Bremssattel klemmt.	■ Führungsbuchsen und -stifte gangbar machen.
	Kolben nicht leichtgängig.	■ Kolben gangbar machen (Werkstattarbeit).
	Bremssystem undicht.	■ Bremssystem auf Dichtigkeit prüfen.
Keilförmiger Bremsbelag-Verschleiß.	**Speziell bei Scheibenbremse:**	
	Bremsscheibe läuft nicht parallel zum Bremssattel.	■ Anlagefläche des Bremssattels prüfen.
	Korrosion in den Bremssätteln.	■ Verschmutzung beseitigen oder Bremssattel erneuern.
Bremse quietscht.	Oft auf atmosphärische Einflüsse (Luftfeuchtigkeit) zurückzuführen.	■ Keine Abhilfe erforderlich, wenn Quietschen nach längerem Stillstand des Wagens bei hoher Luftfeuchtigkeit auftritt, sich dann aber nach den ersten Bremsungen nicht wiederholt.
	Speziell bei Scheibenbremse:	
	Ungeeigneter Bremsbelag.	■ Beläge erneuern. Rückenplatte mit Anti-Quietsch-Paste bestreichen.
	Bremsscheibe läuft nicht parallel zum Bremssattel.	■ Anlagefläche des Bremssattels prüfen.
	Verschmutzte Schächte im Bremssattel.	■ Bremssattelschächte reinigen.
	Speziell bei Trommelbremse:	
	Ungeeigneter Bremsbelag oder Belag liegt nicht satt auf.	■ Beläge erneuern. Nur vom Automobilhersteller freigegebene Bremsbeläge verwenden.
	Bremse verschmutzt.	■ Bremsen reinigen.
	Rückholfedern zu schwach, gebrochen oder abgesprungen.	■ Rückholfedern erneuern.

Störung	Ursache	Abhilfe
Bremse pulsiert.	ABS bei Vollbremsung in Funktion.	■ Normal, keine Abhilfe.
	Speziell bei Scheibenbremse:	
	Seitenschlag oder Dickentoleranz der Bremsscheibe zu groß.	■ Schlag und Toleranz prüfen. Scheibe nacharbeiten oder ersetzen.
	Bremsscheibe läuft nicht parallel zum Bremssattel.	■ Anlagefläche des Bremssattels prüfen.
	Speziell bei Trommelbremse:	
	Anlagefläche der Felge an der Bremstrommel nicht plan, dadurch Verzug der Bremstrommel.	■ Es kann versucht werden, die Felgen untereinander auszutauschen. Gegebenenfalls Felgen ersetzen.
ABS-Kontrollleuchte leuchtet während der Fahrt.	Betriebsspannung zu niedrig (unter ca. 10 Volt).	■ Batteriespannung prüfen. Prüfen, ob Kontrolllampe für Generator nach dem Motorstart erlischt, andernfalls Keilrippenriemen und Generator prüfen.
		■ Hinweise zu ABS/EBV/TC/ESP beachten.
	ABS-Anlage defekt.	■ ABS-Anlage in der Fachwerkstatt prüfen lassen.

Motor-Mechanik

Aus dem Inhalt:

- **Keilrippenriemen**
- **Motor-Kühlung**
- **Lüfter ausbauen**
- **Kühler ausbauen**
- **Kühlmittelregler**

Hinweis zum Aus- und Einbau von Zahnriemen, Zylinderkopf, Steuerkette

Das Auswechseln dieser Bauteile ist so komplex, dass ich davon abrate, die Arbeiten selbst durchzuführen. Aus diesem Grund habe ich diese Arbeitsschritte auch nicht beschrieben.

Motorabdeckung oben aus- und einbauen

Achtung: Motorabdeckung auf einer weichen, sauberen Unterlage ablegen, damit sie nicht zerkratzt wird. Beim Einbau nicht mit der Faust oder einem Werkzeug auf die Motorabdeckung schlagen.

1,6-/1,7-/2,0-l-Dieselmotor

Ausbau

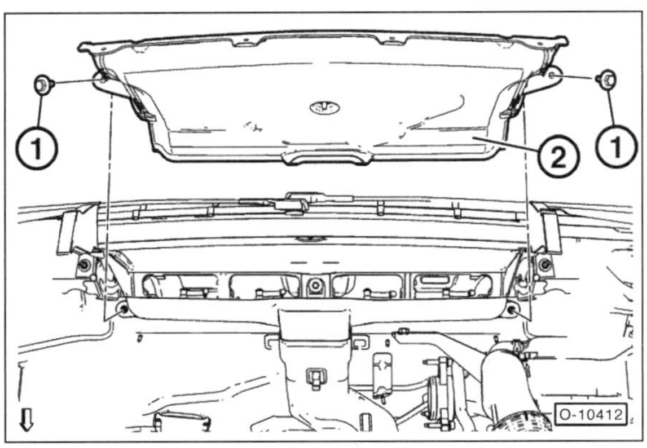

- **1,6-l-Dieselmotor:** Verkleidung –2– für Lufteinlass abbauen. Dazu 2 Schrauben –1– herausdrehen und Verkleidung nach oben abnehmen.

Hinweis: Beim 2,0-l-Dieselmotor muss je nach Ausführung vor dem Ausbau der oberen Motorabdeckung der Deckel vom Öleinfüllstutzen abgeschraubt werden. Einfüllstutzen anschließend sofort wieder verschließen.

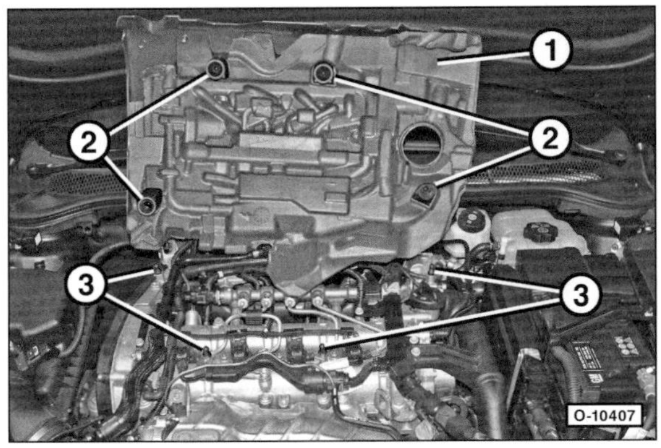

- Obere Motorabdeckung –1– nach oben abziehen und dabei Gummiaufnahmen –2– von den Kugelköpfen –3– abclipsen. **Hinweis:** Die Abbildung zeigt den 2,0-l-Motor. Beim 1,7-l-Motor können, je nach Ausführung, nur 3 Gummiaufnahmen vorhanden sein.

Hinweis: Falls die Gummiaufnahmen beim Abziehen auf den Kugelköpfen stecken bleiben, diese einzeln abziehen und seitlich in die Kunststoffaufnahmen der Abdeckung einschieben.

- Falls die Dämpfungs-Zwischenlage auf dem Motor verbleibt, Dämpfung separat abnehmen.

Einbau

- Obere Motorabdeckung mit den Gummiaufnahmen über den Kugelköpfen ansetzen, nach unten drücken und in die Kugelköpfe einrasten.

Speziell 1,3-l-Dieselmotor

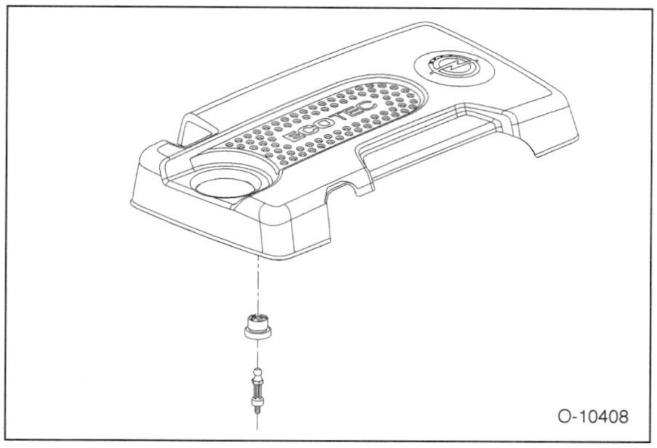

Speziell 2,0-l-Benzinmotor

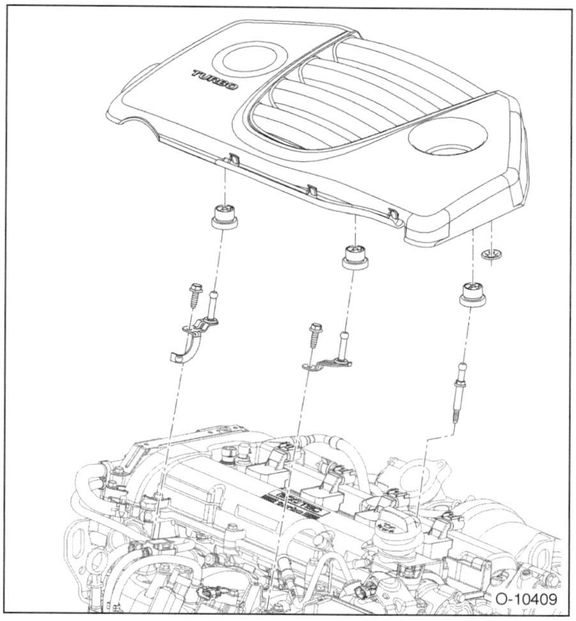

Keilrippenriementrieb

1,7-l-Dieselmotor

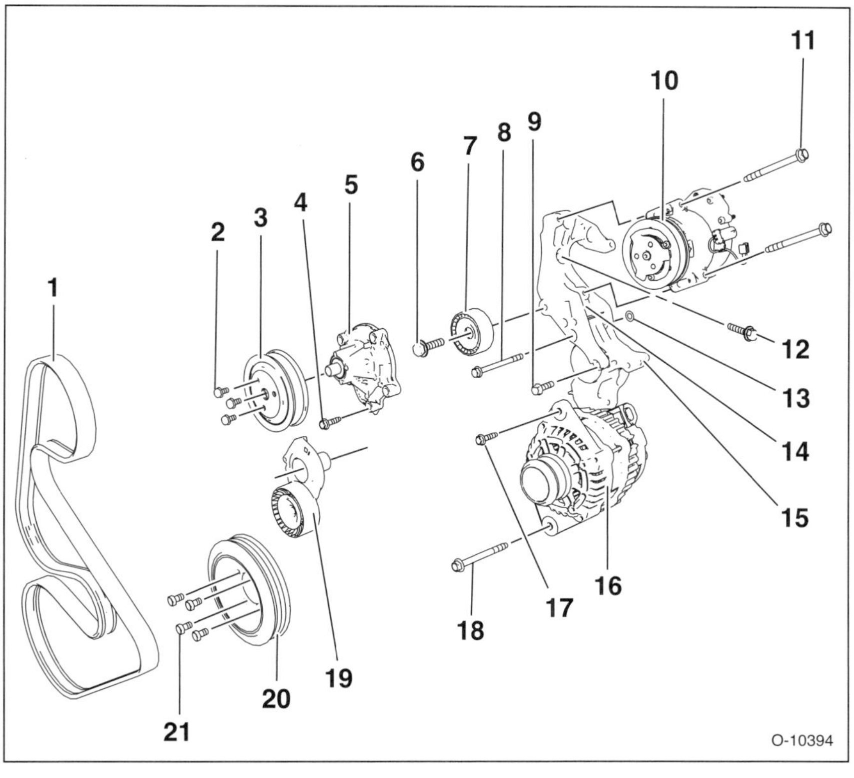

1 – Keilrippenriemen
2 – Schraube der Kühlmittelpumpenriemenscheibe
3 – Riemenscheibe Kühlmittelpumpe
4 – Kühlmittelpumpenschraube
5 – Kühlmittelpumpe
6 – Schraube für Umlenkrolle Keilrippenriemen
7 – Umlenkrolle Keilrippenriemen
8 – Lange Schraube für Generatorhalterung
9 – Kurze Schraube für Generatorhalterung
10 – Kompressor für Klimaanlage
11 – Schraube für Klimakompressor
12 – Schraube für Halterung Klimakompressor
13 – Mutter Generatorhalterung
14 – Klimakompressor- und Servopumpenhalterung (wo vorhanden)
15 – Halter für Generator
16 – Generator
17 – Kurze Schraube für Generator
18 – Lange Schraube für Generator
19 – Spannvorrichtung für Keilrippenriemen
20 – Kurbelwellenriemenscheibe (Schwingungsdämpfer)
21 – Schrauben für Kurbelwellenriemenscheibe

Keilrippenriemen aus- und einbauen

1,7-l-Dieselmotor

Ausbau

- Luftfilter ausbauen, siehe Seite 193.
- Laufrichtung auf dem Keilrippenriemen markieren. Dazu mit Filzstift oder Kreide einen Pfeil in Laufrichtung anbringen. Der Keilrippenriemen dreht im Uhrzeigersinn.

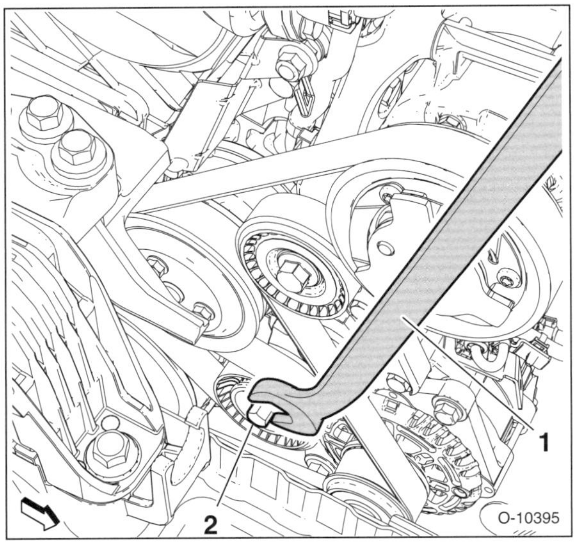

- Riemenspanner am Sechskant der Spannrolle –2– mit einem Maulschlüssel –1– im Uhrzeigersinn drehen, bis die Spannvorrichtung im oberen Bereich mit einem Absteckdorn arretiert werden kann. Die Fachwerkstatt verwendet dazu den Dorn EN-48952. Gegebenenfalls Spannvorrichtung mit einem Bohrerschaft von entsprechendem Durchmesser arretieren.

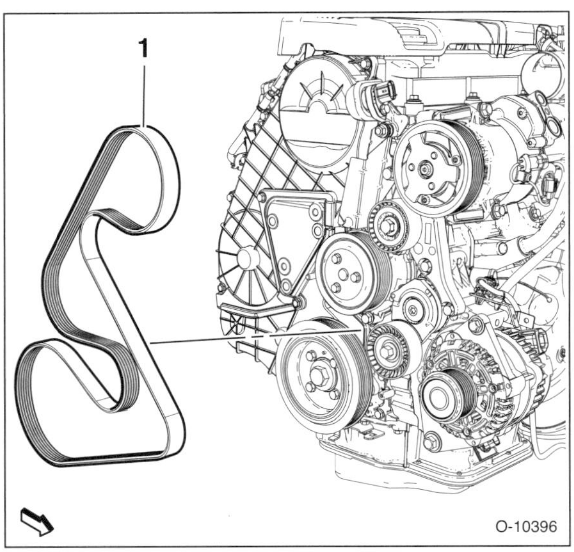

- Keilrippenriemen –1– abnehmen.

Einbau

- Keilrippenriemen –1– auflegen. **Achtung:** Wird der bisherige Riemen wieder eingebaut, Laufrichtungsmarkierung beachten. Der Keilrippenriemen darf nur in der gleichen Laufrichtung wieder eingebaut werden, da er sonst erhöhtem Verschleiß ausgesetzt ist.
- Spannvorrichtung etwas im Uhrzeigersinn drehen und Dorn herausziehen. Anschließend Spannvorrichtung langsam entgegen dem Uhrzeigersinn drehen. Dadurch wird der Keilrippenriemen gespannt.
- Luftfilter einbauen, siehe Seite 193.

Hinweis: Falls die Spannvorrichtung aus- und eingebaut werden muss, Spannvorrichtung in arretiertem Zustand abschrauben und später mit **50 Nm** anschrauben.

2,0-l-Dieselmotor, Ausführung 1

Ausbau

Hinweis: Der Keilrippenriemen wird bei diesem Motor von unten ausgebaut.

Sicherheitshinweis
Beim Aufbocken des Fahrzeugs besteht Unfallgefahr! Hinweise im Kapitel »Fahrzeug aufbocken« beachten.

- Fahrzeug aufbocken.
- Untere Motorabdeckung ausbauen, siehe Seite 229.
- Laufrichtung auf dem Keilrippenriemen markieren. Dazu mit Filzstift oder Kreide einen Pfeil in Laufrichtung anbringen. Die Keilrippenriemen-Drehrichtung erfolgt im Uhrzeigersinn.

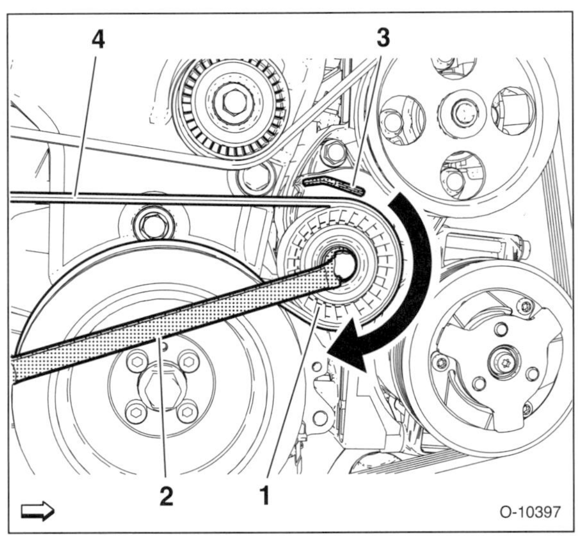

- Keilrippenriemen-Spannvorrichtung –1– mit Schlüssel –2– in Pfeilrichtung drehen und Spannvorrichtung mit Absteckdorn –3– arretieren. Die Fachwerkstatt verwendet dazu den Dorn EN-913A. Gegebenenfalls Spannvorrichtung mit einem Bohrerschaft von entsprechendem Durchmesser arretieren.
- Keilrippenriemen –4– abnehmen.

Einbau

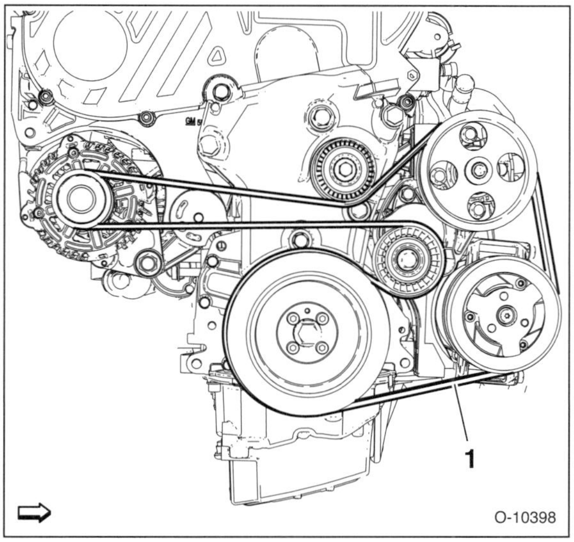

- Keilrippenriemen –1– auflegen. **Achtung:** Wird der bisherige Riemen wieder eingebaut, Laufrichtungsmarkierung beachten. Der Keilrippenriemen darf nur in der gleichen Laufrichtung wieder eingebaut werden, da er sonst erhöhtem Verschleiß ausgesetzt ist.
- Spannvorrichtung etwas im Uhrzeigersinn drehen und Dorn herausziehen. Anschließend Spannvorrichtung langsam entgegen dem Uhrzeigersinn drehen. Dadurch wird der Keilrippenriemen gespannt.
- Untere Motorabdeckung einbauen, siehe Seite 229.
- Fahrzeug ablassen.

Hinweis: Falls die Spannvorrichtung aus- und eingebaut werden muss, Spannvorrichtung in arretiertem Zustand abschrauben und später mit **22 Nm** anschrauben.

2,0-l-Dieselmotor, Ausführung 2

Ausbau

Hinweis: Der Keilrippenriemen wird bei diesem Motor von unten ausgebaut.

Sicherheitshinweis
Beim Aufbocken des Fahrzeugs besteht Unfallgefahr! Hinweise im Kapitel »Fahrzeug aufbocken« beachten.

- Fahrzeug aufbocken.
- Untere Motorabdeckung und, falls vorhanden, Spritzschutz ausbauen, siehe Seite 229.
- Laufrichtung auf dem Keilrippenriemen markieren. Dazu mit Filzstift oder Kreide einen Pfeil in Laufrichtung anbringen. Die Keilrippenriemen-Drehrichtung erfolgt im Uhrzeigersinn.

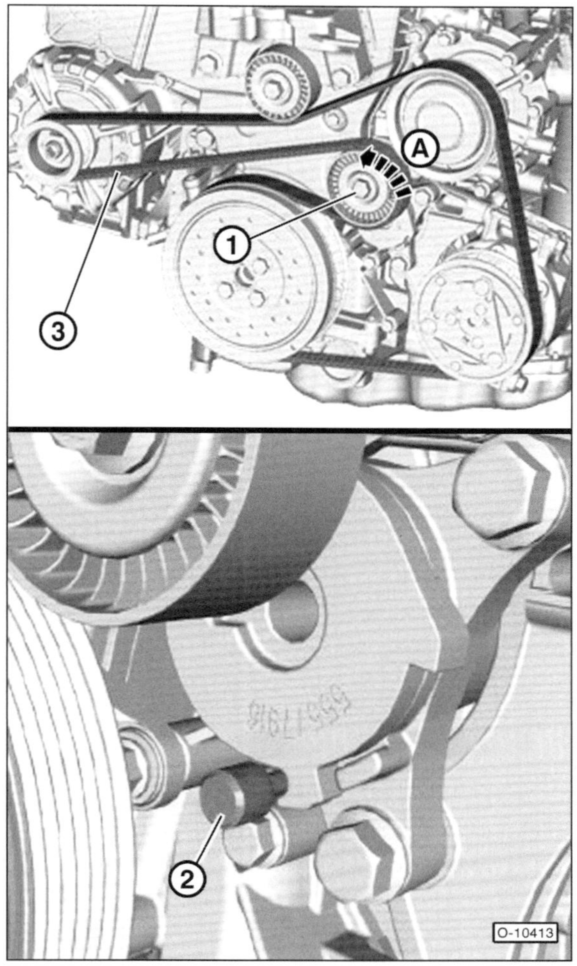

- Keilrippenriemen-Spannvorrichtung –1– mit einem Ringschlüssel soweit in Pfeilrichtung –A– drehen, bis der Absteckdorn –2– in die Bohrungen gesteckt werden kann und dadurch die Spannvorrichtung in dieser Stellung arretiert wird. Die Fachwerkstatt verwendet dazu den Dorn EN-955-2. Gegebenenfalls Spannvorrichtung mit einem Bohrerschaft von entsprechendem Durchmesser arretieren.
- Keilrippenriemen –3– abnehmen.

Einbau

- Keilrippenriemen –3– auflegen. **Achtung:** Wird der bisherige Riemen wieder eingebaut, Laufrichtungsmarkierung beachten. Der Keilrippenriemen darf nur in der gleichen Laufrichtung wieder eingebaut werden, da er sonst erhöhtem Verschleiß ausgesetzt ist.
- Spannvorrichtung etwas gegen den Uhrzeigersinn drehen und den Dorn herausziehen. Anschließend Spannvorrichtung langsam im Uhrzeigersinn drehen. Dadurch wird der Keilrippenriemen gespannt.
- Sichtprüfen, ob der Riemen richtig auf den Riemenscheiben aufliegt. Andernfalls Riemen entspannen und erneut auflegen.
- Der weitere Einbau erfolgt in umgekehrter Ausbaureihenfolge.

1,3-l-Dieselmotor

Ausbau

Hinweis: Der Keilrippenriemen wird bei diesem Motor von unten ausgebaut.

Sicherheitshinweis
Beim Aufbocken des Fahrzeugs besteht Unfallgefahr! Hinweise im Kapitel »Fahrzeug aufbocken« beachten.

- Fahrzeug aufbocken.
- Untere Motorabdeckung beziehungsweise Motorspritzschutz ausbauen.
- Laufrichtung auf dem Keilrippenriemen markieren. Dazu mit Filzstift oder Kreide einen Pfeil in Laufrichtung anbringen. Die Keilrippenriemen-Drehrichtung erfolgt im Uhrzeigersinn.

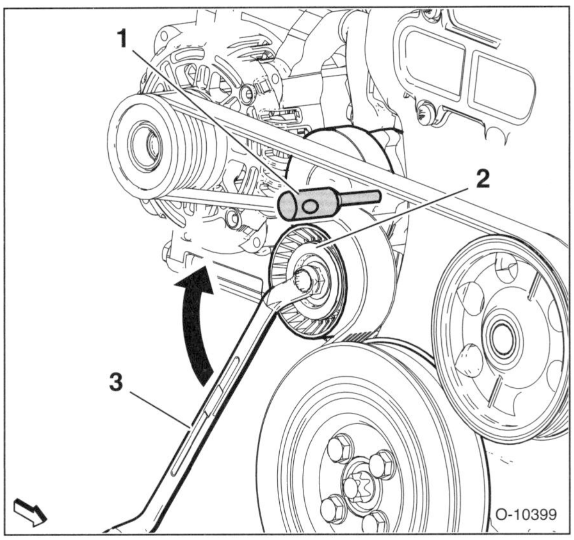

- Keilrippenriemen-Spannvorrichtung –2– mit Schlüssel –3– in Pfeilrichtung spannen und Spannvorrichtung mit Absteckdorn –1– arretieren. Die Fachwerkstatt verwendet dazu den Dorn EN-6130 oder HAZET 3088-10.

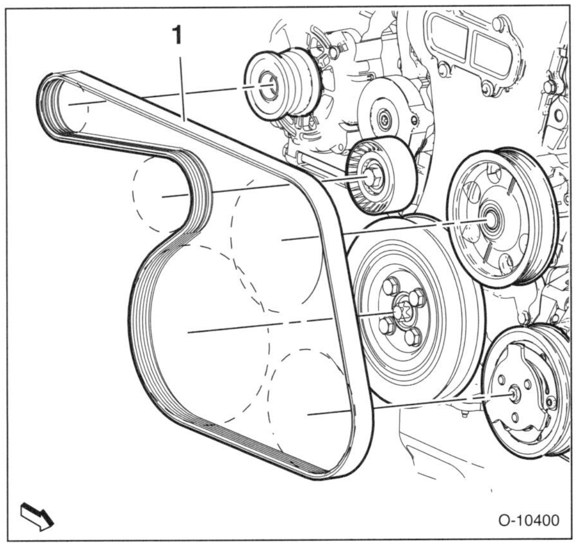

- Keilrippenriemen –1– abnehmen.

Einbau

- Keilrippenriemen –1– auflegen. **Achtung:** Wird der bisherige Riemen wieder eingebaut, Laufrichtungsmarkierung beachten. Der Keilrippenriemen darf nur in der gleichen Laufrichtung wieder eingebaut werden, da er sonst erhöhtem Verschleiß ausgesetzt ist.
- Spannvorrichtung etwas im Uhrzeigersinn drehen und Dorn herausziehen. Anschließend Spannvorrichtung langsam entgegen dem Uhrzeigersinn drehen. Dadurch wird der Keilrippenriemen gespannt.
- Untere Motorabdeckung beziehungsweise Motorspritzschutz einbauen.
- Fahrzeug ablassen.

Hinweis: Falls die Spannvorrichtung aus- und eingebaut werden muss, Spannvorrichtung in arretiertem Zustand abschrauben und später mit **50 Nm** anschrauben.

1,6-l-Benzinmotor

Ausbau

- Falls vorhanden, Riemen für Servolenkpumpe ausbauen.

> **Sicherheitshinweis**
> Beim Aufbocken des Fahrzeugs besteht Unfallgefahr! Hinweise im Kapitel »Fahrzeug aufbocken« beachten.

- Fahrzeug aufbocken.
- Rechten Motorspritzschutz von unten abbauen.
- Laufrichtung auf dem Keilrippenriemen markieren. Dazu mit Filzstift oder Kreide einen Pfeil in Laufrichtung anbringen. Der Keilrippenriemen dreht im Uhrzeigersinn.

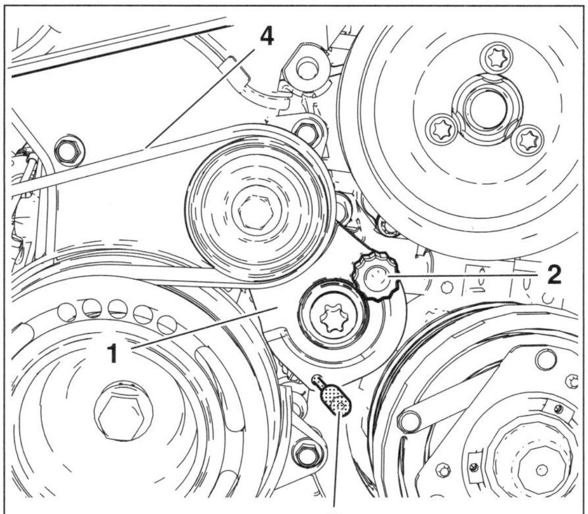

O-10401

- Spannvorrichtung –1– am Vielzahn-Anguss –2– mit geeignetem Außenvielzahn-Steckschlüssel im Gegenuhrzeigersinn spannen und mit einem Dorn –3– arretieren. 4 – Keilrippenriemen.

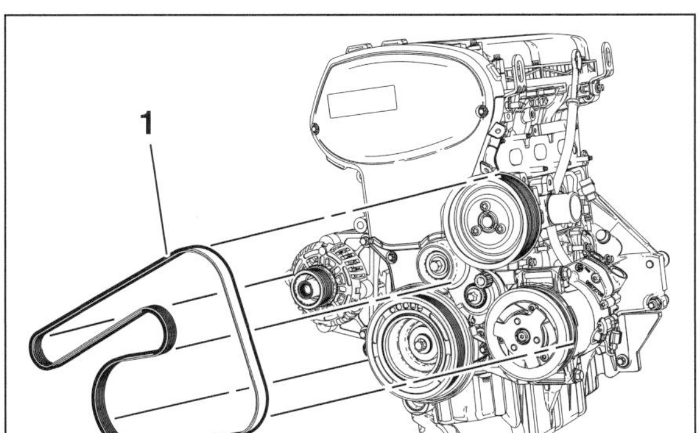

O-10402

- Keilrippenriemen –1– abnehmen.

Einbau

- Keilrippenriemen –1– auflegen. **Achtung:** Wird der bisherige Riemen wieder eingebaut, Laufrichtungsmarkierung beachten. Der Keilrippenriemen darf nur in der gleichen Laufrichtung wieder eingebaut werden, da er sonst erhöhtem Verschleiß ausgesetzt ist.
- Spannvorrichtung etwas im Gegenuhrzeigersinn drehen und Dorn herausziehen. Anschließend Spannvorrichtung langsam im Uhrzeigersinn drehen. Dadurch wird der Keilrippenriemen gespannt.
- Rechten Motorspritzschutz einbauen.
- Falls ausgebaut, Riemen für Servolenkpumpe einbauen.

Hinweis: Falls die Spannvorrichtung aus- und eingebaut werden muss, Spannvorrichtung in arretiertem Zustand abschrauben und später mit **55 Nm** anschrauben.

1,4-l-Benzinmotor

Ausbau

- Luftfiltergehäuse ausbauen, siehe Seite 193.
- Falls auf dem Keilrippenriemen keine Markierung vorhanden ist, Laufrichtung auf dem Keilrippenriemen markieren. Dazu mit Filzstift oder Kreide einen Pfeil in Laufrichtung anbringen. Die Keilrippenriemen-Drehrichtung erfolgt im Uhrzeigersinn.

> **Sicherheitshinweis**
> Beim Aufbocken des Fahrzeugs besteht Unfallgefahr! Hinweise im Kapitel »Fahrzeug aufbocken« beachten.

- Fahrzeug aufbocken.
- Rechten Motorraum-Spritzschutz ausbauen, siehe Seite 229.

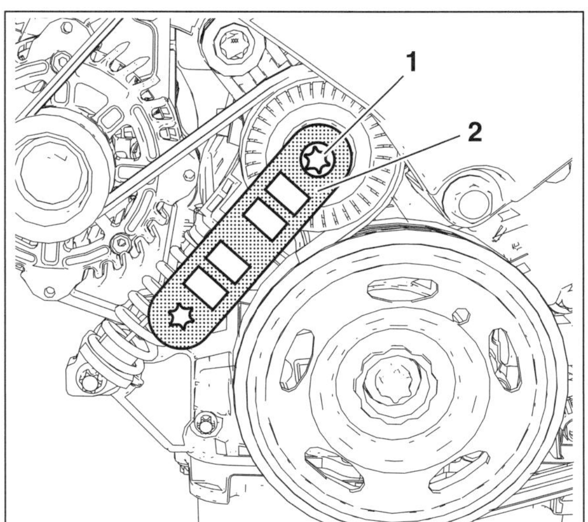

O-10403

- Spannvorrichtung –1– des Keilrippenriemens mit Außentorxschlüssel –2– im Uhrzeigersinn so weit drehen, bis sich ein geeigneter Absteckdorn am Spanner einsetzen lässt.

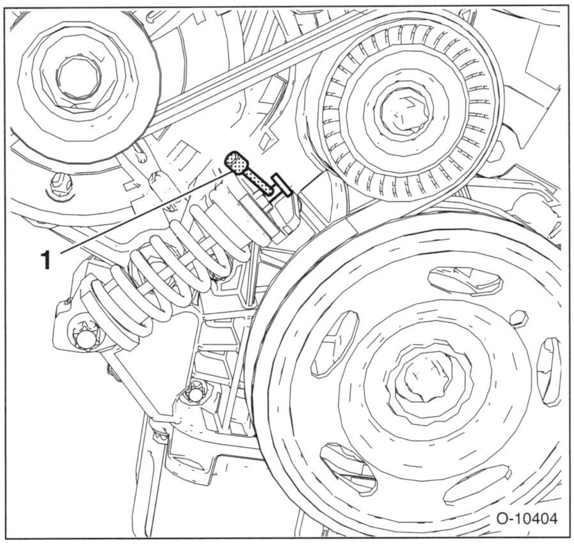

- Mit einem geeignetem Absteckdorn –1–, zum Beispiel OPEL-EN-955-2 den Riemenspanner arretieren. Anschließend Spannvorrichtung etwas zurückdrehen und Außentorxschlüssel abnehmen.

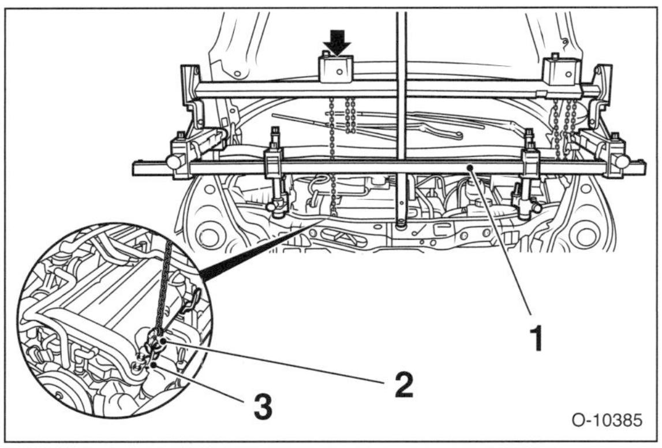

- Fahrzeug absenken und Motorbrücke –1– anbauen.
- Motor an Motorbrücke anhängen. Dabei Kettenkasten oberhalb der Motortransportlasche positionieren –Pfeil– und Haken –2– in die Motortransportlasche –3– einhängen. Kette durch Drehen am Sechskant des Kettenkastens auf Spannung bringen.

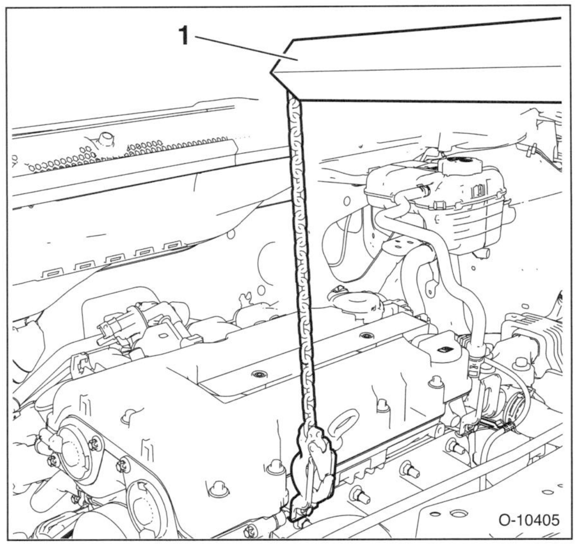

- Zum Abfangen des Motors kann anstelle der Motorbrücke auch ein handelsüblicher Motorheber –1– verwendet werden.

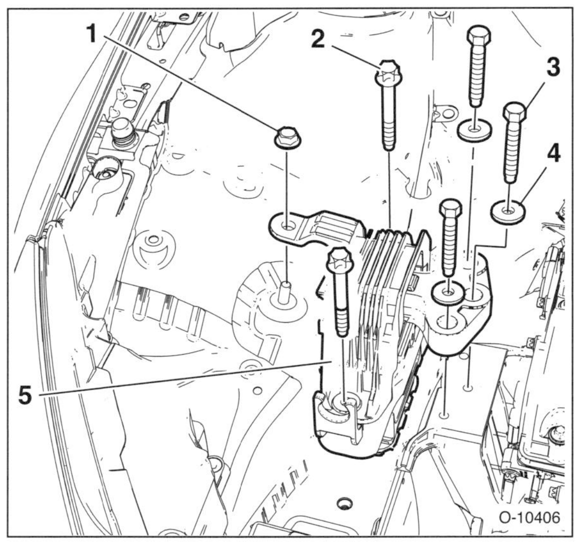

- 3 Schrauben –3– herausdrehen und Motorlager vom Halter abschrauben.
- 2 Schrauben –2– sowie Mutter –1– herausdrehen und Motorlager von der Karosserie abschrauben.
- Sämtliche Unterlegscheiben abnehmen und ersetzen.
- Motorlager –5– herausnehmen.
- Keilrippenriemen abnehmen.

Einbau

- Keilrippenriemen auf die Riemenscheibe der Kühlmittelpumpe auflegen. **Achtung:** Wird der bisherige Riemen wieder eingebaut, Laufrichtungsmarkierung beachten. Der Keilrippenriemen darf nur in der gleichen Laufrichtung wieder eingebaut werden, da er sonst erhöhtem Verschleiß ausgesetzt ist.
- Motorlager einsetzen und mit 2 Schrauben an der Karosserie anschrauben, noch nicht festziehen.
- Mutter anschrauben, noch nicht festziehen.
- 3 neue Schrauben mit neuen Unterlegscheiben am Halter anschrauben, noch nicht festziehen.
- Motorheber beziehungsweise Motorbrücke abbauen.
- Keilrippenriemen auf die Riemenscheiben auflegen.
- Spannvorrichtung etwas im Uhrzeigersinn drehen und Dorn herausziehen. Anschließend Spannvorrichtung langsam im Gegenuhrzeigersinn drehen und dadurch entspannen. Dadurch wird der Keilrippenriemen gespannt.
- Fahrzeug absenken.
- Motor etwas hin- und herbewegen, damit das rechte Motorlager eine entspannte Position einnimmt.
- 2 Schrauben und Mutter an der Karosserie mit **62 Nm** festziehen.
- 3 Schrauben am Halter in **3 Stufe**n festziehen.
  1. Stufe: mit Drehmomentschlüssel . . . . **50 Nm**
  2. Stufe: mit starrem Schlüssel . . . . **60°**
  3. Stufe: mit starrem Schlüssel . . . . **10°**
- Luftfiltergehäuse einbauen, siehe Seite 193.
- Fahrzeug aufbocken.
- Rechten Motorraum-Spritzschutz einbauen, siehe Seite 229.
- Fahrzeug ablassen.

Motor-Kühlung

Kühlmittelkreislauf

Solange der Motor kalt ist, zirkuliert das Kühlmittel nur im Zylinderkopf sowie im Motorblock und im Wärmetauscher der Innenraumheizung. Mit zunehmender Erwärmung öffnet der Kühlmittelregler den großen Kühlmittelkreislauf. Das Kühlmittel wird von der ständig im Einsatz befindlichen Kühlmittelpumpe über den Kühler geleitet. Die Kühlflüssigkeit durchströmt den Kühler von oben nach unten und wird dabei durch die an den Kühlrippen vorbeistreichende Luft gekühlt.

Zur Verstärkung der Kühlluft ist ein elektrisch angetriebener, temperaturgesteuerter Lüfter eingebaut. Der Zeitpunkt für das Einschalten und die Drehzahl des Lüfters werden vom Motor-Steuergerät anhand der Werte des Kühlmittel-Temperaturfühlers bestimmt und über Relais und Vorwiderstand geschaltet.

Sicherheitshinweis
Der Elektrolüfter kann sich auch bei ausgeschalteter Zündung einschalten. Durch Stauwärme im Motorraum ist auch **mehrmaliges Einschalten möglich.** Abhilfe: **Sicherung für Kühlerlüfter abziehen.**

Sicherheitshinweis
Der **Kältemittelkreislauf der Klimaanlage darf nicht geöffnet** werden, da das Kältemittel bei Hautberührung Erfrierungen hervorrufen kann.
Bei versehentlichem Hautkontakt betroffene Stelle sofort mindestens 15 Minuten lang mit kaltem Wasser spülen. Kältemittel ist farb- und geruchlos sowie schwerer als Luft. Bei austretendem Kältemittel besteht am Boden beziehungsweise in unteren Räumen Erstickungsgefahr. Das Kältemittelgas ist nicht wahrnehmbar.

Kühler-Frostschutzmittel

Die Motor-Kühlanlage wird ganzjährig mit einer Mischung aus Wasser und Kühlerfrost- und Korrosions-Schutzmittel befüllt. Diese Mischung verhindert Frost- und Korrosionsschäden, Kalkansatz und hebt außerdem die Siedetemperatur des Kühlmittels an. Durch den Verschlussdeckel am Ausgleichbehälter wird bei warmem Motor innerhalb des Kühlkreislaufes ein Überdruck von ca. 1,2 bis 1,5 bar aufgebaut, der ebenfalls zur Siedepunkterhöhung der Kühlflüssigkeit beiträgt. Erforderlich ist der höhere Siedepunkt der Kühlflüssigkeit für ein einwandfreies Funktionieren der Motor-Kühlung. Bei zu niedrigem Siedepunkt der Flüssigkeit kann es zu einem Hitzestau kommen, wodurch der Kühlkreislauf behindert und die Kühlung des Motors vermindert wird. **Deshalb**

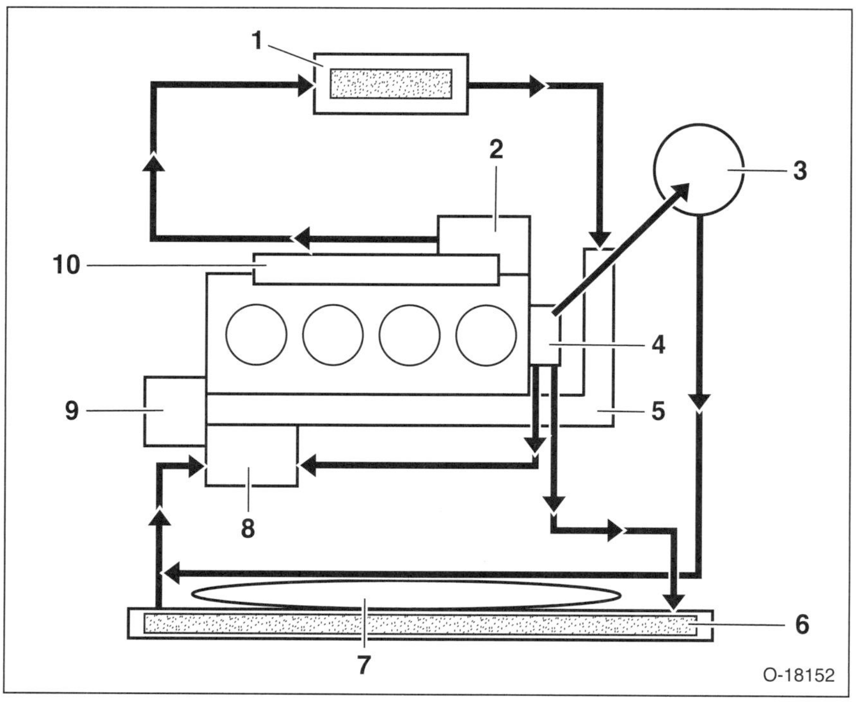

1 – Wärmetauscher
Für Heizung.

2 – ARF-Kühler
ARF = Abgasrückführung.

3 – Kühlmittel-Ausgleichbehälter

4 – Thermostatgehäuse
Kühlmittelreglergehäuse.

5 – Kühlmittelrohr

6 – Kühler

7 – Kühlerlüfter

8 – Ölkühler

9 – Kühlmittelpumpe

10 – Einlasskrümmer

Hinweis: Beim 1-3-l-/2,0-l-Dieselmotor mit Start/Stopp-System befindet sich zwischen Wärmetauscher –1– und Kühlmittelrohr –5– eine zusätzliche elektrische Kühlmittelpumpe.

muss das Kühlsystem unbedingt ganzjährig mit einer Kühlkonzentrat-Mischung gefüllt sein.

Grundsätzlich nur rotes, silikatfreies Frostschutzmittel verwenden. Das Frostschutzmittel muss von OPEL freigegeben sein. Die Freigabe steht dann auf Frostschutzmittelbehälter.

Achtung: Auf keinen Fall das für ältere Fahrzeuge vorgesehene silikathaltige, blaugrüne Kühlmittel einfüllen.

Kühlmittel-Mischungsverhältnis

Die Kühlflüssigkeit wird aus einer Mischung von Kühlkonzentrat (Frostschutzmittel) und kalkarmem Trinkwasser hergestellt.

Frostschutz bis	Kühlkonzentrat	Wasser
– 30° C	40 %	60 %
– 40° C	50 %	50 %

Empfehlenswert ist grundsätzlich ein Mischungsverhältnis von 1:1, also 50% Wasser und 50% Frostschutzmittel.

Die Kühlmittel-Füllmenge kann je nach Ausstattung des Fahrzeuges variieren. Anhaltswerte stehen in der Tabelle auf Seite 13.

Kühlmittel ablassen und auffüllen

Falls bei Reparaturen der Zylinderkopf, die Zylinderkopfdichtung, der Kühler, der Heizungs-Wärmetauscher oder der Motor ersetzt wurden, muss die Kühlflüssigkeit auf jeden Fall ersetzt werden. Das ist erforderlich, weil sich die Korrosionsschutzanteile in der Einlaufphase an den neuen Leichtmetallteilen absetzen und somit eine dauerhafte Korrosionsschutzschicht bilden. Bei gebrauchter Kühlflüssigkeit ist der Korrosionsschutzanteil in der Regel nicht mehr groß genug, um eine ausreichende Schutzschicht an den neuen Teilen zu bilden.

Ein Wechsel des Kühlmittels im Rahmen der Wartung ist nicht erforderlich.

Achtung: Bei Arbeiten am Kühlsystem unbedingt darauf achten, dass **kein Kühlmittel** auf den **Keilrippenriemen** und, falls vorhanden, auf den **Zahnriemen** gelangt. Der Glykolanteil des Kühlmittels kann das Gewebe des Riemens so schädigen, dass der Riemen nach einiger Betriebszeit reißt, wodurch hohe Motorschäden (Zahnriemen) auftreten können.

Hinweis: Kühlmittel ist leicht giftig. Gemeinde- und Stadtverwaltungen informieren darüber, wie das alte Kühlmittel entsorgt werden soll.

Ablassen

- Falls vorhanden, Klimaanlage ausschalten.

Sicherheitshinweis
Bei heißem Motor vor dem Öffnen des Ausgleichbehälters einen dicken Lappen auflegen, um Verbrühungen durch heiße Kühlflüssigkeit oder Dampf zu vermeiden. Deckel nur bei Kühlmitteltemperaturen unter +90° C abnehmen.

- Verschlussdeckel am Ausgleichbehälter öffnen.

Sicherheitshinweis
Beim Aufbocken des Fahrzeugs besteht Unfallgefahr! Hinweise im Kapitel »Fahrzeug aufbocken« beachten.

- Fahrzeug aufbocken.
- Falls vorhanden, untere Motorraumabdeckung ausbauen.

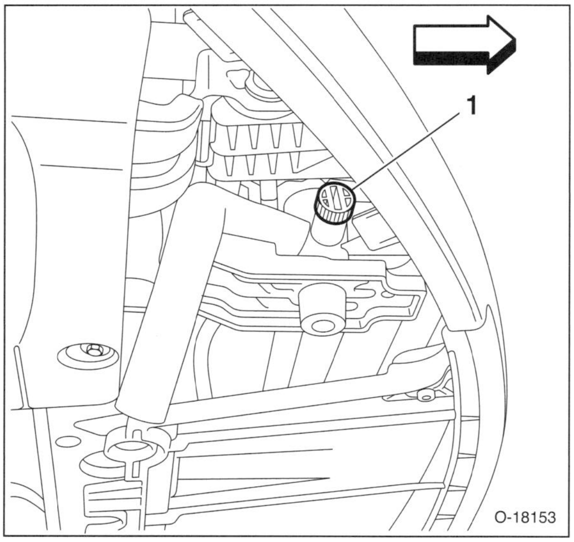

Hinweis: Um die Kühlflüssigkeit gezielt ablassen zu können, empfiehlt es sich, einen geeigneten Schlauch auf den Ablassstutzen aufzuschieben.

- Sauberes Auffanggefäß unter die Ablassschraube –1– seitlich am Kühler stellen.
- Kühlmittel-Ablassschraube öffnen und Kühlmittel komplett in die Auffangwanne abfließen lassen.
- Anschließend Ablassschraube wieder verschließen.
- Fahrzeug ablassen.

Auffüllen

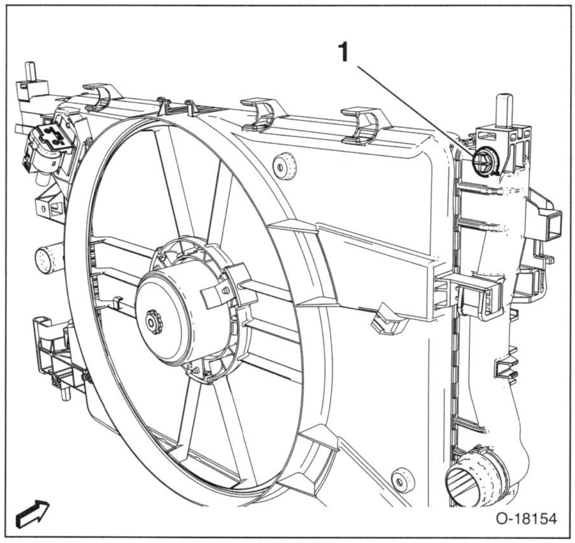

- Entlüftungsschraube –1– herausdrehen und wieder etwas einschrauben.
- Kühlflüssigkeit über die Öffnung des Ausgleichbehälters langsam auffüllen.
- Entlüftungsschraube schließen, wenn die Kühlflüssigkeit dort austritt.

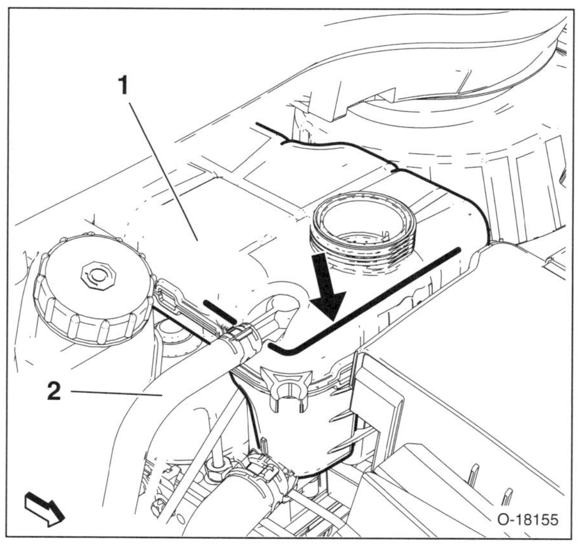

- Kühlmittel langsam am Ausgleichbehälter –1– einfüllen. Der Flüssigkeitsstand sollte etwa an der eingezeichneten Linie –Pfeil– unterhalb vom Überlaufschlauch –2– liegen.
- Motor starten und im Leerlauf laufen lassen.
- Wenn der Kühlmittelstand absinkt, sofort Kühlmittel bis zur eingezeichneten Linie am Kühlmittel-Ausgleichsbehälter –Pfeil– auffüllen.
- Schraubverschluss für Ausgleichbehälter bis zum Anschlag festdrehen.

Hinweis: Wurde der Wärmetauscher der Heizung ersetzt, ist folgende Zusatzarbeit durchzuführen: Direkt nach Motorstart 3-mal das Gaspedal antippen und dadurch 3 Gasstöße ausführen. Dabei sollte eine Drehzahl von 2500/min nicht überschritten werden.

- Motor warm laufen lassen. Dabei Motor mit einer Drehzahl bis maximal 2500/min laufen lassen, bis der Kühlerlüfter einschaltet.

Hinweis: Wurde der Wärmetauscher der Heizung ersetzt, den Motor für weitere 2 Minuten bei 2000 – 2500/min laufen lassen. Dadircj wird eine komplette Entlüftung des Kühlsystems gewährleistet.

- Kühlsystem entlüften. Dazu 3-mal das Gaspedal antippen und dadurch 3 Gasstöße ausführen. Dabei sollte eine Drehzahl von 2500/min nicht überschritten werden.
- Kühlsystem auf Dichtheit sichtprüfen.
- Motor abstellen und abkühlen lassen.

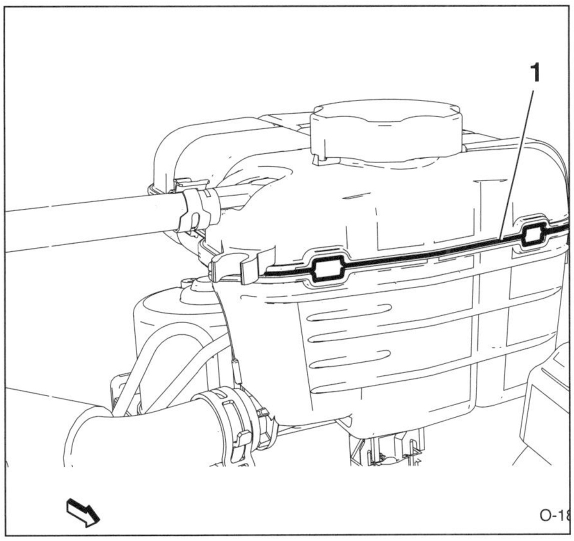

- Anschließend Kühlmittelstand nochmals prüfen, gegebenenfalls Kühlmittel bis zur Markierung –1– nachfüllen.
- Nach einer Probefahrt den Motor abkühlen lassen und den Kühlmittelstand erneut prüfen. Gegebenenfalls Kühlmittel bis zur Markierung –1– auffüllen.

Kühlmittelregler (Thermostat) aus- und einbauen

Der Kühlmittelregler (Thermostat) öffnet mit zunehmender Erwärmung des Motors den großen Kühlmittelkreislauf. Bleibt der Thermostat durch einen Defekt geschlossen, wird der Motor zu heiß. Erkennbar ist das am Aufleuchten der Kühlmitteltemperatur-Warnleuchte, während gleichzeitig der Kühler kalt bleibt. Ein defekter Thermostat kann aber auch nach dem Abkühlen der Kühlflüssigkeit weiterhin geöffnet bleiben. Dies erkennt man daran, dass der Motor nicht mehr seine Betriebstemperatur erreicht beziehungsweise dass insbesondere im Winter die Heizleistung nachlässt.

Ausbau

Achtung: Die Beschreibung bezieht sich auf die 1,6-/1,8-l-Benzinmotoren **LDE/LXV/LUW/2H0**. Hinweise für die anderen Motoren stehen am Ende des Kapitels. Dort wird nur auf die Abweichungen hingewiesen.

- Kühlmittel ablassen und auffangen, siehe entsprechendes Kapitel.

Achtung: Die Kühlflüssigkeit braucht nicht vollständig abgelassen zu werden. Es reicht, wenn der Kühlflüssigkeitsspiegel unterhalb vom Thermostatgehäuse liegt.

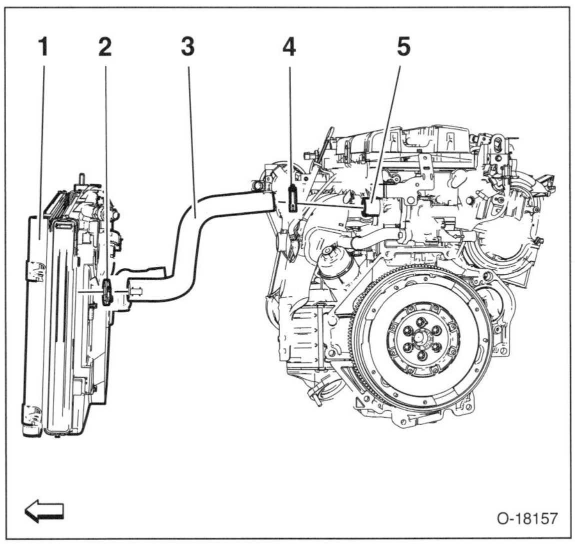

- Schlauchschelle –4– öffnen und zurückschieben.
- Kühlerschlauch –3– vom Thermostatgehäuse –5– abziehen.

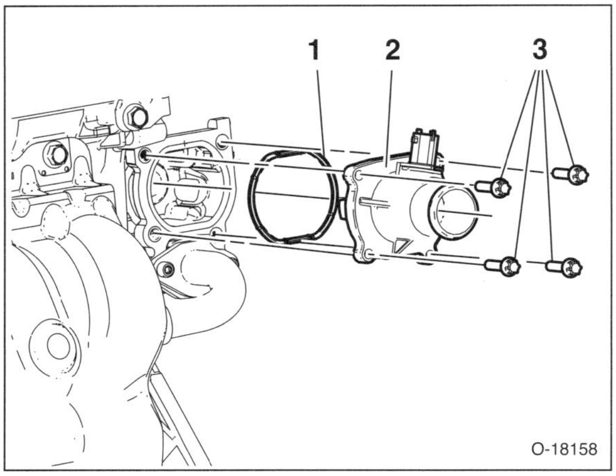

- 4 Schrauben –3– herausdrehen und Thermostatgehäuse –2– mit Thermostat abnehmen.
- Kühlmitteldichtung –1– abnehmen.
- Thermostat prüfen.

Einbau

- Dichtflächen von Thermostat und Kühlmittelflansch reinigen.
- Thermostatgehäuse mit integriertem Thermostat und **neuer** Dichtung ansetzen und mit **8 Nm** anschrauben.
- Kühlmittelschlauch aufschieben und mit Schelle sichern.
- Frostschutz der Kühlflüssigkeit überprüfen, Kühlmittel auffüllen, siehe entsprechendes Kapitel.

1,4-l-Benzinmotor LDE

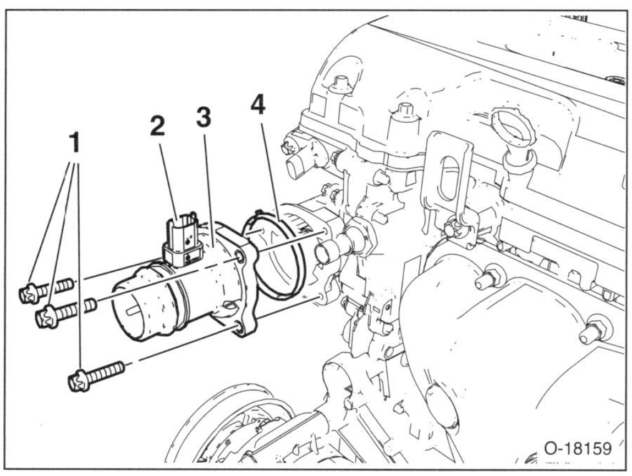

- 3 Schauben –1– herausdrehen und Thermostatgehäuse –3– abnehmen.
- Dichtring –4– erneuern. 2 – Kühlmittel-Temperatursensor.
- Beim Einbau Thermostatgehäuse mit **8 Nm** anschrauben.

1,4-l-Benzinmotor LUH/LUJ

- Luftansaugrohr ausbauen, siehe entsprechendes Kapitel.

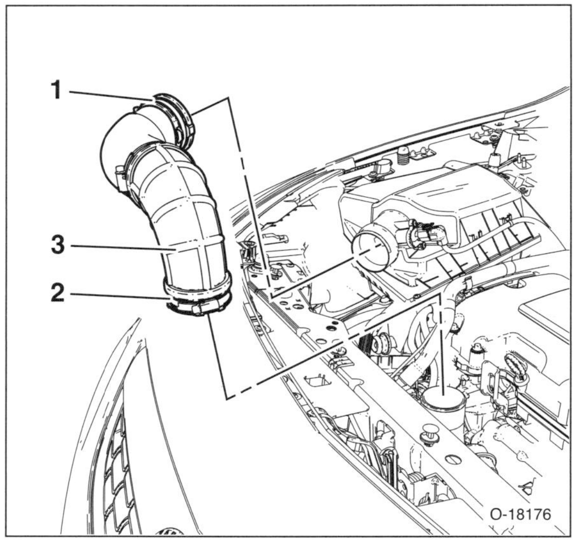

- Schellen –1– und –2– öffnen und zurückschieben.
- Luftansaugrohr –3– vom Luftfilter und unteren Luftkanal abziehen.
- Leitung für Kurbelgehäuseentlüftung vom Turbolader lösen. Dazu Halteklammer seitlich herausziehen.
- Elektrischen Stecker vom Kühlmittel-Temperatursensor abziehen.

1,7-l-Dieselmotor LPL/LPV

Hinweis: Der Kühlmittelregler sitzt unterhalb der Vakuumpumpe am Zylinderkopf.

- Halter des Motor-Steuergerätes ausclipsen und Steuergerät mit angeschlossenen Leitungen beiseite hängen.

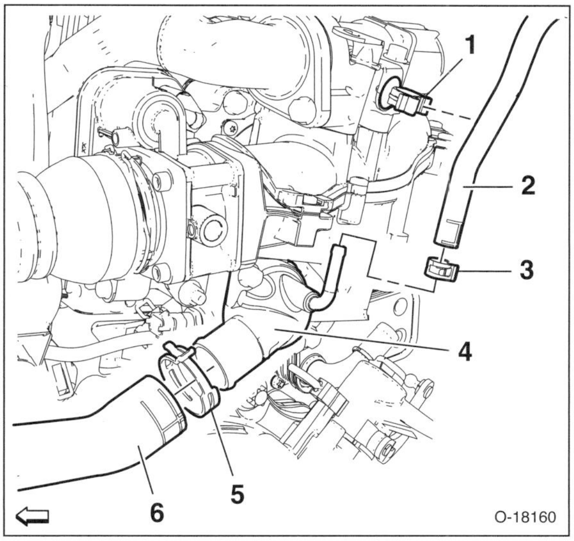

- Oberen Kühlmittelschlauch –2– am Halteclip –1– ausclipsen.
- Schelle –3– öffnen und zurückschieben.
- Schlauch –2– abziehen.
- Schelle –5– öffnen und zurückschieben.
- Schlauch –6– abziehen. 4 – Thermostatdeckel.

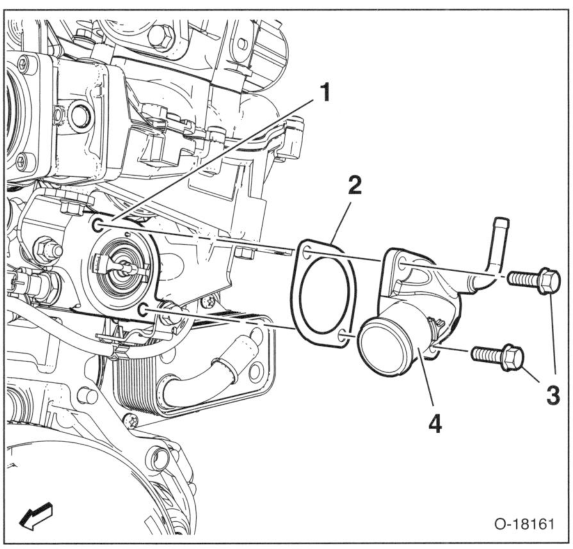

- 2 Schrauben –3– herausdrehen und Thermostatdeckel –4– vom Thermostatgehäuse –1– abnehmen.
- Dichtung –2– abnehmen.

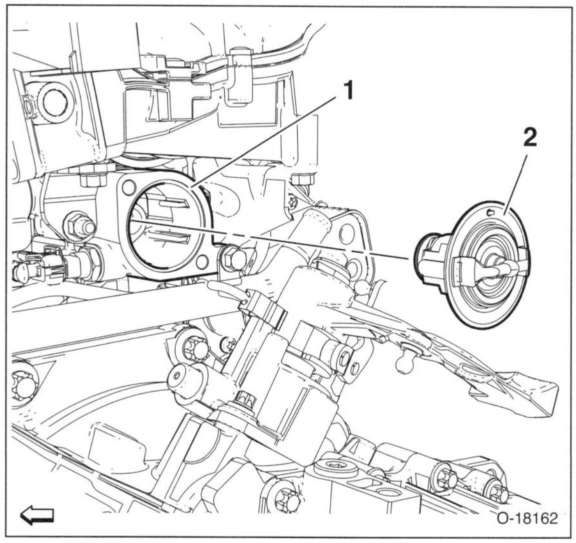

- Einbaulage merken und Thermostat –2– aus dem Gehäuse –1– herausnehmen.

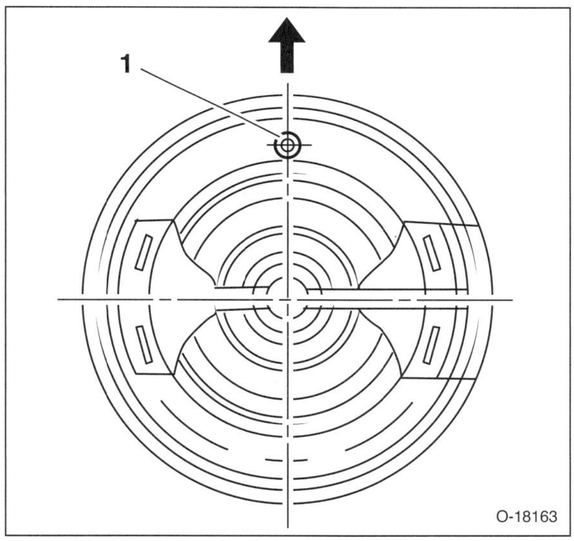

- Thermostat so einsetzen, dass die Markierung –1– nach oben zeigt: –Pfeilrichtung–.
- Thermostatdeckel mit **neuer** Dichtung ansetzen und mit **24 Nm** festschrauben.

2,0-l-Dieselmotor LBS

- Halter des Motor-Steuergerätes ausclipsen und Steuergerät mit angeschlossenen Leitungen beiseite hängen.

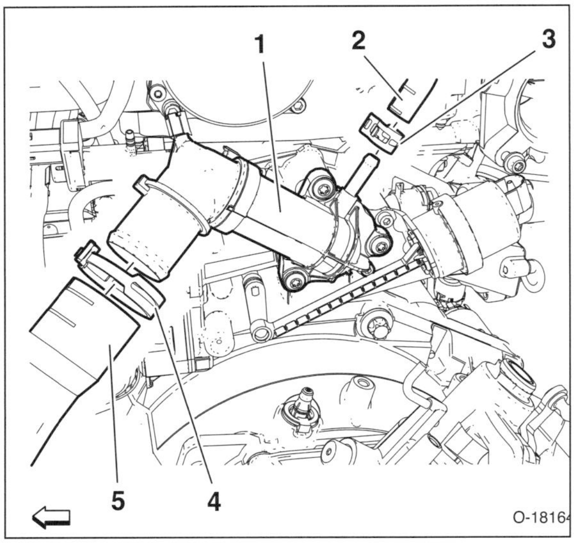

- Schelle –3– öffnen und zurückschieben.
- Schlauch –2– abziehen.
- Schelle –4– öffnen und zurückschieben.
- Schlauch –5– abziehen. 1 – Thermostatgehäuse.

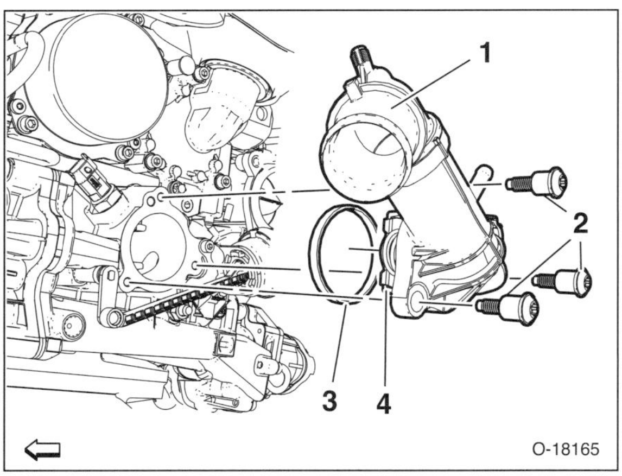

- 3 Schrauben –2– herausdrehen.
- Thermostatgehäuse –1– mit Thermostat –4– abnehmen.
- Dichtung –3– abnehmen und ersetzen.
- Beim Einbau Thermostatgehäuse mit **8 Nm** anschrauben.

Kühlmittelregler (Thermostat) prüfen

Achtung: Es kann nur der Öffnungsbeginn überprüft werden, da das Öffnungsende bei einer Temperatur über dem Siedepunkt des Wassers liegt.

Wenn der Kühlmittelregler im Gehäuse integriert ist, kann in der Regel nur geprüft werden, ob sich der Regler bei Erwärmung überhaupt ausdehnt.

Prüfen

- Kühlmittelmischung aus mindestens 33% Frostschutzmittel und Wasser herstellen und auf 2 geeignete Gefäße aufteilen.

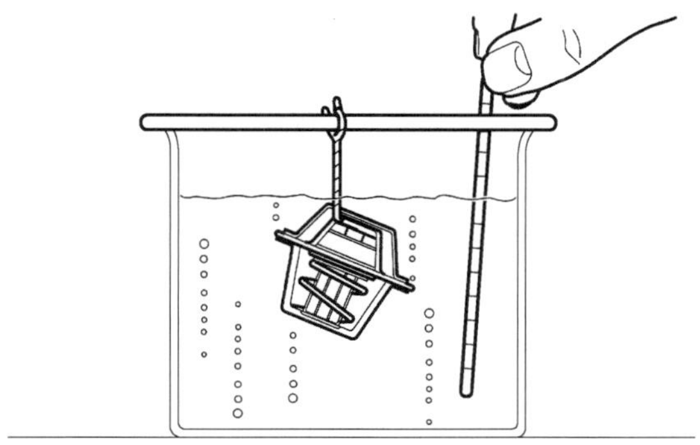

SX-1801

- Flüssigkeit in Gefäß 1 auf eine Temperatur erwärmen, die 11° C über der auf dem Thermostat eingeprägten Temperatur liegt. Flüssigkeit gründlich umrühren. Temperatur mit einem geeigneten Thermometer kontrollieren.
- Kühlmittelregler mit einem Draht vollständig in die Flüssigkeit eintauchen. Dabei darf der Thermostat nicht die Wände des Behälters berühren. Das Thermostatventil muss jetzt öffnen.
- Flüssigkeit in Gefäß 2 auf eine Temperatur erwärmen, die 6° C unter der auf dem Thermostat eingeprägten Temperatur liegt. Flüssigkeit gründlich umrühren. Temperatur mit einem geeigneten Thermometer kontrollieren.
- Kühlmittelregler mit einem Draht vollständig in die Flüssigkeit eintauchen. Dabei darf der Thermostat nicht die Wände des Behälters berühren. Das Thermostatventil muss jetzt vollständig schließen.

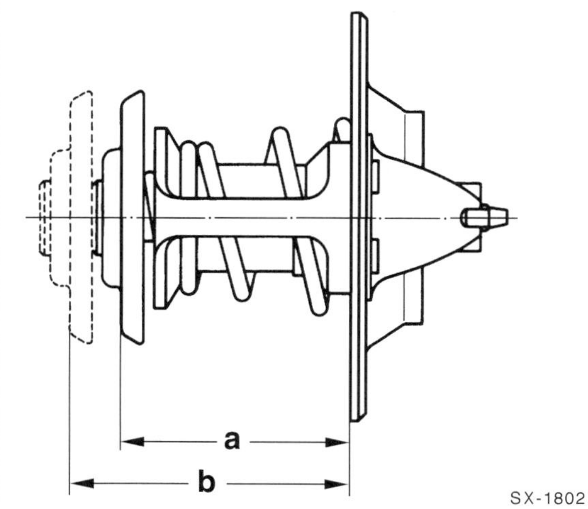

SX-1802

- Falls der Thermostat nicht öffnet –b– oder nicht schließt –a–, Thermostat ersetzen.

Kühler aus- und einbauen

1,4-/1,6-l-Benzinmotor und Dieselmotor

Hinweis: Die Beschreibung bezieht sich nur auf Fahrzeuge mit Schaltgetriebe. Die umfangreichen Zusatzarbeiten für Fahrzeuge mit Automatikgetriebe werden hier nicht beschrieben.

Ausbau

- Batterie-Massekabel (–) abklemmen. **Achtung:** Hinweise im Kapitel »Batterie aus- und einbauen« beachten.
- Vordere Stoßfängerverkleidung ausbauen, siehe Seite 232.
- Kühlflüssigkeit ablassen, siehe entsprechendes Kapitel.
- **1,4-/1,6-l-Benzinmotor LLU/LUJ sowie Dieselmotor:** Ladeluftkühler ausbauen.

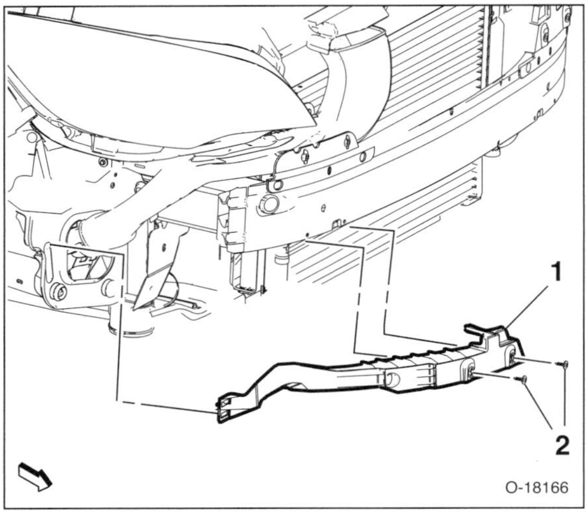

- 2 Schrauben –2– herausdrehen und rechte Führungsschiene –1– der Stoßfängerverkleidung abnehmen.

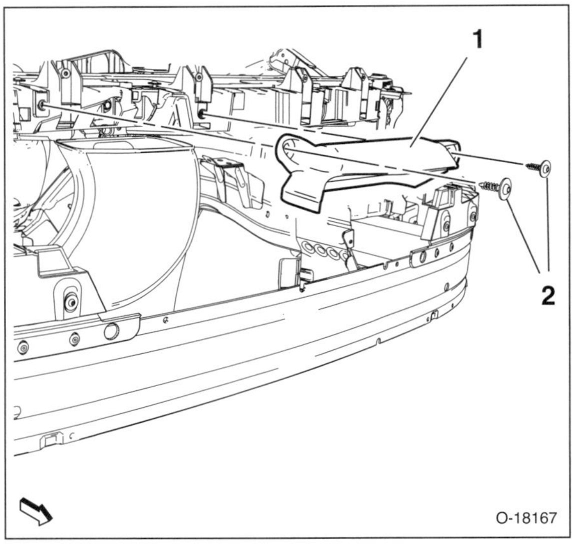

- 2 Schrauben –2– herausdrehen und Spritzschutz –1– für vorderen Luftführungskanal herausnehmen.

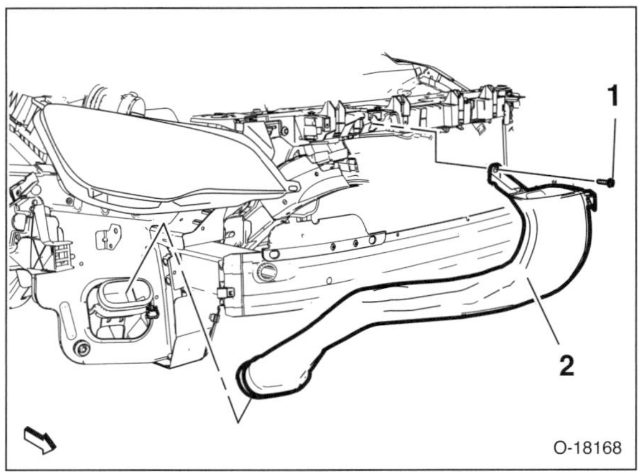

- Schraube –1– herausdrehen und vorderen Luftführungskanal –2– herausnehmen.
- Stoßfängerträger ausbauen, siehe Seite 232.

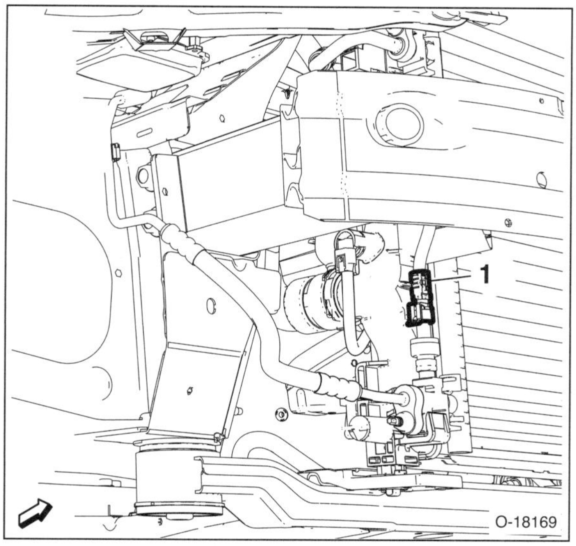

- Elektrischen Stecker –1– vom Drucksensor der Klimaanlage entriegeln und abziehen.

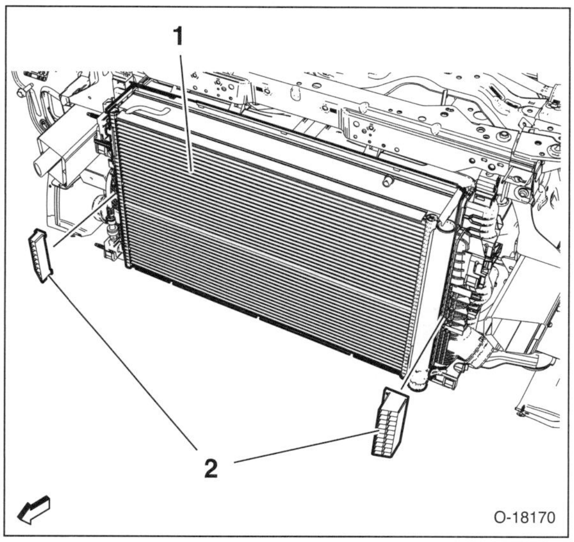

- 2 Dämpfungselemente –2– vom Ladeluftkühler –1– abziehen.
- 2 Kühlmittelschläuche vom Kühler abziehen, zuvor Schlauchschellen öffnen und zurückschieben.
- Kühlerlüftergehäuse am Kühler ausclipsen.

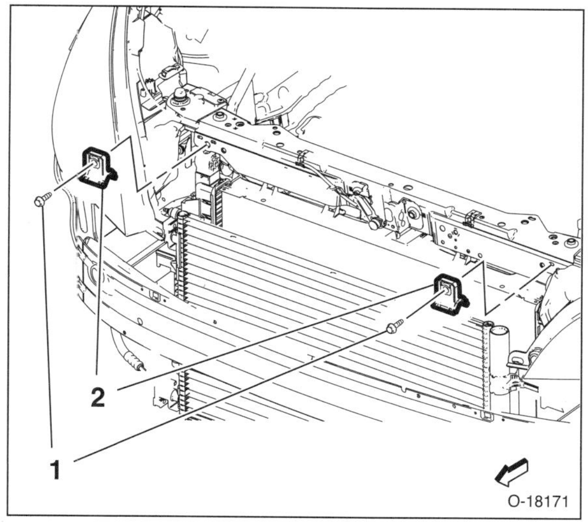

- 2 Schrauben –1– herausdrehen und die beiden oberen Kühlerhalterungen –2– abnehmen.

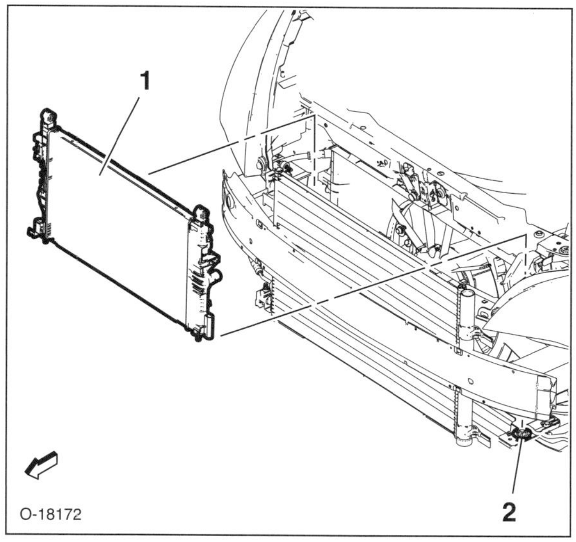

- Kühler –1– aus den beiden unteren Kühlerhalterungen herausziehen und nach oben herausnehmen. Dabei vorsichtig vorgehen, damit die Kühlrippen nicht beschädigt werden. Kühler beim Herausheben gegebenenfalls etwas drehen.

Einbau

- Der Einbau erfolgt in umgekehrter Ausbaureihenfolge. Dabei ist Folgendes zu beachten: Obere Kühlerhalterung mit **22 Nm** festziehen.

Kühlerlüfter aus- und einbauen

Benzinmotor, 1,7-/2,0-l-Dieselmotor

Ausbau

- Batterie-Massekabel (–) abklemmen. **Achtung:** Hinweise im Kapitel »Batterie aus- und einbauen« beachten.

Benzinmotor

- Kühlflüssigkeit ablassen, siehe entsprechendes Kapitel.
- 2 Kühlmittelschläuche vom Kühler abziehen, zuvor Schlauchschellen öffnen und zurückschieben.
- Wo vorhanden, Rohr des Getriebekühlers abnehmen.

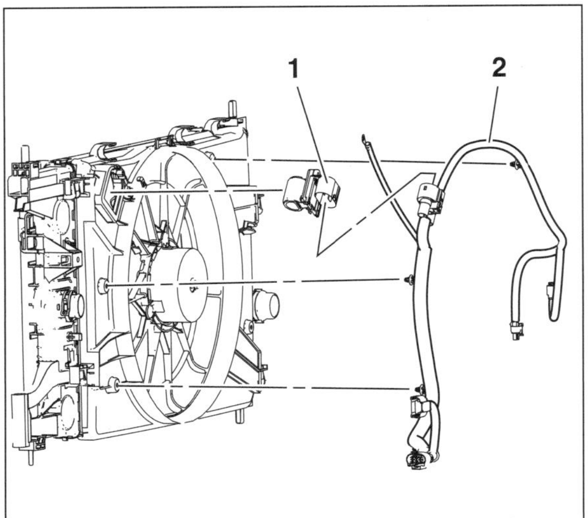

O-18173

- Elektrischen Stecker vom Lüfter-Vorwiderstand –1– entriegeln und abziehen.
- Mutter –2– für Massekabel abschrauben.
- Kabelstrang –3– vom Lüftergehäuse lösen und zur Seite legen. Dazu 4 Halteclips abschneiden.
- **2,0-l-Dieselmotor:** Kühlmittelschlauch vom Kühlmittel-Ausgleichbehälter am Lüftergehäuse aushängen und zur Seite drücken.

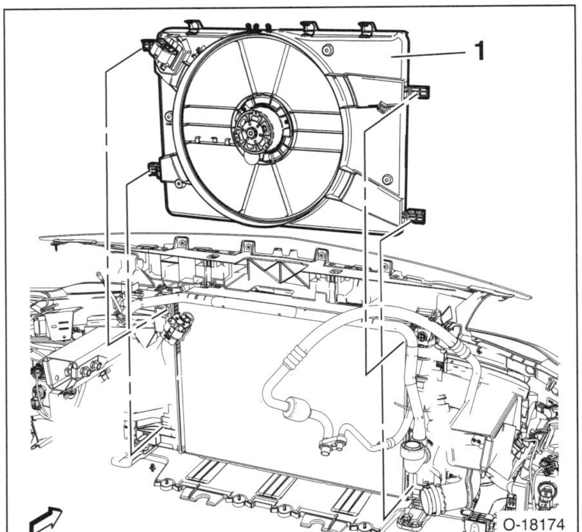

O-18174

- Lüftergehäuse –1– an den 4 Aufnahmepunkten –2– ausclipsen und zusammen mit Lüfter herausnehmen.

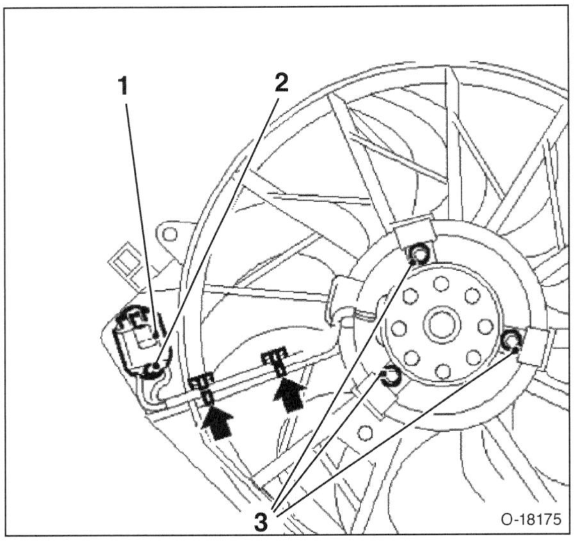

O-18175

- Halteclip –2– ausclipsen und Vorwiderstand –2– für Lüftermotor abnehmen.
- Kabelstrang für Lüftermotor am Lüftergehäuse ausclipsen –Pfeile–.
- 3 Schrauben –3– herausdrehen und Lüftermotor abnehmen.

Einbau

- Der Einbau erfolgt in umgekehrter Ausbaureihenfolge. Dabei ist Folgendes zu beachten: Kabelstrang mit 4 **neuen** Clips befestigen.
- Massekabel des Lüfter-Kabelstrangs mit **10 Nm** anschrauben.

Motor-Management

Aus dem Inhalt:

- **Benzineinspritzanlage**
- **Dieseleinspritzanlage**
- **Kraftstoffanlage**
- **Luftfilter ausbauen**

Im Kapitel »Motor-Management« sind die Themen »Benzin-Einspritzanlage«, »Diesel-Einspritzanlage« und Kraftstoffanlage zusammengefasst.

Benzin-Einspritz- und Zündanlage

Das elektronische Motor-Management regelt die Kraftstoffzuteilung und das Zündsystem. Die Vorteile des elektronischen Motormanagements sind:

- Genau dosierte Kraftstoffmenge in jedem Betriebszustand des Motors, dadurch geringer Verbrauch bei guten Fahrleistungen.
- Reduzierung der Abgas-Schadstoffe durch exakte Kraftstoffzumessung und den Einsatz eines geregelten Katalysators.
- Die Eigendiagnose des Motor-Managements ermöglicht ein schnelleres Auffinden von Defekten. Das System ist mit einem Fehlerspeicher ausgestattet. Treten während des Betriebs Defekte auf, werden diese im Speicher abgelegt. Sollte der Motor nicht einwandfrei arbeiten, kann die Fachwerkstatt gegen Kostenerstattung eine Fehlerliste ausdrucken, damit gegebenenfalls der Defekt dann selbst behoben werden kann. Die Diagnose-Steckdose befindet sich im Fußraum auf der Fahrerseite.

Das Steuergerät entspricht einem kleinen sehr schnell arbeitenden Computer. Es bestimmt den optimalen Zündzeitpunkt, den Einspritzzeitpunkt und die Kraftstoff-Einspritzmenge. Dabei erfolgt eine Abstimmung des Steuergeräts mit anderen Fahrzeugsystemen, beispielsweise der Getriebesteuerung oder der Wegfahrsperre.

Die Bauteile des Zünd- und Einspritzsystems sind langzeitstabil und praktisch wartungsfrei. Nur der Luftfiltereinsatz sowie die Zündkerzen müssen im Rahmen der Wartung gewechselt werden. Wesentliche Einstell- und Reparaturarbeiten können nur mit Hilfe von teuren Prüfgeräten durchgeführt werden, sodass diese Arbeiten nur noch von entsprechend ausgerüsteten Fachwerkstätten ausgeführt werden können.

Sicherheitsmaßnahmen bei Arbeiten am Benzin-Einspritzsystem

- **Kein offenes Feuer, nicht rauchen, keine glühenden oder sehr heißen Teile in die Nähe des Arbeitsplatzes bringen. Unfallgefahr! Feuerlöscher bereitstellen.**
- **Unbedingt für gute Belüftung des Arbeitsplatzes sorgen. Kraftstoffdämpfe sind giftig.**
- **Das Kraftstoffsystem steht unter Druck!** Bevor Schlauchverbindungen gelöst werden, Kraftstoffdruck abbauen, siehe Seite 189.
- Beim Trennen der Schlauchverbindungen sicherheitshalber einen dicken Putzlappen um die Verbindungsstelle legen.

Achtung: Bei Arbeiten am Einspritzteil des Systems sind auch die allgemeinen Sicherheits- und Sauberkeitsregeln zu beachten, siehe Kapitel »Kraftstoffanlage«.

Diesel-Einspritzanlage

Die Dieseleinspritzung wird vollelektronisch durch das Motor-Management geregelt. Die Vorteile sind:

- Die Eigendiagnose des Motor-Managements ermöglicht ein schnelleres Auffinden von Defekten.
- Genau dosierte Kraftstoffmenge. Dadurch Reduzierung der Abgas-Schadstoffe und geringer Verbrauch.
- Das Einstellen von Leerlaufdrehzahl und Abregeldrehzahl ist nicht erforderlich.

Die Bauteile des Motor-Managements sind langzeitstabil und praktisch wartungsfrei. Nur der Motor-Luftfiltereinsatz und der Kraftstofffilter müssen im Rahmen der Wartung gewechselt werden.

Benzin-Einspritzanlage

Der Kraftstoff wird aus dem Kraftstoffvorratsbehälter (Tank) von der elektrischen Kraftstoffpumpe angesaugt und über den im Tank untergebrachten Kraftstofffilter zum Kraftstoffverteiler gefördert. Ein Druckregler im Deckel der Kraftstoff-Fördereinheit regelt de Druck im Kraftstoffsystem konstant auf etwa 3,8 bar.

Über elektrisch angesteuerte Einspritzventile wird der Kraftstoff stoßweise in das Ansaugrohr direkt vor die Einlassventile des Motors gespritzt. Das Motor-Steuergerät steuert die Einspritzventile sequentiell an, also in Zündreihenfolge, und regelt die Einspritzzeit und dadurch die Einspritzmenge.

Die Verbrennungsluft wird vom Motor über den Luftfilter angesaugt und gelangt durch das Drosselklappenteil sowie das Ansaugrohr bis zu den Einlassventilen. Geregelt wird die Luftmenge durch die Drosselklappe, die über einen Schrittmotor vom Motor-Steuergerät betätigt wird.

Die angesaugte Luftmenge wird von einem Luftmassenmesser gemessen. Anhand der Signale des Luftmassenmessers erkennt das Motor-Steuergerät den Lastzustand des Motors und regelt dementsprechend die Einspritzmenge.

Das Motor-Steuergerät bestimmt den optimalen Zündzeitpunkt, den Einspritzzeitpunkt und die Einspritzmenge.

Informationen von weiteren Sensoren (Fühlern) und Befehle an Aktoren (Stellglieder) sorgen in jeder Fahrsituation für einen optimalen Motorbetrieb. Fallen wichtige Sensoren aus, schaltet das Steuergerät auf ein Notlaufprogramm um, damit Motorschäden vermieden werden und weitergefahren werden kann. In diesem Fall ruckelt der Motor und neigt beim Gas geben zum Absterben.

Sensoren und Aktoren der Einspritzanlage

- Der **Pedalwertgeber** sitzt im Fahrerfußraum und ist am Lagerbock des Gaspedals angeschraubt. Durch den Pedalwertgeber wird ein elektrisches Spannungssignal entsprechend der Gaspedalstellung an das Motor-Steuergerät übertragen.
- Der **Kühlmittel-Temperaturfühler** sitzt im Thermostatgehäuse. Es handelt sich dabei um einen NTC-Widerstand. Das heißt, der Widerstand wird geringer, wenn die Kühlmitteltemperatur ansteigt. NTC = **N**egativer **T**emperatur **K**oeffizient.
- Die Tankentlüftung besteht aus dem **Aktivkohlebehälter** und einem **Magnetventil** (Regenerierventil). Im Aktivkohlebehälter werden Kraftstoffdämpfe gespeichert, die sich durch Erwärmung des Kraftstoffs im Tank bilden. Bei laufendem Motor werden die Kraftstoffdämpfe aus dem Aktivkohlebehälter abgesaugt und dem Motor zur Verbrennung zugeführt. Der Aktivkohlebehälter befindet sich auf der rechten Seite des Kraftstofftanks.
- Der **Klopfsensor** ist unterhalb vom Ansaugkrümmer im Motorblock eingeschraubt. Er verhindert, dass schädliche, klopfende Verbrennungen auftreten können. Dadurch kann der Zündzeitpunkt an der Klopfgrenze gehalten werden, wodurch die Energie des Kraftstoffes besser ausgenutzt und somit der Kraftstoffverbrauch reduziert wird.

Leerlaufdrehzahl/Zündzeitpunkt/ CO-Gehalt prüfen/einstellen

Im Rahmen der Wartung ist es nicht mehr erforderlich Leerlaufdrehzahl, Zündzeitpunkt und CO-Gehalt einzustellen, da die Werte permanent elektronisch nachgeregelt werden.

Falls die tatsächlichen Betriebswerte von den Sollwerten abweichen, liegt die Ursache in defekten Bauteilen, die ersetzt werden müssen. Eine fachgerechte Prüfung des Motormanagements ist nur mit speziellen Diagnosegeräten möglich.

Allgemeine Prüfung der Benzin-Einspritzanlage

Für eine systematische Fehlersuche beziehungsweise Fehlerbehebung sind markenspezifische Messgeräte erforderlich. Diese Messgeräte sind sehr teuer und in der Regel nur in der Fachwerkstatt vorhanden. Deshalb wird hier nur eine Grundprüfung beschrieben:

- Batterie prüfen, siehe Seite 60.
- Alle Sicherungen prüfen, siehe Seite 54.
- Sämtliche Stecker und Steckverbindungen des betroffenen elektronischen Systems abziehen und aufstecken. Festen Sitz der Steckverbindungen und Fixierung der Kabel im Motorraum prüfen.
- Alle Masseverbindungen auf festen Sitz und einwandfreien Kontakt prüfen.
- Schläuche und Leitungen auf Undichtigkeiten prüfen. Dabei auf Porosität und Risse achten. Lockere Anschlüsse befestigen.

Einlasskrümmer – Detailübersicht

1,4-l-Benzinmotor 64/74 kW

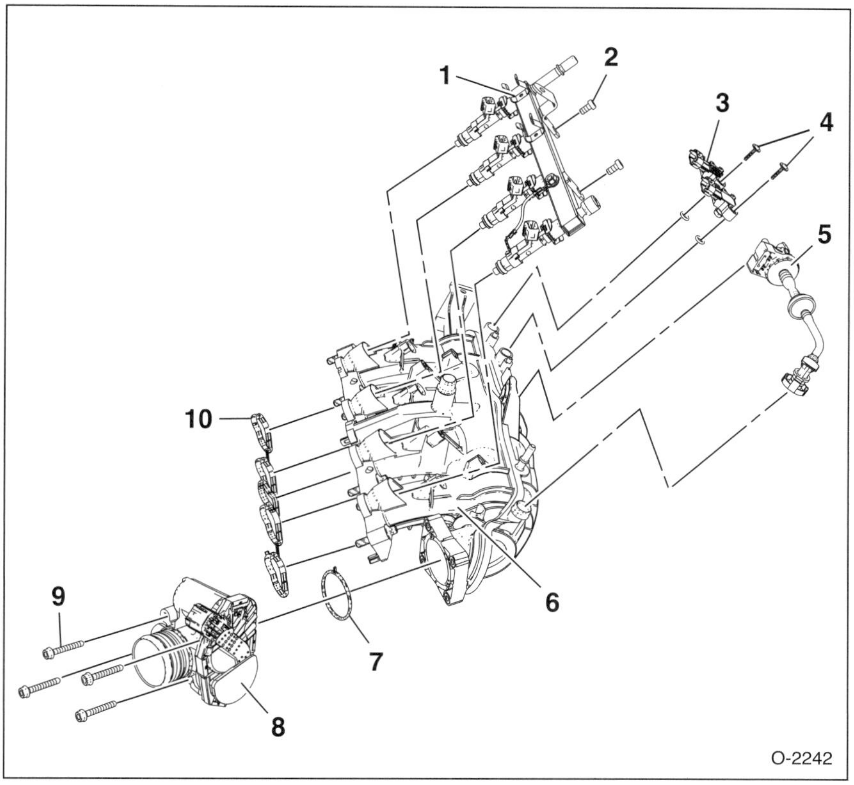

1 – **Kraftstoffverteilerrohr**

2 – **Schraube, 7 Nm**
Für Kraftstoffverteilerrohr.

3 – **Saugrohr-Drucksensor**

4 – **Schraube**
Für Saugrohr-Drucksensor.

5 – **Magnetventil**
Für Tankentlüftung beziehungsweise Aktivkohlefilter-Regelung.

6 – **Einlasskrümmer**

7 – **Dichtring**
Für Drosselklappengehäuse.

8 – **Drosselklappengehäuse**

9 – **Schraube, 9 Nm**
Für Drosselklappengehäuse.

10 – **Einlasskrümmer-Dichtung**

1,6-l-Benzinmotor 85 kW

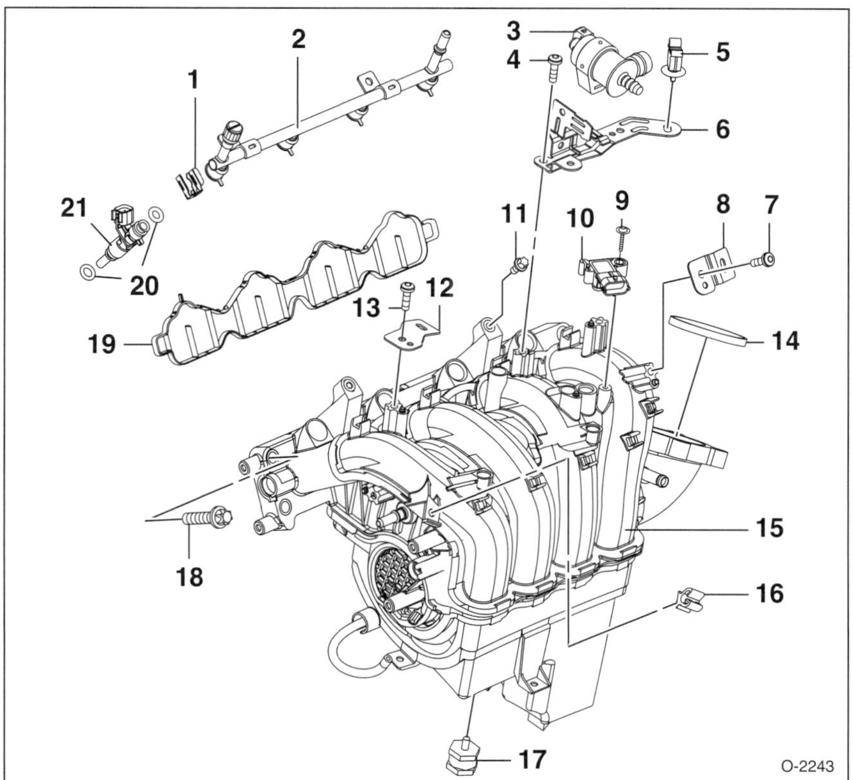

1 – **Federklammer**

2 – **Kraftstoffverteilerrohr**

3 – **Magnetventil**
Für Tankentlüftung über den Aktivkohlebehälter.

4 – **Schraube**

5 – **Klamme**

6 – **Halter für Magnetventil**

7 – **Schraube**

8 – **Halter**
Für Kabelstrang des Motor-Steuergeräts.

9 – **Schraube, 6 Nm**

10 – **Saugrohr-Drucksensor**

11 – **Schraube Kraftstoffverteilerrohr, 8 Nm**

12 – **Halter**

13 – **Schraube**

14 – **Dichtung für Drosselklappengehäuse.**

15 – **Einlasskrümmer**

16 – **Schelle**

17 – **Aufnahme Einlasskrümmer**

18 – **Schraube Einlasskrümmer, 20 Nm**

19 – **Einlasskrümmer- Dichtung**

20 – **Einspritzventil- Dichtung**

21 – **Kraftstoff-Einspritzventil**

Störungsdiagnose Benzin-Einspritzanlage

Störungen in der Steuerelektronik lassen sich praktisch nur noch mit speziellen Messgeräten herausfinden. Bevor anhand der Störungsdiagnose ein Fehler aufgespürt wird, müssen folgende Prüfvoraussetzungen erfüllt sein: Bedienungsfehler beim Starten ausgeschlossen.

Kraftstoff im Tank, Motor mechanisch in Ordnung, Batterie geladen, Anlasser dreht mit ausreichender Drehzahl, Zündanlage ist in Ordnung, keine Undichtigkeiten an der Kraftstoffanlage, Verschmutzungen im Kraftstoffsystem ausgeschlossen, Kurbelgehäuse-Entlüftung in Ordnung, elektrische Masseverbindungen »Motor-Getriebe-Aufbau« vorhanden. Fehlerspeicher abfragen (Werkstattarbeit). **Achtung:** Wenn Kraftstoffleitungen gelöst werden, vorher unbedingt Kraftstoffdruck abbauen.

Störung	Ursache	Abhilfe
Motor springt nicht an.	Elektro-Kraftstoffpumpe läuft beim Betätigen des Anlassers nicht an. Es sind keine Laufgeräusche hörbar.	■ Prüfen, ob Spannung an der Pumpe anliegt. Elektrische Kontakte auf gute Leitfähigkeit überprüfen.
	Sicherung für Kraftstoffpumpe defekt.	■ Sicherung überprüfen.
	Kraftstoffpumpen-Relais defekt.	■ Relais überprüfen.
	Einspritzventile erhalten keine Spannung.	■ Stecker von den Einspritzventilen abziehen, Diodenprüflampe an Zuleitung anschließen und Anlasser betätigen. Prüflampe muss flackern.
Der kalte Motor springt schlecht an, läuft unrund.	Geber für Kühlmitteltemperatur defekt.	■ Temperaturfühler und Stecker prüfen. Ggf. Geber und Stecker mit Goldkontakten einbauen.
Der Motor hat Übergangsstörungen.	Luftansaugsystem undicht.	■ Ansaugsystem prüfen. Dazu Motor im Leerlauf drehen lassen und Dichtstellen sowie Anschlüsse im Ansaugtrakt mit Benzin bestreichen. Wenn sich die Drehzahl kurzfristig erhöht, undichte Stelle beseitigen. **Achtung:** Benzindämpfe sind giftig, nicht einatmen!
	Kraftstoffsystem undicht.	■ Sichtprüfung an allen Verbindungsstellen im Bereich des Motors und der elektrischen Kraftstoffpumpe.

Diesel-Einspritzanlage

Diesel-Einspritzverfahren

Beim Dieselmotor wird reine Luft in die Zylinder angesaugt und dort sehr hoch verdichtet. Dadurch steigt die Temperatur in den Zylindern über die Zündtemperatur des Dieselöls an. Wenn der Kolben kurz vor dem »Oberen Totpunkt« steht, wird in die hoch verdichtete und etwa +600° C heiße Luft Dieselöl eingespritzt. Das Dieselöl zündet von selbst, Zündkerzen sind also nicht erforderlich.

Bei sehr kaltem Motor kann es vorkommen, dass allein durch die Verdichtung die Zündtemperatur nicht erreicht wird. In diesem Fall muss vorgeglüht werden. Dazu befindet sich in jedem Brennraum eine Glühkerze, die den Brennraum aufheizt. Die Dauer des Vorglühens ist abhängig von der Umgebungstemperatur und wird durch das Motor-Steuergerät über ein Vorglührelais gesteuert.

Bei den ASTRA-/ZAFIRA-Dieselmotoren wird der Kraftstoff direkt in den Brennraum eingespritzt, und zwar in die Brennmulde im Kolben.

Die Diesel-Direkteinspritzung erfolgt durch ein **Common-Rail-System**. Dabei liegt der maximale Einspritzdruck bei etwa 1600 bar bis 1800 bar. Der Kraftstoff wird dadurch besonders fein zerstäubt und seine Energie besser ausgenutzt. Der Kraftstoff wird durch eine elektrische Kraftstoffpumpe aus dem Tank zur Hochdruckpumpe gefördert. Diese baut bereits bei niedrigen Motordrehzahlen einen sehr hohen Druck auf. Von der Hochdruckpumpe führt eine gemeinsame Kraftstoffleitung (Common Rail) zu den Einspritzventilen der einzelnen Zylinder. Die gemeinsame Kraftstoffleitung dient als Druckspeicher und verteilt den Kraftstoff mit konstantem Druck an die Einspritzventile. Die erforderliche Kraftstoff-Einspritzmenge wird vom Motor-Steuergerät über die elektromagnetischen Einspritzventile den einzelnen Zylindern exakt zugeteilt.

Bevor der Kraftstoff in die Diesel-Hochdruckpumpe gelangt, wird er von einer elektrischen Kraftstoffpumpe im Tank angesaugt und über den Dieselkraftstofffilter zur Hochdruckpumpe geleitet. Im Kraftstofffilter werden Verunreinigungen und Wasser herausgefiltert. Daher ist es äußerst wichtig, den Kraftstofffilter im Rahmen der Wartung regelmäßig zu entwässern und auszuwechseln.

Die Diesel-Hochdruckpumpe ist wartungsfrei. Alle beweglichen Teile werden mit Dieselöl geschmiert. Angetrieben wird die Hochdruckpumpe je nach Motor durch die Nockenwelle oder über den Zahnriemen oder der Motorsteuerung.

Achtung: Bei Arbeiten an der Kraftstoffanlage Sicherheits- und Sauberkeitsregeln befolgen, siehe Seite 188.

Diesel-Partikelfilter

Der Partikelfilter hält die Rußanteile im Abgas zurück. Dabei setzt sich der Filter im Laufe der Zeit mit Rußpartikeln zu. Zur Kontrolle misst ein Differenzdrucksensor den Abgasdruck vor und nach dem Filter. Anhand des Differenzdruckes erkennt das Motor-Steuergerät den Verschmutzungsgrad des Filters und leitet bei Bedarf automatisch eine Regenerierung (Reinigung) des Filters ein. Dabei wird während der Fahrt durch Veränderung der Einspritzmenge die Temperatur im Partikelfilter auf ca. +600° C erhöht, sodass die angelagerten Rußpartikel abgebrannt werden können. Dieser Vorgang kann bis zu 15 Minuten dauern und wird vom Fahrer normalerweise nicht wahrgenommen.

Glühkerzen aus- und einbauen

1,7-l-Dieselmotor

Hinweis: Beim 1,3-l-Dieselmotor muss zum Ausbau der Glühkerzen der Turbolader ausgebaut werden. Diese Arbeit wird hier nicht beschrieben. Beim 2,0-l-Motor sind für Glühkerzen mit und ohne Drucksensor unterschiedliche Ausbauwerkzeuge erforderlich.

Ausbau

- Obere Motorabdeckung ausbauen, siehe Seite 162.
- Den Bereich um die Glühkerzen sorgfältig reinigen.

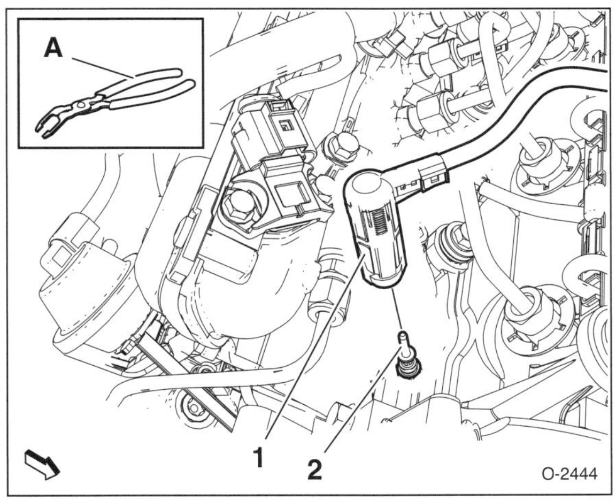

- Stecker –1– vorsichtig von den Glühkerzen –2– abziehen.

Hinweis: Die Fachwerkstatt verwendet dazu die Spezialzange EN-48558 –A–. Beim Abziehen des Steckers darf nicht zu viel Kraft aufgewendet werden, sonst wird der Stecker beschädigt.

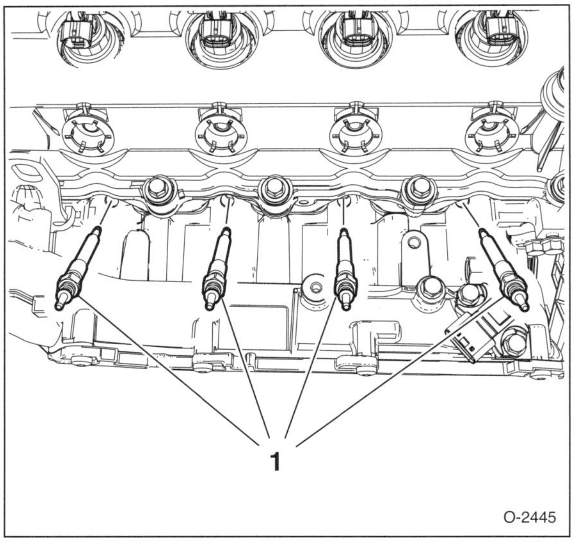

- 4 Glühkerzen –1– herausschrauben.

Einbau

- Glühkerzen einschrauben und mit **14 Nm** festziehen.
- Glühkerzenstecker aufschieben und einrasten.
- Obere Motorabdeckung einbauen, siehe Seite 162.

Common-Rail-Einspritzsystem

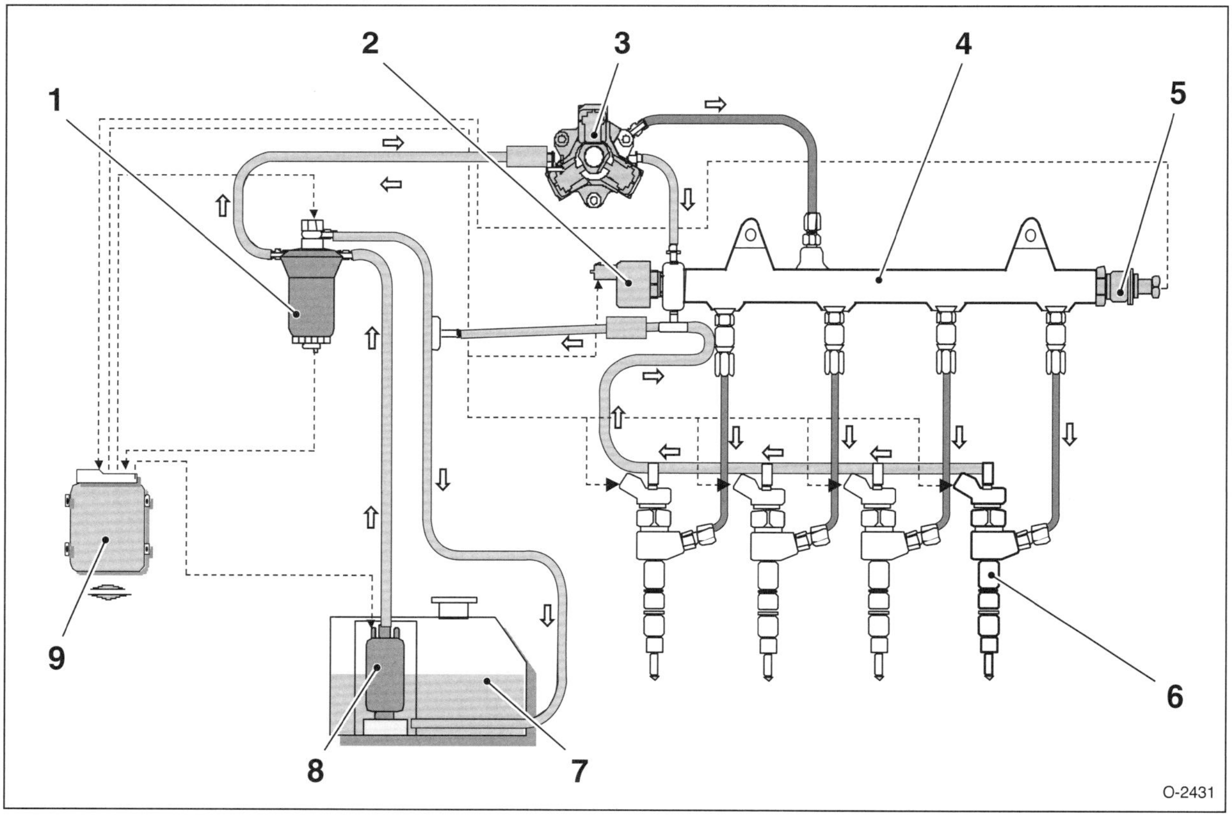

1 – Kraftstofffilter
2 – Druckregler
3 – Hochdruckpumpe
4 – Kraftstoffverteilerrohr (Common-Rail)
5 – Drucksensor
6 – Injektor (Einspritzventil)
7 – Kraftstoffvorratsbehälter (Tank)
8 – Elektrische Kraftstoffpumpe
9 – Motor-Steuergerät

Einspritzventile, Rail, Hochdruckpumpe

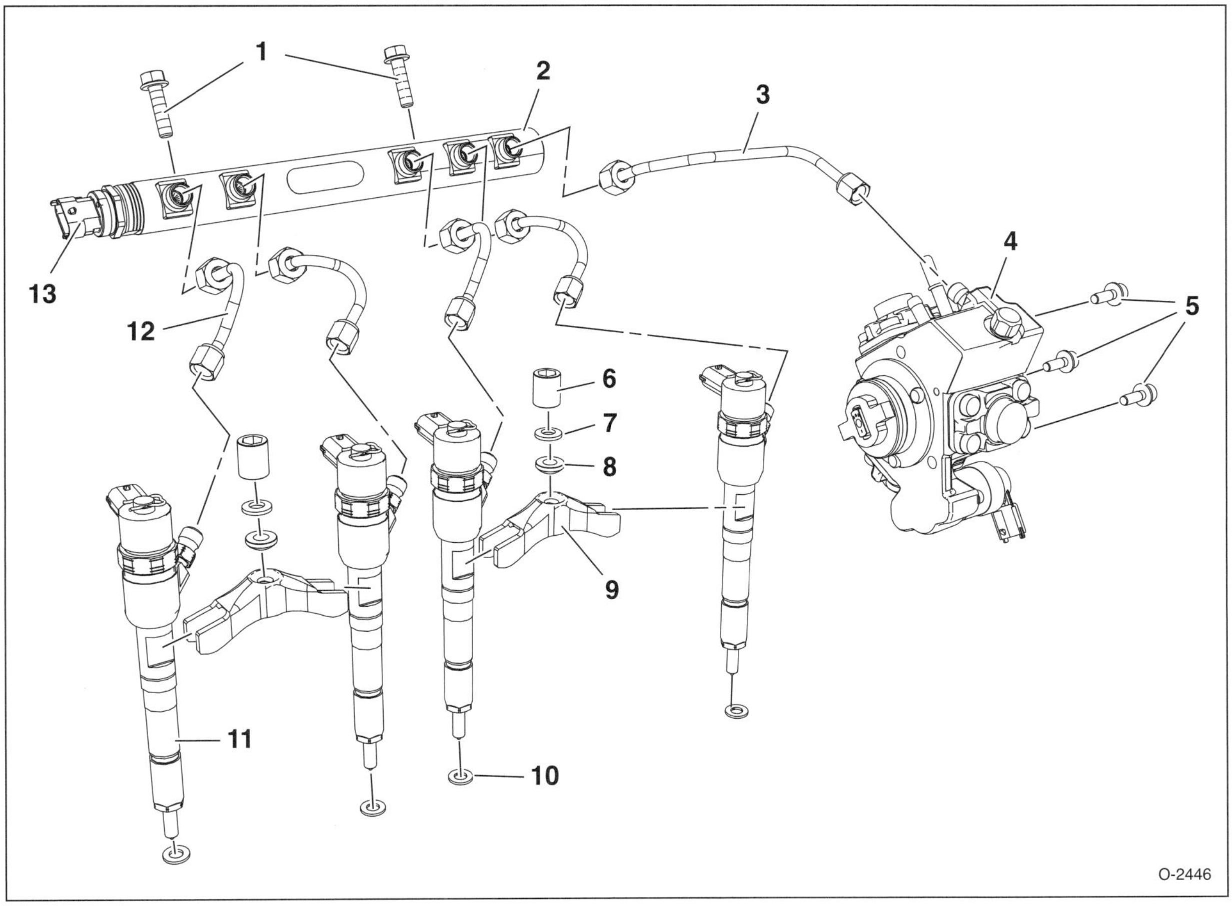

Hinweis: In der Abbildung sind die Bauteile des 1,3-l-Dieselmotors dargestellt.

1 – **Schrauben, 25 Nm**
Für Kraftstoffverteilerrohr (Common Rail).

2 – **Rail (Kraftstoffverteilerrohr)**

3 – **Kraftstoffzulaufleitung**
Von der Hochdruckpumpe zum Kraftstoffverteilerrohr.

4 – **Kraftstoff-Hochdruckpumpe**

5 – **Schrauben, 15 Nm**
Beim 1,7-/2,0-l-Motor erfolgt die Befestigung durch Muttern, **20 Nm.**

6 – **Mutter**
Anzugsdrehmoment
1,3-l-Motor: **20 Nm,**
2,0-l-Motor: **25 Nm.**
Der 1,7-l-Motor hat ein anderes Befestigungssystem.

7 – **Unterlegscheibe**

8 – **Unterlegscheibe, konisch**

9 – **Halterung**

10 – **Dichtung**

11 – **Kraftstoff Einspritzventil**

12 – **Kraftstoffzulaufleitung**
Vom Kraftstoffverteilerrohr zum Einspritzventil.
Anzugsdrehmomente
2,0-l-Motor:
– an Einspritzventil (M12): **25 Nm;**
– an Schiene (M14): **19 Nm.**
1,3-l-Motor (M12): **24 Nm**; (M14): **28 Nm.**
1,7-l-Motor: **25 Nm.**

13 – **Drucksensor für Raildruck**

Kraftstoffanlage

Zur Kraftstoffanlage zählen der Kraftstoffvorratsbehälter (Kraftstofftank), die Kraftstoffpumpe und die Kraftstoffleitungen sowie Kraftstoff- und Luftfilter. Hinweise zum Kraftstofffilter befinden sich im Kapitel »Wartungsarbeiten«.

Der Kraftstoffvorratsbehälter hat einen Inhalt von ca. 56 Litern* (ZAFIRA C: 58 l) und und ist vor der Hinterachse angeordnet. Der jeweilige Kraftstoffvorrat wird dem Fahrer im Kombiinstrument angezeigt. Über ein Entlüftungssystem wird der Tank belüftet. Die schädlichen Benzindämpfe der Tankentlüftung werden in einem Aktivkohlespeicher aufgefangen und dem Motor kontrolliert zur Verbrennung zugeführt. Der Aktivkohlebehälter befindet sich rechts neben dem Kraftstofftank.

*) ASTRA J mit 1,3-l-Dieselmotor und Start-Stopp-Automatik: 46 l.

Kraftstoff sparen beim Fahren

Wesentlichen Einfluss auf den Kraftstoffverbrauch hat die Fahrweise des Fahrzeuglenkers. Hier einige Tipps für den intelligenten Umgang mit dem Gaspedal:

- Nach dem Motorstart gleich losfahren, auch bei Frost.
- Motor abschalten bei voraussichtlichen Stopps über 40 Sekunden Dauer.
- Im höchstmöglichen Gang fahren.
- Möglichst gleichmäßige Geschwindigkeiten über längere Strecken fahren, hohe Geschwindigkeiten meiden. Vorausschauend fahren. Nicht unnötig bremsen.
- Keine unnötige Zuladung mitführen, Aufbauten am Fahrzeug, beispielsweise Dachgepäckträger, möglichst abbauen.
- Immer mit vorgeschriebenem und nie mit zu niedrigem Reifendruck fahren.

Sicherheits- und Sauberkeitsregeln bei Arbeiten an der Kraftstoffversorgung

Bei Arbeiten an der Kraftstoffversorgung sind folgende Regeln zur Sicherheit und Sauberkeit sorgfältig zu beachten:

Sicherheitshinweise

- **Kein offenes Feuer, nicht rauchen, keine glühenden oder sehr heißen Teile in die Nähe des Arbeitsplatzes bringen. Unfallgefahr! Feuerlöscher bereitstellen.**
- **Unbedingt für gute Belüftung des Arbeitsplatzes sorgen. Kraftstoffdämpfe sind giftig.**
- Das Kraftstoffsystem steht unter Druck. Beim Öffnen der Anlage kann Kraftstoff herausspritzen, daher austretenden Kraftstoff mit einem Lappen auffangen. **Schutzbrille tragen.**

- Verbindungsstellen und deren Umgebung vor dem Lösen gründlich reinigen.
- Ausgebaute Teile auf einer sauberen Unterlage ablegen und abdecken. Folie oder Papier verwenden. Keine fasernden Lappen benutzen!
- Geöffnete Bauteile sorgfältig abdecken beziehungsweise verschließen, wenn die Reparatur nicht umgehend ausgeführt wird.
- Ersatzteile erst unmittelbar vor dem Einbau aus der Verpackung nehmen. Nur saubere Teile einbauen.
- Bei geöffneter Kraftstoffanlage möglichst nicht mit Druckluft arbeiten. Das Fahrzeug möglichst nicht bewegen.
- Keine silikonhaltigen Dichtmittel verwenden. Vom Motor angesaugte Spuren von Silikonbestandteilen werden im Motor nicht verbrannt und schädigen die Lambdasonden.

Kraftstoffdruck abbauen

Benzinmotor

Das Kraftstoffsystem steht auch nach dem Abstellen des Motors lange unter hohem Druck. Vor dem Öffnen des Kraftstoffsystems, zum Beispiel durch Abziehen von Kraftstoffleitungen, muss auf jeden Fall der Kraftstoffdruck abgebaut werden.

- Batterie-Massekabel (–) abklemmen. **Achtung:** Hinweise im Kapitel »Batterie aus- und einbauen« beachten.
- Tankdeckel öffnen, um den Druck im Kraftstofftank abzubauen.
- Falls vorhanden, obere Motorabdeckung ausbauen.

Möglichkeit 1:

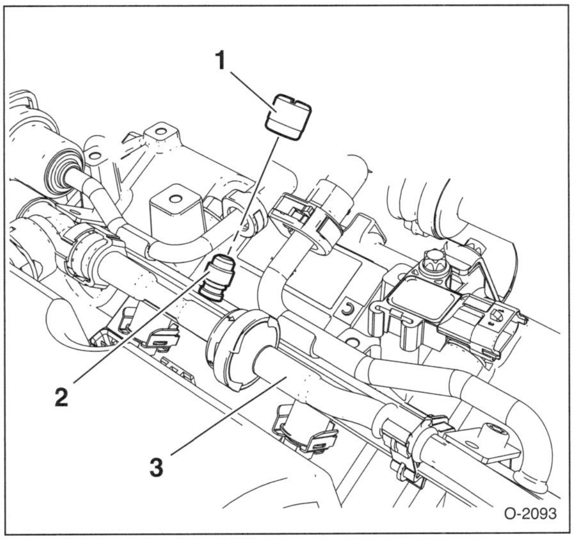

- Kappe –1– vom Prüfanschluss –2– am Kraftstoffverteilerrohr –3– abnehmen.
- Einen dicken Lappen auf den Prüfanschluss legen, um austretenden Kraftstoff aufzufangen.
- Mit einem Schlitzschraubendreher das Prüfanschlussventil herunterdrücken und dadurch öffnen.
- Austretenden Kraftstoff mit dem Lappen auffangen.

Möglichkeit 2:

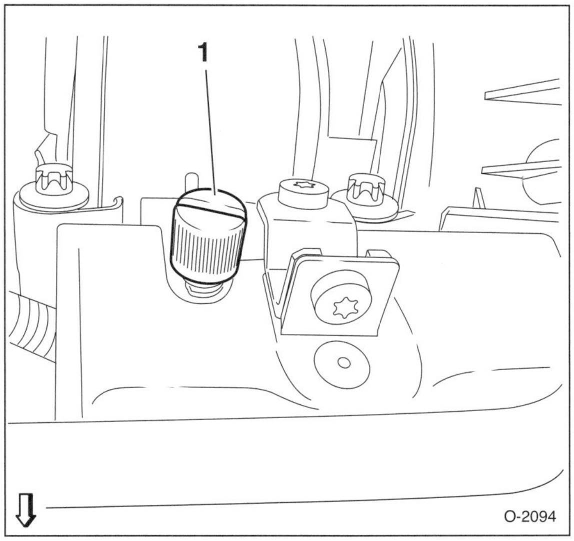

- Schutzkappe –1– am Prüfanschluss des Kraftstoffverteilerrohres abschrauben. **Hinweis:** Je nach Motor kann die Position des Prüfanschlusses von der Darstellung in der Abbildung abweichen.

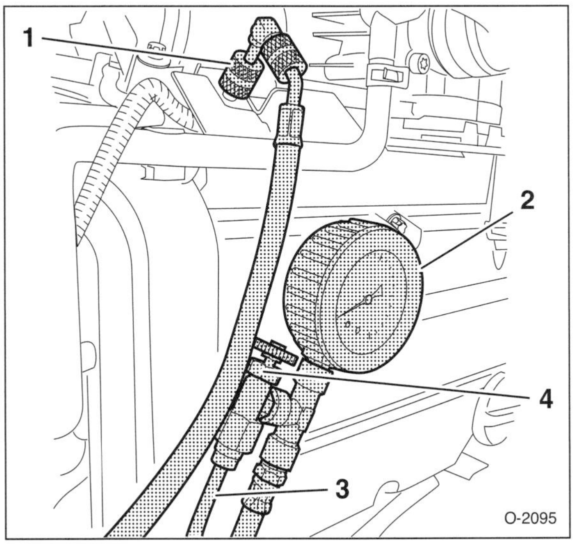

- Anschluss –1– für Kraftstoffdruck-Prüfgerät –2–, zum Beispiel OPEL-EN-34730-91, am Prüfanschluss anschließen. Ablaufschlauch –3– in geeigneten Behälter führen.
- Ablassventil –4– öffnen und Kraftstoffdruck abbauen. Dabei etwas Kraftstoff in den Auffangbehälter fließen lassen.
- Kraftstoffdruck-Prüfgerät abbauen und Schutzkappe aufschrauben.
- Kappe aufschrauben.
- Falls abgebaut, obere Motorabdeckung einclipsen.
- Tankdeckel festschrauben.
- Batterie-Massekabel (–) anklemmen. **Achtung:** Hinweise im Kapitel »Batterie aus- und einbauen« beachten.

Motor-Steuergerät aus- und einbauen

Achtung: Wenn das Motor-Steuergerät ersetzt werden soll, muss das Ersatzsteuergerät neu programmiert werden (Werkstattarbeit). Beschrieben wird hier nur der Ausbau des Steuergerätes, falls dies im Rahmen von anderen Arbeiten erforderlich ist.

Ausbau

- Batterie-Massekabel (–) abklemmen. **Achtung:** Hinweise im Kapitel »Batterie aus- und einbauen« beachten.

1,3-l-Dieselmotor

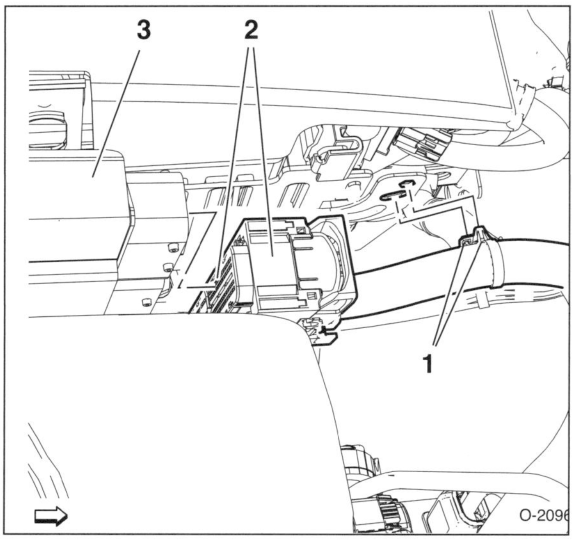

- Kabelhalter –1– ausclipsen.
- Beide Mehrfachstecker –2– entriegeln und vom Steuergerät –3– abziehen.

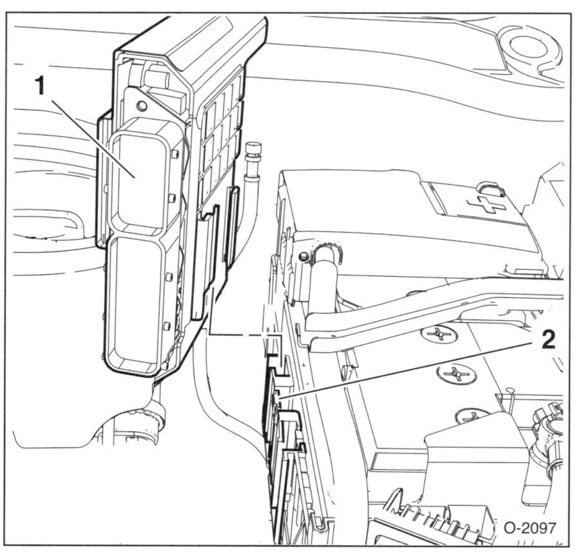

- Mit einem Schraubendreher den Halteclip –2– lösen.
- Motor-Steuergerät –1– mit Isolator und Halterung nach oben aus dem Batterieträger herausziehen.

Benzinmotor, 1,7-/2,0-l-Dieselmotor

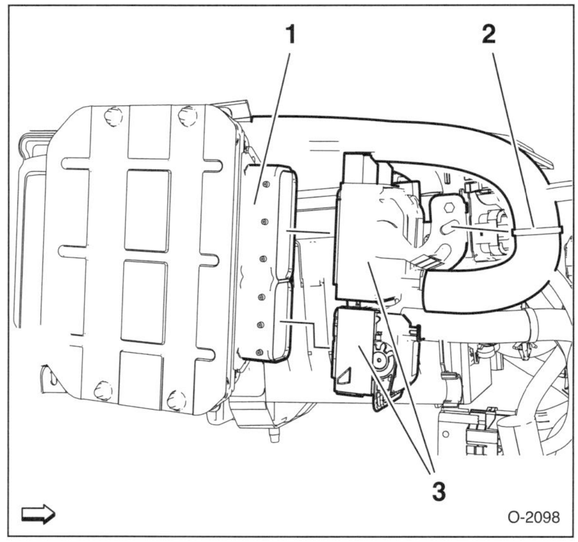

- Falls vorhanden, Kabelhalter –2– ausclipsen.
- Beide Mehrfachstecker –3– entriegeln und vom Steuergerät –1– abziehen. **Hinweis:** Die Stecker können auch nach oben zeigen.

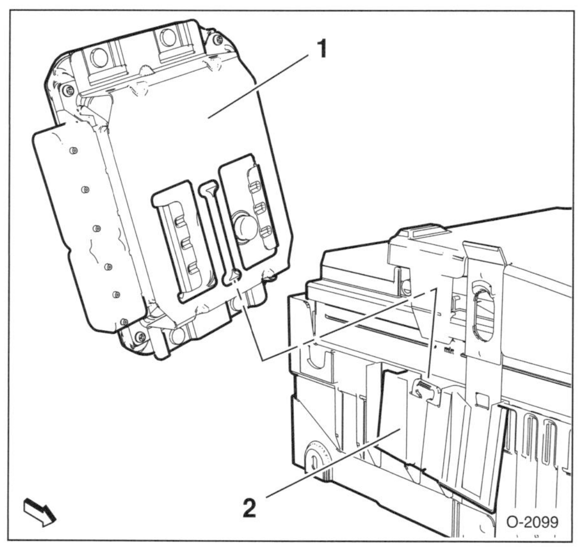

- Steuergerät mit Halterung –1– am Batterieträger –2– ausclipsen und nach oben abziehen.
- Steuergerät herausnehmen und ablegen.

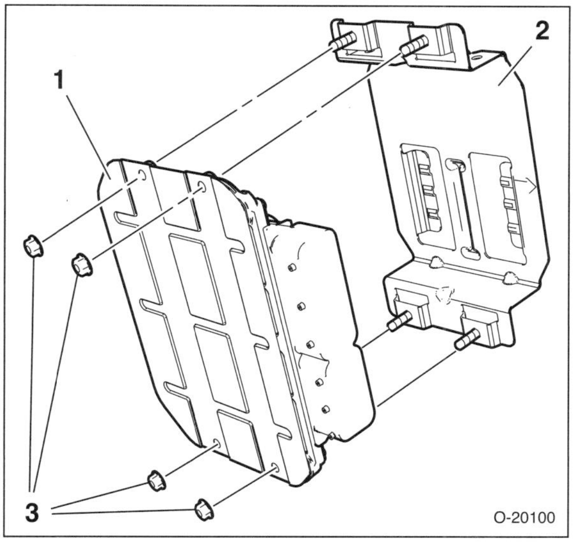

- Falls erforderlich, 4 Muttern –3– abschrauben und Steuergerät –1– vom Halter –2– abnehmen.

Einbau

- Der Einbau erfolgt in umgekehrter Ausbaureihenfolge, dabei ist Folgendes zu beachten:
- Falls abgebaut, Steuergerät mit **9 Nm** am Halter anschrauben.
- Halter für Steuergerät hörbar am Batterieträger einrasten.
- Vor Anschließen der Mehrfachstecker Abdichtungen der Steckverbindungen prüfen, gegebenenfalls ersetzen.

Unterdruckbehälter des Abgasrückführungsventils aus- und einbauen

1,3-l-Dieselmotor mit Start-Stopp-System

Ausbau

- Batterie-Massekabel (–) abklemmen. **Achtung:** Hinweise im Kapitel »Batterie aus- und einbauen« beachten.
- Untere Motorraumabdeckung sowie, falls vorhanden, Spritzschutz für Keilrippenriemen ausbauen, siehe Seite 229.

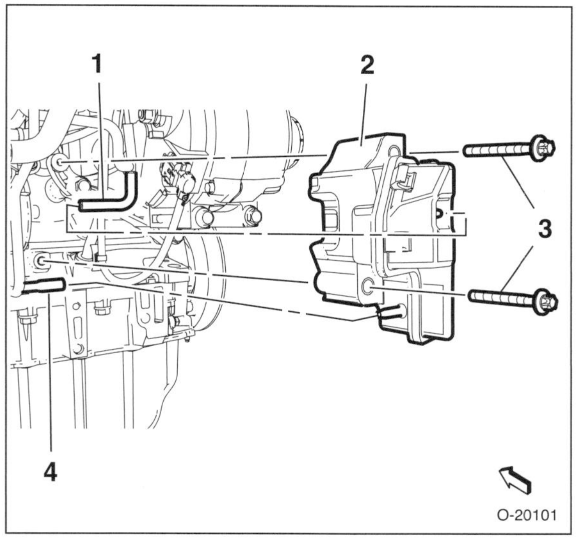

- Kabelhalter für elektrische Leitung zum Generator am Unterdruckbehälter des Abgasrückführungsventils –2– ausclipsen.
- Unterdruckleitungen –1– und –4– für Ladedruckregelung von den Anschlüssen am Unterdruckbehälter abziehen.
- 2 Schrauben –3– herausdrehen, Unterdruckbehälter des Abgasrückführungsventils herausnehmen.

Einbau

- Der Einbau erfolgt in umgekehrter Ausbaureihenfolge. Schrauben mit **22 Nm** anziehen.

Speziell Fahrzeuge ohne Start-Stopp-System

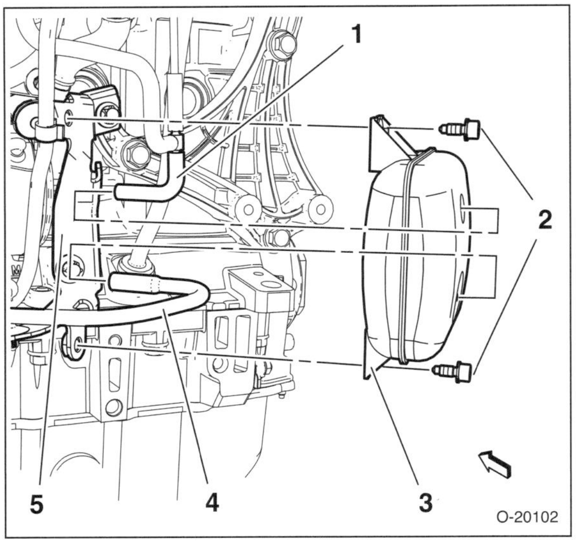

- Unterdruckleitungen –1– und –4– für Ladedruckregelung von den Anschlüssen am
- Unterdruckbehälter abziehen.
- 2 Schrauben –2– herausdrehen Unterdruckbehälter –3– des Abgasrückführungsventils vom Halter –5– abnehmen.

Luftfilter aus- und einbauen

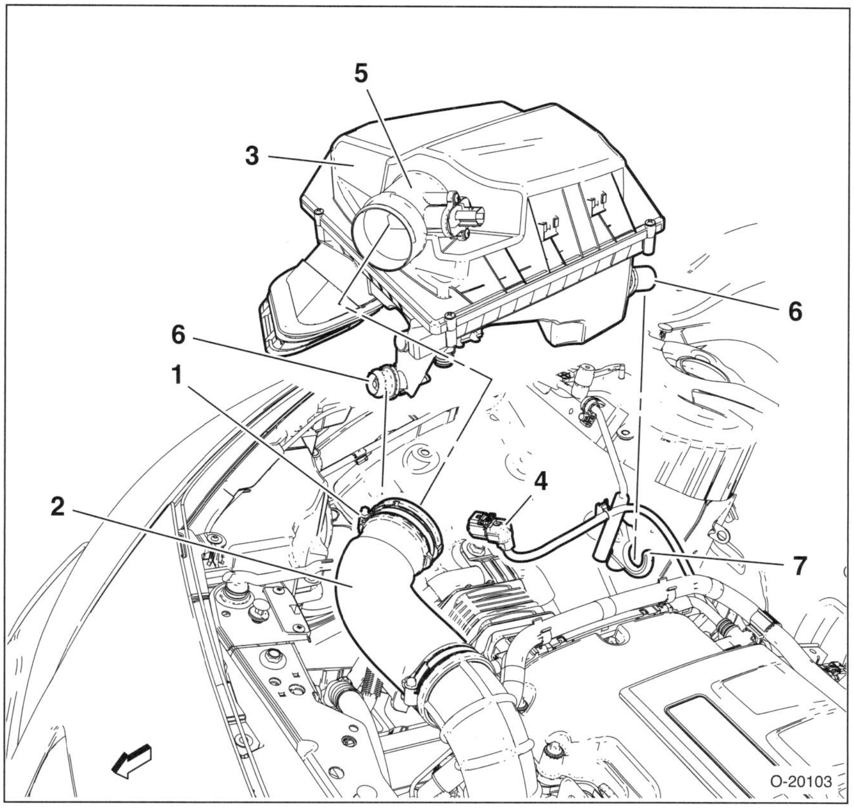

1 – **Schlauchschelle**
2 – **Luftauslassschlauch**
3 – **Luftfiltergehäuse**
4 – **Mehrfachstecker**
5 – **Luftmassenmesser**
6 – **Gummilager**
7 – **Halteöse**

Hinweis: In der Abbildung ist der Luftfilter beim 1,4-l-Benzinmotor mit 88/103 kW dargestellt.

Ausbau

- Schelle –1– öffnen und zurückschieben.
- Luftauslassschlauch –2– vom Luftfilter –3– abziehen und zur Seite drücken.
- Stecker –4– vom Luftmassenmesser –5– abziehen.
- **1,6-/1,8-l-Benzinmotor:** Ablaufschlauch unten am Luftfiltergehäuse herausziehen. **Hinweis:** Beim 2,0-l-Dieselmotor sind 2 Ablaufschläuche vorhanden.
- Luftfilter –3– mit den Gummilagern –6– aus den Halteösen –7– herausziehen und aus dem Motorraum herausnehmen.

Einbau

- Der Einbau erfolgt in umgekehrter Ausbaureihenfolge.

Abgasanlage

Aus dem Inhalt:

- **Katalysator- und Filtersysteme**
- **Abgasturbolader**
- **Abgasanlagen-Übersicht**
- **Abgasanlage demontieren**
- **Abgasanlage prüfen**
- **Lambdasonde**

Die Abgasanlage besteht je nach Motor-Ausführung aus Abgaskrümmer, Katalysator, mittlerem Abgasrohr mit Mittelschalldämpfer sowie Nachschalldämpfer und Endrohr. Eine Lambdasonde im Abgasrohr dient zur Abgasregelung. Die Abgasanlage des Dieselmotors ist mit einem Katalysator und einem Rußpartikelfilter ausgerüstet.

Bei einer Reparatur lassen sich sämtliche Teile einzeln auswechseln.

Katalysatorschäden vermeiden

Um Beschädigungen am Katalysator zu vermeiden, sind folgende Hinweise unbedingt zu beachten:

Benzinmotor

- Grundsätzlich nur **bleifreies** Benzin tanken.
- Das Anlassen des Motors durch **Anschieben** oder Anschleppen darf nur in **einem** Versuch über eine Strecke von etwa 50 Metern erfolgen. Besser: Starthilfekabel verwenden. Unverbrannter Kraftstoff könnte bei einer Zündung zur Überhitzung des Katalysators und zu seiner Zerstörung führen. Ist der Motor **betriebswarm**, darf er **nicht** angeschoben oder angeschleppt werden.
- Treten Zündaussetzer auf, hohe Motordrehzahlen vermeiden und Fehler umgehend beheben.
- Nur die vom Automobilhersteller vorgeschriebenen Zündkerzen verwenden.
- Keine Funkenprüfung ohne ausreichende Masseverbindung durchführen.
- Es darf kein Zylindervergleich (Balancetest) durch Zündabschaltung eines Zylinders durchgeführt werden. Bei Zündabschaltung der einzelnen Zylinder – auch über Motortester – gelangt unverbrannter Kraftstoff in den Katalysator.

Benzin- und Dieselmotor

- Fahrzeug nicht über trockenem Laub oder Gras beziehungsweise auf einem Stoppelfeld abstellen. Die Abgasanlage wird im Bereich des Katalysators sehr heiß und strahlt die Wärme auch nach Abstellen des Motors noch ab.
- Keinen Unterbodenschutz auf Abgasrohre auftragen.
- Die Hitzeschilde der Abgasanlage nicht verändern.
- Bei Startschwierigkeiten nicht unnötig lange den Anlasser betätigen. Während des Anlassens wird permanent Kraftstoff eingespritzt. Fehlerursache ermitteln und beseitigen.
- Kraftstofftank nie ganz leer fahren.
- Beim Ein- oder Nachfüllen von Motoröl besonders darauf achten, dass auf keinen Fall die Maximum-Markierung am Ölmessstab (obere Markierung) überschritten wird. Das überschüssige Öl gelangt sonst aufgrund unvollständiger Verbrennung in den Katalysator und kann das Edelmetall beschädigen oder den Katalysator vollständig zerstören.

Funktion des Katalysators

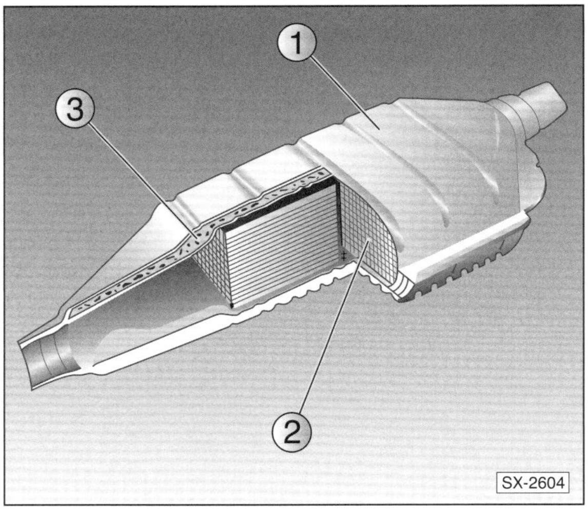

Der Katalysator dient zur Abgasumwandlung. Er besteht aus einem Keramik-Wabenkörper –2–, der mit einer Trägerschicht überzogen ist. Auf der Trägerschicht befinden sich Edelmetallsalze, die den Umwandlungsprozess bewirken. Im Gehäuse –1– wird der Katalysator durch eine Isolations-Stützmatte –3– fixiert, die außerdem Wärmeausdehnungen ausgleicht.

In Verbindung mit der elektronischen Benzin-Einspritzanlage und der Lambdasonde wird die Kraftstoffmenge für die Verbrennung dosiert, damit der Katalysator die Schadstoffe reduzieren kann. Bei der Lambdasonde handelt es sich um einen elektrischen Messfühler, der den Restgehalt an Sauerstoff im Abgas durch elektrische Spannungsschwankungen anzeigt und Rückschlüsse auf die Zusammensetzung des Luft-Benzingemisches ermöglicht.

Da die Verbrennung im Dieselmotor generell mit Luftüberschuss erfolgt, kommen beim Selbstzünder ungeregelte Katalysatoren zum Einsatz.

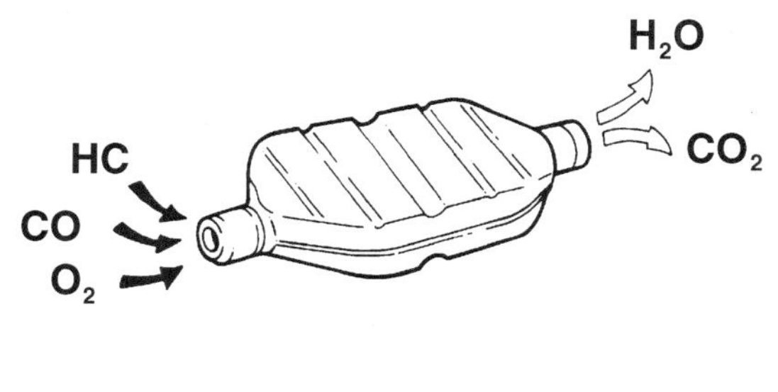

SX-2602

Der Diesel-Katalysator wandelt die im Abgas befindlichen giftigen Kohlenmonoxide und Kohlenwasserstoffverbindungen in Kohlendioxid (CO_2) und Wasser (H_2O) um. Außerdem vermindert sich der dieseltypische Abgasgeruch.

Der höhere Anteil von Stickoxiden (NO_X) im Abgas des Dieselmotors wird durch ein zusätzliches **Abgas-Rückführungssystem** (ARF) auf geringem Niveau gehalten.

Das Abgasrückführungsventil (ARF-Ventil) sitzt am Lufteinlassrohr und wird über Unterdruck angesteuert. Dadurch kann bei heißem Motor ein Teil der Abgase in die Verbrennungsräume des Motors zurückgeführt werden, um die Verbrennungstemperatur zu mindern und dadurch den Schadstoffanteil der Abgase zu reduzieren.

Der Abgasturbolader

Beim Turbolader sitzen auf einer Welle zwei Turbinenräder, die in zwei voneinander getrennten Gehäusen untergebracht sind. Für den Antrieb der Turbinenräder sorgen die Abgase. Sie bringen die Laderwelle auf bis zu 300.000 Umdrehungen in der Minute. Und da Abgas- und Frischluftrotor auf gleicher Welle sitzen, wird mit gleicher Drehzahl Frischluft in die Zylinder gedrückt. Zur Schmierung ist der Lader an den Ölkreislauf des Motors angeschlossen.

Aufgrund des guten Füllungsgrades lassen sich bei vorhandenen Motoren Leistungszuwachsraten von bis zu 100 Prozent verwirklichen. Abhängig ist der Leistungszuwachs unter anderem vom Ladedruck, der bei einem Pkw-Motor zwischen 0,4 bis 0,8 bar (Reifenfülldruck etwa 1,8 bar) liegt. Der Ladedruck wird über einen Druckfühler laufend vom Steuergerät überprüft und geregelt. Dadurch ist auch sichergestellt, dass ein maximaler Ladedruck nicht überschritten wird.

Neben der Motorleistung steigt bei der Verwendung eines Abgasladers auch das Drehmoment an, was vor allem im Hinblick auf einen elastischen Motorlauf wünschenswert ist. Voraussetzung ist allerdings, dass die Laderwelle mit ausreichender Drehzahl rotiert und somit einen ordentlichen Füllungsgrad garantiert.

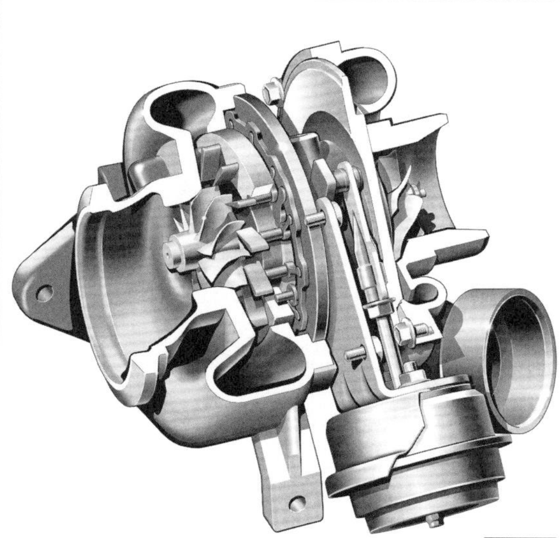

SX-2605

Aus diesem Grund wird ein Turbolader mit **v**ariabler **T**urbinen-**G**eometrie (VTG-Lader) verwendet. Dabei besitzt der Abgaslader verstellbare Leitschaufeln, die vom Motor-Steuergerät über ein Magnetventil und eine Unterdruckdose stufenlos geregelt werden. So kann bei allen Drehzahlen der optimale Ladedruck erzeugt werden, was zu höherem Drehmoment und damit zu mehr Leistung führt, insbesondere bei niedrigen Drehzahlen. **Hinweis:** Der Turbolader wird manchmal auch als VNT-Lader bezeichnet, VNT bedeutet in diesem Fall **V**ariable **N**ozzle **T**urbine.

Zwischen Turbolader und Einlasskanal des Motors befindet sich ein Ladeluftkühler, der die vorverdichtete Luft abkühlt. Das erhöht die Motorleistung, weil kühle Luft durch die höhere Luftdichte einen höheren Sauerstoffanteil besitzt.

Gegenüber dem Ottomotor ist es beim Dieseltriebwerk nicht erforderlich, die Verdichtung aufgrund der Aufladung zu verringern, sodass der eingespritzte Kraftstoff auch im unteren Drehzahlbereich gut ausgenutzt wird.

Der Turbolader ist ein äußerst präzise hergestelltes Bauteil. Deshalb wird er in der Regel bei einem Defekt komplett ausgetauscht.

Abgasanlage – Detailübersicht

1,4-l-Benzinmotor LDD mit 64/74 kW

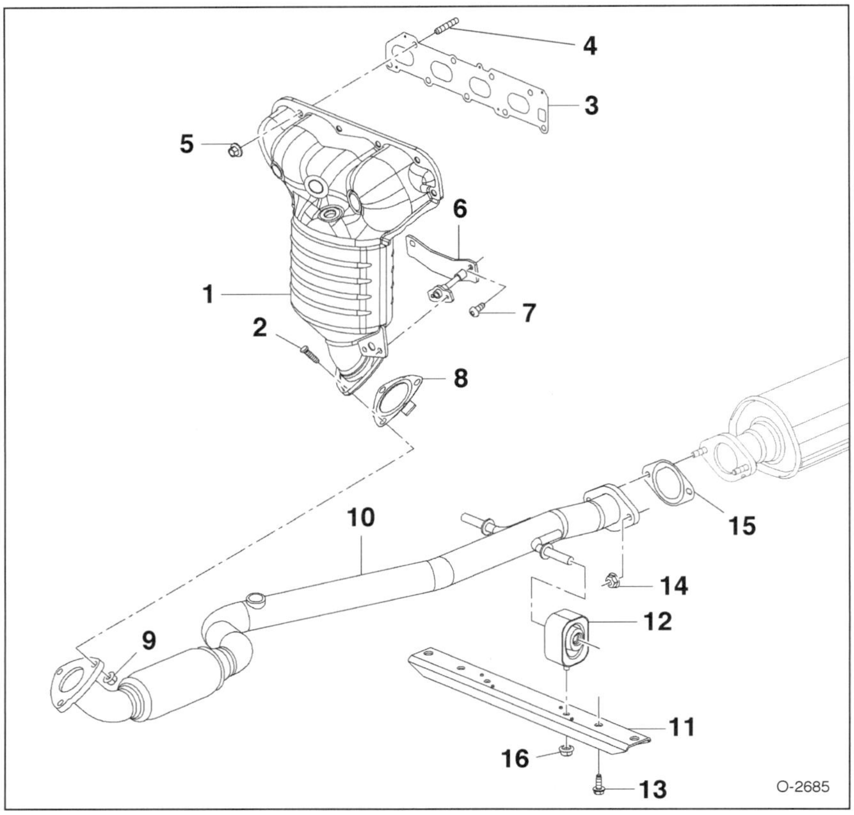

1– Abgaskrümmer mit Katalysator
2 – Bolzen
3 – Krümmerdichtung
4 – Stehbolzen
5 – Mutter
6 – Halter
7 – Schraube, M6x12
8 – Dichtung
9 – Mutter
10 – Vorderes Abgasrohr
11 – Querstrebe
12 – Gummihalter
13 – Schraube, 22 Nm
14 – Mutter, 17 Nm
15 – Dichtung
16 – Mutter, 20 Nm

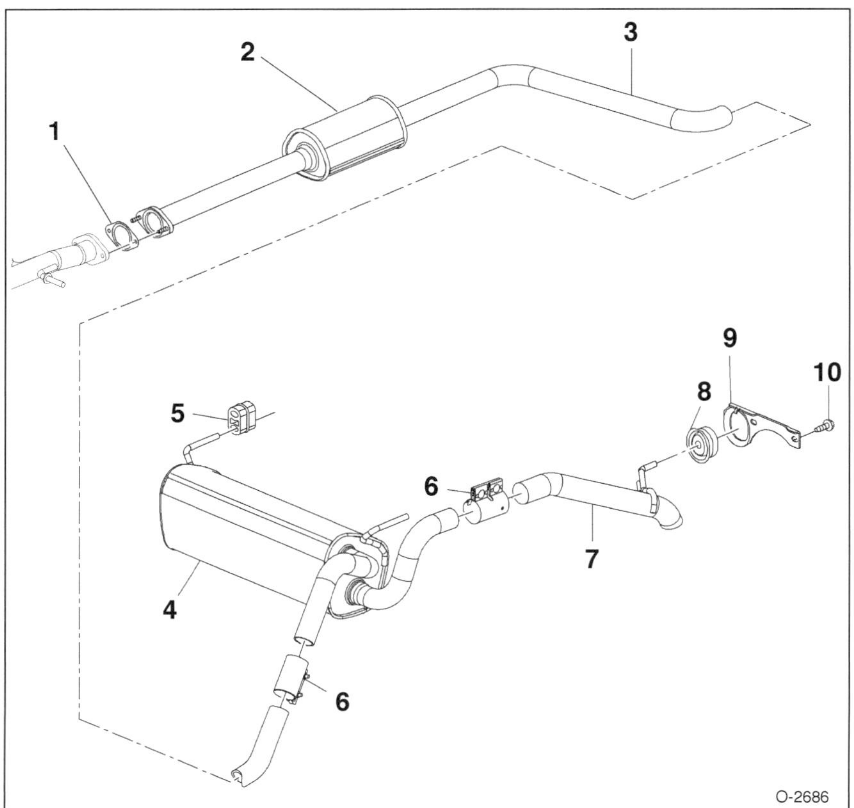

1 – Dichtung
2 – Mittelschalldämpfer
3 – Mittleres Abgasrohr
4 – Nachschalldämpfer
5 – Gummihalter
6 – Verbindungsschelle
7 – Endrohr
8 – Gummihalter
9 – Aufhängung
10 – Schraube

Abgaskrümmer/Turbolader/Katalysator

1,4-l-Benzinmotor LUH/LUJ

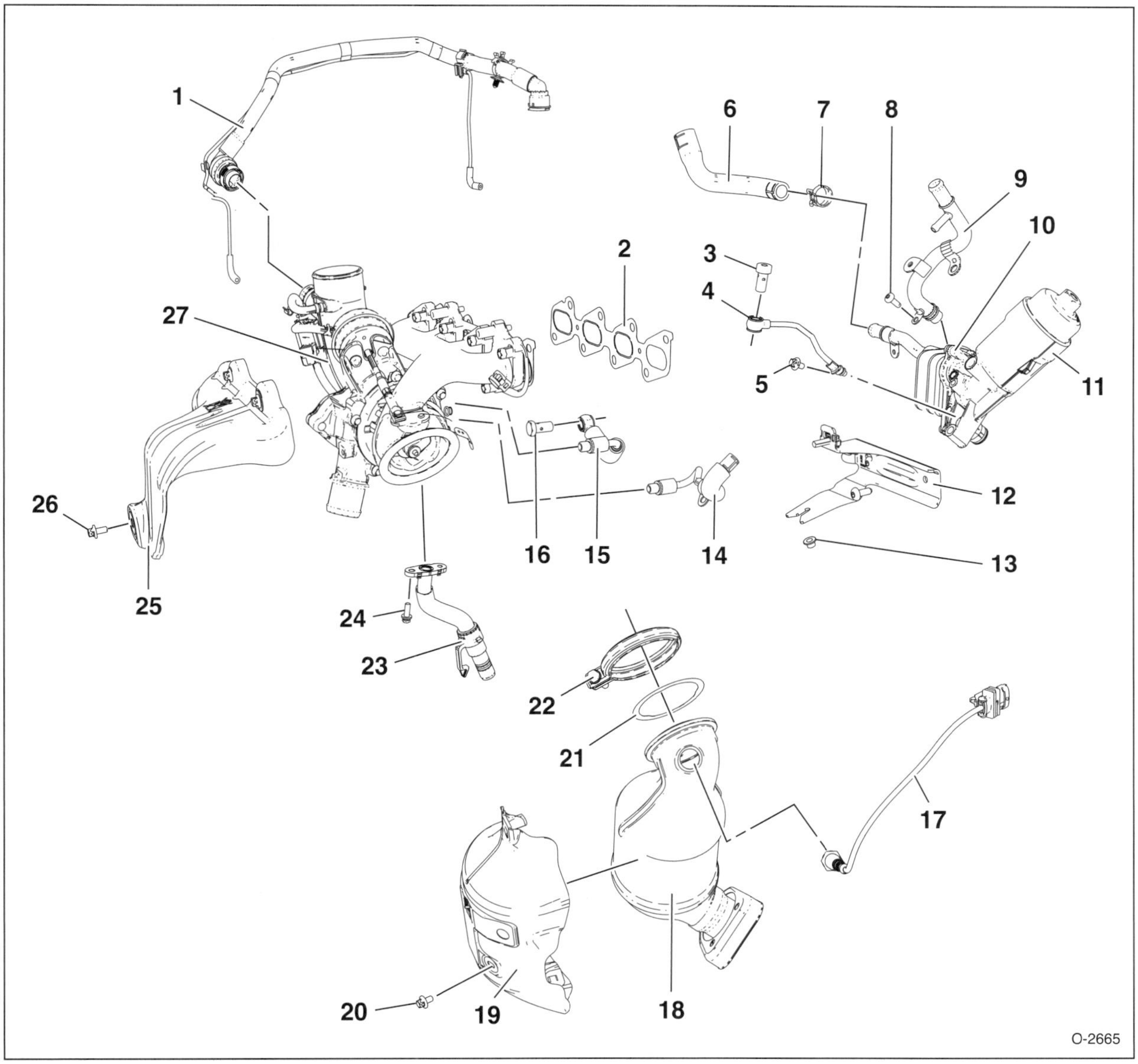

1 – **Kurbelgehäusezwangsentlüftung**

2 – **Dichtung Abgaskrümmer**

3 – **Hohlschraube**
Für Ölzulaufleitung Turbolader.

4 – **Ölzulaufleitung Turbolader**

5 – **Schraube**
Für Ölzulaufleitung Turbolader.

6 – **Kühlmittelauslassschlauch**
Am Motorölkühler.

7 – **Klemmschelle**

8 – **Schraube**
Für Kühlmittelzulaufleitung an Ölkühler.

9 – **Kühlmittelzulaufleitung Ölkühler**

10 – **Ölkühler**

11 – **Motorölfilter**

12 – **Halterung Katalysator**

13 – **Mutter**

14 – **Kühlmittelrücklaufleitung Turbolader**

15 – **Kühlmittelzulaufleitung Turbolader**

16 – **Hohlschraube**
Für Kühlmittelversorgungsrohr Turbolader.

17 – **Lambdasonde 1**

18 – **Katalysator**

19 – **Hitzeschutzblech Katalysator**

20 – **Schraube, 10 Nm**
Für Hitzeschutzblech Katalysator.

21 – **Dichtung Katalysator**

22 – **V-Schelle Katalysator**

23 – **Ölrücklaufleitung Turbolader**

24 – **Schraube**
Für Ölrücklaufleitung des Turboladers.

25 – **Hitzeschutzblech Abgaskrümmer**

26 – **Schraube, 8 Nm**
Für Hitzeschutzblech des Abgaskrümmers

27 – **Turbolader mit Abgaskrümmer, 22 Nm**

Vorderes Abgasrohr

1,4-l-Benzinmotor

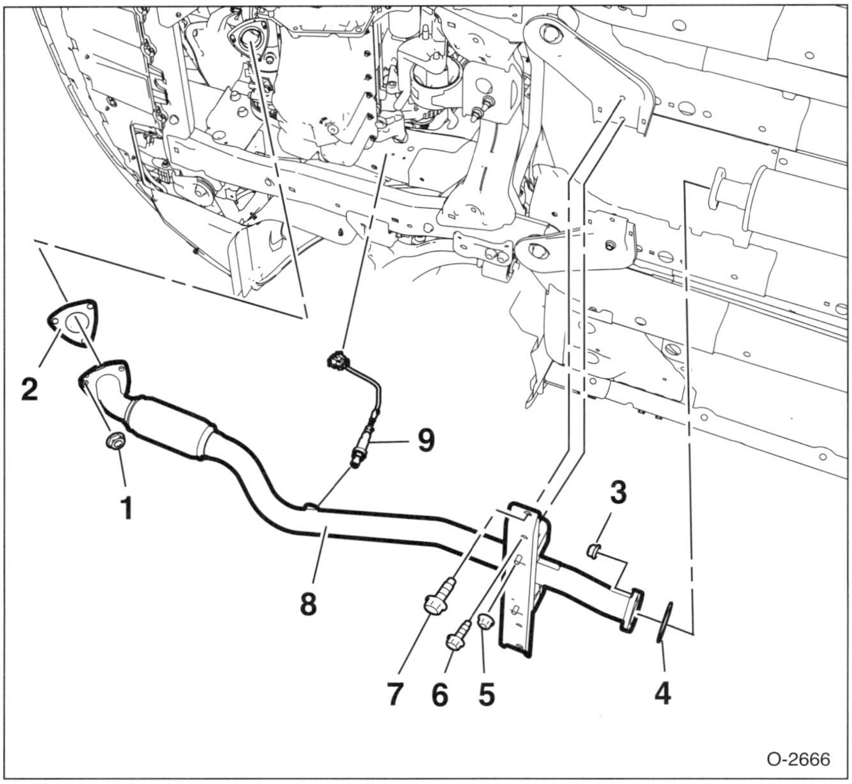

1 – **Mutter, 17 Nm**
Nach jedem Ausbau ersetzen.

2 – **Dichtung**

3 – **Mutter, 17 Nm**
Nach jedem Ausbau ersetzen.

4 – **Dichtung**

5 – **Mutter, 20 Nm**
Nach jedem Ausbau ersetzen.

6 – **Schraube, M8, 22 Nm**

7 – **Schraube, M10,**
Nach jedem Ausbau ersetzen.
Anzugsmethode: **60 Nm + 30° + 15°**.

8 – **Abgasrohr vorn**

9 – **Lambdasonde, 42 Nm**

1,6-/1,8-l-Benzinmotor

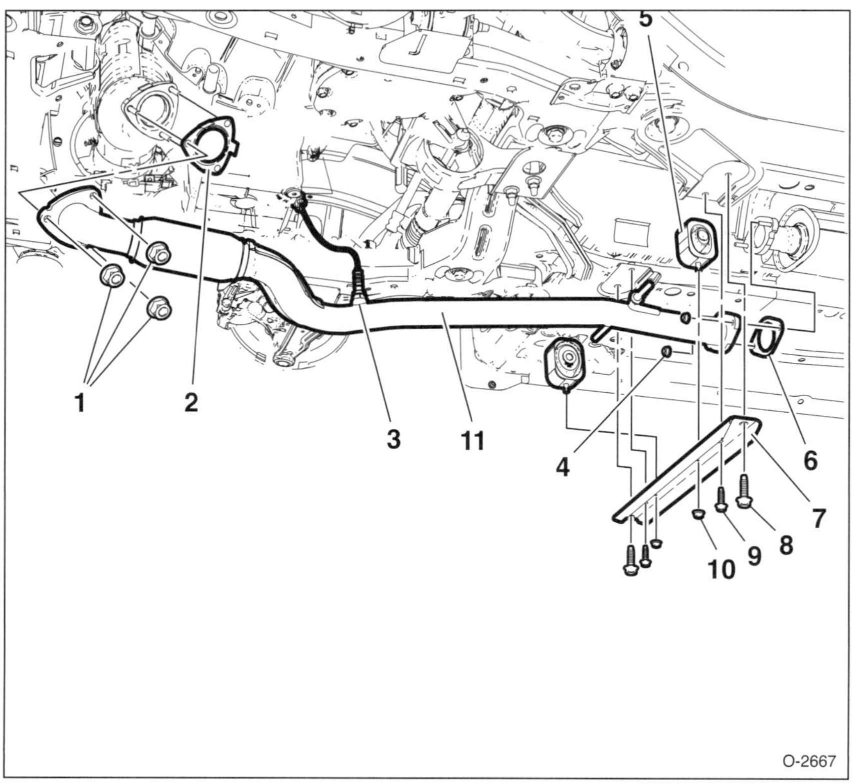

1 – **Mutter, 22 Nm**
Nach jedem Ausbau ersetzen.

2 – **Dichtung**

3 – **Lambdasonde, 42 Nm**

4 – **Mutter, 17 Nm**
Nach jedem Ausbau ersetzen.

5 – **Halter**

6 – **Dichtung**

7 – **Querstrebe**

8 – **Schraube, M10**
Nach jedem Ausbau ersetzen.
Anzugsmethode: **60 Nm + 30° + 15°**.

9 – **Schraube, 22 Nm**

10 – **Mutter, 17 Nm**

11 – **Vorderes Abgasrohr**

Wichtige Hinweise beachten bei Arbeiten an der Abgasanlage

- Sämtliche Schraubverbindungen der Abgasanlage, die voraussichtlich gelöst werden müssen, mit rostlösendem Mittel einsprühen. Rostlöser einige Zeit einwirken lassen.
- Dichtungen und Befestigungsteile grundsätzlich erneuern.
- Schneidkantengrate innen und außen mit einer Raspel entfernen.
- Dichtfläche an wieder verwendeten Teilen mit Drahtbürste reinigen beziehungsweise abschmirgeln.

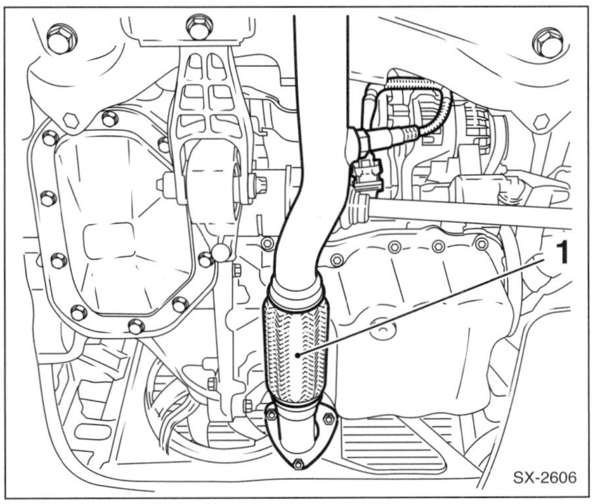

Achtung: Bei Arbeiten im Bereich der Abgasanlage ist das vordere Abgasrohr mit Flexrohr –1– gegen unkontrolliertes Durchhängen zu sichern. Bereits Beugungen des Flexrohres um 5 – 10 Winkelgrad und Verdrehungen um ± 0,5° aus der vorgesehenen Montageposition können eine Schädigung mit anschließendem Totalausfall des Flexrohres zur Folge haben.

Aus diesem Grund ist das Abgasanlagenstück mit dem darin befindlichen Flexrohr beispielsweise mit Draht am Fahrzeugunterbau zu befestigen, dabei Abgasrohr, falls erforderlich, durch einen Helfer abstützen lassen.

Wenn das Flexrohr oder die komplette Abgasanlage ersetzt wird, Transportsicherung für Flexrohr erst nach Abschluss der Arbeiten, vor der Inbetriebnahme des Fahrzeuges, abnehmen. Es ist empfehlenswert die Transportsicherung aufzubewahren, damit sie für spätere Montagearbeiten an der Abgasanlage wieder verwendet werden kann. Dabei Montageanleitung auf der Transportsicherung beachten.

Abgasanlage aus- und einbauen

1,4-/1,6-l-Benzinmotor LDD/LDE/LLU

Ausbau

Achtung: Wichtige Hinweise für Arbeiten an der Abgasanlage beachten, siehe entsprechendes Kapitel.

- Nachschalldämpfer ausbauen, siehe entsprechendes Kapitel.
- Falls vorhanden, untere Motorraumabdeckung ausbauen, siehe Seite 229.
- Abgasanlage gegen Herunterfallen sichern.

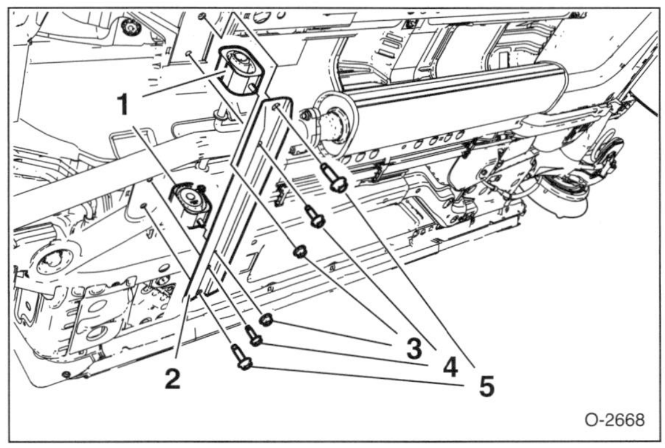

- Querstrebe –2– abschrauben. Dazu die Schrauben –5– und –4– sowie die Muttern –3– herausdrehen.
- 2 Aufhängungsblöcke –1– abnehmen.

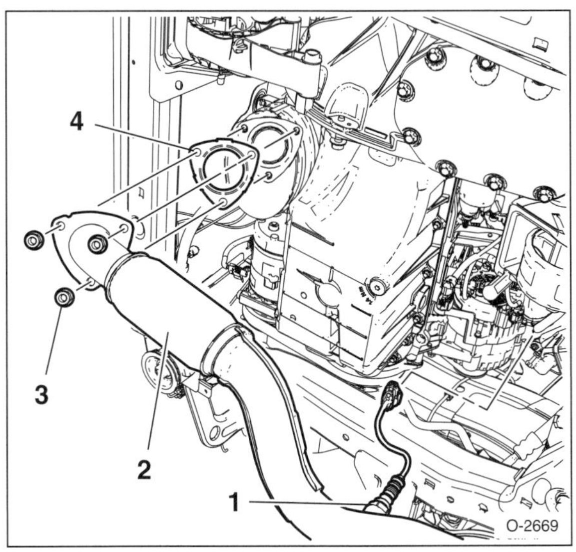

- Steckverbindung für Lambdasonde 1 trennen.
- Lambdasonde –1– herausschrauben.
- 3 Muttern –3– abschrauben und vorderes Abgasrohr –2– vom Katalysator abnehmen.
- Dichtung –4– abnehmen.
- Abgasanlage zusammen mit Helfer abnehmen.

Einbau

- Abgasanlage ohne Nachschalldämpfer mit Draht am Aufbau aufhängen.
- Vorderes Abgasrohr mit **neuer** Dichtung –4– am Katalysator ansetzen. **Neue** Muttern –3– handfest anschrauben.
- Gewinde der Lambdasonde reinigen und dünn mit Lambdasondenfett (Hochtemperaturfett) bestreichen.
- Lambdasonde einsetzen und mit **42 Nm** festziehen.

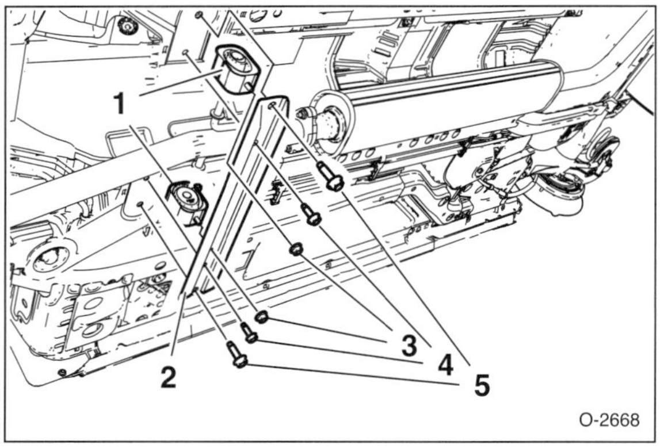

- Halteblöcke –1– an der Abgasanlage einhängen.
- Querstrebe mit den äußeren Schrauben –5– anschrauben, nicht festziehen.
- Muttern –3– und Schrauben –4– anschrauben, nicht festziehen.
- Abgasanlage durch Hin- und Herbewegen spannungsfrei ausrichten.
- Schrauben und Muttern folgendermaßen festziehen:
  Muttern vorderes Abgasrohr an Katalysator . . . **22 Nm**
  Muttern –3– . . . . **17 Nm**
  Schrauben –4– . . . . **22 Nm**
  Neue Schrauben –5– in der **1. Stufe** . . . . **60 Nm**
  2. Stufe . . . . **30°**
  3. Stufe . . . . **15°**
- Nachschalldämpfer einbauen, siehe entsprechendes Kapitel.
- Falls ausgebaut, untere Motorraumabdeckung einbauen, siehe Seite 229.

1,7-l-Dieselmotor

Ausbau

Achtung: Wichtige Hinweise für Arbeiten an der Abgasanlage beachten, siehe entsprechendes Kapitel.

- Nachschalldämpfer ausbauen, siehe entsprechendes Kapitel.
- Falls vorhanden, untere Motorraumabdeckung ausbauen, siehe Seite 229.
- Abgasanlage gegen Herunterfallen sichern.

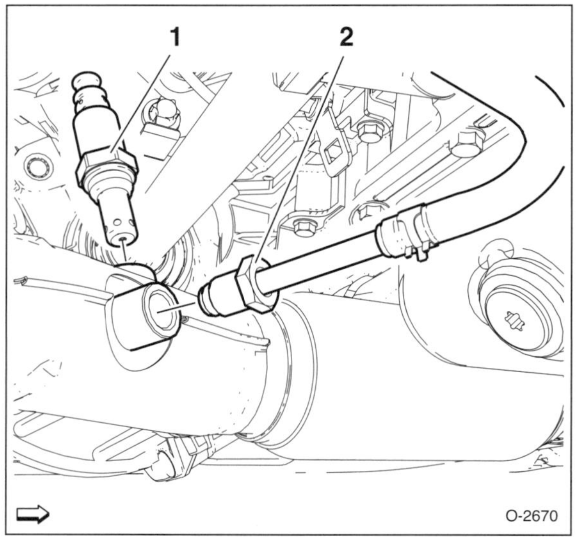

- Steckverbindung trennen und Lambdasonde –1– herausschrauben.
- Anschluss für Differenzdrucksensor –2– abschrauben und Leitung zur Seite hängen.

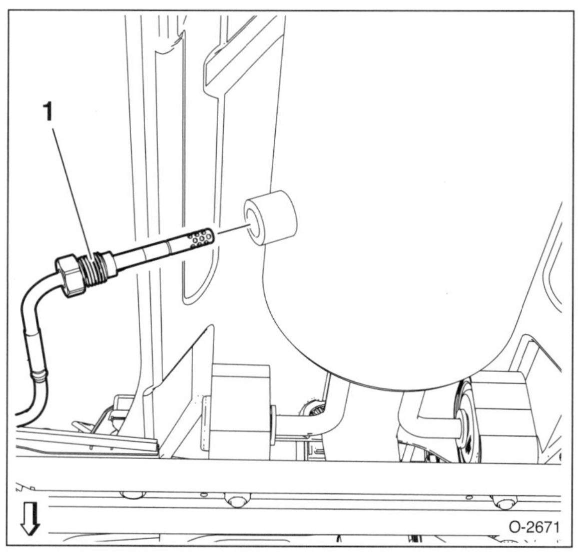

- Abgas-Temperatursensor –1– herausschrauben.

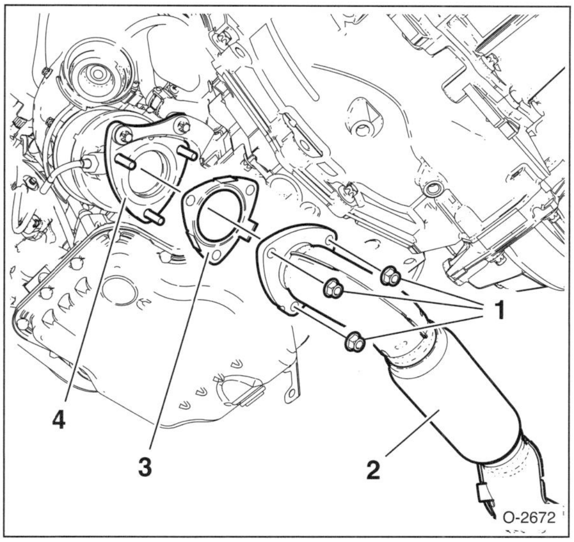

Achtung: Flexrohr sichern, damit es beim Ausbau nicht beschädigt wird.

- 3 Muttern –1– abschrauben.
- Vorderes Abgasrohr mit Partikelfilter –2– vom Katalysator –4– trennen.
- Dichtung –3– abnehmen.

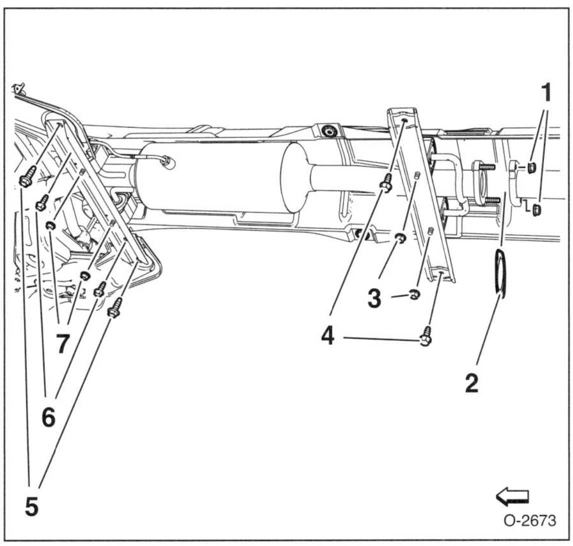

- Abgasanlage gegen Herunterfallen sichern.
- Muttern –1– abschrauben und Abgasanlage trennen. Dichtung –2– abnehmen.
- Querstreben ausbauen, dazu Muttern und Schrauben –3– bis –7– abschrauben.
- Abgasanlage mit Helfer herausnehmen.

Einbau

- Abgasanlage einsetzen.
- **Neue** Dichtung –2– einsetzen und Muttern mit **22 Nm** festziehen.
- Querstreben ansetzen und mit **neuen** Schrauben –4– und –5– anschrauben. Schrauben in 2 Stufen festziehen:
  1. Stufe: . . . . **60 Nm**
  2. Stufe: . . . . **30°** weiterdrehen
- Muttern –3– und –7– sowie Schrauben –6– anschrauben und mit **22 Nm** festziehen.
- Vorderes Abgasrohr mit **neuer** Dichtung am Katalysator ansetzen, **neue** Muttern mit **25 Nm** festziehen.
- Abgas-Temperatursensor einschrauben und mit **45 Nm** festziehen.
- Gewinde der Lambdasonde reinigen und mit Lambdasondenfett dünn bestreichen. Lambdasonde mit **42 Nm** festschrauben. Elektrische Leitungen verbinden.
- Differenzdrucksensor einschrauben und mit **45 Nm** festziehen.
- Untere Motorraumabdeckung einbauen, siehe Seite 229.

Nachschalldämpfer aus- und einbauen

Alle außer 1,6-l-Benzinmotor LLU

Ausbau

Achtung: Wichtige Hinweise für Arbeiten an der Abgasanlage beachten, siehe entsprechendes Kapitel.

Sicherheitshinweis
Beim Aufbocken des Fahrzeugs besteht Unfallgefahr! Hinweise im Kapitel »Fahrzeug aufbocken« beachten.

- Fahrzeug aufbocken

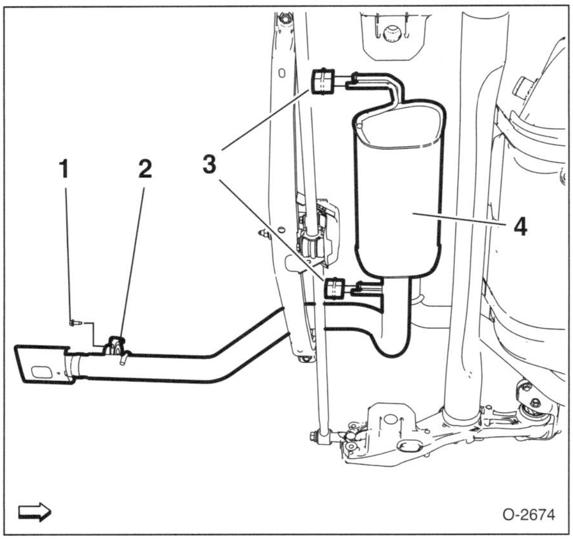

- 2 Halterungen –3– vom Nachschalldämpfer –4– abziehen.
- Schrauben –1– an der Endrohr-Halterung herausdrehen und Halterung –2– abnehmen.
- Abgasanlage absenken und auf der Hinterachse ablegen.

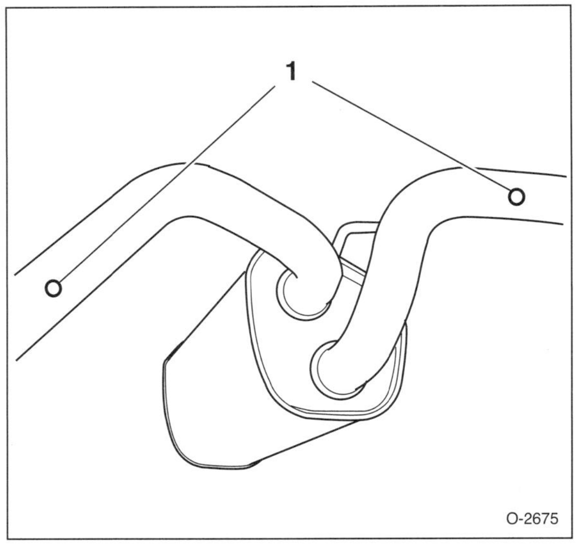

- Prüfen, ob auf den Abgasrohren an den Positionen –1– Trennmarkierungen vorhanden sind.

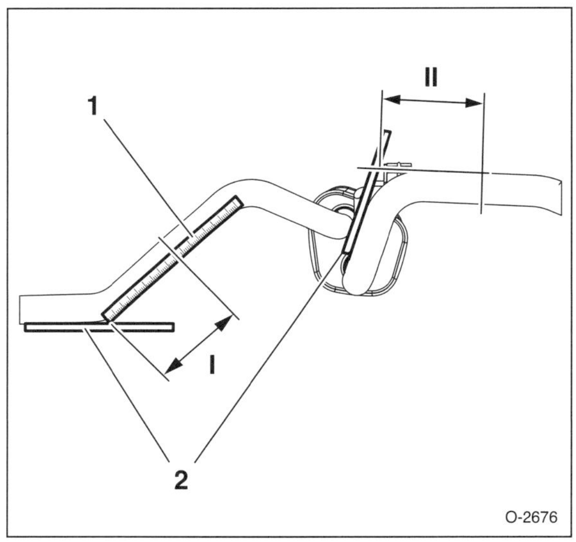

- Wenn keine Markierungen vorhanden sind, Position –II– messen und mit einer Reißnadel markieren. Dazu ist ein Helfer erforderlich. Als Ansatz für die Messung wird ein geeignetes Flacheisen –2– benötigt. Abstand zur Trennstelle –II– mit einem Lineal messen. Auf die gleiche Weise die Position –I– markieren.

Motor	Position –I–	Position –II–
1,4-l LDD	143	142
1,4-l LUJ	141	145
1,6-l LDE	140	144
1,3-l Diesel	139	144
1,7-l-Diesel	140	147
2,0-l-Diesel	142	149

- Abgasanlage gegen Herunterfallen sichern.

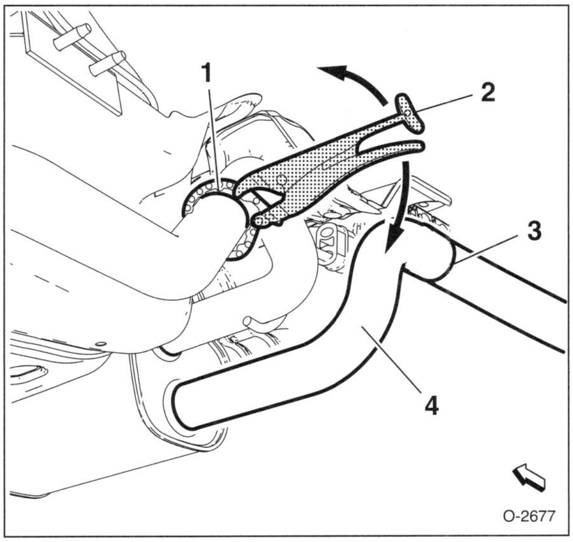

- Abgasrohr mit einem handelsüblichen Rohrschneider –2–, zum Beispiel HAZET-4682, an den markierten Stellen –1– und –3– durchschneiden.
- Endrohr abnehmen.
- Nachschalldämpfer –4– abnehmen.

Einbau

- Eventuell Rost und Schneidkantengrate entfernen.

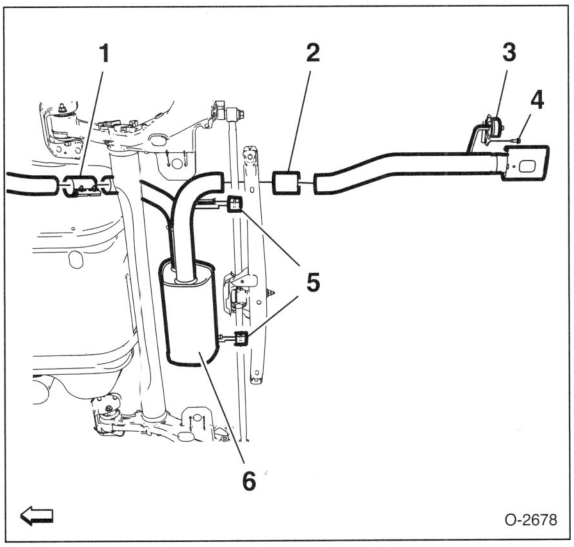

- Klemmschellen –1– und –2– aufschieben und leicht beiziehen.
- Nachschalldämpfer –6– an den beiden Halterungen –5– einhängen und in die Verbindungsschelle –1– einschieben.
- Endrohr in die Schelle –2– einschieben und mit der Halterung –3– festschrauben –4–.
  Anzugsdrehmoment: **22 Nm.**
- Nachschalldämpfer durch Hin- und Herbewegen spannungsfrei ausrichten.
- Klemmschellen ausrichten und mit **30 Nm** festschrauben.
- Fahrzeug ablassen.

Zusatz-Nachschalldämpfer aus- und einbauen

1,6-l-Benzinmotor LLU

Ausbau

Hinweis: Beschrieben wird der Ausbau des hinteren Nachschalldämpfers. Für den vorderen Nachschalldämpfer ist analog vorzugehen.

Achtung: Wichtige Hinweise für Arbeiten an der Abgasanlage beachten, siehe entsprechendes Kapitel.

Sicherheitshinweis
Beim Aufbocken des Fahrzeugs besteht Unfallgefahr! Hinweise im Kapitel »Fahrzeug aufbocken« beachten.

- Fahrzeug aufbocken

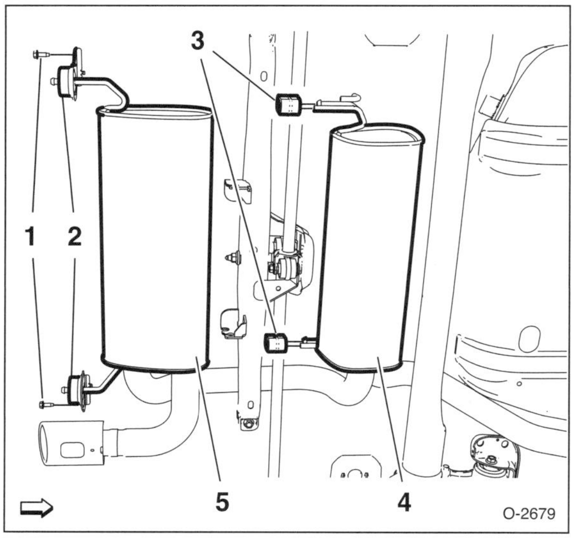

- 2 Halterungen –3– vom vorderen Nachschalldämpfer –4– abziehen.
- 2 Schrauben –1– herausdrehen und Halterungen –2– vom hinteren Nachschalldämpfer –5– abnehmen.
- Abgasanlage absenken und auf der Hinterachse ablegen.

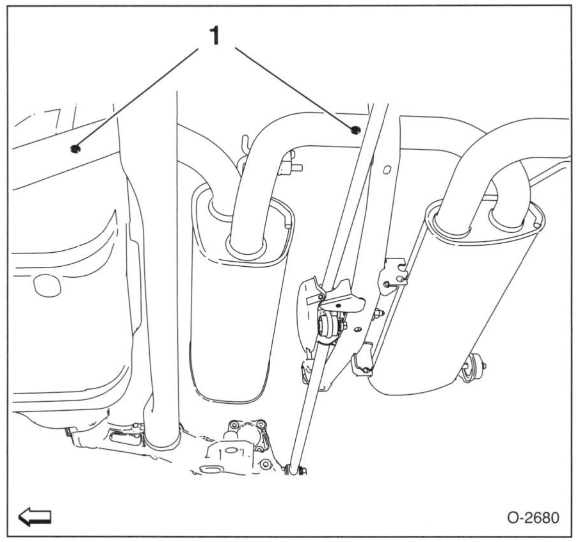

- Prüfen, ob auf den Abgasrohren an Position –1– Markierungen vorhanden sind.

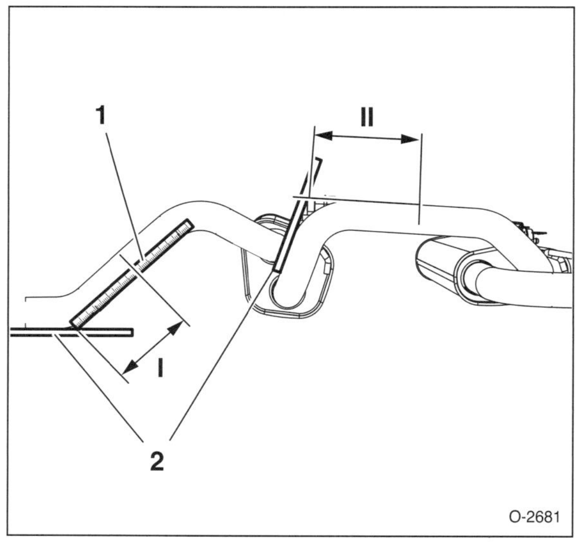

- Wenn keine Markierungen vorhanden sind, Position –II– messen und mit einer Reißnadel markieren. Dazu ist ein Helfer erforderlich. Als Ansatz für die Messung wird ein geeignetes Flacheisen –2– benötigt. Abstand zur Trennstelle –II– mit einem Lineal messen.
Abstand Position II = 145 mm.
Trennmaß für Position I = 143 mm.

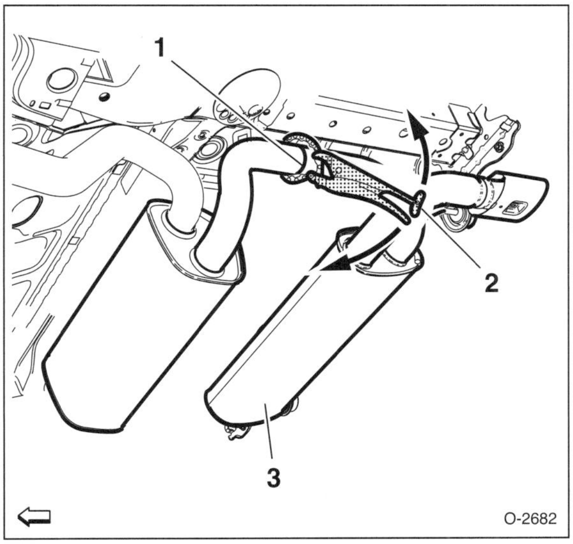

● Abgasrohr mit einem handelsüblichen Rohrschneider –2–, zum Beispiel HAZET-4682, an der markierten Stelle –1– (Trennmaß II) durchschneiden und Zusatz-Nachschalldämpfer –3– abnehmen.

Hinweis: Zum Ausbau des vorderen Nachschalldämpfers Abgasrohr am Trennmaß –I– durchschneiden.

Einbau

● Eventuell Rost und Schneidkantengrate entfernen.

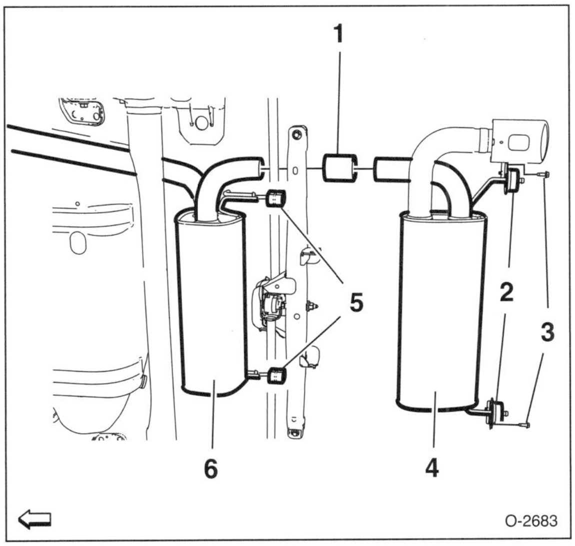

● Nachschalldämpfer –6– an den beiden Halterungen –5– einhängen.

● Klemmschelle –1– aufschieben und leicht beiziehen.

● Zusatz-Nachschalldämpfer –4– in die Klemmschelle einschieben und an den Halterungen –2– einhängen.

● Schrauben –3– mit **22 Nm** anziehen.

● Klemmschelle –1– ausrichten und mit **20 Nm** festschrauben. **Hinweis:** Falls erforderlich, Schelle für vordere Rohrverbindung mit **30 Nm** festschrauben.

● Fahrzeug ablassen.

Abgasanlage auf Dichtheit prüfen

Bei Fahrzeugen mit geregeltem Katalysator können Undichtigkeiten der Abgasanlage vor der Lambdasonde zu folgenden Störungen führen:

■ Startschwierigkeiten; Motor geht aus, schüttelt im Leerlauf, ruckelt beim Beschleunigen.

● Motor starten und bei laufendem Motor Abgasanlage mit einem Lappen oder Stöpsel verschließen.

● Abgasanlage auf Undichtigkeit abhören. Gegebenenfalls Verbindungsstellen Zylinderkopf/Krümmer und Krümmer/Abgasrohr vorn mit handelsüblichem »Leck-Sucher« einsprühen und auf Blasenbildung untersuchen.

● Undichtigkeit beseitigen.

Innenausstattung

Aus dem Inhalt:

- Konsolen demontieren
- Innenverkleidungen
- Innenspiegel ersetzen
- Sitze ausbauen
- Ablagefächer ausbauen

Wichtige Arbeits- und Sicherheitshinweise

Werden Arbeiten an der Innenausstattung ausgeführt, sind folgende Hinweise unbedingt zu beachten:

- Zum Abhebeln von Kunststoffverkleidungen und -blenden Kunststoffkeil verwenden, zum Beispiel HAZET 1965-20.
- Clips, die beim Ausbau von Verkleidungen beschädigt werden, immer erneuern.
- Die Fenster- und Türsäulen der Karosserie werden von vorn nach hinten als A-, B-, C- und D-Säulen bezeichnet.
- Sitze, Sicherheitsgurte und Airbags sind sicherheitsrelevante Bauteile. **Aus Sicherheitsgründen nur die hier beschriebenen Arbeiten durchführen. Komplexere Arbeiten nicht in Eigenregie vornehmen, sondern von einer Fachwerkstatt durchführen lassen.**

Achtung: Wenn im Rahmen von Arbeiten an der Karosserie auch Arbeiten an der elektrischen Anlage durchgeführt werden, **grundsätzlich** das Batterie-Massekabel (–) abklemmen. Dazu Hinweise im Kapitel »Batterie aus- und einbauen« beachten. Als Arbeit an der elektrischen Anlage ist dabei schon zu betrachten, wenn eine elektrische Leitung vom Anschluss abgezogen beziehungsweise abgeklemmt wird.

Achtung: Airbag-Sicherheitshinweise unbedingt befolgen, insbesondere bei Arbeiten an der Armaturentafel, siehe Seite 127.

Um ein Auslösen des Airbags zu verhindern, ist vor dem Trennen von Kabeln des Airbag-Systems die Zündung auszuschalten und dann zuerst das Batterie-Massekabel (–) und anschließend das Batterie-Pluskabel (+) von der Batterie abzuklemmen. Außerdem muss aus Sicherheitsgründen der Minuspol von der Batterie isoliert werden, siehe Seite 56.

Halteclips/Federklammern aus- und einbauen

Zahlreiche Abdeckungen und Verkleidungen sind mit Halteclips und Federklammern an der Fahrzeug-Karosserie befestigt.

Ausbau

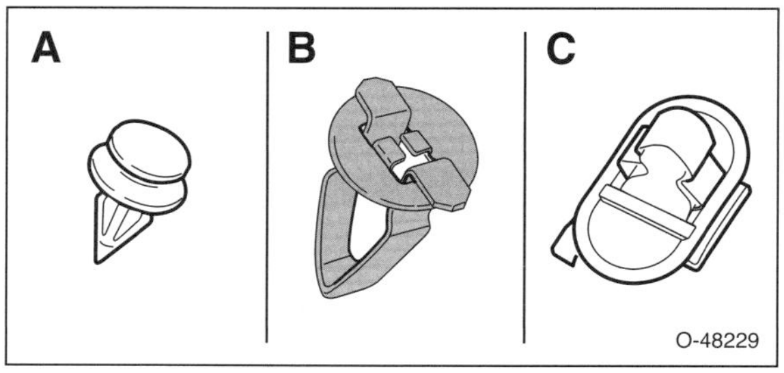

- Befestigungsclip: Clip –A– mit Schraubendreher, Lösehebel HAZET 799-3 oder Lösezange HAZET 799-4 herausziehen und Verkleidung abnehmen.
- Clip/Federklammer an der Rückseite der Verkleidung: Verkleidung mit einem Kunststoffkeil so an den Cliphalterungen lösen, dass der Clip –B– beziehungsweise die Federklammer –C– aus der Bohrung in der Karosserie herausgezogen wird.

Einbau

- Vor dem Einbau Halteclips auf Beschädigungen überprüfen und, wenn nötig, ersetzen. Gegebenenfalls auf richtigen Sitz an der Verkleidung überprüfen.
- Befestigungsclip: Verkleidung ansetzen, Clip in die Bohrung stecken und eindrücken.
- Clip/Federklammer: Verkleidung so ansetzen, dass die Clips in die Bohrungen greifen. Verkleidung fest andrücken und Cliphalterung einrasten.

Sonnenblende aus- und einbauen

Ausbau

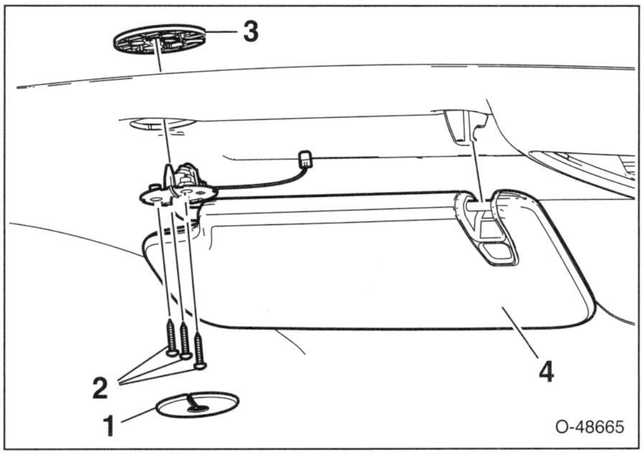

- Schraubenabdeckung –1– abziehen.
- Schrauben –2– herausdrehen.
- Sonnenblende –4– aus der Halterung –3– ausclipsen und vorsichtig absenken. Steckverbindung trennen. **Achtung:** Falls die Steckverbindung nicht zugänglich ist, Dachhimmel im Bereich der Sonnenblende etwas absenken.

Einbau

- Der Einbau erfolgt in umgekehrter Ausbaureihenfolge.

Haltegriff aus- und einbauen

Ausbau

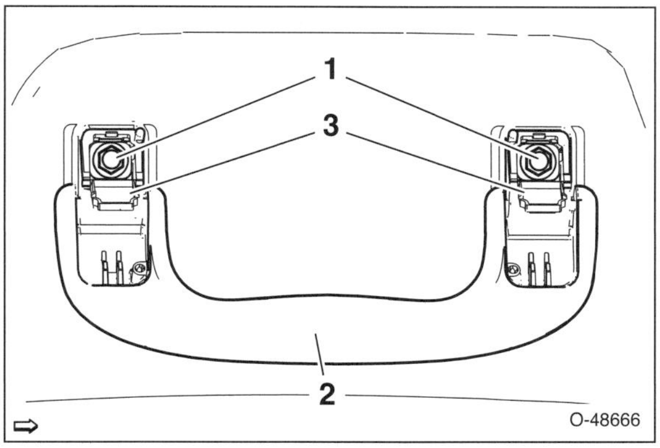

- Haltegriff –2– nach unten klappen und festhalten.
- Mit einem kleinen Schraubendreher die Abdeckkappen –3– abhebeln und aufklappen.
- Darunterliegende Schrauben –1– herausdrehen und Haltegriff abnehmen.

Einbau

- Der Einbau erfolgt in umgekehrter Ausbaureihenfolge. Schrauben mit **6 Nm** anschrauben.

Innenspiegel aus- und einbauen

Ausbau

- Falls vorhanden, Abdeckung für Frontkamera ausbauen.

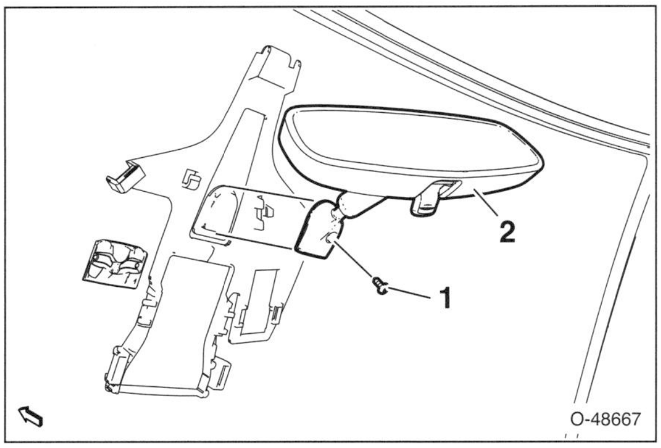

- Schraube –1– herausdrehen und Innenspiegel –2– abnehmen.

Einbau

- Der Einbau erfolgt in umgekehrter Ausbaureihenfolge. Schraube mit **1,8 Nm** anschrauben.

Lenksäulenverkleidung aus- und einbauen

Ausbau

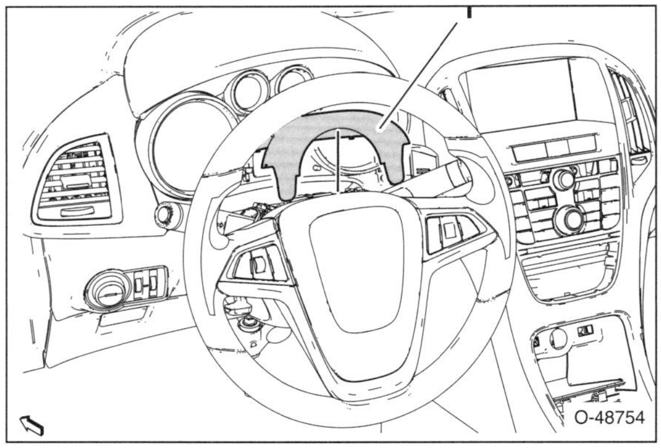

- Lenkrad ganz herausziehen und ganz nach unten stellen.
- Obere Verkleidung –1– an der unteren Verkleidung ausclipsen und nach oben abziehen..
- Lenkrad ganz nach oben stellen.

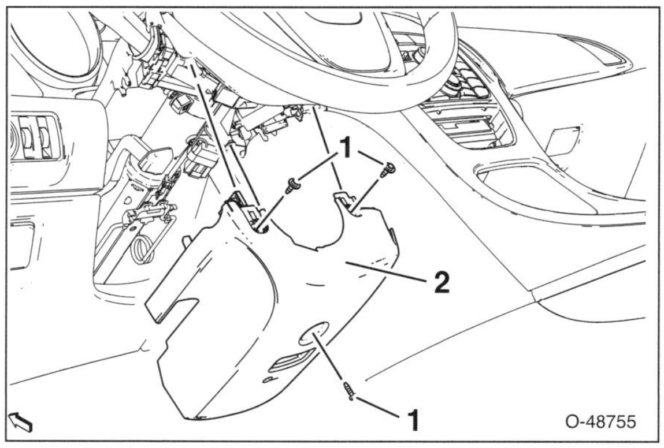

- 3 Schrauben –1– herausdrehen. Dabei Lenkrad entsprechend verdrehen, bis die beiden oberen Schrauben zugänglich sind.
- Untere Verkleidung –2– nach unten abnehmen.

Einbau

- Der Einbau erfolgt in umgekehrter Ausbaureihenfolge.

Seitliche Fußraumverkleidung links aus- und einbauen

Ausbau

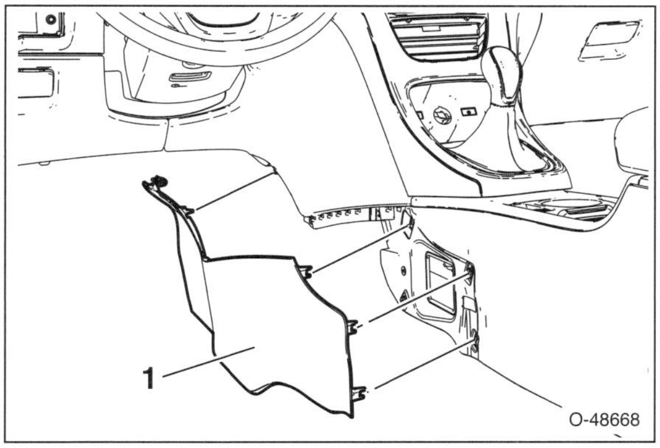

- Untere Verkleidung –1– mit einem Kunststoffkeil ausclipsen und abnehmen.

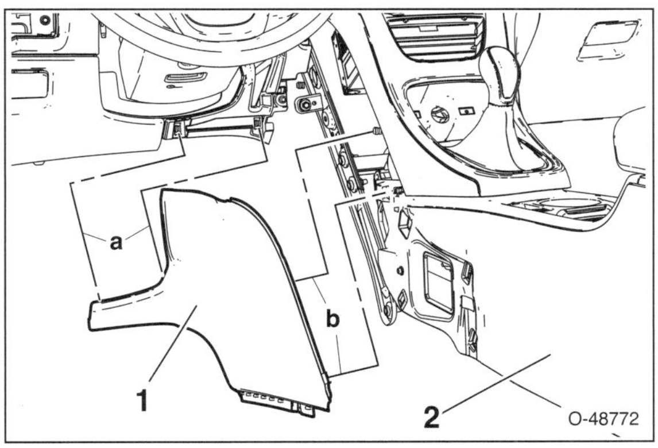

- Obere Verkleidung –1– ausbauen. Dazu Verkleidung von den Clips –a- vorsichtig abdrücken.
- Verkleidung seitlich abziehen und von den Clips –b– vorsichtig abdrücken. Anschließend Verkleidung nach vorn, in Fahrtrichtung gesehen, aus der Mittelkonsole –2– herausziehen.

Einbau

- Der Einbau erfolgt in umgekehrter Ausbaureihenfolge.

Untere Armaturentafelverkleidung links aus- und einbauen

Ausbau

- Seitliche Fußraumverkleidung ausbauen, siehe entsprechendes Kapitel.
- Äußere Abdeckung der Armaturentafel ausbauen, siehe entsprechendes Kapitel.
- Formteil für Lichtschalter ausbauen, siehe entsprechendes Kapitel.

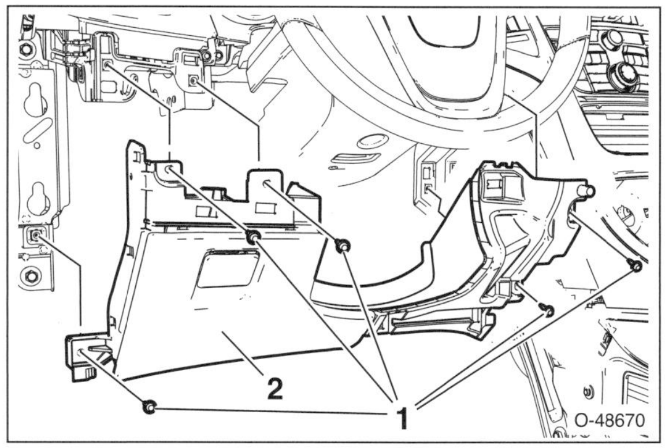

- Schrauben –1– herausdrehen und Verkleidung –2– abnehmen.

Einbau

- Der Einbau erfolgt in umgekehrter Ausbaureihenfolge.

Äußere Abdeckung der Armaturentafel aus- und einbauen

Ausbau

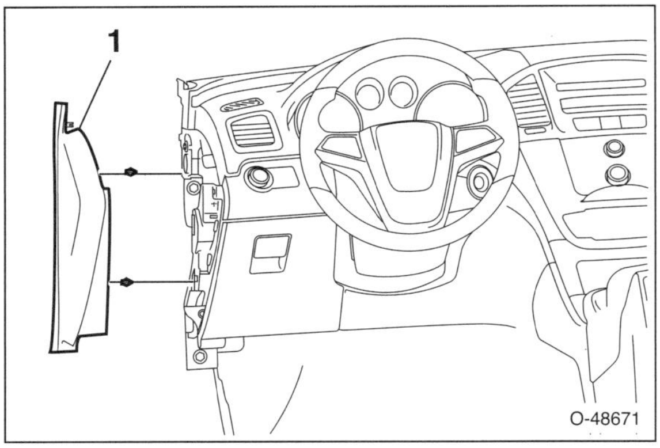

- Seitliche Abdeckung –1– mit einem Kunststoffkeil ausclipsen und abnehmen.

Einbau

- Der Einbau erfolgt in umgekehrter Ausbaureihenfolge.

Blende für Lichtschalter aus- und einbauen

Ausbau

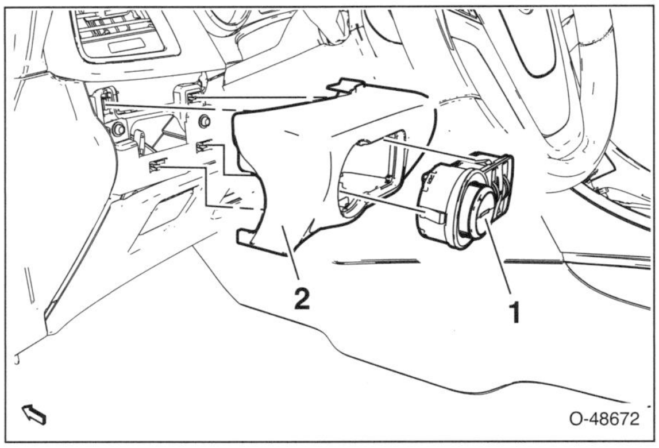

- Lichtschalter –1– ausbauen, siehe Seite 99.
- Durch die Öffnung für den Lichtschalter greifen und Blende –2– herausziehen und dabei ausclipsen.

Einbau

- Prüfen, ob die Blechklammern auf den Nasen der Verkleidung sitzen.
- Verkleidung mit den Klammern über den Aufnahmen ausrichten und andrücken.
- Lichtschalter einbauen.

Seitliches Ablagefach aus- und einbauen

Ausbau

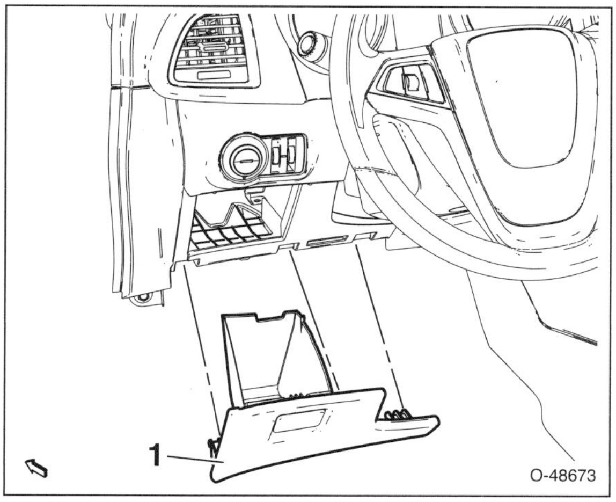

- Ablagefach –1– öffnen und nach hinten ausclipsen.

Einbau

- Der Einbau erfolgt in umgekehrter Ausbaureihenfolge.

Abdeckung für Kombiinstrument aus- und einbauen

Ausbau

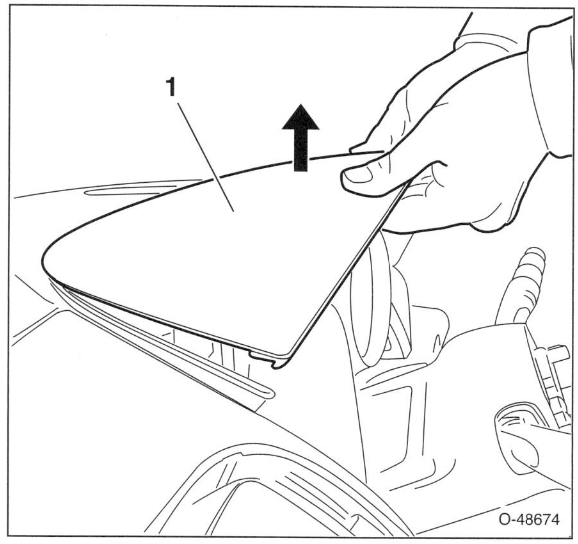

- Abdeckung –1– mit beiden Händen, wie in der Abbildung gezeigt, vorn nach oben ausclipsen.

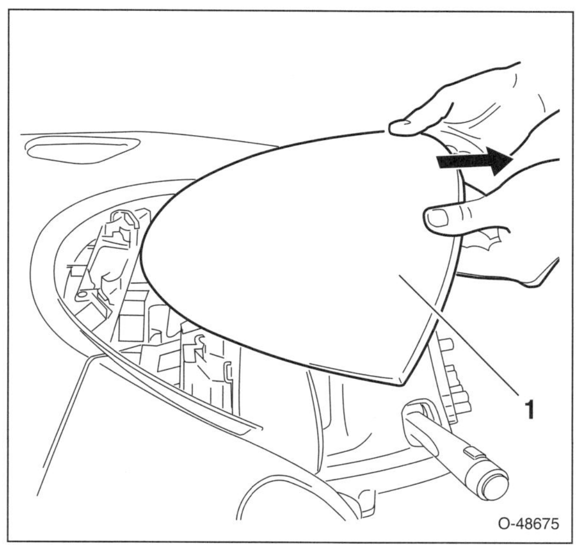

- Anschließend Abdeckung –1– mit beiden Händen etwas nach hinten ziehen.

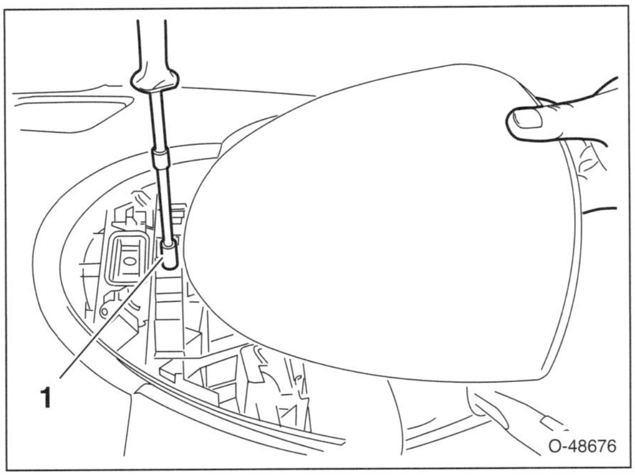

- Falls vorhanden, Schrauben –1– für Rückhalteband herausdrehen.
- Abdeckung abnehmen.

Einbau

- Falls vorhanden, Schrauben für Rückhalteband anschrauben.
- Abdeckung mit beiden Händen entgegen der Pfeilrichtung in Abbildung —2192592— hinten aufschieben. Anschließend vorn herunterdrücken und einrasten.

Mittlere obere Abdeckung der Armaturentafel aus- und einbauen

Ausbau

- Radio ausbauen, siehe Seite 101.

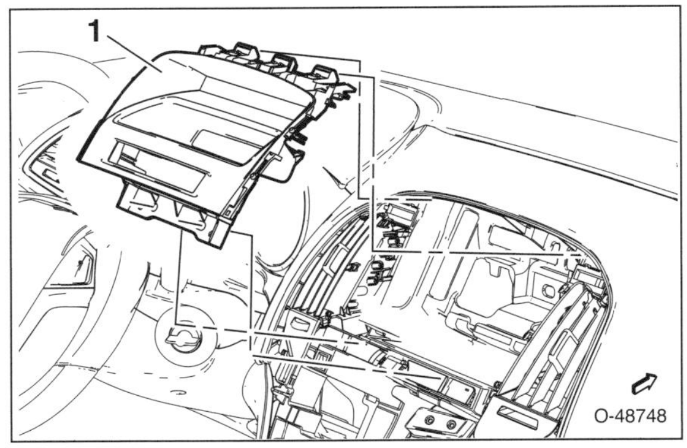

- Abdeckung –1– ausclipsen und etwas abziehen.
- Mehrfachstecker an der Rückseite entriegeln und abziehen.
- Abdeckung komplett abnehmen.

Einbau

- Der Einbau erfolgt in umgekehrter Ausbaureihenfolge.

Speziell ZAFIRA ab 9/2016

Ausbau

- Linke und rechte Zierleiste aus der Armaturentafel ausclipsen.
- Radio ausbauen, siehe Seite 101.

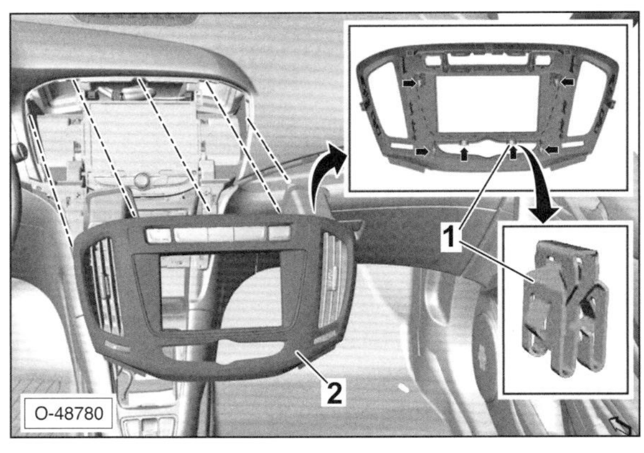

- Abdeckung –2– an den Positionen der 6 Blechclips –1– (Pfeile) mit einem Kuntstoffkeil, zum Beispiel HAZET 1965-20, vorsichtig abdrücken.
- Sämtliche Stecker entriegeln und abziehen.
- Warnblinkschalter und Zubehörschalter herausdrücken.
- Luftauslassdüsen aus der Abdeckung herausdrücken.

Einbau

- Der Einbau erfolgt in umgekehrter Ausbaureihenfolge.

Vordere Mittelkonsole aus- und einbauen

Ausbau

- Schalthebelmanschette ausclipsen und nach oben stülpen, siehe Seite 216.

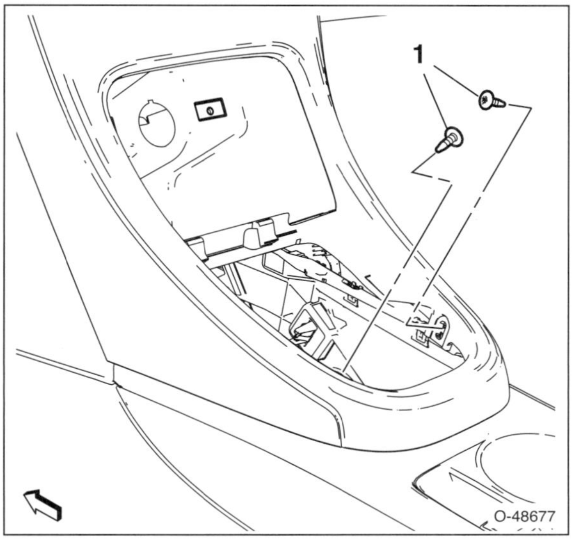

- Schrauben –1– herausdrehen.

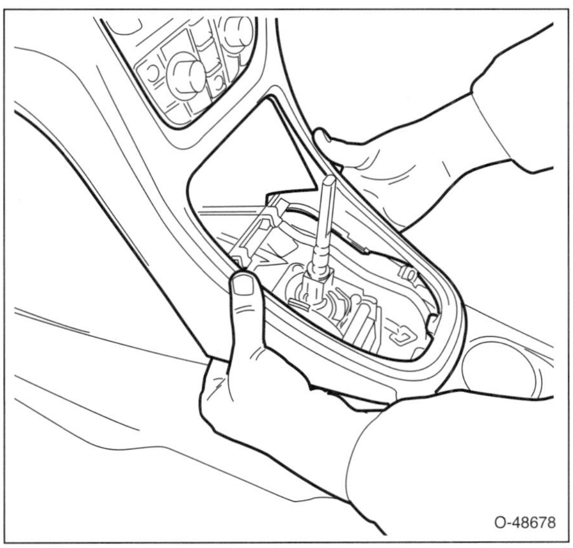

- Konsole an beiden Seiten ausclipsen.

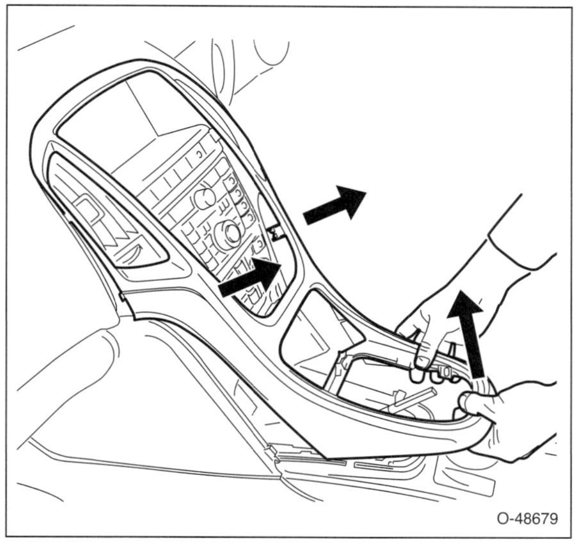

- Konsole hinten etwas anheben –Pfeile– und ausclipsen.

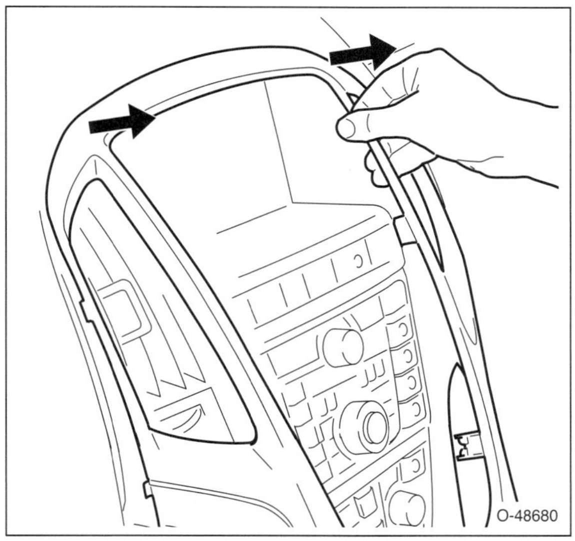

- Konsole oben ausclipsen –Pfeile– und abnehmen.

Einbau

- Der Einbau erfolgt in umgekehrter Ausbaureihenfolge. Dabei Konsole hörbar einclipsen.

Handschuhkasten aus- und einbauen

Ausbau

- Fußraumverkleidung rechts ausbauen, siehe entsprechendes Kapitel.

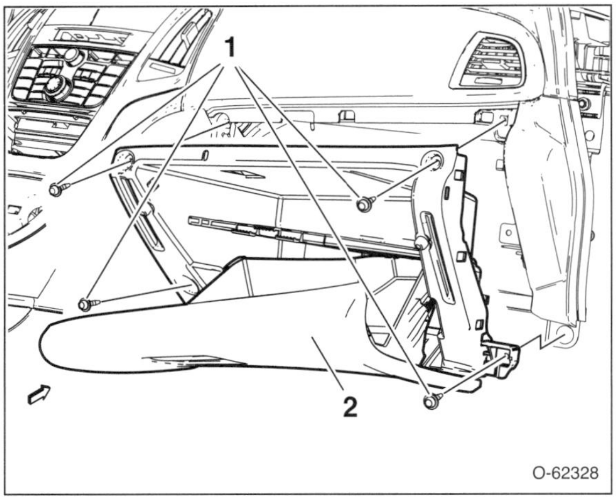

- Deckel –2– öffnen und 4 Schrauben –1– herausdrehen.
- Handschuhkasten etwas abnehmen und Mehrfachstecker abziehen.
- Handschuhkasten herausnehmen.

Einbau

- Der Einbau erfolgt in umgekehrter Ausbaureihenfolge.

Handschuhkastendeckel aus- und einbauen

Ausbau

- Handschuhkasten ausbauen, siehe entsprechendes Kapitel.

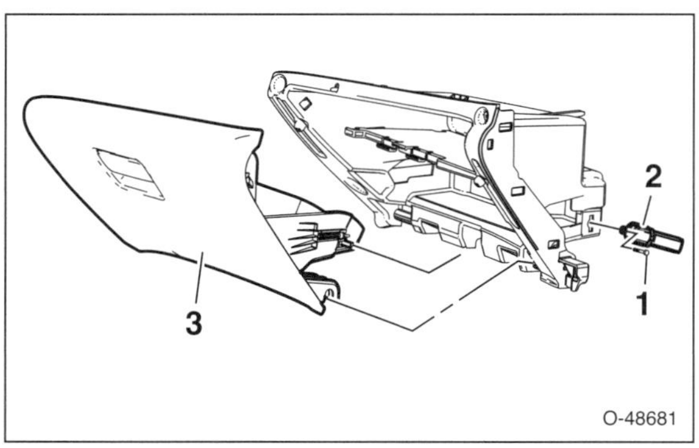

- Stift –1– mit einer Flachzange aus dem Dämpfer –2– herausziehen.
- Handschuhkastendeckel –3– aushängen und abnehmen.

Einbau

- Der Einbau erfolgt in umgekehrter Ausbaureihenfolge.

Ablagefach über dem Handschuhkasten aus- und einbauen

ZAFIRA ab 9/2016

Ausbau

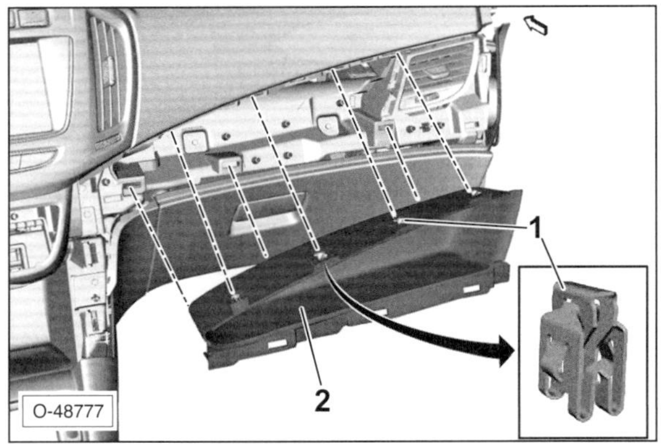

- Ablagefach –2– an den Positionen der 7 Blechclips –1– mit einem Kuntstoffkeil, zum Beispiel HAZET 1965-20, vorsichtig abdrücken.

Einbau

- Korrekten Sitz der Blechclips prüfen, beschädigte Clips ersetzen.
- Ablagefach mit den Clips über den Aufnahmen ansetzen und einclipsen.

Fußraumverkleidung rechts aus- und einbauen

Ausbau

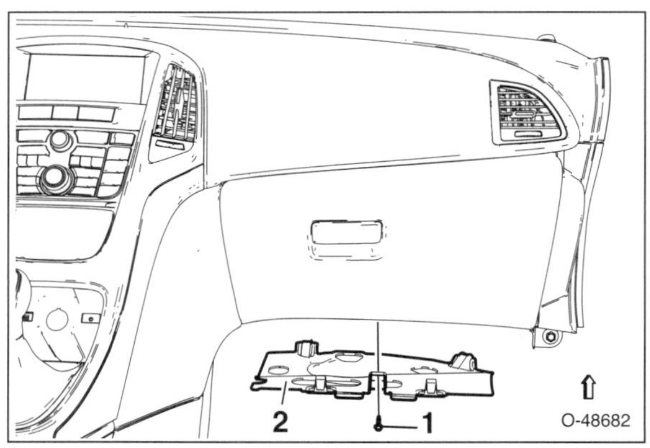

- Schraube –1– herausdrehen und Verkleidung –2– nach unten abnehmen.

Einbau

- Der Einbau erfolgt in umgekehrter Ausbaureihenfolge.

Hintere Mittelkonsole aus- und einbauen

Ausbau

- Vordere Mittelkonsole ausbauen, siehe entsprechendes Kapitel.

Ausführung 1:

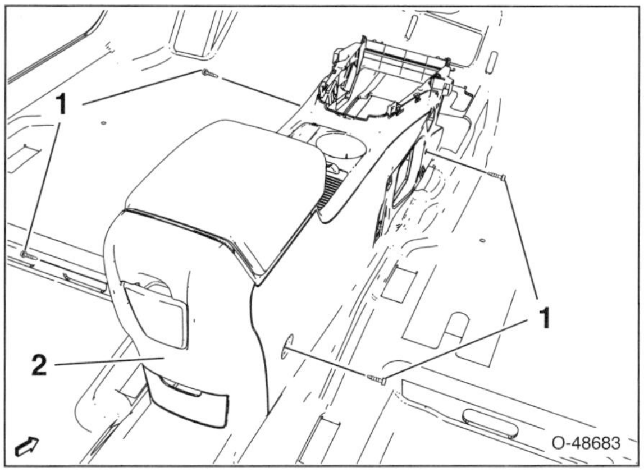

- 4 Schrauben –1– herausdrehen.
- Mittelkonsole –2– anheben und sämtliche elektrischen Stecker abziehen.
- Hintere Mittelkonsole abnehmen.

Ausführung 2:

- Armlehne ausbauen, siehe entsprechendes Kapitel.

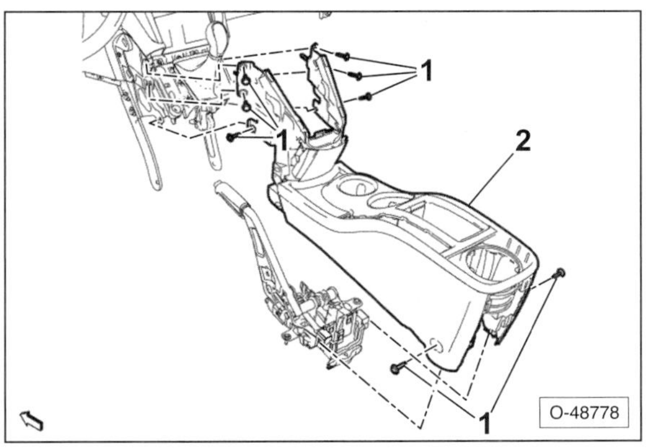

- 8 Schrauben –1– herausdrehen.
- Mittelkonsole –2– anheben und sämtliche elektrischen Stecker abziehen.
- Hintere Mittelkonsole abnehmen.

Ausführung 3:

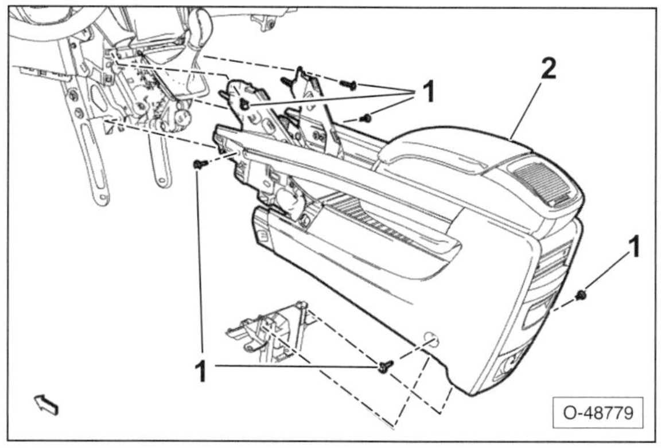

- 6 Schrauben –1– herausdrehen.
- Mittelkonsole –2– anheben und sämtliche elektrischen Stecker abziehen.
- Hintere Mittelkonsole abnehmen.

Einbau

- Der Einbau erfolgt in umgekehrter Ausbaureihenfolge.

Armlehne der Mittelkonsole aus- und einbauen

Ausbau

- Hintere Abdeckung der Mittelkonsole ausbauen, siehe entsprechendes Kapitel.

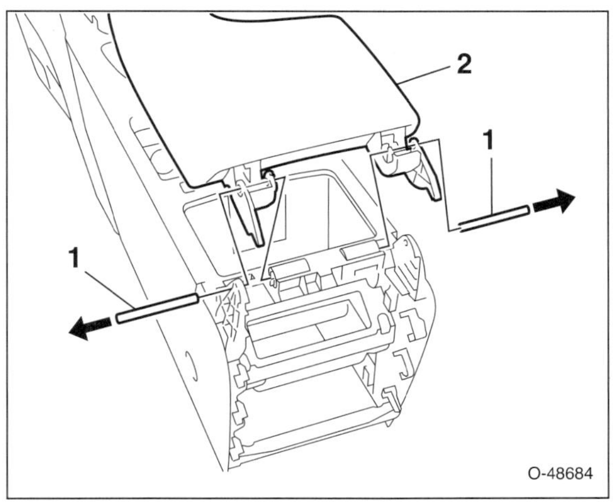

- 2 Stifte –1– der Armlehne –2– mit einem geeigneten Dorn heraustreiben.
- Armlehne aushängen und abnehmen.

Einbau

- Der Einbau erfolgt in umgekehrter Ausbaureihenfolge.

Hintere Abdeckung der Mittelkonsole aus- und einbauen

Ausbau

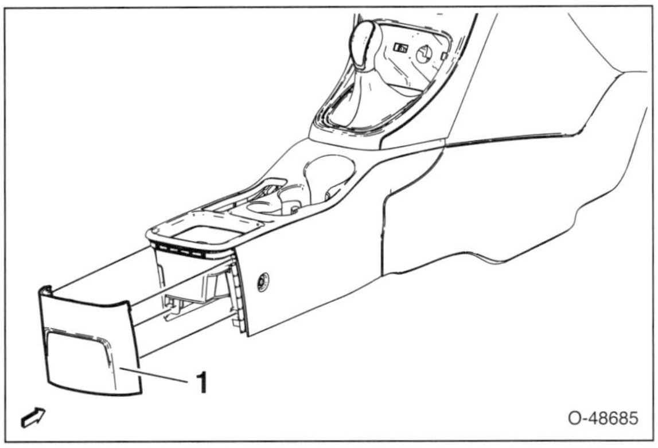

- Abdeckung –1– mit einem Kunststoffkeil ausclipsen. **Hinweis:** In der Abbildung ist die hintere Mittelkonsole ohne Armlehne dargestellt.

Einbau

- Der Einbau erfolgt in umgekehrter Ausbaureihenfolge.

Schalthebelknauf aus- und einbauen

Alle außer 2,0-l-Dieselmotor

Ausbau

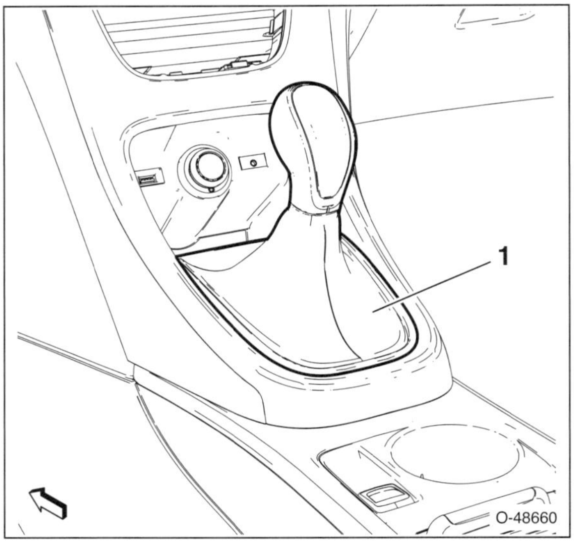

- Schalthebelmanschette –1– vorn aus der Mittelkonsole ausclipsen.

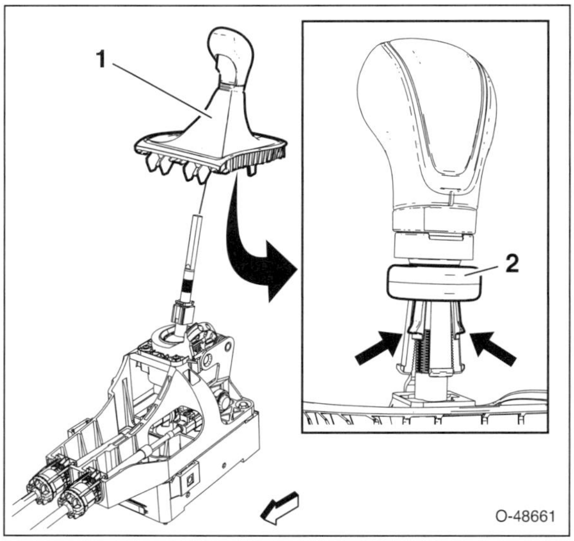

- 2 Riegel –Pfeile– niederdrücken.
- Halterung –2– des Schalthebels nach oben schieben und Schaltknauf –1– abnehmen.

Einbau

- Schaltknauf auf den Schalthebel schieben.
- Halterung des Schalthebels nach unten schieben.
- Faltenbalg in die Mittelkonsole einclipsen.

2,0-l-Dieselmotor

Ausbau

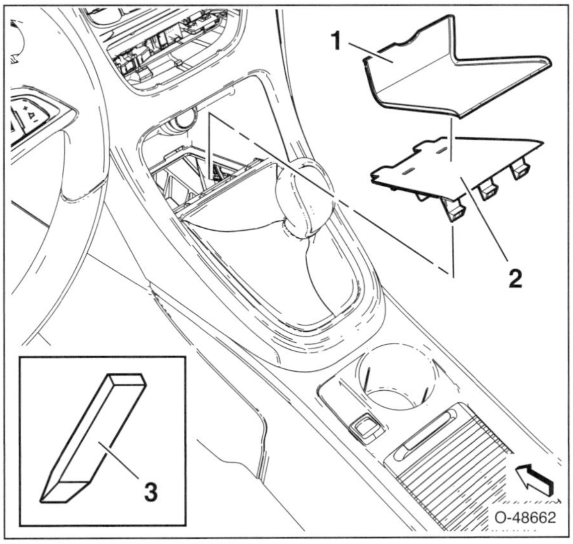

- Matte –1– aus dem Ablagefach herausnehmen.
- Abdeckung –2– mit einem Kunststoffkeil –3– heraushebeln.
- Schalthebelmanschette ausclipsen. Dazu Rahmen des Faltenbalgs an der Vorderseite nach oben ziehen.

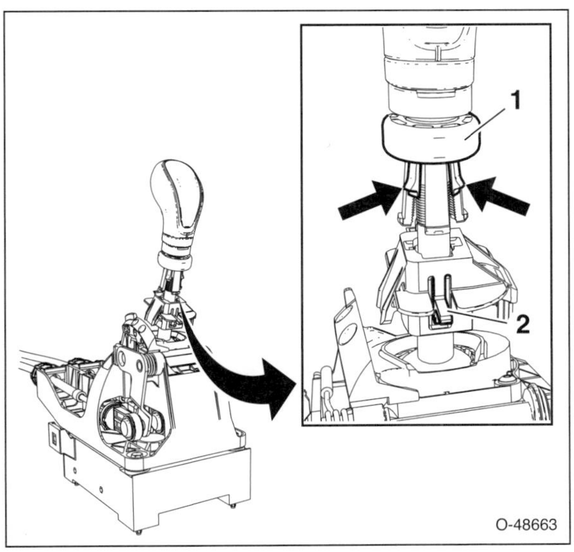

- 2 Riegel –Pfeile– niederdrücken und blauen Sicherungsring –1– nach oben schieben.
- Auslöser –2– nach oben ziehen und Schaltknauf nach oben ziehen.

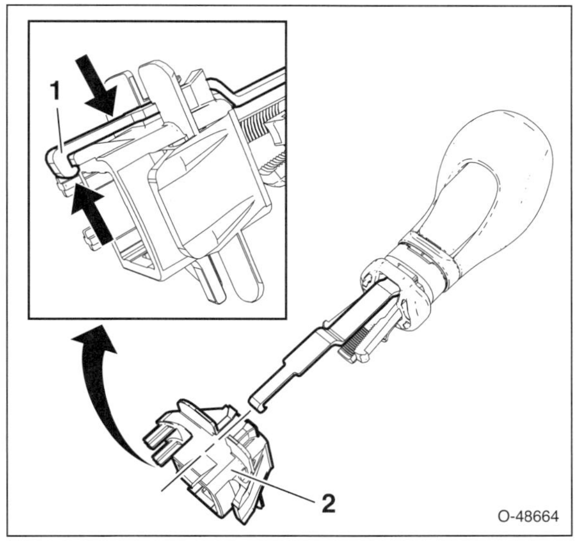

- Rastung –1– in Pfeilrichtung drücken und Rückwärtsgangsperre –2– vom Schaltknauf abnehmen.

Einbau

- Rückwärtsgangsperre in den Schaltknauf des Getriebesteuerhebels einbauen. Dabei muss der Haken –1– hörbar einrasten –Pfeil–.
- Schaltknauf über den Schalthebel schieben.
- Auslöser nach oben drücken und den Schaltknauf ganz nach unten drücken.
- Blauen Sicherungsring nach unten schieben.
- Abdeckung in die Öffnung für das Ablagefach einclipsen, Einlegematte einsetzen.
- Faltenbalg in die Mittelkonsole einclipsen.

Einstiegleiste aus- und einbauen

Ausbau

- Untere A-Säulenverkleidung ausbauen, siehe entsprechendes Kapitel.

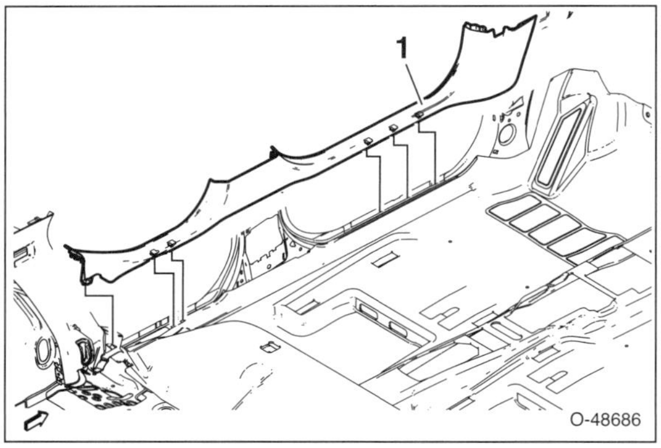

- Einstiegleiste –1– von vorn nach hinten stückweise abheben.

Einbau

- Der Einbau erfolgt in umgekehrter Ausbaureihenfolge. Zustand der Halteklammern prüfen, gegebenenfalls ersetzen.

A-Säulenverkleidung oben aus- und einbauen

Ausbau

Achtung: Bei Fahrzeugen mit Kopfairbag unbedingt Airbag-Sicherheitshinweise beachten, siehe Seite 127.

- Um ein Auslösen des Kopfairbags zu verhindern, Batterie vom Bordnetz abklemmen. **Achtung: Hinweise im Kapitel »Batterie aus- und einbauen« beachten.**
- Batteriepole isolieren.

Achtung: Bei Arbeiten im Bereich des Kopfairbag-Gasgeneratormoduls keine scharfen Werkzeuge verwenden, da sonst die Gefahr besteht, dass das Airbagmodul beschädigt wird. Ein beschädigter Kopfairbag muss unbedingt ausgetauscht werden.

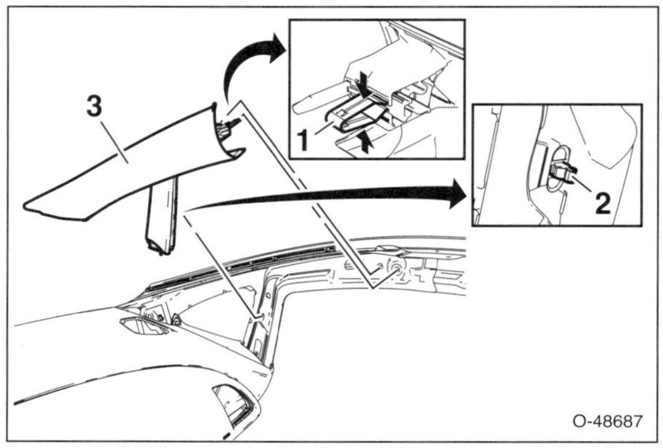

- Clip –1– zusammendrücken –Pfeile– und obere A-Säulenverkleidung –3– abdrücken.

Hinweis: Vor dem Einbau Clip erneuern. 2 – Sicherungen für Verkleidung.

Einbau

- Der Einbau erfolgt in umgekehrter Ausbaureihenfolge. Clip –1– ersetzen.

Achtung: Beim Anklemmen der Batterie darf sich keine Person im Innenraum des Fahrzeugs aufhalten.

B-Säulenverkleidung aus- und einbauen

Ausbau

Achtung: Bei Fahrzeugen mit Kopfairbag unbedingt Airbag-Sicherheitshinweise beachten, siehe Seite 127.

- Um ein Auslösen des Kopfairbags zu verhindern, Batterie vom Bordnetz abklemmen. **Achtung: Hinweise im Kapitel »Batterie aus- und einbauen« beachten.**
- Batteriepole isolieren.
- Einstiegverkleidung ausbauen, siehe entsprechendes Kapitel.
- Sitz ganz nach vorn stellen.
- Sicherheitsgurt vom vorderen Gurtstraffer abziehen.

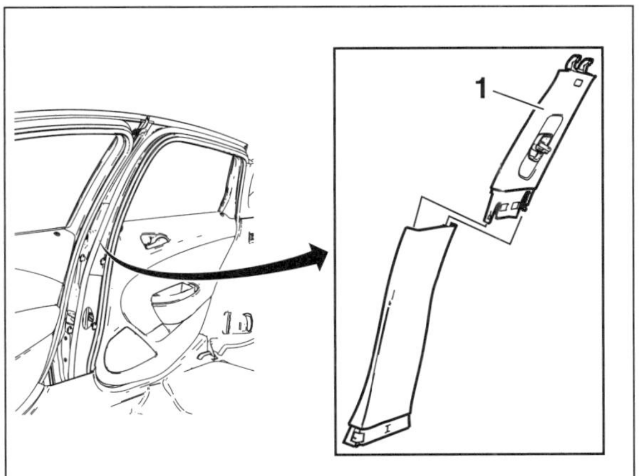

O-48688

- Untere B-Säulenverkleidung –1– mit einem Montagekeil von den Halterungen abdrücken und abnehmen.
- Obere B-Säulenverkleidung oben aus der Führung herausnehmen und unten ausclipsen.
- Gurt aus der oberen B-Säulenverkleidung ausfädeln.

Einbau

- Der Einbau erfolgt in umgekehrter Ausbaureihenfolge.

Achtung: Beim Anklemmen der Batterie darf sich keine Person im Innenraum des Fahrzeuges aufhalten.

Untere C-Säulenverkleidung aus- und einbauen

Ausbau

- Einstiegleiste ausbauen, siehe entsprechendes Kapitel.
- Rücksitz ausbauen, siehe entsprechendes Kapitel.

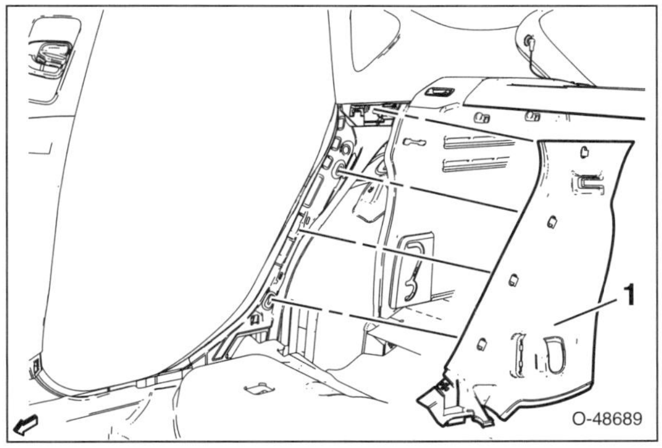

O-48689

- Verkleidung –1– aus den 4 Halterungen ausclipsen

Einbau

- Der Einbau erfolgt in umgekehrter Ausbaureihenfolge.

Obere C-Säulenverkleidung aus- und einbauen

Ausbau

- Seitliche Abdeckung im Laderaum ausbauen, siehe entsprechendes Kapitel.

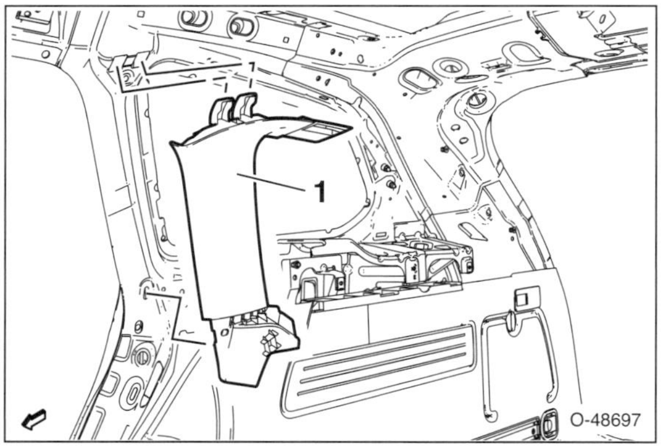

- C-Säulenverkleidung ausclipsen und abnehmen.

Einbau

- Der Einbau erfolgt in umgekehrter Ausbaureihenfolge.

Obere D-Säulenverkleidung aus- und einbauen

Ausbau

- Untere C-Säulenverkleidung ausbauen, siehe entsprechendes Kapitel.
- Obere Schiene der Kofferraumunterteilung abschrauben.
- Gegebenenfalls obere Seitenverkleidung ausbauen, siehe entsprechendes Kapitel.

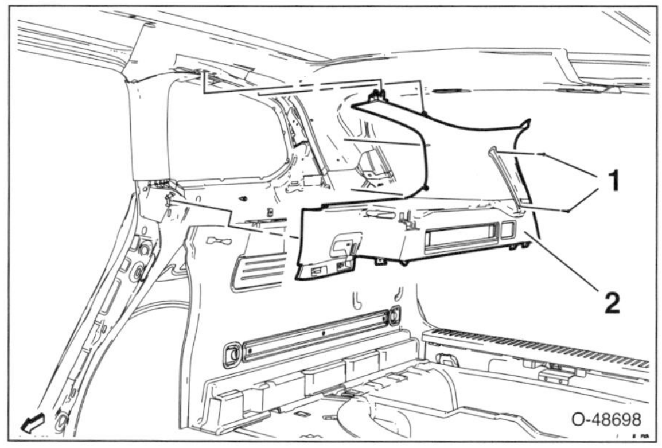

- 2 Schrauben –1– herausdrehen.
- Verkleidung –2– an den Befestigungspunkten ausclipsen und abnehmen.

Einbau

- Der Einbau erfolgt in umgekehrter Ausbaureihenfolge.

Seitliche Kofferraumverkleidung oben aus- und einbauen

Ausbau

- Kofferraumabdeckung ausbauen.
- Untere C-Säulenverkleidung ausbauen, siehe entsprechendes Kapitel.

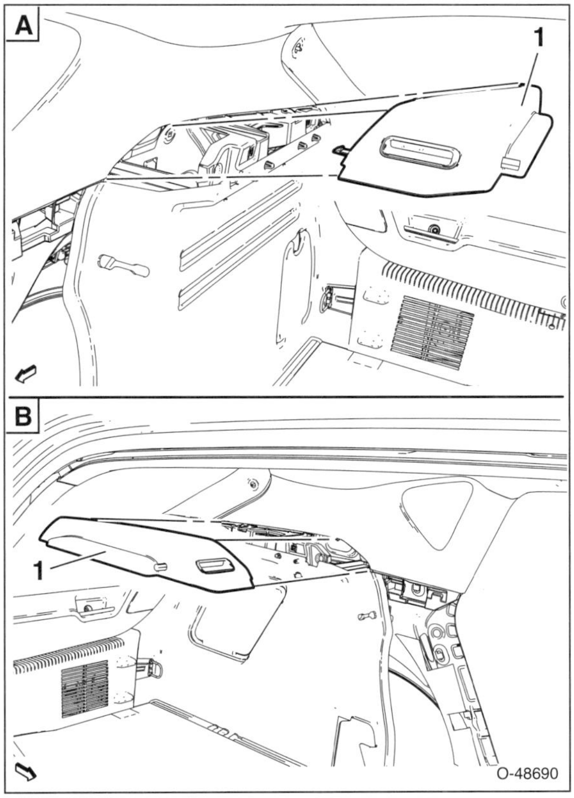

- Verkleidung –1– mit einem Montagekeil abhebeln und abnehmen. A – rechte Verkleidung, B – linke Verkleidung. Der Pfeil zeigt in Fahrtrichtung.

Einbau

- Der Einbau erfolgt in umgekehrter Ausbaureihenfolge.

Heckabschlussverkleidung aus- und einbauen

Ausbau

- Kofferraummatte herausnehmen.

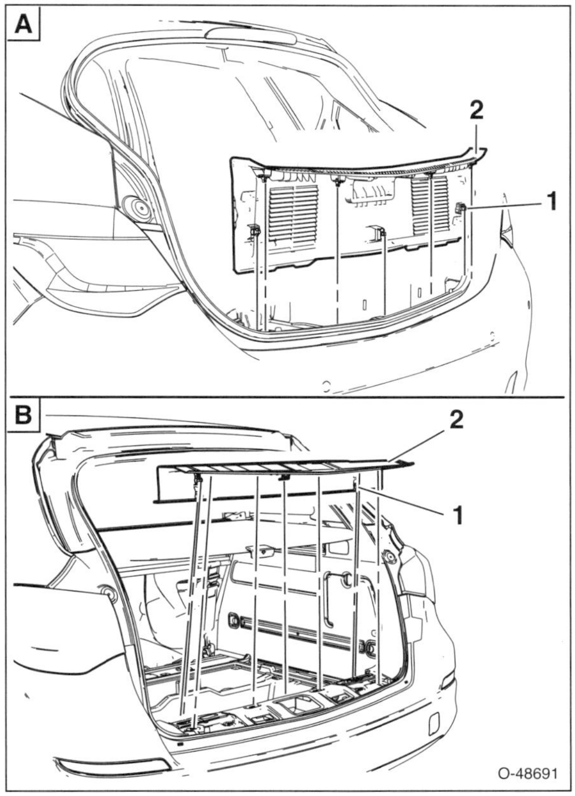

A – Limousine, 7 Halteklammern, B – Kombi, 9 Halteklammern, ZAFIRA (ohne Abbildung), 4 Halteklammern.

- Verkleidung –2– aus dem Abschlussblech ausclipsen, dazu Verkleidung im Bereich der Halteklammern –1– abdrücken.

Einbau

- Der Einbau erfolgt in umgekehrter Ausbaureihenfolge.

Kofferraum-Seitenverkleidung aus- und einbauen

Kombi, rechte Verkleidung

Ausbau

- Untere C-Säulenverkleidung ausbauen, siehe entsprechendes Kapitel.
- Obere Schiene für Kofferraumunterteilung abschrauben.

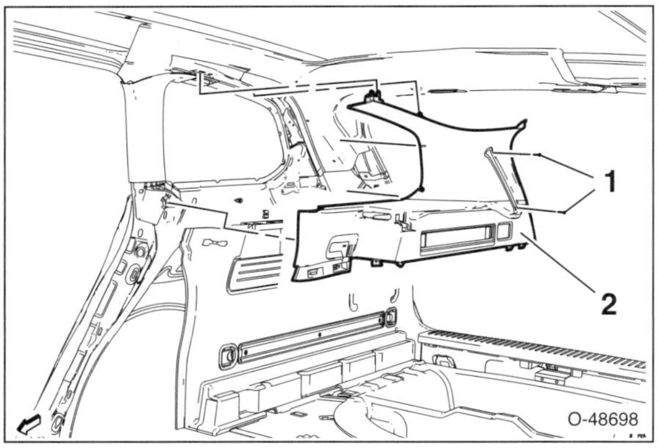

- 2 Schrauben –1– herausdrehen.
- Obere Seitenabdeckung –2– ausclipsen und abnehmen.
- Untere Schiene für Kofferraumunterteilung abschrauben.
- 2 Gepäckraum-Zurrhaken abschrauben, vorher Schraubenabdeckung mit kleinem Schraubendreher abhebeln.

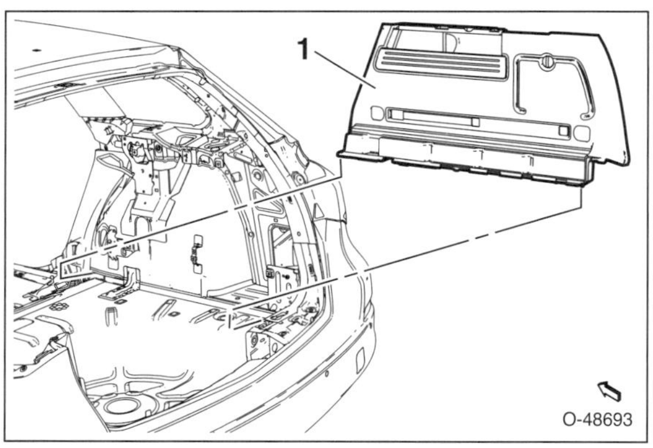

- Rechte untere Seitenabdeckung unten herausziehen und abnehmen. **ZAFIRA:** 3 Clips herausziehken.

Speziell Limousine

Ausbau

- Heckabschlussverkleidung ausbauen, siehe entsprechendes Kapitel.
- Falls vorhanden, Kofferraum-Stauregal ausbauen.

Einbau

- Der Einbau erfolgt in umgekehrter Ausbaureihenfolge. Verzurrösen mit **20 Nm** anschrauben.

Vordersitz aus- und einbauen

Ausbau

- **Airbag-Sicherheitshinweise durchlesen und befolgen, siehe Seite 127.**
- Batterie vom Bordnetz abklemmen, um ein Auslösen des Seiten-Airbags zu verhindern. **Achtung: Hinweise im Kapitel »Batterie aus- und einbauen« beachten.**
- Batteriepole isolieren.

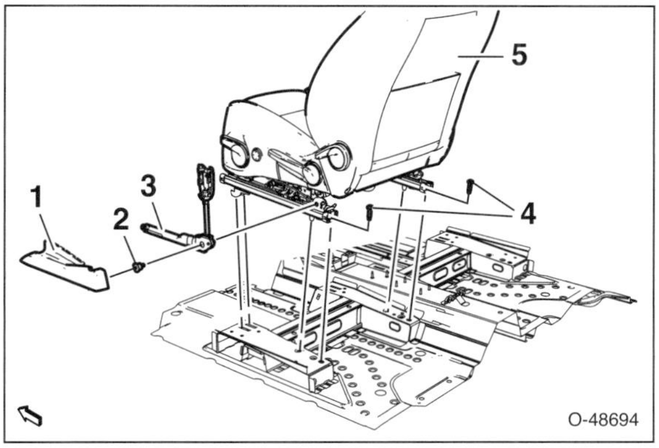

- Vordersitz –5– ganz nach vorn schieben.
- Blende –1– für Sitzverstellung außen abdrücken.
- Gurtstraffer –3– abschrauben –2–.
- Schrauben –4– herausdrehen.
- Sitz nach vorn kippen, aushängen und herausnehmen.

Einbau

- Gewinde in der Gurtaufnahme mit einem Gewindeschneider vorsichtig reinigen.
- Sitz vorn einhängen und hinten mit neuen Schrauben anschrauben. Schrauben mit **45 Nm** festziehen. **Achtung:** Die Schrauben sind mikroverkapselt, daher nur neue Schrauben verwenden.
- Gurtstraffer anschrauben und mit **45 Nm** festziehen.
- Blende für Sitzverstellung aufdrücken.
- Isolierband von den Polen der Batterie entfernen und Batterie anklemmen. **Achtung:** Hinweise im Kapitel »Batterie aus- und einbauen« beachten.

Achtung: Beim Anklemmen der Batterie darf sich keine Person im Innenraum des Fahrzeuges aufhalten.

Rücksitzbank aus- und einbauen

ASTRA

Geteilte Rücksitzbank

Ausbau

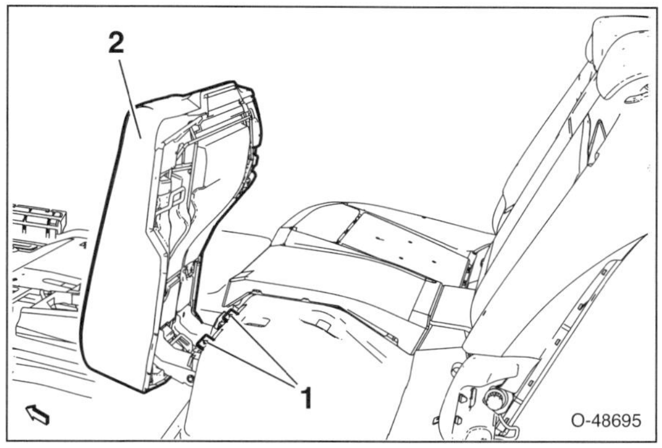

- Rücksitz –2– vorklappen.
- 2 Freigabehebel –1– lösen und Rücksitz herausnehmen.

Hinweis: Der rechte Rücksitz wird auf die gleiche Weise ausgebaut.

Einbau

- Der Einbau erfolgt in umgekehrter Ausbaureihenfolge.

Durchgehende Rücksitzbank

Ausbau

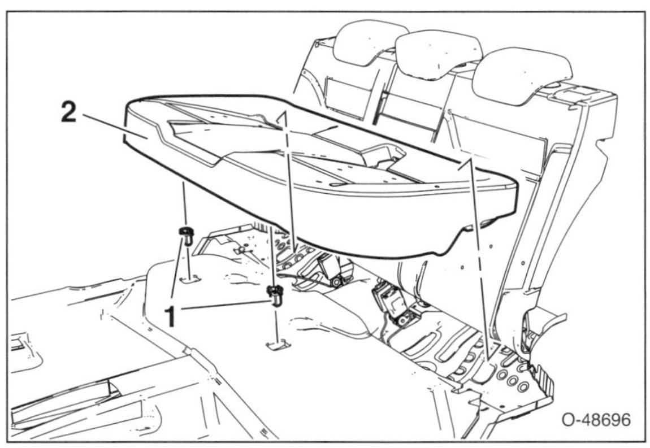

- Vorderseite der Sitzbank –2– nach oben aus den Führungen –1– herausziehen.
- Sitzbank hinten aushängen und herausnehmen.

Einbau

- Rücksitzbank unter die Sitzlehne schieben und einhängen.
- Rücksitzbank vorn über den Führungen ausrichten und kräftig nach unten drücken.

Rücksitz aus- und einbauen

ZAFIRA

Ausbau

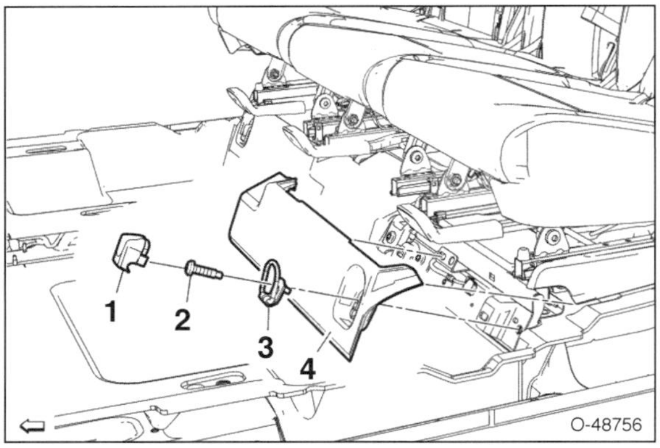

- Abdeckung –1– für Gepäckzurrschlaufe ausclipsen.
- Schraube –2– herausdrehen und Zurröse –3– abnehmen.
- Frontblende –4– ausclipsen und abnehmen.

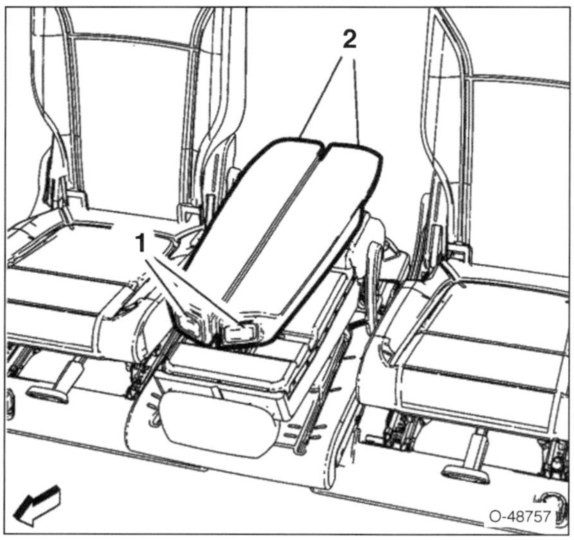

- Mittlere Rücksitzlehne nach vorn klappen. Den mittleren Sitz in Lounge-Position stellen. Den Armlehnenentriegelungsgriff –1– drücken und die Armlehne –2– nach oben klappen.

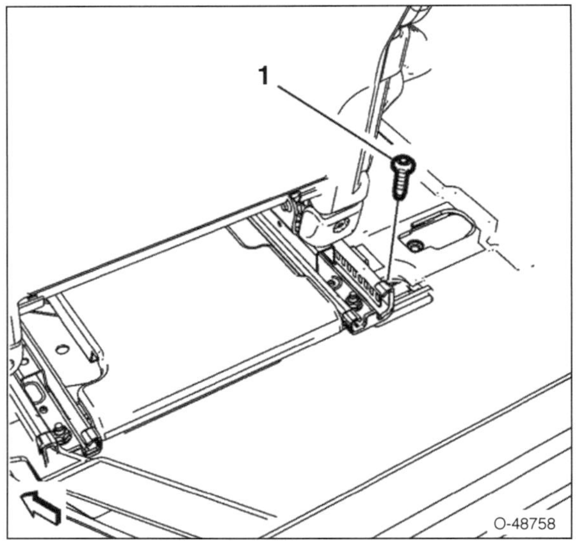

- Schraube –1– für inneren Rücksitz herausdrehen.

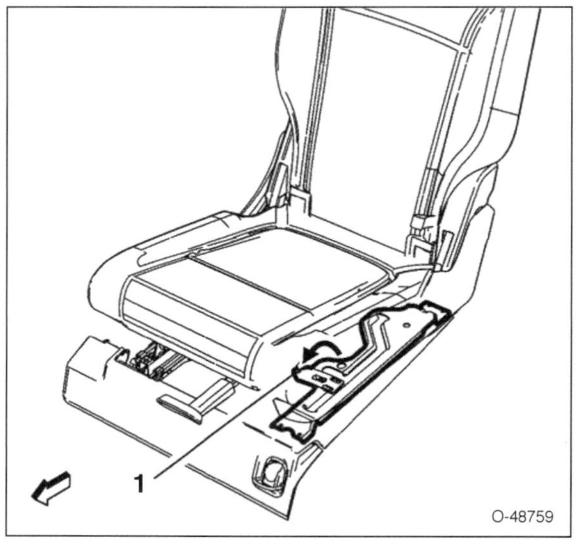

- Hinteres Ende der Abdeckung –1– des Rücksitzes anheben und um etwa 90 Grad nach vorne drehen. Dadurch wird der Zugriff auf die Service-Positionsstellung freigegeben.

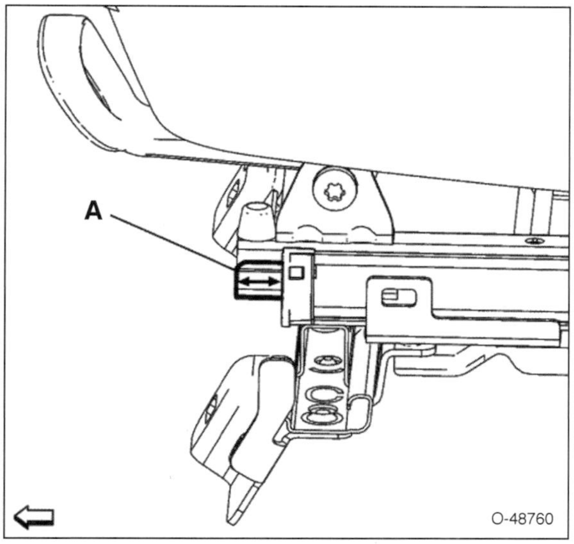

- Griff für den Rücksitzversteller nach oben ziehen und den Sitz so weit nach vorne schieben, bis der Abstand A = 20 mm beträgt.

Achtung: In der Service-Position wird der äußere Sitz der 2. Sitzreihe so nahe am mittleren Sitz positioniert, dass er diesen berühren kann. Den äußeren Sitz der 2. Sitzreihe in der Service-Position **nicht zusammenklappen**, andernfalls kann die Polsterung beschädigt werden.

- Rücksitzversteller nach oben ziehen und den Sitz bis zum Anschlag nach innen in die Service-Position bringen.

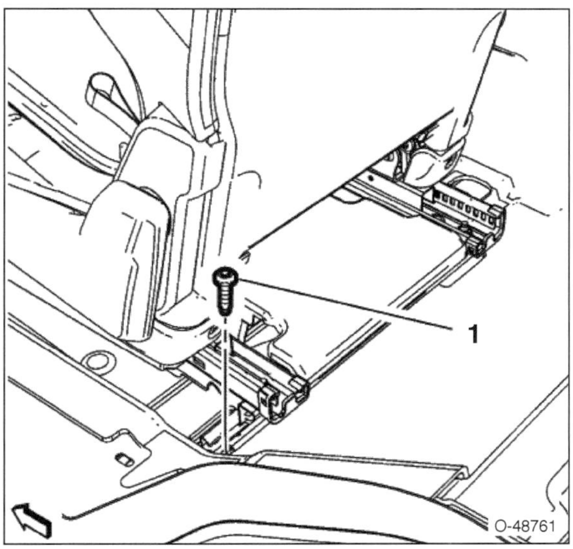

- Schraube –1– am Rücksitz außen herausdrehen.

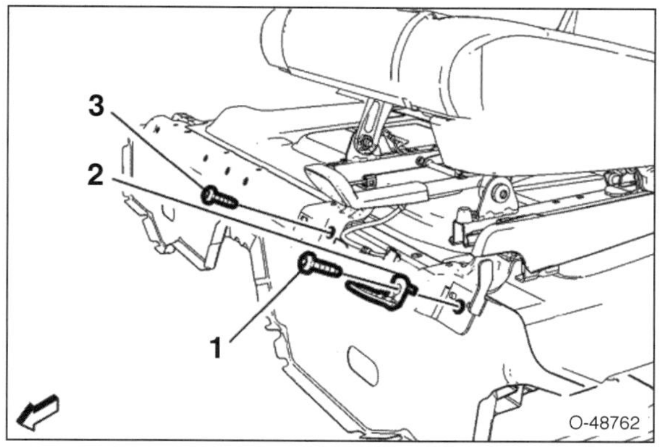

- Falls noch vorhanden, Schraube –1– herausdrehen und Zurröse –2– abnehmen.
- Schraube –3– herausdrehen.

Achtung: Um einen ordnungsgemäßen Wiedereinbau sicherzustellen, dürfen die Hintersitzführungen keinesfalls bewegt werden!

- Rücksitz aus dem Fahrzeug herausnehmen.

Einbau

- Der Einbau erfolgt in umgekehrter Ausbaureihenfolge. Sämtliche Schrauben mit **45 Nm** festziehen.
- Nachdem der Rücksitz angeschraubt istl, ist folgendermaßen vorzugehen:
- Rücksitzverstellgriff nach oben ziehen und den Rücksitz nach außen bewegen; anschließend den Sitz ganz nach vorne bewegen, um die Abdeckung des Rücksitzes für den Zugriff auf die Service-Positionseinstellung zu schließen.
- Funktionsprüfung durchführen. Den Rücksitz durch Ziehen des Rücksitzverstellgriffs nach oben neu positionieren. Beim Loslassen des Griffs müssen die Rücksitzführungen hörbar und gleichzeitig einrasten. Wenn die Führungen nicht gleichzeitig einrasten, alle Rücksitzschrauben lösen und den Einbau wiederholen.
- Mittleren Rücksitz zurück in seine ursprüngliche Position bringen.
- Frontblende des Sitzverstellers einbauen.

Speziell mittlerer Rücksitz

Ausbau

- Die beiden vorderen Blenden der Rücksitzverstellung ausbauen.
- Wenn das Fahrzeug mit einer Sicherheitsgurterinnerungsfunktion für die Rückrsitze ausgestattet ist, den rechten Rücksitz ausbauen.

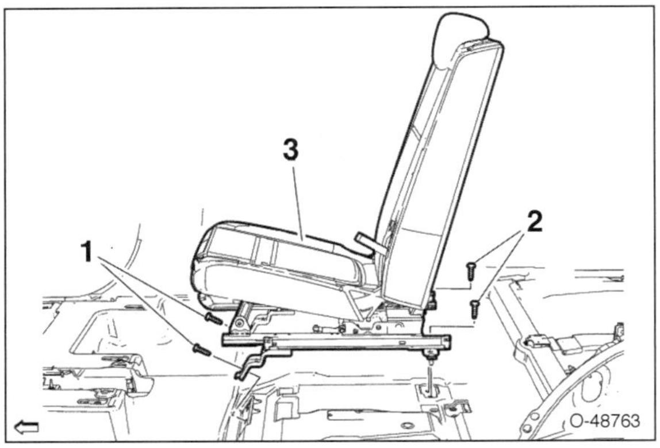

- Schrauben –1– heraudrehen.
- SItz –3– ganz nach vorn stellen.
- Schrauben –2– herausdrehen.
- Falls vorhanden, elektrische Stecker abziehen.
- Mittleren Rücksitz aus dem Fahrzeug herausnehmen.

Einbau

- Der Einbau erfolgt in umgekehrter Ausbaureihenfolge. Sitz mit **45 Nm** anschrauben.

Sitz der dritten Sitzreihe aus- und einbauen

ZAFIRA

Ausbau

- Seitlichen Kofferraumverkleidung ausbauen, siehe entsprechendes Kapitel.

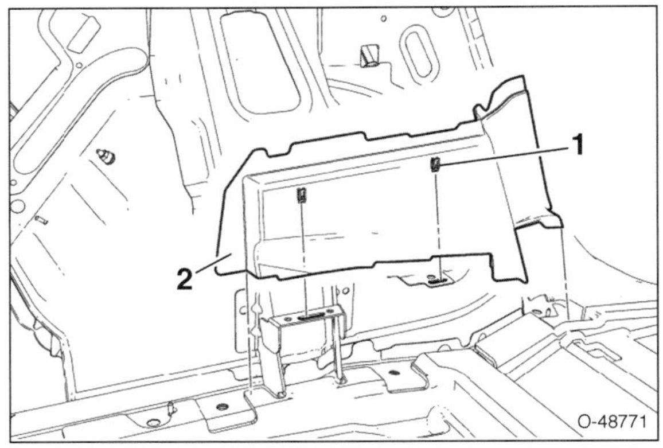

- Verlängerung der seitlichen Kofferraumverkleidung –2– ausbauen. Dazu 2 Clips –1– ausclipsen.

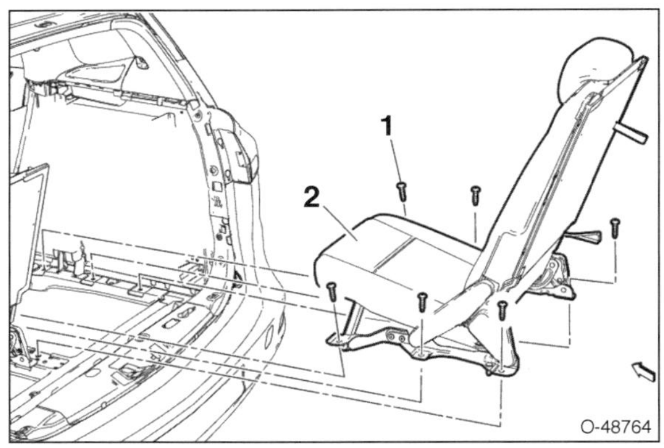

- 6 Schrauben –1– heraudrehen.
- Rücksitz nach hinten aus dem Fahrzeug herausnehmen.

Einbau

- Der Einbau erfolgt in umgekehrter Ausbaureihenfolge. Sitz mit **45 Nm** anschrauben.

Karosserie außen

Aus dem Inhalt:

- Kühlergrill
- Stoßfänger
- Schlossträger
- Kotflügel
- Motorhaube
- Heckklappe
- Tür zerlegen
- Außenspiegel

Bei der selbsttragenden Karosserie des ASTRA/ZAFIRA sind Bodengruppe, Seitenteile, Dach und die hinteren Kotflügel miteinander verschweißt. Die Reparatur größerer Karosserieschäden sowie das Auswechseln von Front- und Heckscheibe sollten von einer Fachwerkstatt durchgeführt werden.

Motorhaube, Heckklappe, Türen und die vorderen Kotflügel sind angeschraubt und lassen sich leicht auswechseln. Beim Einbau ist dann unbedingt ein gleichmäßiger Luftspalt einzuhalten, sonst klappert beispielsweise die Tür, oder es können während der Fahrt erhöhte Windgeräusche auftreten. Der Luftspalt muss auf jeden Fall parallel verlaufen, das heißt, der Abstand zwischen den Karosserieteilen muss auf der gesamten Länge des Spaltes gleich groß sein. Abweichungen bis zu 1 mm sind zulässig.

Achtung: Wenn im Rahmen von Arbeiten an der Karosserie auch Arbeiten an der elektrischen Anlage durchgeführt werden, **grundsätzlich** die Batterie abklemmen. Dazu Hinweise im Kapitel »Batterie aus- und einbauen« durchlesen. Als Arbeit an der elektrischen Anlage ist dabei schon zu betrachten, wenn eine elektrische Leitung vom Anschluss abgezogen beziehungsweise abgeklemmt wird.

Hinweis: Zum Lösen von Tür- und Heckklappenverkleidungen einen Kunststoffkeil verwenden, zum Beispiel HAZET 1965-20. Clips, die beim Ausbau von Verkleidungen beschädigt werden, immer erneuern.

Sicherheitshinweise bei Karosseriearbeiten

Sicherheitshinweis
Bei Karosseriearbeiten entstehen oft starke Erschütterungen, beispielsweise durch Hammerschläge. Daher immer Zündung ausschalten und beide Batteriekabel abklemmen, sonst kann der Airbag ausgelöst werden. Airbag-Sicherheitshinweise durchlesen, siehe Seite 127.

- Muss an der Karosserie geschweißt werden, soll dies grundsätzlich durch Widerstandspunktschweißen (RP) durchgeführt werden. Nur wenn sich die Schweißzange nicht ansetzen lässt, ist das Schutzgas-Schweißverfahren anzuwenden.
- So weit Schweißarbeiten oder andere funkenerzeugende Arbeiten durchgeführt werden, grundsätzlich die Batterie komplett abklemmen (Pluskabel und Massekabel) und beide Batteriepole (+) und (–) sorgfältig mit Klebeband isolieren. Bei Arbeiten in Batterienähe muss die Batterie ausgebaut werden. **Achtung:** Unbedingt Hinweise im Kapitel »Batterie aus- und einbauen« beachten.
- **Fahrzeuge mit Klimaanlage:** An Teilen der befüllten Klimaanlage darf weder geschweißt noch hart- oder weichgelötet werden. Das gilt auch für Schweiß- und Lötarbeiten am Fahrzeug, wenn die Gefahr besteht, dass sich Teile der Klimaanlage erwärmen.

Sicherheitshinweis
Der **Kältemittelkreislauf** der Klimaanlage darf **nicht geöffnet** werden, da das Kältemittel bei Hautberührung Erfrierungen hervorrufen kann.
Bei versehentlichem Hautkontakt, die Stelle sofort mindestens 15 Minuten lang mit kaltem Wasser spülen. Austretendes Kältemittel verdampft bei Umgebungstemperatur. Das Kältemittel ist farb- und geruchlos sowie schwerer als Luft. Da das Kältemittel nicht wahrnehmbar ist, besteht am Boden beziehungsweise in einer Montagegrube Erstickungsgefahr.

- **Lackierung trocknen.** Im Rahmen einer Reparatur-Lackierung darf das Fahrzeug im Trockenofen oder in der Vorwärmzone nicht über **+80° C** aufgeheizt werden. Sonst können elektronische Steuergeräte im Fahrzeug beschädigt werden. Außerdem kann dadurch in der Klimaanlage ein starker Überdruck entstehen, der möglicherweise zum Platzen der Anlage führt.

- **PVC-Unterbodenschutz entfernen.** Der Unterboden ist mit einer Schutzschicht gegen Korrosion geschützt. Unterbodenschutz an der Reparaturstelle mit rotierender Drahtbürste entfernen oder mit einem Heißluftgebläse auf maximal +180° C erwärmen und mit einem Spachtel ablösen. **Achtung:** Durch Abbrennen beziehungsweise Erwärmen von PVC-Material über +180° C entsteht stark korrosionsfördernde Salzsäure, außerdem werden stark gesundheitsschädliche Dämpfe frei.

Steinschlagschäden an der Frontscheibe

Hinweis: Kleinere Schäden an der Frontscheibe, zum Beispiel verursacht durch Steinschlag oder Scheibenwischerstreifen, beeinträchtigen die Sicht und können zu Folgeschäden an der Scheibe (Risse) führen. Diese Schäden sollten so bald wie möglich behoben werden. Verschiedene Glas-Unternehmen sind auf Reparaturen an Auto-Scheiben spezialisiert. Der Austausch der Scheibe kann auf diese Weise vermieden werden. Überdies werden die Kosten für die Scheibenreparatur von der Kaskoversicherung übernommen.

Spreiznieten aus- und einbauen

Viele Abdeckungen und Verkleidungen sind mit Spreiznieten befestigt. Aus- und Einbau weiterer Halteclips, siehe Seite 206.

Ausbau

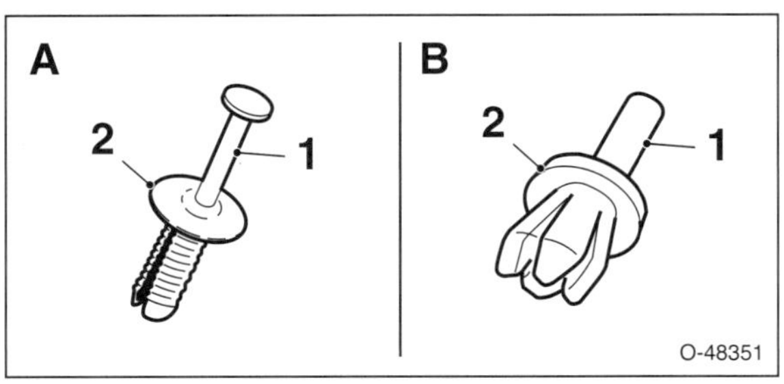

- A – Lange Spreizniete: Bolzen –1– herausziehen.
- B – Dicke Spreizniete: Bolzen –1– mit einem geeigneten Dorn durchdrücken. **Hinweis:** Der Bolzen geht dabei unter Umständen verloren und muss ersetzt werden.
- Spreizniete –2– aus der Bohrung herausziehen.

Einbau

- Beschädigte oder fehlende Spreiznieten durch Neuteile ersetzen.
- Spreizniete –2– in die Bohrung setzen und Bolzen –1– eindrücken. **Hinweis:** Dadurch werden die Clipnasen gespreizt und die Spreizniete sitzt sicher in der Bohrung.

Blindnieten aus- und einbauen

Zum Entfernen von Blindnieten (Popnieten) zunächst nur den Nietkopf ausbohren und dann die Niete mit einem Dorn aus der Bohrung heraustreiben. Dadurch wird verhindert, dass die Bohrung ausgeweitet wird.

Neue Niete in die Bohrung einsetzen und mit einer Blindniet-Zange festquetschen, die Niethülse hat dabei denselben Durchmesser wie die Bohrung.

Häufig verwendete Nieten-Durchmesser: 2,4 mm, 3,2 mm, 4,0 mm und 4,8 mm.

Motorraumabdeckung unten aus- und einbauen

Ausführung 1

Ausbau

Sicherheitshinweis
Beim Aufbocken des Fahrzeugs besteht Unfallgefahr! Hinweise im Kapitel »Fahrzeug aufbocken« beachten.

- Fahrzeug aufbocken.

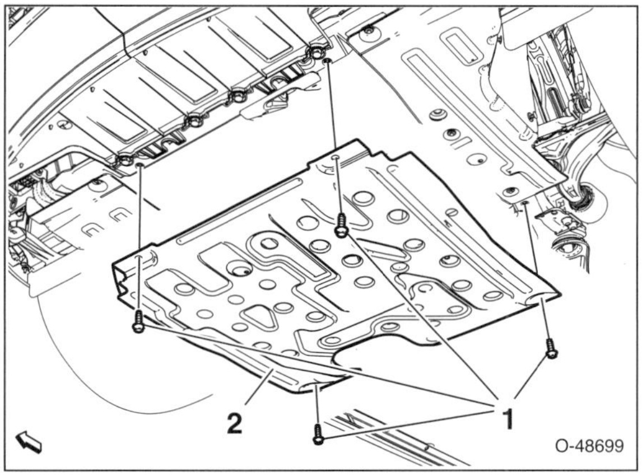

- 4 Schrauben –1– herausdrehen und Motorabdeckung –2– nach unten abnehmen.

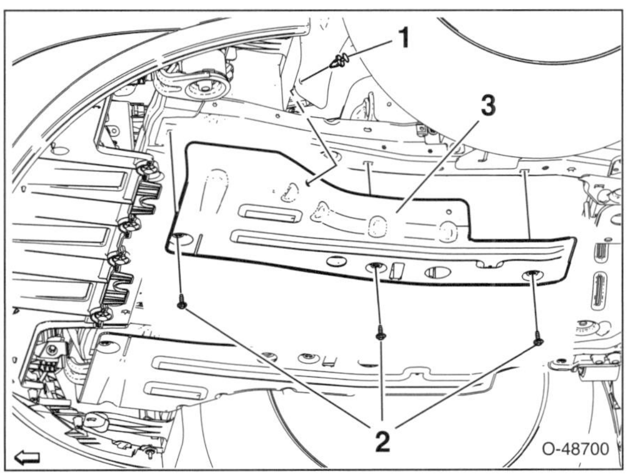

- Bei Bedarf seitlichen Spritzschutz –3– ausbauen. Dazu Spreizclip –1– am Innenkotflügel herausdrücken und Schrauben –2– herausdrehen.

Einbau

- Spritzschutz ansetzen und mit **3 Nm** anschrauben.
- Spreizclip einsetzen und mit Spreizstift sichern.
- Motorraumabdeckung ansetzen und anschrauben.
- Schrauben mit **40 Nm** festziehen.

Ausführung 2

Ausbau

Sicherheitshinweis
Beim Aufbocken des Fahrzeugs besteht Unfallgefahr! Hinweise im Kapitel »Fahrzeug aufbocken« beachten.

- Fahrzeug aufbocken.

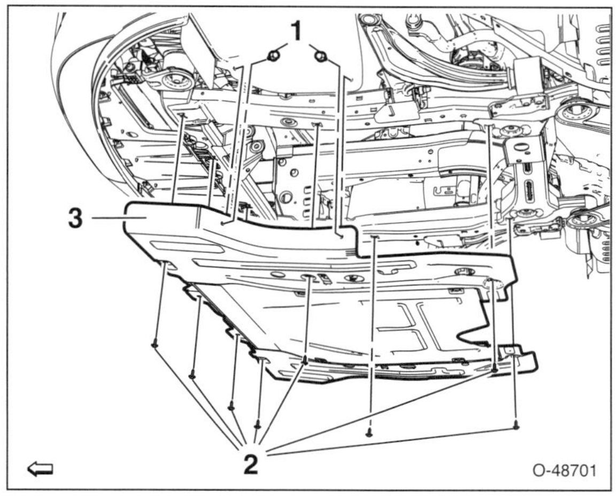

- 2 Schrauben –1– herausdrehen.
- 8 Schrauben –2– herausdrehen und Motorraumabdeckung –3– nach unten abnehmen.

Einbau

- Motorabdeckung von unten mit **3 Nm** anschrauben.
- Seitlich Schrauben anschrauben.

Windlaufgrill aus- und einbauen

ASTRA

Ausbau

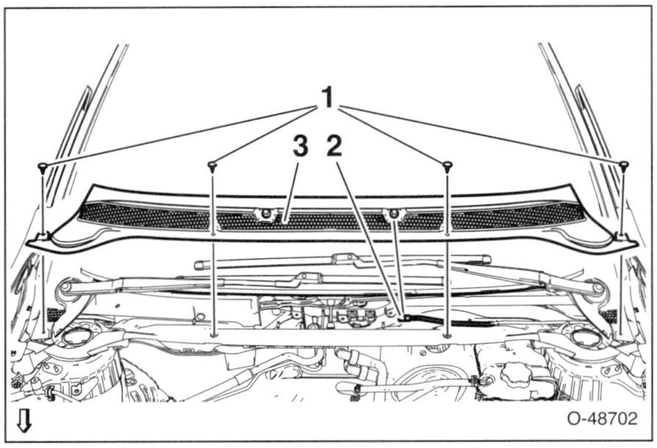

- 4 Clips –1– herausdrücken.
- Mittleren Windlaufgrill –3– etwas anheben und Schlauch –2– für Scheibenwaschanlage trennen.
- Mittleren Windlaufgrill herausnehmen.
- Linken Wischerarm ausbauen, siehe Seite 74.

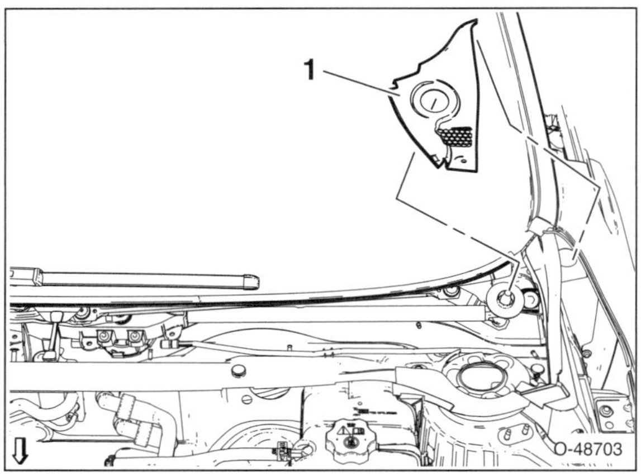

- Linken Windlaufgrill ausclipsen und abnehmen.

Einbau

- Der Einbau erfolgt in umgekehrter Ausbaureihenfolge.

ZAFIRA

Ausbau

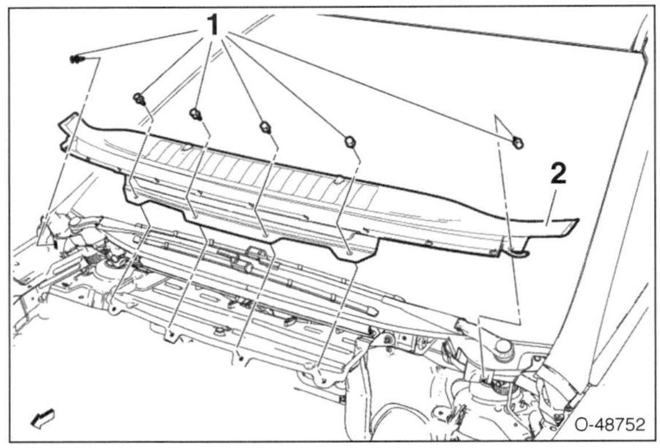

- 6 Clips –1– herausdrücken.
- Mittleren Windlaufgrill –2– etwas anheben und Schlauch für Scheibenwaschanlage trennen.
- Mittleren Windlaufgrill herausnehmen.
- Linken Wischerarm ausbauen, siehe Seite 74.

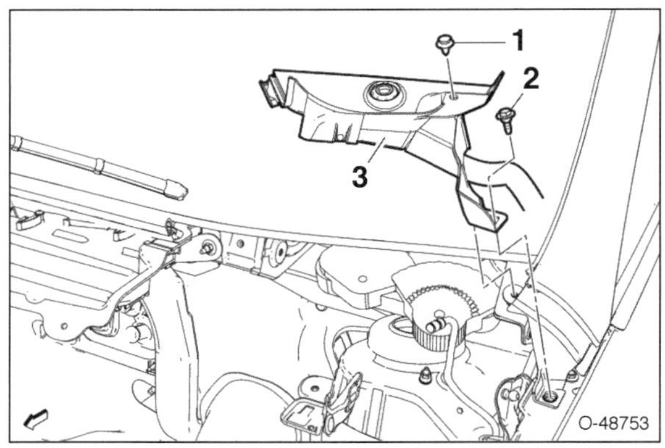

- Schrauben –1– und –2– herausdrehen und linken Windlaufgrill –3– abnehmen.
- Der Ausbau des rechten Windlaufgrills erfolgt analog.

Einbau

- Der Einbau erfolgt in umgekehrter Ausbaureihenfolge. Schrauben mit **9 Nm** anziehen.

Stirnwandverkleidung aus- und einbauen

Ausbau

- Windlaufgrill ausbauen, siehe entsprechendes Kapitel.

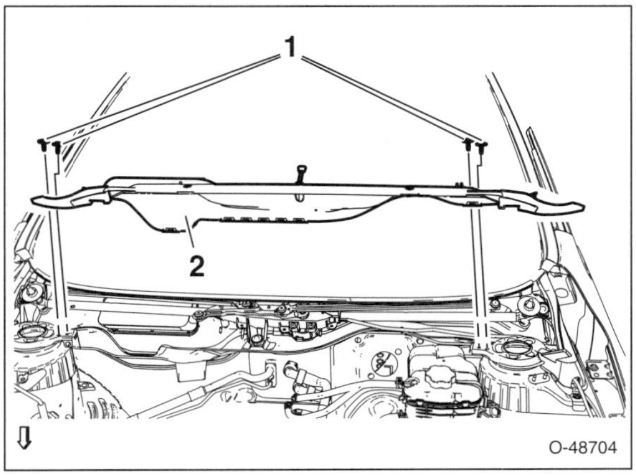

- 4 Schrauben –1– herausdrehen.
- Stirnwandverkleidung –2– herausnehmen.

Einbau

- Der Einbau erfolgt in umgekehrter Ausbaureihenfolge.

Schwellerverkleidung aus- und einbauen

ZAFIRA

Ausbau

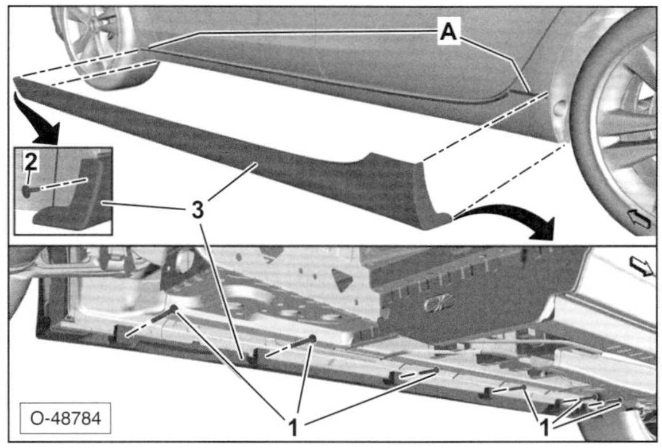

- 6 Schrauben –1– herausdrehen.
- Schraube –2– an der Stirnseite herausdrehen.
- Verkleidung etwas abziehen und Klebstoff mit einem scharfen Messer durchschneiden.
- Klebstoffreste entfernen.

Einbau

- Falls die bisherige Verkleidung wieder verwendet wird, Primer, zum Beispiel OPEL-PRO3, auf die Schwellerverkleidung und den Bereich –A– am Fahrzeug auftragen.
- Kleber OPEL-GL04 oder -GL05 und das Klebeband OPEL-AD04 am markierten Bereich anbringen.
- Schwellerverkleidung ansetzen und gleichmäßig andrücken.
- Schrauben einsetzen und mit **2,5 Nm** festziehen.
- Schwellerverkleidung mit der Handfläche gleichmäßig nachdrücken.

Stoßfängerabdeckung/Stoßfängerträger vorn aus- und einbauen

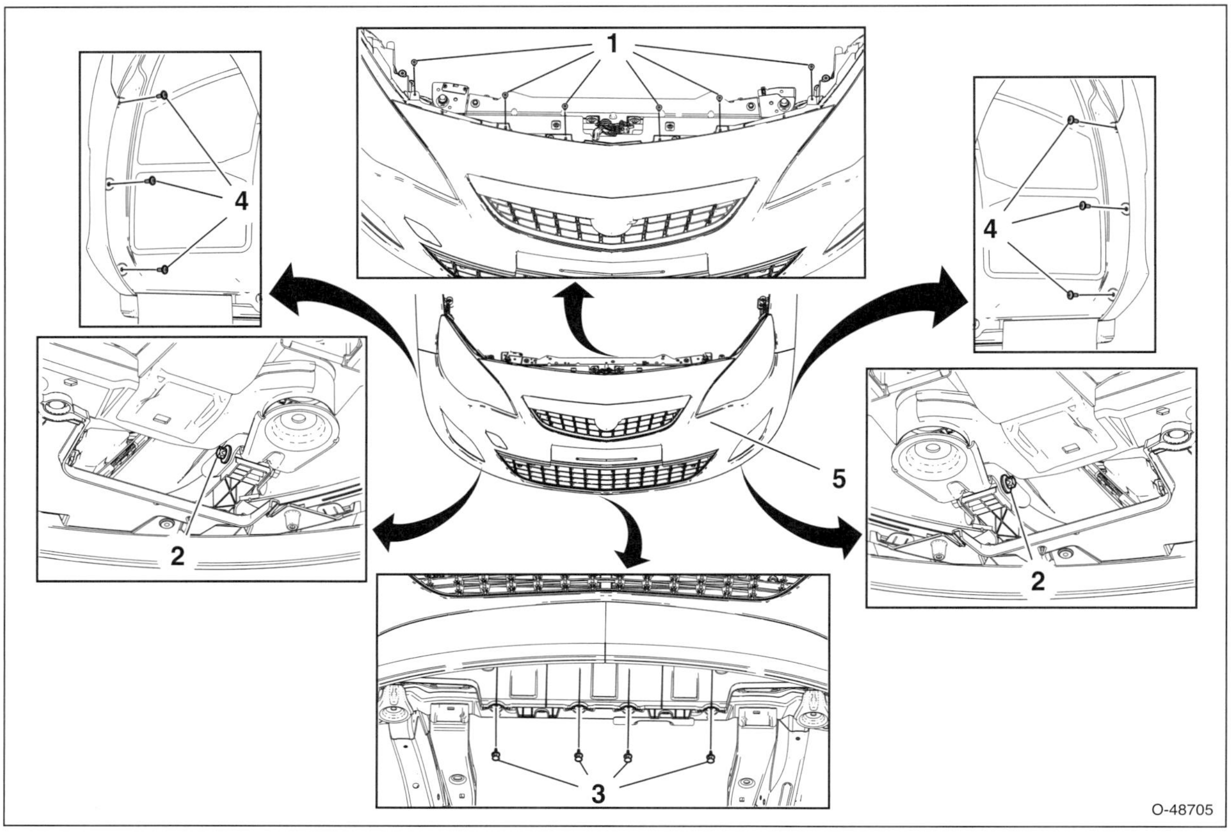

- 6 Schrauben –1– oben an der Stoßfängerabdeckung herausdrehen.
- 2 Schrauben –2– am Aufpralldämpfer herausdrehen.
- 4 Spreizclips –3– unten herausdrücken.
- 6 Schrauben –4– im Radlauf herausdrehen. Beim ZAFIRA ist die obere Schraube jeweils nach oben gerichttet.

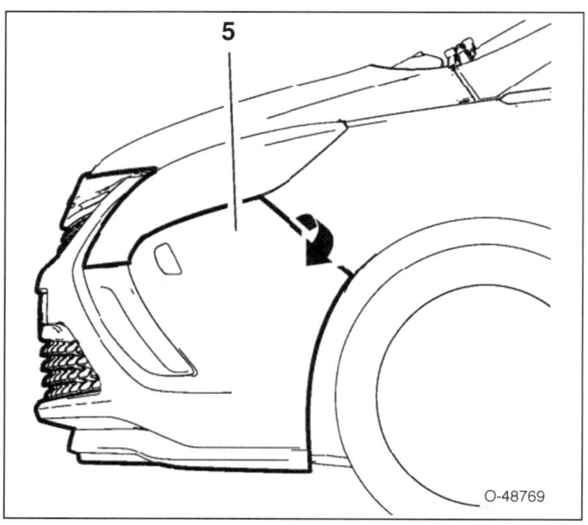

- Stoßfängerverkleidung –5– auf der linken und rechten Seite vorsichtig nach außen ziehen und aus der Führung aushängen. Bei Bedarf einen Kunststoffkeil verwenden. **Hinweis:** In der Abbildung ist der ZAFIRA dargestellt.

- Stoßfängerverkleidung etwas nach vorn ziehen.
- Alle elektrischen Steckverbindungen trennen.
- Stoßfängerverkleidung mit Helfer parallel nach vorn abziehen.

Einbau

- Der Einbau erfolgt in umgekehrter Ausbaureihenfolge. Schrauben –1– und –4– mit **2,5 Nm**, Schrauben –2– mit **25 Nm** festziehen.

Speziell ZAFIRA ab 9/2016

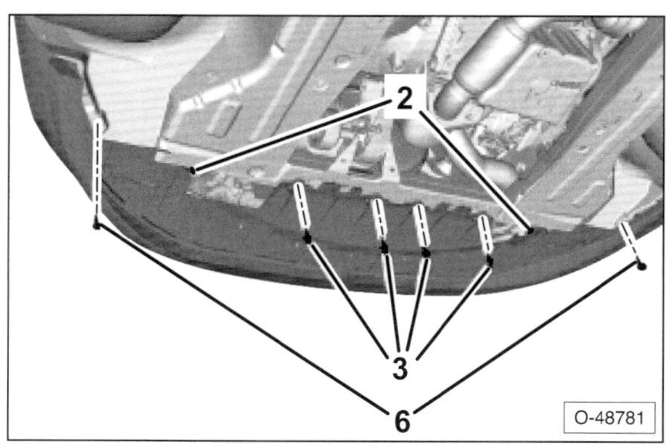

- Spreizclips –3– herausdrücken.
- Schrauben –6– herausdrehen; **25 Nm**.
- Schrauben –2– am Pralldämpfer herausdrehen; **2,5 Nm.**

Stoßfängerabdeckung/ Stoßfängerträger hinten aus- und einbauen

Limousine

Ausbau

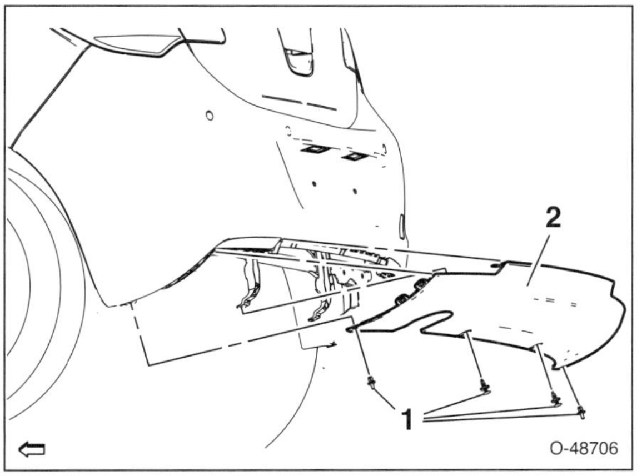

- Untere Stoßfängerverkleidung –2– ausbauen, dazu 4 Spreizclips –1– herausdrücken.

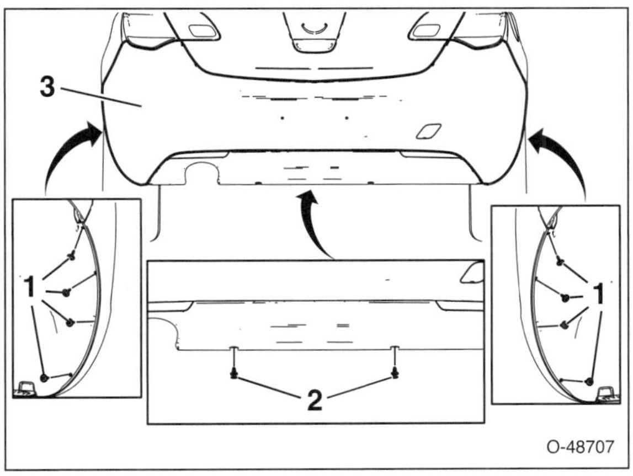

- 8 Schrauben –1– im Radlauf herausdrehen.
- 2 Spreizclips –2– herausdrücken.
- Stoßfängerabdeckung –3– an der Oberkante nach hinten ziehen, bis die Clips an der Innenführung unterhalb der Heckleuchten unter Zug gesetzt werden.
- Clips mit geeignetem Werkzeug lösen.
- Stoßfängerabdeckung weiter nach hinten ziehen, bis die Außenkanten herausspringen.
- Elektrische Steckverbindungen trennen.
- Stoßfängerabdeckung abnehmen.

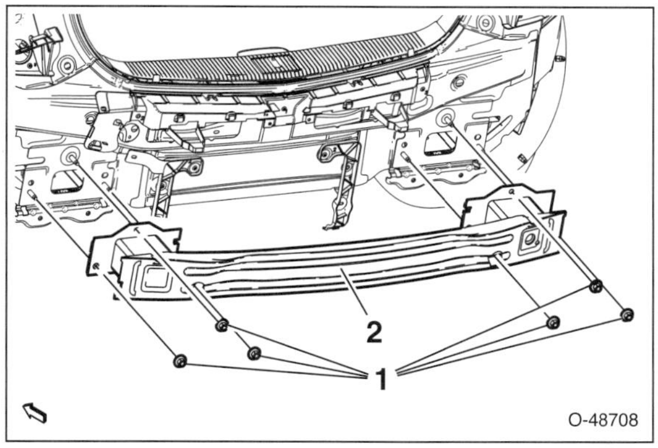

- 6 Muttern –1– abschrauben.
- Stoßfängerträger hinten –2– abnehmen.

Speziell Kombi

Ausbau

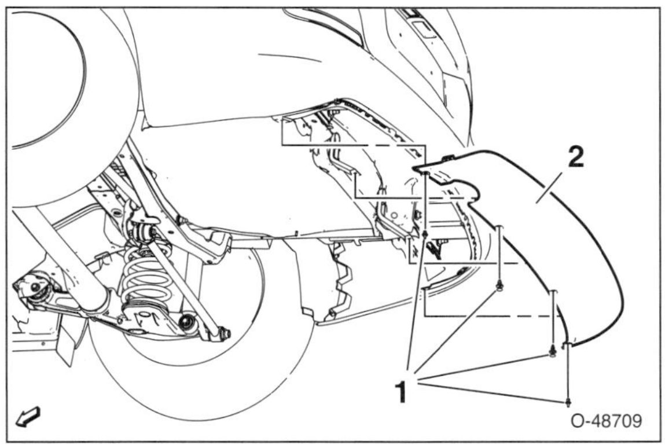

- Untere Stoßfängerverkleidung –2– ausbauen, dazu 4 Spreizclips –1– herausdrücken.
- Heckleuchten ausbauen, siehe Seite 90.

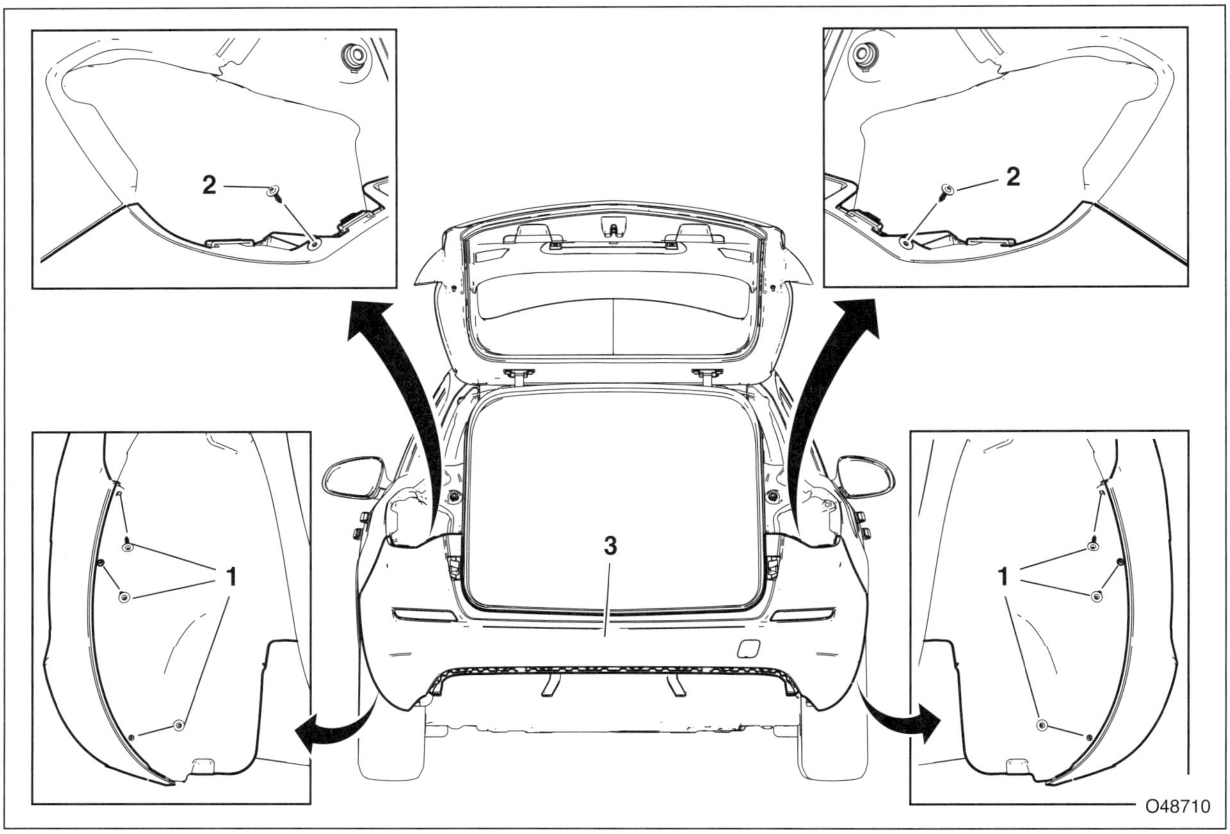

- 6 Schrauben –1– im Radlauf herausdrehen.
- 2 Schrauben –2– für Stoßfängerabdeckung abschrauben.
- Stoßfängerabdeckung –3– an der Oberkante nach hinten ziehen, bis die Clips an der Innenführung unterhalb der Heckleuchten unter Zug gesetzt werden.
- Clips mit geeignetem Werkzeug lösen.
- Stoßfängerabdeckung weiter nach hinten ziehen, bis die Außenkanten herausspringen.
- Elektrische Steckverbindungen trennen.
- Stoßfängerabdeckung abnehmen.

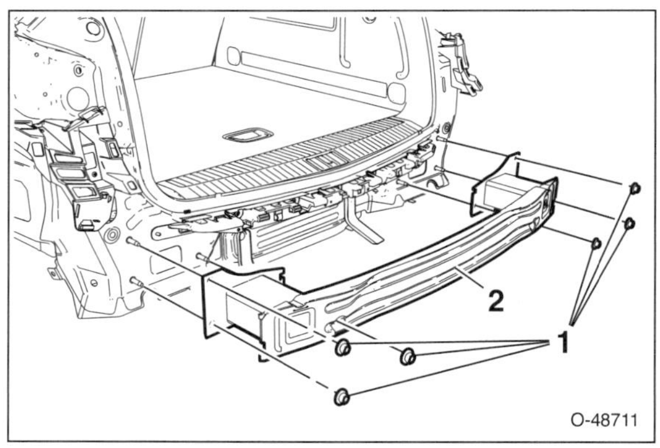

- 6 Muttern –1– abschrauben.
- Stoßfängerträger hinten –2– abnehmen.

Einbau

- Der Einbau erfolgt in umgekehrter Ausbaureihenfolge.
- Muttern für Stoßfängerträger mit **40 Nm** anschrauben.

Kühlergrill aus- und einbauen

ASTRA

Ausbau

- Vordere Stoßfängerabdeckung ausbauen, siehe entsprechendes Kapitel.

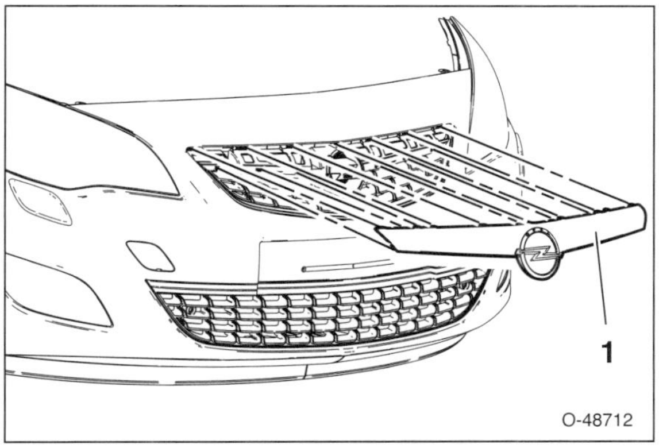

- Kühlergrillleiste –1– ausclipsen und abnehmen.

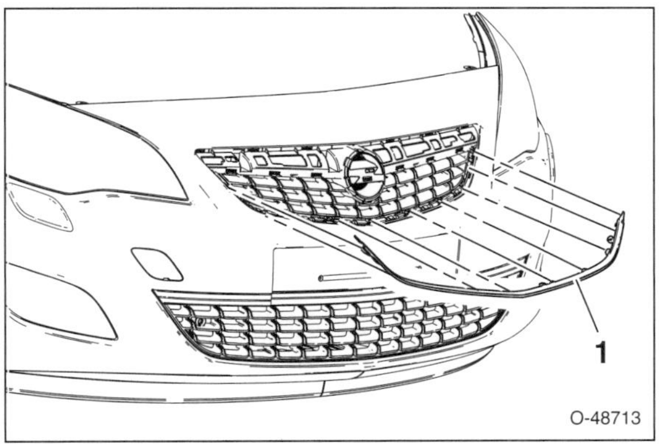

- Zierleiste –1– am Kühlergrill ausclipsen und abnehmen.

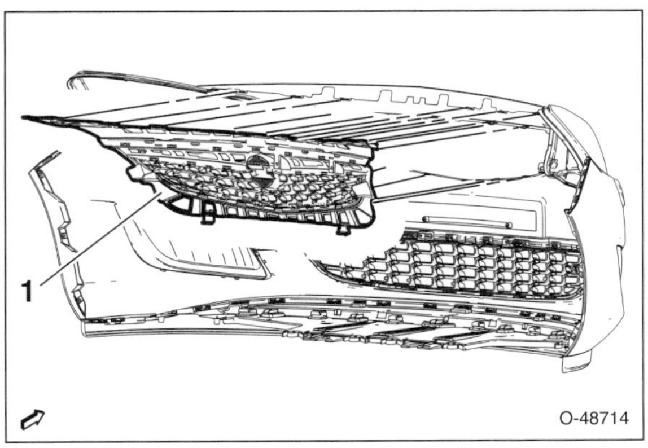

- Kühlergrill ausclipsen und abnehmen.

Einbau

- Der Einbau erfolgt in umgekehrter Ausbaureihenfolge.

ZAFIRA

Ausbau

- Stoßfängerabdeckung ausbauen, siehe entsprechendes Kapitel.

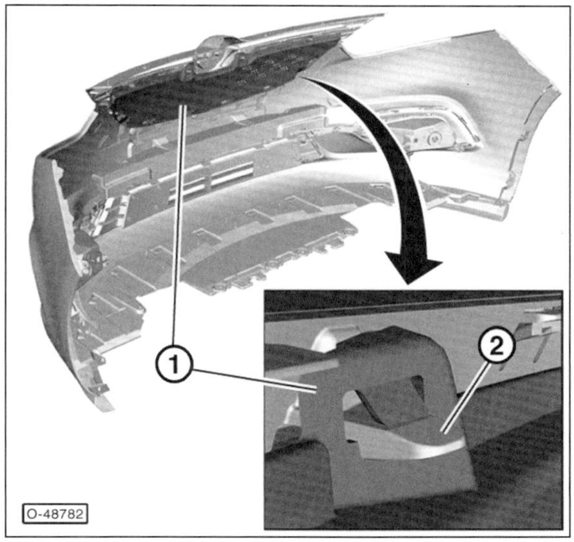

- Abdeckung –1– vom Kühlergrill abclipsen. Dazu 10 Rastnasen –2– entriegeln.

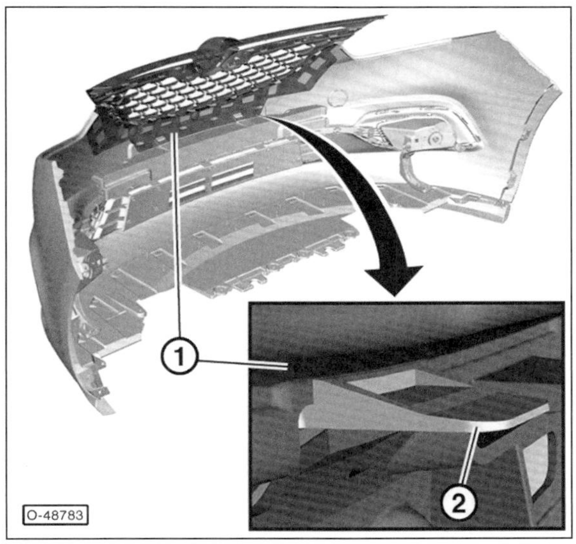

- Kühlergrill –1– aus der Frontverkleidung ausclipsen. Dazu 14 Rastnasen –2– entriegeln.
- Kühlergrill von der Stoßfängerabdeckung abnehmen.

Einbau

- Der Einbau erfolgt in umgekehrter Ausbaureihenfolge.

Hinweis: Der untere Kühlergrill wird auf dieselbe Weise aus- und eingebaut. Die Abdeckung ist mit 10, der untere Kühlergrill mit 21 Rastnasen befestigt.

Stoßfängerabdeckung ZAFIRA – Detailübersicht

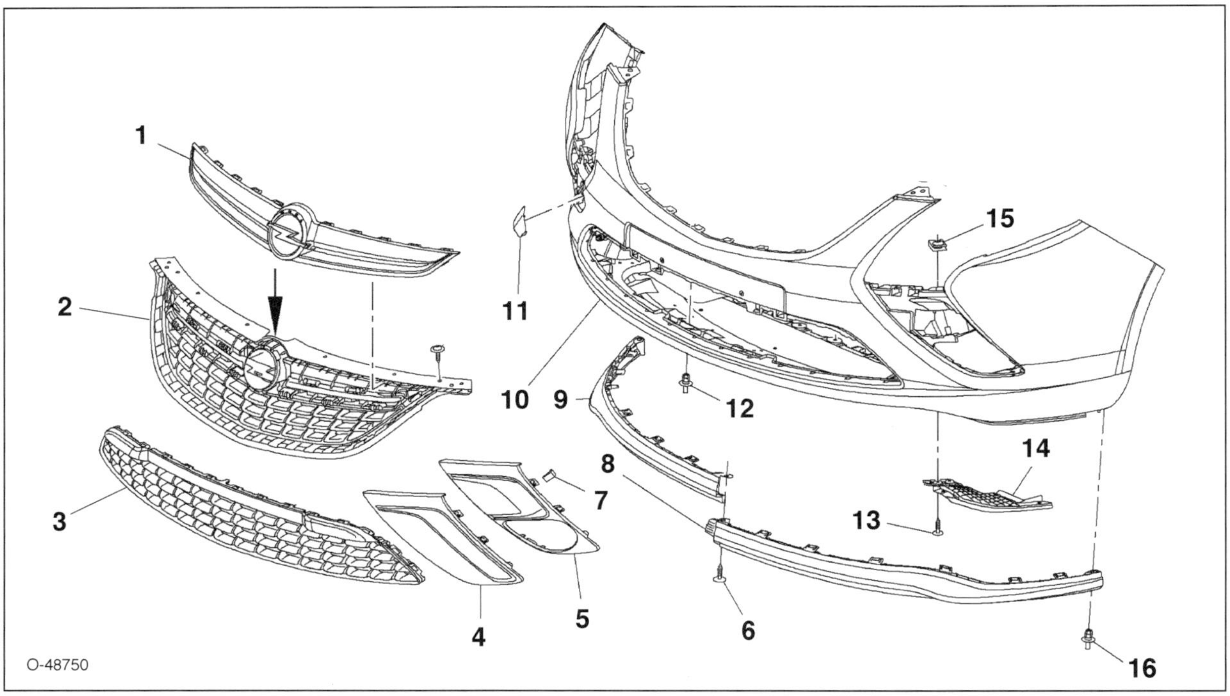

1 – Kühlerblende mit Emblem
2 – Kühlergrill oben
3 – Kühlergrill unten
4 – Einsatz rechts
5 – Abdeckrahmen
6 – Torxschraube M5x20
7 – Clip
8 – Spoiler links
9 – Spoiler rechts
10 – Stoßfängerabdeckung
11 – Klappe Abschleppöse
12 – Spreizniet
13 – Schraube, M5x20
14 – Windabweiser
15 – Klemmmutter
16 – Spreizniet

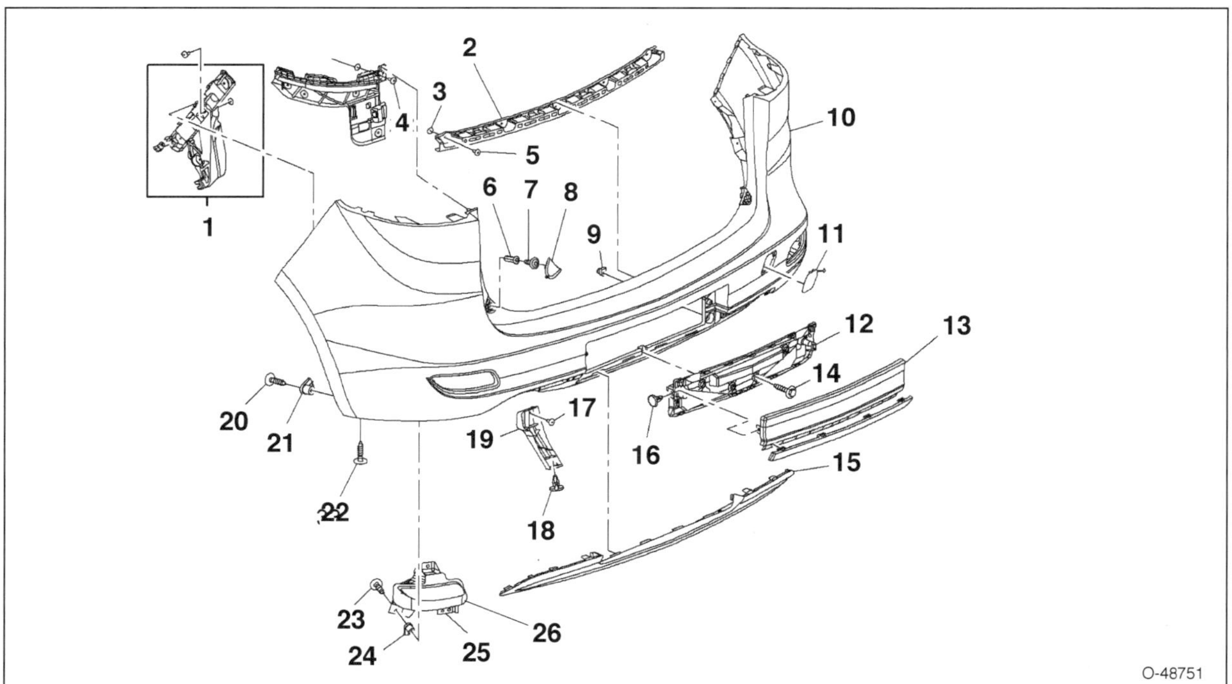

1 – Führung außen links
2 – Führung Mitte
3 – Dichtung
4 – Blindniet
5 – Blindniet
6 – Einsteckmutter
7 – Torxschraube M6-16, 5 Nm
8 – Deckel
9 – Klemmmutter
10 – Stoßfängerabdeckung
11 – Abdeckung Abschleppöse
12 – Stütze FlexFix
13 – Abdeckung FlexFix
14 – Schraube, M8x41
15 – Untere Blende für Stoßfängerabdeckung
16 – Spreizniet
17 – Blindniet
18 – Spreizniet
19 – Halter unten links
20 – Torxschraube 2,5 Nm
21 – Kunststoffmutter
22 – Blechschraube M5x24
23 – Torxschraube M5x20
24 – Kunststoffmutter
25 – Reflektor

Kotflügel vorn aus- und einbauen

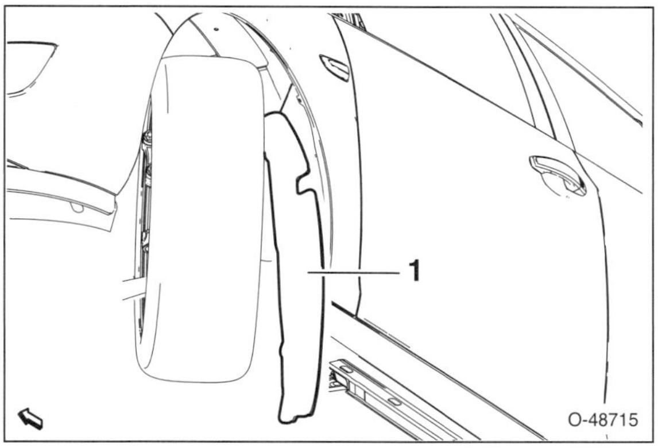

Ausbau

- Stoßfängerabdeckung vorn ausbauen, siehe entsprechendes Kapitel.
- Scheinwerfer ausbauen, siehe Seite 88.
- Führungsschiene Frontverkleidung ausbauen, siehe entsprechendes Kapitel.
- Innenkotflügel vorn ausbauen, siehe entsprechendes Kapitel.

Hinweis: In den Abbildungen ist der ASTRA dargestellt. Beim ZAFIRA weichen die Positionen der Schrauben etwas ab.

- Untere Isolierung –1– an der A-Säule ausbauen.

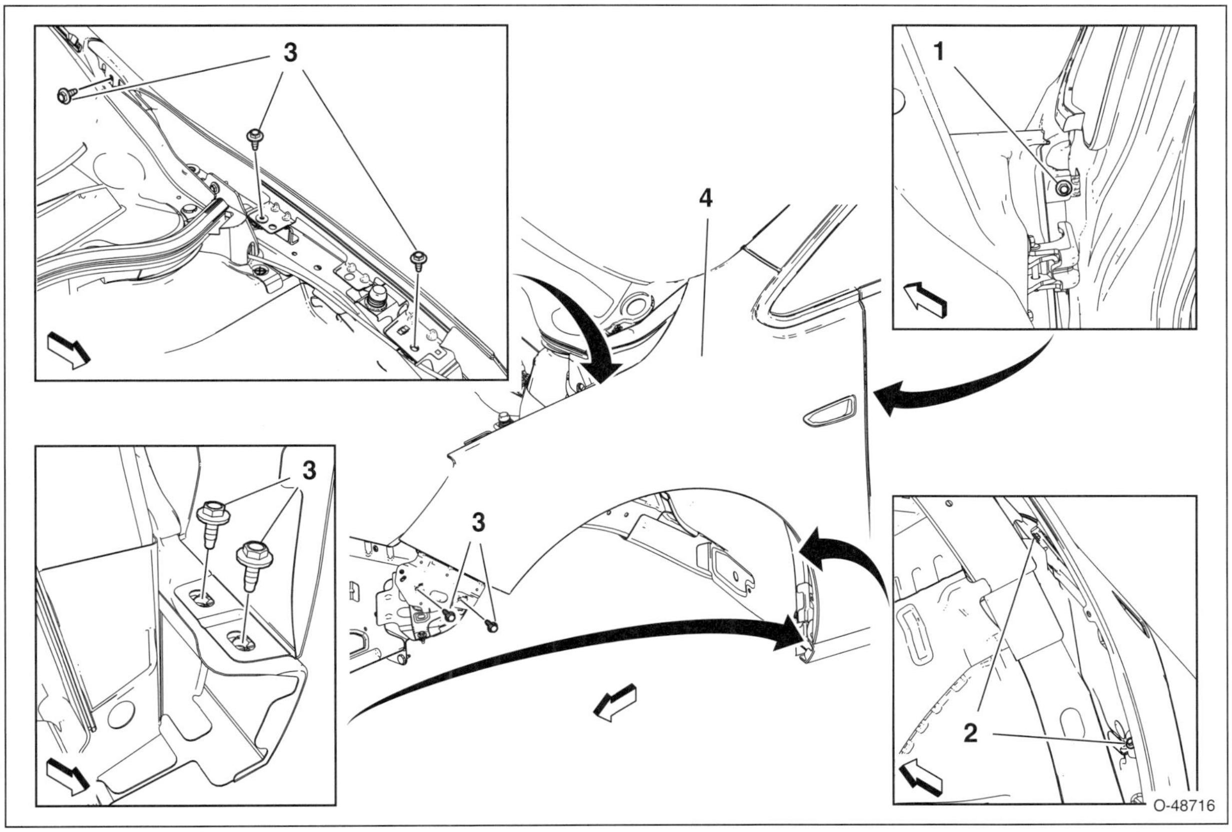

- Tür öffnen und Schraube –1– an der A-Säule herausdrehen.
- 2 Schrauben –2– herausdrehen. **Hinweis:** Das Seitenfenster muss nicht ausgebaut werden, um die dahinter liegende Schraube des Kotflügels zu lösen.
- 7 Schrauben –3– herausdrehen.
- Kotflügel abnehmen.

Einbau

- Der Einbau erfolgt in umgekehrter Ausbaureihenfolge.
- Kotflügel auf gleichmäßige Spaltmaße zu den umliegenden Bauteilen ausrichten. Spaltmaße siehe in den Kapiteln Tür beziehungsweise Motorhaube einstellen.
- Schrauben mit **9 Nm** festziehen.

Innenkotflügel aus- und einbauen

ASTRA

Innenkotflügel vorn

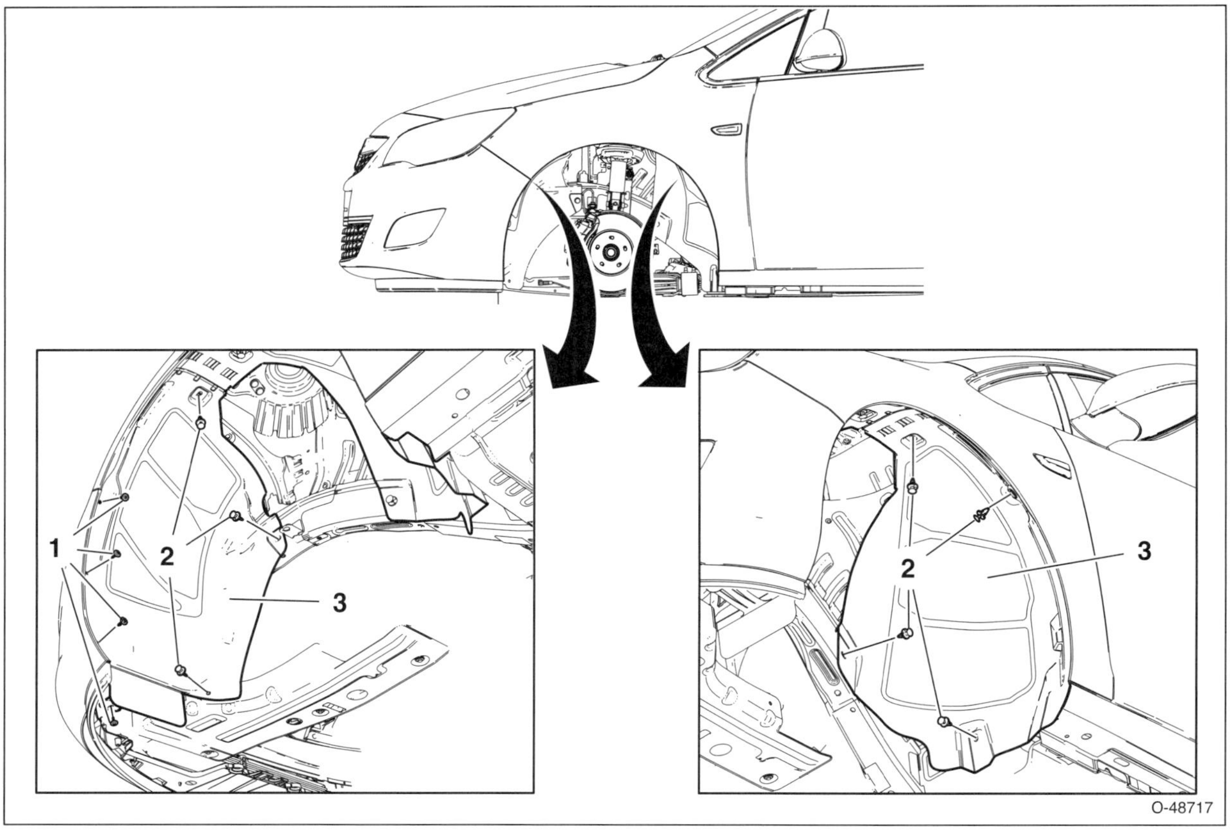

Ausbau

- Vorderrad ausbauen, siehe Seite 136.
- 3 Schrauben –1– für vordere Stoßfängerabdeckung herausdrehen.
- 7 Spreizclips –2– herausdrücken. Dabei zuerst den Stift aus der Mitte des Clips herausziehen.
- Innenkotflügel –3– aus dem Radhaus herausziehen.

Einbau

- Der Einbau erfolgt in umgekehrter Ausbaureihenfolge.

ZAFIRA:

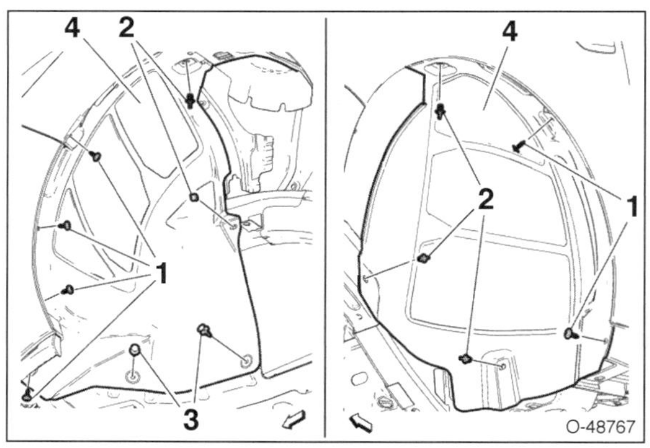

- 6 Schrauben –1– für vordere Stoßfängerabdeckung herausdrehen.
- 7 Spreizclips –2– und –3– herausdrücken. Dabei zuerst den Stift aus der Mitte des Clips herausziehen.
- Innenkotflügel –4– aus dem Radhaus herausziehen.

Innenkotflügel hinten

Ausbau

- Hinterrad ausbauen, siehe Seite 136.

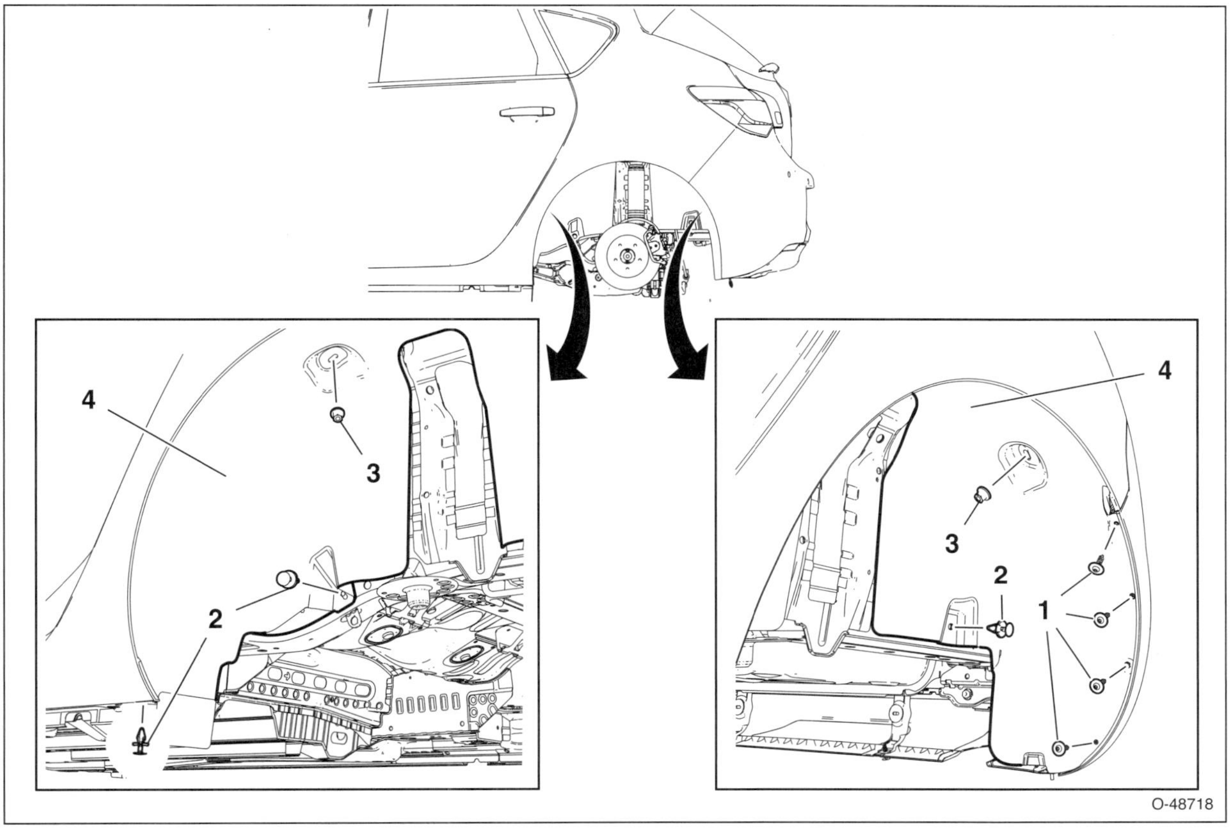

- 4 Schrauben –1– für hintere Stoßfängerabdeckung herausdrehen.
- 3 Spreizclips –2– herausdrücken. Dabei zuerst den Stift aus der Mitte des Clips herausziehen.
- 2 Muttern –3– abschrauben.
- Innenkotflügel –4– aus dem Radhaus herausziehen.

Einbau

- Der Einbau erfolgt in umgekehrter Ausbaureihenfolge.

ZAFIRA:

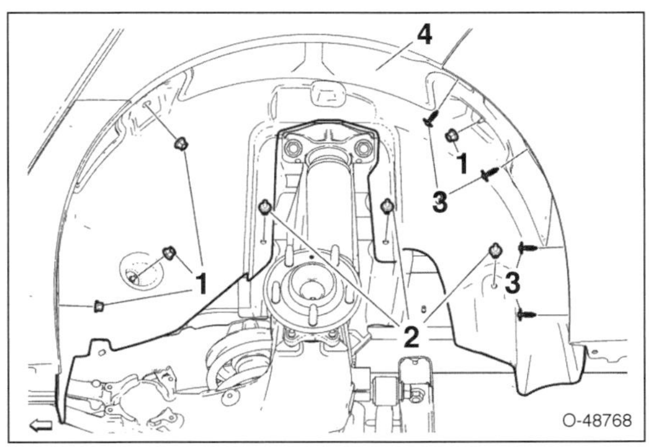

- 4 Schrauben –1– für abschrauben,
- 3 Spreizclips –2– herausdrücken. Dabei zuerst den Stift aus der Mitte des Clips herausziehen.
- 4 Schrauben –3– herausdrehen.
- Innenkotflügel –4– aus dem Radhaus herausziehen.

Motorhaube aus- und einbauen

Ausbau

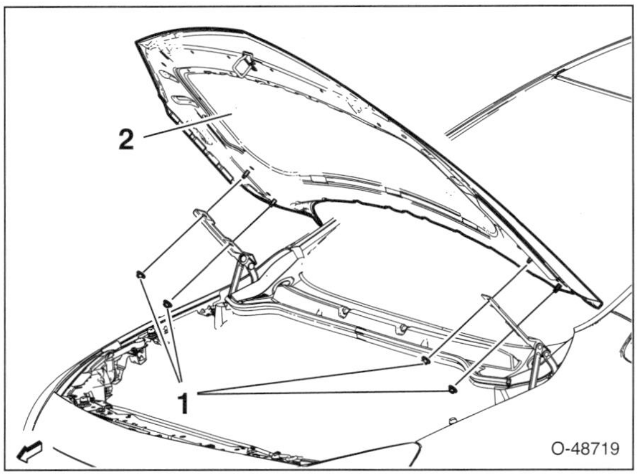

- Einbaulage der Muttern –1– mit einem Filzstift markieren. Dazu Muttern umkreisen.
- **ZAFIRA:** Gasdruckkämpfer an der Motorhaube ausbauen, siehe Seite 246.
- Motorhaube –2– durch 2 Helfer festhalten lassen und 4 Muttern –1– herausdrehen.

Einbau

- Der Einbau erfolgt in umgekehrter Ausbaureihenfolge. Motorhaube entsprechend den angebrachten Markierungen ausrichten und gegebenenfalls einstellen.

Motorhaube einstellen

- Schrauben für Motorhaubenschloss leicht lösen.

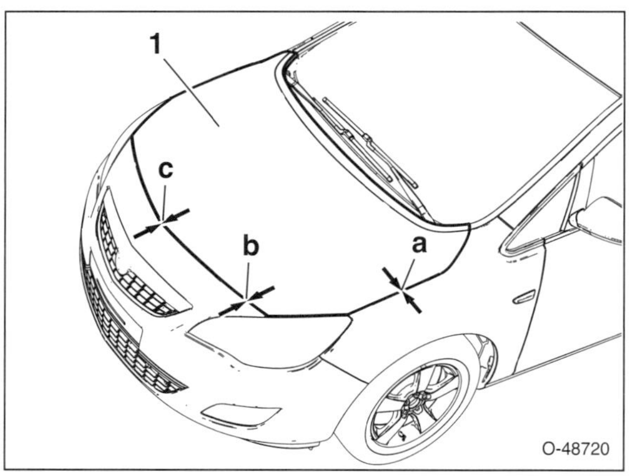

- 4 Muttern der Motorhaubenscharnierverstärkung soweit lösen, dass die Motorhaube gerade noch verschoben werden kann.
- Motorhaube schließen und so ausrichten, dass auf beiden Seiten ein gleichmäßiger Abstand zwischen der Motorhaube –1– und den Kotflügeln, den Scheinwerfern und der vorderen Stoßfängerabdeckung gegeben ist. Gleichzeitig muss die Motorhaube mit den umliegenden Bauteilen bündig sein.

  Einstellmaße:
  a – 3 mm ± 0,75 mm
  b – 3,5 mm ± 1,5 mm
  c – 3,5 mm ± 1,5 mm
  Spaltmaße ZAFIRA, siehe Seite 244.
- Motorhaube vorsichtig öffnen und Scharnierschrauben mit **22 Nm** festziehen.
- Schrauben für Motorhaubenschloss mit **22 Nm** festziehen.

Motorhaubenschloss aus- und einbauen

Ausbau

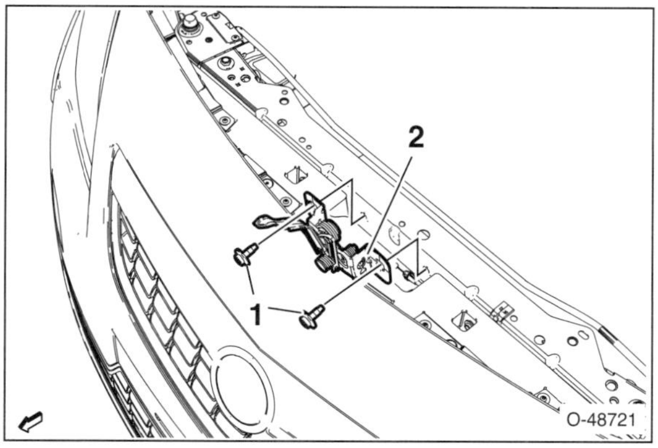

- 2 Schrauben –1– herausdrehen.
- Bowdenzug am Haubenschloss aushängen.
- Fahrzeuge mit Start-Stopp-System: Elektrische Steckverbindung aushängen.

Einbau

- Der Einbau erfolgt in umgekehrter Ausbaureihenfolge. Schrauben mit **22 Nm** festziehen.

Heckklappe aus- und einbauen

ASTRA Kombi

Ausbau

- Batterie-Massekabel (–) abklemmen, siehe unter "Batterie aus- und einbauen".
- D-Säulenverkleidung ausbauen, siehe entsprechendes Kapitel.
- Elektrische Steckverbindung für Heckklappenkabelsatz trennen.
- Gasdruckfeder ausbauen, siehe entsprechendes Kapitel.

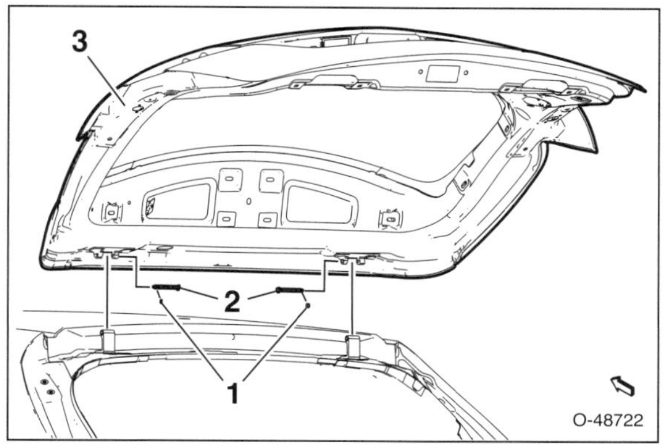

- 2 Sicherungsscheiben –1– abhebeln.
- Heckklappe abstützen.
- Bolzen –2– mit einem geeigneten Dorn heraustreiben und Heckklappe zusammen mit einem Helfer abnehmen.

Einbau

- Der Einbau erfolgt in umgekehrter Ausbaureihenfolge. Gegebenenfalls Heckklappe einstellen.

Speziell ASTRA Limousine/ZAFIRA

Ausbau

- Batterie-Massekabel (–) abklemmen, siehe unter "Batterie aus- und einbauen".
- D-Säulenverkleidung ausbauen, siehe entsprechendes Kapitel.
- Elektrische Steckverbindung für Heckklappenkabelsatz trennen.
- Gasdruckfeder ausbauen, siehe entsprechendes Kapitel.

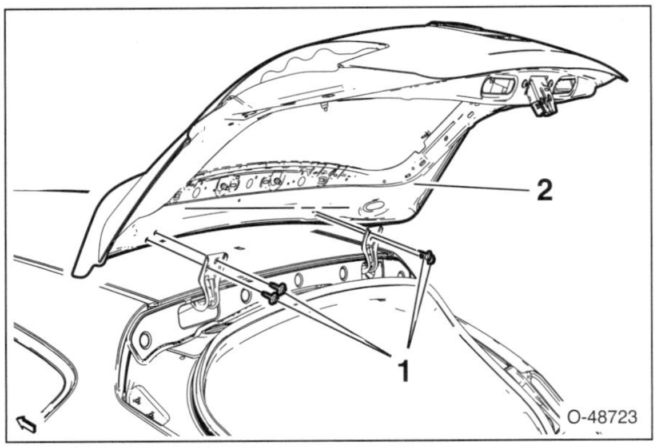

- Einbaulage der Schrauben –1– mit einem Filzstift markieren. Dazu Schraubenköpfe umkreisen.
- Heckklappe –2– durch 2 Helfer festhalten lassen und 4 Scharnierschrauben –1– herausdrehen.

Einbau

- Der Einbau erfolgt in umgekehrter Ausbaureihenfolge. Heckklappe entsprechend den angebrachten Markierungen ausrichten und gegebenenfalls einstellen. Schrauben mit **22 Nm** festziehen.

Heckklappe einstellen

Kombi

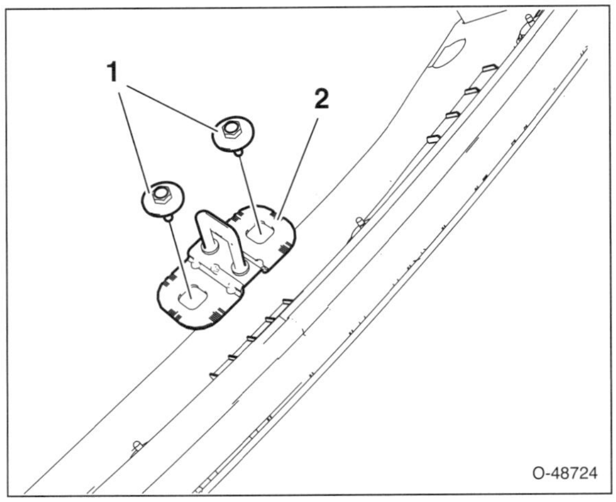

- Einbaulage des Schließbügels –2– mit Filzstift markieren.
- Schließbügel abschrauben –1–.

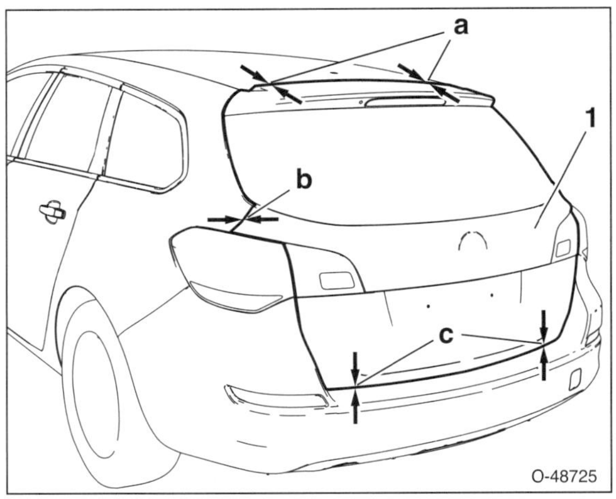

- 4 Schrauben für Heckklappenscharniere an der Heckklappe soweit lösen, dass die Heckklappe gerade noch verschoben werden kann.
- Heckklappe schließen und so ausrichten, dass auf beiden Seiten ein gleichmäßiger abstand zwischen der Heckklappe –1– und dem äußeren Seitenblech –b–, der hinteren Stoßfängerverkleidung –c– und dem Dach –a– gegeben ist. Gleichzeitig muss die Heckklappe mit den umliegenden Bauteilen bündig sein.

  Einstellmaße:

  a – 5,5 mm ± 2 mm

  b – 4 mm ± 1 mm

  c – 4 mm ± 1 mm

  Spaltmaße ZAFIRA, siehe Seite 244.
- Heckklappe vorsichtig öffnen und Scharnierschrauben mit **22 Nm** festziehen.

Speziell Limousine

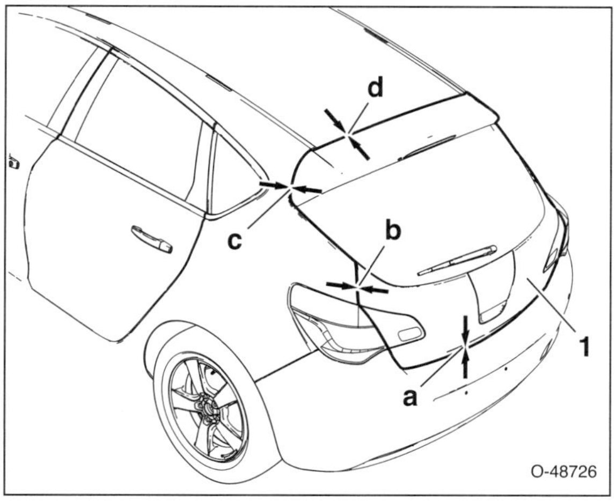

Einstellmaße:
a – 6 mm ± 2 mm
b – 4 mm ± 1 mm
c – 4 mm ± 1 mm
d – 5,5 mm ± 1 mm
Spaltmaße ZAFIRA, siehe Seite 244.

- Schließbügel entsprechend den angebrachten Markierungen handfest anschrauben. Der Schließbügel muss sich gerade noch verschieben lassen.
- Heckklappe schließen. Dadurch richtet sich der Schließbügel nach dem Heckklappenschloss aus.
- Heckklappe vorsichtig öffnen und Schließbügel mit **22 Nm** festziehen.

Spaltmaße – ZAFIRA

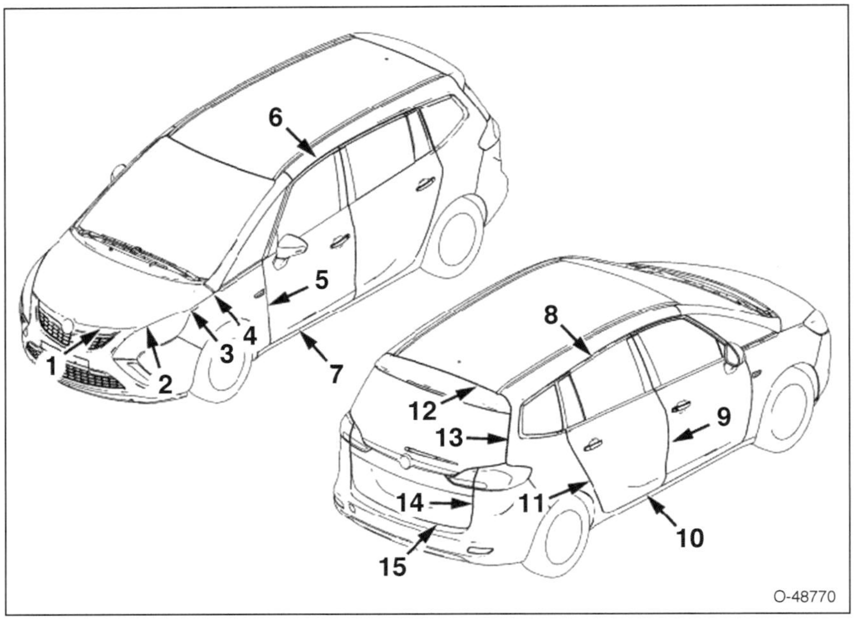

1	Motorhaube an Frontverkleidung	4,5 mm ± 1,0 mm
2	Motorhaube an Kotflügel	3,5 mm ± 1,0 mm
3	Motorhaube an Kotflügel	3,5 mm ± 1,0 mm
4	Motorhaube an Kotflügel	3,5 mm ± 1,0 mm
5	Vordertür an vorderen Kotflügel	3,5 mm ± 1,0 mm
6	Vordertür an Karosserieseitenblech oben außen	6,4 mm ± 1,5 mm
7	Vordertür an Schwelleraußenblech	4,5 mm ± 1,0 mm
8	Hintertür an Karosserieseitenblech oben außen	6,4 mm ± 1,5 mm
9	Hintertür an Vordertür	3,5 mm ± 1,0 mm
10	Hintertür an Schwelleraußenblech	4,5 mm ± 1,0 mm
11	Hintertür an Seitenwand	3,5 mm ± 1,0 mm
12	Heckklappe an Dach	5,7 mm ± 1,0 mm
13	Heckklappenscheibe an Seitenwand	5,0 mm ± 1,5 mm
14	Heckklappe an Heckverkleidung	4,0 mm ± 1,5 mm
15	Heckklappe an Heckverkleidung	5,0 mm ± 1,5 mm

Heckklappenschloss aus- und einbauen

Ausbau

- Untere Heckklappenverkleidung ausbauen, siehe entsprechendes Kapitel.

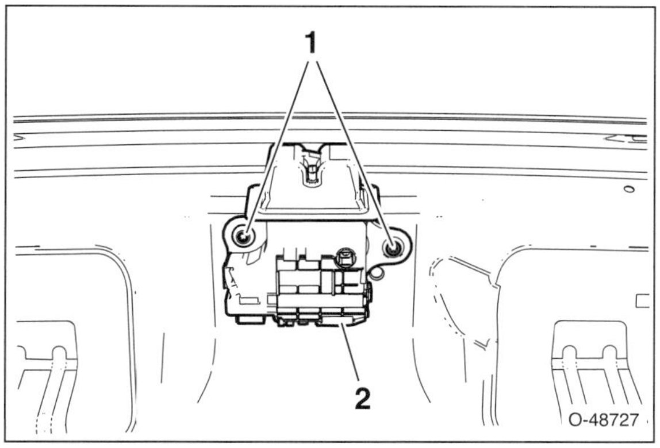

- Schrauben –1– herausdrehen und Heckklappenschloss –2– etwas abnehmen.
- Stecker abziehen.

Einbau

- Der Einbau erfolgt in umgekehrter Ausbaureihenfolge. Schrauben mit **22 Nm** festziehen.

Heckklappenverkleidung aus- und einbauen

Ausbau

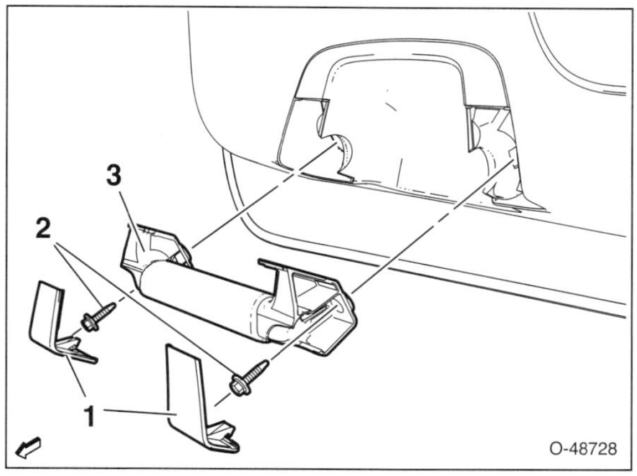

- Abdeckungen –1– mit einem kleinen Schraubendreher abhebeln.
- Beide Innengriffe –3– der Heckklappe abschrauben –2–.

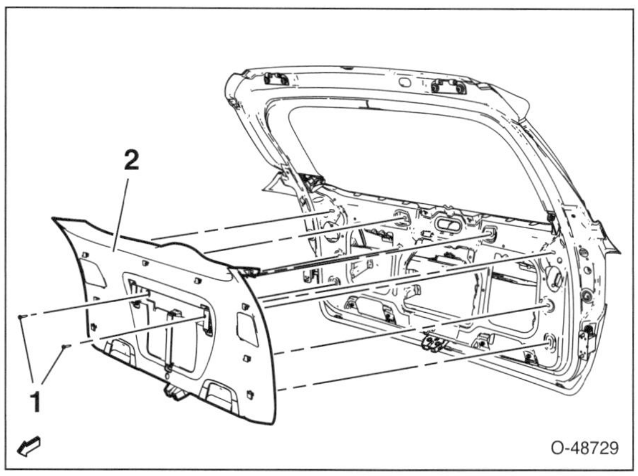

- 2 Schrauben –1– herausdrehen.
- Untere Verkleidung –2– mit einem Kunststoffkeil von der Heckklappe abdrücken und abnehmen. Dabei Montagekeil immer im Bereich der Clips ansetzen, siehe Abbildung.

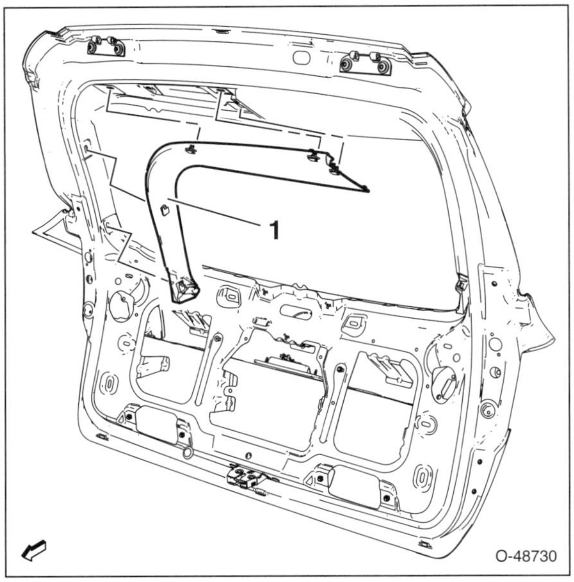

● Obere Verkleidung ausclipsen und abnehmen.

Einbau

● Der Einbau erfolgt in umgekehrter Ausbaureihenfolge.

Gasdruckfeder für Heckklappe aus- und einbauen

Ausbau

Achtung: Heckklappe unbedingt durch einen Helfer abstützen lassen, bevor eine Gasdruckfeder gelöst wird. Sonst fällt die Heckklappe herunter, da sie nur durch einen Dämpfer nicht gehalten wird.

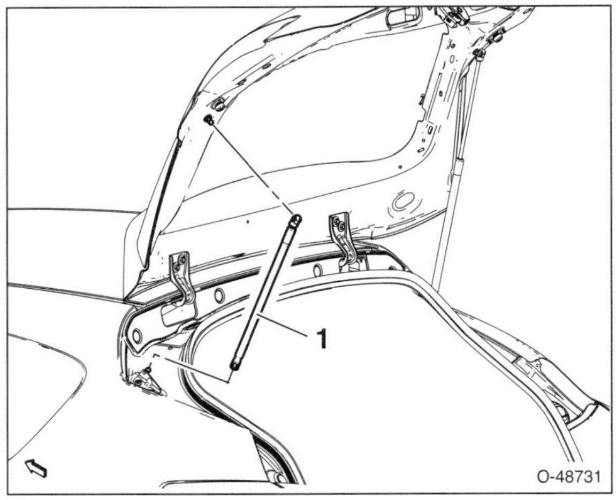

● Gasdruckfeder aus den Kugelaufnahmen ausclipsen.

Einbau

● Der Einbau erfolgt in umgekehrter Ausbaureihenfolge.

Vordertür aus- und einbauen

Ausbau

- Türverkleidung ausbauen, siehe entsprechendes Kapitel.
- Wasserabweisfolie ausbauen.
- Elektrische Steckverbindung an der Tür trennen.
- Tür abstützen.

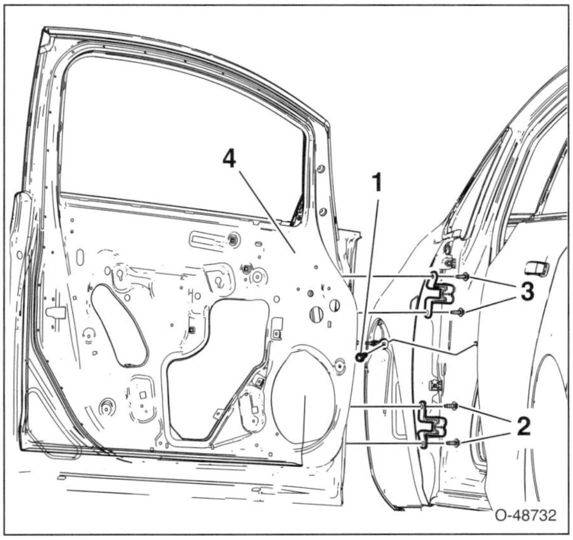

- Schraube –1– für Türbremse herausdrehen.
- 4 Scharnierschrauben –2– und –3– herausdrehen.
- Vordertür mit einem Helfer abnehmen.

Einbau

- Der Einbau erfolgt in umgekehrter Ausbaureihenfolge.
- Tür ausrichten und Scharnierschrauben –2– und –3– mit **25 Nm** festziehen.
- Schraube –1– für Türbremse mit **22 Nm** festziehen.

Tür einstellen

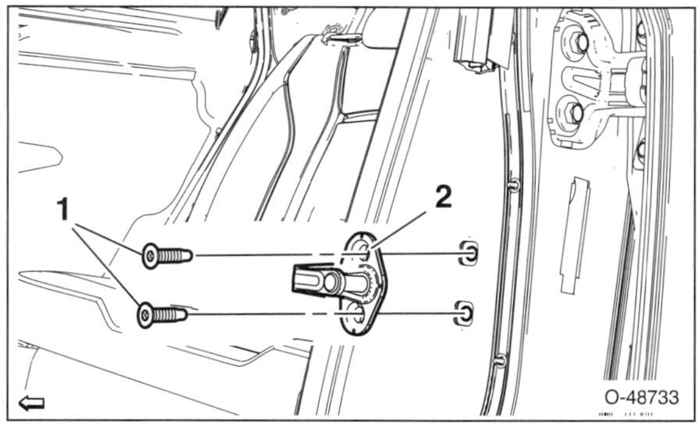

- Einbaulage des Schließbügels –2– mit Filzstift markieren.
- Schließbügel abschrauben –1–.
- Vorderen Innenkotflügel ausbauen, siehe entsprechendes Kapitel.

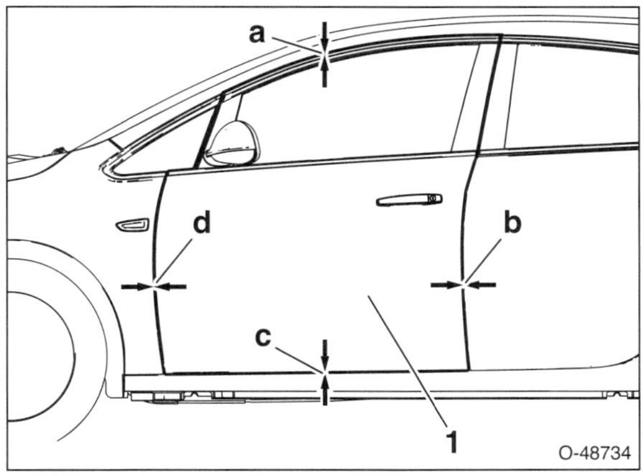

- 4 Scharnierschrauben soweit lösen, dass die Tür gerade noch verschoben werden kann.
- Tür so ausrichten, dass auf beiden Seiten ein gleichmäßiger Abstand zwischen der Vordertür –1– zur Hintertür, zum Dach, zum Schweller und zum vorderen Kotflügel gegeben ist. Gleichzeitig muss die Vordertür mit den umliegenden Bauteilen bündig sein.

  Einstellmaße:

  a – 4,5 mm ± 1 mm
  b – 3,5 mm ± 0,75 mm
  c – 4,5 mm ± 1,5 mm
  d – 3,5 mm + 0,75 mm, – 0,5 mm
  Spaltmaße ZAFIRA, siehe Seite 244.

- In dieser Stellung die Scharnierschrauben mit **25 Nm** festziehen.
- Vorderen Innenkotflügel einbauen, siehe entsprechendes Kapitel.
- Schließbügel entsprechend den angebrachten Markierungen handfest anschrauben. Der Schließbügel muss sich gerade noch verschieben lassen.
- Tür schließen. Dadurch richtet sich der Schließbügel nach dem Türschloss aus.
- Tür vorsichtig öffnen und Schließbügel mit **25 Nm** festziehen.

Türverkleidung aus- und einbauen

Ausbau

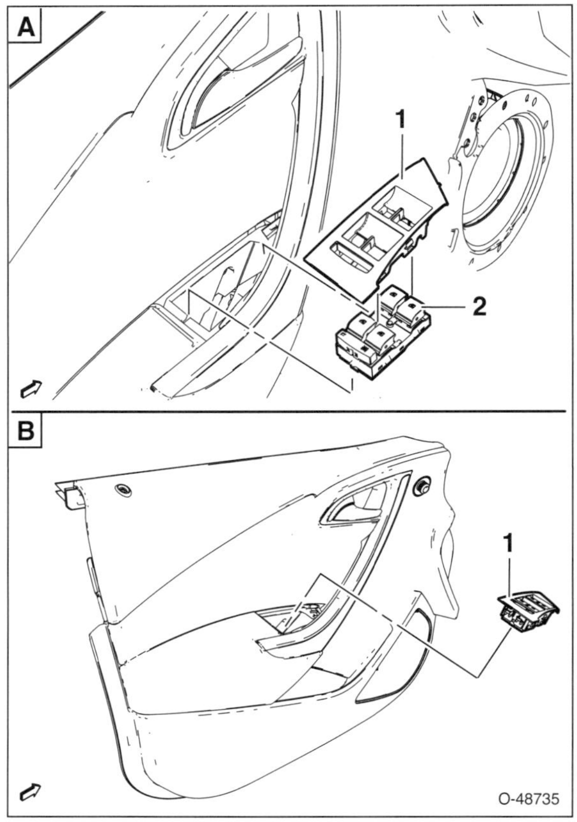

- Blende –1– für Fensterheberschalter –2– mit einem Kunststoffkeil heraushebeln, dabei vorn beginnen und Fensterheberschalter in Fahrtrichtung, nach vorn, herausnehmen. A– vorn, B – hinten.

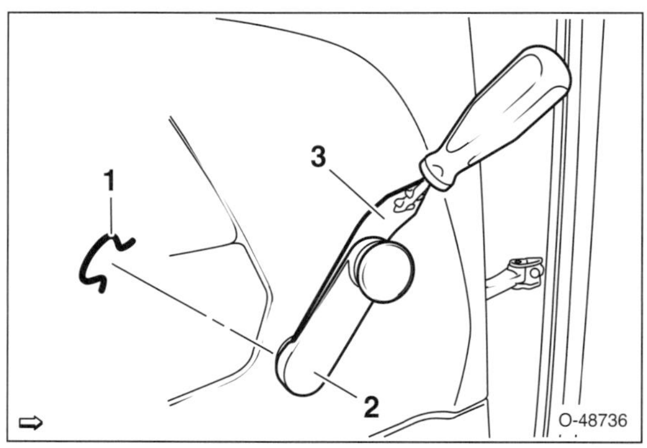

- Bei Fahrzeugen mit Fensterkurbel: Halteklammer –1– mit einem geeigneten Werkzeug –3– abdrücken und Fensterkurbel –2– von der Kurbelachse abziehen.

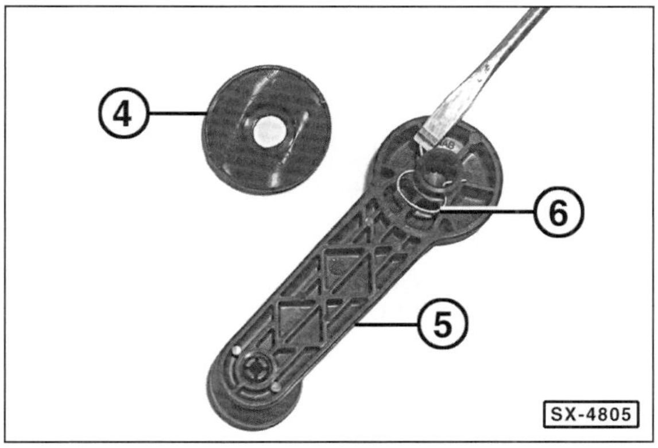

- Steht das Werkzeug nicht zur Verfügung, Drahtklammer –6– mit einem schmalen Schraubendreher abdrücken.
- Kurbel –5– von der Achse abziehen. Falls beim Ausbau die Drahtklammer ganz aus der Fensterkurbel herausgedrückt wurde, Drahtklammer wieder in die Nut der Kurbel eindrücken. Kunststoffscheibe –4– abnehmen.

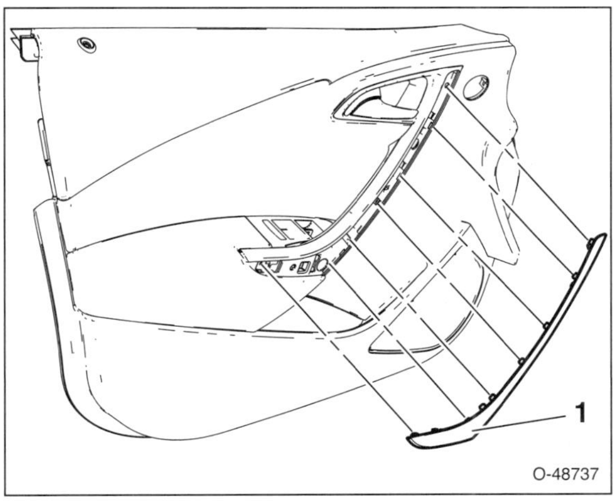

- Blende –1– vom Haltegriff mit einem Flachschraubendreher abhebeln. Dabei Schraubendreher in die Aussparung an der unteren Vorderkante einsetzen und die Clips vorsichtig lösen.

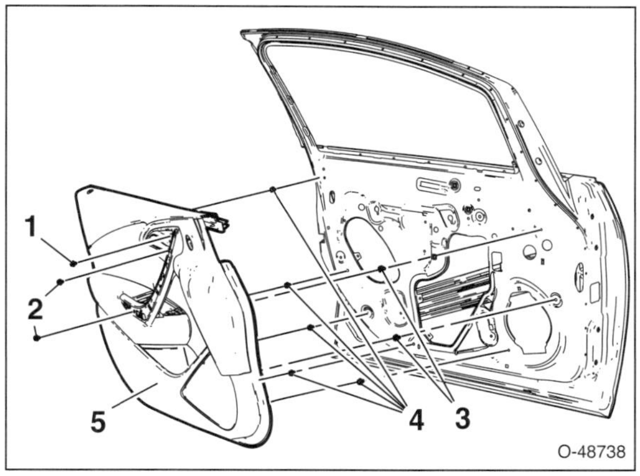

- Türinnengriff zurückziehen, Abdeckkappe für Schraube –1– abhebeln und Schraube –1– herausdrehen.
- 2 Schrauben –2– am Türgriff herausdrehen. **Achtung:** Die 3 sichtbaren Schrauben am Griff müssen nicht gelöst werden.
- Türverkleidung –5– etwas vom Türrahmen abziehen und aus den beiden grünen –3– und 5 blauen –4– Clips ausclipsen.
- Seilzug für Türinnenverriegelung aushängen.
- Elektrische Steckverbindungen trennen.
- Türverkleidung abnehmen.

Achtung: Falls die Türabdichtfolie beschädigt wird, Risse oder Schlitze unbedingt mit breitem Klebeband ausbessern, um im späteren Fahrzeugbetrieb Zugluft und Wassereintritt zu verhindern. Gegebenenfalls Türfolie ersetzen.

Einbau

- Der Einbau erfolgt in umgekehrter Ausbaureihenfolge.

Blende am Fensterrahmen der Tür aus- und einbauen

Ausbau

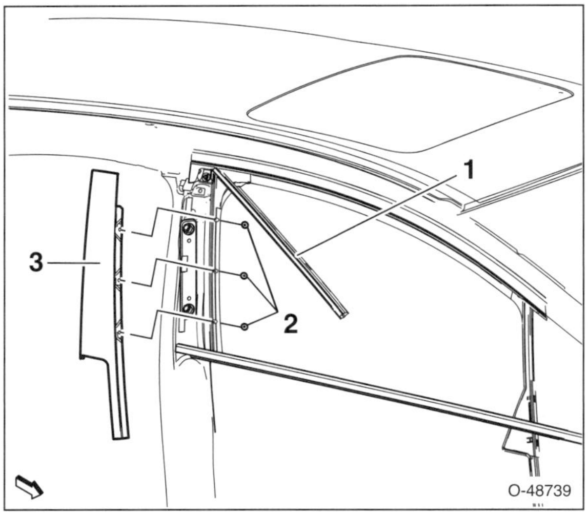

- Fensterabdichtung –1– zur Seite ziehen.
- 3 darunter liegende Schrauben –2– herausdrehen.
- Blende –3– abnehmen.

Einbau

- Der Einbau erfolgt in umgekehrter Ausbaureihenfolge. Blende mit **2 Nm** anschrauben.

Türfensterscheibe aus- und einbauen

Ausführung 1

Ausbau

- Türverkleidung ausbauen, siehe entsprechendes Kapitel.
- Türdichtfolie abziehen.
- Mehrfachstecker am Fensterheberschalter aufstecken und die Zündung einschalten.

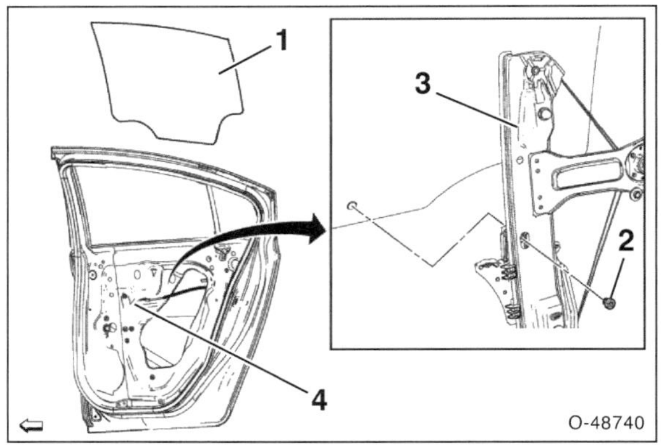

- Türscheibe –1– so weit hoch- oder runterfahren, bis die Klemmschraube –2– durch den Fensterheber –3– und das Türblech –4– zugänglich ist. **Hinweis:** In der Abbildung ist die hintere Tür dargestellt. Bei der Vordertür 2 Klemmschrauben für die beiden Halterungen lösen.
- Türfenster ganz nach unten fahren.
- Zündung ausschalten.
- Fensterscheibe aus der beziehungsweise den Halterungen lösen und nach oben aus dem Fensterschacht herausnehmen. Dabei die vordere Scheibe etwas nach vorn schwenken.

Einbau

- Der Einbau erfolgt in umgekehrter Ausbaureihenfolge. Dabei ist Folgendes zu beachten:
- Fensterscheibe in die Halterung(en) einsetzen. Vorderfenster ganz nach hinten, Hinterfenster ganz nach vorn in die Fensterführung schieben.
- Zündung ausschalten und Fensterscheibe so weit nach oben fahren, bis die Klemmschraube(n) zugänglich sind.
- Scheibe nochmals nach hinten beziehungsweise vorn andrücken und Klemmschraube(n) mit **9 Nm** anziehen.
- Fensterscheibe ganz nach oben und anschließend ganz nach unten fahren. Dabei Schalter noch mindestens 5 Sekunden gezogen oder gedrückt halten, sobald die Scheibe am Anschlag anliegt.
- Neue Türdichtfolie aufkleben, dabei darauf achten, dass die Kabel und der Bowdenzug durch die Folie herausgeführt werden. **Achtung:** Die Folie muss ungeschädigt sein und überall dicht anliegen, um Wassereintritt und Zugluft im späteren Fahrbetrieb zu verhindern.
- Türverkleidung einbauen, siehe entsprechendes Kapitel.

Ausführung 2

Ausbau

- Türverkleidung ausbauen, siehe entsprechendes Kapitel.
- Türdichtfolie abziehen.
- Mehrfachstecker am Fensterheberschalter aufstecken und die Zündung einschalten.
- Türscheibe bis etwa zur Hälfte in die Tür einfahren.
- Zündung ausschalten, Zündschlüssel abziehen.
- Äußeres Türdichtungsband abnehmen.

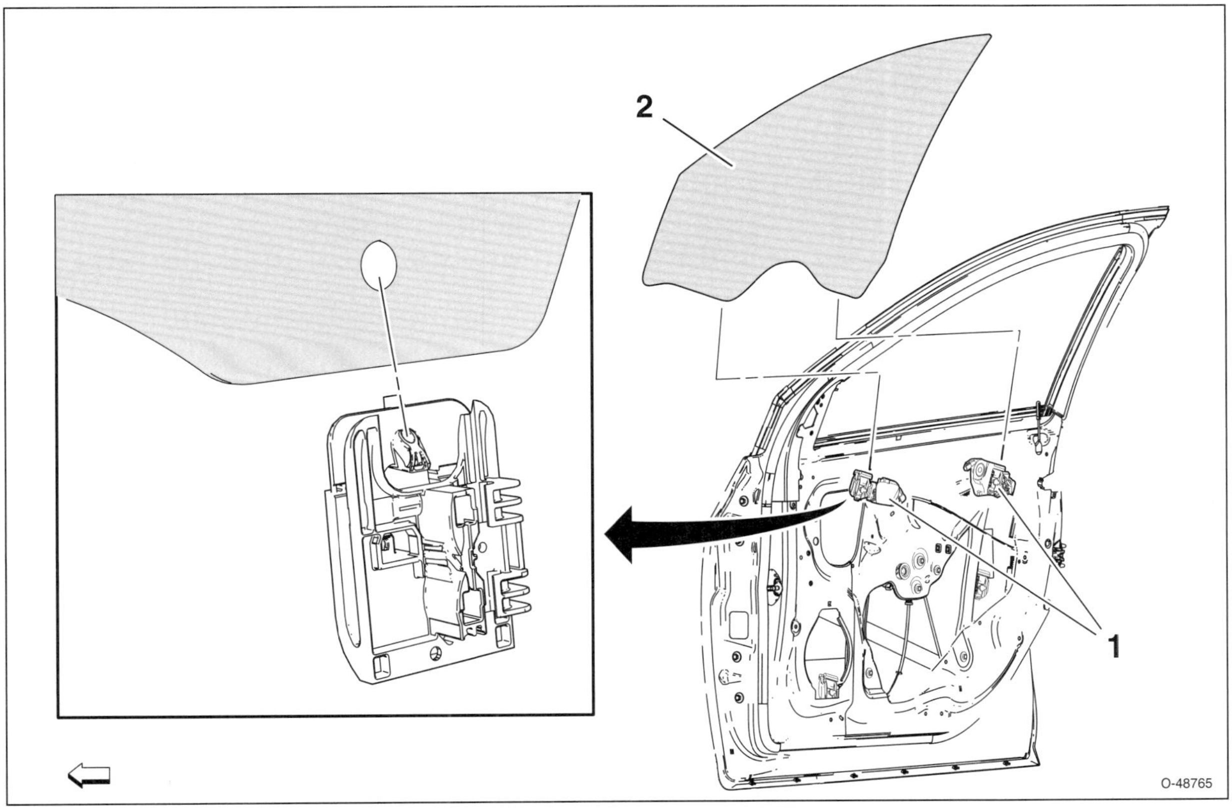

- Fensterheberrahmen –1– drücken und Scheibe –2– nach oben ziehen, bis sie aus dem Rahmen freigegeben wird.
- Fensterscheibe nach oben aus dem Fensterschacht herausnehmen. Dabei die vordere Scheibe etwas nach vorn schwenken.

Einbau

- Fensterscheibe in den Fensterschacht einführen und in den Fensterheberahmen einsetzen.
- Halterung des Fensterheberrahmens lockern.
- Gegebenenfalls Mehrfachstecker am Fensterheberschalter aufstecken.
- Motor starten und im Leerlauf laufen lassen. Dadurch ist die maximale Leistungskraft des Fensterhebermotors zum Einstellen der Fensterscheibe gewährleistet.
- Mit dem Fensterheberschalter das Fenster in die vollständig geschlossene Position bringen.
- Halterung des Fensterheberrahmens einclipsen.
- Fenster auf korrekte Funktion und dichtes Schließen prüfen.
- Fensterscheibe ganz nach oben und anschließend ganz nach unten fahren. Dabei Schalter jeweils noch mindestens 5 Sekunden gezogen oder gedrückt halten, sobald die Scheibe am Anschlag anliegt.
- Zündung ausschalten, Zündschlüssel abziehen.
- Neue Türdichtfolie aufkleben, dabei darauf achten, dass die Kabel und der Bowdenzug durch die Folie herausgeführt werden. **Achtung:** Die Folie muss ungeschädigt sein und überall dicht anliegen, um Wassereintritt und Zugluft im späteren Fahrbetrieb zu verhindern.
- Türverkleidung einbauen, siehe entsprechendes Kapitel.

Fensterheber/Fensterhebermotor aus- und einbauen

Ausbau

- Türfensterscheibe ausbauen, siehe entsprechendes Kapitel.

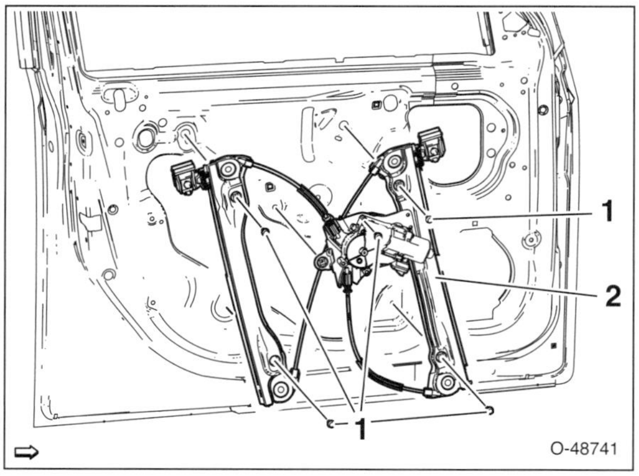

- 5 Schrauben –1– lockern, nicht abschrauben.
- Fensterheber –2– in den Langlöchern so verschieben, dass die Schraubenköpfe durch die großen Bohrungen der Langlöcher passen.
- Fensterheber im Türkörper zur Seite schwenken und durch die untere Öffnung im Türblech herausnehmen.

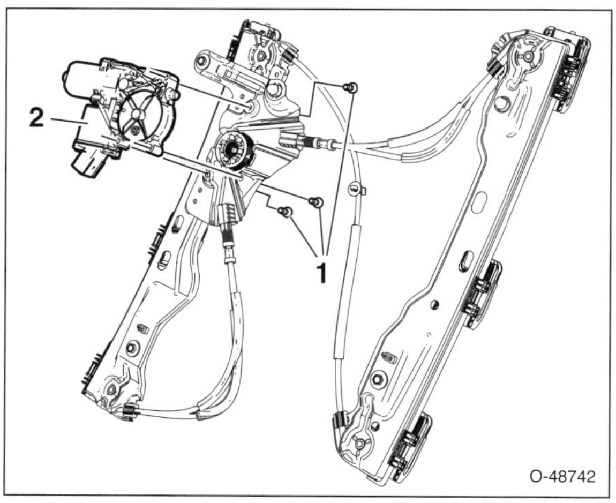

Achtung: Soll nur der Motor ersetzt werden, vor dem Ausbau des Motors den Fensterheberzusammenbau im Bereich des Fensterhebergetriebes mit 2 Schraubzwingen in Einbaulage sichern, sonst kann das Fensterhebergetriebe auseinanderfallen.

- Schrauben –1– herausdrehen und Motor –2– vom Fensterheber abnehmen.

Einbau

Hinweis: Wird ein neuer Fensterheber eingebaut, Fensterheberzusammenbau im Bereich des Fensterhebergetriebes mit 2 Schraubzwingen sichern. Andernfalls fällt nach Ausbau der Transportsicherungen das Getriebe auseinander. Schraubzwingen so ansetzen, dass ausreichend Platz für das Ansetzen des Motors vorhanden ist.

- Transportsicherungen abnehmen und Motor in das Getriebe einsetzen.
- Fensterhebermotor mit **9 Nm** anschrauben.
- Schraubzwingen abnehmen.
- Fensterheber in die Tür einsetzen und so ausrichten, dass die Schraubenköpfe durch die großen Bohrungen herausgedrückt werden können.
- Fensterheber bis zum Anschlag der Schrauben in den Langlöchern verschieben.
- Schrauben mit **9 Nm** festziehen.
- Türfensterscheibe einbauen und einstellen, siehe entsprechendes Kapitel.
- Türverkleidung einbauen, siehe entsprechendes Kapitel.

Türaußengriff aus- und einbauen

Ausbau

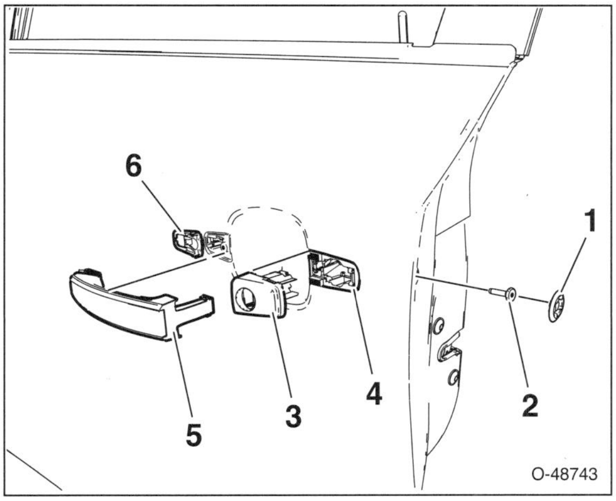

- Abdeckkappe –1– mit einem Kunststoffkeil abhebeln.
- Schraube –2– herausdrehen.
- Türgriff ziehen und Kappe beziehungsweise Schließzylinder –3– mit Dichtung –4– abnehmen.
- Griff –5– nach hinten ziehen und dadurch aus dem Innengriffgehäuse lösen.
- Falls vorhanden, Anschlussstück für passiven Einstieg/Start abklemmen.
- Außengriff abnehmen.
- Dichtung –6– abnehmen.

Einbau

- Der Einbau erfolgt in umgekehrter Ausbaureihenfolge. Schraube mit **9 Nm** festziehen.
- Vor dem Schließen der Tür Funktion des Außengriffs prüfen.
- Gegebenenfalls Zugstange und Türschlossbetätigung einstellen.

Türschloss aus- und einbauen

Ausbau

- Türverkleidung ausbauen, siehe entsprechendes Kapitel.
- Türdichtfolie abziehen.
- Türaußengriff ausbauen, siehe entsprechendes Kapitel.

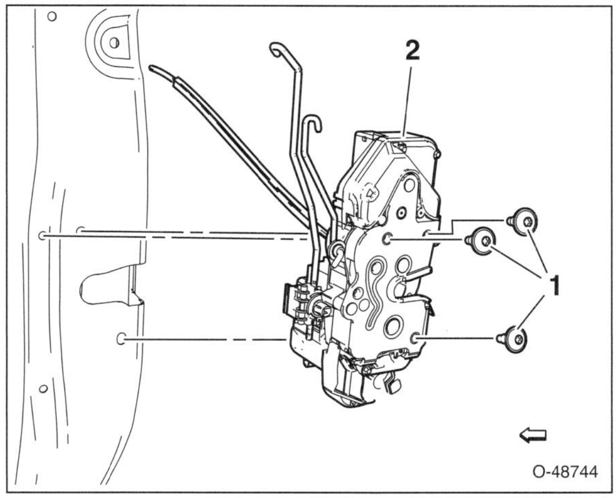

- An der Stirnseite der Tür 3 Schrauben –1– herausdrehen.
- Kabelhalterungen lösen und elektrische Stecker am Türschloss abziehen.
- Verbindungsstangen aushängen und Türschloss herausnehmen.
- Dichtung –6– abnehmen.

Einbau

- Der Einbau erfolgt in umgekehrter Ausbaureihenfolge. Schrauben mit **9 Nm** festziehen.
- Vor dem Schließen der Tür Funktion des Außengriffs prüfen.
- Gegebenenfalls Zugstange und Türschlossbetätigung einstellen.

Einstellen

- Türverkleidung und Türdichtfolie sind ausgebaut, siehe entsprechendes Kapitel.

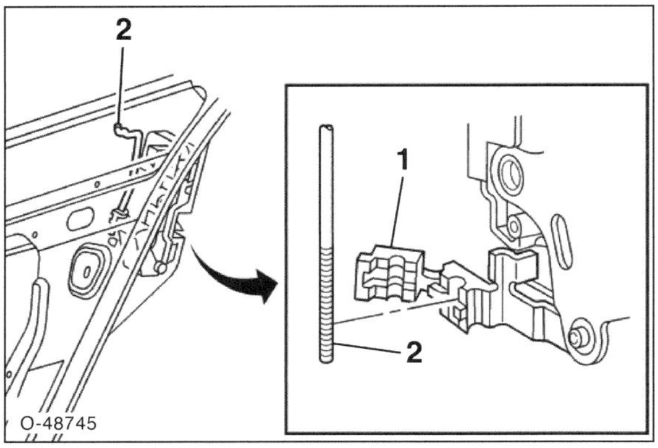

- Clip –1– mit einem kleinen Schraubendreher öffnen.
- Zugstange –2– so in den Clip einlegen, dass der Türaußengriff kein freies Spiel aufweist.
- Clipabdeckung über der Gewindestange schließen.
- Türschließsystem auf einwandfreie Funktion prüfen.

Spiegelglas aus- und einbauen

Ausbau

- Außenspiegel nach vorne klappen.
- Spiegelglas so verstellen, dass die obere Ecke rechts bis zum Anschlag ins Spiegelgehäuse geneigt ist. **Hinweis:** Beim rechten Außenspiegel obere Ecke links ins Spiegelgehäuse neigen.

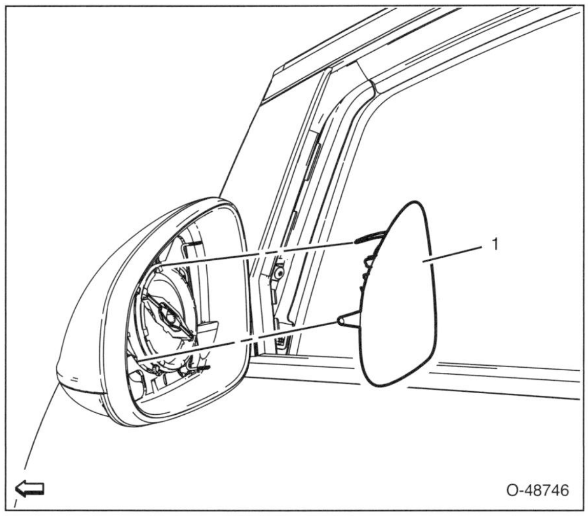

- Kunststoffkeil an der diagonal gegenüberliegenden Seite einführen und Spiegelglas –1– vorsichtig abhebeln.
- Beide Anschlusskabel für elektrisch beheizbaren Außenspiegel von der Spiegelglas-Rückseite abziehen. Dabei die angenieteten Kontaktzungen festhalten, um Beschädigungen zu vermeiden.

Einbau

- Anschlusskabel am Spiegelglas aufstecken.

> **Sicherheitshinweis**
> Beim Aufdrücken des Spiegelglases unbedingt Handschuhe anziehen oder sauberen Lappen unterlegen. Bruch- und Verletzungsgefahr!

- Spiegelglas ansetzen, aufdrücken und einrasten. Durch Hin- und Herbewegen des Spiegelglases festen Sitz in der Halterung prüfen.
- Außenspiegel einstellen.

Spiegelmotor aus- und einbauen

Ausbau

- Spiegelglas ausbauen, siehe entsprechendes Kapitel.

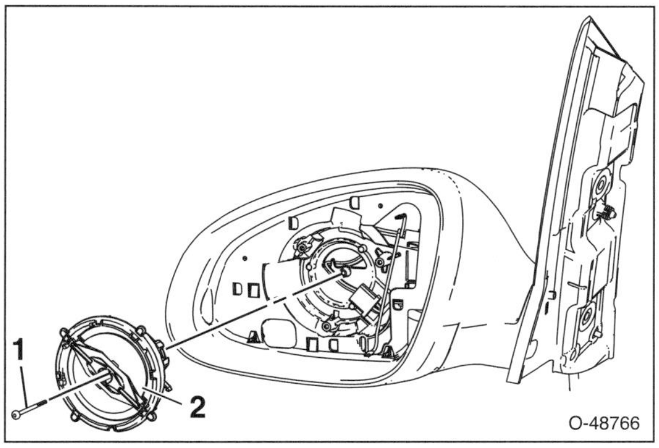

- Schraube –1– herausdrehen.
- Motor –2– abnehmen.
- Elektrische Steckverbindung trennen.

Einbau

- Der Einbau erfolgt in umgekehrter Ausbaureihenfolge.

Außenspiegel aus- und einbauen

Ausbau

- Türverkleidung ausbauen, siehe entsprechendes Kapitel.

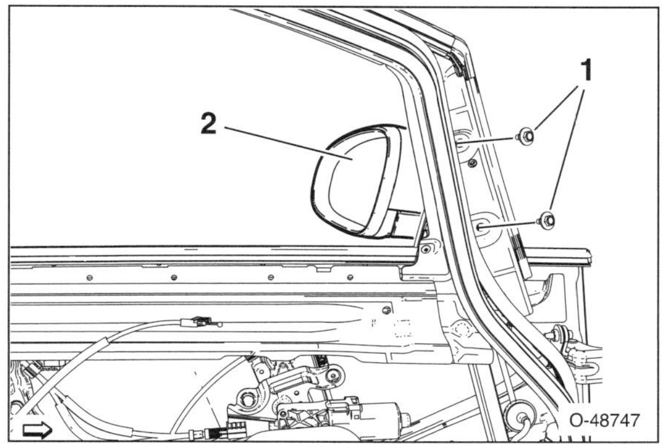

- Schrauben –1– lockern.
- Außenspiegel –2– festhalten und dadurch gegen Herunterfallen sichern. Schrauben herausdrehen und Außenspiegel abnehmen.

Einbau

- Der Einbau erfolgt in umgekehrter Ausbaureihenfolge. Schrauben mit **9 Nm** festziehen.

Speziell Außenspiegel ZAFIRA

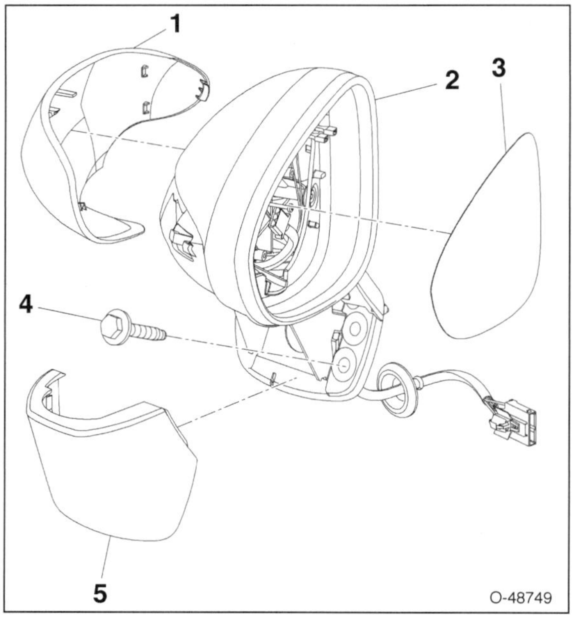

1 – **Spiegelgehäuse**
Ausbau: Zuerst Spiegelmotor ausbauen, dann Gehäuse von innen aus den 7 Halterungen ausclipsen und nach vorn abnehmen.

2 – **Außenspiegel**

3 – **Spiegelglas**

4 – **3 Schrauben, 9 Nm**

5 – **Abdeckung Spiegelfuß**
Zum Ausbau des Spiegels ausclipsen.

Stromlaufpläne

Aus dem Inhalt:

- Zeichenerklärung
- Abkürzungen
- Einzelpläne
- Gebrauchsanleitung
- Warnsymbole

Der Umgang mit dem Stromlaufplan

In einem Personenwagen werden bis zu 3.000 Meter Leitungen verlegt, um alle elektrischen Verbraucher (Scheinwerfer, Radio usw.) mit Strom zu versorgen.

Will man einen Fehler in der elektrischen Anlage aufspüren oder nachträglich ein elektrisches Zubehör montieren, kommt man nicht ohne Stromlaufplan aus; anhand dessen der Stromverlauf und damit die Kabelverbindungen aufgezeigt werden. Grundsätzlich muss der betreffende Stromkreis geschlossen sein, sonst kann der elektrische Strom nicht fließen. Es reicht beispielsweise nicht aus, dass an der Plusklemme eines Scheinwerfers Spannung anliegt, wenn nicht gleichzeitig über den Masseanschluss der Stromkreis geschlossen ist.

Deshalb ist auch das Massekabel von der Batterie mit der Karosserie verbunden. Mitunter reicht diese Masseverbindung jedoch nicht aus, und der betreffende Verbraucher bekommt eine direkte Masseleitung, deren Isolierung in der Regel braun eingefärbt ist. In den einzelnen Stromkreisen können Schalter, Relais, Sicherungen, Messgeräte, elektrische Motoren oder andere elektrische Bauteile integriert sein. Damit diese Bauteile richtig angeschlossen werden können, haben die einzelnen Kontakte entsprechende Klemmenbezeichnungen.

Um das Kabelgewirr zumindest auf dem Stromlaufplan übersichtlich zu ordnen, sind die einzelnen Strompfade senkrecht nebeneinander angeordnet und durchnummeriert.

Die senkrechten Linien münden oben in Rechtecken, die die plusseitigen Anschlüsse des Stromkreises symbolisieren. Es handelt sich dabei um die Klemmen 30 und 15. Die Ziffern in den Rechtecken weisen auf die weiterführenden Strompfade zum Batterie-Pluspol beziehungsweise Zündschloss hin. Unten mündet der Stromkreis auf einer waagerechten Linie, die den Masseanschluss symbolisiert. Die Masseverbindung wird normalerweise direkt über die Karosserie hergestellt oder aber über eine zusätzliche Leitung von einem an der Karosserie angebrachten Massepunkt.

Die wichtigsten Klemmenbezeichnungen sind:

Klemme 15 wird über das Zündschloss gespeist. Die Leitungen führen nur bei eingeschalteter Zündung Strom. Die Kabel sind meist schwarz oder schwarz mit farbigem Streifen.

Klemme 30. An dieser Klemme liegt immer die Batteriespannung an. Die Kabel sind meist rot oder rot mit farbigem Streifen.

Klemme 31 führt zur Masse. Die Masse-Leitungen sind in der Regel braun.

Wenn der Stromkreis durch ein Quadrat unterbrochen wird, in dem eine Zahl steht, weist die Ziffer auf den Strompfad hin, in dem der Stromkreis weitergeführt wird.

Im Stromlaufplan sind in den einzelnen Leitungen Buchstabenkombinationen und Ziffern eingefügt.

Beispiel: BKWH 0.5

Die Buchstaben weisen auf die Leitungsfarben hin. Besteht die Kennzeichnung aus zwei Buchstabengruppen wie im Beispiel, dann nennt die erste Buchstabenfolge die Leitungsgrundfarbe: BK = schwarz und die zweite die Zusatzfarbe: WH = weiß. Die Ziffern 0.5 geben an, welchen Leitungsquerschnitt in mm^2 die Leitung hat.

Schlüssel für Leitungsfarben

BK = Schwarz
BN = Braun
BU = Blau
GN = Grün
GY = Grau
OG = Orange
PK = Rosa
RD = Rot
VT = Violett
WH = Weiß
YE = Gelb

Zuordnung der Stromlaufpläne

OPEL ASTRA J, Modelljahr 2012

Wegen des großen Umfangs können nicht alle Stromlaufpläne aus jedem Modelljahr berücksichtigt werden. Jedoch kann man sich auch an den vorliegenden Stromlaufplänen orientieren, wenn das eigene Fahrzeug einem anderen Modelljahr angehört, da die Änderungen in der Regel nur Teilbereiche betreffen.

Gebrauchsanleitung für Schaltpläne

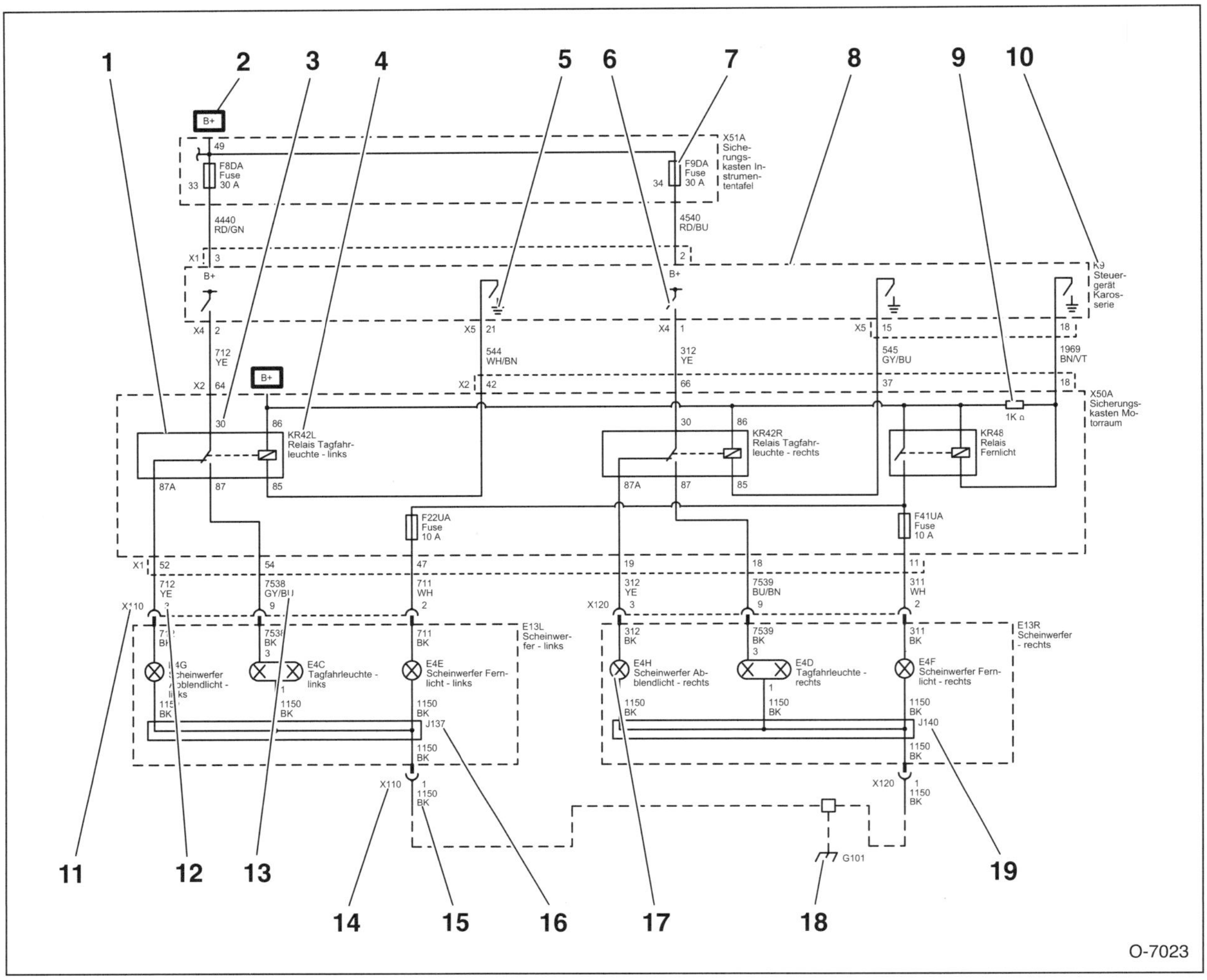

1 – Bauteil-Symbol
Hier: Relais

2 – B+ = Batterie-Plus
Ca. 12-14 Volt

3 – Klemmenbezeichnung
Hier: Klemme 30 = dauerhaft ca. 12-14 Vol

4 – Bauteil-Bezeichnung
Hier: KR42L, Relais Tagfahrlicht links

5 – Symbol für "Masseanschluss"

6 – Symbol für "Schalter"

7 – Symbol für "Sicherung"
Hier: Sicherung 34, F9DA, 30 Ampere

8 – gestrichelte Linie weist auf die Teildarstellung eines Bauteils hin
Hier: Karosserie-Steuergerät

9 – Widerstand
Hier: Widerstand 1kΩ.

10 – Bauteil-Bezeichnung
Hier: K9 = Karosserie-Steuergerät

11 – Kabelsatz-Bezeichnung / Mehrfachstecker
Hier: X110 = Kabelsatz Frontleuchte an Kabelsatz Scheinwerfer links (10 Buchsen); Einbauort: Im Motorraum, an der linken vorderen Ecke hinter dem linken Scheinwerfer

12 – Pin des Mehrfachsteckers

13 – Kabelfarbe
GY = grau (Hauptfarbe),
BU = blau (Zusatzfarbe)

14 – Mehrfachstecker
X110 für Frontleuchte, Pin 1

15 – Kabelfarbe
BK = schwarz

16 – Kabelsatzbezeichnung
Hier: J137 = Kabelsatz Scheinwerfer links; an der Fahrzeugaußenseite, innerhalb des Zusammenbaus Scheinwerfer links

17 – Symbol für Bauteil
Hier: Lampe

18 – Symbol für Massepunkt
Hier: G101 = Scheinwerferkabelsatz; im Motorraum, nahe der linken vorderen Ecke

19 – J140 = Kabelsatz
Hier: Scheinwerfer rechts; an der Fahrzeugaußenseite, innerhalb des Zusammenbaus Scheinwerfer rechts

Abkürzungen

15	Klemme 15, Zündspannung
30	Klemme 30, Batteriespannung
31	Klemme 31, Masse
5A	Sicherung 5 Ampere
A/D	Analog/Digital
ABS	Antiblockiersystem
AC	Klimaanlage (Air-Condition)
ACL	Luftfilter
ACM	Steuergerät Klimaanlage
ADL	Türverriegelungsautomatik
AFL	Automatisches Kurvenlicht
ALC	Automatische Niveauregulierung, automatische Leuchtenregelung
Ant.	Antenne
AP	Gaspedal
APP	Gaspedalposition
APT	Einstellbare Drosselklappe
AT	Automatikgetriebe
B+	Batteriespannung
BATT	Batterie
BCM	Karosserie-Steuergerät
BPCM	Steuergerät Batteriepaket
BPP	Bremspedalposition
CAC	Ladeluftkühler
CCP	Bedieneinheit Klimaanlage
CID	Farb-Info-Display
CLS	Schalter Kühlmittelstand
CMP	Nockenwellenposition
CNG	Erdgas
CPP	Kupplungspedalposition
CPS	Zentrale Stromversorgung
DCM	Türsteuergerät
DEC	Digitale elektronische Steuerung
DIC	Fahrer-Info-Center
DRL	Lampen Tagesfahrlicht
EBCM	Steuergerät ABS
EBTCM	Modul für die Traktionskontrolle und elektronische Bremskraftregelung
ECC	Elektronische Klimaregelung
ECM	Steuergerät Motor, elektronisches Steuergerät
ECS	Abgasreinigungsanlage
ECT	Motorkühlmitteltemperatur
EGR	Abgasrückführung
EOT	Motoröltemperatur
EPR	Abgasdruckregler
EPS	Elektronische Servolenkung
ESC	Elektronische Fahrwerksregelung
ESP	Elektronisches Stabilitätsprogramm
Gen	Generator
GID	Grafik-Info-Display
HCM	Steuergerät Heizung/Lüftung/Klima
HLK	Heizungs-, Lüftungs- und Klimaanlage
HO2S	Lambdasonde
HVACM	Steuergerät Heizungs-, Lüftungs- und Klimaanlage
IPC	Kombiinstrument
LHD	Linkslenker
LTPI	Kontrollleuchte Reifendruck zu niedrig
LTPWS	Warnsystem Geringer Reifendruck
MAF	Ansaugluftmasse
MAP	Drucksensor Saugrohr
MID	Multi-Info-Display
MIL	Kontrollleuchte
MT	Schaltgetriebe
MY	Modelljahr
O2S	Lambda Sonde
PCM	Steuergerät Antriebsstrang
POT	Potentiometer, regelbarer Widerstand
PSCM	Steuergerät Lenkunterstützung, Steuergerät Beifahrersitz
PTC	Positiver Temperaturkoeffizient
RHD	Rechtslenker
RKE	Schlüsselloser Zugang fernbedient
SAC	Halbautomatische Klimaregelung
SCM	Sitzsteuergerät
SIAB	Seitenaufprallairbag
SIR	Airbag
SWPS	Lenkwinkelsensor
TID	Triple-Info-Display
TIM	Reifendruck-Überwachungssystem, Reifendruck-Überwachungsmodul
TPM	Reifendrucküberwachung
TPMS	Reifendruck-Überwachungssystem
XNL	Xenon Scheinwerfer

Motoren

LBS	2,0-l-Turbodiesel (118 kW)
LBX	2,0-l-Turbodiesel (96 kW)
LBY	2,0-l-Turbodiesel (140 kW)
LDD	1,4-l-Benziner (64/74 kW)
LDE/LED/LFJ	1,6-l-Benziner (85 kW)
LLU	1,4-l-Benziner (132 kW)
LPL	1,7-l-Turbodiesel (92 kW)
LPV/LKR	1,7-l-Turbodiesel (81 kW)
LUD/LKR	1,7-l-Turbodiesel (96 kW)
LSF	1,3-l-Turbodiesel (70 kW)
LUJ	1,4-l-Benziner (88/103 kW)
LGE	1,6-l-CNG-Erdgas-Motor (110 kW)
2H0	1,8-l-Benziner (85/103 kW)
LHU	2,0-l-Benziner (206 kW)

Warn-Symbole im Schaltplan

	Bei Arbeiten in der Nähe von Rückhaltesystemen, muss das Rückhaltesystem deaktiviert werden. Verletzungsgefahr!
	Der Steckverbinder am Airbag-Modul kann nicht ausgesteckt oder entfernt werden, ohne das Modul zu beschädigen. Wenn der Steckverbinder vom Modul getrennt ist, muss das gesamte Modul mit Kabelsatz ausgetauscht werden.
	Hohe Spannung und Stromstärke bei Gasentladungslampen. Verletzungsgefahr! Niemals Hochspannungsmodul öffnen oder mit Messspitzen zwischen Ballastwiderstand und Lichtbogenröhre messen.
	Verdrillte Drähte bieten einen effizienten Schutz vor elektrischen Störungen. Die Drähte müssen mindestens 10 Mal pro 31 cm verdrillt sein. Der Außendurchmesser der verdrillten Drähte darf 6,0 mm nicht übersteigen.

Anlassen

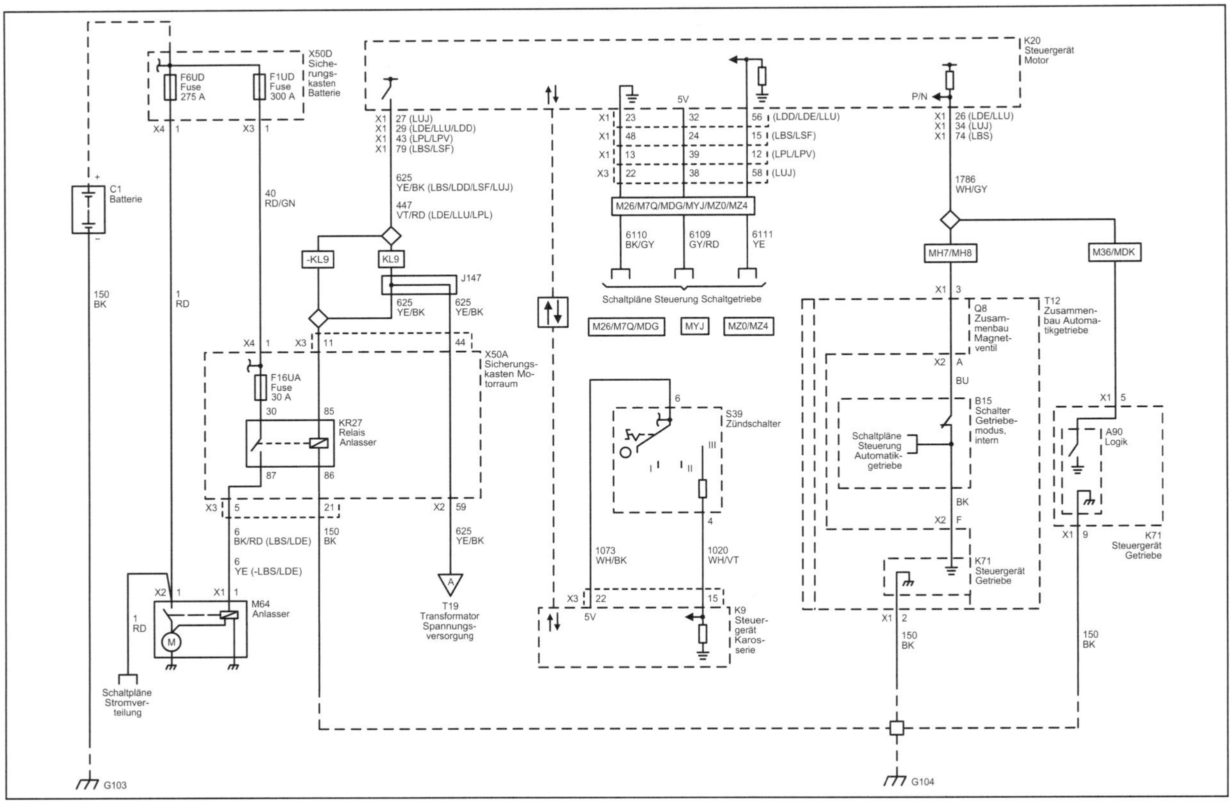

Abblendlicht- und Fernlichtscheinwerfer und Tagfahrlicht (T4A)

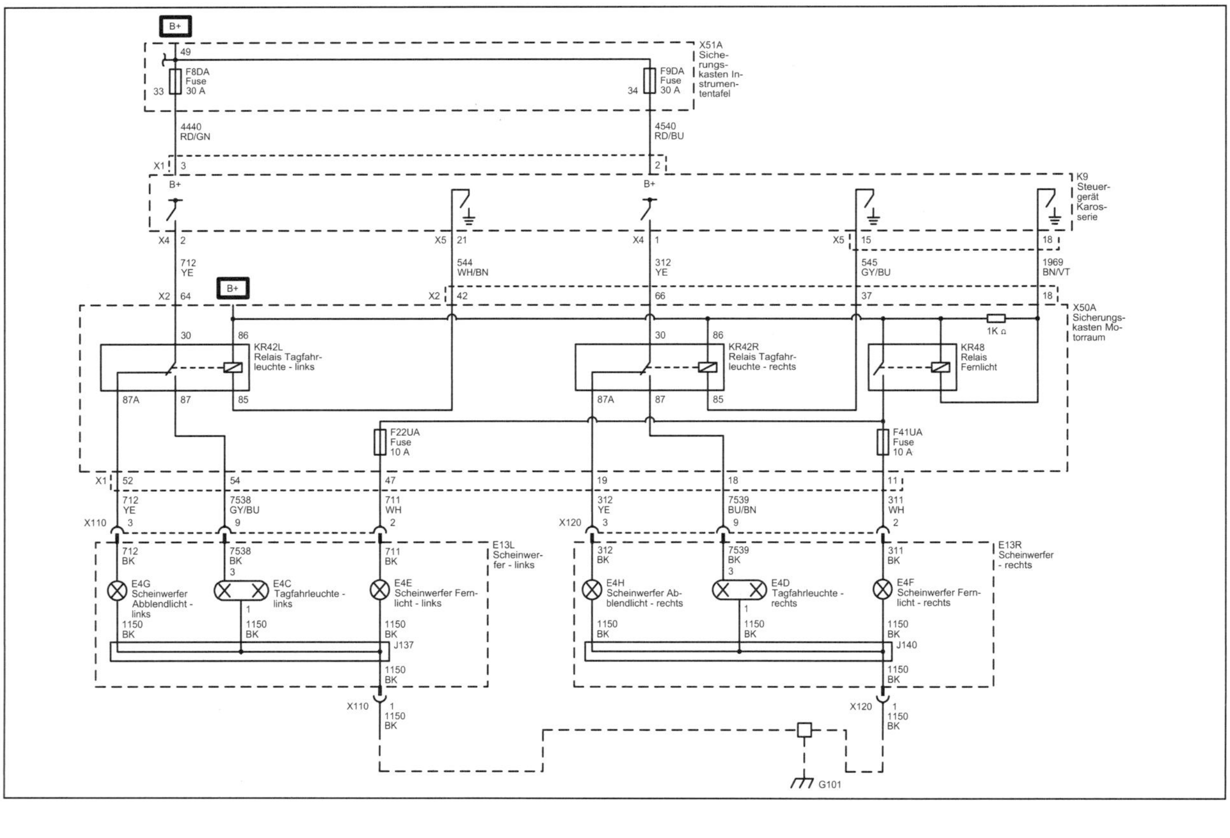

Relais Abblendlichtscheinwerfer und Tagfahrlicht (T4F mit T95 und TR7)

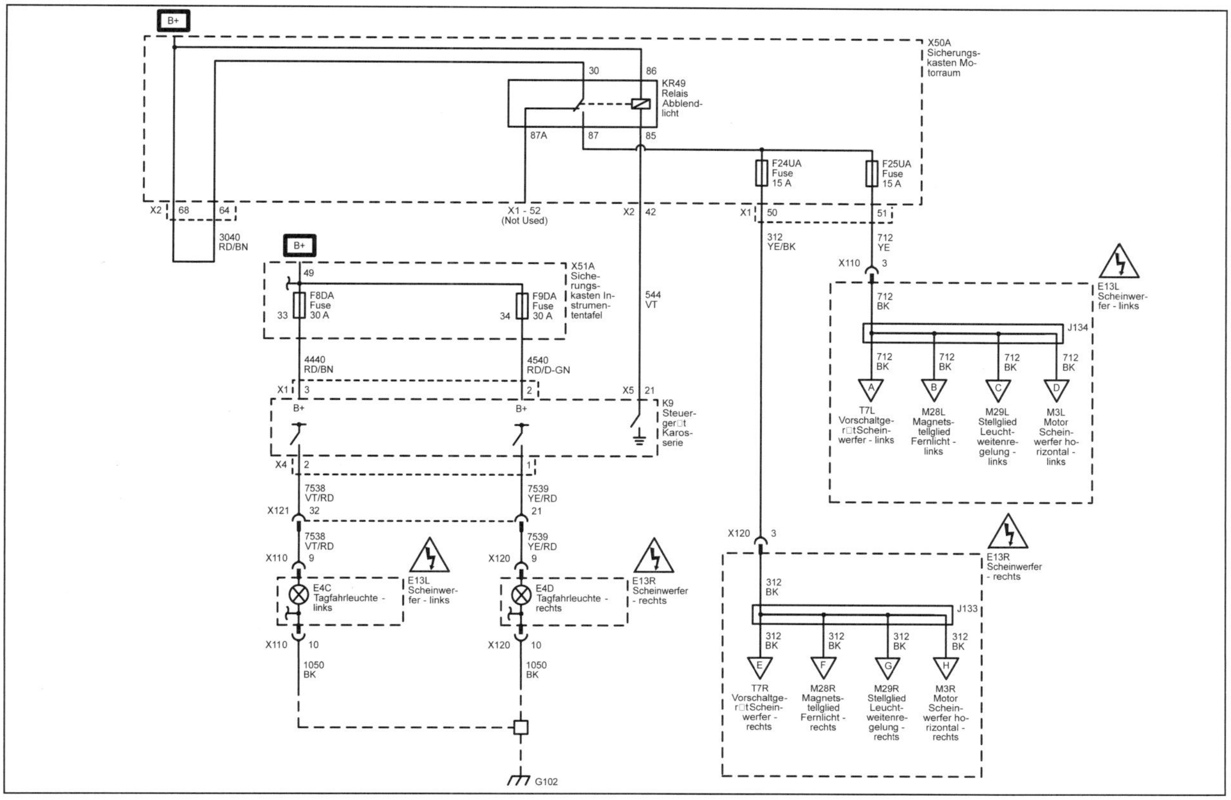

Standlicht

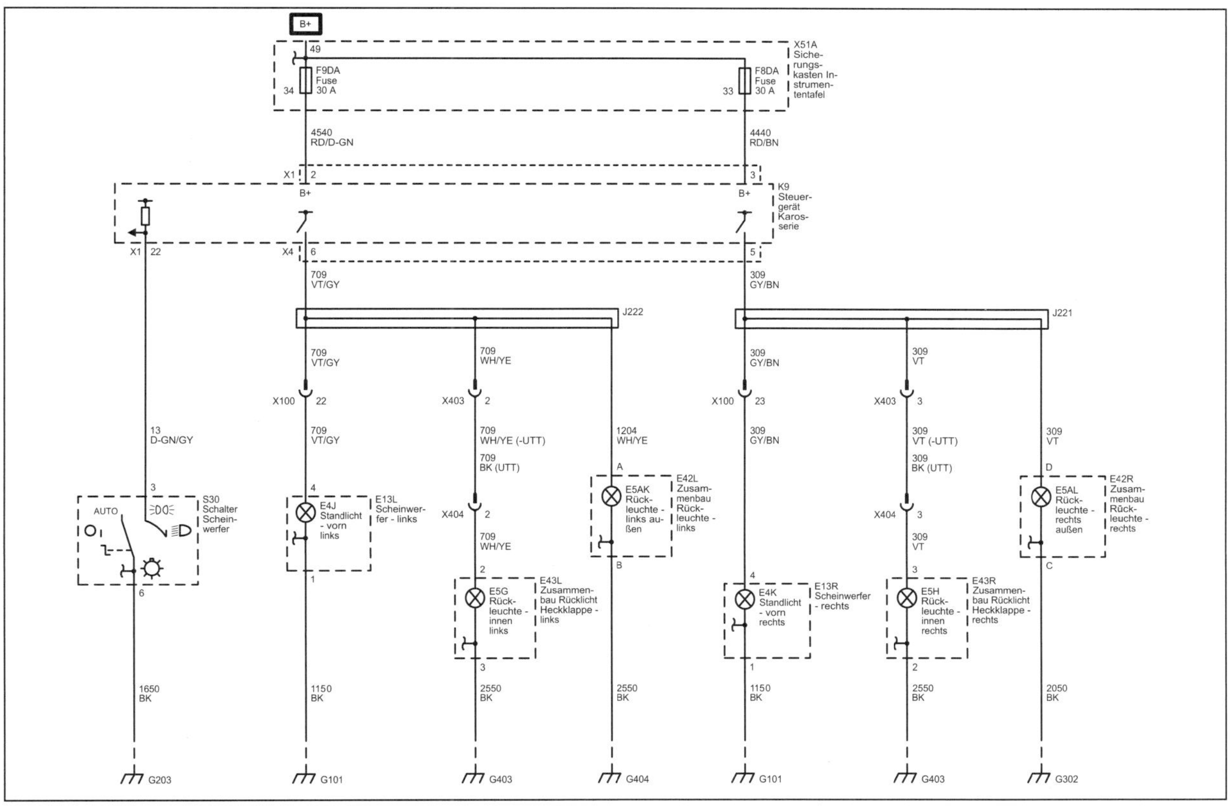

Schalter und Eingänge

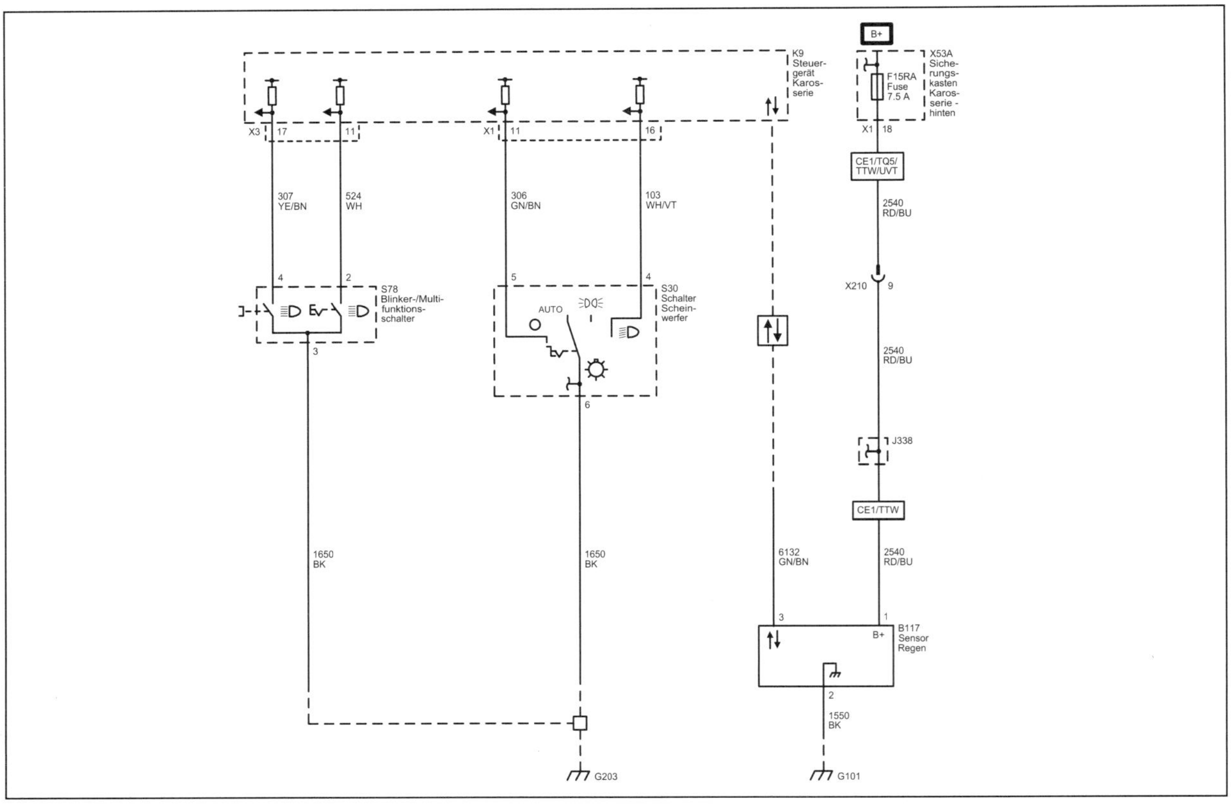

Nebelscheinwerfer vorn und hinten

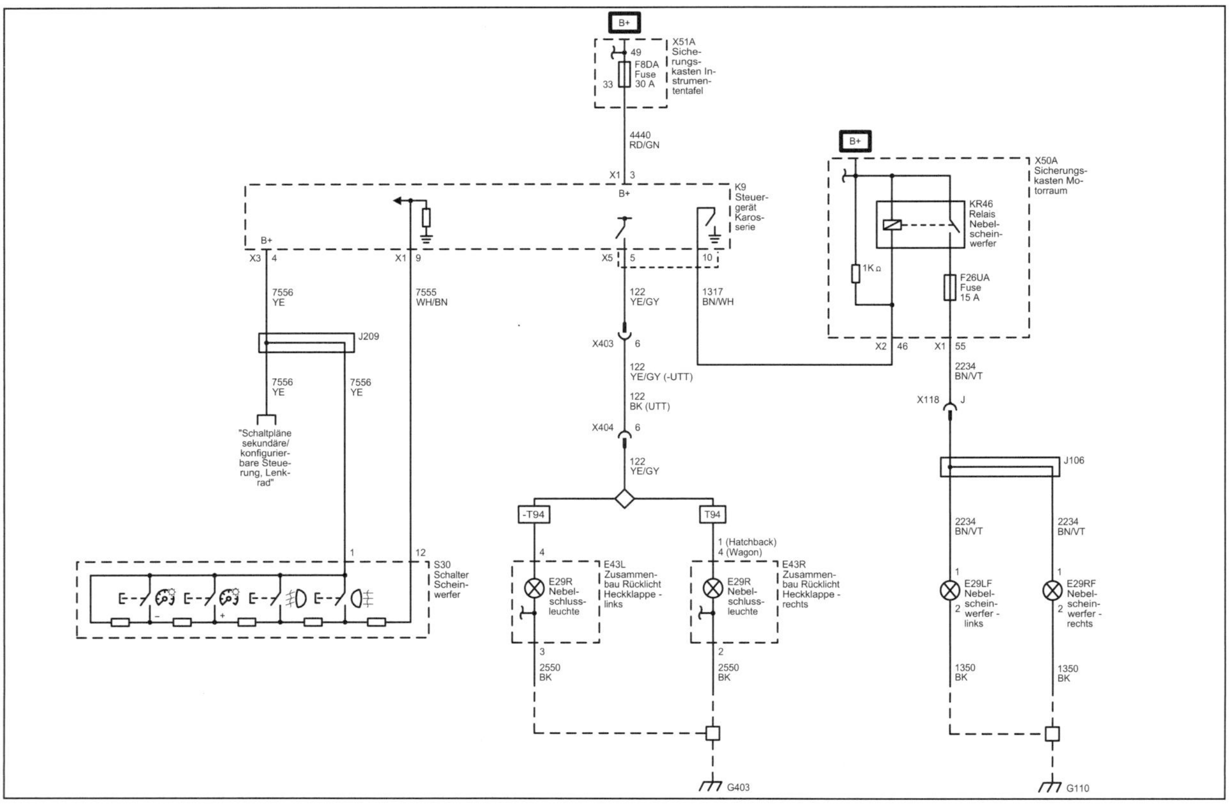

Warnblinkschalter, Blinker- und Multifunktionsschalter, Blinkleuchten, Zusatzblinkleuchten

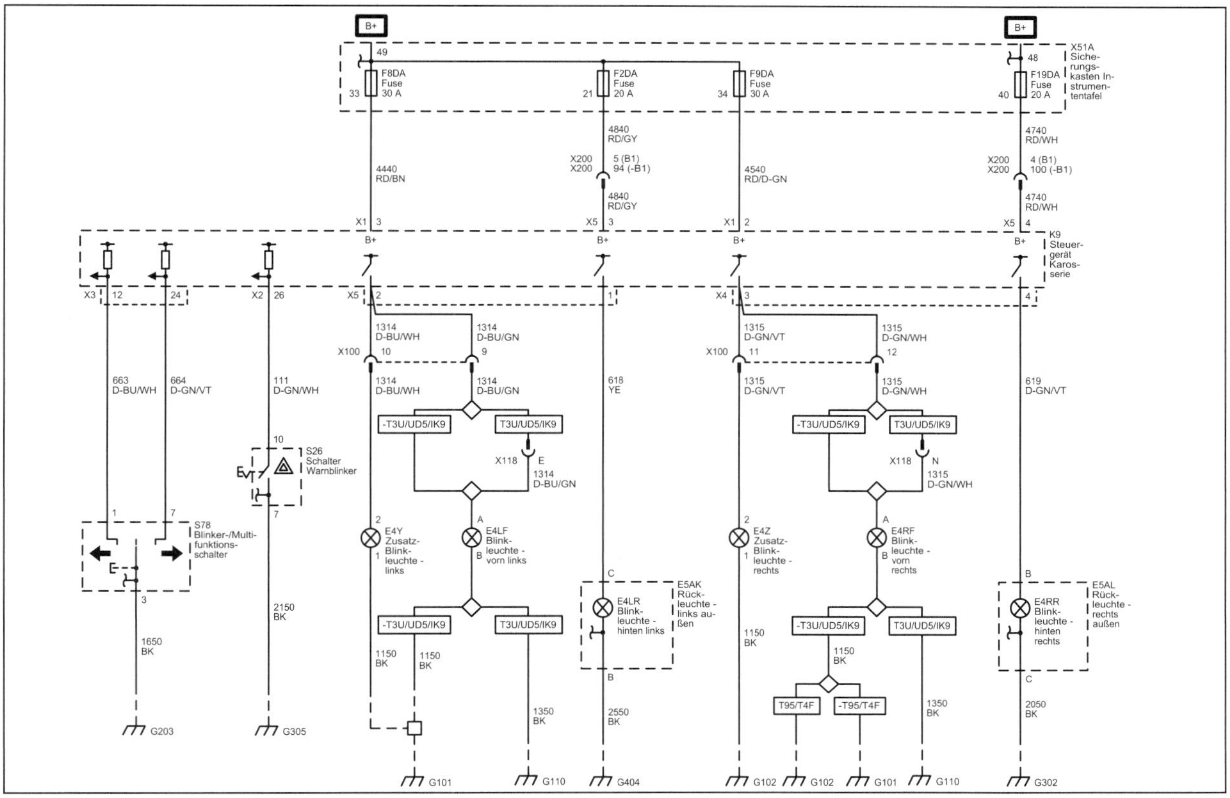

Brems- und Schlussleuchten

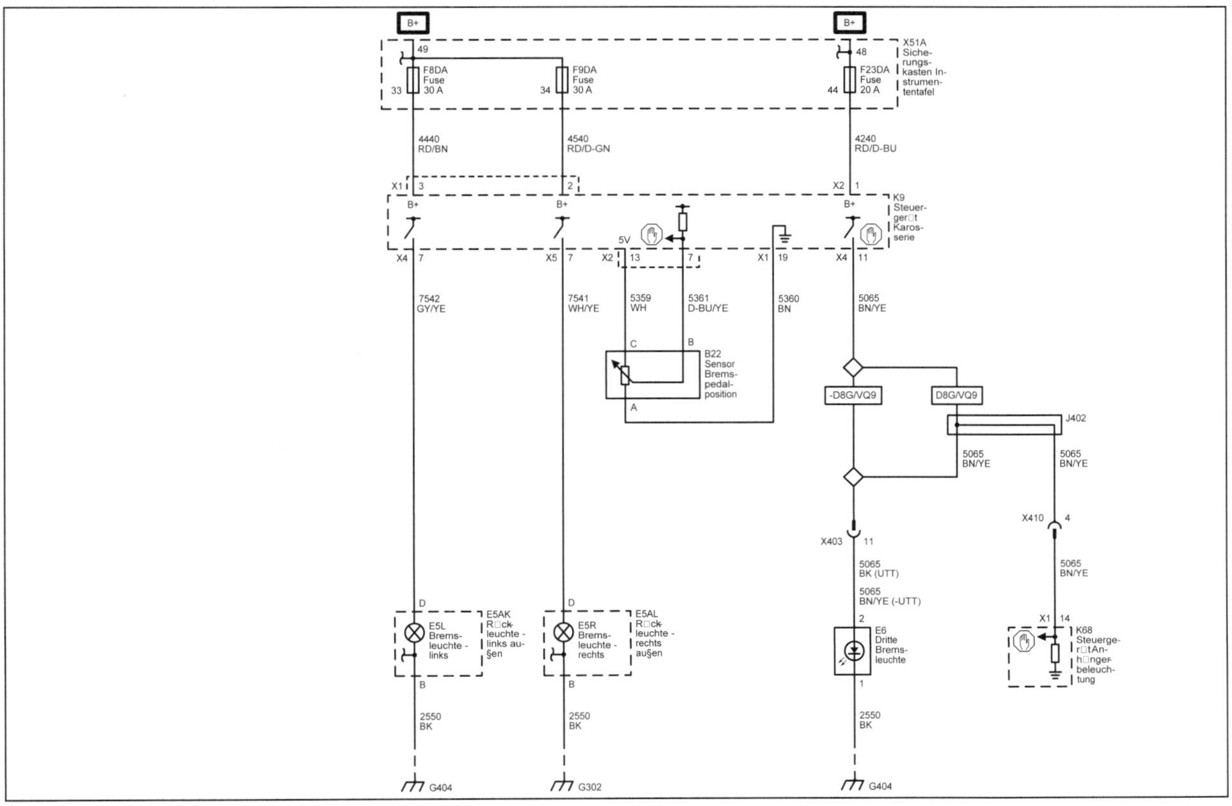

Kennzeichenleuchten und Rückfahrscheinwerfer

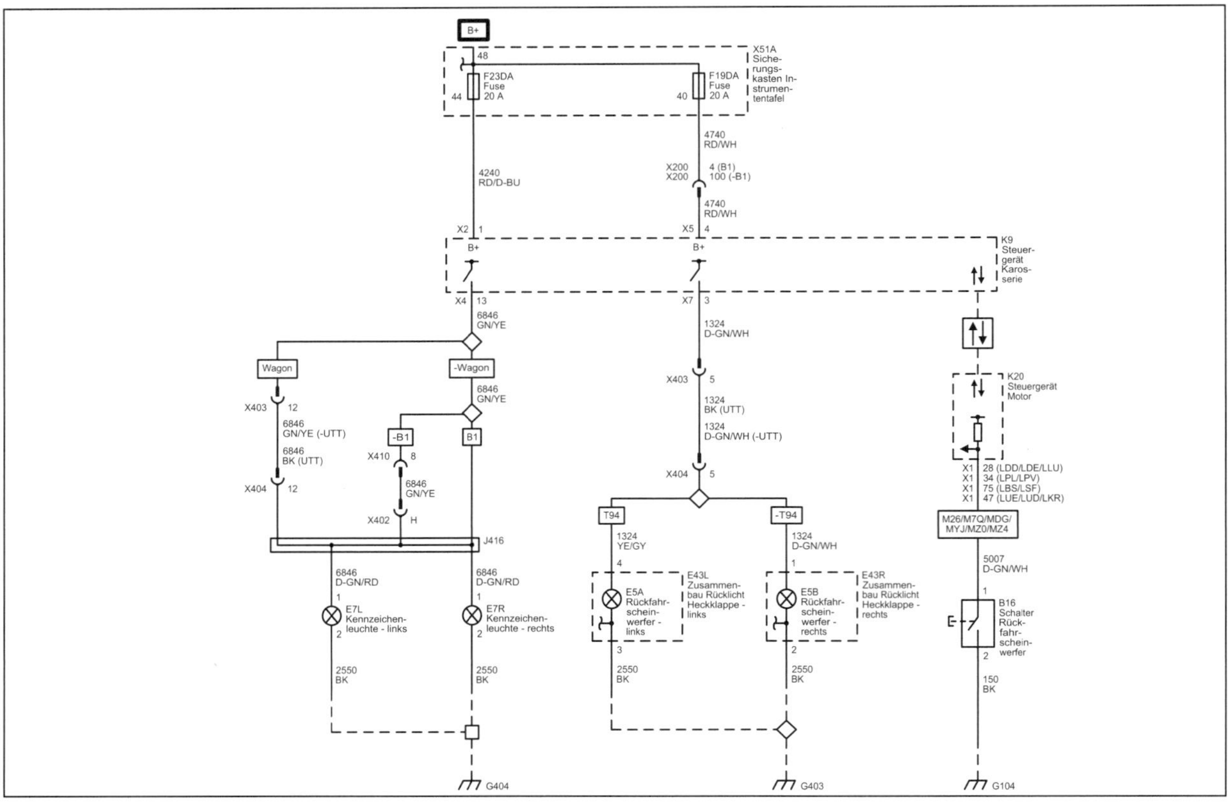

Handschuhfach-, Decke-, Lese- und Sonnenblendenleuchten

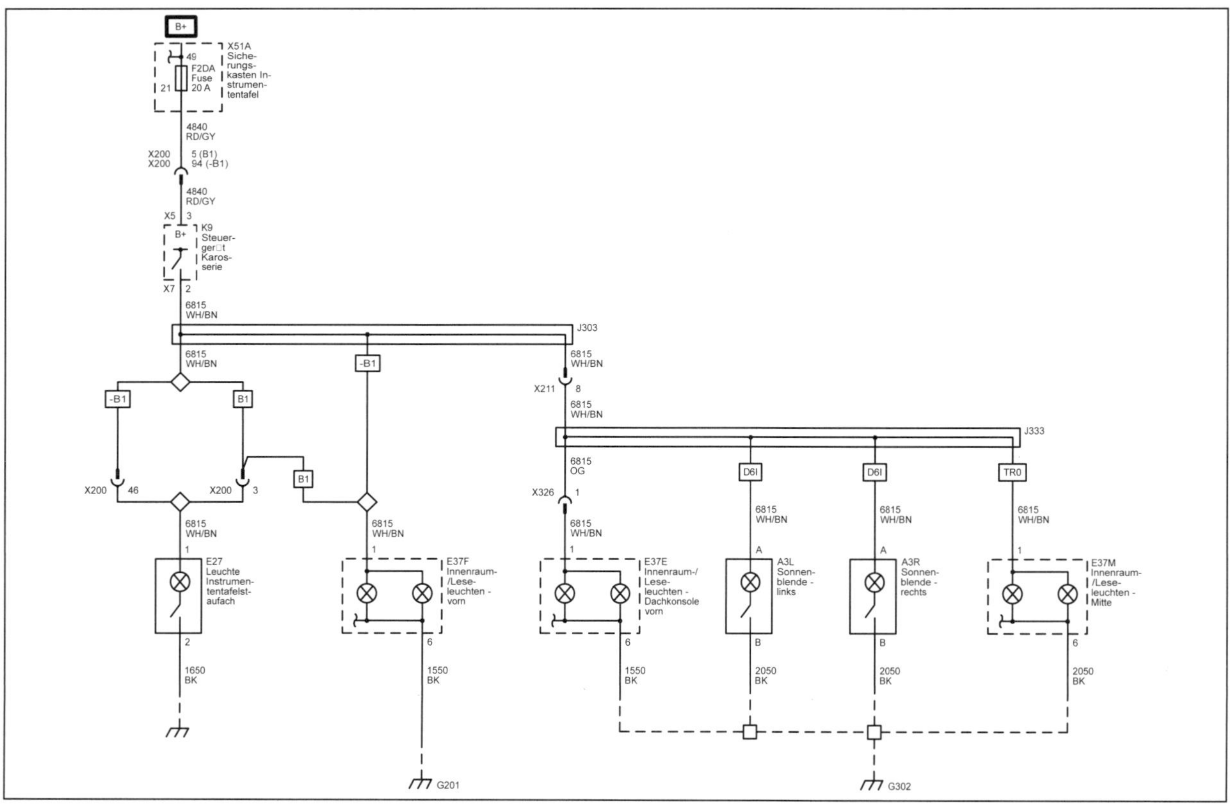

Decken-/Leseleuchten und Kofferraumleuchten

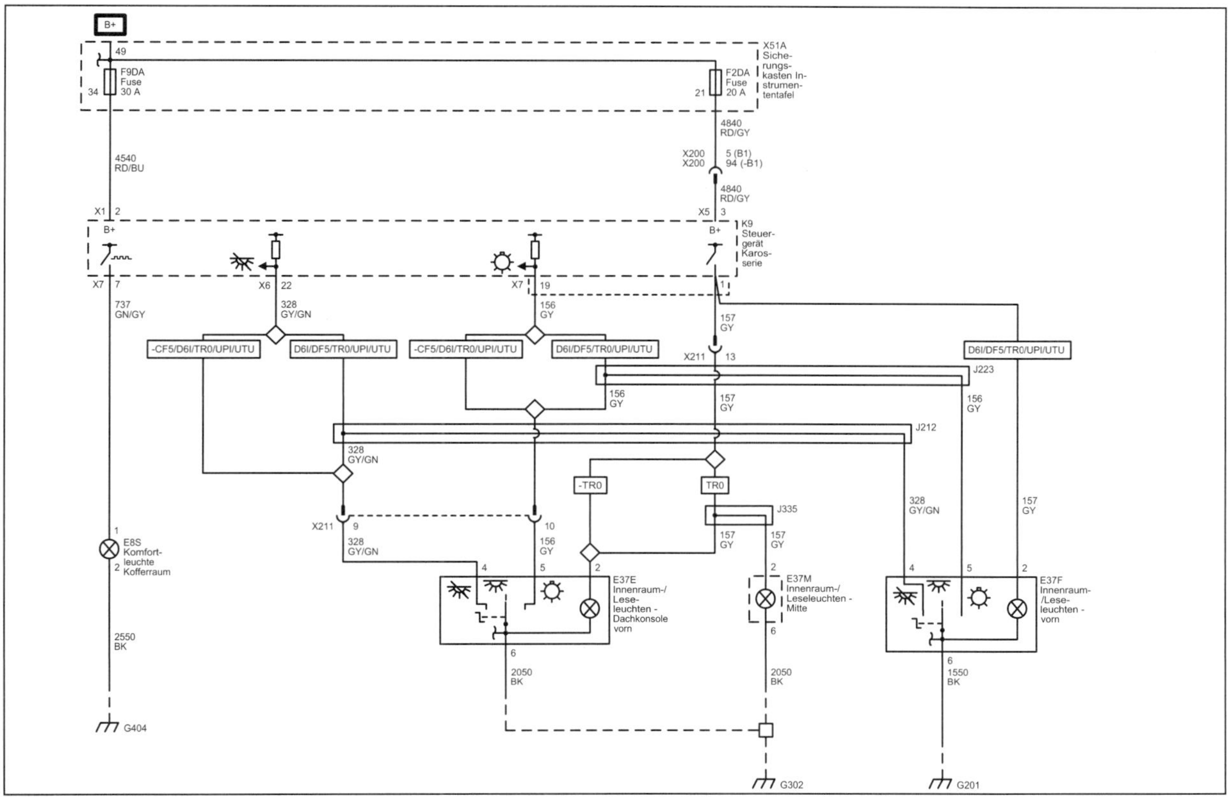

Dach- und Schiebedachschalter

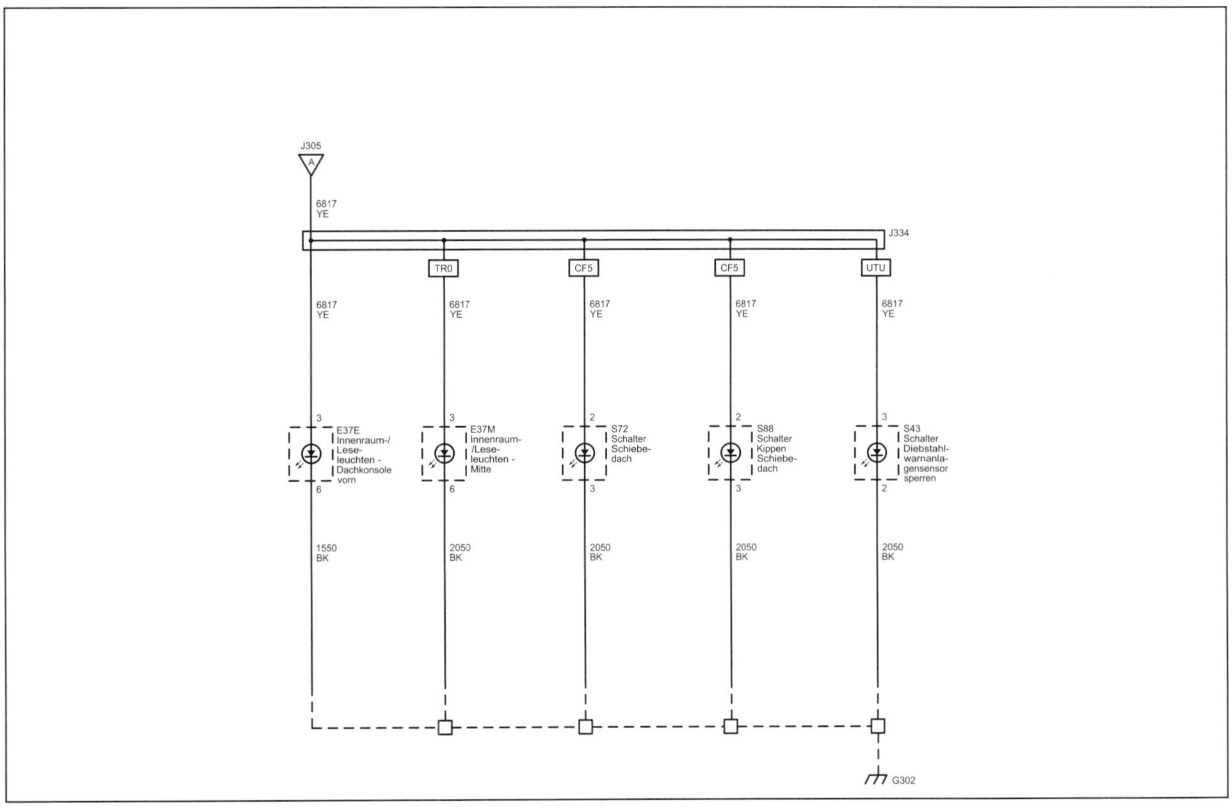

Armaturentafelschalter (1 von 2) und Lenkradschalter, Zubehörsteckdose

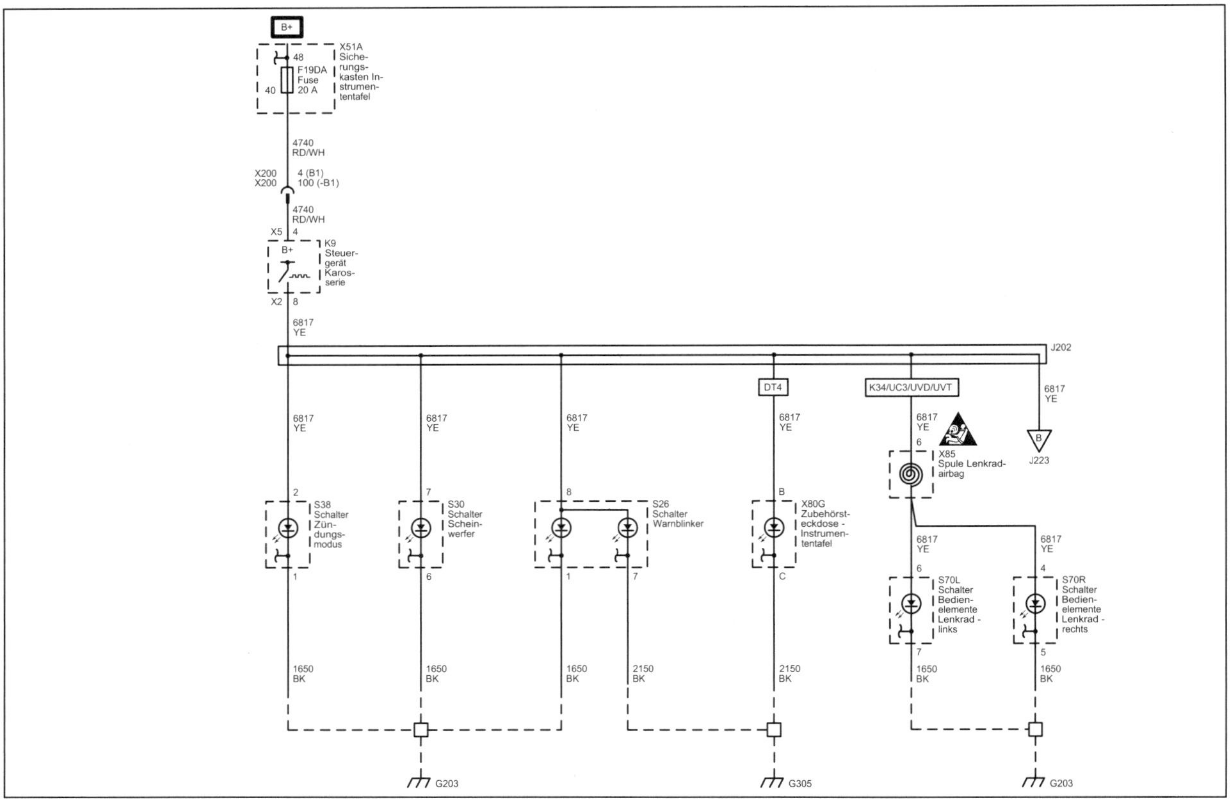

Armaturentafelschalter (2 von 2)

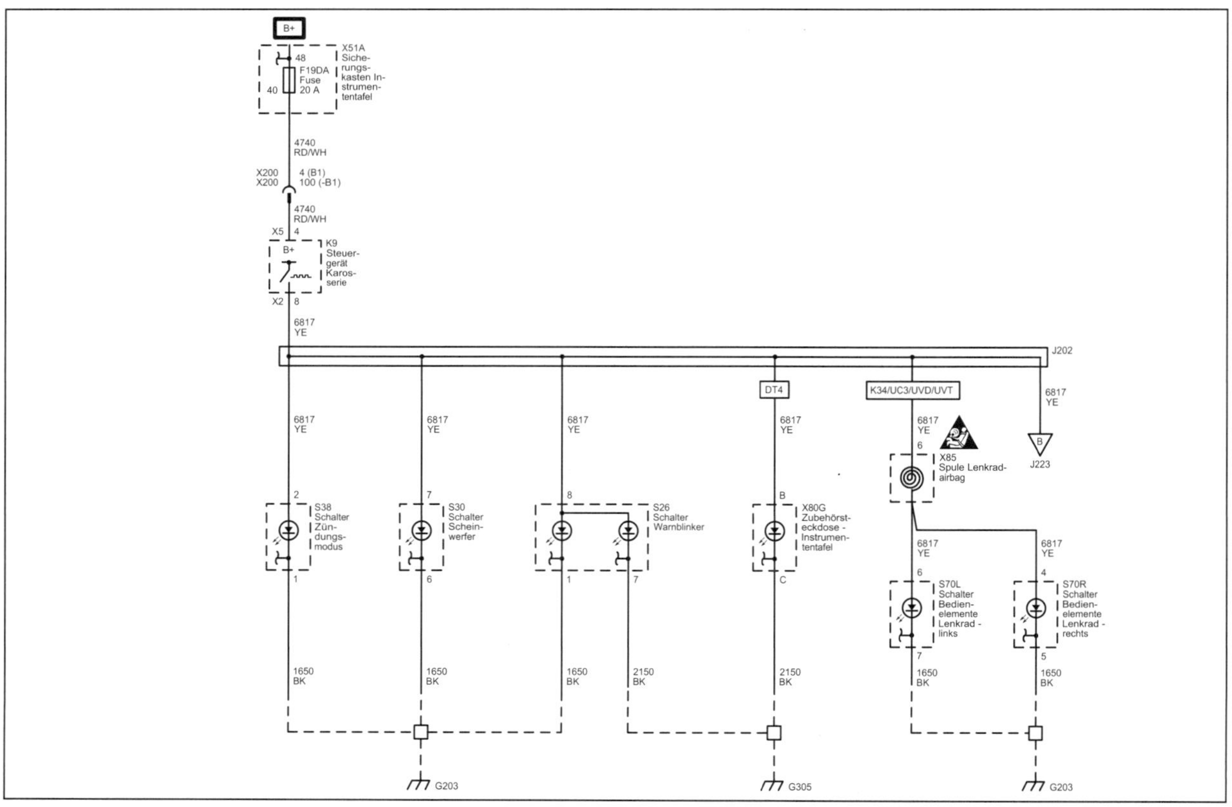

Akzentleuchten (C9B oder C9D)

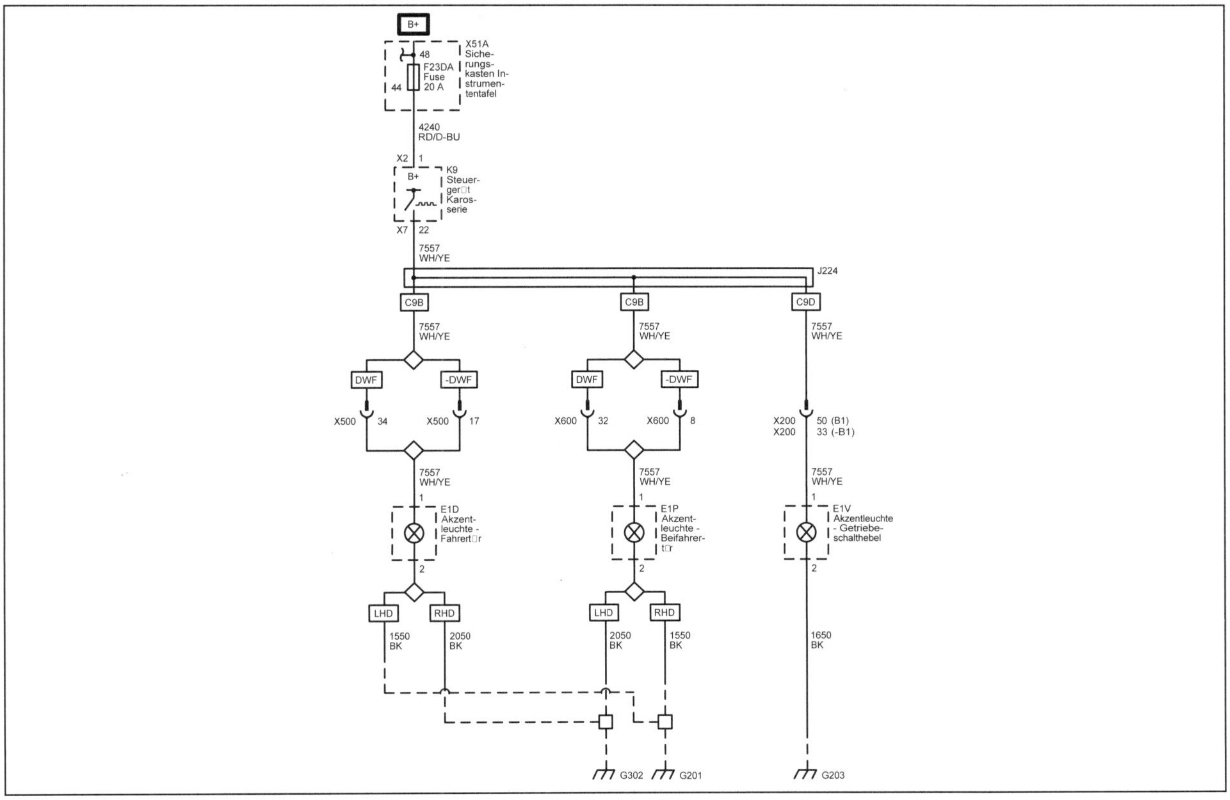

Heckscheibenheizung

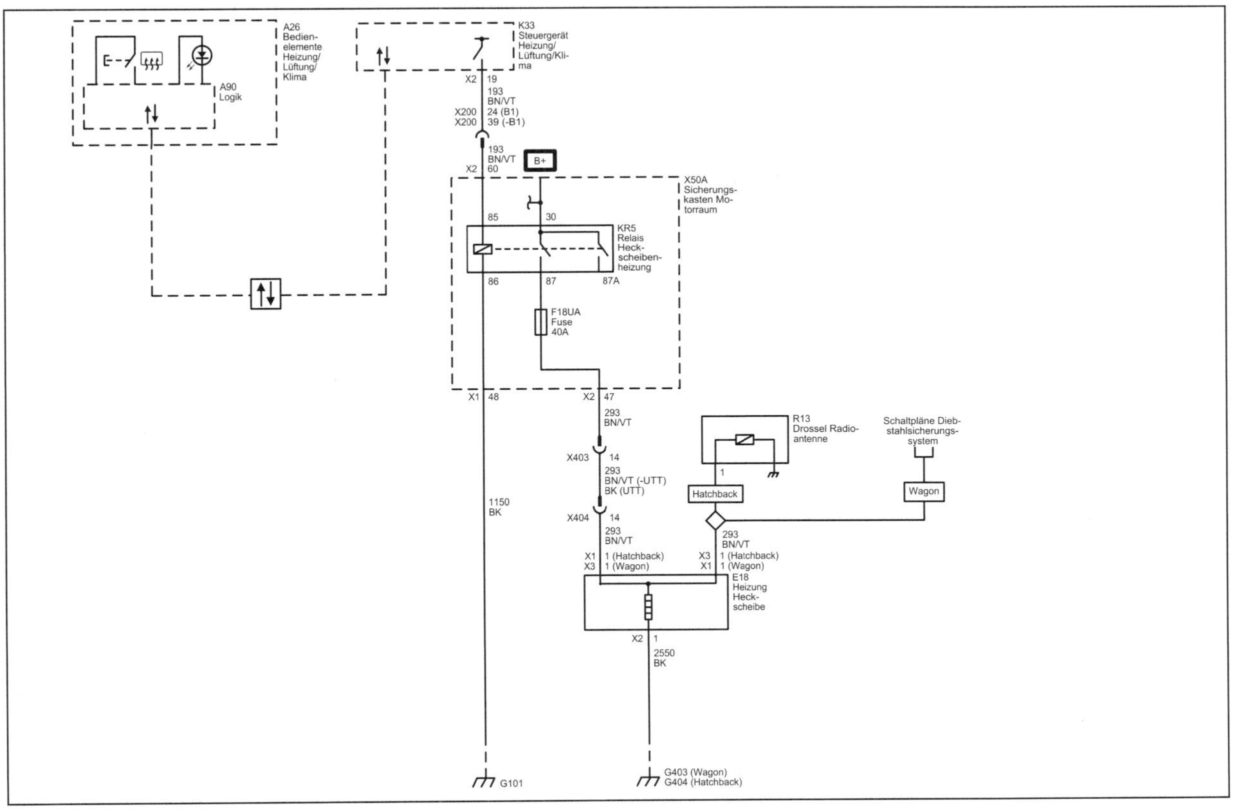

Hupe

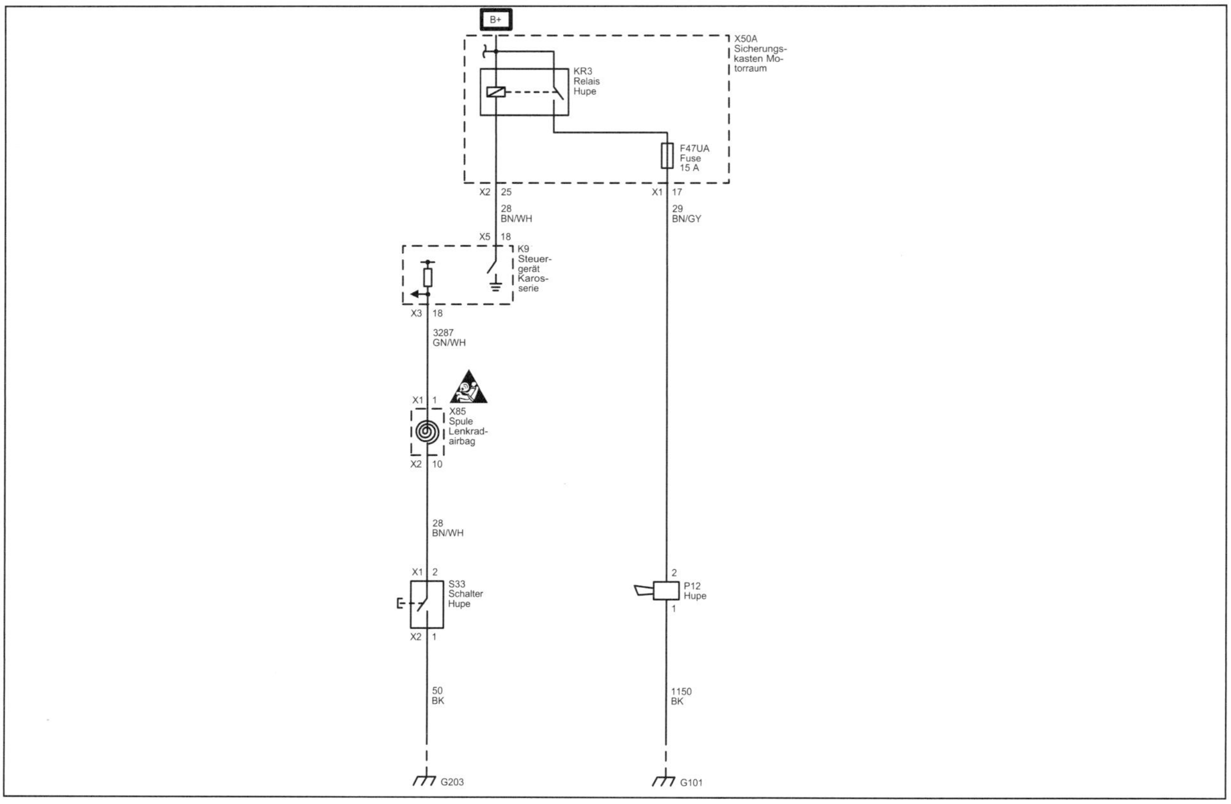

Fahrerfenster (AER)

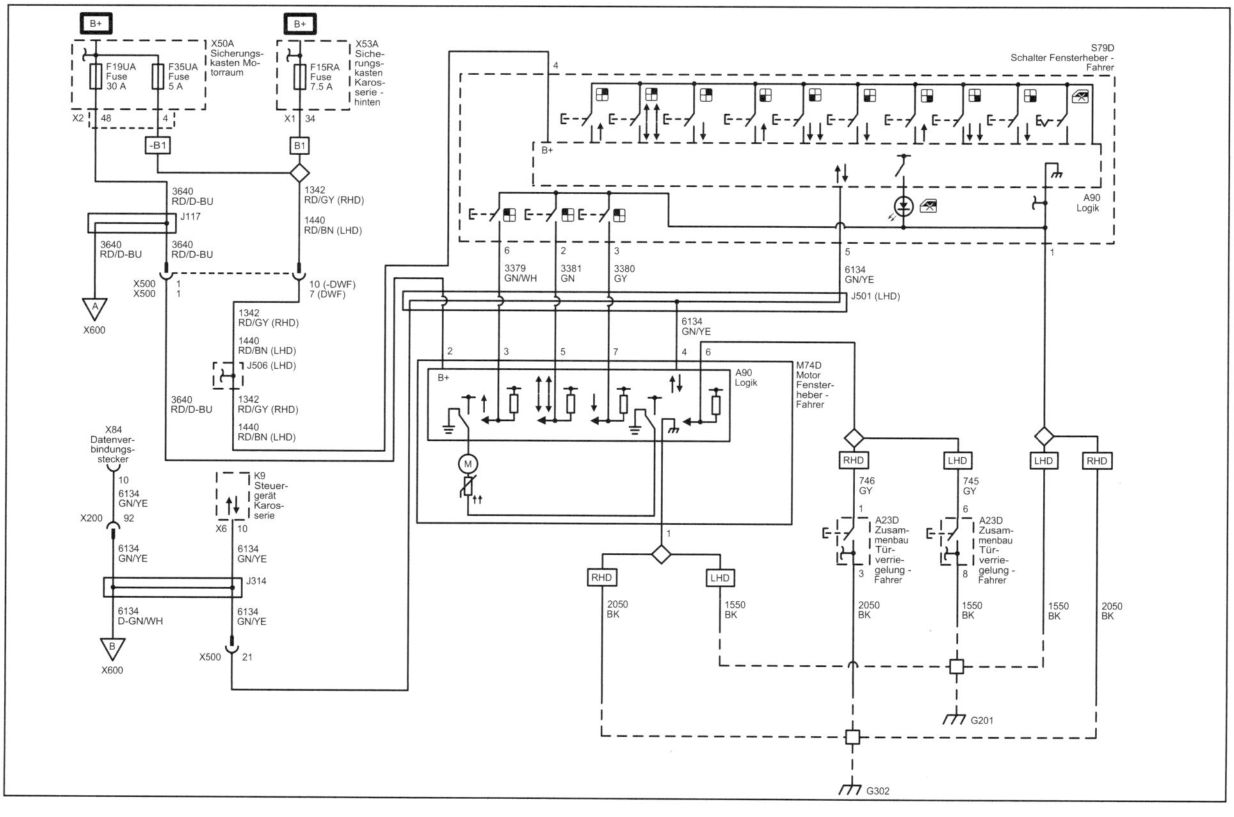

Außenspiegel mit Anklappfunktion

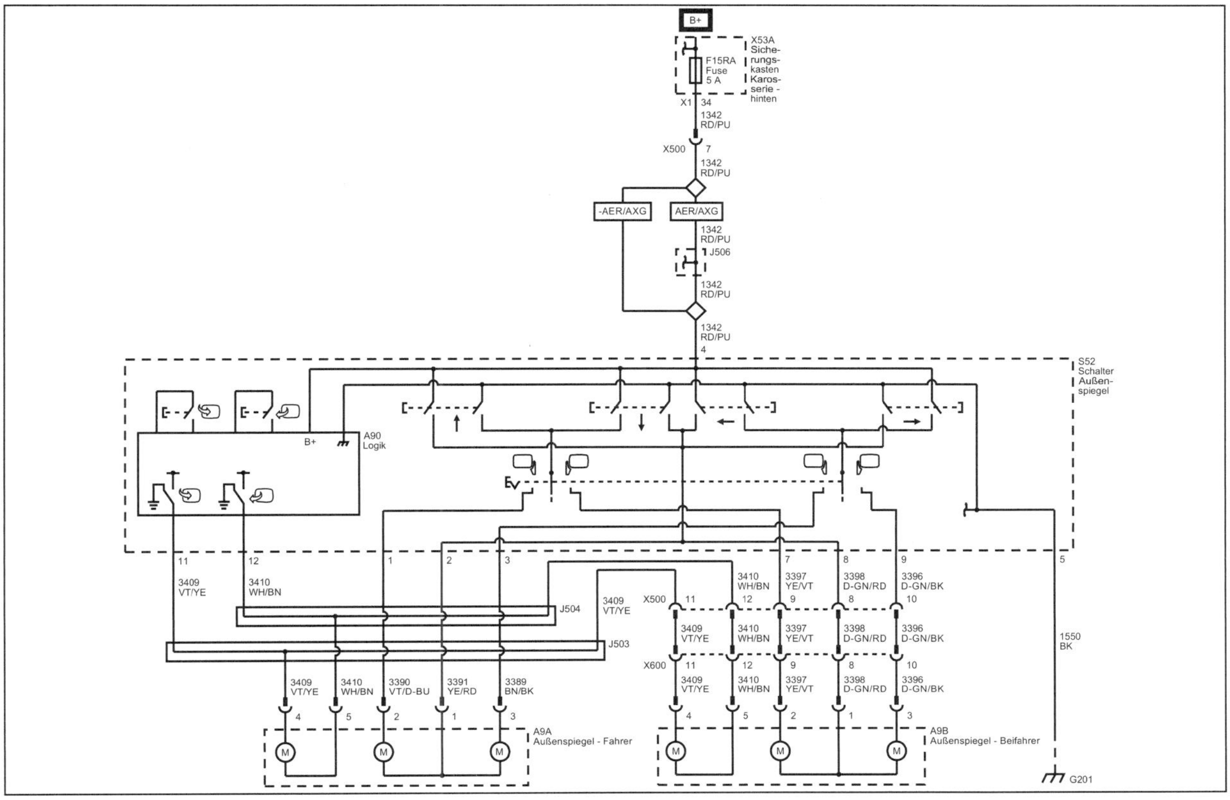

Außenspiegelbeheizung

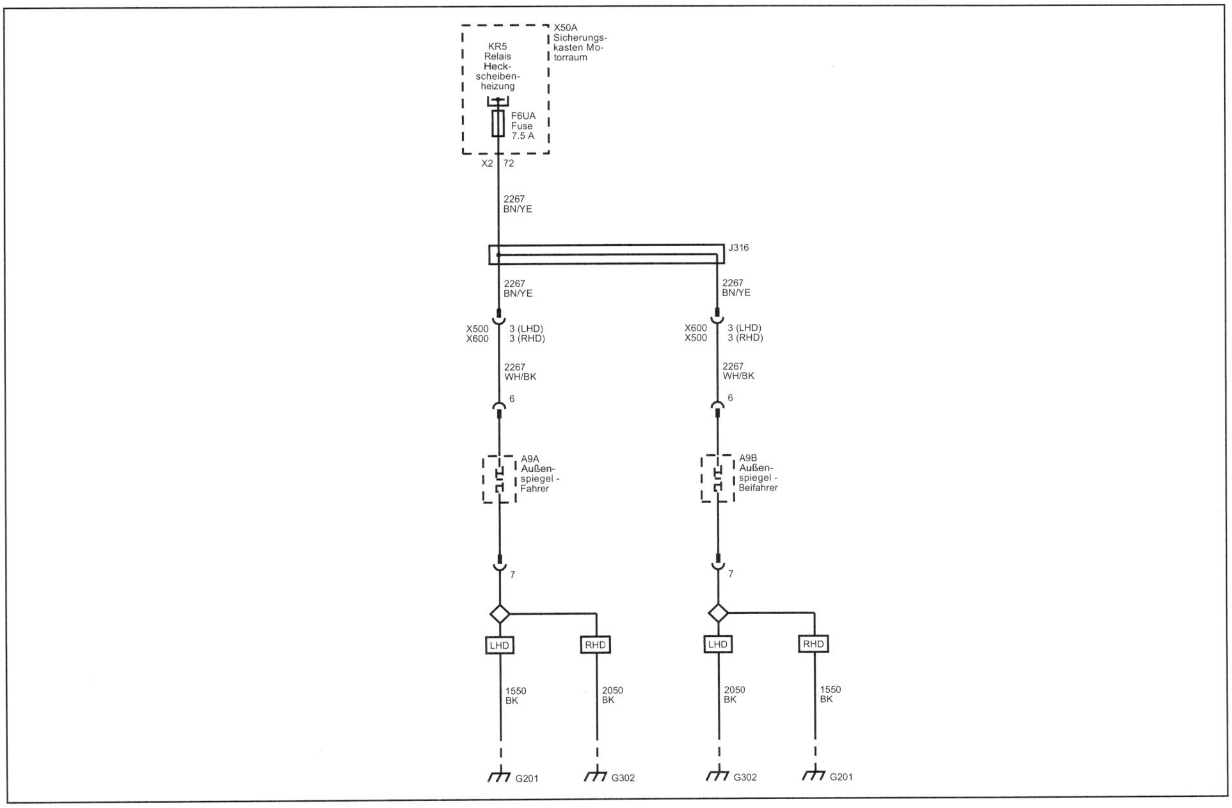

Radio – Stromversorgung

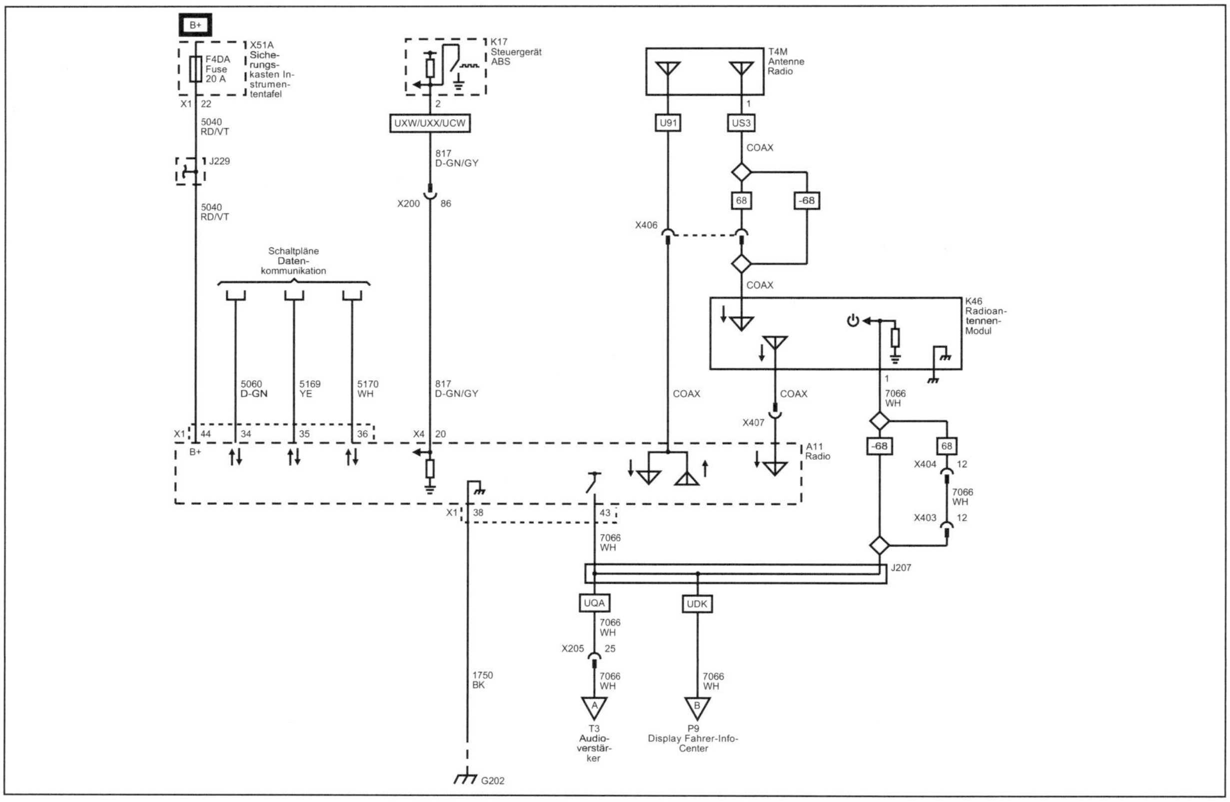

Mobiltelefon Spannung Masse

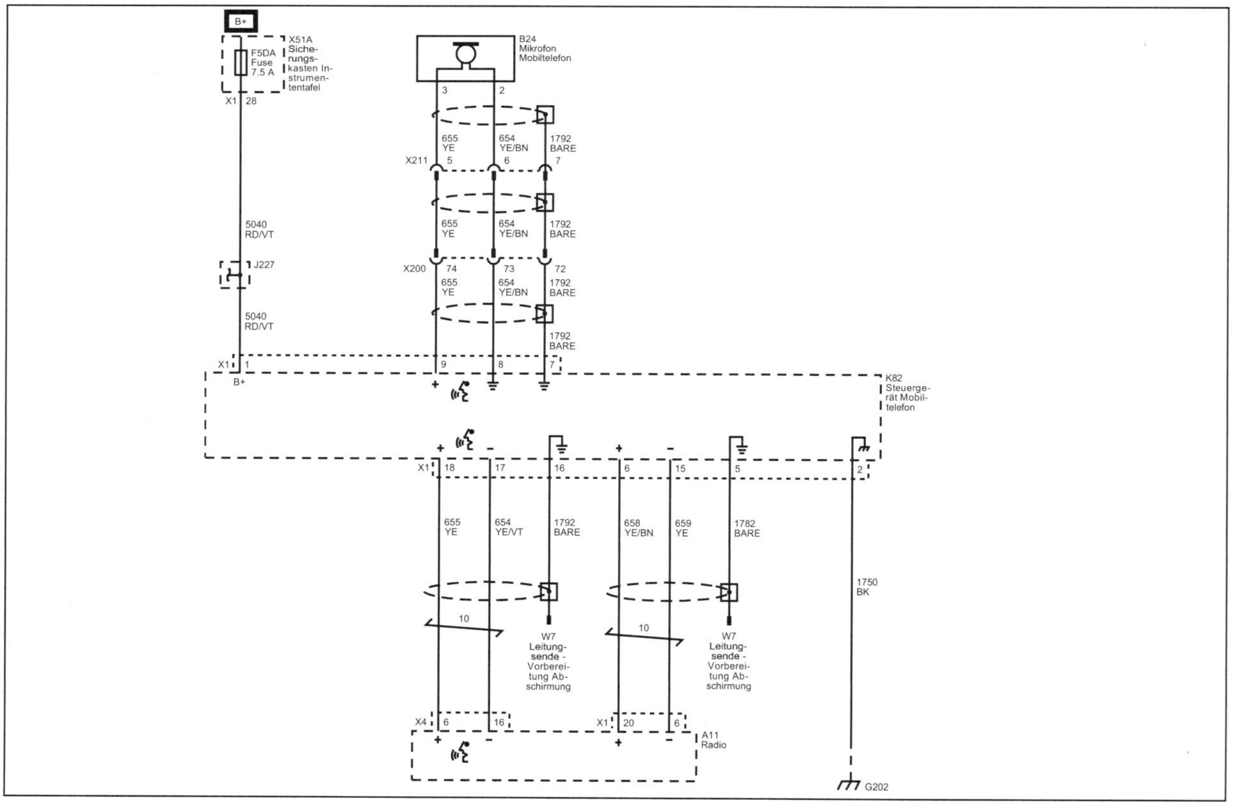

Handbremsanlage

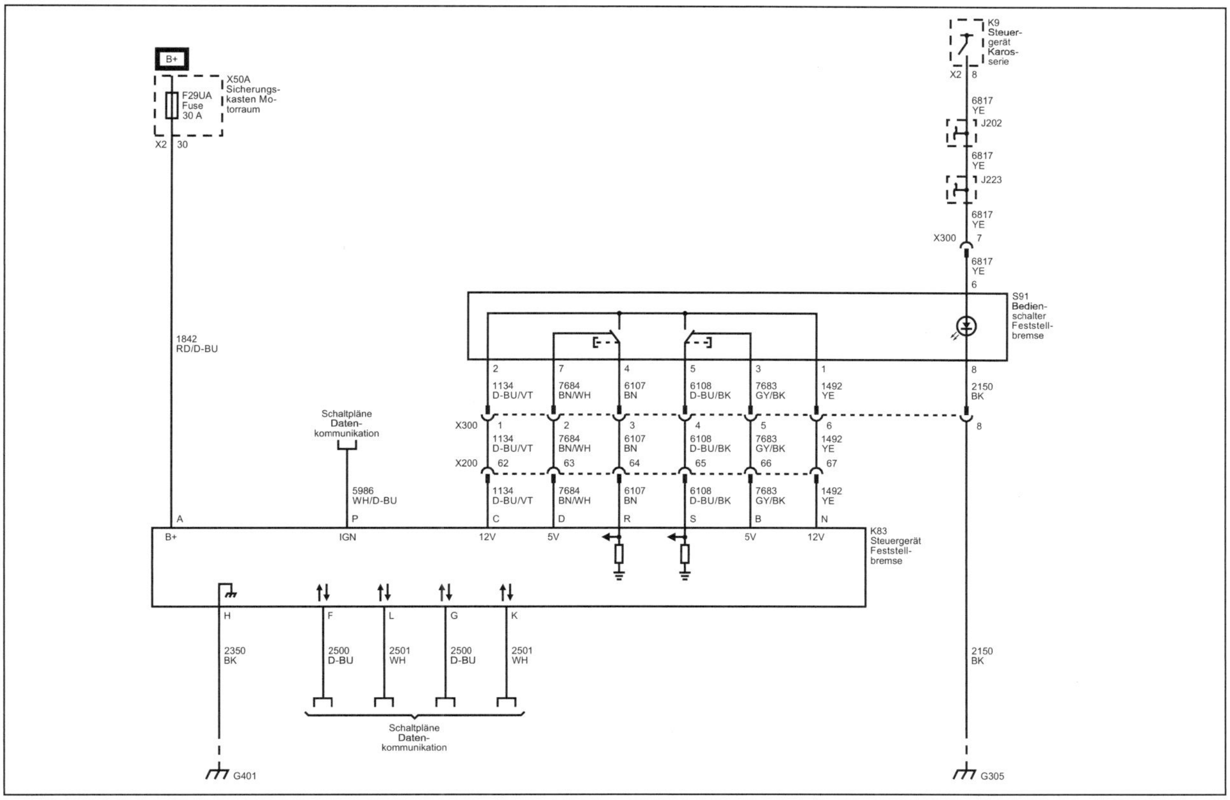

Heizgebläsemotor

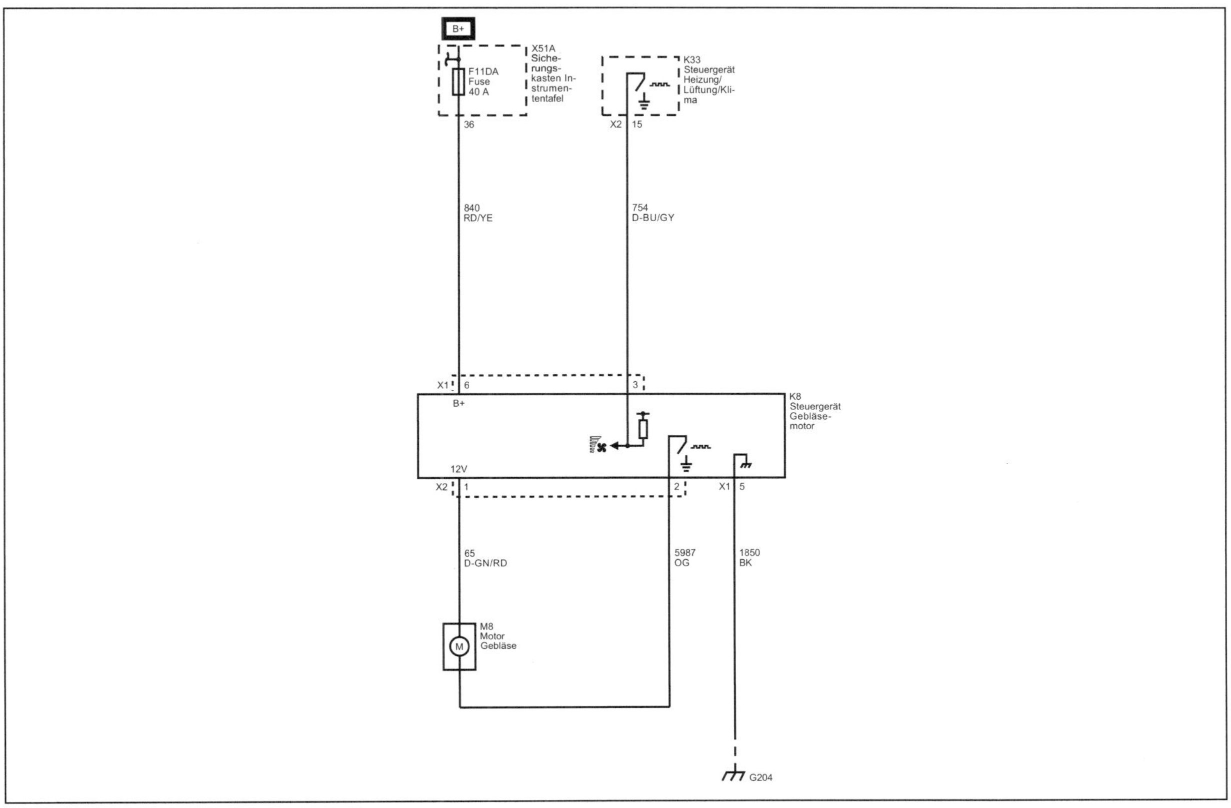

Zusatzheizung

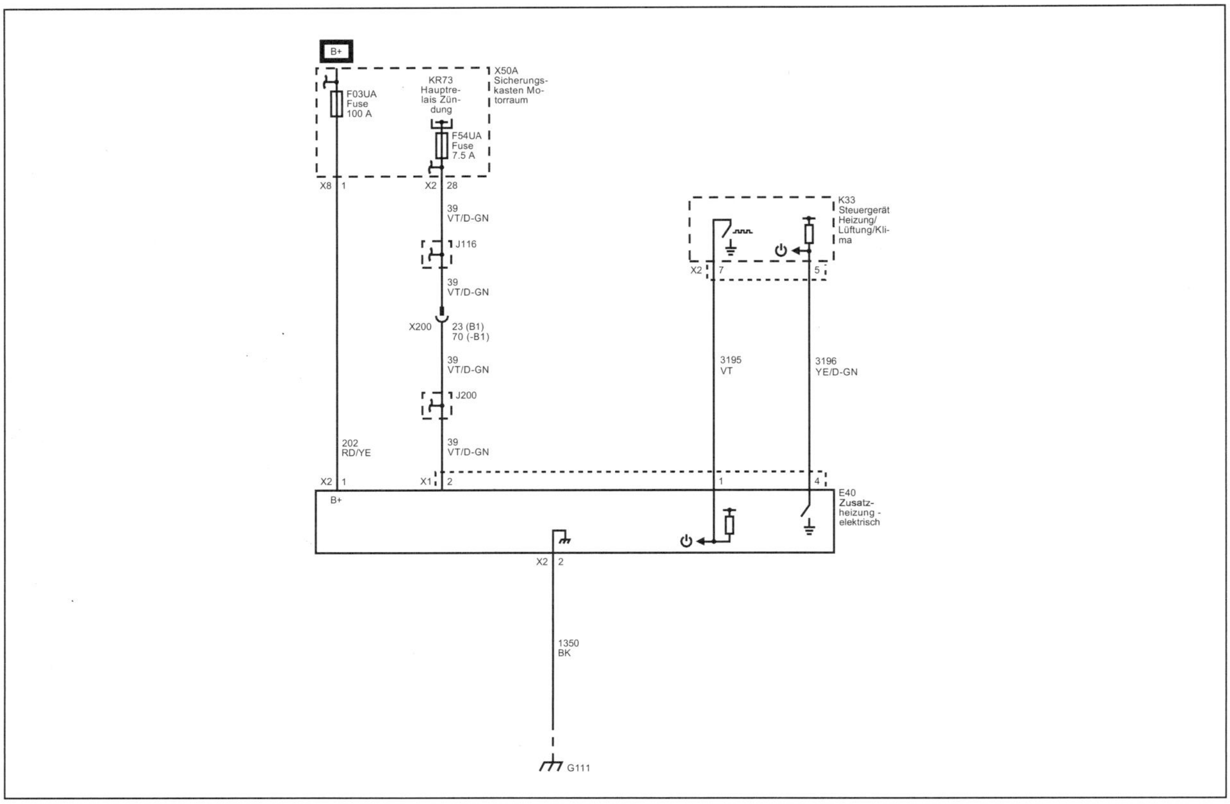

Beheiztes Lenkrad

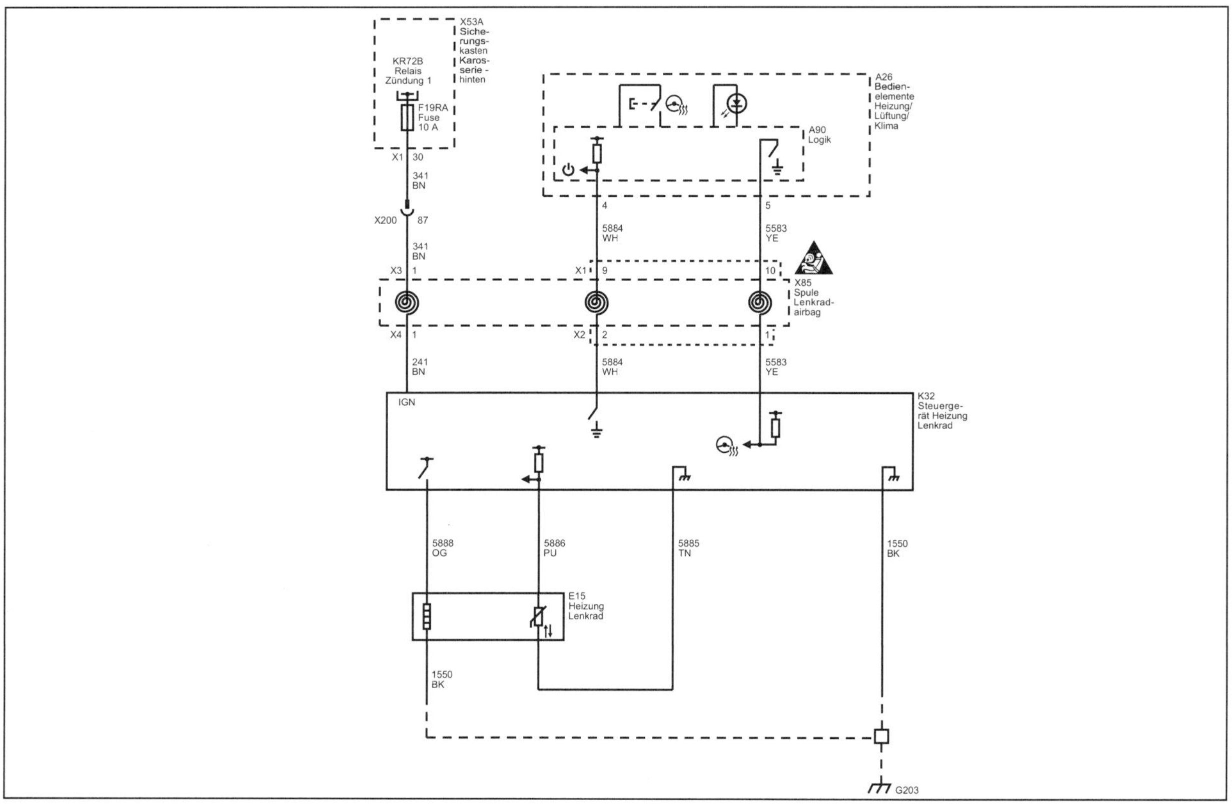